1993 年 1 月 12 日，中国
科学院院长周光召（右）
陪同全国人大常委会副委
员长严济慈（左）和原中
国科学院院长卢嘉锡（中）
莅临电工所三十周年所庆

1986 年 2 月 4 日，
中国科学院党组书
记、第一副院长严
东生和中国科学院
副院长胡启恒视察
电工所大型线切割
机

1994 年 12 月 27 日，
中国科学院院长周
光召视察电工所微
细加工研究室

1997 年 1 月 15 日，中国科学院院长路甬祥视察电工所 AMS 实验室

2001 年 12 月 26 日，中国科学院院长路甬祥视察电工所

2005 年 7 月 20 日，全国人大常委会副委员长、中国科学院院长路甬祥视察电工所

2009 年 4 月 17 日，► 全国人大常委会副委员长、中国科学院院长路甬祥视察电工所超导磁体实验室

◄1993 年 8 月 5 日，科技部部长朱丽兰视察电工所应用超导实验室

2009 年 5 月 12 日，► 北京市委书记刘淇视察电工所延庆塔式太阳能热发电试验电站

◄2007 年 12 月 20 日，北京市代市长郭金龙视察电工所八达岭太阳能热发电试验电站

1993 年 10 月 10 日，► 中国科学院副院长王佛松视察电工所磁流体发电研究室

◄1992 年 8 月 7 日，中国科学院副院长胡启恒视察电工所中科电气公司

2007 年 11 月 7 日，国家发展和改革委员会副主任陈德铭考察电工所太阳能热发电试验电站

◀ 2007 年 5 月 17 日，中国科学院常务副院长白春礼视察电工所应用超导实验室

2009 年 5 月 20 日，中国科学院常务副院长白春礼视察电工所分布式发电与储能实验室 ▶

◀ 2008 年 11 月 10 日，中国科学院副院长江绵恒视察电工所塔式太阳能热发电试验电站

2005 年 11 月 2 日，中国科学院副院长李静海视察电工所

2007 年 3 月 14 日，科技部副部长曹健林视察电工所新能源发电实验室

2009 年 4 月 16 日，中国科学院副院长阴和俊视察电工所延庆塔式太阳能热发电试验电站

1996 年 10 月 7 日，诺贝尔奖获得者丁肇中视察电工所 AMS 实验室并指导灌胶试验

中国科学院电工研究所历任所长

第一任所长　林心贤
（1963 年 1 月至 1968 年 7 月）

第二任所长　赵志萱
（1981 年 3 月至 1982 年 9 月）

第三任所长　杨昌琪
（1984 年 4 月至 1987 年 8 月）

第四任所长　严陆光
（1988 年 1 月至 1999 年 3 月）

第五任所长　孔　力
（1999 年 3 月至 2007 年 5 月）

第六任所长　肖立业
（2007 年 5 月至今）

中国科学院电工研究所历任党委书记

党总支部书记、第一至四届党委书记　林心贤
（1958 年 10 月至 1967 年 8 月）

第五、六届党委书记　张思齐
（1975 年 8 月至 1983 年 8 月）

第七、八届党委书记　程玉林
（1983 年 8 月～1991 年 3 月）

第九届党委书记　申世民
（1991 年 3 月～1992 年 7 月）

第九、十届党委书记　邢福生
（1992 年 7 月至 1999 年 6 月）

第十一届党委书记　李安定
（1999 年 6 月至 2003 年 6 月）

第十二、十三届党委书记　马淑坤
（2003 年 6 月至今）

敢於好高骛遠

善於实事求是

科技是第一生产力。希望在已取得成就的基础上，进一步振奋精神努力攀登，为社会主义现代化建设做出新的贡献。

祝贺电工所建所三十周年

张劲夫

锐意创新，勇攀科技高峰

贺中国科学院电工研究所建所四十周年

张劲夫

二〇〇三年九月十二日

投身改革大潮

勇攀科技新峯

衷心祝贺中国科学院电工研究所建所二十周年

卢嘉锡　一九九二年九月

祝贺中科院电工所建所三十周年

续攀技术科学高峯
诚谋祖国经济振兴

宋健
一九九二年九月

面向廿一世纪
开拓电工科技前沿

敬颂
中科院电工所
建所四十周年

宋健
二〇〇三年十月

发挥电工所的综合优势，重视高技术研究，适应现代化研究开发新机制。面向经济建设主战场，为科技进步和经济发展再上新台阶做出贡献。

祝贺中国科学院电工研究所成立三十周年

周光召

一九九二年十月

发展电力工程
保障能源安全

周光召

二〇〇三年九月

面向国家战略需求，攀登电工科技高峰。

贺电工所建所四十周年纪念

培甬祥

二〇〇二年九月

创新
求实

贺电工所建所五十周年

张宥祥
戊子有十日

在改革开放的形势

下创建新型研究所

庆祝电工研究所三十周年

一九九二年一月

武衡

艰苦创业已届不惑

开拓进取再攀高峰

贺电工所40年所庆

徐建迪

求實

奮進

創新

賀安工所四十周年

王佛松

祝贺

中国科学院电工研究所建所三十年

改革创新路
科研攀高峰

胡启恒
一九九三年

新人辈出　群星灿烂

开拓创新　大有希望

——敬贺中国科学院电工研究所40华诞

胡启恒

二〇〇三年十月

贺中国科学院电工所建所五十周年

面向能源战略需求
面向电气科技前沿
服务国民经济建设

二〇〇三年十月　白春礼

祝 贺 信

中国科学院电工研究所：

欣闻你所即将迎来建所 40 周年庆典，值此机会，特向你们表示热烈的祝贺，并向电工所的全体科技人员表示亲切的问候和诚挚的敬意！

电工研究所是我院唯一以电工高新技术研究发展为主的研究单位。建所 40 年来，电工所承担了大量有关国家电工学科重大前沿基础研究和战略高技术发展的科研任务，在我国电力系统稳定、大电机、高电压、电力系统自动化以及电气测量等关键技术领域取得了一批可喜的成果。电工所在国内率先开展了电火花加工技术和磁流体发电技术的研究工作，为发展我国电力系统和电工装备制造业，推动电加工技术的产业化，提高我国在电工技术领域的国际竞争能力做出了重要贡献。

希望电工所在未来的发展中抓住机遇，继续深化改革，加强人才队伍和创新文化建设，大力发展极端电磁条件的产生和应用技术及电工学与其它科学交叉的研究，为我国的能源电力事业、国家安全和国民经济的发展不断做出新的、更大的贡献！

江绵恒

二〇〇三年十月二十八日

祝贺中科院电工所
成立三十周年

继往开来不断开拓电
工高新技术为我国现代
化建设并在学科前沿
做出新的贡献

吴佑 一九九二年
十月

祝贺中国科学院电工
研究所建所四十周年

发展高新科技为电工现代化

再创辉煌

王大珩   二〇〇三年

十月十二日

祝賀

中國科學院电工研究所建所卅周年

能源是國民經濟建設的基礎　電能是現代文明的重要支柱。電工所在發展新能源及有效利用電能等方面已做了重要貢獻，希丹接再勵，在能源科學前沿取得更大的成就！

師昌緒　一九九二、九、廿三.

領电工科技之先

行开拓創新之路

贺中國科學院电工研究所
建所の十周年

师昌绪

二〇三年九月

中国科学院电工研究所建所三十年来成绩卓著，希百尺竿头更进一步，今后取得更多更加辉煌的成就，为四化建设作出更大贡献。

丁舜年

一九九三年八月

贺中科院电工所建所40周年

发展电工科技
推进社会进步

陈佳洱

2003年9月12日

建所三十年，硕果累累。
继往开来，不断发展电工
科学与技术。

高景德 九二年冬

祝贺 中国科学院
电工研究所 正式迁所三十周年

发展电工电能新技术
为国家作出更大贡献

郁文 一九九二年
十月一日

健步闯关攀登新高峰

把电工科研建成集中国一流的

电工研究基地

贺中国科学院电工研究所
建所四十周年

白介夫
二三年
十月

孜孜不倦探索

脚踏实地进取

贺中国科学院电工研究所
建所四十周年

赵明生

二〇〇三年
九月

不断开拓，勇于创新，

为电工行业技术进步

做出更大贡献。

祝贺电工行四十周年所庆

沈烈初

二〇〇三年九月卅日

祝 贺 信

中国科学院电工研究所：

　　值贵所成立四十周年之际，中国电机工程学会向你们表示衷心的祝贺。贵所多年来坚持产学研相结合的方向，面向经济建设主战场，努力攀登科技高峰，不但在电工学科重大前沿基础研究和战略高技术发展方面取得了卓越的成就，还多次与电力企业、电力科研机构结合，共同承担国家和部级重大科研攻关项目，取得了具有国内外先进水平的重大成果。例如与电力部门合作，创建了有我国自主知识产权、处于国际领先地位的蒸发冷却技术并研制成功了50MW蒸发冷却汽轮发电机和10MW、50MW、400MW蒸发冷却水轮发电机等，为推动我国电力工业的技术创新，促进国际电工技术的发展发挥了巨大的作用。

　　我们衷心希望与电工研究所继续合作，共同为推动我国电力工业的技术创新，促进国际电工事业的发展，发挥更大的作用。也衷心希望电工研究所发扬优良的传统，继往开来，面向新世纪，再创辉煌，为创建国际一流的现代化研究所而努力奋斗。

中国电机工程学会

陆延昌

二〇〇三年十一月十日

发展电工高新技术

敢于创新善于务实

努力攀登科技高峰

为振兴中华做贡献

电工所建所三十周年纪念   韩颖

发扬艰苦奋进求实创新

精神在我国电工电能高

新技术领域做出新贡献

庆祝电工所建所四十周年

韩郑

庆祝电工所建所三十周年

发挥优势在电工电能高新技术
领域攻难关攀高峰勇于开拓
不断为我国经济建设作出重大
贡献

胡传锦 一九九二年十月

庆祝电工研究所建所四十周年

求实创新加快电工电能新技术的研究与开发有实现全面小康社会和现代化作出更大贡献

胡传锦 二零〇三年十月

祝贺建所四十周年

与时俱进　抓住机遇

团结凝聚　努力拼搏

发展电工电能新技术

严陆光

二〇〇三年九月

创业艰辛四十春
电工成果喜丰盛
创新技术展学科
奋战开拓再飞腾

贺中科院电工研究
所四十周年庆

顾国彪

二〇〇三年十月

中国科学院电工研究所所史

中国科学院电工研究所　编著

科学出版社

北京

内 容 简 介

本书介绍了中国科学院电工研究所2007年以前的发展历程,记述了电工所为国民经济、国防建设和电工学科的发展做出的重要贡献。

本书以要览形式叙述了研究所的简史,对电工所的组织机构、科研工作、科技开发和产业化、科研管理和人才培养、支撑条件等方面的发展情况分别做了详细的阐述,并以大事记的形式记述了该所历年发生的大事。本书附录介绍了电工所历届机构负责人名单、成果展示等。发表论文索引制成随书光盘。

本书可供电工科技工作者、科技管理人员及相关人员阅读。

图书在版编目(CIP)数据

中国科学院电工研究所所史/ 中国科学院电工研究所编著. —北京:科学出版社,2010

ISBN 978-7-03-026335-3

Ⅰ. 中… Ⅱ. 中… Ⅲ. 电工技术－研究所－历史－中国 Ⅳ. TM-242

中国版本图书馆 CIP 数据核字(2010)第 003797 号

责任编辑:胡升华 侯俊琳 张 凡 卜 新 / 责任校对:钟 洋
责任印制:赵德静 / 封面设计:无极书装

科学出版社 出版
北京东黄城根北街 16 号
邮政编码:100717
http://www.sciencep.com

中国科学院印刷厂 印刷

科学出版社发行 各地新华书店经销

*

2010 年 1 月第 一 版 开本:787×1092 1/16
2010 年 1 月第一次印刷 印张:28 1/4 插页:20
印数:1—2 200 字数:620 000

定价:198.00 元
(如有印装质量问题,我社负责调换)

《中国科学院电工研究所所史》
编写工作领导小组

组　长　孔　力　肖立业
副组长　马淑坤
成　员　朱美玉　许洪华　张和平

《中国科学院电工研究所所史》
编写组

组　长　申世民
副组长　邢福生
成　员　沈国镠　谭作武　顾文琪　李安定
　　　　童建忠　林良真　孟祥仪　朱文瑜

序

 电工所的建立从其前身中国科学院机电研究所算起，至今已超过半个世纪，她是在新中国成立后新建的一个电工研究机构。在庆祝新中国成立 60 周年之际，我们编辑了一部电工所的发展史，回顾过去，展望未来，鼓舞斗志，奋勇前进。

 旧中国科技研究非常薄弱，许多学科都是空白，电工方面更是如此。在新中国成立初期，电工所的前身中国科学院机电研究所结合当时中国最大的东北电网的急需，率先开展了电力系统防雷、高电压实验、系统安全运行、合理调度等问题研究，从无到有，创造性地开展了一系列研究工作。在当时东北电力系统的恢复重建过程中，起到一定的历史作用。

 1956 年，国家科学规划委员会成立，组织制定《1956～1967 年科学技术发展远景规划纲要（草案）》（简称《十二年科技规划》）。为适应我国未来电力系统发展的需要，1958 年电工所在北京筹建。此后，电工所作为中国科学院电工学科的代表，在全国统一动力系统建立、高压远距离输电项目中，开展了一系列研究工作。电工所在电力系统物理模拟、励磁调节和原动机调节等电力系统综合稳定研究方面做出一些成果，成为国内该领域一支重要的研究力量，得到各方的重视。

 20 世纪 60 年代初，国际风云突变，苏联撤走专家。根据当时国防任务的需要，电工所承担了部分国防任务，如电火箭技术、国防特种电工装备和微电机等。电工所研究方向急剧转向，一度以国防任务为主，大大削弱了国民经济建设任务的研究。“文化大革命”时期，隶属系统由中国科学院转到国防系统，再到下放北京市双重领导……几度变换。1978 年初，电工所又重新回到中国科学院，确立了以电工电能新技术基础理论及其应用问题研究为总方向的定位，研究工作才又稳定地开展起来。

 “文化大革命”期间，我们根据多年的探索和实践，决定在下列一些新兴领域开展工作，并不断取得了一些成果：①磁流体发电；②超导电工技术；③微电子束扫描曝光（电加工）；④脉冲放电；⑤计算机应用；⑥电机蒸发冷却和微特电机等。实践证明，这些新兴领域工作的开展，对电工所日后的整体发展起到重要的先导作用。

 20 世纪 80 年代，随着我国改革开放政策的实施，电工所积极与美国、法国、联邦德国、日本、苏联等国相关学术界、各大著名实验室进行各种形式的交流，争取与世界先进的科技发展团队同步前行。在这些过程中，我们确实有所收益，今后也将继续开展。但是历史和实践经验告诉我们：要想真正为我国科技事业做出实际贡献，归根结底，必须从我国实际出发，“自主创新”，做出有独创性的成果。

 2002 年，电工所参与中国科学院知识创新工程，开始了一个新的发展阶段。目前，电工所已成为中国科学院电工电能新技术、新能源和可再生能源等领域的重要研究基地，有些研究已进入世界先进行列。

电工所在长期大型科研项目的磨炼中，培养了一支具有强大集体主义精神的队伍，有很强的集体主义荣誉感，强调团结，反对分散，能从整体考虑问题，顾全大局。在一个和谐的环境中工作，培育了好的传统和优良的所风。这是多年来我们工作不断取得进展的重要保证。

祝愿电工所今后更加团结奋进，求实创新，不断做出新的成绩，为祖国做出更多的贡献！

2009 年 6 月

前　言

　　为了迎接新中国成立 60 周年和中国科学院成立 60 周年，2006 年下半年，院领导决定就中国科学院 60 年的发展历程编撰一部院史。时任所长孔力考虑到电工所从 1957 年筹建到 2006 年经历了近半个世纪的发展，非常有必要回顾一下电工所过去的发展历史，并用历史的眼光去审视电工所今后的发展，决定启动所史编写工作，同时成立所史编写工作领导小组和编写组。随后，所史编写工作领导小组和编写组对编写工作进行部署，并动员全所人员积极支持和配合所史编写工作。

　　编写所史是一项极其艰巨的任务。这是因为，编写工作要收集和查阅大量历史资料和档案，要采访许许多多的同志；更何况，一些资料和档案可能遗失，或者不够详细；一些老同志已经故去；一些历史在记忆中已经模糊，而且不同的人对某些历史的记忆和关注点可能会有一些差异。面对诸多困难，在原电工所党委书记申世民研究员的带领下，编写组的大部分成员虽年近古稀，仍不辞辛劳，除了大量查阅和收集资料、编写初稿和广泛征求意见以外，还就每部分稿件开会反复进行研究讨论和认真推敲，有时到晚上还要加班加点工作，目的是尽可能真实、客观、全面地展现历史的本来面目。编写工作于 2007 年初正式启动，历时两年半，编写小组的离退休老同志和在职年轻骨干都为此付出了辛勤的汗水。经多次易稿，现在展现给各位读者的是一部 70 余万字的、全面反映电工所过去 50 年发展历程中学科方向和科研工作、组织结构变迁、主要人物、重大事情和成就的宏伟著作。中国科学院院长路甬祥在百忙之中亲自为本书题写书名，电工所的建所元老之一、年过九旬的韩朔先生亲自为本书作序。本书真是来之不易，特别值得每一位电工所人细细品味和珍惜。

　　与编写历史相比，学习历史则显得轻松得多。记得 2006 年底，我作为电工所副所长成为所史编写领导小组成员。我说：作为电工所年轻人中的一员，我对所史的了解是非常少的，作为领导小组成员是有些不敢当的；但如果成立所史学习小组，我作为成员倒是相当不错的。最近，我比较认真地阅读了这部历史。纵览电工所过去的历史，我深感，尽管她经历了很多风雨曲折，也承受了诸多艰难困苦，但她谱写了电工所不断成长和壮大的诗篇，积淀了电工所未来发展的思想和文化，给电工所的后来人注入了强大的创新自信心。

　　50 余年的历史树立了一种坚定不移的创新指导思想。电工所于 1958 年在中国科学院机电研究所电力研究室的基础上在北京筹建，1963 年正式成立。建所初期，全所就紧紧围绕我国电力建设的需求和国防特种电工装备的需要开展研究工作。20 世纪 60 年代初，由于全国电力建设的需求放慢和国防建设任务的需要，研究方向逐渐调整为在开展传统的电力和电工研究的同时，开展国防特种电工装备的研究。1968 年，电工所划归国防科委领导，主要研究方向是发展电火箭技术。70 年代，电工所经历了回归中国科学院—下放北京市—重归中国科学院的循环。在此期间，电工所为适应国家的发展需求，大力发展电工新技术研究，陆续开辟了一些新学科（如应用超导技术、电子束加工技术、太阳能利用技术、计算机应用等）研究。90 年代中后期以来，电工所紧紧围绕新能源技术、新型电力技术和电气交通等国家需求开展研究工作。可以看出，在 50 余年的发展历史中，电工所树立起一种坚定不移的思想，这就是"科研工作始终围绕国民经济建设和国防建设需要"的总体创新指导思想。也正是这种指导思想，使电工所人能够始终站在国家需求的高度，谋划自身的长远发展战略。

50 余年的历史塑造了"团结凝聚，勤奋求实"的文化。电工所的科研性质决定了电工所人的性格，而电工所人的性格又塑造了电工所的文化。电工所科研工作的技术性、系统集成性和攻关性都很强，且科研资金十分有限，这就需要分工和团队合作，需要集中力量攻关的运行机制。科研任务的每一步都不能有半点马虎和拖延，更没有失败后从头再来的机会。研究所的研究成果要服务于国民经济建设和国防建设需要，科研人员就要经常去一些生活条件很艰苦的地方长期工作，要以尽可能快的速度完成攻关任务。受这些因素影响，几代电工所人在 50 余年的磨炼中，不断塑造"团结凝聚，勤奋求实"的文化。也正是这种文化，使得电工所能够战胜一个又一个困难，渡过一个又一个难关，不断成长壮大。这种文化是电工所值得骄傲和珍惜的宝贵精神财富。

50 余年的历史是后来人自主创新的信心源泉。50 余年来，电工所已取得科研成果 500 余项，其中 100 余项已在多个领域推广应用；先后获得国家、中国科学院和其他部级奖励 100 余项。实施知识创新工程以前，电工所在电力系统稳定性、电力系统自动化、大型电机、高电压技术、电工测量仪器、电弧风洞技术、大型电感储能技术、电火箭技术、微特电机、特种电源、电加工与离子束加工、计算机应用、数控机床、超导磁体系统、磁流体发电等方面取得了一大批重大科研成果。实施知识创新工程以来，电工所在大型电机蒸发冷却技术、可再生能源发电技术、电动汽车电机及控制技术、牵引供电及控制技术、脉冲功率技术、电磁推进技术、应用超导技术、磁共振成像技术、电子束曝光技术等方面取得了一大批实用化的技术成果，并在生物电磁效应、微型电网技术、高温超导材料、太阳能热发电及太阳能电池等方面取得了一批重要的基础性科学研究成果。这些成果的取得，不仅为我国电力、能源、交通、医疗、资源勘探及科学仪器设备的发展做出重大贡献，而且大大促进我国电气工程学科的发展。过去的成就，是电工所人引以为自豪的资本，更是电工所的后来人更加努力拼搏的强大动力和信心源泉。

如今，电工所正处在一个难得的特定历史机遇期。我国正处在实现中华民族伟大复兴的关键时期，能源和环境成为制约我国长期持续发展的重大瓶颈问题，也是当今全世界关注的头等重大战略问题。面对这一重大问题，全世界都认识到，能源结构将发生革命性的变化，可再生能源代替一次能源、终端能源以电力为主的预期将变成现实。未来能源问题的核心是如何实现高效低成本的新能源发电技术、以可再生能源发电电源为主导的未来电网技术以及基于电力的新型应用系统技术。因此，作为中国科学院能源基地方面的研究所，电工所在未来一段较长的时期将面临极其难得的发展机遇。与此同时，当今世界科技发展突飞猛进，学科交叉的趋势越来越明显，科技呈现群体突破的态势，而电气工程这门科学具有广泛的交叉发展空间和丰富的外延，取得突破和重大发展的前景更加明显。面临这个特定的历史机遇，如何在几代人奠定的坚实基础上打造电工所新的核心竞争力，是一个重大问题。

　　作为电工所年青的一代，我们必须紧紧围绕国家能源与电力的重大战略需求，在可再生能源（如太阳能、风能、海洋能等）发电及并网技术、电力储能技术、分布式电力技术、智能电网技术、未来电力系统、电气交通技术、电力节能技术等领域着力突破重大核心关键技术和基础科学问题，为降低对化石能源的依赖、减少污染及温室气体排放提供重大科技支撑，提升我国能源与环境的可持续发展水平。我们将紧紧围绕电气科学和材料科技、纳米科技、生物科技和环境科技等交叉领域，在超导和电工、能源新材料及其应用、微型能源系统、微型传感器、微型动力系统、生物电磁学及成像技术、极端电磁环境的产生及其应用、电磁处理技术、能量转换理论基础等多方面不断开拓创新，为促进世界科学事业的发展做出应有的贡献！

　　展望未来，我们坚信，只要我们继续坚持电工所在过去发展历程中探索出来的创新指导思想，秉承几代人积淀的创新文化，展现"敢于梦想，敢为人先，勇于行动"的强大创新自信心，电工所的明天必将更加辉煌。电工所必将在人类科技发展史中树立一座座伟大的丰碑！

2009 年 6 月 25 日

目　　录

第一章　要　　览

中国科学院电工研究所（简称电工所）1958 年 8 月在北京成立筹备委员会，1963 年 1 月正式成立。其前身是中国科学院机电研究所电力研究室以及更早的东北科学研究所电机研究室。

第一节　十年孕育（1948～1958）

一、发 展 历 程

1948 年 12 月，东北行政委员会在国民党政府"东北科学院"（前身是伪满时期"大陆科学院"）的废墟上建立了东北工业研究所。1949 年新中国成立后，更名为东北科学研究所，由东北人民政府工业部领导，所长武衡。

东北科学研究所电机研究室创立时期共有约 20 人，设有强电试验室、弱电试验室、配电室。1950 年又组建了真空管、自动化、高电压、碳刷、电气测定等研究组。1951 年起由国家分配的大学毕业生陆续来所工作，科研队伍得以扩充，素质进一步提高，科研工作逐步走上正轨。1952 年又开展了电加工方面的研究工作。

1952 年 8 月东北科学研究所改由中国科学院领导，更名为中国科学院长春综合研究所。1953 年，中国科学院为了积极支援国家第一个五年计划的实施，提出了"科学研究首先为解决重工业建设所提出的科学技术问题服务"的方针，明确指出："技术科学方面，各所应以解决矿冶、煤炭、石油、机械、动力……方面的问题为主。"根据这一方针，中国科学院于 1954 年 10 月在长春综合研究所的机械和电机两个研究室的基础上，成立了中国科学院机电研究所（简称机电所），所长是夏光韦；其电机研究室有关电力部分的研究力量组建为电力研究室，副主任韩朔。

1956 年，在国务院的主持下，制定了《十二年科技规划》。在这个文件中，电力科技和电加工被列为重点研究领域。并且，对我国的电力科技明确提出：要将"发电厂和电力网络的合理配置与运行、全国统一动力系统的建立"列为国家重要科学技术项目，且规定该项目由电力部和中国科学院共同负责实施，其中有关电力和电工方面的科技任务有：高压远距离交流输电、高压远距离直流输电、巨型电机和高压电器的设计制造、电力系统自动化与继电保护、新型电气传动设备的研究等。机电研究所的电力研究室承接了这五个中心问题中的 12 个研究课题，该研究室的工作开始从主要面向东北地区转向承担国家重大任务。

正是在这种形势下，机电所学术委员会在 1957 年 10 月正式向中国科学院呈交了《关于筹建中科院电工所的几点初步意见》的报告，并获得批准。1958 年 7 月 26 日，中国科学院办公厅下发通知，决定成立电工所筹备委员会。林心贤被任命为筹备委员会主任，所址定于北京。当时，苏联专家的建议和苏联科学院的帮助，也对电工所的筹建起了一定的促进作用。

正在电工所紧锣密鼓筹备之际，1958 年 6 月，国务院在武汉召开了长江三峡水利枢纽工程科学技术会议。林心贤带领电工所科研人员参加了会议，并承接了三峡工程中与电力电工有关的 17 项科研任务。由此，电工所的筹建与承担三峡工程的重要科研任务紧密结合了起来，确定了研究所早期的研究方向。

二、十年成就

从新中国成立初期一直到 20 世纪 50 年代，东北地区的重工业，包括电机和电器制造业，在全国起着举足轻重的作用；东北电网又是当时全国容量最大、电压等级最高的电网，但由于产业部门忙于生产，缺乏研究力量，许多研究工作无力开展。电力研究室作为东北地区电力方面的重要科研力量，承担了这方面的任务。从 1948 年到 1958 年迁京为止，先后承担了东北地区乃至全国在电力和电工制造方面的许多研究工作。

1948～1952 年的研究工作主要与国家经济恢复期相适应，成果主要有：

（1）冲击高电压发生器的建造和相关的高电压技术研究。1950 年电机研究室在韩朔领导下利用一批旧的电力电容器试装成功了 300kV 冲击电压发生器，1952 年又改建升级到设计电压为 1MV，在国内率先开展了高电压技术的研究。利用该装置，对当时生产建设中急需的电力网防雷用的避雷器和高压绝缘子进行了大量实验研究，并与抚顺电瓷厂合作，研制成功 10～60kV 4 种单元式阀型避雷器。该厂在此基础上批量生产了 10～60kV 5 种避雷器，性能达到国际同类产品水平，满足了国内急需。与此同时还进行了高电压试验和测量技术的研究，为大连铁道研究所修复了日伪留下的 1MV 冲击电压发生器和冷阴极高速示波器，并进行了变压器的冲击实验研究。这些工作为电工所和国内以后的高电压和防雷研究奠定了基础。

（2）1953 年研制成功输电线路故障探测器。该探测器在电网上应用效果良好，解决了人工查找故障费时费力又不能及时检测到故障点的难题。

（3）工业探伤设备的研制。当时电机室 X 光探伤组和超声波探伤组分别利用工业 X 光探伤仪和自制的超声波探伤器对诸如管道焊缝、铁道车辆的车轮、钢材制品等进行内部缺陷探测，取得良好效果，并通过举办学习班培养了几十名技术人员。

1953～1957 年的研究工作主要与国家第一个五年计划相配合，围绕东北电网进行，取得了一系列有价值的成果：

（1）输电线路串联补偿运行方式研究。电力研究室与东北电业局合作，提出在原有线路上加装串联电容来提高输电容量、减少输电压降的方案。1954 年该方案在鸡西—密山 22kV 输电线上做了现场试验，取得令人满意的结果，方案取得成功，并投入实际运行，填补了国内空白。这项工作为串联补偿在超高压线路上的运行起了促进作用。

（2）电力系统大型交流计算台的研制。电力研究室于 1954 年承担了这项研制任务，于 1957 年完成了我国第一台工频交流计算台，并交给东北电业局调度局在生产实际中使用，为该局解决了大量计算问题，得到工作人员、局领导和苏联专家的高度评价。

（3）开展了绝缘材料特别是用于电力电容器和电力电缆的油浸纸绝缘材料的研究，为上海电力电容器厂和上海电缆厂提供了有力的技术支持，在国内首先生产出了新型电力电容器和新型电力电缆。

（4）1954 年开始的电力系统的动态模型研究，进行了系统中同步发电机的模型研制，为国内电力系统研究动态模型开了先河。

（5）在电加工方面，进行了强化模具、刀具用的电火花强化机和提高切割效率、磨制硬质合金用的阳极机械切割机及磨刀机的研制。

在这十年中，不仅出了一批成果，科研力量也有了很大提高，从解决东北地区的工业生产中面临的科技问题开始，发展成能承担全国性重大科研项目的一支重要力量。十年中，除国家统一派遣外，电力研究室还派出了不少青年科技人员作为访问学者或研究生去苏联学习，他们学成回国后，对提高研究室的学术水平和研究能力以及开拓新的研究领域起了明显作用。此外，还与清华大学等高校合作开展研究、培养人才，机电所接收了来自美国等国外归国学者来所工作，进一步增强了电力室整体的科研力量。他们大都成为科研骨干和学术带头人。

第二节　五年筹建（1958～1963）

一、发展历程

1958 年 8 月，电工所迁京，当时从机电所来京人员共 67 人，调拨来图书期刊 4000 余册，仪器设备 875 件（套）。迁京之初，电工所并无自己的科研、办公和生活用房，经院里协调，借用化冶所新建大楼的部分房间作为研究用房，行政机关和器材部门则安排在经济楼，其余如工厂、食堂等都在东院，是平房和临时建筑。为解决人员短缺问题，对院部分配来的百名转业军人进行培训；有时为解决急用的科研器材，科技人员要自己骑着自行车去采购。

当时电工所的主要科研任务是围绕建立全国统一动力系统如解决三峡工程中的科技问题展开，包括：电力系统稳定、大型电机、高电压技术、电力系统自动化及继电保护等，另外还有从长春机电所迁京的电加工技术。相应成立了由研究所直接领导的五大研究组：电力系统组，组长杨昌琪；大电机组，组长廖少葆；高压组，组长陈首桑；自动化组，组长鲍城志；联合电加工组，组长高亨德。另外还成立了电工材料组和仪表组以配合开展工作。材料组主要是电工材料方面的研究，包括绝缘材料、铁磁材料和新兴的半导体材料，后于1960年取消。仪表组主要为电工测量服务，进行标准传递、仪器仪表与计量、维修等项工作。

20世纪60年代初，正值三年自然灾害困难时期，又遭中苏关系破裂，苏联专家大规模撤走，我国的"两弹一星"工作遭遇严重困难。中国科学院领导根据国防科研的需要，同时鉴于三峡工程暂缓，部署电工所将一部分科研力量投入国防科研。在开展传统的电力和电工方面研究的同时，开展国防特种电工装备的研究。

根据国防任务需要，1960年成立了电工所二部，由杨昌琪负责，以电弧放电等离子体技术为重点，开展高超音速电弧风洞、脉冲电源与特种电源等特种电工装备方面的研究。后来，又根据军工对微特电机的需要，电工所集中了部分科技骨干，开始调研和筹划，于1962年成立了独立的微电机研究组，组长谢果良。

二、研 究 成 果

在简陋艰苦的条件下，研究人员克服重重困难，短短五年中，电工所各研究领域取得了丰富的成果：

在电力系统稳定性的研究方面，建成了可模拟多机组水、火电站和长距离高压输电系统并具有自动调节和检测设备的大型电力系统模型，开展了提高电力系统稳定性问题的研究，研制成400周交流计算台，并翻译出版《高压远距离输电》一书。

在电力系统自动化方面，完成了与交流计算台配套的电力系统摇摆曲线自动计算装置，研制了电力系统高精度频率测量装置，并完成了电力系统自动调频和经济调度的研究。

在大型电机的研究方面，提出了新型蒸发冷却技术，在80kW水轮发电机上试验成功。由此奠定了电工所在电机蒸发冷却领域取得世界领先成果的基础。

在高电压技术研究方面，由于三峡工程放缓的外部条件影响，由高压输电研究转向了液中放电、防雷保护等方面。这些研究为电工所以后取得国家重要成果如海上和陆地地震石油勘探、体内结石粉碎、古建筑防雷等工作开辟了道路。

在电加工技术方面，1959 年和 1962 年分别研制成功我国第一台电火花机床和高频脉冲电蚀加工装置等电加工设备。电子束焊接和加工、离子束加工、电子束微细加工等电加工重要研究领域也都在此基础上陆续发展起来。

在国防项目方面，开展了暂冲式电弧风洞加热器研究，建设了电弧加热器实验室；开展了脉冲放电风洞电源研究，完成了模拟试验并建成了电容器组、燃弧室、扩压段和真空箱组成的电容器脉冲放电风洞实验装置；用非传统技术开展了风洞中各项参数的测量研究，包括气流速度、焓值、温度等参数的测量。1962 年，还开始了磁流体发电的研究，电工所成为世界上开展这方面研究较早的单位之一。此外，在特种及微型电机的研究方面，研究制造了基准电压发电机、导弹用涡轮发电机、爪极发电机等电源及信号检测类电机、空心杯转子交流伺服电动机等。

当时正值国家三年困难时期，生活条件极其艰苦，但承担国防任务的人员都以能为国防事业贡献自己的力量为荣，夜以继日地奋力拼搏，克服了转行、知识储备不足和物质条件匮乏所带来的种种困难，圆满地完成了任务，为军工装备事业做出贡献。

第三节 早期发展（1963～1966）

一、发 展 历 程

1963 年 1 月 29 日，经国家科委（63－1）科综张字第 46 号文批准，由筹委会正式成立电工所。1963 年 4 月 29 日，召开电工所成立大会，林心贤任代理所长。1962 年 6 月，成立了电工所第一届所务委员会；7 月，成立了第一届所学术委员会。1963 年 9 月，成立电工所第三届党委会，林心贤任党委书记。

1964 年 6 月 4 日，中国科学院批准将第八研究室 805 组扩大为第五研究室（电工测量研究室）；9 月 9 日，批准成立第七研究室（微特电机研究室）。至此，电工所共建设有八个研究室，分别为第一研究室（电力系统稳定研究室，主任韩朔）、第二研究室（大型电机研究室，副主任廖少葆）、第三研究室（高电压研究室，副主任陈首燊）、第四研究室（电力系统自动化研究室，主任鲍城志）、第五研究室（电工测量研究室，副主任那兆凤）、第六研究室（电加工研究室，主任胡传锦）、第七研究室（微特电机研究室，副主任谢果良）、第八研究室（军工项目研究室，副主任杨昌琪）。第一至第六研究室属于电工所一部，从事民用方面的研究；第七、八研究室属于二部，从事军工项目研究。

由于三峡工程暂缓和为避免与电力部门及高校间不必要的重复，经院决定，1965 年先后撤销了电力系统稳定研究室（一室）和电力系统自动化研究室（四室），并分流了相关人员和设备。

研究所的行政管理机构主要是办公室，下面设有计划、人事、保卫、器材、行政和图书资料等科室。截至1964年上半年，全所职工380人，其中科技人员268人。1965年12月，根据院党委指示，电工所由机关党委制改行党委领导制，林心贤任电工所党委书记，并建立政治工作机构政治处。1966年6月，经院第二次院常务会议通过，林心贤任中国科学院电工研究所所长职务。

电工所成立之时，所址和基本建设（房屋）均未落实，因此科研环境和工作条件极差。一方面寄人篱下的局面依旧，所部和研究室、工厂又分散在中关村北部各处（号称"八大处"），对于工作联系和科研管理极为不便。1963年3月曾向院申请将所址迁往北郊，未能落实。直到1965年，院领导决定将电工所迁往安徽合肥董铺岛。从1966年4月起，开始准备分期分批搬迁，于1966年7月正式成立电工所合肥搬迁办公室，组织实施搬迁工作，并先搬走一部分实验室、设备和人员。后因"文化大革命"开始而停顿。

二、研究工作进展

研究所成立之初，青年人才是科研队伍的主力军，20世纪50年代毕业的大学生承担了大部分课题的攻坚任务。在困难环境和艰苦条件下，全所人员团结奋战，做出较大的贡献，取得了多项研究成果，开创了电工所的基业，奠定了电工所的基础。

在电力系统稳定方面，研究和建立了电力系统动态模型、交流计算台和直流输电模型；发展了数值计算与物理模型和实验相结合的方法；开展了原动机调节、强力励磁调节研究，并取得成果。动态模拟装置被评为1964年度中国科学院重大成果。

在电力系统自动化方面，将自制的摇摆曲线自动计算装置与自制的大型交流计算台一起配合使用，并取得成功。译著《动力系统调频和经济运行》、专著《动力系统最佳运行及其控制》均由科学出版社出版。

在电加工技术研究方面，主要进行了电火花加工、电子束加工、电弧等离子体加工等三方面技术研究。在电火花加工技术研究方面，1963年研制成功的KD-103型电子管式高频脉冲电蚀加工装置，获国家发明证书和新产品二等奖；1964年研制成功KD-110型电子管高频脉冲发生器，经鉴定后在国内推广。在电火花线切割技术方面，1963年研制成靠模线电极电蚀加工装置；1964年研制出光电跟踪线切割样机。在电子束加工技术研究方面，利用电子束的高能量密度和易于聚焦等特点，开展了对材料进行镀膜、焊接和热处理等方面的加工技术研究。在等离子加工技术研究方面，自行设计制造了多种枪体，进行了系统工艺试验，1965～1966年设计了可控硅整流大功率等离子体切割电源，1966年鉴定后进行了批量生产，具有国际先进水平。

在特种电工装备方面，1963年与中国科学院物理所合作开展核聚变实验用的θ箍缩装置中快脉冲放电研究；1964 年承担了大能量电感储能放电装置的研制，先后完成了能量分别为 10^5J 和 10^6J 的 5 号和 6 号大能量电感储能装置的建造和实验研究。1965 年起电工所承担了潜艇导航平台用的特殊电源的研制任务。开展了稳频稳相稳压电源、特种稳压稳流电源、可控硅直流稳压电源以及石英标准频率发生器等研制工作。

在磁流体发电方面，于 1964 年首次在我国进行磁流体发电试验成功。虽然当时发电只有 80W，却是我国磁流体发电研究的良好开端，在社会上引起了很大反响。1966 年 4 月，与一机部北京重型电机厂和一机部电器科学院联合成立北京市磁流体发电联合工作组，共同开展研究了一年左右，后因"文化大革命"中断。

在大型电机的蒸发冷却技术研究方面，先后研制出两台可以运行的小型工业试验的 80kW 和 650kW 水轮发电机，安装在北京玉渊潭水电站，发电并长时间并网运行，这项成果受到国家主席刘少奇同志的重视，他还接见了有关科研人员。

在特种及微型电机的研究方面，开展了中频发电机、电机放大机、直流电动机及其伺服系统、交流电动机及其调速系统等，取得了很好成绩。为卫星、火箭及工业应用研制出多种型号的磁滞同步电动机及陀螺电动机等。

在高压脉冲放电技术研究方面，开拓高电压技术的新生长点，在开展防雷保护研究的同时，在我国率先开展了液中放电和脉冲磁场的理论及其应用为主的新的研究领域，开展了包括液中放电技术、防雷保护、高压直流电弧开断、脉冲磁场等的应用研究，取得了较好的成效。

在微细加工技术研究方面，从 1964 年起开始电子束微细加工技术研究，与中国科学院北京科学仪器厂和一些工业部门联合研制电子束加工机。这是我国研制电子束微细加工设备的最初尝试。电工所承担了电子光学柱、高压电源、束闸单元的研制工作，为今后成为国内从事电子束微细加工技术及设备的主力单位之一，打下了初步基础。

在电工测量与仪器仪表研究方面，承担了精密阻抗电桥研究任务，并于 1965 年研制成功了电阻器残余电抗测量电桥，为 1967 年精密阻抗电桥的研制成功起到了重要保证作用。

在学术交流方面，1963 年，电工所与北京市电机工程学会联合水电部技术改进局共同召开了动力系统经济运行及自动化学术报告会；召开了全国第三届电加工学术会议，推动了电加工的发展。

第四节 "文化大革命"时期（1966～1976）

一、发 展 历 程

1966 年上半年，"文化大革命"在全国范围内展开，6 月波及电工所。此后电工所党委和所领导在"文化大革命"冲击下，工作开展日渐困难，许多领导同志和学科带头人被划成"走资派"和"反动学术权威"，科研工作受到严重干扰。1967年1月20日，由造反派组成的"联委会"全面接管电工所。1967年8月，电工所"革委会"成立；8月，军管小组进驻，成立了政工组、宣传组、审干组（办）、科研生产指挥组、后勤组等组织，管理全所各方面工作。

1968年5月，电工所所长兼党委书记林心贤同志被迫害致死。是月，电工所正式被国防科委五院接管，改称中国人民解放军506研究所。此后，军管组对电工所的组织机构进行了调整，改为连队建制，将全所分为6个连队：机关、图书馆组成第一连；二室、七室和所工厂组成第二连；三室及五室部分人员组成第三连；六室和三室部分人员组成第四连；五室、801组和七室部分人员组成第五连；八室的802、803组组成第六连。其后，又将原802、803组（电感储能和燃烧型、爆炸型磁流体发电）划归十五院，改称中国人民解放军1516研究所；并拟将原六室（电加工）等单位划归产业部门。

1970年电工所重回中国科学院，恢复了原来的所名。1972年恢复研究室建制，到1973年共建成八个研究室，依次是：磁流体发电研究室，副主任杨昌琪；电机研究室，副主任廖少葆；高电压研究室，副主任秦曾衍；超导技术研究室，主任韩朔；计算机应用研究室，副主任万遇良；电加工研究室，主任胡传锦；微电机研究室，副主任谢果良；电推进技术研究室，副主任冯毓才。1973年又与中国科学院其他五所一厂一起下放北京市，实行中国科学院和北京市的双重领导，改称为中国科学院北京电工研究所。

领导体制不断变化，影响了正常的科研秩序，各种运动、集会和辩论也占去了不少时间。1969年，电工所和中国科学院的许多单位一样开始部署战备疏散，设备物资和大批人员先后离开北京，"隐藏"到了山西、河南驻马店、苏州和常州等地区。一年之后，除了去苏州的人留在苏州第三光学仪器厂以外，都回到了电工所。1970年，响应国家提出的"三面向"号召（面向学校、面向工厂、面向社会），电工所相当数量的科技人员分别到北京第一轧钢厂、北京西城区广播设备厂、北京市东城区医疗设备厂、清河毛纺厂等处和工人结合，前后持续了近两年时间。

二、研究工作进展

电工所改为划归国防科委领导的506研究所后，发展电火箭技术成为研究所的主要研究方向，并计划分建第1508所，发展大功率脉冲电源。为国防需求而建的原八室的电弧风洞、电感储能和磁流体发电等军工项目（6403任务）开展起来，原二室、五室承接了09任务，原六室承接了651任务，原七室承接了651和541任务等。进入20

世纪 70 年代，国防研究热逐渐消退，电工所研究方向也随之进行了调整，逐渐聚焦在电工新技术上。1972 年，在原五室的基础上新建了计算机应用研究室；1973 年在原八室 802 组基础上成立超导技术研究室（即"四室"）。超导电工、微细加工和计算机应用等研究在电工所相继起步。虽然经历了"文化大革命"风暴的残酷洗礼，电工所的干部和广大研究人员以良知和敬业精神，仍然坚持不懈地在自己的岗位上履行使命，取得了一系列的研究成果，为国家做出了应有的贡献。

1. 国防任务研究

在电弧风洞和电火箭研究方面，原 801 组承担着由当时七机部 701 所提出的为研究再入大气层的太空飞行器防护材料烧蚀试验用电弧风洞的设计和试验，研制成功 FD-04 型电弧加热器，获重大国防科研成果奖。电弧风洞研究告一段落后，又开始了电火箭（或称离子推进）这一新方向的研究，且进展很快。先后完成了离子火箭发动机和脉冲等离子体发动机的研制，并成功进行了空间飞行模拟试验，建造的实验设施已经能够用来开展关键问题的研究。

在电感储能研究方面，原 802 组承担的 6403 任务激光脉冲电源用的电感储能研究进展比较显著，研制了储能为 10^5J、10^6J 和 5×10^7J 的电感储能装置，并用于激光放电和打靶的实验。

在磁流体发电的研究方面，在北京市的组织下，与一机部电器科学研究院、北京重型电机厂等单位组成联合攻关工作组，确定了油—氧燃烧脉冲运行实验装置的设计方案，电工所负责发电通道的设计。历经艰苦的摸索改进，于 1972 年使得比较频繁的发电实验和研究成为可能；1974 年重新设计加工了火箭发动机型燃烧室和发电通道，取得了 595kW 发电结果，达到当时国内最高水平，于 1974 年评为中国科学院重要科研成果。1970 年完成了 6403 任务的可储存燃料磁流体发电机方案调研和设计，并于 1972 年与上海电机厂特种电机研究室合作，完成了可储存燃料 N_2O_4 和 HNO_3 氧化剂的磁流体发电试验。另外，在 6403 任务的带动下，原 803 组开展了用炸药作燃料的爆炸型磁流体发电的原理实验以及磁流体发电机作为大功率风洞电源的可行性论证。后因各种原因，有关研究未能继续。1974 年以后，得到当时中国科学院和国家科委的支持，磁流体发电的研究便转向了以民用基荷电站为目标的方向，于 1976 年建成用高温预热空气助燃的烧油磁流体发电长时间实验装置。

在 09 任务研究方面，主要是开展用于核潜艇导航平台的特种电源以及标准频率发生器等九种装备的研制。1968 年初完成实验室阶段的工作，实用原型由常州电讯元件厂负责生产，1969 年交付委托单位长期使用。

在特种电机研究方面，开展了服务国防的直线电机发射器和加速器、永磁低速力矩电机及其随动系统，此外还开始交流调速电动机及其调速系统的研究。在微电机研究方面，完成了卫星、火箭及导弹用多种形式磁滞同步电动机以及 541、651、691、

714 等工程中多种类型的微电机研制，交付使用。此外，开展了无刷直流电动机及步进电动机的研制。

在国防任务方面，1969 年还开展了舰艇电源新方案的调研工作，成立了课题组，分别对燃料电池、静电发电机、电气体发电以及闭环磁流体发电的应用前景进行调研。其中，电气体发电研究曾经建立了原理实验装置，进行过初步的实验。在 651 任务的支持下，原六室开展了电子束焊接和电解加工研究的预先研究；后因电子束焊接等进一步研究的要求不明，逐步地同军工项目脱钩。在国防科委支持下，805 组还进行了雷击武器的前期研究。

2. 电工新技术研究

虽然国防项目研究火热一时，但到"文化大革命"后期，除了军用微电机和电火箭的研究尚在坚持外，其他国防研究基本偃旗息鼓。电工所的主要研究方向开始转向电工新技术研究，从发电到用电的各个环节的新技术受到了关注，并取得了一系列研究成果。

在蒸发冷却技术研究方面，"文化大革命"开始后研究工作一度中断，在 1970 年后逐步恢复。提出了汽轮发电机全浸式自循环蒸发冷却方案，并与北京良乡发电设备厂合作研制成功 1200kW 汽轮发电机，并网试验成功且陆续运行了很长时间。

在电加工研究方面，作为我国电加工事业的领头羊，开拓了一系列新的研究方向。研制成功了取消传统靠模的光电跟踪线切割机床，并在上海彭浦机器厂示范运行；电弧等离子体用于铝锭切割的研究取得了良好结果，所研制的设备曾经在哈尔滨做现场示范。1964~1968 年电加工研究室与中国科学院北京科学仪器厂等单位联合研制电子束加工机，跨入微电子束加工研究领域。1970~1972 年参与北京市组织的电子束布线机会战，1972~1984 年承担的 1∶1 电子束投影曝光技术研究，这几项研究工作为电工研究所跨入微细加工研究领域开辟了道路。此外，电加工研究室还开展了电解加工、电弧等离子体加工以及离子束镀膜等研究。

在高电压技术研究方面，以高电压脉冲放电技术为主要研究对象，在开展防雷保护研究的同时，在我国首先开展了液中放电和脉冲磁场的理论及其应用为主的新研究领域；开拓了电火花震源用于渤海湾石油资源勘探的新方向，并且取得了令人瞩目的重大成果。与此同时，对世界上脉冲功率技术的研究给予了极大的关注。

在超导技术研究方面，1969 年原 802 组与中国科学院物理研究所合作，研制了储能量为 10^5J 超导电感储能实验装置。1973 年超导技术研究室成立后，承担了高能加速器用的超导磁体预研任务，分别研制成功探测器用超导磁体模型和加速器脉冲二极磁体模型。1975 年与北京天文台合作研制了天文望远镜磁聚焦用的高均匀度超导磁体。另外结合电工所磁流体发电研究的要求，还开展了磁流体发电用超导磁体的研究工作。

在计算机应用研究方面，以 PDP-8 小型机数据处理系统国产化需求作为契机，于

1975 年初研制成功与当时流行的美国 PDP-8 完全兼容的 XDJ-73 小型计算机。之后改进型 XDJ-73 Ⅱ 在大连机车车辆厂、兰州 135 厂和北京无线电一厂得到了推广应用，成为进一步转向计算机在电工领域应用研究的良好开端。

十年动乱中，电工所的图书资料情报工作得以基本正常运行。受国家整体影响，除了 1967 年的国外期刊缺订外，所图书馆每年的订刊、购书业务照常。"文化大革命"开始至 1973 年间，军管小组对所内体制进行了大调整，部分科技人员被临时安排在资料室。他们发挥自己的外文专长，设法收集国内外最新科技信息，与原资料室工作人员一起通过油印资料，及时地为研究人员提供了磁流体发电、超导电工以及脉冲功率技术等领域发展动向的信息，为研究工作的进展做出了不可忽略的贡献。电工所试制工厂工作除了早期受冲击外，也在持续。在学术交流方面，1967 年 7 月在沈阳举办的全国电加工学术会议，是"文化大革命"期间电工所主办的规模最大的学术会议。

第五节　恢复调整（1976～1985）

1976 年 10 月，党中央彻底粉碎了"四人帮"，结束了历经十年之久的"文化大革命"。电工所按照中国科学院部署进行拨乱反正、治理整顿，恢复科研秩序，发展科研生产，开始以科研为中心的战略转移。

一、发展历程

在批判"四人帮"、清查"文化大革命"中的"三种人和事"、落实干部政策、平反冤假错案、开展"实践是检验真理的唯一标准"的讨论之后，电工所根据院的部署开始了整顿、充实党政领导机构，恢复所长领导建制。1978 年 1 月 1 日，一度由中国科学院、北京市双重领导的电工所回归中国科学院直属研究所建制。

1. 领导体制变迁

1978 年 2 月，院党组决定赵志萱同志任电工所党委副书记、所负责人。随后，调整了第五届所党委的领导班子，取消所"革委会"领导，撤离驻所军代表与"工宣队"。1978 年 3 月，全院实行党委领导下的所长负责制，赵志萱任电工所所长。同时，在研究室实行党支部领导下的室主任负责制。

1978 年 11 月 4 日，电工所召开平反落实政策大会，为在"文化大革命"中遭受诬陷迫害、摧残折磨的 103 位党政干部、科技工作者进行彻底平反，恢复名誉。

1978 年 12 月，中共十一届三中全会召开，全党工作的重点转移到现代化建设上来。电工所按院的部署，并遵照中央"调整、改革、整顿、提高"的八字方针，进行以科研为中心的战略转移。为充实所的学术和业务领导力量，于 1979 年初，首度起用科技专家型人才任业务副所长，任命超导技术研究室主任韩朔和磁流体发电研究室主任杨昌琪为副所长。

1979年3月，制定颁布了《中国科学院电工研究所关于实现以科研为中心的战略转移的工作意见》：全所的政治工作、业务工作、生产基建、技术后勤和生活福利工作等各项工作，都要以科研为中心，促进出成果、出人才这一根本任务。之后，采取了重视和依靠科技人员的人事布局，注重增加党委成员中科技人员的比例，实行室主任负责制，研究室党支部发挥保证监督作用。改革党政机构，撤销所政治处，设立党委办公室与人事保卫处。

根据1979年公布的《中国科学院研究所暂行条例》（即新"七十二条"），建立健全所务会议、学术委员会会议、室务会议、业务部门工作会议等。1979年3月，恢复了所务委员会，成立了电工所第二届所务委员会。1978年5月，成立了电工所第二届学术委员会，随后颁布《电工所学术委员会条例（试行）》，规定所学术委员会是所的学术咨询机构，也是所的学术评议机构，对研究所出成果、出人才负有重要的学术责任。1981年12月，成立了电工所第一届学位评定委员会（简称学位委员会）。1985年10月，始建"所长办公会议"。

1982年9月27日，时任所长的赵志萱同志因病去世，杨昌琪任代理所长。1984年4月12日，中组部批准杨昌琪为中国科学院电工所所长。

2. 方向任务和科研机构调整

"文化大革命"结束后，为使科研工作在一定时期内保持相对稳定，针对电工所历史上方向任务及隶属体制多变的情况，修订所的科研发展规划，进一步明确所的方向任务。1977年下半年开始，电工所依照中国科学院"侧重基础，侧重提高"的方针，进行了八年规划制定工作。经过几次修改，于1979年3月形成了《中国科学院电工研究所1978—1985年科学研究发展规划报告》，将电工所的研究方向定为"在电能电工领域中，加强应用基础理论研究，大力探索新能源、新型发电方式及电工新技术；主攻磁流体发电、太阳能发电和超导电工；积极进行微电子束、强流快脉冲放电、微特电机及计算机应用等方面的研究"，并拟对研究机构进行调整。

1979年2月，成立了高电压快脉冲放电技术研究组，开展高压强流快脉冲放电和强流相对论电子束技术的应用和理论基础研究，由此开启了电工所强流快脉冲放电技术研究新领域。

1979年3月，建立了电工所太阳能发电研究室（九室），主要开展中高温太阳能热发电研究、农村太阳能动力系统和太阳能水泵研究、风力发电机及其控制系统研究、机电储能系统研究，廖少葆任副主任。该室建成后对太阳能发电的关键部件及相关技术和系统分析，对农村能源的开发利用等问题进行了大量研究。

同月，将图书馆、资料室、情报组合并组建了图书情报研究室（十室），朱尚廉任室主任。主要任务为：收集介绍国内外电工学科的最新理论和技术发展动向；研究电工学科国内外发展的情况和趋势，为确定研究课题和制定规划提供情报和建议；开展图书情报手段现代化研究；开展出版、复制、照相、录像等技术服务工作。

1979 年 9 月，中国科学院批复并同意电工所的研究方向为"电能电工的应用基础理论及其新技术的研究，主要是超导技术和磁流体发电的应用研究以及太阳能热发电的基础研究"，确认电工所拟从事的八个方面的研究内容。电工所据此进行了课题清理和研究室的调整，并在此基础上进行了研究室、课题组的"五定"工作（即定方向任务、定课题、定重大技术方案、定实验设备和器材、定组织机构和岗位责任制）。结合"五定"工作，相应建立了技术档案、业务考核档案、成果考核、课题核算等制度。

1980 年 9 月，制定了《中国科学院电工研究所 1981—1990 年科学研究发展规划（草稿）》，进一步确立了电工所学科发展的大方向。

1980 年 12 月，根据中国科学院的部署，电工所电推进研究室（八室）划归中国科学院空间技术研究中心，人员、仪器、设备、器材一并划转。至此，电工所共设有九个研究室，分别为：磁流体发电研究室（一室），主任杨昌琪（兼）；特种电机及调节系统研究室（二室），副主任顾国彪；高压脉冲放电研究室（三室），副主任陈首燊；超导技术研究室（四室），主任韩朔（兼）；计算机应用研究室（五室），副主任万遇良；电加工研究室（六室），主任胡传锦；微特电机研究室（七室），副主任谢果良；太阳能发电研究室（九室），副主任廖少葆；图书情报资料研究室（十室），主任朱尚廉（空缺八室）。

1982 年 10 月，根据中央关于科技工作必须面向经济建设的科技政策，电工所开始进行所的方向任务的局部调整。

1982 年 12 月，中国科学院技术科学部对电工所进行了评议（简称"学部评所"），对电工所多年来的成就予以了充分肯定，认为"电工所在电工新技术方面为我国开辟了一些新的研究领域，为国民经济服务做出了显著成绩，成为我国这方面的一个重要科研基地"；将电工所的科研发展方向确定为"电工电能新技术及其应用基础研究"；并对在研的 6 个项目和 9 个研究室分别提出了评议意见，肯定了磁流体发电、超导、微电子束扫描曝光、脉冲放电、电机蒸发冷却等技术研究方向，而认为太阳能热发电不符合电工所学科方向，建议撤销。

根据学部评议意见，1983 年 4 月，太阳能发电研究室（九室）被撤销，其下四个研究组撤销或合并到其他研究室，风力发电机及其控制系统等在研项目继续执行。1983 年 11 月，电加工研究室（六室）一分为二，原微电子束扫描曝光系统研究组分出，成立"微电子束加工研究室"（九室），室主任朱琪；原电加工研究室保留了电火花加工理论与新应用研究、中等束流电子束加工技术和离子束应用等研究方向，改名为"电火花、电子束加工研究室"，室主任胡传锦。

3. 人才队伍建设

"文化大革命"结束后，拨乱反正的要务之一是恢复执行正确的知识分子政策，重视和发挥科技人员的作用。为此，电工所采取多种措施，培养科技队伍，并开展国内外学术交流以及相关管理规章制度建设。

1977 年 8 月始，陆续解决了夫妻两地分居的 20 位科技骨干在京安家落户问题。1978 年初，恢复了技术职称，启动科技人员的考核提职工作，逐步开展研究系列、工程系列等各类专业人员的提级工作。1983 年 10 月到 12 月，又进行了职称评定工作的整顿。截至 1983 年，短短 5 年间，电工所共提升研究员 1 名，副研究员 28 名，高级工程师 3 名，助理研究员 159 名，工程师 88 名。1985 年 8 月，改革技术职称评定模式，实行专业职务聘任制。

1977 年 10 月，国家恢复全国统一研究生招生工作，电工所遵照中国科学院的部署，恢复了硕士研究生招生和培养工作，时设两个招生专业：电工电能新技术和电机。至 1978 年 10 月，首批招收 13 名硕士研究生。从此，电工所研究生工作步入正轨。1978～1985 年间，电工所共招收硕士研究生 51 名。

为提高在职科技人员素质，开展了在职人员培训工作和学术交流活动。1978 年，先后开办英语初、中、高级口语班，日语班，提高职工外语水平；开办各种内容和方式的学习班、讲座等，补充、更新和提高专业知识水平；选派有培养前途的中青年科技骨干出国进修、学习，吸取国外先进科技成果。1977～1985 年，派往美国、日本、加拿大和欧洲诸国进修磁流体发电、超导技术、电子束技术、微特电机、脉冲放电、空间技术、太阳能发电、计算机技术等专业的人员，计 36 人。

此外，开展国内、所内、研究室内的各种学术活动；组织部分高级、中级科技人员出国考察，参加学术活动；请外国同行专家来电工所进行学术交流。1977～1985 年，派出 56 人次，请进外国同行 173 人次。

为把对科技人员的使用、培养、考核晋升三者紧密结合起来，1984 年，对全所课题组长以上科技人员进行了全面工作考核，以选择和培养各级"将才"，选拔所级领导第三梯队。

与此同时，电工所调整和改善科技队伍的结构比例。较多地补充青年初级研究人员；技术人员和其他业务辅助人员，培养并适当提升一定数量的中年高级技术人员；支持和鼓励某些科技人员向所外流动，精干科技队伍；通过实行课题定编定员的人员编制改革，实行长聘、短聘、待聘、不聘的人事机制，促进向所公司及所外的人员流动；在专业职务聘任制实行中，严格执行人员比例和限额规定及聘任条件。到 1985 年下半年，电工所的高、中、初人员比例达到了 1∶5.6∶2.4，人才队伍结构得到有效改善。

4. 物质条件保证建设

这一时期的工作条件与生活条件建设，取得了前所未有的成就。1984 年 6 月之前，以微电子束技术为核心实验室，以特种电机、计算机应用技术等为主实验室的电工大楼、蒸发冷却实验室、超导电工实验室、多功能锅炉房等陆续竣工并投入使用，为超导技术、微电子技术、蒸发冷却技术、计算机应用技术、特种电机等五大领域开展实验研究创立了前所未有的物质条件。此后，又改建磁流体发电二号机实验室，新建超导技术实验室二期工程、太阳能实验楼。此外，高压脉冲放电实验室、电加工技术实验室、微型电机实验室等也进行了不同规模的更新改造。到1984年底，电工所共有实验室21个。与此同时，办公用房也得到了极大改善。

以科研为中心的转移和改革开放下的环境条件，还推动了电工所在这一时期的实验手段向现代化发展的建设。所工厂在此时期的加工能力和工艺水平获得了很大提高，与研究室通力合作，创造性地完成了许多大型实验装备的加工项目。通过引进急需的关键性装置，和有计划地陆续进口精密质高的仪器、仪表、计算机等设备，逐步将使用多年的实验装置与精密仪器设备更新换代。此外，还实施了全所统管通用的仪器设备管理制度。

电工所的住房条件、工资待遇等生活条件也得到改善。与兄弟单位合建了901号高层住宅楼，1984年，解决了139户职工的住房问题。还新建了浴室，并改善了托儿所、食堂条件。1985年7月1日，电工所作为院京区试点单位之一，进行工资制度改革，对科技人员和管理人员实行以职务工资为主要内容的结构工资制。"套改"完成后，电工所的工资待遇得到大幅提高。

5. 市场化改革探索

1984年10月，党中央通过了《中共中央关于经济体制改革的决定》，明确实行社会主义公有制基础上的有计划的商品经济。在此改革大潮下，根据院的有关精神，电工所也启动了改革试点，成立了由所长杨昌琪、副所长申世民为正、副组长的电工所改革小组。改革模式先在一室、二室和所工厂试行。为了面向市场把科技成果直接转化为产品，继1983年电工所参与成立科海新技术开发中心，引进TRS-80微机推广科研成果取得良好效果后，1984年10月17日电工所成立了"中国科学院电工新技术开发公司"，实行"一个研究所，两种运行机制"。

1985年1月院决定改革研究经费拨款方式，按分类管理、择优支持原则，实行科研经费的基金制和合同制的管理方式。所以，争取参与国家和院的攻关项目、课题纳入院重点或取得基金支持，成为研究所的科研管理工作面对的新课题。为此，电工所清理整顿了课题：将无经费支持、无经济效益、近期又不能出成果、远期看不出有助学科发展和技术积累的课题，予以撤销；对即将出成果的、与国民经济关系密切、重大实验设备建设、学术上技术上有重大价值的课题，重点支持，予以条件保障，管理到位。

1985年4月，中国科学院出台了相关政策进一步开放、放活研究所，建设符合新体制之下的研究所运行机制。照此精神，电工所实行了研究室在编人员每人每年向所交费制度（时人俗称"人头税"）、个人收入登记申报制度；扩大课题组长经费自主权，课题组长负责采用经费登记本管理课题经费制度；进行职工医疗费改革与工资制度改革，实行专业职务聘任制；加强与国外科研单位的对口交流及建立交流关系，开展国际合作研究计划；实行岗位责任制及相应考核评价标准与奖惩制度，打破"大锅饭"和"铁饭碗"机制等。

1985 年 8 月，电工所组织的调研组出台了《关于我所今后发展方向和战略目标的调查报告》，提出了"一主二辅三结合"的七字方针，即以科研为主，以小批生产和开办技术市场为辅，并将三者有机地结合起来，作为研究所在经济转型中坚持围绕出成果、出人才之中心任务而进行改革探索的方向。

二、科研进展

1978 年 3 月全国科学大会召开，电工所有 10 项科技成果获全国科学大会奖。和全国所有科研单位一样，电工所迎来了科学的春天。钻研业务、刻苦求知的风气又回到了电工所，1976 ~ 1985 年 10 年间，取得了大量令人瞩目的科研成果。

在磁流体发电研究方面，成功改造完成长时间民用磁流体发电机实验机组（1 号机），为进行民用磁流体发电的研究创造了条件。进行了燃烧室和发电通道的改进研究，并取得了预期的结果，最高发电功率达 33kW，最长运行时间达 30 小时，于 1980 年获得中国科学院科技成果二等奖。1984 年建成千千瓦级油氧燃烧磁流体发电机组（KDD-2），最高发电功率达 2.2MW，运行时间 2min，时为国内最高水平，该机组于 1989 年获中国科学院科技进步二等奖。此外，将在磁流体发电研究取得的中间技术成果，加以开发应用推广，如煤粉锅炉点火用电弧加热器、燃用轻柴油或煤油的家用汽化油炉系列产品。

在特种电机研究方面，20 世纪 70 年代结合工业的需要开展永磁宽调速直流电动机及其调速系统、直线感应电动机、自动绘图机直线平面步进电动机及其驱动系统的研究；80 年代根据学科的发展和新技术的应用开展永磁磁体及其匀场技术、控制技术和特种发电机以及蒸发冷却电机参数的新型测量技术等研究。1981 年研制成功直线电机加速器用于大型仿真试验装置，获 1983 年中国科学院重大成果二等奖；系列宽调速直流伺服电动机获 1978 年全国科学大会奖和中国科学院科学大会奖。1981 年完成了当时具有国际水平的 PDH-120 平面电机绘图机，获 1981 年中科院重大成果一等奖、1985 年国家科技进步二等奖。电机蒸发冷却技术开始了工业化中间试验研究，1984 年 1 万 kW蒸发冷却水轮发电机组在云南大寨水电站超负荷稳定运行，取得 20 多年来电机蒸发冷却技术研究的一次重大突破。

在微电机研究方面，成功研制出第一颗人造卫星用运载火箭等火箭以及导弹、卫星等装置上所用的磁滞同步电动机，获 1978 年中国科学院科技大会奖。同时还研制出同步同相电动机、有刷及无刷的驱动、伺服及力矩电动机、高速及盘式直流电动机、无槽无刷直流电动机、步进电动机、直线、摆动等特种运动形式的往复电动机等一系列微电机。其中，石英电子手表用单裂极式永磁步进电动机获 1979 年中科院重大成果二等奖。

在高电压脉冲放电研究方面，"电火花地震勘探震源"获 1978 年全国科学大会奖、中国科学院重大成果奖；"海洋石油地震勘探电火花震源"获 1980 年中国科学院科研成果一等奖。此后又将该技术推广到陆地石油、煤田勘探方面和南海石油普查勘探，取得了肯定结果。1983 年，开拓了液电冲击波体外破碎肾结石技术研究，1984 年研制成功我国第一台体外冲击波碎石机，1985 年成功进行人体临床试用。在强流快脉冲放电技术研究新领域，承担了院内外军工、科学实验和工业方面若干重大科研任务，在毫微秒级高压强流作用下的开关技术、绝缘技术、同步辐射电源技术、激光泵浦源技术、电磁干扰源技术等方面，取得诸多重要成果。

在超导技术研究方面，1976 年开始为 1 号磁流体发电装置研究的需要，先后设计、研制和实验了三个鞍形超导磁体模型。为了跟踪国际进展，结合建立小型超导 Tokamak 装置的目标，开展了一系列 D 型超导模型线圈的研究工作。1978 年上海制冷机厂研制的我国第一台 50L/h 活塞式氦液化器，在四室低温站顺利投入运行。1982 年开展了核磁共振成像超导磁体的预研工作，进行了全身核磁共振成像超导磁体系统和 1/3 尺寸大小的模拟磁体系统的具体设计。在这期间，还研制成功多种性能的 NbTi 超导磁体和开展了 $NbTi-Nb_3Sn$ 高场超导磁体的研制工作。

在计算机应用研究方面，1977 年完成 XDJ-73 小型计算机的改进型，80 年代初引进和推广了 TRS-80 微型计算机；深入研究了 IBM-PC 机的应用技术，成为国内第一批从事 PC 机应用研究的科研单位；开发了与微型机配套的数据采集系统并交付生产；开展了计算机控制方面的研究；完成了中国科学院质子加速器的主环磁体电源的控制系统设计及其所需的电流检测部件 DB 系列电流比较仪，该比较仪被评为 1980 年院重要成果；合作研制了平面电机自动绘图系统，负责其中的计算机配置、硬件接口和软件开发等任务。1984 年合作承担了国家"六五"攻关项目"可变矩形电子束曝光机的研制"任务，负责计算机控制系统和图形变换软件及控制软件的研究。

在电加工和微细加工研究方面，与工业部门结合，先后研制成功多种新型加工机床和装置。研究掌握 1:1 电子束投影成像一次曝光技术；1978 年承担了中国科学院下达的研制微米级圆形扫描电子束曝光机的攻关任务；承担国家"七五"重点攻关项目大规模集成电路关键工艺设备研制中的"可变矩形电子束曝光机研制"。1982～1983 年与中国科学院半导体所合作开展半导体材料离子注入电子束退火技术研究，获中国科学院重要成果奖。1984~1985年，完成了国家经委"六五"计划重点攻关项目电子束热处理工艺及装置。此外，还开始氮化钛－氮碳化钛离子镀膜技术的研究。

在电火箭方面，先后研制成功低电感储能电容器、高放直流高压（2kV）交换器、微推力测量装置，建立了带有程控系统的高真空试验系统。到1977年，又研制出脉冲等离子体电火箭试验样机和飞行样机；1981年成功完成了电火箭空间飞行试验，填补了我国航天技术中的空白领域，使我国成为继美、苏、日之后掌握此项航天技术的第四个国家，获得重大科技成果奖。

在太阳能发电研究方面，对太阳能发电的关键部件及相关技术和系统分析、农村能源的开发利用等问题进行了大量研究。取得太阳能聚光镜几何精度激光测试仪、选择性吸收铬黑涂层、"φ"形5m立轴风轮发电机组、直径2.5米单镜太阳能跟踪聚光系统等成果。其中，为风轮发电机组配套研制的爪级无刷直流自励式发电机达到国际同类机组的先进水平，"φ"形5m立轴风轮发电机组获1982年中国科学院重大成果二等奖。1983年中共中央总书记胡耀邦等中央领导，专程到北京八达岭风力发电试验场参观视察。同时，还承担了中德合作项目"大兴县太阳能工程"的任务，以及中国科学院石家庄"农村能源试验站"的筹建。

在图书情报方面，1980年恢复出版《论文报告集》，1982年创办综合性科技刊物《电工电能新技术》。此外，先后创办和编辑出版了十余种各类科技情报信息报道和科技刊物，如《科技消息报导》、《新能源》、《国外超导研究及其应用》、《等离子溅射在工业中的应用》、《太阳能电池在农业中的应用》、《国外磁流体发电》、《磁流体发电情报》、《情报研究参考》、《消息报导》、《微电机》等。

第六节　改革开放（1985~1995）

一、发展历程

1985年4月，中国科学院出台了《中国科学院关于院属研究所实行所长负责制的暂行规定》，电工所据此于1985年9月起正式实行所长负责制，由所长全面负责、全权领导研究所的业务、行政工作，党委的作用转变为"发挥政治核心和保证监督作用"。以杨昌琪为所长的新一届领导班子制定了首份"所长任期目标任务书"（1986年10月~1989年10月）。12月，作为与实行所长负责制相配套的群众民主监督机制，电工所正式建立了职工代表大会制度。从此，电工所在所长的领导下，按中国科学院的部署，以国家需求为使命，围绕出成果、出人才的中心任务，锐意进取、不断开拓电工电能新技术领域，在经济转型和社会转型中坚持改革、不断总结，进入了深化改革与结构调整的发展新时期。

继前一阶段开启课题经费核算、实行专业职务聘任、组建所办公司后，1985 年底，完成了 9 名研究员的聘任工作，使电工所在职研究员人数上升为 11 人。1985 年 3 月，所办公司更名为"中国科学院电气高技术公司"，汪德正任总经理，次年改为全民所有制，注册资金增至 115 万元。

在研究室体制改革试验方面，1985 年电工所计算机应用研究室的数控研究部分，在华元涛的提倡下成立了"微机控制系统（MCS）实验室"，开始了研究室体制的改革试验，在研究工作、用人机制、财务管理等方面推进了一系列改革，成立独立核算自负盈亏的科研—开发—销售—服务型的新型实体。

1986 年 2 月，电工所制定《专利工作暂行规定》，正式实行专利制度，对课题的管理目标也开始由"成果"向"专利"转化。

1987 年 1 月成立新能源研究室（八室），主任倪受元，开展风力发电、光伏发电和太阳热利用等相关研究。不久，太阳热利用组并入电气高技术公司。至此，电工所研究机构分别为：磁流体发电研究室（一室），主任居滋象；特种电机及调节系统研究室（二室），主任顾国彪；高压脉冲放电研究室（三室），主任陈首燊；超导技术研究室（四室），主任严陆光；计算机应用研究室（五室），主任沈国镠；电火花、电子束加工研究室（六室），主任吴振华；微电机研究室（七室），主任谭作武；新能源研究室（八室），主任倪受元；微电子束加工研究室（九室），主任顾文琪；图书情报资料研究室（十室），主任王幽林；微机控制系统（MCS）试验室，主任华元涛。

1987 年 8 月，时任所长的杨昌琪同志因病不幸去世，申世民负责主持全所工作；1988 年 1 月，中国科学院任命严陆光为代理所长，1989 年 1 月正式任命严陆光为电工所所长。1991 年，严陆光当选为中国科学院学部委员（院士）。

严陆光任所长后，将大力加强开发工作、加速科技成果转化作为其任期目标的重要内容之一。1988 年，先后动员和组织了 7 个课题组连带项目和人员整体进入了电气高技术公司，利用已成熟的科研成果转化成产品，开拓市场与占领市场，开始了第一次创业的进程。电气高技术公司获得迅速成长，不但有了放电碎石机、电子束焊机等拳头产品，创造了良好的经济效益，而且成为当时北京海淀新技术产业开发试验区的知名高新技术企业。1989 年 2 月召开的所长办公会扩大会议上，重点研究了贯彻落实"一院两制"的办院方针，再次明确在电工所实行"一所两制"，"一所办一个公司"的原则。

由于多个课题组并入公司，使电工所的研究机构组成发生了一系列的变化。高压脉冲放电研究室（三室）的液电冲击波体外碎石机、电火花震源、基因枪等项目及课题组的多名科技人员进入公司，使该室人员大量减少，仅剩下一个研究组。电火花、电子束加工技术室的电子束焊接组、离子镀膜组先后进入公司，电火花组的骨干外调，六室的建制被取消，剩余人员转入 MCS 试验室，改名为电加工与数控工程中心。1989 年 2 月，经所长办公会扩大会议决定，将特种电机研究室和微电机研究室合并成立电机研究室。1990 年 2 月，决定图书情报室改为图书馆，由科技处主管；微电子束加工技术研究室改名为微细加工研究室。1991 年，电工所又对研究组进行了整顿，八室又增设了新能源发电系统配套设备组；特种电机研究室和微电机研究室正式合并为电机研究室。

1992 年，为贯彻邓小平南巡讲话精神，按照国家科委和国家体改委"分流人才，调整结构"的要求，围绕研究所如何适应市场经济的建立与发展，电工所全面推进改革，加大了研究室调整的力度。在各研究室内，按照精干化的原则聘任，组织在国际前沿拼搏的队伍，争取得到稳定的支持。同时，积极开展与学科方向一致的开发工作，致力于科研成果的及时转化。

7 月，召开了电工所第三届所务委员会第三次会议，确定了改革的方针和思路："仍然坚持电工电能新技术为研究所的主要方向，将技术与市场发展迅速的微电子与计算机技术为基础的电工新技术领域，组成工程研究发展中心，力争为我国的技术发展、产品开发、市场开拓做出重大贡献；在已形成了一定的产业与商品市场的太阳能、风能等新能源利用、微电子专用设备、微特电机等新技术领域，大力转入市场导向的轨道，在面向经济建设主战场作贡献的同时，提高自己的技术水平；而在燃煤磁流体发电、超导电工、磁悬浮直线驱动、电磁流体推进等离产业化还较远的前沿新技术方面，继续进行国际前沿跟踪，努力占领相应的制高点。""进一步壮大与发展电气高技术公司，完善运行机制，继续致力于将科研成果转化为现实生产力，开拓市场，占领市场；所的行政机关根据管理与服务分开的原则，推进管理要精干、高效，服务要社会化的改革。"随后，电工所根据这一改革思路进行了一系列的深化改革。

1993 年 2 月，按照管理与服务分开，人员精干、提高机关办事效率的原则，对所机关的职能部门进行了调整，将原有的 10 个处（办）精简合并为 6 个处（办），即所办公室、党委办公室、科技处、人事处、财务处和资产处，使管理人员占全所职工比例下降为 7%。将大多数科技后勤服务部门组成服务中心，优先优惠为所内有偿服务，并积极扩大为社会服务。

为加强开发工作，1993 年 8 月，电加工与数控研究工程中心、计算机应用研究室与电机研究室的电力电子研究组合并建成"中国科学院电工研究所工程研究发展中心"（简称"机电控制工程中心"）。同年，所工厂改制为公司。所公司、工程中心与服务中心设立了独立账号，其在编职工人数占到全所职工的 50%，并转入了企业经营机制运行。

1992～1993 年的所结构调整，有力地促进了人才分流，形成的 6 个研究室、一个工程发展中心、一个高技术公司、一个服务中心和比较精干的管理部门的基本格局。至此，电工所的科研机构分别为：磁流体发电研究室（一室），主任居滋象；电机研究室（二室），主任顾国彪；高压脉冲放电研究室（三室），主任张适昌；超导技术研究室（四室），主任林良真；机电控制工程中心，主任华元涛；新能源研究室（八室），主任倪受元；微细加工技术研究室（九室），主任顾文琪。

二、科 研 进 展

研究所的一系列改革措施，促进了全所科研工作的发展。1986～1995 年，正是国家"七五""八五"发展计划期间，电工所各个分支学科都承担了相应的学科项目，并取得了很大发展。

1. 磁流体发电

1986 年，"燃煤磁流体发电技术"作为一个主题，被列入国家"863"高技术发展计划，电工所为主持单位，并于 1990 年建成了燃煤磁流体发电上游部件试验基地。由电工所牵头，联合华北电力设计院、东南大学、上海发电设备成套设计研究所和北京第三热电厂等单位，于 1990 年完成了万千瓦级燃煤磁流体发电中试电站系统分析和概念设计研究报告，1991 年完成了中美（田纳西大学空间研究所）合作北京第三热电厂磁流体发电改建概念设计研究报告。由电工所牵头，会同核工业部第二设计院、东南大学、上海成套所和北航等单位专家，1995 年完成了 12MK 燃煤磁流体/蒸汽联合循环试验装置可行性研究和初步设计。1993 年 10 月由国家科委和中国科学院签订了项目的合作原则协议，计划在 2000 年前建成热输入功率为 12MK、磁流体发电功率为 200kW 的燃煤磁流体——蒸汽联合循环长时间试验装置，电工所为主持单位。为完成这一任务，电工所将一室系统工程组与工程磁流体研究组合并为装置建设组，四室大型磁体组与低温站合并为低温超导组，与一室试验研究组一起全力以赴从事燃煤磁流体发电工作。到 1994 年底，MHD－12 试验装置的氧气系统完成全部安装和初步调试；"863"低温超导磁体研制，完成了大鞍磁体用低温容器设计图纸的审核和修改；MHD 上游部件试验研究进行了六次热态试验，最长连续发电时间达 1 小时，最长连续投煤燃烧时间达 1 小时 16 分，发电功率峰值达 119.7kW。1985～1987 年完成了中美合作的"高互作用磁流体发电通道流体力学研究"。

10^3kW 级磁流体发电机组的研制获 1989 年中国科学院科技进步二等奖，磁流体发电机的理论分析和基础研究获 1991 年中国科学院自然科学奖二等奖，燃煤磁流体发电/蒸汽联合中试电站系统分析和设计研究 1992 年评为中国科学院重要成果。此外，继续将磁流体发电研究取得的中间技术成果加以开发应用，开发出外混合气动雾化和自吸式柴油汽化炉等多项新产品和专利。新型系列柴油汽化炉于 1988 年获中国科学院科技进步二等奖，1989 年评为国家科技进步三等奖。

2. 电机及其控制

蒸发冷却技术进入工业机组制造与运行阶段，5 万 kW 蒸发冷却汽轮发电机 1991 年 3 月起在上海西郊变电站作调相运行；5 万 kW 蒸发冷却水轮发电机安装在陕西安康水电站，顺利通过了长期运行考验。在持续开展蒸发冷却电机研究的同时，还在特种电机方面开展了直线平面步进电动机及其驱动系统、列车的磁浮及直线推动电机技术和电动汽车驱动及控制技术等项研究，取得了一系列的重要成果，并不断地产生新的生长点。

在直线驱动技术方面，研制成功滚筒式直线电机绘图机。20世纪90年代以来，又开展了磁浮技术研究，参加了我国磁浮列车关键技术的攻关，与德国合作建成了小型高临界温度超导磁浮列车模型装置，参加了高速磁浮飞轮储能装置的研制，为我国磁悬浮与直线驱动技术的发展奠定了良好基础。在电动汽车技术方面，开发的交流异步驱动系统及永磁驱动系统等技术，为"九五"期间承担国家电动汽车重大产业工程任务打下了基础，积累了经验。

在永磁技术方面，20世纪80年代以来，重点进行了0.1~0.35T磁共振成像用永磁磁体的研制，0.15TASP-015永磁磁体获1991年国家科技进步二等奖，并已由科健公司生产销售近百台。20世纪90年代以来，又承担了丁肇中先生领导的反物质探测计划中阿尔法磁谱仪用孔径1m、0.13T钕铁硼大型永磁磁体的研制工作。

在微电机方面，成功地研制出气象卫星风云一号"A星"和"B星"上用无槽无刷直流电动机，获1993年国家发明三等奖；卫星相机快门用永磁式摆动电动机在多个型号卫星上使用；波浪发电机获得应用。

3. 超导技术及应用

1986年承担国家自然科学基金委员会"高电流密度、中型超导磁体稳定性与常导传播的研究"课题以来，又重点发展了涂漆导线、窄液氦通道冷却的新设计方案。1988年承担了"高磁场组合超导磁体最佳设计和稳定性的研究"，在 Nb_3Sn 磁体稳定性方面开展了较系统的研究；开展了运用数值方法直接求解瞬态稳定性的研究。1992年，在国家自然科学基金委员会的支持下开展了氧化物超导材料在强场下应用研究，对高温超导材料的实际应用及发展超导强场技术起到了积极推动作用。同时，还开展了工频交流超导磁体及其稳定性研究，为发展我国交流超导磁体和高场超导磁体技术奠定基础。"七五"、"八五"期间，研制完成了多项超导磁体。其中超导大型鞍形超导磁体的本体部分于1992年5月完成，1993年5月进行了液氦温度下的励磁实验，性能理想。

在超导磁体实用化研究方面，1985年研制成功4mm微波回旋管用磁体系统并成功地用于回旋管试验。1987年研制了一套5T超导高梯度磁分离样品实验机，利用它进行了高岭土提纯和高硫煤的脱硫脱灰试验。1989年研制成功14T NbTi-Nb₃Sn高场超导磁体。在此期间，还承担了712所的300kW超导单极电机的超导磁体研制任务，并于1992年进行了超导单极电机的满负载试验。此外，还先后成功研制了三套磁拉单晶炉超导磁体系统，并提供使用。1992年完成磁流体发电用的4T/44cm大鞍超导磁体研制，并于 1993 年在俄罗斯科学院高温研究所实验成功。1992 年完成中国科学院"七五"重大科研项目"高岭土超导磁分离工业性试验样机"的研制，并进行茂名高岭土样品的磁分选提纯实验、磁饱和实验以及工业性生产的模拟实验。在成功研制船用超导磁体模拟装置基础上，1994 年还与 710 所合作完成船用超导磁体工程模拟的研制。

4. 新能源技术领域

完成了多项国家重点科技攻关任务，成功地建立和发展了一批应用示范项目，快步发展成为国内新能源和可再生能源研究开发的主力军之一。在风力发电方面，主要研究风力发电系统中发电机和相应的控制系统，以及风力发电的运行方式等。研制成功磁场调制型变速恒频风力发电系统，应用到国家"七五"重点科技攻关任务"20kW 变速恒频风力发电机"中。承担国家"七五"科技攻关项目"小型风力机储能控制保护系统"，对数千瓦以下容量等级的风力发电机进行了最佳运行控制的研究工作。采用以发电机输出频率为指令的负荷控制技术和配备小容量储能电池，为我国边远地区解决小功率供电问题创立了一种行之有效的运行模式。还完成了"20kW 风力与 40kW 和 20kW 柴油发电机并联运行系统"的技术攻关。

在风力、太阳光互补联合发电方面，1994 年完成了国家"八五"重点科技攻关任务"30kW 风、光互补联合发电系统"，荣获 1995 年中国科学院科技进步二等奖。在"七五"期间，完成"小型光伏电站的优化设计和示范装置"、"正弦波高效逆变器的研制"、"太阳光、风力发电储能逆变供电系统的技术经济分析"和"小功率光电提水喷灌装置"等项国家科技攻关任务，为促进我国小规模光伏系统的应用和推广做出贡献。此外，研制成功了 10kW 以下的系列逆变器和控制器等样机；为空军红其拉甫气象导航站研制建设了 3kW 太阳能光伏电站。"八五"期间，在国内率先承担国家无电县光伏电站建设任务，于 1994 年建成"西藏双湖 25kW 光伏电站"，这是当时国内最大的独立光伏电站，荣获 1996 年中国科学院科技进步二等奖。

此外，在太阳热发电方面，继续进行了"中温太阳热发电系统及其技术研究工作"。"八五"期间完成了国家科技攻关项目"高反射率柱型抛物面聚光器"，同时，开展了自由活塞式热气发动机的基础研究工作，成功地研制了一台 Ringbom 斯特林演示机。在新能源发电系统配套设备方面，完成了容量分别为 500VA、3kVA 和 10kVA 的三台 PVI 系列正弦波高效率逆变器，还相应完成了电流切换能力分别为 120V3A、15A、60A 的三台"电流-电压型"蓄电池充放电自动保护控制器。在储能逆变供电方面，还进行了"储能用铅蓄电池状态自动检测技术与装备研制"的应用技术研究等。"八五"期间，完成了国内首台 30kVA 阶梯正弦波逆变器的研制。

5. 微细加工

电工所牵头负责的院重大应用研究项目 DY-3 型扫描电子束曝光机，经过长期努力于 1987 年完成，1988 年通过中国科学院院级鉴定，系统功能处于国内领先水平。此后又进行了 DY-4 亚微米电子光学柱的设计与研制，1990 年完成了 DY-4 亚微米电子光学柱的调试。承担了国家"六五"（后转"七五"）半导体专用设备的科技攻关项目，1986 年研制完成第一台实验用样机，并进行了多项基本试验，1990 年完成正式样机调试。

为了跟踪国外先进水平，电工所于 1991 年承担了多项中国科学院"八五"重大应用研究项目，在可变矩形束、亚微米、深亚微米电子束曝光机研制方面均取得了新进展。"八五"期间，引进国外二手设备，加以改造、升格后装备我国的微电子工业。1992 年和 1995 年分别引进两台 JBX-6AII 可变矩形束电子曝光机，改造升格为具有亚微米能力，并投入制版生产。一台于 1994 年完成向我国北方微电子工业基地移机调试工作，进行了各种工艺考核；另一台安装在电工所，成为我国半导体掩模版制造的重要设备。引进的 EeBES-40A 机升格为深亚微米电子束曝光机；立足于国内研制的 0.5 ~ 0.8μm 电子束曝光设备，机器的功能指标已全部达到合同要求，并可稳定地曝出 0.3 ~ 0.4μm 图形。

6. 机电一体化与数控技术

开始了系统自动编程机的研制。先后研制成 MCS-I，II，III，IV4 个型号的编程机，于 1987 年在香港展出，得到大量推广应用。在 20 世纪 80 年代初研制成功的国内首创的微机控制线切割机床 WBKX-1 型线切割自动编程控制机的基础上，1985 年和 1986 年又先后研制成功 WBKX-A 型和 WBKX-P 型两种线切割自动编程与控制机，推广应用数百台。1986 年还研制成功 SQG650-II 型大型火焰切割机的专用数控系统，达到了国外同类产品性能。1990 年研制成功 ZK-1 型中挡线切割机控制器，获 1990 年中国科学院重要成果奖，推广应用了数百台；还研制成功 LCS-01 型激光切割机数控装置，1991 年通过中国科学院鉴定，于 1992 年经过改进发展成 LCS-02 型。从 1992 年起，开始研制采用 80286CPU 大板结构的多 CPU 专用数控系统，应用于异形螺杆铣床、激光打标机等设备上。

在交直流伺服系统研制方面，电工所先后开展了直流力矩电机和铁氧体永磁宽调速直流电机的研制。20 世纪 80 年代以来，又开展了钕铁硼永磁系列宽调速伺服电机的研制。1988 年研制成功两种型号的高精度宽调速直流伺服系统。1992 年进一步完成了与 FANUC 直流伺服系统兼容的 SF2 型，提供给国家"八五"重点项目"五轴联动高档叶轮数控加工中心"的第一台样机使用。1994 年完成交流伺服系统与五轴联动高档数控加工中心的第二台样机配套；合作完成大型及精密线切割机床 WBKX – 40 的研制，批量生产，获中国科学院重要成果奖和北京市科技进步二等奖。此外，1987 年利用钕铁硼永磁材料完成了新型永磁吸盘的研究，技术指标优于国家和日本标准，获国家专利；1988 年完成 XG415 高精度平面雕刻机的研制和线切割机用新型高频电源的研制，研制成功 WDH – II 型脉冲电源；1990 年又设计了多功能线切割机床，并试制生产。

7. 高电压脉冲放电技术

国内首先研制成功的液电效应体外震波碎石机于 1987 年获国家科技进步一等奖；

"钻孔灌注桩质量无破损检验" 1988 年获国家科技进步三等奖; "冲击磁铁脉冲发生器及其触发系统" 获 1990 年中国科学院科技进步二等奖; 为 500kW 高压直流断路器灭弧而研制成功的高压直流开断装置, 获 1993 年中国科学院重要成果; 在防雷方面, 还研究了雷达站和古建筑及重要建筑的防雷, 用实验方法验证了天安门及人民大会堂防雷设计的可靠性, 完成了故宫博物院古建筑群总体防雷规划和部分防雷设计施工工程等。

第七节 战略定位 (1995~2002)

1995 年初, 所领导班子进行了换届, 严陆光继续担任电工所所长。新一届所领导班子的重要任务之一就是在十年改革已有成绩基础上, 充分发挥自身的特点和优势, 完成所的战略定位和进入院知识创新工程试点, 力争发展成为与社会主义市场经济相适应的一流新型研究所, 同时进行科技队伍新老交替、快速过渡。

一、发 展 历 程

1996 年 4 月, 组建了永磁应用研究室, 列为第五研究室, 主任夏平畴。该室主要承担丁肇中先生领导的反物质探测计划中应用的阿尔法磁谱仪的钕铁硼大型永磁体 (AMS) 的研制工作, 成为我国永磁磁体技术与应用的主要力量之一。高压脉冲放电研究室于 1995 年改为所直属课题组。

随着 "文化大革命" 前参加工作的科研人员陆续大量退休, 造成了电工所的人才断层。为了培养年轻学科带头人和给下一届领导班子培养储备人才, 从 1996 年起设立了青年科学基金, 遴选一批优秀青年人才为重点培养对象; 1997 年 8 月, 增设青年所长助理一职, 任命孔力为科技工作的所长助理, 朱美玉为行政工作的所长助理。同年, 顾国彪当选中国工程院院士。

1997 年 4 月, 中国科学院决定在全院开展以 "研究所定位和重点开放实验室分类管理" 的工作 (简称 "定位"), 拟于 3 年内, 形成 80 个左右科研基地型研究所和 30 个左右的技术开发基地型研究所。

为准备 "定位" 工作, 争取进入基地, 电工所于 1997 年 8 月, 成立了高档医疗设备工程中心, 承担了中国科学院 "九五" 重大攻关项目 "高档医疗设备" 的研制任务, 同时开展了中频 X 射线机电源研制, 与澳大利亚合作研制人工生物肝, 主任申世民。1998 年, 建立了超导电工开放实验室, 每年自筹经费 30 万元, 对外开放。在此期间, 1996 年 5300m² 综合楼建成并投入使用, 科峰公寓开始正式运营; 1998 年底, 撤销了服务中心, 北郊 1400m² 住房也全部竣工。

经过上述调整, 到 1998 年, 科研机构分别为: 磁流体发电研究室 (一室), 主任童建忠；电机研究室（二室），主任徐善刚；超导技术研究室（四室），主任余运佳；永磁应用研究室（五室），主任董增仁；新能源研究室（八室），主任孔力；微细加工技术研究室（九室），主任王理明；高压脉冲放电研究组，组长张适昌；工程研究发展中心，主任齐智平；高档医疗设备工程中心，主任申世民。上述各方面的改革和机构调整工作，为完成所的"定位"创造了条件。

1998 年，电工所向中国科学院提交了自我定位报告。自我定位为"高技术研究发展为主的国家科研基地型研究所"；发展目标是"电工电能新技术研究发展的国家队"；学科方向为"坚持电工电能新技术的创新、研究、应用、发展"；主要研究发展领域为"先进能源转换及新能源技术、电机及其控制与机电一体化技术、超导电工、永磁技术及其应用、微细加工技术与微机电系统、高档医疗设备"。1999 年 1 月 20 日，中国科学院正式下达文件，认定电工所为"高技术研究与发展基地型研究所"，电工所成为中国科学院能源基地的核心研究所之一。

1998 年 6 月，国家科技教育领导小组通过了《关于中国科学院开展"知识创新工程"试点的汇报提纲》，中国科学院正式启动了知识创新工程试点工作。力争进入院"知识创新工程"试点成为电工所下一阶段的中心任务，并抓紧了相应的工作。1998 年 10 月，邀请所外专家领导举行了电工所战略技术发展方向研讨会，进一步明确了电工所的战略定位、发展方向。12 月，向院报送了《开拓进取，建立面向 21 世纪国家电工电能新技术知识创新基地——电工研究所"知识创新工程"改革方案汇报提纲》。1999 年 1 月，到知识创新工程试点单位大连化学物理研究所学习经验；其后举行了全所"知识创新工程"动员会。

1999 年 3 月，所领导班子换届，中国科学院任命孔力为电工所常务副所长，主持全所工作；2001 年 8 月，正式任命其为电工所所长，完成了电工所新老交替的平稳过渡。在一线科技队伍中，年轻的学术带头人也开始担当重任。

新一届班子面临的最紧迫的重大任务，就是争取进入知识创新试点工程。"按照国家和中国科学院建设国家创新体系的要求，进一步凝练科技发展目标，组织和建设一支具有高水平自主创新能力的科技队伍，建立和完善与现代研究所制度相适应的管理体制和运行机制，不断争取并完成体现国家目标的重大科技任务，取得一大批对国民经济和国防建设具有重要战略意义的科技成就，确立和巩固电工所在全国电工科技体系中一流的国立研究发展机构的战略地位，成为中国科学院按创新工程的高标准建设、按新机制运行的核心研究所"，成为当时电工研究所发展基本指导思想。为此，新一届领导班子在完成"定位"工作的基础上，以体制改革、机制转变为重点，推动全所各方面的改革，采取了凝练研究所的学科方向，加速推进研究所管理体制和运行机制改革，加强青年人才培养，加强对实验室建设、园区环境改造和创新文化建设等一系列措施。

1999 年 5 月，在管理部门率先实行了"按需设岗，按岗招聘"的改革试点，工作人员由 38 名减少到 23 名，管理机构由原来的 6 个处（办）减少为 4 个（所办公室、科技处、人事处、财务处），提高了工作效率，促进了工作作风的改变。11 月，"按需设岗，按岗招聘"的新制度在高级专业技术职务评聘中开始实行。同年还建立了三元结构的分配制度。2000 年 4 月，实行了全员聘用合同制。这期间，对中科电气高技术公司进行了股份制改造，对其下属的四个子公司和三个事业部采用撤销、合并、减持等方式进行了调整和改制。同时，进一步推进了后勤服务工作的社会化进程。

为了不断凝练科技目标，电工所从 2000 年起成立了战略研究小组开展持续的发展战略研究。在当年的战略研讨会上，确定电工所的方向仍然是电工电能新技术的创新、研究和发展；主要任务是促进电工电能及相关产业的重大战略性技术进步和产业的发展；明确了所的主要研究领域为先进能源电力技术、现代电气驱动技术、应用超导技术、生物医学工程和微纳电加工技术。

2000 年，在进行了十五年的国家 "863" 计划能源技术领域燃煤磁流体发电主题全面完成后，磁流体发电研究室、新能源室、磁流体推进及高压脉冲放电等项目合并，改称为新能源与新型发电技术研究室。同年，高档医疗设备工程中心划归中科电气公司管理，该中心的业务工作也分别纳入了中科医疗设备公司、高压脉冲放电组及永磁技术应用室。

为争取尽快进入创新试点，适应未来知识创新试点工程的需要。2001 年 12 月，撤销了原有的研究室建制，按凝练的学科研究领域，将原来的七个研究室、一个工程中心（23 个研究组）调整为五个研究部（15 个研究组），即先进能源技术研究部、现代电气驱动技术研究部、应用超导技术研究部、生物医学工程研究部、微纳加工技术研究部。经过公开招聘、考评，重新聘任了正副组长。

为了进一步加大探索新的研究方向的力度，更好地支持前沿探索性工作，鼓励原始性创新，电工所于 2002 年初启动了前沿探索研究部的筹建工作，逐步确立了超级电容器储能、磁等离子体化学发动机和人工心脏等新的研究方向，并争取到国家 863 探索项目的支持。与此同时，新建的生物电磁研究实验室已经初具规模，为生物电磁工程的研究工作提供了基本的条件。2002 年底院长办公会批准电工所成立"应用超导重点实验室"，电工所在重点实验室建设方面取得重大突破。

在人才培养和引进方面，电工所一大批青年骨干走上了室、组领导岗位，担当起了学术带头人的重任，实现了科技队伍、学术带头人、研究所、研究室（部）、研究组及管理机构领导等各层次的代际转移。在国家"十五"计划、"863"计划中，电工所共有 7 位科技骨干进入专家委员会、主题或专项专家组中；2002 年肖立业入选国家自然科学基金委员会杰出青年。引进了"百人计划" 2 人，先后有多名博士从国外到所工作，全所具有硕士和博士学历的人员比例有了较大提高。在研究生教育方面，2000 年获得"电气工程"一级学科博士学位授予权，下设 5 个二级学科博士点；研究生招生人数大幅上升。2001 年，又获得了博士后流动站资格。

此外，全面推进用人及工资制度等人事制度改革，认真实行岗位聘用制、三元结构分配制度、科研课题管理制度、绩效考评制度及激励制度等；成立了以党委书记为组长的"创新文化建设研究小组"，抓好园区改造和环境治理，完善制度建设和园区改造，完成了电工所形象标志的系统设计。

2002 年 4 月，院党组批准电工所进入院"知识创新工程"试点，电工所的发展进入了一个新的历史时期。

二、科 研 进 展

此一阶段正值"九五"期间和"十五"开始前几年，电工所圆满地完成了"九五"期间的各项科研任务，取得了突出成绩，获得了一批重要成果和专利，在争取和落实"十五"任务当中也取得了可喜的成绩。

1. 先进能源和新型发电技术

在燃煤磁流体发电研究方面，国家"863"计划任务经过大幅度调整后，按批准的"九五"计划重新进行了部署，完善了 25MW 热输入磁流体发电试验装备，被评为院 1998 年重要成果，取得了最高发电功率 130.8kW，连续发电时间 2 小时 13 分的好成绩。积极开拓了钠热机直接发电、太阳能中温热利用等先进能量转换技术研究。作为磁流体技术与应用的拓宽，超导磁流体船舶推进研究列入了"863"计划，1998 年底，研制成功具有 5T 超导磁场和螺旋式超导磁流体推进试验船，并完成了试验船载人的航行试验，研制成功的超导螺旋式电磁流体推进试验船（HEMS-1）通过了"863"计划能源领域专家委员会组织的专家评审验收，并获 2000 年度中国科学院科技进步二等奖。1999～2000 年完成了中日合作（神户商船大学和日本国立金属研究所）进行高场条件下磁流体推进器性能试验，其中核心试验部件螺旋式磁流体发电通道由电工所提供，这是世界上首次的高场（15T）的磁流体推进器试验，推进器效率达 13.5%，取得十分珍贵的试验结果。

在光伏发电技术研究方面，1998 年 10 月建成了西藏安多 100kW 光伏电站，获 2000 年中国科学院科技进步二等奖；1999 年完成了西藏班戈 70kW、尼玛 40kW 光伏电站的关键设备研制和电站的安装、调试，并投入运行。"十五"期间，在争取深圳市民中心兆瓦级并网太阳能光伏电站和"光明工程"西藏乡级太阳能电站等大型工程任务中取得重大突破，获得三个重大工程项目的建设任务，合同总金额为 2.6 亿元人民币，为解决边远地区居民的供电问题做出重要的贡献。主办了 1995 年北京国际太阳能高级专家研讨会，成为中国可再生能源发电方面的主要研究力量。

风力发电技术研究方面，完成了国家"九五"重点科技攻关项目"600kW 电场集中和远程监控系统及其装置的研制"和"风电场集中和远程监控系统的研制",将变速恒频技术用于水力发电及波力发电的研究。"十五"期间继续在国家攻关任务的支持下努力实现大型风电机组电控系统的产业化。同时,电工所还承担了"十五"国家"863"计划课题"1500kW 变速恒频风力发电机组控制技术研究"和"1300kW 失速型风电机组单机电气控制技术及装备的研制";开发了质子膜燃料电池电源系统。

在蒸发冷却技术方面,研制成功的 50kW 蒸发冷却水轮发电机,经长期运行考验后,获得中国科学院 1996 年科技进步一等奖。1999 年底,承担的国家"九五"科技攻关"李家峡 400MW 蒸发冷却水轮发电机"并网发电成功,被评为 2002 年国家科技进步二等奖和科技部"九五"国家重点科技攻关计划优秀科技成果。顾国彪院士被评为"九五"攻关计划突出贡献者。"十五"期间还承担了上海 125MW 汽轮发电机和湖北清江水布垭 4 台 460MW 水轮发电机。

在高压强流脉冲放电技术方面,1995 年完成国家自然科学基金项目"极性液体混合物作脉冲形成线绝缘介质"的研究,获得"雷电接闪计数器"国家发明专利。1996 年完成中国科学院项目"小型双区静电除尘器的物理过程和优化设计研究"。1997 年研制成功井间地震长电缆放电震源系统,完成故宫三个典型宫殿雷击电磁场时空暂态分布研究。1998~2001 年完成故宫四大建筑群、故宫"建福宫"和定州开元寺塔防雷保护设计与施工;研制成 40kA、8/20μs 雷电波发生器。1999 年完成用于金属材料改性的高功率脉冲发生器的研制。

2. 现代电气驱动技术

在电力电子方面,研制成功 2.2~110kW GVF 系列数字交流变频调速装置,并与企业合作批量生产。在伺服系统方面,研制成功了系列直流和交流伺服系统,合作完成的"高性能 CNC 及机床控制系统的研究",获 1997 年院科技进步一等奖。在数控技术方面,完成了院"八五"重点攻关项目"基于工业 PC 机的数控系统"的工作,并已发展成为中德长期科研合作项目与北京市经委产学研项目。

在电动汽车技术方面,"九五"期间落实承担了国家电动汽车科技产业工程"电动汽车概念车及其关键技术"、"燃料电池电动汽车装车"攻关任务和"九五"特别支持项目"电动汽车电气系统研究开发",针对电动汽车关键技术,深入开展了电机及驱动控制系统和系统集成方面的研究工作,同时积极开展国际合作。圆满地完成了"九五"国家科技攻关任务"全数字矢量控制交流异步电机电动汽车电气驱动系统"的研制;参与研制了我国第一台燃料电池中巴车,被科技部评为"九五"优秀科技成果。"十五"期间承担了包括国家"十五"计划、"863"计划电动汽车重大专项、院方向性项目和中国科学院重大项目等任务。

在磁悬浮技术领域,进行了一些关键技术的研究,与德国合作建成了小型高临界温度超导磁浮列车模型装置,承担的国家"863"计划磁悬浮重大科技专项中"高速磁浮交通系统牵引供电控制技术的研究"、"高压大功率变流技术的研究"、"牵引供电特性仿真软件包的开发和牵引供电特性的计算"和"长定子直线同步电机的优化设计和特性的研究"等四个子课题的研究任务，成为"十五"计划、"863"计划磁悬浮专项电气驱动方面的主要研究开发力量。此外，还参加了中日合作沪杭高速磁浮列车的调研论证和京沪高速铁路的评审工作；参加了科技部磁悬浮列车在预可行性研究工作，并在上海磁悬浮列车试验运营项目立项、技术引进和施工建设过程中发挥了重要作用。

在永磁应用研究方面，全面完成了阿尔法磁谱仪用孔径 1.1m、0.13T 钕铁硼大型永磁磁体（AMS）研制的重大国际合作任务，于 1998 年 6 月由航天飞机运入太空，是人类进入太空的第一个大型磁体。被两院院士评为 1998 年世界十大科技进展新闻之一，获 1998 年国家科技进步二等奖和中国科学院科技进步一等奖。此外，还完成了0.35T、C 型成像用永磁磁体的国际委托任务，交付使用，成为我国永磁磁体技术与应用的主要力量之一。

3. 应用超导技术

在超导技术与应用方面，建成了 150L/h 的液氦低温站，完成了大鞍超导磁体系统的长时间运行实验。研制成功了韩国浦项工业大学的磁流体船舶推进用 3.6T 闭环运行的鞍形超导磁体系统，并交付使用。研制成功磁流体推进实验船用的 5T 的超导磁体系统。1999 年研制成功了一套无液氦的 5T/50mm 的制冷机直接冷却的 NbTi 超导磁体系统。与兄弟单位合作研制成功 1m 长、1kA 的我国第一根铋系高温超导输电电缆，被两院院士评为 1998 年中国十大科技进展新闻之一。在此期间，还开展强磁场应用基础研究，在新研制的具有 20cm 室温孔径、5T 磁场的超导磁体系统上联合 9 个单位，进行了分子液晶材料、蔬菜种子、金属合金、工程塑料、磁分离等强磁场实验。此外，1999年还参加了国家重点基础研究发展规划（973）的"超导科学技术"项目研究。1997年 10 月主办了第十五届国际磁体工艺会议，电工所在国际磁体技术界作为中国主要代表的地位得到进一步加强。

4. 生物医学工程

在医疗设备研制方面，ZPRT-前列腺射频治疗仪获中国科学院 1996 年科技进步三等奖，销售了 80 多台，占国内市场 1/3 以上；ZEP 系列诱发电位仪获院 1998 年科技进步三等奖，销售了百余台，占国内市场约 1/4；ZULS 超声去脂减肥仪被评为 1997 年中国科学院重要成果，已申请发明专利，销售近 40 台；高压放电基因枪被评为 1997 年中国科学院重要成果并获得了发明专利；ZMT-I 型微波治疗仪生产销售了 40 多台；ZUPE白内障超声乳化仪已于 1998 年 11 月通过了国家医药总局试生产注册鉴定。中澳合作的人工生物肝等的研制工作也在积极开展。电工所已成为我国高档医疗设备研究开发的一个重要基地。

5. 微细加工技术

在微细加工技术方面，研制成功 DY-5 型亚微米矢量扫描电子束曝光机，获 1996

年中国科学院科技进步二等奖;完成了微米级电子束曝光机实用化任务,引进改造升级的可变矩形电子束曝光机获 1997 年中国科学院科技进步二等奖。在亚微米和纳米级电子束曝光装备的研究开发方面,完成了 $0.1\mu m$ 电子束曝光机及实验样机的研制,其技术指标和性能均处于国内领先地位。院知识创新工程重大项目电子束缩小投影成像曝光系统(EPL)一期原理样机顺利通过验收,达到最细曝光线条 $0.078\mu m$ 的好成绩;二期项目"纳米级电子束曝光机实用化"顺利启动。

第八节　创新发展(2002~2007)

2002 年 4 月,电工所进入院"知识创新工程"二期试点,从此进入了一个新的历史发展时期。在知识创新工程的引导下,电工所结合国家中长期科技发展规划纲要与院中长期科技发展规划,面向国家战略需求,面向世界科学技术前沿,勇于开拓,扎实工作,各方面的工作都取得了令人瞩目的成绩,研究所的综合实力得到显著增强,在中国科学院的地位有了明显的提升。

一、发 展 历 程

2003 年 7 月,新一届所领导班子换届完成,孔力继续担任电工所所长。8 月,根据进一步凝练出的主要研究领域,将原已建立的五个研究部调整为六个研究部,并正式成立前沿探索研究部。前沿探索部以培养新的研究方向为使命,采用由所长基金和争取外部项目经费相结合的运行机制,重点开展了新型发电与储能和电磁场问题的研究。至此,全所共有七个研究部(共 18 个研究组):可再生能源技术研究部,主任研究员许洪华;新型电力技术研究部,主任研究员顾国彪;现代电气驱动技术研究部,主任研究员李耀华;应用超导技术研究部,主任研究员肖立业;生物医学工程研究部,主任研究员宋涛;微纳加工技术研究部,主任研究员顾文琪;前沿探索部,主任研究员齐智平。

在新一届所领导班子领导下,通过持续有效的战略研究,电工所的研究方向和重点更加明确;取得了一批战略高技术创新成果和原始科学创新成果,为国民经济、国家安全和社会可持续发展做出重要贡献;有序推进科技布局调整和组织结构调整,体制机制改革取得突破;在科研实践中培养锻炼了一批将帅人才;园区建设和研究实验条件得到了质的改善;形成了电工所创新文化的鲜明特色。无论是在中国科学院内还是在电工科技界,电工所的能力以及取得的成绩得到越来越多的认可,其学术声誉和地位亦不断提高。

2005 年,电工所通过院有关方面组织的创新成果评估,完成了《中国科学院电工研究所知识创新工程试点二期自评估报告》，并接受了院的现场评估。在二期创新工程的实践中，电工所承担的科研项目总数达 156 项，其中包括国家科技计划项目 61 项、院知识创新工程项目 15 项等，总经费达到 2.38 亿元。

2006 年 2 月，电工所圆满完成知识创新工程二期工作。院长办公会对电工所科研工作给予了肯定，认为电工所"创新二期以来，进一步凝练了科技目标，在解决国家重大需求问题方面成绩突出。整体竞争实力显著提高，全面完成创新二期各项目标"。

与此同时，电工所制定了所的中长期发展规划，完成了《中国科学院电工研究所中长期发展战略规划报告》报告；制定了《中国科学院电工研究所知识创新工程三期方案》，部署了未来 5～15 年的科研工作总体布局和实施方案。把能源与电力安全科学技术的研究作为电工所的重要战略发展方向和核心任务；围绕这两个领域，坚持自主创新、加强核心技术的攻关，提高科技创新能力。在能源与电力安全技术领域，重点发展可再生能源发电技术、燃油替代的电气驱动交通技术及新型电力系统核心技术；在电气科学的前沿交叉领域开展基础性、前瞻性的研究，重点探索电气科学与生物学、物理学、材料科学、纳米技术和信息技术的交叉融合产生的电气科学前沿交叉方向。

进入知识创新工程三期后，为进一步优化科技布局，2005～2006 年，成立了太阳电池技术研究组、强磁场材料研究组、可再生能源发电咨询与培训中心，撤并了生命科学仪器组、磁共振技术研究组，并部署一批具有前瞻性研究领域和新的学科增长点，例如分布式电力、电力节能、新型电力储存技术等。进一步充实了前沿探索研究部的力量，加强前沿探索研究和研究所发展战略研究。

2006～2007 年，对管理机构的职能进行了进一步完善，使之更加规范化。科技处强化了产业化管理和质量管理职能，下设产业办和质量办；所办公室更名为"综合办公室"，强化了党务和宣传工作；人事处加强了研究生的管理和教育，更名为"人事教育处"；财务处增加了资产管理职能，更名为"财务资产处"。从社会上公开招聘了多名高学历专业人才，充实管理队伍，提高管理水平。

在积极争取、落实国家"十一五"科技任务方面，2006 年，争取国家"十一五"规划、"863"计划 16 项，总的合同经费达到 7918 万元；全年总计争取科技任务 44 项，科研经费达到 18 000 多万元。2007 年，全所到位经费总额达到 16 970 万元。

专利的受理与授权不论是从数量上还是质量上都有了显著的提高，2006 年，还得到 1 项国际发明专利受理。SCI/EI 论文不仅在数量上实现了连续数年的高速增长，在论文水平和质量上也有了显著的提高。国际合作与交流得到进一步增强，2007 年 9 月，举办了世界太阳能大会。此外，还加强与国家创新体系各单元合作与联合。

在基础设施与园区建设方面，2005 年 1 月完成了电气工程楼的建设，使所的园区建设有了质的改变。加强专业实验室建设，建立重点实验室；建立信息中心与电气系统仿真实验室；强化公共技术支撑体系建设、建立信息化管理体系，全面建成和完善ARP管理系统；建立严格规范的保密与质量认证体系。

在人才队伍建设方面，坚持从科技创新活动的实践中培养和锻炼科技将帅人才，一大批青年骨干走上了研究部和研究组领导岗位，担当起了学术带头人的重任。积极引进优秀人才，成功引进4名纳入"百人计划"的人才；注重青年人才的培养，积极发挥各类人才的作用；重视研究生教育，成立督导小组，成立研究生党支部，研究生教育质量有了较大提高。

此外，还进一步深化人事制度改革，规范用人机制，不断完善项目聘用制；逐渐完善考核评价体系，形成有效激励机制。积极开展"三优"科技创新团体创建活动，积极改善职工福利待遇，推行医疗制度改革，实行社会医疗保险和补充医疗保险，增加住房公积金等。加强制度建设，制作完成了《电工研究形象执行手册》和《电工研究所规章制度汇编》。加强创新文化建设，对网站进行了全面改版，组建网管队伍，创办了所刊《新电气》，开展了所史编撰工作，抓好创新案例编写和政务信息报送工作，并加大对外宣传力度。

2007年6月，所领导班子进行了换届，中国科学院任命肖立业为电工所所长。为了进一步优化学科布局，2007年12月，对科研组织机构又进行了调整，共设置九个研究部，下属19个研究组：可再生能源技术研究部（可再生能源发电研究发展中心、太阳能热发电技术研究组、太阳能电池技术研究组、电磁推进技术研究组、太阳光伏/风力发电系统质量检测中心、可再生能源发电咨询与培训中心），主任许洪华；电力电子与电气驱动技术研究部（磁悬浮与直线驱动技术研究中心、电动汽车技术研究发展中心、汽车电子技术研究组），主任李耀华；电力设备新技术研究部（蒸发冷却技术研究发展中心），主任顾国彪；电力系统新技术研究部（分布式电力与储能技术研究组），主任齐智平；极端电磁环境科学技术研究部（强流脉冲技术研究组），主任严萍；应用超导重点实验室（超导磁体及强磁场应用组、超导材料及强磁场科学研究组、超导电力科学技术研究发展中心），主任肖立业；生物医学工程研究部（电磁生物工程研究组、电磁成像技术研究组），主任宋涛；微纳加工技术研究部（电子束曝光技术研究组、微纳技术及应用研究组），主任韩立；前沿探索研究部，主任刘国强。

二、科研进展

在此时期，电工所圆满地完成了知识创新工程试点二期的工作和国家"十五"计划科技任务，并承担了多项国家"十一五"计划科技任务，做出了一批对社会和经济发展有重大贡献的科技创新成果，在面向国家能源电力需求和面向电气科学前沿方面做出不可替代的贡献。

1. 可再生能源发电技术

在光伏发电方面，2003 年建成国内第一座和建筑结合的 50kW 并网光伏电站；2004 年 8 月，建成的深圳国际园林花卉博览园 1MW 并网光伏电站，是当时国内乃至亚洲最大的并网光伏电站；2005 年 8 月，建成了我国首座荒漠并网光伏示范电站——西藏羊八井 100kW 高压并网光伏示范电站，这是我国第一座高压并网示范电站。建成了国家体育馆 100kW 并网光伏电站，为北京的绿色奥运、科技奥运做出贡献。此外，电工所还承担了国家"送电到乡"任务，完成了西藏那曲等 92 个光伏及风/光互补电站的设计和建设。

在风力发电方面，研制成功了 1.5MW 双馈式变速恒频风电机组控制系统及变流器，并于 2006 年 9 月在玉门风电场替代国外机组的电气控制系统，并网成功运行，这也是国内第一台变速恒频风电机组控制系统及变流器配套整机并网运行。

在太阳能热发电方面，研制成功了 1kW 碟式斯特林发电系统和直径 10 米的太阳能碟式聚光器，技术水平达到国际先进水平。通过与地方政府和相关企业的有效合作，积极开展了 MW 级塔式太阳热发电系统的研究，并得到国家"十一五"计划的经费支持。

2. 新型电力技术

在蒸发冷却技术方面，承担了院知识创新工程重大项目"三峡三期 840MV·A 蒸发冷却水轮发电机前期关键技术研究"和国家科技支撑课题"300 兆瓦蒸发冷却汽轮发电机样机研制"。在院知识创新工程的支持下，开展蒸发冷却方式的综合物理场仿真研究，积极推进蒸发冷却技术在三峡三期工程中的应用。并将蒸发冷却技术的应用拓展到船用特种用途的异步发电机、电力变压器和大功率电力电子装置等方面。2004 年 12 月，胡锦涛总书记等党和国家领导人参观中国科学院知识创新成就展时，对蒸发冷却技术在三峡工程中的应用表示高度重视。

在强流脉冲技术方面，在水中非传导放电的机理及应用、气体中重复毫微秒脉冲放电特性、重复频率脉冲功率技术等研究方面，取得了多项代表性的基础研究成果；完成了 DWA 新型加速器的概念设计；研制成功单台储能最高的 600kJ 陆地电火花震源，并投入使用。

在电磁推进技术方面，开展了磁流体油污海水分离回收、生物流体磁流体驱动技术以及水下电磁发射等新技术的研究。研制了磁流体海面浮油回收原理性演示装置，并成功进行了演示试验，回收油含水率小于 5%。与日本神户大学合作，完成了油水混合流分离回收的模拟试验研究，结果表明：模拟油珠直径为 0.5mm 时，分离率可达到 99.5%。研制了交流磁流体血液泵的模拟试验装置，在磁场强度为 0.85T 条件下，获得了 47.4L/min 的流体流量。同时，从 2005 年开始，在国内率先开展了液态金属磁流体波浪能直接发电技术，已申请了多项国家发明专利，正在研制试验装置。

3. 现代电气驱动技术

在磁悬浮与直线驱动技术领域，大大促进了节能电气交通技术的发展，成功研制了基于 IGCT 的 5MV·A 三电平 AC/DC/AC 变流系统，达到了世界先进水平。在此基础上，正在研制 7.5MV·A 高功率模块变流系统，并将应用于上海磁悬浮试验线。研制成功具有自主知识产权的非黏着驱动型直线电机轨道交通车辆，并将在北京机场地铁线上进行试验运行。2007 年 6 月，研制成功基于 VME 总线的具有自主知识产权的高速磁悬浮牵引控制系统。

在电动汽车技术方面，成功研制高功率密度、高效集成数字化永磁磁阻同步电机驱动系统，节能达 40％；应用到东风汽车公司研发的混合动力轿车上，实现了我国在混合动力电动汽车自主开发方面"零"的突破。研制成功高效、高功率密度 160kW 大功率交流异步电机驱动系统，用于北京 121 路的电动公交车线路。完成了"电动汽车网络、总线、通讯协议的研究"，形成了比较完整的电动汽车通信协议数据库体系，并由此对电动汽车通信协议进行了全面修订。

4. 应用超导技术

在超导电力技术方面，先后自主研制成功目前我国最长的三相高温超导电缆系统、我国首台三相高温超导限流器、我国首台三相高温超导变压器，并通过电力工业标准测试，相继投入电网试验运行，取得了很好的示范效果。此外，还提出了多种新型超导限流器的原理和超导限流 – 储能系统的原理，并进行了仿真和试验研究，取得了多项自主知识产权。2005 年还研制成功具有原创性的超导限流储能系统，实现了超导限流器与超导储能系统的功能集成，为我国的超导电力技术从实验室走向实际应用做出贡献。

在超导磁体技术方面，研制成功我国首台工业用高温超导磁分离系统，该系统能有效地对热轧钢冷却水的氧化铁进行分离；研制成功用于高功率微波系统的具有多均匀度的 4T 传导冷却超导磁体系统；研制成功大口径传导冷却的超导磁体系统；完成了固态氮保护的高温超导磁体系统的研制。此外，还开展了磁导航外科手术系统电磁问题的研究以及超导技术在惯性导航领域中的应用研究等。在大规模超导磁体系统的数值模拟和仿真计算方面也做出了成绩。

在超导材料研究方面，开展了基于 MgB_2 等新型高温超导材料及强磁场应用的研究，率先采用纳米碳掺杂法制备出当时世界上临界传输电流性能最高的 MgB_2 线材，已成功制备出百米量级的高性能 MgB_2 长线材，其高磁场下性能达到国际先进水平。同时还进行强磁场下新材料合成研究，利用强磁场成功制备出 γ-Fe_2O_3 磁性纳米管等。在新型铁基材料方面，首次成功研制出转变温度达 25K 的铁基镧氧铁砷线材。在此基础上，与物理所合作又制备出转变温度高达 52K 的钐氧铁砷线材。

5. 生物医学工程

在生物电磁学研究方面，取得了多项国内外专家认可的基础研究成果，在国内外都有较大的影响。在脉冲电场对细胞膜作用机理、电磁场对细胞增殖和分化的影响、亚磁空间对脑功能的影响及电磁镇痛效应的神经内分泌机制等研究方面，从不同的角度研究了电磁场生物效应及其机理。研制的分体双循环式生物反应器具有完全自主知识产权，极大促进了生物型人工肝支持系统的实用化。

6. 微纳加工技术

在电子束曝光设备的实用化上取得了突破性的进展，完成了三套实用化电子束曝光系统的研制，系统具有纳米级曝光分辨率。并已安装到国家纳米中心等单位，用于纳米科技前沿研究。与此同时，研制成功了我国第一台实用化纳米通用图形发生器，并推广到清华大学等相关科研单位使用。利用生物芯片点样仪技术研制成功的新型盲文点胶印刷系统和蘸胶印刷系统，为盲文印刷开辟了新天地。提出了100nm步进扫描投影光刻机光刻仿真分系统之间协同设计的依据和建议，为 SMEE 设计光刻机和与国外合作提供方案验证，优化了设备性能；研究开发了光刻辅助设计软件 MicroCruiser，实现了国际一流光刻仿真软件 prolith 不具备的功能，为我国进一步开发 100nm 以下节点光刻技术奠定了必要的基础。

7. 前沿探索领域

前沿探索部经过近 5 年的探索研究，在微波输电的实验研究、低温电力电子技术研究、微型电网的模型与控制理论、微型电网的保护方法、分布式发电系统中的应用等方面取得了一系列突破，1kW 光伏发电用超级电容器储能实验系统已经通过实验运行考核，为促进我国分布式电力技术的发展做出了新的成绩。获得了多项国家"863"项目及自然科学基金项目，并与江苏双登集团建立了联合开发中心，加快了超级电容器储能技术的研发速度。

为了进一步促进这些已开展的研究课题的发展，2007 年 8 月，以分布式电力和新型电力储能技术为基础，成立了电力系统新技术研究部，齐智平任主任。研究方向包括：分布式发电微型电网技术、超级电容器储能技术、飞轮储能关键技术、基于快速储能的电能质量控制技术和基于快速储能的电力节电技术。

第二章 组 织 机 构

第一节 机 构 沿 革

电工所的组织机构，主要包括科研机构和管理机构两大体系及各种委员会等非常设机构。这些组织机构是为了适应和满足研究所发展的需要而设置的。多年来，随着科技工作的发展和客观形势的变化，全所的组织机构进行了不断的调整、变革。"文化大革命"冲击、国防科委接管、军管、工宣队进驻等一系列动荡，将已初步定型的组织机构几乎全部冲乱。全国科学大会后，科研秩序逐渐恢复正常，全所的组织机构也随之恢复并逐渐进行改革，特别是进入科技创新时期，科研组织机构发生了根本性变化，精简了管理组织机构，推进了生活后勤管理服务机构的社会化进程，全所的管理机构呈现出空前的精干状态。

建所四十周年时，经过认真讨论，电工所将自身的发展历程划分为筹建期、成长期、转型期及发展期四个阶段，客观地勾画出电工所组织机构的演变历史。现将四个发展阶段全所的组织机构变革情况分述如下。

一、筹建期（1958～1963）

电工所于 1958 年开始筹建，1963 年正式成立。在五年的筹建期中，全所的组织机构经历了由小到大、由少到多、由不全到全的历程。

1. 科研机构

筹建之初，由长春机电所迁京的 67 名员工是电工所最早的一批创业者。在科研方面，将原已开展的研究工作和新承担的长江三峡动力系统工程中电工技术的科研任务结合起来。科研机构的建设分两步进行：

第一步：1958 年，采用设立"大课题组"机构，大课题组由研究所直接领导，并由计划科协助所领导进行管理。设立的课题组共有七个，它们是：电力系统、大型电机、高电压、自动化、电加工、电工测量、电工材料。其中，电工材料组于 1959 年撤销。原拟建立的"直流输电组"，后因三峡工程任务推迟而未建立。

第二步：1960 年，根据国防建设需要，按院指示，成立了以研究国防尖端技术为目标的二部。不久，又按中国科学院指示，于 1960 年底至 1961 年 12 月，在二部内筹建成立微电机研究组。该研究组于 1962 年独立成为研究所的直属课题组。1960 年，电工测量组并入二部成为 805 组，其他课题组均已改为研究室。所以，至 1963 年，全所构建成包括六个研究室和一个直属课题组的科研体系：

第一研究室：电力系统研究室。

第二研究室：大型电机研究室。

第三研究室：高电压研究室。

第四研究室：电力系统自动化研究室。

第六研究室：电加工研究室。

第七研究组：微电机研究组。

第八研究室：二部项目研究室。

各研究室（组）均设有业务秘书，协助室主任（组长）管理科技业务；行政秘书为本单位职工提供生活后勤科研物资供应等方面的服务。

各研究室独立或与别的研究室（组）联合成立党支部，由所党委指派专职或兼职支部书记，负责本单位的思想政治工作。筹建初期的两年多时间里，党支部对研究室（组）的工作实行一元化领导。根据 1961 年 7 月颁布的《国家科委党组、中国科学院党组关于自然科学研究机构当前工作的十四条意见（草案）》中关于党支部作为党的基层组织起保证作用的规定，党支部转为发挥保证作用，全方位支持本单位主任（组长）的工作。

2. 管理机构

在筹备期间，研究所的科研工作迅速开展并逐步发展起来。1960 年后，职工人数发展到 300 余人，研究所的规模变大，但在管理组织机构方面，除所办公室和党团办公室为处级建制外，其他管理机构均为科级建制。

行政管理方面：1959 年，中国科学院批复电工所的行政组织机构为所办公室统管全所的行政事务。在所办公室下设有：计划、人事、保卫、器材、财务、行政（后勤）、秘书、资料等科室及图书馆。此外，还设有所工厂，为全所科研工作提供加工服务（机械、电气等）。

思想政治工作由所党委领导，具体工作则由所的党团办公室负责。党团办公室设有几名专职干部，同时还对工会、青年团的工作进行管理。

3. 建立所务委员会（所务会议）及所学术委员会

1961 年 7 月 19 日，中共中央颁布了《国家科委党组、中国科学院党组关于自然科学研究机构当前工作的十四条意见（草案）》（简称《十四条》）。中国科学院为了贯彻《十四条》，制定了《中国科学院自然科学研究所暂行条例》（简称《七十二条》），并于 1961 年 9 月 15 日颁发院属各研究所执行。筹建中的电工所，全面认真贯彻执行这两个重要文件。在机构建设方面，根据《七十二条》的规定，在建立了全所的科研和管理基本体系的基础上，构建所级层面的学术和所务方面的咨询、决策体系。1962 年 6月 9 日，成立了电工所第一届所务委员会。

电工所第一届所务委员会由十一人组成，其成员包括研究所的党政领导及各主要研究领域（研究室）的学科带头人（室领导），所长任主任。所务委员会每年召开 1 ~ 2次会议，按《七十二条》规定，其任务是讨论和决定研究所的重大事务——计划、经费、机构及人员安排、实验室建设等。

电工所第一届学术委员会于 1962 年 7 月 28 日成立，由所内外同行专家共 12 人组成，其中所外专家有章名涛（清华大学）、朱物华（复旦大学）、毛鹤年（水电部技改局）及何华生等四名。所内各研究室负责人均为学委会成员。学委会一般是每年召开1 ~ 2次会议，按《七十二条》规定，其主要任务是"审定学科发展方向，鉴定成果，考核技术干部及组织学术活动"，为所领导的最终决策提供意见。

所务委员会和所学术委员会建立后，在"文化大革命"前的四年多时间里，一直有效而正常地开展工作，但在"文化大革命"冲击下，从 1966 年 6 月后中断了工作。

4. 建立工会、青年团组织

电工所于 1958 年筹建之时，即成立了电工所第一届工会。按当时的规定，工会主席由具有较高技术职称的科技人员担任，工会的日常工作由党团办公室的专职干部负责。

电工所的共青团委员会于 1958 年成立，在 1958 ~ 1963 年的 5 年筹备期间，没有专职的团委书记，先后由科技人员和行政干部兼任团委书记。团委的日常工作由党团办公室的专职干部负责。

二、成长期（1963 ~ 1979）

经过 5 年筹建，电工所于 1963 年 1 月 29 日正式成立，进入成长时期。在长达16 年的成长期内，因受到所科研方向任务的调整及"文化大革命"冲击等多种因素的影响，全所的科研机构和管理机构均有不同程度的变化。大体分为以下三个发展阶段。

第一阶段：机构完善、定型阶段（1963 年初至 1966 年上半年）

在科研机构方面：经中国科学院批准，1964 年 6 月在原电工测量研究组基础上成立电工测量研究室，即第五研究室；同年 9 月，在原微电机研究组基础上成立第七研究室。至此，电工所构建成具有八个研究室的科研体系：

第一研究室：电力系统稳定研究室。

第二研究室：大型电机研究室。

第三研究室：高电压研究室。

第四研究室：电力系统自动化研究室。

第五研究室：电工测量研究室。

第六研究室：电加工研究室。

第七研究室：微特电机研究室。

第八研究室：军工项目研究室。

第一至第六研究室属于电工所一部，从事民用方面的研究；第七、八研究室属于二部，从事军工项目研究。其中第七研究室以研究国防建设所需的特种微电机为主，同时兼顾民用之需。

1965年，因国家决定推迟三峡动力工程的建设，电工所的科研方向进行了相应调整。原为三峡动力工程设立的第一至第五研究室的研究内容及机构建制也相应地进行了调整。经中国科学院领导和水电部领导协商，为了避免中国科学院在电力系统稳定和电力系统自动化研究方面与产业部门及高等院校间不必要的重复，院领导决定中止上述两个研究室的研究工作，于1965年4月和12月，先后将原第一和第四研究室撤销，将原第四研究室的人员分别划归中国科学院自动化所（北京）及中国科学院沈阳自动化所。

在管理机构方面，到"文化大革命"开始的1966年上半年，保持两办七科建制。所办公室统管所行政业务，下设计划、人事、保卫、财务、器材、行政（后勤）、秘书资料等7个科，及图书馆。1965年12月，根据中国科学院党组织转发的中央指示，电工所的党组织由机关党委制改行党委制，并建立政治工作机构，将党团办公室改为政治处，下设组织科、宣传科，具体负责全所的思想政治工作，并统管工会、青年团工作。所工厂仍为独立的附属实体。

第二阶段："文化大革命"时期（1966年上半年至1976年）

1966年上半年，"文化大革命"在全国范围内展开，6月波及电工所。此后电工所党委和所领导在"文化大革命"冲击下，工作开展日渐困难，1967年1月20日由造反派组成的"联委会"全面接管电工所，所党委及所领导失去了领导作用，全所的科研机构和管理机构处于名存实亡的状态。1967年8月，电工所"革委会"成立；8月，军管小组进驻，全所置于军管小组的领导之下，成立了政工组、宣传组、审干组（办）、科研生产指挥组、后勤组等组织，管理全所各方面的工作。

1968年5月，电工所正式被国防科委五院接管，将原电工所的大部分研究室、机关及工厂划归五院，改称中国人民解放军506研究所（也称中国人民解放军总字815部队6支队）；将原802、803组划归十五院，改称中国人民解放军1516研究所（也称总字825部队）；并拟将原六室（电加工研究室）等单位划归产业部门。在国防科委接管后，军管组即对电工所原来的组织机构进行了调整，按军队建制，将全所原各单位改编为连队，共分 6 个连队：

第一连：由原电工所机关组成，含原图书馆。

第二连：由原二室和七室和所工厂组成。

第三连：由原三室及五室部分人员组成。

第四连：由原六室及三室部分人员组成。

第五连：由原 801 组及五室和七室部分人员组成。

第六连：由原 802 组及 803 组组成。

1970 年 5 月 16 日，根据国务院（70）40 号文件，总字 815 部队 6 支队建制归中国科学院领导，从而恢复了原来中国科学院电工研究所名称。1972 年 8 月，正式取消全所的连队建制；同年 8 月，电工所被下放北京市，归中国科学院和北京市科技局双重领导。在党的领导小组领导下，全所科技人员一边"搞运动"，一边坚持科研工作，各种组织机构也逐步得到恢复和调整。

在科研机构方面：原第八研究室的三个课题组分别独立成三个研究室——原 803 组和原 801 组于 1972 年分别独立成为第一研究室和第八研究室，原 802 组于 1973 年独立成为第四研究室。至 1973 年，电工所又恢复了八个研究室的科研体系，但它们的科研方向与 1964 年时相比已有了较大的调整：

第一研究室：磁流体发电（探索新型发电方式）研究（原 803 组）。

第二研究室：特种电机及调节系统研究（原大电机室）。

第三研究室：高压脉冲放电研究（原高电压室）。

第四研究室：超导应用研究（原 802 组）。

第五研究室：脉冲数字技术及其应用研究（原电工测量组）。

第六研究室：电火花、电子束加工研究（原电加工室）。

第七研究室：微特电机研究（原微电机室）。

第八研究室：电推进技术研究（原 801 组）。

在党的领导小组领导下，在恢复和重建科研机构的同时，研究所的管理机构也恢复起来。管理机构设一办四处：它们是所办公室、业务处、后勤处、人事处、政治处，以及保卫科和图书馆。所工厂也恢复到正常状态。

第三阶段：初步整顿、调整时期（1976～1979）

1976 年，粉碎"四人帮"后，"文化大革命"宣告结束。在党委领导下，一边揭批"四人帮"，一边抓科研和各项工作，搞长远发展规划，抓恢复科研秩序和加强为科研服务的各项管理工作，恢复了共青团组织，迎接全国科学大会的召开。

1978 年，电工所由北京市回归中国科学院，特别是 1978 年 3 月 18 日全国科学大会胜利召开后，逐步加大了整顿调整组织机构的力度。在赵志萱所长的领导下，于 1978 年 5 月 9 日成立了电工所第二届学术委员会（1981 年进行了调整）。该届学术委员会的成员包括各研究室的领导及主管业务的所处领导。这期间，由电工所牵头，会同力学所，综考会调研太阳能热发电项目，并于1979年3月15日，成立了太阳能发电研究室（第九研究室）；同月，将图书馆、资料室、情报室改称为第十研究室，从而建成了十个研究室的研究机构体系。11月12日，按中国科学院规定，撤销政治处，成立所党委办公室，同时保卫科与人事处合并。及至1979年底，电工所的组织机构情况为十个研究室，六个机关处办，一个工厂。对上述各机构的负责人也重新进行了任命。

1）科研机构：十个研究室

第一研究室：磁流体发电研究室。

第二研究室：特种电机及调节系统研究室。

第三研究室：快脉冲放电研究室。

第四研究室：超导技术研究室。

第五研究室：脉冲数字技术研究室（又名计算机应用研究室）。

第六研究室：电加工研究室。

第七研究室：微电机研究室。

第八研究室：电推进技术研究室。

第九研究室：太阳能发电研究室。

第十研究室：图书、情报资料研究室。

2）管理机构：二办、四处及一个工厂

二办：所办公室、党委办公室。

四处：业务（科技）处，人事处、条件（物资）处、行政（后勤）处。

所工厂为独立实体。

三、转型期（1979～1993）

从1979～1993年的14年是电工所发展历程中的转型期。电工所转型的标志性变化：一是研究所的科研方向从长江三峡及军工需要的重大电工技术问题研究转向电工电能新技术的应用及研究；二是不断深化改革，实行"一所两制"（即"一个所，一个公司，两种运行机制"）；三是适应上述两方面的变化和需要，调整和构建完善了科研机构及管理机构，建立新的科研秩序，实现以科研为中心的战略转移。先后在赵志萱、杨昌琪、严陆光三任所长领导下，圆满完成了电工所的转型。

1. 第一阶段：深入整顿、调整阶段（1979～1984）

1978年12月中国共产党十一届三中全会胜利召开后，全党的工作重点转移到经济建设上来。1979年3月9日，电工所根据十一届三中全会精神，向院党组递交了《我所实现以科研为中心的战略转移的工作意见》，并下达全所执行。1979 年 3 月 26 日，电工所成立了第二届所务委员会，将中断 13 年的所务委员会恢复起来，其成员为所的党政领导及管理部门的负责人共 10 名，但各研究室的领导并未参加该届所务委员会。按中国科学院的安排，从 1979 年 10 月起，所领导对已构建成的十个研究室进行了"三定"工作（即定方向、定任务、定人员），逐项落实各项加强科研管理措施。1979 年恢复工会组织，成立了第二届工会。

1980 年，全院开始实行"滚动式"科研年度计划（即将 1980 年、1981 年的科研计划一并制定），电工所由赵志萱所长牵头，对各研究课题逐一落实其计划内容和进度，并一个季度检查一次。1980 年 5 月，制定了《电工所三年（1981—1983）建设奋斗目标（十条标准）》，各研究室也陆续制定出本单位的三年奋斗目标。1981 年，又重点抓了研究课题清理工作，并对课题实行"简单的经济核算办法"。所领导强调，要改善全所的管理工作，从 4 月起，对过去的各种规章制度进行修订，根据新形势的需要，制定出台了一系列新的规章制度，如《关于稿费、兼职收入等试行规定》、《研究生管理规定》、《各类人员定职、升职试行办法》等。由于电推进技术研究室（八室）的工作主要是研究为卫星配套的电火箭，根据中国科学院的意见，于 1980 年 12 月，将该研究室划转中国科学院空间技术中心。1981 年 10 月，还制定了《电工所 1982—1986 年科学事业发展计划》，并上报中国科学院。

国家实行学位授予制以后，电工所的几个主要研究领域——超导技术、磁流体发电、特种和微特电机、高压脉冲技术、电加工、计算机等均获得了授予硕士学位的资格；于 1981 年 12 月 10 日，成立了第一届学位授予委员会（简称"学位委员会"）。该届委员会由上述各领域的 8 位科学家组成。1995 年换届后成立的第四届学位授予委员会，改称为"学位评定委员会"。

20 世纪 80 年代初，副所长韩朔和图书、情报、资料室的蔡养甫向所长建议：电工所办一份电工电能新技术方面的综合性专业杂志，以展示本所电工电能新技术的研究成果，并为国内同行间进行学术交流构建一个平台。所长支持这一建议，并责成韩、蔡负责筹办。经组织所内专家讨论，将该刊物定名为《电工电能新技术》，刊物为季刊，由所学术委员会领导，由图书、情报、资料室负责编辑、出版、发行等事宜。1982 年 7 月开始试刊，内部发行。1982 年底试刊两期后，向中国科学院编辑委员会提出"向全国公开发行"的申请报告，获批准后，从 1983 年的第三期开始，即向全国通过邮局公开发行。从 1982 年 7 月至 1991 年 12 月，一直由韩朔任主编，图书、情报、资料室为编辑部，并未成立专门的编辑委员会。从 1991 年起，该杂志划归所科技处管理，并正式成立了编委会，责任编辑仍由图书、情报、资料室的人员承担，此后，延续下来，该杂志已成为电工界的一份核心刊物。

从 1961 年起，电工所即由图书、情报、资料室编印内部刊物《电工所论文报告集》。该报告集于 1966 年受"文化大革命"冲击而停印，1980 年恢复。编委会成立后，将该论文报告集的编印纳入其工作内容。

1982 年，中国科学院要组织学部委员（院士）对电工所进行评议，准备工作即从 3 月份全面展开。当年 12 月 21 日至 26 日，电工所顺利通过了学部委员的评议。

1983 年 3 月 10 日，中国科学院下发了学部委员《对电工所的评议意见》（以下简称《意见》）。《意见》对电工所建所以来的工作成绩予以充分肯定，同意电工所"以电工电能新技术及其应用研究为科研的发展方向"。《意见》还对各研究室的科研项目提出明确的建议，指出"电工所缺乏光热转换方面的基础，建议撤销太阳能热发电研究室"。据此，于 1983 年 4 月，撤销了太阳能发电研究室（九室），对该室原四个课题进行了调整和安置。经过上述调整，全所的科研机构体系又变为八个研究室，但这些研究室的研究方向没有改变：

第一研究室：磁流体发电研究室。

第二研究室：特种电机及调节技术研究室。

第三研究室：高电压脉冲放电技术研究室。

第四研究室：超导技术研究室。

第五研究室：计算机应用研究室。

第六研究室：电加工研究室。

第七研究室：微电机研究室。

第十研究室：图书、情报资料研究室。

在这个阶段，全国科学大会后，科研工作对仪器设备、器材物资的需求量大增，为保证供应，1979 年底，在原器材科基础上成立了条件处。为了加强对课题的成本核算及全所的财务工作，1980 年将原隶属于行政处的财务科独立成财务科。根据中国科学院要加强保卫工作的部署，1984 年成立了保卫处，所的管理组织机构变为二办六处一科。在部分处内，分工细化，增加了人员，设立了科级建制：

二办为：所办公室、党委办公室。

六处为：业务处，下设计划科、外事组；人事处；行政（后勤）处，下设基建科（含水暖、木工维修）、食堂科、行政科（含司机班、水、电、暖气供应、医务室、全所清洁工）、幼儿园；条件处，下设计划财务、器材、仪器设备等三个科；保卫处；财务科。

2. 第二阶段：深化改革阶段（1985～1993）

在这个阶段，首先是随中国科学院行政领导体制的调整，电工所的行政领导体制发生了变化：从 1983 年起，正式实行所长任期制（三年）。1985 年 9 月，实行所长负责制，由所长全权领导全所的各项工作；10 月，建立所长办公会议制度；12 月，电工所正式建立了职工代表大会制度（第一届职代会），其任务之一是审议所长的任期目标并对其执行情况进行监督检查。其次是贯彻落实"电工电能新技术"这一办所方向，一些已开拓的新的研究领域迅速发展起来，另有一些新的生长点也成长起来，逐渐形成了研究所重点发展的项目，促使科研机构和对科研工作的管理发生变化。第三是研究所的改革起步后并逐步深化，坚持贯彻中央提出的"科学技术要面向经济建设"的方针，不断加强促进科技成果向生产力转化的力度，为此建立了开发处并办起了高技术公司，研究所开始实行两种运行机制（简称"一所两制"）。这期间，中国科学院出台了一项改革新措施，核定各所的科研事业费，将研究所分为全额预算单位和差额预算单位两大类。电工所被划为差额预算单位，除核定的事业费由院逐年拨给外，还必须自筹部分经费，保持研究所的正常运转。因此，财务运作和财务管理比以往任何时期都增加了工作量和难度，1986 年在财务科基础上成立财务室（处）。随着离退休人员的不断增加，为加强管理和做好服务工作，于 1987 年成立了老干部办公室（简称"老干办"，科级建制），1989年老干办改为处级建制。以上所述诸方面的情况和变化，都对全所的管理和管理机构提出了新要求、新任务，增强了对管理和对管理机构进行改革的紧迫感。

1）科研机构变革

在 1983 年 11 月 3 日，电工所向院呈交了成立"微电子束加工研究室"的报告，将原课题组由六室独立出来建立了微电子束加工技术研究室（即第九研究室，简称"新九室"）。同时，原六室更名为电火花、电子束加工技术研究室。国家科委倡导开展可再生能源的研究，电工所认为可再生能源是一个面向未来有生命力的新的研究领域，于 1987 年 1 月成立了新能源研究室（即第八研究室，简称"新八室"），重点研究光伏发电、风力发电、风光互补供电系统、太阳能集热器等课题。

为促进所公司发展，1988 年几个已成熟的科技项目连同课题组人员纳入公司体制。高压脉冲放电研究室（三室）的液电冲击波体外碎石机、电火花震源、基因枪等项目及课题组的多名科技人员进入公司，使该室人员减少，只留下一个研究组。原六室的电子束焊接组、离子镀膜组先后于 1988 年及 1990 年底进入公司，1991 年电火花组的人员转入电加工与数控工程中心。至此，六室的建制被取消。

1989 年 2 月，经所长办公会扩大会议决定，将第二研究室（大电机）和第七研究室（微电机）合并成立专门的电机研究室，这两个研究室于 1991 年所领导换届时正式合并为"新二室"。1990 年 2 月 27 日，所长办公室决定第十研究室改为图书馆；同年，九室改名为微细加工技术研究室。为加强开发工作，1993 年 8 月，将计算机应用研究室、电加工与数控工程中心、电机研究室的电力电子研究组整合在一起，成立了"中国科学院电工研究所工程研究发展中心"（简称"工程中心"），仍列为第五研究室。经上述一系列调整变革后，在 1993 年，电工所的科研机构包括六个研究室及一个工程中心：

第一研究室：磁流体发电研究室。

第二研究室：电机（大电机及微电机）研究室。

第三研究室：高压脉冲放电研究室。

第四研究室：超导技术研究室。

第五研究室：电工所工程研究发展中心。

第八研究室：新能源研究室。

第九研究室：微细加工技术研究室。

2）科研和科研管理方面的变革

在管理方面，主要的变革有：一是加强了对科技成果的管理，把"出成果"作为对课题管理的目标，年初预报当年成果，年末鉴定并向院汇报成果，并按中国科学院规定，对成果评定等级（一、二等成果由院奖励，三、四等成果由所奖励），建立了成果档案。二是按中国科学院规定，于1985年实行课题组长负责制，采用经费登记本管理课题经费，大大提高了课题组长的责任感和自主权，增强了经济意识，同时使研究室对课题组的管理职能从全面管理课题组转向对课题的学术方向进行调控。三是1986年2月，电工所制定《专利工作暂行规定》，正式实行专利制度，对课题的管理目标也开始由"成果"向"专利"转化。四是于1992年初，为加强研究室的工作，增强整体科研实力，克服课题设置方面存在的分散性和重复性，对全所研究组的设置进行了调整，并重新任命了课题正副组长。

1985年以后，电工所老一代专家陆续退休，一批中年专家担当起各研究室的领导重任。1988年5月26日，所学术委员会换届，成立了第四届学术委员会，完成了新老交替。为进一步发挥老一代专家对全所科研工作的指导作用，根据严陆光所长的倡议，同时成立了电工所第一届学术顾问委员会。从1988年起延续三届，一直工作到1999年。

3）产业化改革

早在1982年12月，为贯彻中央关于"科学技术要面向经济建设"的指示，电工所即向院递交了加强开发工作的报告，提出要加大推广科技成果的力度，与企业建立合作机制，调整正在进行的研究课题内容，改革各项管理制度等。从此，电工所的产业化改革提上议事日程。1984年6月，成立了由杨昌祺所长任组长、申世民副所长任副组长的电工所改革工作小组，探索电工所改革方向，并决定由一、二两个研究室进行试点改革。当年8月，所长办公会议明确，全所的开发工作由业务处负责；同年10月17日，成立了"中国科学院电工研究所新技术开发公司"，它是电工所历史上创办的第一个正规公司。

1985年底召开了电工所第一届职代会，专题审议了所长提出的改革设想，与会代表一致支持电工所开展改革。于1986年2月，出台了《电工所开发项目暂行规定》。这期间，全国的改革形势日益高涨，所内职工也先后办起了几个小公司。在这种情况下，为引导改革健康发展，1986年4月召开了所长办公会议，认真分析研究了当时的情况，为加强开发工作，即时做出几项决定：①加强力量办好电工所所办公司——中国科学院电工研究所新技术开发公司，强调"一个所办一个公司"，后将其更名为"中科电气高技术公司"（简称"中科电气"），并将公司由集体所有制改为全民所有制。②成立了所开发处，与"中科电气"公司合署办公，正副处长兼任所公司的总经理和副总经理，开发处同时管理全所开发工作。③其他小公司（美图、银海、广达、华实等）或停办，或与电工所脱钩。从而，保证和促进了所办公司的成长，使电工所的改革工作逐步深化。

1987年8月严陆光所长上任后，加速科技成果产业化是其任期目标的重要内容之一。1988年，先后将已成熟的几项科技成果及课题组人员纳入所公司运作，使所公司迅速发展壮大起来，不但有了碎石机、电子束焊机等拳头产品，形成了医疗设备和机电设备两大类产品，创造了良好的经济效益，而且使所公司也成为北京海淀新技术产业开发试验区的知名高新技术企业。1989年2月召开的所长办公会扩大会议上，重点研究了贯彻落实"一院两制"的办院方针，再次明确在电工所实行"一所两制"，"一所办一个公司"。同时决定，为保证所公司的发展，1989年将开发处撤销，原开发处正副处长专职任所公司的正副总经理，全所开发工作仍由所科技处统管。

4）管理机构改革

在1992年7月召开的第三届所务会议第二次会议上，对电工所深化改革的方向、方针、思路、目标、措施等进行了讨论。1993年2月，按照管理与服务分开，人员精干、提高机关办事效率的原则，对所机关的职能部门进行了调整，将1984年以来形成的十个处（办）（即所办、党办、老干办、科技处、人事处、条件处、保卫处、开发处、财务处、后勤处），调整为六个，撤销了行政（后勤处）处，建立了科技服务公司。条件处增加资产管理内容，更名为资产处。老干办归并到人事处，保卫处撤销，由所办公室管理保卫工作。调整后的所机关管理机构为：

所办公室。

党工办公室。

科技处。

人事处。

资产处。

财务处。

经这次调整后，电工所还有下列所属单位：

北京中科电气高技术公司。

科技服务中心（公司）。

图书馆。

电工所工厂。

四、发展期（1993~2007）

1993 年末至 2007 年底的十四年期间，完成了研究所党政领导、研究室（部）、研究组及管理机构领导等各层次的代际转移，实现了科技队伍、学术带头人年轻化，完成了全所的新老交替；1999 年 1 月，完成了研究所的战略"定位"工作；2002 年 4 月，中国科学院批准电工所为院"知识创新工程"试点单位……这些重大变化，标志着电工所进入了新的发展时期。

为适应这一系列的重大变革，加快建立"职责明确、评价科学、开放有序、管理规范"的国家研究所制度进程，对研究所组织机构的调整不断加大力度，主要体现在：将延续多年的研究室体制改变为突出创新意识的研究部，开创性地成立了前沿探索部；在加强对研究组管理的同时，不断改善和强化研究部的功能和作用。在管理方面，进一步减少了管理部门的处办数目及管理人员，提高了工作效率；对人事、财务、资产实施了新的管理制度，建立了信息管理体系、保密和质量认证体系等。

这十多年的发展历程中，组织机构的变化情况分为两个阶段。

1. 第一阶段：完成"定位"及准备"创新"阶段（1993~2002）

1）研究机构的调整

1994 年以后，为了完成已承担的"863"任务，并争取落实中国科学院的"九五"科技计划攻关任务，对研究机构又进行了一次调整，主要内容有：①1994 年 1 月，对第一、四研究室的几个研究组进行了调整，将一室的原系统工程组和工程磁流体研究组撤销，成立了磁流体发电实验装置建设组；将四室的原大型磁体组和低温站撤销，建立了"863"低温超导组。将上述几个组整合成立了磁流体发电试验电站建设指挥部，严所长任该指挥部主任。②1996 年 4 月，组建了永磁应用研究室，列为第五研究室。该室主要承担丁肇中先生领导的反物质探测计划中应用的阿尔法磁谱仪的钕铁硼大型永磁体（AMS 磁体）的研制工作。通过研制 AMS 磁体任务，将所内已有多年良好基础的科技力量组织起来，成为国内永磁体技术与应用的一支主要力量。

此外，1995 年，高压脉冲放电研究室成为所直属课题组。

1997 年 4 月，中国科学院召开的院工作会议决定在全院开展以"研究所定位和重点开放实验室分类管理"的工作（简称"定位"）。在准备"定位"工作时，电工所没有国家级的开放实验室和工程中心是存在的差距之一，决定尽快弥补。按照"小实体先运作，大实体再筹划"的方针，于1997 年 8 月，成立了高档医疗设备工程中心。该中心成立后，承担了中国科学院"九五"重大攻关项目"高档医疗设备"的研制任务，并代表院对该攻关项目进行管理，同时开展了中频 X 射线机电源研制，与澳大利亚合作研制人工生物肝。1998 年自主建立了"超导电工开放实验室"，并每年自筹经费30万元，对外开放。

经过上述调整，到1998年，在科研组机构方面形成了六个研究室（含一个开放实验室）及一个所直属研究组、两个工程中心的体系：

六个研究室分别为：

磁流体发电研究室（一室）。

电机研究室（二室）。

超导技术研究室（四室）（含超导电工开放实验室）。

永磁应用研究室（五室）。

新能源研究室（八室）。

微细加工技术研究室（九室）。

一个独立研究组：

高压脉冲放电研究组。

二个工程中心：

电工所工程研究发展中心。

高档医疗设备工程中心。

2）管理机构的精简

1997年，在调整后的六个处办基础上，又将党工办公室与人事处合并；1999年，撤销资产处，将该处的工作和原工作人员并入所办公室。至此，管理机构变为一办三处：

所办公室。

科技处。

人事处。

财务处。

这期间，电工所工厂于1993年改制为"中科机电设备公司"后，进入"中科电气"公司，成为中科电气公司的一个下属子公司。另外，1985年12月成立了第一届职代会。从1999年换届后的第四届开始，为精简机构、提高效率，职代会主席、副主席同时担任工会主席、副主席。1986年，按工会章程规定，成立了妇女小组。

上述各方面的改革和机构调整工作，为完成所的"定位"创造了条件。1999年1月20日，中国科学院正式下达文件，认定电工所为"高技术研究与发展基地型研究所"，电工所成为中国科学院能源基地的核心研究所之一，圆满完成了电工所的定位。

3）为争取进入知识创新工程所做的机构调整

1998年6月，经中央批准，中国科学院正式启动了"知识创新工程"试点工作。1998年12月，电工所向中国科学院报送了电工所"知识创新工程"改革方案汇报提纲，在完成"定位"工作的基础上，争取进入创新的各项工作全面展开，采取了凝练研究所的学科方向，调整科研和管理机构，审定各种规章制度，加强培养青年人才等一系列措施。

(1) 调整科研机构。

2000 年，进行了 15 年的国家 "863" 计划能源技术领域燃煤磁流体发电主题，全面完成了调整后的计划，将磁流体发电技术研究室、新能源技术研究室、磁流体推进课题组及高压脉冲放电课题组整合在一起，改称为新能源与新型发电技术研究室。同年，高档医疗设备工程中心划归中科电气公司管理，该中心的业务工作也分别纳入了中科医疗设备公司、高压脉冲放电组及永磁应用技术研究室。此外，作为支撑机构还成立了电磁场计算中心。2001 年，永磁应用研究室改名为 "应用磁学研究室"。

经过这次调整，到 2001 年初，研究机构成为六个研究室（含一个工程中心及一个开放实验室）的体系：

第一研究室：新能源与新型发电技术研究室。

第二研究室：电机研究室。

第四研究室：超导技术研究室（含超导电工开放实验室）。

第五研究室：应用磁学研究室。

第六研究室：电工所工程研究发展中心。

第九研究室：微细加工技术研究室。

为争取尽快进入创新试点，适应未来知识创新试点工程的需要。2001 年 12 月，撤销了原有的研究室建制，按凝练的学科研究领域，设立了五个研究部：①先进能源电力技术研究部；②现代电气驱动技术研究部；③应用超导技术研究部；④生物医学工程研究部；⑤微纳加工技术研究部。同时，重新组建了 15 个研究组，经过公开招聘、考评，于 2002 年 1 月重新聘任了正副组长。

(2) 管理改革和管理机构的调整。

1999 年 5 月，在管理部门率先实行了 "按需设岗，按岗招聘" 的改革试点，工作人员由 38 名减少到 23 名，提高了工作效率，促进了工作作风的改变；11 月，"按需设岗，按岗招聘" 的新制度在高级专业技术职务评聘中开始实行。同年建立了三元结构的分配制度。2000 年 4 月，实行了全员聘用合同制。这期间，对中科电气高技术公司进行了股份制改造，对其下属的四个子公司和三个事业部采用撤销、合并、减持等方式进行了调整和改制。同时，进一步推进了后勤服务工作的社会化进程。

上述各项改革及机构调整，全面推进了电工所的工作，为进入院 "知识创新工程" 试点序列打下了基础。

2. 第二阶段：知识创新工程阶段（2002 ~ 2007）

2002 年 4 月 5 日，中国科学院批准电工所为院的 "知识创新工程" 第二期试点单位。正式进入创新工程后，在凝练科技目标、优化科技结构、人才培养、机构调整等方面继续采取了一系列措施。

1）科研组织机构调整

为了探索电工学科前沿问题，培育新的学科增长点，2002 年筹建了前沿探索部。前沿探索部是电工所推进"知识创新工程"的一个尝试性的创举，以培养新的研究方向为使命，采用由所长基金和争取外部项目经费相结合的运行机制，重点开展了新型发电与储能和电磁场问题的研究。此后经几年探索，该部获得的"分布式电力与储能技术"成果于 2007 年底发展成一个新的研究部，在开拓新的研究领域中做出贡献。

到 2003 年，根据进一步凝练出的主要研究领域，将原已建立的五个研究部调整为七个研究部，下设 19 个研究组。具体可参见图 2-1，图 2-2。

2002 年底，中国科学院批准电工所成立了"中国科学院电工研究所应用超导重点实验室"；以电工所为依托单位建设的中国科学院光伏发电系统和风力发电系统质量检测中心通过了国家认证，成为国家级检测中心。这是电工所多年来在重点实验室建设方面取得的重大突破。

对研究组的调整，采取区别对待的原则：①研究所已决定新开辟的研究领域，及时成立研究组，如成立了太阳电池技术、强磁场材料研究组及可再生能源发电咨询与培训中心；②对学术方向需加强的研究组，则公开招聘学术带头人，如太阳能热发电组通过"百人计划"招聘了新组长；③对原任务已完成，又无新任务落实的研究组，及时予以撤销。

为了进一步优化学科布局，2007 年 12 月，对科研组织机构又进行了调整，共设置九个研究部（含重点实验室），下辖 19 个研究组（图 2-1、图 2-2）。

2）行政管理机构改革

这几年，不断对管理机构的职能进行了完善，使之更加规范化。加强了对资产的管理，财务处增加了资产管理职能，更名为财务资产处。将所办公室改称综合办公室，新招聘了工作人员，强化了党务和宣传工作。人事处的职能也发生了变化，在读研究生人数逐年增加。为加强研究生的管理和教育，新增了研究生学业管理岗位，人事处也更名为人事教育处。为加强对研究所投资的管理，成立了资产管理委员会和产业办公室（隶属科技处）。在对行政管理机构进行精简的同时，加强了全所科研支撑体系的建设，所图书馆 2002～2005 年，购买并安装了服务器、微机、数据库、超星阅览器网线等自动化软硬件，实现了所图书馆与中国科学院文献情报系统联机。于 2006 年建立了电工所国家图书馆学科化信息服务站。2007 年，完成了对所内图书、情报、信息、网络资源和仿真计算等资源的整合和配置，建立了信息与公共关系部。

2007 年，为促进优秀青年人才成长，出台了三项创新举措：一是改变了以往执行的研究组长必须由研究员担任的规定，使"研究组长与研究员脱钩"，使一批副研究员

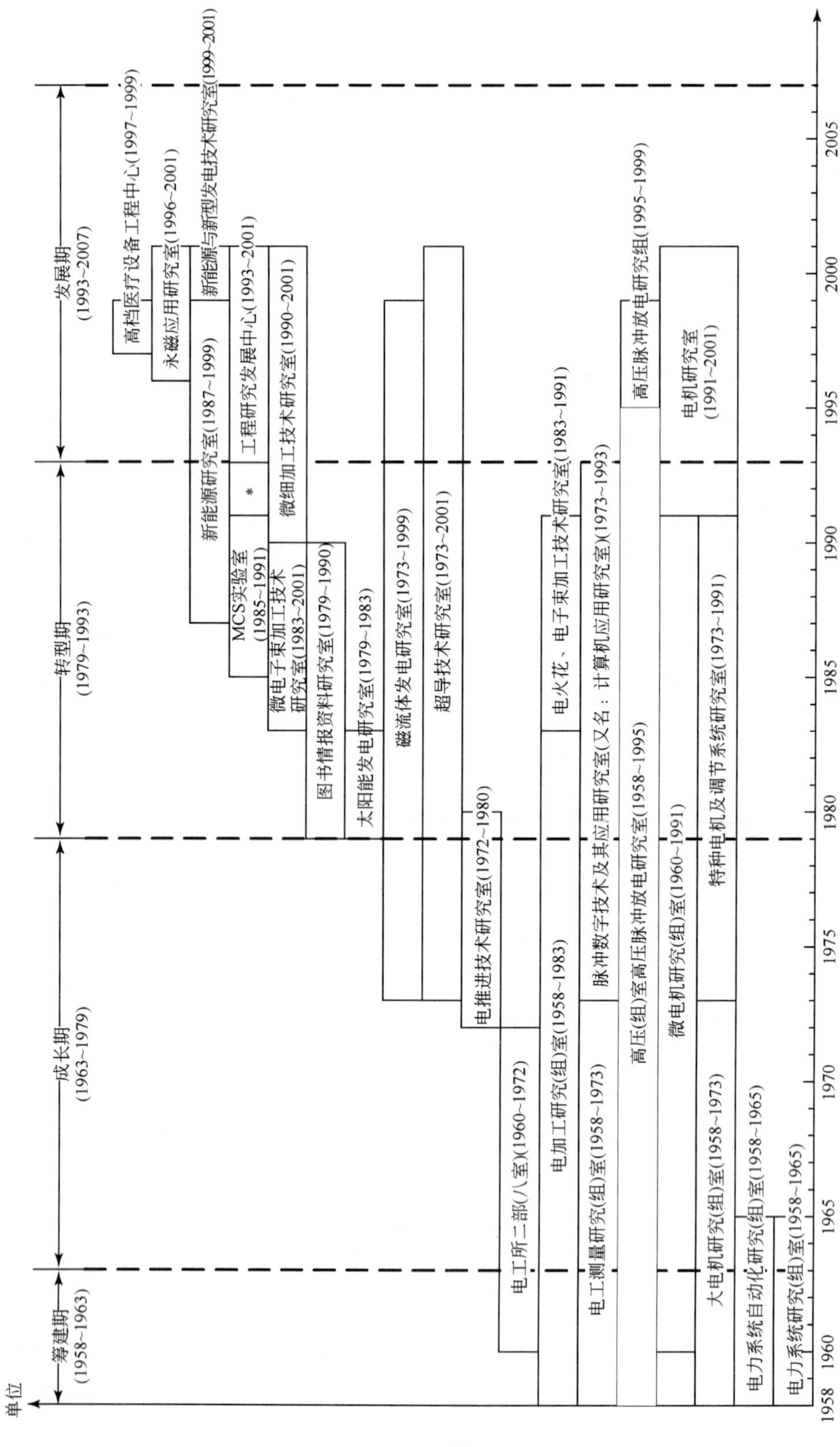

图 2-1 科研机构演变图(1958~2002)

* 电加工与数控工程中心(1991~1993)

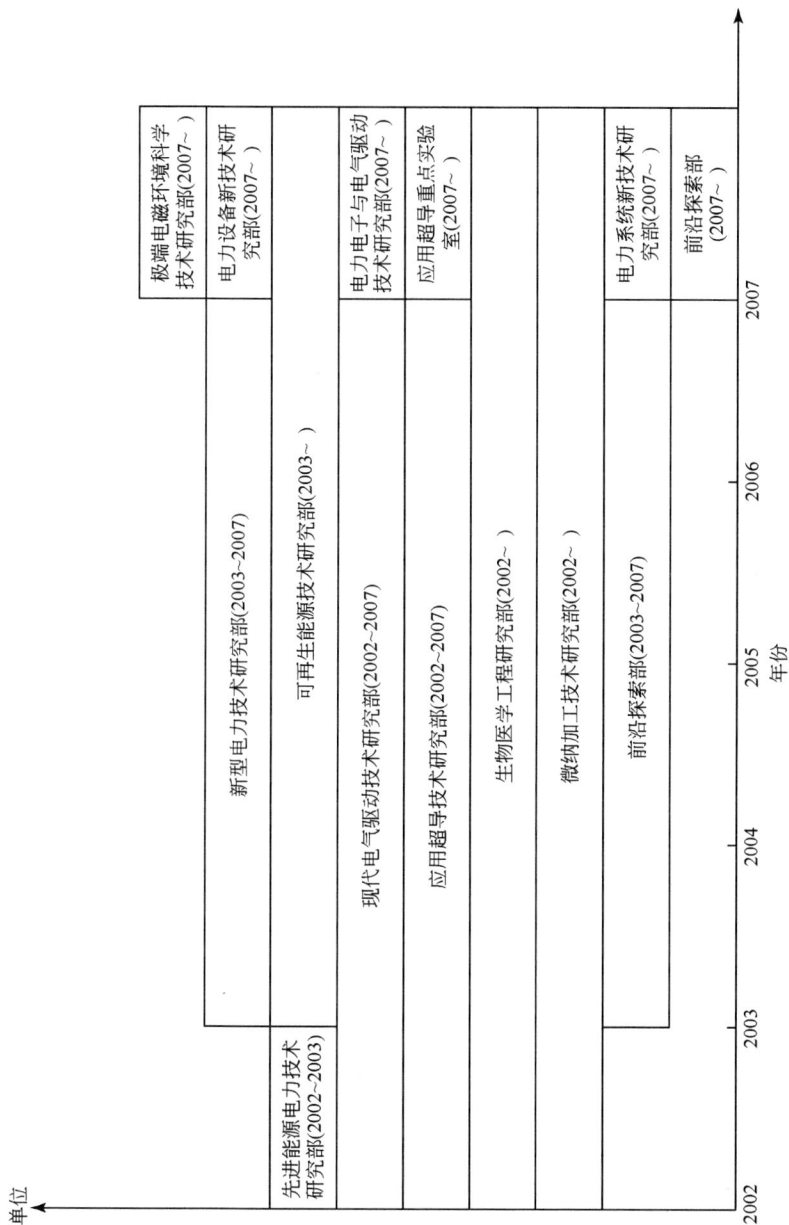

图 2-2　科研机构演变图(2002~2007)

（1）2002~2003年的五个研究部：①先进能源电力技术研究部（4个研究组）；②现代电气驱动技术研究部（3个研究组）；③应用超导技术研究部（3个研究组）；④生物医学工程研究部（2个研究组）；⑤微纳加工技术研究部（3个研究组）。

（2）2003~2007年的七个研究部：①可再生能源技术研究部（3个研究组）；②新型电力技术研究部（3个研究组）；③现代电气驱动技术研究部（3个研究组）；④应用超导技术研究部（3个研究组）；⑤微纳加工技术研究部（2个研究组）；⑥生物医学工程研究部（2个研究组）；⑦前沿探索部。

（3）2007年开始的九个研究部：①可再生能源技术研究部（6个研究组）；②电力电子与电气驱动技术研究部（3个研究组）；③电力设备新技术研究部；④电力系统新技术研究部（1个研究组）；⑤极端电磁环境科学技术研究部（3个研究组）；⑥应用超导重点实验室（1个研究组）；⑦生物医学工程研究部（2个研究组）；⑧微纳加工技术研究部（2个研究组）；⑨前沿探索部

担任了研究组长；二是改革了人才和工作成绩的评价体系；三是设立青年人才基金，重点支持 35 岁以下的青年科技人员开展原创性、基础性和前瞻性的研究课题。

在信息化管理体系的建立方面，2006 年 7 月，电工所的 ARP 管理系统通过了院的抽查验收。2006 年，电工所顺利通过了"WQ 装备科研生产单位保密资格（二级）"认证。2007 年，电工所的 GJB 质量认证体系通过了认证。

综上所述，知识创新工程工作开展以来，电工所的管理机构进一步走向精简、高效和规范化。到 2007 年初，全所的管理机构为一办三处、一部：

综合办公室。

科技处。

人事教育处。

财务资产处。

信息与公共关系部。

截止到 2007 年，电工所直接投资的企业有：

北京中科电气高技术有限公司。

北京科跃机电控制有限公司。

北京计科电可再生能源有限公司。

北京科诺伟业科技有限公司。

上海迈电工程技术有限公司。

北京中科易能新技术有限公司。

上海振发机电设备有限公司。

电工所处在发展的关键时期，随着三期知识创新工程全面展开，在"十一五"科技任务完成过程中，凝练学科方向，优化科研布局等工作必然会持续进行下去，研究机构及管理机构也定会适时地进行调整。

电工所 1958 ~ 2007 年的科研机构变化情况见图 2-1 和图 2-2。

第二节　行政领导体制的变革及历届行政领导

1958 年 7 月 26 日，国务院科学规划委员会批准成立中国科学院电工研究所筹备委员会，以中国科学院长春机电研究所电力研究室为基础，在北京筹建电工所。1963 年 1 月 29 日，中国科学院通知，国家科委批准撤销电工所筹备委员会，正式成立中国科学院电工研究所。

电工所自 1958 年筹建以来，经上级正式任命的所长共六位。他们先后是：林心贤、赵志萱、杨昌琪、严陆光、孔力、肖立业。1980 年以前，中国科学院对所长任期没有明确的规定；1980 年，开始实行所长任期制，三年一届；1986 年所长任期改为四年一届；2007年所长任期改为五年一届。从1999年开始，中国科学院对所长连任做出了新规定：所长在一个研究所的任期一般不得连续超过两届。关于所长班子的人数，与研究所规模发展变化的需要有关。电工所从筹建到"文化大革命"前，是一正一副；"文化大革命"后演变为一正二副；1997年，开始设置所长助理职务2名；2007年1月换届后，所长助理增至4名。

研究所的领导体制一向是由党和国家决定的。电工所从筹建至1985年9月以前，一直实行"党领导一切"的领导体制，先后由党的领导小组和党委具体实施。1961年9月15日，中国科学院颁发了《中国科学院自然科学研究所暂行条例》（俗称"七十二条"）。该条例规定，研究所必须实行所党委领导下的以所长为首的所务委员会负责制。但所务委员会不是一个常设机构，每年召开1~2次会议，研究决定所内的重大事务。长期以来，在实际执行中，研究所的全面工作是在所党委领导下由所长负责，研究所实际实行的是通常所说的"党委领导下的所长负责制"。

"文化大革命"期间，电工所的工作受到干扰，领导体制也受到严重冲击。1967年电工所成立"革委会"，接管全所工作。不久，军管小组进驻电工所，"革委会"主任一职改由军管小组组长担任。从1967年8月~1972年初，电工所是在军管小组的领导下实行"军事管制"，其间经历了1968年5月被国防科委接管、1970年7月回归中国科学院和第二批军代表进所。1972年初，根据中国科学院指示，电工所成立了"党的领导小组"，成员包括恢复工作的老干部、军代表、革委会正副主任等几个方面的人员。1972年8月，任命恢复工作的老干部温伯华为党的领导小组组长。不久温伯华同志因病去世，军管小组组长成为实际上的"一把手"。1972年8月，电工所改为由中国科学院与北京市科技局双重领导。同年，经北京市委科教组批准成立电工所党委（第五届党委），由党委领导电工所的全面工作。1978年1月，电工所回归中国科学院直属领导。

1979年12月，中国科学院颁发《中国科学院研究所暂行条例》，规定党委领导全所各项工作，同时规定"所务会议由所长主持，实行充分讨论基础上的所长决策制"。1985年9月12日，电工所党委报告中国科学院党组批准后，在电工所正式实行"所长负责制"。从此，研究所党委由"领导一切"转变为对研究所的工作发挥保证监督作用和政治核心作用。

历届行政领导，按其任职时间为序，列表如下：

姓名	任职时间	职　　务
林心贤	1958年8月至1962年6月	电工所筹委会领导小组组长
	1962年6月至1966年6月	电工所副所长、代所长
	1966年6月至1968年5月	电工所所长
王士珍	1962年7月至1964年5月	电工所副所长

姓名	任职时间	职　　务
郑明	1967 年 8 月至 1969 年 1 月	电工所革委会主任、军管小组组长
芮金兰	1967 年 8 月至 1972 年 1 月	电工所革委会副主任
邢景孟	1969 年 1 月至 1972 年 1 月	电工所革委会主任、军管小组组长
	1972 年 1 月至 1975 年	电工所军管小组组长、党的领导小组成员
温伯华	1972 年 8 月至 1973 年 6 月	电工所党的领导小组组长
杨刚毅	1972 年 8 月至 1975 年	电工所党的领导小组成员
	1975 年至 1978 年 2 月	所负责人
庞真	1975 年 8 月至 1981 年 3 月	所负责人
张思齐	1975 年 6 月至 1975 年 8 月	电工所领导小组成员、副组长
赵志萱	1978 年 2 月至 1981 年 3 月	电工所负责人
	1981 年 3 月至 1982 年 9 月	电工所所长
韩朔	1979 年 2 月至 1980 年 8 月	电工所负责人
	1980 年 8 月至 1983 年 10 月	电工所副所长
杨昌琪	1979 年 3 月至 1980 年 8 月	电工所负责人
	1980 年 8 月至 1983 年 8 月	电工所副所长（自 1982 年 9 月起主持全所工作）
	1983 年 8 月至 1984 年 4 月	电工所代所长
	1984 年 4 月至 1987 年 7 月	电工所所长
申世民	1983 年 8 月至 1991 年 3 月	电工所副所长
	（1987 年 7 月至 1988 年 1 月主持全所工作）	
	1991 年 3 月至 1992 年 7 月	电工所副所长兼党委书记
	1996 年 8 月至 1999 年 3 月	正局级巡视员
陈步东	1983 年 8 月至 1986 年 10 月	电工所副所长
	1986 年 10 月至 1990 年 3 月	副局级巡视员
杜友让	1986 年 10 月至 1999 年 3 月	电工所副所长
	1999 年 3 月至 2000 年 3 月	副局级巡视员
严陆光	1988 年 1 月至 1989 年 1 月	电工所代所长
	1989 年 1 月至 1999 年 3 月	电工所所长
顾文琪	1991 年 1 月至 1995 年 3 月	电工所副所长
刘廷文	1992 年 7 月至 1995 年 3 月	电工所副所长
邢福生	1995 年 3 月至 1999 年 3 月	电工所副所长
	1999 年 3 月至 2002 年 2 月	正局级巡视员
李安定	1995 年 3 月至 2003 年 4 月	电工所副所长

姓名	任职时间	职 务
孔力	1997 年 8 月至 1999 年 3 月	电工所所长助理（科技）
	1999 年 3 月至 2001 年 8 月	电工所常务副所长
	2001 年 8 月至 2007 年 5 月	电工所所长
朱美玉	1997 年 8 月至 1999 年 3 月	电工所所长助理（行政）
	1999 年 3 月至 2007 年 5 月	电工所副所长
肖立业	2003 年 4 月至 2007 年 5 月	电工所副所长
	2007 年 5 月至今	电工所所长
许洪华	2007 年 5 月至今	电工所副所长
马淑坤	2007 年 5 月至今	电工所副所长（兼）
齐智平	1999 年 10 月至今	电工所所长助理
李耀华	2007 年 8 月至今	电工所所长助理
宋涛	2007 年 8 月至今	电工所所长助理
韩立	2007 年 8 月至今	电工所所长助理

第三节　党的领导体制变革及历届党委组成

电工所自 1958 年 8 月筹建以来，根据党中央的规定及客观形势的变化，伴随着全所工作的发展，党的组织机构及领导体制经历了如下变革。

一、1958 年 8 月至 1963 年 9 月

1958 年 7 月 26 日，国务院科学规划委员会批准成立中国科学院电工研究所筹备委员会。当年 8 月，电工所（筹）建立了党支部，正式建立了党的组织。党员增加至近 100 人后，同年 10 月 17 日，电工所（筹）党支部升级为党总支，共有总支委员七人。

书记：林心贤。

副书记：刘子固。

1958 年 11 月 17 日，中国科学院党组批准电工所（筹）建立党的领导小组，党的领导小组由四名成员组成。

组长：林心贤。

1959 年 4 月 8 日，中国科学院机关党委批准电工所（筹）成立党的机关委员会。

1959 年 6 月，电工所第一届党委会正式成立。

书记：林心贤。

副书记：刘子固。

委员：林心贤、刘子固、常健、李光耀、杨昌琪、张夕云、张树德。

该届党委设常委三人：林心贤、刘子固、常健。

1959 年 10 月：中国科学院党组将电工所（筹）党的领导小组调整为：

组长：林心贤。

组员：林心贤、刘子固、常健、张夕云、张树德。

1961 年 1 月 12 日，电工所（筹）第二届党委会成立。

书记：林心贤（兼监察委员）。

副书记：刘子固。

委员：林心贤、刘子固、常健、李光耀、罗振文、申世显、张夕云。

1961 年 1 月 25 日，经中国科学院党组批准，林心贤任电工所（筹）党的领导小组组长。组员有林心贤、王士珍等六人。

1963 年 1 月 29 日，中国科学院电工研究所正式成立。

1958 年 8 月至 1963 年 9 月，全所工作由党的领导小组领导。

二、1963 年 9 月至 1967 年 1 月

1963 年 9 月 25 日，第三届党委会成立。

书记：林心贤。

副书记：刘子固。

委员：＊林心贤、＊刘子固、王士珍、＊朱尚廉、＊申世显、陈贻运、江云、胡光、张夕云（注：有＊者为常委）。

监察委员会：

书记：朱尚廉。

委员：朱尚廉、张培洪、江云。

1965 年 2 月 12 日，第四届党委会成立。

书记：林心贤。

副书记：王建华。

委员：林心贤、王建华、申世显、胡传锦、王荣恩、江云、韩曙荣、陈步东、王维起。

同年 10 月 8 日，增补张夕云、胡光为党委委员。

监察委员会：

书记：江云。

委员：江云、张培洪、柳卉。

1965 年 12 月 20 日，中国科学院党组根据中央指示，决定在电工所由机关党委制改行党委制，并建立政治工作机构（政治处）。

1966 年 3 月 22 日，经中央批准，电工所改行党委制后，任命：

党委书记：林心贤。

副书记：王建华（兼政治部主任）。

1966 年 4 月 26 日，电工所党委向中国科学院党组申请将政治处改为政治部。后因"文化大革命"冲击，未实现。

1966 年 6 月以后，"文化大革命"波及电工所，电工所党委不断受到冲击，在 1967 年 1 月完全失去了对全所的领导权。

1963 年 9 月至 1967 年 1 月期间，全所工作由所党委领导。

三、1967 年 1 月至 1972 年初

1967 年 1 月，电工所的群众组织"联委会"夺权后，同年 7 月成立了"革委会"。当年 8 月，第一批军管小组进驻电工所。1968 年 5 月电工所被国防科委接管。1970 年 7 月又由国防科委回归中国科学院，第二批军管小组组长邢景孟担任"革委会"主任。1967 年 1 月至 1972 年初，成立党的领导小组前这一期间，虽有"革委会"存在，但实际由军管小组领导全所工作。

四、1972 年初至 1975 年 8 月

1972 年初，电工所党的领导小组成立。8 月，任命温伯华为党的领导小组组长。成员有温伯华、邢景孟、王荣恩、杨刚毅、赵淑平、王建华、刘清成、芮金兰。同月，电工所和其他五所一厂被下放北京市，由中国科学院和北京市科技局对电工所实行双重领导。1975 年 6 月，张思齐由北京市调入电工所并任党的领导小组副组长。所以，从 1972 年初电工所成立党的领导小组至 1975 年 8 月成立电工所第五届党委会的三年多时间，由党的领导小组领导电工所的全面工作。

五、1975 年 8 月至 1985 年 9 月

1975 年 8 月 3 日，北京市委批准成立电工所党委，电工所第五届党委会正式成立。

书记：（空缺）。

副书记：张思齐（主持工作）、庞真，芮金兰。

委员：张思齐、庞真、芮金兰、王建华、申世民、赵德玺、韦先全、卢圣煊、李安定。

第五届所党委成立后，所党委恢复了对全所工作的领导。但该届党委成立之时，

仍处于"文化大革命"后期。随着客观形势的巨大变化，所党委成员也随之进行了大幅度调整。1975年底，北京市派"工宣队"进所，于同年12月19日增补"工宣队"领队郭久成为党委副书记，增补"工宣队"副领队宗爱成、侯忠贵为党委委员；1976年"文化大革命"结束后，"工宣队"撤离，郭久成、宗爱成、侯贵忠担任的党内职务即自动免去；1978年1月电工所由北京市回归中国科学院直属研究所建制，赵志萱调任电工所负责人，于1978年2月27日被增补为党委副书记；1978年4月7日，免去了所"革委会"副主任芮金兰担任的党委委员，党委副书记及所"革委会"成员赵德玺担任的所党委委员；1978年5月29日，恢复工作后的王建华被增补为党委副书记。经过调整，增强了该届党委的领导力量。从此，所党委的工作完全走上了正轨，领导全所各项工作。

1980年8月29日，第六届党委会成立。

书记：张思齐。

副书记：赵志萱、王建华、杨昌琪。

委员：张思齐、赵志萱、王建华、杨昌琪、申世民、陈步东、庞长富、李安定、解云科。

纪检组组长：王建华。

组员：王建华、赵亨利、冯万诚。

为了尽快实现以科研为中心的战略转移，加强电工所的科研工作，从1980年8月成立第六届所党委起，逐步开始增加党委成员中科技人员的比例。此后的各届党委委员中，科技人员和有科技背景的管理人员成为主体。

1983年8月17日，第七届党委会成立。

书记：程玉林。

副书记：空缺（程玉林：1983年8月至1984年4月为代书记）。

委员：杨昌琪、程玉林、陈步东、申世民、杜友让、石德林、刘廷文。

1983年8月17日，第一届纪委成立。

书记：程玉林。

副书记：杜友让。

委员：程玉林、杜友让、解云科、冯万诚。

在第七届党委工作期间，电工所党的领导体制发生了重大变化，根据院党组的指示，电工所党委向院党组呈报，决定从1985年9月12日起，实行所长负责制，由所长全面领导全所工作，党委发挥"政治核心作用"和"监督保证作用"，全力支持所长的工作。

六、1985年9月至2007年

1987年1月14日，第八届党委会成立。

书记：程玉林。

副书记：邢福生。

委员：程玉林、邢福生、吴弘、申世民、杨昌琪、刘廷文、顾国彪、严陆光（1988 年 3 月 30 日补选）。

1987 年 3 月 4 日，第二届纪委成立。

书记：邢福生。

副书记：解云科。

委员：邢福生、杨铁三、刘成相、解云科、冯万诚。

1991 年 3 月 22 日，第九届党委会成立。

书记：申世民（1992 年 7 月调任深圳科技工业园党委书记兼副总经理）。

副书记：邢福生（1992 年 7 月起主持工作，12 月 6 日任书记）。

委员：申世民、邢福生、刘廷文、杜友让、吴弘、顾文琪、顾国彪、严陆光。

1991 年 8 月 1 日，第三届纪委成立。

书记：邢福生。

副书记：解云科。

委员：邢福生、解云科、刘成相、杨铁三、王大立。

1995 年 5 月 31 日，第十届党委会成立。

书记：邢福生。

副书记：王大立。

委员：邢福生、王大立、严陆光、杜友让、李安定、汪德正、孔力。

1995 年 6 月 29 日，第四届纪委成立。

书记：王大立。

副书记：何慧英。

委员：王大立、何慧英、刘华轩、田新东、张鑫。

1999 年 6 月 21 日，第十一届党委会成立。

书记：李安定。

副书记：王大立。

委员：李安定、王大立、孔力、朱美玉、宋涛、马振军、杨小勃。

1999 年 6 月 21 日，第五届纪委成立。

书记：王大立。

副书记：空缺。

委员：王大立、张鑫、杨小勃、刘建华、田新东、刘华轩。

2003 年 6 月 20 日，第十二届党委会成立

书记：马淑坤（2003 年 8 月 2 日起任职）。

副书记：王大立（2003 年 8 月 2 日，调任微生所党委副书记）。

委员：孔力、朱美玉、肖立业、王大立、齐智平、杨小勃、宋涛。

2003 年 6 月 20 日，第六届纪委成立。

书记：空缺。

副书记：宋涛。

委员：王大立、宋涛、杨小勃、刘建华、刘华轩。

2007 年 9 月 7 日，第十三届党委会成立。

书记：马淑坤。

委员：肖立业、马淑坤、许洪华、齐智平、宋涛、刘洣娜、严萍。

2007 年 9 月 7 日，第七届纪委成立。

书记：许洪华。

副书记：张和平。

委员：许洪华、张和平、张鑫、俞妙根、王海峰。

自 1985 年 9 月实行所长负责制以来，历届党委全力支持历任所长对全所工作的领导，在全所工作中发挥了强有力的政治核心作用，使全所改革不断深化，实现了战略转移，发挥了积极的监督保证作用。所党委与所长同心协力，完成了电工所的战略"定位"，进而使电工所进入了中国科学院知识创新工程。从第十一届党委起，党委班子逐步完成了代际转移，实现了党委班子年轻化，使一批高学历的党员成为党委委员。

第四节　历任研究、管理机构领导人名录

一、研究机构历任领导人名录

序号	单位名称	领导人	职务	任期	备注
1	电力系统稳定及运行方式研究（组）室	杨昌琪	大课题组长	1958～1960 年	1965 年 4 月该室撤销
		刘鉴民	大课题副组长	1958～1960 年	
		韩　朔	室副主任 室主任	1960～1964 年 1964～1965 年	
2	电力系统自动化研究（组）室	鲍城志	大课题组长 室副主任 室主任	1958～1960 年 1960～1964 年 1964～1965 年	1965 年 12 月该室撤销
		陈贻运	副主任	1964～1965 年	

序号	单位名称	领导人	职务	任期	备注
3	大型电机研究（组）室	廖少葆	大课题组长	1958～1960 年	
			室副主任	1960～1973 年	
4	特种电机及调节系统研究室	廖少葆	室副主任（主持工作）	1973～1978 年	
			室代主任	1978～1979 年	
		朱维衡	室副主任	1978～1987 年	
		顾国彪	室副主任（主持工作）	1979～1983 年	
			室主任	1983～1991 年	
		倪受元	室副主任	1983～1987 年	
		庞长富	室副主任（兼）	1984～1987 年	
		徐善纲	室副主任	1987～1991 年	
		董增仁	室副主任	1987～1991 年	
5	微特电机研究（组）室	谢果良	大课题组长	1962～1964 年	1991 年微电机室和特种电机室正式合并为电机室
			室副主任（主持工作）	1964～1983 年	
		谭作武	室主任	1983～1991 年	
		凌金福	室副主任	1983～1987 年	
		韦文德	室副主任	1987～1991 年	
		张培洪	室副主任（兼）	1984～1987 年	
6	电机研究室	顾国彪	室主任	1991～1995 年	
		徐善纲	室副主任	1991～1995 年	
			室主任	1995～1998 年	
		李世毅	室副主任	1991～1995 年	
		徐 松	室副主任	1994～1995 年	
		温旭辉	室副主任	1995～1998 年	
			室主任	1998～2001 年	
		金能强	室副主任	1998～2000 年	
		熊 楠	室副主任	1999～2000 年	
7	高电压研究（组）室	陈首燊	大课题组长	1958～1960 年	
			室副主任（主持工作）	1960～1973 年	
		朱尚廉	室副主任	1962～1963 年	
		秦曾衍	室主任	1964～1973 年	

序号	单位名称	领导人	职务	任期	备注
8	高压脉冲放电研究室	秦曾衍	室副主任（主持工作）	1973～1976 年	
			室副主任	1976～1978 年	
			室代主任	1978～1984 年	
		陈首燊	室副主任	1973～1976 年	
			室副主任（主持工作）	1976～1978 年	
			室副主任	1978～1984 年	
			室主任	1984～1987 年	
		吴 弘	副主任	1984～1988 年	
		邱少林	室副主任（兼）	1984～1987 年	
		张适昌	室副主任（主持工作）	1987～1991 年	
			室主任	1991～1995 年	
			直属课题组长	1995～1999 年	
9	电工测量研究（组）室	那兆凤	大课题组长	1958～1960 年	1960～1964 年为二部 805 组
			室副主任（主持工作）	1964～1973 年	
10	脉冲数字技术及应用研究室（又名：计算机应用研究室）	万遇良	室副主任（主持工作）	1973～1984 年	
			室主任	1984～1987 年	
		孟昭文	副主任	1974～1978 年	
		江 云	室副主任	1980～1984 年	
		沈国僇	副主任	1984～1987 年	
			室主任	1987～1991 年	
		杨正林	副主任	1984～1993 年	
		罗武庭	室主任	1991～1993 年	
11	电加工研究室（组）	高亨德	联合电加工组组长	1958～1960 年	1983 年该室分为电火花、电子束加工技术研究室和微电子束加工技术研究室
		胡传锦	室副主任（主持工作）	1960～1964 年	
			室主任	1963～1983 年	
		那兆凤	室副主任	1973～1983 年	
		朱 琪	室副主任	1980～1983 年	
12	电工所二部	杨昌琪	副主任（主持工作）	1960～1972 年	
		江 云	副主任	1960～1972 年	

序号	单位名称	领导人	职务	任期	备注
13	电推进技术研究室	冯毓才	副主任（主持工作）	1972～1980 年	该室 1980 年划归院空间中心
		江云	副主任	1972～1980 年	
14	超导技术研究室	韩朔	室主任	1973～1984 年	
		严陆光	室副主任	1979～1984 年	
			室主任	1984～1990 年	
		赵亨利	室副主任（兼）	1979～1984 年	
		林良真	室副主任	1984～1990 年	
			室主任	1990～1995 年	
		张宏	室副主任（兼）	1984～1987 年	
		余运佳	室副主任	1991～1995 年	
			室主任	1995～1999 年	
		李会东	室副主任	1995～2001 年	
		杨鹏	室副主任	1997～1998 年	
		肖立业	室副主任（主持工作）	1999～2001 年	
15	磁流体发电研究室	杨昌琪	室副主任（主持工作）	1973～1976 年	
			室主任	1976～1984 年	
		何学裘	室副主任	1973～1987 年	
		居滋象	室副主任	1981～1984 年	
			室主任	1984～1995 年	
		王幽林	室副主任	1979～1984 年	
		汪德正	室副主任	1984～1986 年	
		童建忠	室副主任	1987～1994 年	
			室主任	1995～1999 年	
		沙次文	室副主任	1987～1999 年	
16	电火花电子束加工技术研究室	胡传锦	室主任	1983～1987 年	
		杨铁三	室副主任	1984～1987 年	
		吴振华	室主任	1987～1989 年	
		林达	室副主任	1987～1988 年	
		于学文	室副主任（主持工作）	1989～1991 年	

续表

序号	单位名称	领导人	职务	任期	备注
17	微电子束加工技术研究室（又名：微细加工技术研究室）	朱 琪	室主任	1983～1987 年	
		杜友让	室副主任	1983～1986 年	
		顾文琪	室主任	1987～1997 年	
		王理明	室主任	1997～1999 年	
		张福安	室副主任	1991～1999 年	
			室主任	1999～2001 年	
		杨忠山	室副主任	1991～1999 年	
18	MCS 实验室	华元涛	主任	1985～1991 年	
		肖功布	副主任	1989～1991 年	
19	电加工与数控工程中心	华元涛	主任	1991～1993 年	
		肖功布	副主任	1991～1993 年	
		于学文	副主任	1991～1992 年	
20	工程研究发展中心	华元涛	主任	1993～1998 年	
		夏平畴	副主任	1993～1996 年	
			总工程师	1993～1995 年	
		罗武庭	总工程师	1993～1995 年	
			副主任	1995～1997 年	
		林德芳	副总工程师	1993～1994 年	
		齐智平	副主任	1995～1998 年	
			主任	1998～1999 年	
		王时毅	副总工程师	1997～1998 年	
		王 平	副主任	1998～2001 年	
		李耀华	副主任（主持工作）	1999～2001 年	
21	太阳能发电研究室	廖少葆	副主任（主持工作）	1979～1983 年	1983 年该室撤销
		李安定	副主任	1979～1983 年	
		刘廷文	副主任	1983 年	
22	新能源研究室	倪受元	室主任	1987～1995 年	
		李安定	室副主任	1987～1993 年	
		孔 力	室副主任	1994～1995 年	
			室主任	1995～1999 年	
		许洪华	室副主任	1995～1999 年	

续表

序号	单位名称	领导人	职务	任期	备注
23	新能源与新型发电技术研究室	许洪华	室主任	1999～2001 年	
		沙次文	室副主任	1999～2001 年	
		孙广生	室副主任	1999～2001 年	
24	永磁应用研究室（2001 年改名为"应用磁学研究室"）	夏平畴	室主任	1996～1997 年	
		董增仁	室副主任	1996～1997 年	
			室主任	1997～1998 年	
		宋 涛	室副主任	1997～1998 年	
			室主任	1998～2001 年	
		赵德玺	室副主任	1998～1999 年	
		张一鸣	室副主任	1999～2001 年	
25	高档医疗设备工程中心	申世民	主任（兼）	1997～1999 年	
		鄞惠芬	副主任	1997～1999 年	
		魏云峰	副主任	1997～1999 年	
26	图书情报资料研究室	朱尚廉	室主任	1979～1983 年	
		秦建斌	室副主任	1979～1980 年	
		蔡养甫	室主任	1983～1984 年	
		王幽林	室副主任（主持工作）	1984～1987 年	
			室主任	1987～1990 年	
		赵亨利	室副主任	1984～1987 年	

2001 年 12 月，取消研究室建制，改为"研究部"，共建研究部 5 个，含 15 个独立核算的课题组；2002 年 1 月任命各部主任研究员。

一、先进能源电力技术研究部	顾国彪	主任研究员	2002～2003 年
	许洪华	主任研究员	2002～2003 年
1. 蒸发冷却技术研究中心	顾国彪	组长	2002～2003 年
2. 可再生能源发电研究发展中心	许洪华	组长	2002～2003 年
3. 强脉冲及电源技术研究组	严 萍	组长	2002～2003 年
4. 新型热发电技术研究组	李 斌	副组长	2002～2003 年
二、现代电气驱动技术研究部	温旭辉	主任研究员	2002～2003 年
1. 电动汽车电气驱动技术研究中心	温旭辉	组长	2002～2003 年
2. 磁悬浮技术研究发展中心	李耀华	组长	2002～2003 年
3. 磁推进技术研究组	沙次文	组长	2002～2003 年

三、应用超导技术研究部	王秋良	主任研究员	2002～2003 年
1. 超导电力科学技术研究发展中心	肖立业	组长	2002～2003 年
2. 超导磁体及磁体应用研究组	王秋良	组长	2002～2003 年
3. 超导技术支撑组	王秋良	组长（兼）	2002～2003 年
	李会东	副组长	2002～2003 年
四、生物医学工程研究部	宋涛	主任研究员	2002～2003 年
1. 电磁生物工程研究组	宋涛	组长	2002～2003 年
2. 核磁共振技术研究组	张一鸣	组长	2002～2003 年
五、微纳加工技术研究部	张福安	主任研究员	2002～2003 年
	李艳秋	主任研究员	2002～2003 年
1. 电子束曝光技术研究组	张福安	组长	2002～2003 年
	方光荣	副组长	2002～2003 年
	李艳秋	组长	2002～2003 年
2. 微机电系统研究组	韩立	副组长	2002～2003 年
3. 生命科学仪器研究组	高钧	副组长	2002～2003 年
	吴岚军	副组长	2002～2003 年

2003 年 9 月所领导班子换届后，研究机构改组成立为 7 个研究部，持续至 2007 年 12 月。

一、可再生能源技术研究部	许洪华	主任研究员	2003～2007 年
1. 可再生能源研究发展中心	许洪华	组长	2003～2007 年
2. 太阳能热发电技术研究组	李斌	副组长	2003～2005 年
	王志峰	组长	2005～2007 年
3. 太阳电池技术研究组	王文静	组长	2006～2007 年
4. 中国科学院太阳光伏发电系统和风力发电系统质量检测中心	孔力	主任（兼）	2003～2007 年
	马胜红	副主任	2003～2007 年
	翟永辉	副主任	2003～2007 年
5. 可再生能源发电咨询与培训中心	马胜红	组长	2006～2007 年
二、新型电力技术研究部	顾国彪	主任研究员	2003～2007 年
1. 蒸发冷却技术研究中心	顾国彪	组长	2003～2007 年
2. 强流脉冲技术研究组	严萍	组长	2003～2007 年
3. 磁推进技术研究组	彭爱武	副组长	2003～2007 年
三、现代电气驱动技术研究部	李耀华	主任研究员	2003～2007 年
1. 磁悬浮技术研究发展中心	李耀华	组长	2003～2007 年
2. 电动汽车电气驱动技术研究中心	温旭辉	组长	2003～2007 年
3. 汽车电子应用技术研究组	王丽芳	组长	2003～2007 年

四、应用超导技术研究部	肖立业	主任研究员	2003~2007 年
1. 超导电力科学技术研究发展中心	肖立业	组长	2003~2007 年
2. 超导磁体及强磁场应用研究组	王秋良	组长	2003~2007 年
3. 强磁场材料研究组	马衍伟	组长	2006~2007 年
五、生物医学工程研究部	宋 涛	主任研究员	2003~2007 年
1. 电磁生物工程研究组	宋 涛	组长	2003~2007 年
2. 核磁共振技术研究组	张一鸣	组长	2003~2005 年
六、微纳加工技术研究部	李艳秋	主任研究员	2003 年
	顾文琪	主任研究员	2003~2007 年
1. 电子束曝光技术研究组	李艳秋	组长	2003 年
	韩 立	组长	2003~2007 年
	方光荣	副组长	2003~2007 年
2. 微纳技术及应用研究组	李艳秋	组长	2003~2007 年
3. 生命科学仪器研究组	吴岚军	副组长	2003~2005 年
4. 微纳机电系统研究组	韩 立	副组长	2003 年
七、前沿探索部	齐智平	主任研究员	2003~2007 年

2007 年 12 月，对科研组织机构又一次进行了调整，调整后仍采用"研究部"建制，研究部扩大至 9 个，共 19 个研究组。一个重要变化是将前几年在各研究部设置的"主任研究员"，改为"研究部主任、副主任"。

一、可再生能源技术研究部（辖 6 个课题组）	许洪华	主任	2007~
	王志峰	副主任	
	王文静	副主任	
	彭爱武	副主任	
1. 可再生能源发电研究发展中心	许洪华	主任	2007~
2. 太阳能热发电技术研究组	王志峰	组长	2007~
3. 太阳能电池技术研究组	王文静	组长	2007~
4. 电磁推进技术研究组	彭爱武	组长	2007~
5. 中国科学院太阳光伏发电系统和风力发电系统质量检测中心	许洪华	主任	2007~
	翟永辉	副主任	
6. 可再生能源发电咨询与培训中心	马胜红	主任	2007~

续表

二、电力电子与电气驱动技术研究部（辖3个课题组）	李耀华	主任	2007 ~
	温旭辉	副主任	
	王丽芳	副主任	
1. 磁悬浮与直线驱动技术研究中心	李耀华	组长	2007 ~
2. 电动汽车技术研究发展中心	温旭辉	组长	2007 ~
3. 汽车电子应用技术研究组	王丽芳	组长	2007 ~
三、电力设备新技术研究部（辖1个课题组）	顾国彪	主任	2007 ~
	王海峰	副主任	
蒸发冷却技术研究发展中心	顾国彪	组长	2007 ~
四、电力系统新技术研究部（辖1个课题组）	齐智平	主任	2007 ~
分布式电力与储能技术研究组	齐智平	组长	2007 ~
五、极端电磁环境科学技术研究部（辖1个课题组）	严萍	主任	2007 ~
强流脉冲技术研究组	严萍	组长	2007 ~
六、应用超导重点实验室（辖3个课题组）	肖立业	主任（兼）	2007 ~
	王秋良	副主任	
	马衍伟	副主任	
	戴少涛	副主任	
1. 超导电力科学技术研究发展中心	戴少涛	组长	2007 ~
2. 超导磁体及强磁场应用组	王秋良	组长	2007 ~
	戴银明	副组长	2007 ~
3. 超导材料及强磁场科学研究组	马衍伟	组长	2007 ~
七、生物医学工程研究部（辖2个课题）	宋涛	主任	2007 ~
	杨文辉	副主任	
1. 电磁生物工程研究组	宋涛	组长	2007 ~
2. 电磁成像技术研究组	杨文辉	组长	2007 ~
八、微纳加工技术研究部（辖2个课题组）	韩立	主任	2007 ~
	刘俊标	副主任	
1. 电子束曝光技术研究组	韩立	组长	2007 ~
	方光荣	副组长	2007 ~
2. 微纳技术及应用研究组	刘俊标	组长	2007 ~
九、前沿探索部	刘国强	主任	2007 ~

注：仅收录研究室（部）及所直属课题组领导人

二、管理机构历任领导人名录

1. 所办公室、所综合办公室

机构名称	领导人	职务	任期	备注
所办公室	常　健	主任	1958～1959 年	
	刘士欣	副主任	1959～1960 年	
	张夕云	主任	1960～1967 年	
	张锡华	副主任	1975～1978 年	主持工作
	卢圣煊	负责人	1978～1981 年	
	胡　光	主任	1981～1984 年	
	秦建斌	副主任	1982～1984 年	
		主任	1984～1991 年	
	朱美玉	副主任	1989～1991 年	
		主任	1991～1999 年	
	李克文	主任	1999～2003 年	
	张　鑫	副主任	1999～2006 年	
	杨小勃	主任	2003～2006 年	
所综合办公室	杨小勃	主任	2006～2007 年	
	张　鑫	副主任	2006～	
	张和平	副主任	2006～2007 年	主持工作
		主任	2007～	

2. 党委办公室

机构名称	领导人	职务	任期	备注
党团办公室（政治处）	于同惠	副主任	1960～1962 年	1960 年前无主任、副主任
	王建华	主任（兼）	1962～1967 年	
	王荣恩	副主任	1962～1967 年	

续表

机构名称	领导人	职务	任期	备注
党委办公室	张连成	副主任	1977～1980 年	
	胡　光	主任	1980～1981 年	
	程玉林	负责人	1981～1982 年	
	张执中	主任	1982～1987 年	
	邢福生	副主任	1982～1987 年	
		主任	1987～1989 年	
	郭彭琴	副主任	1987～1991 年	1989 年后主持工作
		主任	1991～1996 年	
	杨小勃	副主任	1991～1997 年	

3. 计划、科技（业务）部门

机构名称	领导人	职务	任期	备注
计划科	杨昌琪	科长	1958～1960 年	
	林　栋	科长	1960～1961 年	
	胡华国	科长	1961～1964 年	
	庞长富	科长	1964～1967 年	
	吴永张	副科长	1964～1967 年	
	刘成相	副科长	1965～1967 年	
业务处（科技处）	李安定	科长	1975～1978 年	
	张夕云	处长	1978～1981 年	
	林　诚	副处长	1978～1980 年	
	岩　峰	副处长	1978～1981 年	
	王公民	副处长	1978～1984 年	
	申世民	副处长	1979～1981 年	
		处长	1981～1983 年	
	刘成相	副处长	1984～1993 年	
	刘廷文	处长	1983～1992 年	
	李安定	处长	1992～1996 年	
	沈　权	副处长	1991～1994 年	
	孙广生	副处长	1995～1996 年	
		处长	1996～1999 年	
	齐智平	处长	1999～2002 年	
	王丽芳	处长	2002～2003 年	
	马玉环	副处长	1997～2003 年	
		处长	2003～2007 年	
	韦　榕	副处长	2003～2007 年	
	张国强	处长	2007～	
	丁明仁	副处长	2007～	

4. 人事部门

机构名称	领导人	职务	任期	备注
人事科	李光耀	副科长	1958~1960 年	
	韩曙荣	副科长	1960~1967 年	主持工作
	李舒勤	副科长	1962~1964 年	
人事处	段文丽	副处长	1978~1980 年	
	程玉林	负责人（处长）	1982~1984 年	
	郑淑蓉	副处长	1980~1984 年	
		处长	1984~1988 年	
	邢福生	处长	1988~1991 年	
	王素娟	副处长	1984~1991 年	
		处长	1991~1995 年	
	要慧芳	副处长	1993~1998 年	
	王大立	处长	1995~2000 年	
	刘洣娜	副处长	1997~2000 年	
		处长	2000~2006 年	
	王岳华	副处长	2003~2006 年	
	杨小勃	副处长	2002~2003 年	
人事教育处	刘洣娜	处长	2006~	
	王岳华	副处长	2006~2007 年	

5. 器材（物资）部门

机构名称	领导人	职务	任期	备注
器材科	王世信	科长	1958~1960 年	
	庞长富	副科长	1959~1960 年	
		科长	1960~1962 年	
	栾培茂	副科长	1961~1962 年	
		科长	1962~1967 年	
	陈步东	副科长	1963~1964 年	
条件处	赵鸿儒	副处长	1979~1981 年	
		处长	1981~1988 年	
	李 刚	副处长	1983~1988 年	
		处长	1988~1993 年	

机构名称	领导人	职务	任期	备注
资产处	李 刚	处长	1993~1995 年	
		副处长	1995~1998 年	
	李克文	副处长	1993~1995 年	
		处长	1995~1998 年	

6. 行政（后勤）部门

1958~1964 年，设总务科，总务科内有财务科及基建科。1964 年财务、基建科合并，总务科改称行政科。

机构名称	领导人	职务	任期	备注
行政科	栾培茂	副科长	1958~1960 年	
	许 华	副科长	1958~1960 年	
	李光耀	副科长	1960~1961 年	
	王维起	副科长、科长	1961~1964 年	
	苗 址	负责人	1964~1967 年	
行政（后勤）处	刘清成	处长	1978~1981 年	
	陈步东	副处长	1978~1980 年	
		处长	1980~1983 年	
	苗 址	处长	1983~1986 年	
	齐文英	副处长	1978~1983 年	
	刘永祥	副处长	1983~1986 年	

7. 财务（资产）部门

机构名称	领导人	职务	任期	备注
财务科	白庆余	副科长	1958~1964 年	
		科长	1964~1978 年	
	张瑞尧	临时负责人	1978~1979 年	
	周德成	副科长	1979~1982 年	
	张瑞尧	负责人	1982~1984 年	
	俞毓华	副科长	1984~1986 年	
财务室（处）	苗 址	主任（处长）	1986~1993 年	
	俞毓华	副主任（副处长）	1986~1993 年	
		主任（副处长）	1993~1995 年	
	何慧英	副处长	1995~1996 年	
		处长	1996~1998 年	
	刘志凤	副处长	1996~2002 年	自 1998 年起主持工作
		处长	2002~2007 年	
财务资产处	刘志凤	处长	2007~	

8. 保卫部门

机构名称	领导人	职务	任期	备注
保卫科	马小兴	副科长	1958～1959 年	
	廉如意	副科长	1959～1961 年	
	冯万诚	副科长	1961～1967 年	
保卫处	周德成	副科长、科长	1979～1984 年	
		副处长	1984～1992 年	
	徐福臣	副处长	1986～1992 年	

9. 老干部办公室

机构名称	领导人	职务	任期	备注
老干部办公室	要慧芳	主任（科级）	1987～1988 年	
		主任（副处级）	1988～1993 年	

10. 开发处、产业部门

机构名称	领导人	职务	任期	备注
开发处	汪德正	处长	1985～1989 年	
	金家骅	副处长	1985～1989 年	
生产办公室	岩 峰	主任（正处）	1981～1983 年	

11. 信息与公共关系部

机构名称	领导人	职务	任期	备注
信息与公共关系部	马玉环	主任（正处）	2007～	

第三章　科研工作

第一节　电力系统稳定及运行方式

电工所电力系统稳定方面的研究工作可以上溯到 1954 年。电工所的前身——中国科学院长春机械电机研究所（简称长春机电所）于 1954 年成立后，其下属的电力研究室的主要任务是为当时全国最大的电力系统——东北电力系统服务。为满足该系统发展的需要，先后开展了提高输电容量、改善电网性能、加强电网运行调度等几项研究工作，并将取得的研究成果在该系统中实际应用，取得了很好的效果。

新中国成立后，国家于 1956 年制定了关于科技工作发展的纲领性文件《十二年科技规划》（简称《规划》），韩朔作为中国科学院电工方面的代表参加了该《规划》的制定工作。在《规划》中，将"发电厂及电力网的合理配置与运行，全国统一动力系统的建立"列为国家的重大任务。《规划》指出，"建立全国统一动力系统为电工科研的主攻方向"，《规划》还明确了"高压交流远距离输电、高压直流远距离输电"等五大中心问题是电工科研的具体研究内容，《规划》对 1957 年电工方面的研究工作提出具体安排意见，即"掌握系统运行新技术，包括暂态过渡过程、中央调度、自动调频和继电保护及东北电力系统的运行等"。《规划》使电力室的研究方向更加明确具体，从事该项研究工作的科技人员深受鼓舞，大大地调动了他们的积极性，一个起步不久由一批刚参加工作的大学生组成的 20 余人的研究群体，承接了上述五大中心问题中的 12 个研究课题。

1956 年 10 月，机电所根据《规划》的要求，制定了该所电工方面 1957 年的工作计划及长远规划，明确电力室的任务是围绕国家统一动力系统的建立和主要设备制造中的理论性、综合性科技问题进行研究，具体拟定了在高电压工程、大型电机、电力系统、直流输电、电力系统自动化及继电保护等五个方面开展研究工作。为使这些研究工作落到实处，尽早尽快地开展起来，机电所采取了一系列具体措施：如改善和创造研究工作的物质条件、建设实验室、购置仪器设备、招收科技人员、培养研究生、派业务骨干去苏联留学或考察访问、邀请苏联同行学者来华访问讲学等。这期间，为促进电力系统稳定方面的研究工作，于 1957 年春季派电力系统的学术带头人韩朔，参加中国科学院组织的访苏科技代表团，考察苏联的电力工业及其研究工作，先后派出

15 人去苏联留学进修，其中包括进修电力系统的韩朔、蔡养甫、韦文德和江云（直流输电）等科技骨干。同时，还建立了电力系统动态模拟实验室、交流计算台实验室、仪表实验室等。这些具体措施，为当时的研究工作顺利开展提供了保障，也为 1958 年电工所建立后能够继续迅速地开展研究工作贮备了人才，积累了研究工作经验，打下了发展的基础。

一、早期研究

在 1957 年以前的那段时期，电力系统稳定方面的研究工作中，最为突出的是下面两项。

1. 串联电容补偿输电方式的研究

20 世纪 50 年代初期，串联电容补偿输电方式在国外尚属试用阶段，在我国还是空白。当时东北工业恢复加速，用电负载急剧增加，一时造成许多线路输电容量不足。韩朔、沈鼎新等和电业部门协作，提出使用串联电容补偿输电方式，在原线路上加装串联电容器以提高线路的输电容量和改善电压变动率的研究方案。从 1953 年开始，首先在实验室内对某些典型输电线路进行各种运行状态分析，特别对采用过补偿时可能发生的异常现象及其防护方法进行重点研究。同时在实验室内对电容器异常现象的保护装置进行研制，对其中有特殊要求的电弧电压低、电弧稳定、能耐受大电流的石墨保护间隙进行重点试验。其后，与牡丹江电业局的赵嚣合作，选定鸡西—密山 22kV 线路作为试点，在永安变电所加装串联电容器。在 1954 年 6 月 6 日至 12 日进行现场实地实验。通过无负载变压器投入、三相短路、电容器旁路断路器开合异常现象、一线接地系统中感应电动机启动等各种运行方式进行了现场实验。结果证实，在典型负载下，受端各变电所经过补偿后，电压可大致提高 10%，负载增至预想限度时，线路的输电容量可以提高到满意的需要程度。成功地进行了现场试验后，最后决定正式投入运行。这是我国第一条串联电容补偿输电线，它的研究和运行经验对日后我国采用超高压输电线路和开展相关研究起到一定的促进作用。

2. 电力系统大型交流计算台的研制

随着我国电力系统容量不断增长，系统结构方式日趋复杂，大量而复杂的计算工作迫切需要电力系统计算工具，当时虽然国外数字计算机已研制成功，但用于电力系统运行计算尚在探索中，电业部门一般都采用交流计算台。东北电业局调度局提出了研制交流台的课题，委托机电所电力室研制。在韩朔领导下，沈国缪、万遇良、张永等青年业务骨干在缺少研制资料的情况下，自力更生，结合国产材料，对交流计算台各类元件进行探索研制和整体规划设计。1954～1957 年研制成功包括 14 个发电单元、86 个线路元件、32 个负载元件、36 个自耦变压器原件、34 个电容元件、12 个互感器元件的大型交流计算台。这是我国第一台大型交流计算台。研究成功后，全套设备提供给东北电业局调度局，在实际电力系统调度和运行计算上正式使用多年，在那段历史时期内发挥了重要作用。该设备在苏联火电设计院阿扎利耶夫著书中被列为当时世界上工业频率交流台代表性设备之一，加以介绍，并刊有全套设备照片，受到了国际上该研究领域的关注。

1958年8月2日，经国务院科学规划委员会批准，中国科学院电工所筹备委员会在北京正式成立。原在长春机电所电力室工作的成员迁至北京，拉开了电工所创业的大幕。

1958年6月，国家召开了长江水利枢纽工程科学技术会议，电工所筹委会主任林心贤带领吴振华、沈国镠、廖少葆等几位青年业务骨干参加了这次重要会议，并承接了长江三峡动力系统工程中的17项电工技术方面的科研任务。电工所筹建伊始，就将开展高电压大电力系统的研究作为研究所的重要研究方向之一，并将研究长江三峡电力工程建设中的关键技术问题作为主要研究内容。电工所领导根据既定的方向任务，立即构建相应的研究机构框架，以原电力室的业务骨干为核心，成立了直接由所领导的高压、电力系统、自动化、电工仪表、大电机等若干个研究课题组。其中，电力系统研究组由留苏回国的杨昌琪领导。1960年，在原电力系统研究组基础上成立了电力系统研究室，电力系统研究室为第一研究室，由韩朔任室主任。

二、1958～1965年的研究工作

电力系统稳定和运行方式研究的主要目标是研究高压远距离输电和复杂电力系统提高传输功率和稳定性的措施以及系统的运行方式等问题。发展数值计算与物理模拟和实验相结合的方法，研究和建立电力系统动态模型、交流计算台和直流输电模型等大型电力系统研究实验工具。

一室初建时，和全所一样，工作用房困难，分散在展览楼、化冶钢厂和化冶仓库3个地方，因陋就简开展工作。成立了励磁调节、汽轮发电机原动机调节、非同步化运行方式、动态模拟及交流计算台5个研究组，运用数值计算与物理模拟和实验相结合的方法，进行研究工作。当时，该室还开展了"动能经济研究"课题，后来，研究该课题的徐寿波和黄志杰于1961年转移到中国科学院资源综合考查委员会继续进行研究。为适应研究课题需要，一手抓人才，一手抓实验室建设，每年都接收2～3名应届大学毕业生，全室很快发展成一支近30人的精干的研究队伍。1960年以后，韩朔每年都招收硕士研究生，为研究室储备人才。

关于实验室建设方面，由于在长春机电所时已开始了动态模型发电机组、变压器等主要部件的研究和设计，在此基础上继续完善，于1960年建成了完整的动态模型实

验室，并配备了各种测量设备，为原动机调节和励磁调节等项研究提供了有力的实验研究工具。与此同时，还研制成功了400周交流计算台，为开展电力系统的研究工作提供了新的计算工具。当时全室的实验场地虽然简陋，但像动态模型等实验设备，在国内却是一流的。

1958～1965年，一室开展了一系列课题研究，取得了多项成果。其中，主要成果如下。

1. 电力系统动态模拟的研究和建立

为了研究电力系统的运行状态和物理本质，特别是一些过渡过程的研究，在进行数值计算的同时，物理模拟实验十分重要。

电力系统动态模拟是根据相似原理，将电力系统的运行状态和机电过渡过程反映在模型上，并保证其与原型系统有相同的物理本质。本课题对近代电力系统的研究和发展具有十分重要的意义，因而受到国际上普遍重视。

电工所从1954年开始，在韩朔主持下，周荣琮、孙荣富等多人参加在原长春机电所时代即开始电力系统动态模拟的研究，首先对电力系统中主要元件之一同步电机的模拟进行研究。研究用尺寸小的电机模拟大型电机的相似条件、相似判据和设计方法，对容量为2.5kV·A的模型电机进行了重点研究。设计的电机模型共25kV·A、15kV·A、7.5kV·A和5kV·A4种，并配有不同气隙的凸极和隐极的若干转子。模拟机组委托哈尔滨电机厂制造。

1958年迁至北京后，在电工所本课题仍作为大型重点研究项目继续进行研究。该课题仍由韩朔主持，周荣琮、孙荣富等继续工作，以后又有张嘉音、陈明德、申世民等加入这个团队。开展总体设计和励磁系统模型、变压器模拟、输电线路模型、原动机模型、大型汽轮机和水轮机调速系统的模拟等，并制成各元件相应的模型设备。在1960年建成具有可模拟多机组水、火电站，长距离高压输电系统和具有自动调节与控制设备的大型电力系统模型，有效地开展了电力系统诸多方面的研究和物理实验工作。

关于电工所有关电力系统动态模型的研究过程和某些研究结果，结合该领域的新发展，由韩朔和周荣琮汇集编著《电力系统物理模型》一书由科学出版社内部发行供有关单位参考。该项研究成果在1982年中国科学院学部委员对电工所评议时，被评为1964年的重大成果。

电力系统动态模拟的研究，至今仍是该领域重要研究方法之一。电工所当年对于该课题的研究，在国内曾起到一定的历史性作用。

2. 电力系统励磁调节的研究

该课题主要是结合中国电力系统的特点和要求，研究强力励磁调节的优化调节规律，以便应用于我的电力系统。该课题由韩朔主持，在他的指导下，陈庆珠、周适等研制了国内第一台万能型强力励磁调节器，并结合我国某些实际电力系统，以物理模拟实验和分析计算相结合的方法，系统地研究了比例调节及强力励磁调节若干调节规律对提高系统静态和动态稳定及改善动态调节过程的作用和影响，研究了某些调节量的作用及其物理意义，优化的调节规律以及确立调节系数的依据等。第一次提出了单独按特大电压偏差系数调节励磁对提高系统静态和动态稳定的优异效果，以及励磁机时间常数及调节器时间常数对这种调节方式的影响，并找出了它的限制条件。利用所研制的强力励磁调节器，在电工所电力系统动态模型上进行了实验研究，并在我国新安江水电站进行了现场测试试验。其研究论文《电力系统强力励磁调节的研究》被收入 1963 年中国电机工程学会论文选集（中国工业出版社 1965 年出版），《按特大电压偏差系数调节励磁》发表于 1964 年《电机工程学报》第一期。

3. 汽轮发电机原动机调节对电力系统动态稳定影响的研究

原动机调节在改善电力系统动态稳定的措施上是一个重要环节。在韩朔主持指导下，林良真等研究了汽轮发电机调速系统按运行参数角度的偏差及其一、二次导数调节的作用以及在调节过程中原动机和发电机时间常数等参数对稳定的影响。研究结果表明：这种调节能增大作用在发电机转子轴上的同步和阻尼转矩，同时能在故障瞬间根据运行状态的变化，迅速调节原动机功率，对动态稳定的调节具有显著作用。同时还研究了汽轮机蒸汽容积时间常数，原动机滑阀位移以及发电机转子惯性常数诸参数在调节过程中的作用和规律。其研究论文《汽轮发电机原动机调节对电力系统动态稳定性的影响》作为优秀论文被中国电机工程学会 1963 年年会收入论文选集。

4. 非同步化运行方式的研究

在韩朔领导下，周荣琼等对滑差频率励磁非同步的运行方式进行了分析研究，根据对多项滑差频率励磁的非同步的同步电机基本方程式的推导，建立了稳定运行情况下的等价电路图和矢量圆图，对有功和无功功率特性做了研究，寻找出了在作为发电机和电动机运行以及供给无功和吸收无功运行等各种情况下，滑差和励磁电压起始角的最佳条件，还研究了临界滑差判据和稳定运行范围以及电机按定子电流及其微分调节情况下的稳定性等问题。其研究论文《非同步化同步输电稳态运行特性的研究》在 1963 年中国电机工程学会发表，并选入论文集出版。

5. 直流输电的研究

对我国电力系统的发展，特别是长江三峡电站及西南水电开发，直流输电具有十分重要的作用。在北京建所之前，长春机电所电力室即派江云去苏联学习直流输电技术。1958 年安世明、林良真在北京开始进行直流输电研究，首先建立了小型低压直流输电模拟装置，该装置包括整流、逆变、输电线路以及控制调节和测量等环节，使直流输电的全过程实现物理模拟。

随后，曾计划进一步开展高压直流输电模拟的研究，为此，曾与太原工学院协作，设计了换流站模型，试验了主要换流元件，研制了栅控系统以及加工了输电线路单元。

结合直流输电的研究，安世明、林良真还编译了《直流输电译文集（第一集）》，1962年由科学出版社出版。

1960 年苏联科学院动力研究所电力系统研究室主任马尔柯维奇应邀到电工所讲学，对我国开展直流输电的研究颇不赞同，双方对此曾有过讨论。后来电力系统室对研究方向进行调整，突出电力系统稳定性研究，本课题乃告中断。

在进行电力系统研究的同时，韩朔还组织室里主要研究人员翻译出版了《交流远距离输电》一书（苏联勃鲁克著），1961 年由科学出版社出版。

6. 400 周交流计算台的研制

电工所在北京筹建伊始，一室在建立完整的电力系统动态模拟实验室的同时，由张永负责，组织赵天星、杨雨民等多名技术骨干，在总结研制工频交流计算台成功经验的基础上，从 1959 年下半年开始研制 400 周交流计算台。在两年多期间，先后有 10 多人参加了这项工作，完成了总体设计、各种部件的设计、加工、组装及初步调试，基本上达到了预定技术指标。

20 世纪 60 年代初，全国统一动力系统建设的速度放缓，三峡工程推迟。中国科学院加强了国防建设任务方面的科技力量，同时为了避免在电力系统研究方面与产业部门以及高等院校间不必要的重复，院领导与电力部领导协调后，对电工所的科研方向任务进行了调整：将原来的研究全国统一动力系统建设中的关键电工技术长远问题，转变为针对国民经济和国防建设的需要，大力发展电工新技术及其应用的研究。将有关电力系统的研究工作转移给产业部门，原进行中的各个研究课题 1964～1965 年陆续中止，电力系统稳定研究室被撤销。原来从事电力系统稳定工作的科技人员，在所内分别安排到电感储能、微电机、电加工等课题组工作。已建成的一套完整的电力系统动态模型装置，调拨给电力部电力科学院和华中工学院使用。400 周交流计算台调拨给电力部火电设计院继续调试。

1965 年 4 月，电工所第一研究室被正式撤销，电力系统稳定方面的研究工作全部中止。

第二节　电力系统自动化

电力系统自动化是电力系统研究领域中的一项重大技术课题，它包含继电保护、自动调整频率、电压及经济运行等多方面的研究内容。

电工所在电力系统自动化方面的研究工作，早在建所前的 1954 年，在长春机电所的电力室即已起步。建所初期，将电力系统自动化列为电工所的研究方向之一，由第四研究室承担该项研究工作。从机电所电力室开始工作的一批科技人员，成为该室的业务骨干。到该研究室于 1965 年被撤销的十余年时间，该室在电力系统自动调频及经济运行等方面，取得了一系列成果，这些成果在理论研究上，特别是在东北电力系统中的成功应用，在国内处于领先地位。

一、历史沿革

1954 年，长春机械电机研究所正式成立。该所下设的电力研究室主要为东北电力系统服务。该研究室的一个课题组，开展了交流计算台的研究工作，这可看做是电力系统自动化方面研究工作的开端。

1956 年，留美博士鲍城志回国后到机电所工作，成为电力系统自动化研究方面的学术带头人。

1956 年 10 月，机电所根据国家当年制定的《十二年科技规划》，制定了电工方面的 1957 年计划及长远规划，决定开展包括"电力系统自动化及继电保护"在内的五个方面的研究工作。

1957 年，电力室招收两名硕士研究生，其导师分别是鲍城志和朱物华（时任机电所学术委员会委员、哈尔滨工业大学电机系教授、副校长）。同年，多名在职科技人员被机电所派往苏联科学院相应研究所进修学习，其中也包括"电力系统自动化"方面的人员。这些举措为研究工作准备了人才。

1957 年，为东北电力系统的需要，开展了电力系统摇摆曲线自动装置的研制。

1958 年 7 月，机电所的电力室迁到北京，筹建电工所。筹建期间，全所共有七个由所直接领导的研究组，"自动化组"是其中之一。

1960 年初，电工所正式成立研究室，其中第四研究室从事电力系统自动化的研究；1965 年初，中国科学院对电工所的研究方向进行了调整，为避免与产业部门及高校不必要的重复；1965 年 3 月 4 日，正式宣布撤销电工所第四研究室。当年年底，人员分别调入中国科学院北京自动化研究所（10 人），中国科学院沈阳自动化所（15 人），留电工所 3 人。至此，电工所停止了电力系统自动化方面的研究工作。

二、科研工作与成果

电力系统自动化方面的研究课题是从满足东北电力系统建设发展的需要开始起步的。有的课题从建所前延续到 1958 年建所以后。在其十年的科研活动中，主要进行了以下几方面的课题。

1. 电力系统摇摆曲线自动计算装置

"电力系统摇摆曲线"是描绘电力系统受到冲击时产生振荡的动态过渡过程的曲线。而"电力系统摇摆曲线自动计算装置"则能对过渡过程自动进行分析计算，从而能掌握动态特性的一种自动计算装置。它的作用在于将它与交流计算台结合，使交流计算台进行自动化计算，从而大大提高交流计算台在计算过渡过程时的工作效率。该课题从 1957 年开始，于 1958 年完成研制后，在东北电力系统配合自制的大型交流计算台一起使用，取得成功。为电力部门保障电力系统可靠运行提供了一种有力的计算工具。

2. 东北电力系统自动调频

使电力系统的频率保持一定的精度是电能质量的一个重要指标。而电力系统中的频率会因负载和发电机组的功率突然变化而发生变化，使之偏离给定精度，因此必须对电力系统的频率适时进行调节，即进行自动调频。

为了自动调整频率，使之保持给定的精度，首先要精确测定频率偏差。因为频率偏差（简称频差）实际上反映了系统总功率的平衡状态。为此，1957 年自动化组率先研制了高精度数字式频率偏差测量装置，并取得成功。在此基础上，在东北电力系统上进行了自动调频试验和研究，并和东北电力技术改进局合作进行了负荷调节装置的研制，取得了实验结果和理论分析结果。

3. 动力系统自动经济调度研究

20 世纪 50 年代至 60 年代中期，世界各国对电力系统自动调频和经济运行进行了大量卓有成效的工作。我国经济建设的迅速发展，促使电力系统也迅速扩大。自动化组根据这一发展需求和 1956 年国家 12 年长远科学规划的任务，于 1958 年开展了动力系统自动经济调度的研究。

由于动力系统经济调度的判据是判别全系统运行效率是否为最高，而不仅仅着眼于单个机组的运行是否经济。因此需要进行统筹考虑和大量的计算。在当时缺乏高速计算机的条件下，此项研究进行了许多理论分析研究，并取得一定成果。研究内容包括：电力系统经济运行的条件和判据；系统中水、火电机组的合理组合和开停顺序的研究；网络损耗对经济运行的影响及其计算方法的研究；控制系统的研究。这一时期，万遇良在苏联科学院列宁格勒机电所，邹揆南在所内分别进行了理论分析和试验，并各自撰写了论文。

4. 动力系统自动经济调度的数学物理模拟

动力系统的经济调度是大系统的控制问题，其数学模型非常复杂。为此，一方面进行理论分析，另一方面也进行了一定的物理模拟。当时曾和东北电管局的沈阳中心试验所合作进行了模拟式有功功率自动分配装置的研制，做出了实验装置，并移交给他们做进一步的研究。以上各项工作都得到了实验和理论结果。1959 年由科学出版社出版了译著《动力系统调频和经济运行译文集》；1965 年，又由科学出版社出版了鲍城志的专著《动力系统最佳运行及其控制》。

5. 调频模拟的研究

调频模拟的研究始于 1960 年，由鲍城志提出，调频模拟的基本思路是：动力系统是一个多变量的复杂系统，既需要对其进行深入的理论研究，也要从事相应的实验工作。但系统本身进行实验困难很大。一方面系统的连续供电易受到影响，而系统又不容许轻易变动结构和参数；另一方面系统所处的地域广阔，要同时掌握和观察各点的变化情况，在那个年代是相当困难的。因此提出用调频模拟的方式来进行各种可能的模拟试验，以进行研究。

调频模拟采用数学－物理综合模拟法，研究内容包括：模拟机组运行情况分析；各模拟机组组成元件间参数的要求等。具体每个模拟机组是由模拟计算机和自动化元部件组成的，在模拟元件的组成上近似于数学模拟。因而这种模拟机组与用专门设计的电机组成的电力系统动态模拟完全不同。这项研究工作于1963年基本完成。

6. 动力系统事故分析和处理的逻辑控制

该项研究由鲍城志于1961年提出。当时，国外已将数字计算机用于电力系统进行复杂的计算，而应用于电力系统控制尚处于起步阶段。在国内，数字计算机刚研制成功不久，还没有应用到电力系统的计算上，更谈不上用于对电力系统的控制。鲍城志经过分析认为，电力系统的所有运行操作最终都可化为二进制逻辑运算，因而可以用二进制逻辑控制（简称逻辑控制）来处理，从而提出了动力系统逻辑控制课题。

该课题的研究主要是利用数字逻辑技术，分析和处理继电保护和动力系统中发生的故障。工作重点放在理论研究和分析方面，初步理论分析认为逻辑控制是可行的。

三、学 术 交 流

电力系统自动化研究室在开展科学研究的同时也进行了广泛的学术交流活动。1962年，中国科学院在民族饭店组织专家制定十年科技发展规划，电力系统自动化室派人参加了电工学科十年规划的制定工作；1963年8月，中国科学院技术科学部在西苑大旅社主持研究落实电工学科十年规划方案的会议，电力系统自动化研究室派人参加了这次会议；1963年11月，在电工所召开"动力系统经济运行和自动化"学术会议。电力系统自动研究室承担了会议的具体组织工作。与会人员100余人，会上宣读论文20余篇；1965年4月22日至5月9日，万遇良参加赴匈牙利考察团，考察该国的电力系统自动化工作。

第三节　电加工技术

广义而言，电加工是直接利用电能的热、光、力、声、磁或化学等效应对材料进行尺寸加工或表面处理的一种新技术，它包括电火花加工（又叫电蚀加工、放电加工等）、电子束加工、离子束加工、等离子束加工、激光加工、超声波加工、电化学加工、电液加工、电磁加工等。电火花加工是其中发明最早、应用最广的一种新技术，它是苏联学者拉扎连柯夫妇于1943年正式发明的。

早在1952年，在电工所的前身（先是长春综合研究所，后是机械电机研究所）胡传锦等就开展了我国早期的电加工方面的研究工作，并取得了具有很高实用价值的成果。电加工技术被列入1956年我国制定的《十二年科学技术发展远景规划》之中。在此基础上，1958年电工所开始筹建时即将电加工技术定为所的重点研究领域之一，成立了由电工所、一机部机床所等单位组成的联合研究组，开展研究工作。该项研究工作发展很快，1959年研制成功我国第一台电火花机床，1960年成立了电加工研究室，即第六研究室（简称六室），副主任胡传锦。1962年研制成功国内第一台高频脉冲电蚀加工装置，电子束焊接和加工、离子束加工、电子束微细加工等电加工重要研究领域也都是在此基础上陆续发展起来的。

20世纪60年代，主要进行了电火花加工、电子束加工、电弧等离子体加工等三方面技术研究。在电火花加工技术研究方面，研制成功的KD-103型电子管式高频脉冲电蚀加工装置，获国家发明证书和新产品二等奖；1964年研制成功KD-110型电子管高频脉冲发生器，经鉴定后在国内推广。在电火花线切割技术方面，1963年研制成靠模线电极电蚀加工装置；1964年研制出光电跟踪线切割样机。在电子束加工技术研究方面，利用电子束的高能量密度和易于聚焦等特点，开展了对材料进行镀膜、焊接和热处理等方面的加工技术研究，电子束镀膜技术应用于我国第一颗人造卫星上。在等离子体加工技术研究方面，自行设计制造了多种枪体，进行了系统工艺试验，1965~1966年设计了可控硅整流大功率等离子体切割电源，1966年鉴定后进行批量生产，具有国际先进水平。

20世纪60年代后期，作为我国电加工研究开发的领头羊，电工所开拓了一系列新的研究方向。研制成功了取消传统靠模的光电跟踪线切割机床，并在上海彭浦机器厂示范运行；电弧等离子体用于铝锭切割的研究取得了良好结果，研制的设备曾经在哈尔滨作现场示范。1964~1968年，电加工研究室与中国科学院北京科学仪器厂等单位联合研制电子束加工机，跨入微电子束加工研究领域；1970~1972年，参与北京市组织的电子束布线机会战；1972~1984年承担的1:1电子束投影曝光技术研究。此外，电加工研究室还开展了电解加工、电弧等离子体加工以及离子束镀膜等研究。

20世纪80年代初，电加工研究室新拓展的电子束曝光技术发展迅速。1983年11月，电加工研究室一分为二，原微电子束扫描曝光系统研究组分出，成立"微电子束加工研究室"（九室），室主任朱琪；原电加工研究室保留了电火花加工理论与新应用研究、中等束流电子束加工技术和离子束应用等研究方向，改名为"电火花、电子束加工研究室"，室主任胡传锦。

此后，电加工技术研究注重与工业部门结合，先后研制成功多种新型加工机床和装置。研究掌握了1∶1电子束投影成像一次曝光技术；1978年，承担了中国科学院下达的研制微米级圆形扫描电子束曝光机的攻关任务；承担国家"七五"重点攻关项目大规模集成电路关键工艺设备研制中的"可变矩形电子束曝光机研制"。1982～1983年，与中国科学院半导体所合作开展半导体材料离子注入电子束退火技术研究，获中国科学院重要成果奖。1984～1985年，完成了国家经委"六五"计划重点攻关项目电子束热处理工艺及装置。此外，还开始氮化钛－氮碳化钛离子镀膜技术的研究。

在体制改革中，1988年，电子束焊接技术课题组纳入所公司体制，走上了产业化道路；1990年底离子镀膜课题也进入所公司，该室的电火花加工研究于20世纪90年代初终止了研究工作；1991年，建立了辉煌历史的电加工研究室的建制从电工所消失了，完成了它的历史使命。

一、早 期 研 究

1952年在中国科学院长春综合研究所，胡传锦等就开展了我国早期电加工方面的研究工作，主要有两类：电火花强化机，用以强化模具和刀具；阳极机械切割机和磨刀机，用以提高切割效率和磨削硬质合金，均取得成功。

1956年初，时任苏联科学院主席团成员兼学术秘书的鲍·罗·拉扎连柯教授，应中国科学院邀请，被苏联科学院派往中国，任中国科学院郭沫若院长的顾问，兼中国科学院苏联专家组组长，协助制定中国《十二年科学技术发展远景规划》。他是世界公认的电火花加工新技术发明人，也是苏联科学院中央材料电加工研究室（所）主任。根据他的提议，组织拟定了"改进电和超声波技术并扩大其应用范围"，电加工是其中重要方向之一，被列入我国《十二年科学技术发展远景规划》。不久，胡传锦、张祥龄、刘敦畲被派往苏联中央材料电加工研究室学习。

1958年长春机械电机研究所部分迁往北京筹建中国科学院电工研究所，并根据拉扎连柯顾问致中国产业部门发展电加工事业的建议书，协商决定在电工所内建立联合电加工研究组，由电工所、一机部机床研究所、三机部九所（现在的六二五所）等单位近20人组成，高亨德任组长。

联合电加工组成立后，发扬"一穷二白"艰苦创业精神，采取高起点、迎头赶上的方针，根据生产需要选择当时世界上领先的课题开展研究工作。首先集中兵力上马了加工锻压模的"脉冲发电机式电脉冲加工机床"课题，在克服了资料匮乏、经验不足、器材短缺的种种困难后，很快试制成功样机，并在此基础上于1959年研制成功了我国第一台"DM5540电脉冲成型加工机床"，通过了部级鉴定，参加了中南海国庆10周年献礼展览会和捷克斯洛伐克第16届国际博览会。这也是我国电加工机床首次在国际上亮相，随后，很快投入了小批量生产，并获得好评。

除研制该设备外，联合电加工组还进行了靠模线切割电火花机床样机研制。采用靠模来控制零件形状、尺寸与精度，利用钨丝或钼丝与零件之间放电来切割零件。这是当时国内研制的第一台样机，因缺乏经验研制不太成功，未进行鉴定，但为后来线切割机床研制提供了不少经验与教训。同时，针对当时国内开发电火花加工单位很多，但真正能用于生产的单位很少的问题，进行了社会调查并提出改进意见：由专业厂生产电火花加工专用电容器，从而较好解决了该技术问题。后来又研制了 RLC 脉冲电源，更进一步提高了其效率。1960 年始，应国防需要，开展了导电磨削国防用高熔点合金和硬质合金的研究课题，获得良好效果。电加工研究室首篇学术论文《硬质合金导电磨削的研究》发表在 1962 年《中国机械工程学报》上。

1960 年由多家单位组成的联合电加工研究组解体，电加工研究室从此走上了自我发展的道路。在院所大力支持下，电加工研究室紧密结合我国的实情，与工厂企业通力协作，开展了赶超世界先进水平的一系列课题研究，取得了一个又一个具有国内外先进水平的科研成果。

二、电火花加工技术

1961 年胡传锦、张祥龄、刘敦畲相继回所工作。胡传锦被任命为第六研究室（电加工研究室）主任。胡传锦负责开展电火花加工物理基础方面的研究工作，张祥龄负责开展等离子体加工方面的研究工作，周广德负责开展电子束加工方面的研究工作，从而大大拓展了电加工的研究领域，使之进入蓬勃发展时期。

1962 年研制成功主要用以加工冲模的"KD-103 型电子管式高频脉冲电蚀加工装置"，1963 年研制成功"KD-104 型靠模式线电极电蚀加工装置"，分别获得了 1964 年国家计委、科委、经委联合颁发的国家新产品二等奖和三等奖，前者还荣获了国家发明证书；1964 年研制成功"KD-110 型四电子管式高频脉冲电源"，经中国科学院鉴定后，在国内推广，同年还研制成功"KD-112 型双闸流管式高频脉冲电源"。

1964 年研制出在国际上创新的光电跟踪线切割样机，进而于 1967 年研制成功"比例式光电跟踪线切割机床"。1969 年与苏州第三光学仪器厂合作研制成功"GDX-Ⅰ型光电跟踪线切割机床"，成批生产，多次出国展览并支援多个国家，其后又参与了 D672G-Ⅱ型机床研制工作。该室科研人员还带着光电跟踪线切割机床的成果帮助当时举步维艰的北京市朝外医疗设备厂技术改造和转型，使这个街道小厂在短时间内成长为专业化的北京市电加工机床厂。光电跟踪线切割机床研制工作于 1977 年获北京市重大成果奖，1978 年获全国科技大会奖和 1976 年中国科学院成果奖。

在成型加工方面，1973 年研制成功"KD-01 型可控硅式脉冲电源"和机床，用于生产，并在此基础上，1974 年与北京模具厂合作研制成功"D6135 型电火花成型加工机床",投入了小批量生产。1975 年又研制出性能更好的"KD-02 可控硅式高低压复合脉冲高频电源"。为了继续发展可控硅脉冲电源,填补国内超大型电火花成型加工机床的空白,1976 年研制成功"1000 安四回路高频可控硅复合脉冲电源",并与上海机电局合作研制外形尺寸为 10m×5m×7m 的超大型机床。

在数控线切割方面,1974 年与北京永定机械厂协作研制成功"DS-1 型大型数控线切割样机",这是国内第一台大型线切割机床。1975 年研制出 DX-Ⅰ型线切割专用乳化液,大大提高了加工效率,明显减少断丝现象,经济效益显著,在全国推广应用。1975 年又与北京第四机床厂合作研制成功"DK6740 大型线切割机床",投入了批量生产,成为国内主打品种,1980 年在南斯拉夫和美国展出。上述成果获 1977 年北京市重大成果奖和 1978 年中国科学院重大成果奖。1978 年与北京 738 厂协作进行计算机群控线切割机床的研究,利用一台小型计算机控制两台线切割机床获得成功。1984 年研制成功"高性能电火花线切割脉冲电源",与 DK7732 型线切割机床配套使用,在行业检查中获国家经委颁发的银牌,1984 年获中国科学院重大成果奖,1985 年获中国科学院技术进步三等奖。

在开拓电火花加工应用领域方面也进行了大量研究开发工作。20 世纪 70 年代国家大力发展合成纤维,但缺乏制造异性纤维的关键部件——异性喷丝板。为此,电加工室于 1976 年利用三叶成型电极,在国内首先加工出异型喷丝板并喷出异型丝,被工厂采用,于 1977 年获北京市重大成果奖。此后,又利用电火花穿孔机和线切割联合加工出多种形状复杂极难加工的喷丝板,此项工作于 1980 年获纺织工业部重大成果二等奖。

在发展应用研究的同时,电加工研究室还对材料电火花腐蚀过程和机理进行了深入研究,发现了一些新现象,提出了一些新观点,有近十篇论文先后获得全国学术会议的优秀论文奖。作为研究手段,还建立了先进的高速摄影技术设备(包括彩色摄影和微距分幅系统),该设备还为所内外单位理论和应用研究的需要发挥了重要作用。

电加工研究室除了出成果外,还进行了大量的学术交流与推广工作。1960 年以中国科学院和国家科委名义在天津召开了全国第一届电加工学术会议,讨论了我国电加工长远发展规划。1962 年受国家科委委托主持召开了北京地区高速摄影技术交流会。1963 年以中国科学院和中国机械工程学会名义在北京召开了第二届电加工学术会议,酝酿成立全国电加工学会事宜。1965 年在西安主持参加了全国第一次线切割加工技术交流会。1975 年中国科学院在苏州主持召开了全国线切割加工技术交流会。为了促进理论研究和交流理论研究成果,1977 年电工所和北京市技术交流站在北京主办了全国第一次电火花加工基础理论讨论会,时任北京市第二书记倪志福出席了会议并讲话。1979 年中国机械工程学会在庐山召开了全国第三届电加工学术会议暨全国电加工学会成立大会，三机部部长刘鼎当选为理事长，胡传锦当选为副理事长，于家珊当选为副秘书长。1979年又为推动建立中国电子学会生产技术学会中成立电加工专业委员会做了有益工作。

为了普及电加工新技术，早在1959年电工所就与北京机床所共同组织了"四化"工作组，对电加工开展较好的上海地区进行重点调查，协助解决模具制造中的关键问题，为推动日后全国各地电加工技术群众性的蓬勃发展起到了很好的宣传和普及作用。此外，还积极参加了历次全国电加工发展规划和机床标准的制定工作，参加了全国和地区的各类活动，包括各种学术会议、成果或新产品鉴定会、推广会、研究生答辩会、咨询会和培训班等，从而扩大了知名度，赢得了良好的声望。

为了及时了解国际电加工发展情况，建立联系，加强了国际交流，1959年电工所应邀出席了苏联在莫斯科召开的"全苏第二次金属电火花加工物理本质问题协调会"和1960年"全苏金属电火花加工学术会议"。1960年参加在捷克斯洛伐克举行的"第一届国际电腐蚀加工学术会议"，这也是具有历史意义的第一届国际电加工学术会议，从此奠定了定期召开电加工国际学术讨论会的基础。1986~1989年参加了第八届和第九届国际电加工学术讨论会，参加了第三届金属切削、特种加工及机械加工自动化国际学术讨论会、中日电加工研讨会、第十八届和第十九届国际高速摄影和光子学会议。1987年国家科学基金委员会资助电加工研究室人员赴日本山梨大学短期合作，进行合作研究。1988年又负责"精密与特种加工考察团"赴日本考察。1989年赴苏联进行电加工考察。

此外，1960年1月根据合作协议，苏联科学院派遣了中央材料电加工室的卓洛迪赫和拉宾诺维奇博士到电工所指导工作，为期三个月。他们帮助电工所制定电加工技术发展规划（包括时机成熟时成立独立的电能新应用研究所）；帮助电工所建立电加工实验室在全国进行了系统讲学，培养人才；并对我国电加工进行考察，提出建议；还参加了1960年在天津召开的全国第一届电加工学术会议，并做了学术报告。1960年秋中苏关系公开破裂，苏方单方面撕毁合同、撤走专家，从而全面终止了中苏双方的合作项目，电加工方面的合作也由此中断。

专著论文方面，1964年将电加工研究室的研究论文编成《电加工论文集》，由科学出版社出版；1966年主编《电蚀加工》一书，由国防工业出版社出版；1977年合编的《电火花加工》一书由北京出版社出版。参与编写的著作还有《机械加工手册特种加工篇》、《电子生产技术手册特种加工篇》、《中法日德俄特种加工术语辞典》等。此外，写作报告论文约200篇，在所内外期刊上发表。

在研究开发工作中，电加工研究室培养了一批勇于开拓创新、重视产业化、有能力、会管理的骨干力量。他们在后来的工作中，不少成为院所、地方单位和企业的领导干部，有的在国外担任专业领导职务，做出了很好的成绩。1964~1990年培养硕士研究生多名。

1969 年在中央战备疏散部署下，包志书、曾贯一、吴方正、张国定等携带光电跟踪线切割机床研究成果下放到苏州第三光学仪器厂，使这个濒临倒闭的小厂起死回生，转型为集体经济电火花线切割机床专业生产厂。此后成立"三光集团"（包志书任集团董事长），成为我国最具实力、誉满全球的民营资本电加工企业。1978 年，全国科技大会后，北京市急需发展电加工技术，在时任北京市第二书记倪志福的倡议下，北京市科委拟建电加工研究所。经中国科学院和电工所的同意，北京市科委将于家珊等调入北京市，组建北京市电加工研究所，任命于家珊为所长。后来该所迅速发展成为颇具实力和影响的我国专业电加工研究单位。

1991 年，随着电加工技术在机械制造业中的推广和行业的形成以及电工所电加工科研人员向企业和地方的扩散，电工所内的电加工研究工作进入尾声，电火花、电子束加工研究室被撤销。

三、电子束加工技术

20 世纪 60 年代初，钱学森院士建议电工所电加工研究室开展电子束焊接技术研究，以满足中国刚起步的导弹、人造卫星研制技术的需要。1962 年由周广德负责筹备电子束焊接课题组，1963 年正式建组。该组接受的第一项任务是第一颗人造卫星用波纹管的焊接。要求在空间超高真空条件下满足其极其微弱的泄漏，经努力较好地完成了任务指标。第二个任务是人造卫星所需多层高温合成膜的镀膜技术，与中国科学院光机所协作，电工所侧重设备研究，光机所侧重工艺研究，完成了直枪式与横枪式设备研制，并投入小量生产。该项研究不仅完成了人造卫星所需镀膜任务，而且填补了国内电子束镀膜技术的空白。此外，还参与以上海纺织科学院为首的化纤喷丝头畸形孔电子束加工机研制，解决了优质化纤产品的生产技术。

20 世纪 70 年代初，电加工研究室开展了低真空电子束焊接研究。它可以简化真空系统，节约投资，维护简单，适合大多数零件的焊接，填补了国内空白。"文化大革命"期间，该室接受了外贸部选中的低真空电子束焊机广交会展出样机的政治任务，投入较大力量全方位对低真空电子束焊机的各环节技术进行改造与提高。如提高电子枪聚焦性能，焊出了其焊缝深宽比优于 12∶1 的试件，达到当时国内先进水平。该焊接机采用闭环力矩电机的传动系统，并放在真空室内，大大简化了传动链，提高了稳定度，第一次在国内实现了真空系统的自动控制，并且首先在国内电子束焊机上实现了束流的斜率控制、光学观察系统的应用等。该机在技术方面得到全方位提升，达到国内最先进水平，并为以后的生产应用打下了坚实的基础。

1982～1983 年，电工所与中国科学院半导体所合作开展半导体材料离子注入电子束退火技术研究，达到了修复离子注入后半导体结构受损的良好结果。后又与五机部某厂协作进行特种车辆传动鼓轮电子束焊接技术的研究。该研究可大大节省传动鼓轮加工材料与工时，减少锻压机的吨位（不用拉到外地去锻压）。在研制过程中，完成二次电子反射定位、束流穿透控制等新技术，采用了电子束预热与退火技术措施，解决了高碳钢焊后产生裂纹等消除方法，获中国科学院科技成果奖。

1984～1985年，电工所完成了国家经委"六五"规划中的38项重点攻关项目之一——电子束热处理工艺及装置。该项目主要是通过电子束表面热处理后，使汽轮机叶片的表面增强了抗蚀能力，大大提高其使用寿命。其关键技术是电子束的宽扫描系统，要求扫描像差很小。该项成果获1987年中国科学院与机械电子工业部重大成果奖。

在改革开放前，除了对电子束加工机的各重要部件进行研发外，还进行了一些基础性研究工作，如适应电子束焊的最佳光路计算与结构设计、具有小像差和宽扫描的偏转线圈计算与结构设计以及电子束参数的法拉第筒热测技术来验证计算方法的精确性等。另外，还用气体分子动力学研究了低真空用气阻的设计与计算等。

20世纪80年代中期，中国实行改革开放，中国科学院有些课题组要面向企业，协助企业解决生产技术问题，而从企业获取资金来源以维持运行与发展。电工所为加强科技发展工作，加速科技成果转化，研发了汽车传动齿轮同步器的电子束焊接机，经长春齿轮厂一年左右在生产线上二班制使用考验合格，在1986年经机械电子工业部鉴定，EBW-4G型汽车齿轮电子束焊机投入小批量生产。1988年电子束焊接课题组纳入公司机制运作后，改称电子束焊机事业部，紧密结合市场需求，继续开展该产品的研发工作。经一段时间在自动控制方面的努力，达到每小时可焊60件的生产效率，是国内生产效率最高的电子束焊接设备。经国家经委审定，确认该产品完全满足国内有关齿轮同步器焊接所需，不让国内企业进口同类产品（在参加WTO前），因而保持了一段较长时间的优先发展地位。

EBW-4G型汽车齿轮电子束焊机采用电子束焊接技术，可减少齿轮变速箱尺寸，减少噪声，减低生产成本，受到齿轮厂用户欢迎。该机是国内第一台用于生产线的电子束焊机，解决了设备的可靠性与稳定性，并着重提高自动化程度，在国内第一个实现了将电子束焊接从实验室走向生产的突破，具有重大意义。国内不少齿轮厂陆续向电工所订购了近70台该类焊机。

与电子束齿轮焊机配套的是焊后的探伤技术。20世纪90年代初，电工所与中国科学院声学所协作，研制出齿轮电子束焊超声波探伤仪。该仪器采用意大利FIAT标准，具有判断零件合格与否以及焊接缺陷所在位置的功能，保证了零件焊后质量的可靠性，几年来共销售了30台左右。

改革开放20年来，在汽车工业方面，电子束焊机事业部除了开发单工位汽车齿轮同步器电子束焊机外，还根据用户所需开发了多种汽车零部件电子束焊机，如双工位汽车齿轮同步器电子束焊机、轿车自动变速箱液力变矩器涡轮组件电子束焊机、轿车驾驶舱铝合金模块电子束焊机、行星齿轮柜架电子束焊机、汽车发动机硅油减振器电子束焊机、汽车空调用活塞（24 工位）电子束焊机、加压型汽车齿轮电子束焊机等。20 多年来，在国内，用做汽车零部件的电子束焊机的销售数量始终保持电工所约占 80% 的市场份额。

根据用户所需，还开发了其他领域中应用的电子束焊机，如治癌用放射同位素钛管电子束焊机、调整金属壳体局部真空电子束焊机、飞机测高仪用膜盒电子束焊机、波纹管电子束焊机、双金属（双枪）带条连续电子束焊机等，解决了不同类型电子束焊机的不同技术要求与难点，如开发出多种不同类型的工装夹具，研制出能焊接三度空间曲线的工装与控制系统。

除此之外，还生产了几台通用电子束焊机，对进口的电子束焊机进行了部件改造，如上海交大与蔡家坡的 SCIKY 公司生产的电子枪及电气系统改造、航空部件材料所进口乌克兰的宽扫描系统的研发等。另外，出口到韩国两台电子束焊机。

电子束焊机事业部还有五台不同类型的电子束焊机，除用做试验外主要为国内一些单位解决特殊需要的焊接问题，提高了焊接工艺水平，更好地解决用户所需，并为资金积累起到不少作用。

20 多年来，作为电工所公司一个独立核算部门，电子束焊机事业部在国内销售近百台电子束焊机，出口电子束焊机两台，在国内销售将近 30 台超声波齿轮探伤仪，对外焊接年收入 40 万 ~ 50 万元，全年产值最高达 800 多万元，部门人员大体稳定在 20 多人。近几年，不断开发新技术、新工艺，间热枪的开发与应用填补了国内间热枪应用的空白；电气系统方面引入了 PLC 程序控制器、HMI 人机界面、CNC 三轴联动，正在研发高压开关电源技术。

在学术领域中，1988 年与 1993 年主持过两届全国性电子束加工学术会议，出版了两本电子束加工技术文集。多年来在全国各类科技刊物上以及全国学术会议上发表了近百篇论文。在中国机械工程学会与中国电工技术学会下属专业委员会中，还担任相应的领导职务。此外，在学术交流和人才培养方面，也取得了一定成绩，多次参加国防学术交流，接待多名国外专家来访。

四、等离子体加工技术

等离子体加工作为一门应用科学技术是在 1961 年初开始的。在我国的等离子体加工技术研究领域中，中国科学院电工研究所是最早开展此项研究工作的单位之一。当时，电工所所长林心贤指定张祥龄负责起草开题报告，并批准在电加工研究室胡传锦领导下开展此项工作。

1958 年张祥龄被派往苏联科学院电加工研究室考察学习等离子体加工技术。回国后负责筹建等离子体加工研究组。1963 年初，电工所建成了 50m² 的等离子体实验室。实验室包括了电源系统、供气系统、冷却水系统等主要装备。自行设计了实验型等离子体喷枪，采用钨合金作为电极，并用背部流水冷却的紫铜材料对电极冷却，用氩或氮气作为等离子体的气源。1963 年初，首次实验就成功地获得了高温高速的等离子体射流。这是中国科学院内第一次得到等离子体射流。为此，当时院领导张劲夫还特意专程到电加工实验室视察，1965 年曾接待过朝鲜等国贵宾的考察。

1963～1964 年经过各种技术改进，研究设计了多种不同型号的喷枪结构，使等离子体射流的性能、功率、强度等都有了很大的提高。与此同时，开展了等离子体性能测量，包括等离子体的光谱测量的研究工作。

由于当时所内机加工等后勤工作的限制，研究工作的进展受到了限制。此后为了尽快结合工业应用，经与三机部联手后，即将此项技术与当时航空工业中飞机用铝制模板的切割任务相结合，与哈尔滨伟建机器厂（即 112 厂）合作，由电工所负责技术设计，厂方负责加工及工艺试验，顺利完成了该项科研任务，达到了预期目标。

这项技术可以切割铝板厚度 170mm，切缝整齐光洁，尺寸控制良好。电源首次独创性地采用具有陡降特性的大功率电流源，这种电源具有良好的动态特性，对提高等离子体射流切割的稳定性具有明显的改进作用，以致板材外形突变时仍不至于断弧。1966 年通过鉴定，达到当时国内外的先进水平，并定型批量生产，广泛用于航空、化工、冶金等行业中。电工所成为国内最早将等离子体切割技术应用到生产领域中的单位之一。

1965 年秋，为了三线建设国家科委组织科研力量，由清华大学校长张维、同济大学校长李国豪带队组成考察团沿成昆铁路进行科研考察，以解决三线建设中遇到的科研课题。电工所派张祥龄参加了考察团。在考察过程和考察结束后建立并下达了"采用等离子体凿岩"的探索课题，并首先从解决"隧道开挖"入手进行探索。但该项研究仅做了若干试验，课题组也因搬迁合肥及"文化大革命"冲击而被迫中止。

五、电化学加工技术

电加工研究室于 1964 年建立了电化学加工研究组。电化学加工具有加工面积大、加工速度快等优点，特别适用于对大面积薄壁板材进行加工。电化学组主要骨干均为电化学专业本科毕业生，他们于 1965 年即加工出厚度 1mm 的铝合金卫星外壳。因电工所 1966 年上半年即开始向合肥搬迁，该室又是第一批搬迁至合肥，全套设备运去后建成了正规实验室。然而，后因全室人员回京参加"文化大革命"，工作停顿下来，以后也未承接到合适的科研任务，科技人员转到其他课题组工作，该组的工作即告结束。

六、离子束注入技术

"文化大革命"后期开始，根据国家发展的急迫需要，电工所在继续研究开发电火花加工技术、电子束加工技术的同时，先后开展了离子束注入、电子束曝光技术、离子镀膜技术的研究及开发工作。

1969 年 10 月，张祥龄按电工所党委的安排，参加离子束注入科研工作。按照科研与教学结合的要求，组织若干人员和北京师范大学低能核物理研究所、冶金部有色金属研究院及四机部 700 厂联合成立科研生产一条龙课题组。在当时北京市"696"电子工业会战领导小组统一安排下，组成"100kV 毫米离子束注入机"课题组，开始研究和试制工作。研究工作分成若干部分，即离子源及离子源电源部分、离子束加速、偏转及聚焦部分、靶体部分、控制装置等。由各单位各出一名组成领导小组负责技术领导，电工所由张祥龄参加该小组，并承担离子源及其电源的研制及设计。电工所参加此项工作的还有杨铁三、麻莉雯、左跃珠、朱怀义等。实验工作开始阶段在北京师范大学低能核物理研究所进行，到 1972 年起移到酒仙桥四机部 700 厂从事设计及试制样机工作。1973 年研究试制出我国第一台大功率毫米级离子束半导体注入机。电工所与上海冶金所一起成为第一批研制成功的离子束注入机的研制单位之一，并于 1978 年获得全国科学大会上成果奖。100kV 毫米离子束注入机后移交清华大学微电子中心使用。

七、离子镀膜技术

20 世纪 80 年代初，电加工研究室的离子镀膜技术课题组即已开展了离子镀膜技术的研发工作，先后由吴振华、游本章、杨铁三任正副组长，黄经筒等十多名科技人员参加了该项研究。至 1995 年，该组共获得国家发明专利两项，实用新型专利一项，并获得两项中国科学院重要成果和一项中国科学院一般成果，研制成功两种型号的离子镀膜设备，可应用于工具、刀具镀膜和装饰镀膜。

1. 开展"受控电弧蒸发源"科学基金项目的研究工作

早在 1983～1985 年，电工所曾与深圳中航技集团合作，在深圳组建离子镀膜公司，开始氮化钛 – 氮碳化钛离子镀膜技术的研究，并开展了手表、表壳、灯饰等离子镀膜生产。后因中航技集团决定业务转型，于 1985 年与电工所终止合作。

在 20 世纪 80 年代，当时国内市场上普遍销售的离子镀膜机为真空电弧离子镀膜机（即通常所称的多弧离子镀膜机），这种多弧离子镀膜机是采用自由电弧蒸发源，其弧斑运动的速度和轨迹是随机的，在镀膜运行的进程中不受控制。该种离子镀膜机有一个缺点，它所镀出的零件表面膜层中含有较多的金属液滴，膜层结构的致密性也较差，因而影响镀膜质量。虽普遍应用于各种装饰镀膜，但当被应用于工具镀膜时，由于其镀膜层的质量较差，被镀膜的各种工具和刀具的使用寿命普遍较低。

通过对国内外文献资料的调查以及对国内一些厂家离子镀膜技术的调研，电加工研究室决定从真空电弧离子镀膜机关键部件电弧蒸发源着手，开展离子镀膜技术的研究工作，以进一步提高离子镀膜机的镀膜性能。在吴振华的倡导下，1988年提出了"受控电弧蒸发源"科学基金项目的申请，并获得了批准。经过一段时间的研究实验，圆满地完成了"受控电弧蒸发源"科学基金项目的研究工作，在国内首次研制成功一台用于离子镀膜机的受控电弧蒸发源。研制成功的受控电弧蒸发源，由于其技术创新，结构独特，而且具有实用价值，于1990年获得了国家发明专利，并且获得了中国科学院重要成果奖。

2. 受控电弧离子镀膜设备的研制开发和离子镀膜工艺的研究实验

1）受控电弧离子镀膜设备的研制开发

从1985年开始，电加工研究室开始了对离子镀膜机的某些关键性部件进行研究和实验。研制成功了"离子镀膜用高压单脉冲引弧装置"，于1987年获得实用新型专利。

在研制成功受控电弧蒸发源的基础上，从1991年开始，全面铺开了离子镀膜设备的研制工作，包括弧流电源，偏压电源，镀膜真空室设计、真空室内的工件架与受控电弧蒸发源相互配置、整机控制柜以及整机机械设计等。镀膜机的主要电气部分均自主研制开发，其中比较关键性的电气部分——偏压电源，在黄经筒的主持下采用巧妙的电路设计，解决了一般离子镀膜中比较难于解决的能抑制工件放电拉弧、过流时能自动而快速地恢复偏压，以达到稳定镀膜的技术难题。1991～1992年，先后研制开发出两台CA-600型和一台CA-800型受控电弧离子镀膜机。其中的一台CA-600型受控电弧离子镀膜机销售给河南省洛阳一生产厂家，进行工具和刀具的镀膜生产。

研制成功的CA-800型受控电弧离子镀膜机采用受控电弧蒸发源，能够镀出硬度高、结构致密、与基体材料附着力好的高质量镀膜层。离子镀膜机的引弧电源具有能自动引弧和自动续弧的功能；偏压电源具有能抑制工件放电拉弧、过流时能自动快速恢复偏压的功能，可以对镀膜室内的气体流量进给采用质量流量计进行精密控制。

此外，该离子度膜机同时具有烘烤加热和金属离子轰击加热两种加热功能；受控电弧蒸发源的弧流工作范围为60～200A（常用60～120A），使得离子镀膜机具有能在较广泛的范围内灵活选择镀膜工艺参数，以满足各种镀件的不同镀膜要求。同时由于具有较高的膜层沉积速率，它与一般的自由电弧离子镀膜机相比，在镀出同样膜层厚度的条件下，能够缩短镀膜时间。

2）受控电弧离子镀膜工艺的研究实验

研制设备的同时开展了受控电弧离子镀膜工艺的研究实验，进行了大量研究工作。

主要进行了装饰镀膜工艺、工具镀膜工艺、复合层镀膜工艺等方面的研究实验。在装饰镀膜工艺上，为了满足市场对多种色调装饰镀层的需求，在受控电弧离子镀膜机上进行了碳氮化钛（TiNC）系列镀层离子镀工艺的研究实验。采用具有特色的镀膜工艺方法，有效地同时解决了这两个技术难点，可获得金色、紫色、棕色、黑色等系列色调，并具有良好的结合力。除钢、铁基材外，还对常用的铜、铝及其合金以及锌铝合金等基材的镀膜工艺进行了研究实验，使得该工艺能够适应不同基材、多种色调的装饰镀层要求。这种"碳氮化钛系列镀层离子镀工艺"，于1993年获得了国家发明专利。

在工具镀膜工艺上，几年来，结合实际应用，研究实验出了膜层沉积速率、反应气体分压、离子轰击、烘烤温度、偏压、蒸发源与镀件距离等工艺参数对镀层性能影响的规律以及大型刀具和小型刀具的镀膜工艺特点。在镀膜过程中通过优化选择工艺参数的方法获得了较好的镀膜效果，使得膜层硬度提高，显著提高了工具和刀具的使用寿命。其中，氮化钛（TiN）膜层的显微硬度达到国内先进水平或领先水平；使用寿命最低提高17.9倍，最高达54倍，属国内先进水平。

在复合层镀膜工艺上，在受控电弧离子镀膜机上进行了 TiN/TiNC 复合层镀膜工艺的研究实验，这种硬度更高的复合镀层有利于加工中高硬度的材料。镀出的这种具有更高硬度的 TiN/TiNC 复合层的硬度指标，属于国内领先水平。CA-800 受控电弧离子镀膜设备和工艺技术于1995年获得了中国科学院重要成果。

在改革开放期间，电工所离子镀膜技术课题组于1990年底纳入公司体制，成为中科电气高技术公司一个独立核算的事业部，即离子束技术部，专门从事离子镀膜技术的开发经营。1995年后，该离子束技术部与北京一民营单位合作，新组建北京科金钛公司，从事同种业务的开发经营。

八、电子束曝光技术

电子束曝光技术是电工所在电加工技术研究方面开拓的一个新的研究领域，从1964～1968年与兄弟单位合作研制电子束加工机起步，开始了电子束曝光技术方面的研究工作。从20世纪70年代，将以电子束曝光技术为主的电子束微细加工研究工作逐步开展起来。多年来，这项研究深得国家、中国科学院及电工所的大力支持，得到快速发展。1983年，在电子束曝光技术研究组基础上组建成微电子束加工研究室（第九研究室），持续发展至今仍为电工所的一个重要研究领域。（详见"微细加工技术"专题）。

40余年的历程表明，电工所是全国乃至国际上最早开展电加工技术研究的单位之一，电加工技术是电工所开拓电工新技术最早的学科内容，取得的多项重要成果被广泛推广应用，培养的众多人才拼搏在各地，有力地推动了我国电加工事业不断发展，电加工研究室为电工所的发展和我国电加工事业的发展做出了有目共睹的贡献。

第四节 特种电机技术

特种电机是随各科技领域的发展和自动控制系统的需要而发展的一种具有特殊性能的电机。与传统的旋转电机相比，它在结构上有显著特点、控制方式上有明显差异、性能及技术指标也与传统电机不同、应用场合也不同。

1956年，三峡建设项目列入国家十二年科学规划中，当时中国科学院副院长张劲夫担任三峡任务领导小组副组长，他明确指出，中国科学院要为三峡工程做出贡献。为此长春机械电机研究所在电力研究室里成立了大型电机研究组，由廖少葆任组长，成员有龙遐令等。为了使这个研究组快速成长起来，1957年机电所与清华大学电机系在清华大学共同成立大型电机研究室，下设电磁、冷却、机械等研究组。由清华大学电机系高景德教授担任室主任兼电磁研究组长，廖少葆参加了章名涛教授领导的冷却组，龙遐令参加了电磁组等。

1958年8月，根据院里整体安排，以长春机械电机研究所的电力研究室为主体，在北京成立电工所筹备委员会。在清华大学的大型电机研究室中，原来从长春去的人员都回到电工所，组成了大电机研究组，组长廖少葆；1960年扩建为大型电机研究室，列为第二研究室（简称"二室"），廖少葆任副主任、主管业务。根据中国科学院副院长张劲夫的要求，建组伊始即开展能够应用于三峡电站水轮发电机的新型冷却技术。在廖少葆的建议下，开展了蒸发冷却技术研究，此后又提出在常温下自循环蒸发内冷方案，并在试验室内模拟试验证明了新方案的优越性和可靠性。1960年3月，蒸发冷却技术得到国家主席刘少奇重视，并接见了相关人员。1960年底，电工所与一机部、天津发电设备厂等单位联合设计制造不同类型的蒸发冷却电机，研制成功650kW水轮发电机，充分证明了自循环蒸发冷却方案的优越性。

20世纪60年代初，三峡水电站的建设日期后延，大型蒸发冷却工业机组未能制造出来，电工所依据当时的情况及电机发展的动向，适时地提出继续进行蒸发冷却电机探索性研究的同时，开展其他类型电机的研究。根据国民经济及国防建设的需要，电工所决定开展特种电机的研究。从1964年起，二室将特种电机及控制系统的研究工作逐步开展起来，1973年改名为特种电机及控制系统研究室，廖少葆任室副主任。除开展蒸发冷却技术研究工作外，爪极电机、自动电机等其他新型电机的研究工作也迅速开展起来，还开展了电机测量技术研究。

20世纪70年代，二室开展了永磁低速直流力矩电机、调速电动机及其调速系统、变速恒频发电机、直线感应电动机、直线平面步进电动机及其驱动系统的研究；20世纪80年代，根据学科的发展和新技术的应用开展了永磁磁体及其匀场技术、特种发电机以及蒸发冷却电机参数的新型测量技术的研究。

1991年，二室与微电机研究室正式合并，改名为电机研究室，顾国彪任室主任。从20世纪90年代起，为发展新型交通工具驱动技术，电机研究室开展了列车的磁悬浮（即磁浮）及直线推进技术和电动汽车驱动技术的研究。随着特种电机研究领域的扩大，为了能更好更多地承担国家任务，并促进学科的发展，研究所适时地对课题组进行调整，1987年将风力发电机课题划入新能源研究室，1994年将交流调速电动机及永磁磁体技术课题划入特种加工控制与装备工程研究中心。2002年初，为了进入知识创新工程需要，电工所加大科研体制改革力度，撤销研究室建制，按重新凝练的学科方向，成立五大研究部；电机研究室也随之撤销，分别进入了先进能源电力技术研究部和现代电气驱动技术研究部。

特种电机研究室自20世纪50年代起步，60年代初正式成立以来，已有40余年历史，全室人员最多时达六七十人，曾是全所最大研究单位，也是所内最主要、最活跃的研究单位之一。特种电机研究室以电机学科为基础，随着科学技术的发展，结合其他专业学科的进展，将电机及有关技术应用到一些全新的领域，也开创了一些新的学科分支，如蒸发冷却技术、交直流调速技术、永磁磁体技术、直线驱动技术等，为国防建设和国民经济做出应有贡献。不少项目往往在电机研究室萌芽起步，有了一定基础后，调整到或组成新的研究室，并得到进一步发展。电工所特种电机研究的某些领域，在国内其他单位尚未涉足前就开始了摸索和基础研究，起到了开拓和领头作用。

研究室同时也取得了优良研究成果，获得了包括国家科技进步二等奖、中国科学院科技进步一等奖、其他部级一等奖、国际发明展览会（北京）金奖等重大成果奖多项以及其他一大批奖励。获得了一批专利，在国内外学术杂志和国际学术会议上发表大量论文及数本专著，联合国内电机学术界发起组织了中国国际电机会议，1987年主办了第一届（北京）会议，与有关单位组织成立了电工技术学会直线电机专业委员会。20世纪80年代初选派了一批研究骨干到国外作为访问学者进修和工作，回国后在各个领域发挥了骨干和领头作用。1978年电工所成为国内第一批电机专业硕士研究生培养点，2000年起建立了电机专业博士研究生培养点，培养了大量研究生，为本所和其他单位输送了电机专业相关的研究人才。为国家科技事业做出贡献，也为电工所的发展壮大发挥重要作用。以下分述二室特种电机技术的研究工作情况。

一、蒸发冷却电机

提高大电机的容量和综合技术指标关键之一是发展冷却技术。1958年以来，电工所开展大电机的蒸发冷却技术的研究。蒸发冷却是一种高效的电机冷却方式，对大型电机冷却系统起着革新的作用，对其他设备有实用价值，它一直受到中央领导、电力和电工部门以及中国科学院的关注和支持。目前研究所拥有蒸发冷却技术的知识产权，处于国际领先地位，2006年还被国际大电网会议（GIGRE）评为旋转电机的四项新发展之一。

然而，电机蒸发冷却技术的研究历程是艰难的，道路是曲折的，但参加研究的人员始终出于事业心和责任心坚持研究，研究了蒸发冷却介质在液态、汽态及两相态的绝缘和传热流动特性；在静止及旋转体内的冷凝、冷却通道的流阻、冷却介质的电气特性和电化学性质等问题。提出了立式水轮发电机的常温下无泵自循环系统；卧式汽轮发电机的定转子分开密封的全浸式自循环系统，长期地运行试验表明，它们具有冷却效率高、绝缘性能好、经济可靠等优点。20世纪70年代以来，一方面坚持基础研究，另一方面与产业部门合作，研制成1.2MW、50MW蒸发冷却汽轮发电机和10MW、50MW、400MW蒸发冷却水轮发电机，为我国电机和电力工业的发展做出重要贡献，获得了国家科技进步二等奖一项、中国科学院科技进步一等奖一项、二等奖两项、三等奖一项，在国内外刊物上发表学术论文，同时还撰写了《大型电机的发热与冷却》专著中的"电机的蒸发冷却及其在电机中应用"，书中阐述蒸发冷却技术原理，两相流体介质的物理、化学、热力及电气特性，电机的结构及工艺参数设计计算方法等。21世纪为研究更大容量蒸发冷却汽轮发电机和水轮发电机并实现其产业化而开展大量的研究工作，其详情见"蒸发冷却技术"专题。

二、中频发电机及电机放大机（1961～1966）

1. 中频发电机

1961年，在课题组长龙遐令主持下，课题组承接了总后7349部队军用轻便型5kV·A、200Hz中频发电机的研究任务。它要求电机重量尽可能轻，便于战士携带。课题组对各种形式发电机进行了分析，结果表明：爪极发电机更适合于任务要求，因此选用三相半导体自励磁的爪极转子中频同步发电机结构。为了减轻重量，电机采用一个励磁线圈，端盖和机座等部件均由铝合金制成。为了获得较好的电压波形，把磁极有效表面的轮廓做成正弦形。研制出的电机符合任务要求，1964年交军方使用。随后又为总后232部队研制出用做战地可移动小型X射线机电源的1.2kW、400Hz，TZX 1/16型爪极中频发电机，从而为我军战地诊断和抢救处置提供了条件。

1965年，海字166部队委托课题组研制手摇发电机的任务。它是作为部队应急的海水淡化器的直流电源。根据电源电压随海水淡化而逐渐升高，输出功率逐渐减小的特点，要求电机具有与其相适应的负载特性，因此采用爪极发电机加半导体硅整流器式直流发电机的结构。在合理的选取电机极数、优化电机参数、减轻结构材料重量和采用插入式炭刷结构等措施的情况下，研制出TZY 0.15/12型手摇发电机，其性能完全符合用户要求。

在完成电机研制的同时，课题组还对梯形、正弦形等各种不同形状爪极的漏磁场进行了分析计算，提出了空载气隙磁场的电势波形、纵轴和横轴的电枢反应气隙磁场、电枢反应系数和磁场波形的计算方法。

2. 电机放大机

电机放大机是一种利用小功率信号来控制大功率输出的放大装置，在调速、调压以及伺服系统中得到越来越广泛的应用。1964 年，廖少葆提出方案设想，由倪受元负责研究设计，其目标是探索一种新型电机放大机。经过两年多的研究，研制出一种新型的电机样机。该机的特点是定子上嵌有控制绕组和补偿绕组；转子上嵌有电枢绕组。三相星形电枢绕组与三相星形电容联结后再与三相桥式整流电路并接；整流电路的直流输出端通过补偿绕组与负载连接。这样可以借助强大的交轴电枢反应磁场来进行第二级励磁放大，具有很高的功率放大倍数和很小的时间常数。由于它本质上是一种交流发电机，但是不存在现有交流电机放大机具有的换向问题。因此结构简单、价廉、制造和维护容易，并可向高速大容量化发展。它除可以作为功率放大元件、大型电机的同轴主励磁机外，还可作为稳压电源使用。例如，利用本电机与晶体管电路做成的稳压电源，其稳压精度达 1%。样机交付 902 工程使用。

三、永磁低速直流力矩电动机及其随动系统（1967～1972）

1967 年，根据总参 902 工程处、中国科学院长春光学精密机械与物理研究所、石家庄 19 所等单位的委托，研究所承担了低速直流力矩电动机及其随动系统的研制任务。电机研制由徐善纲、田立兴、金能强等负责。研究所共研制五种规格，其额定力矩和转速分别为 6kgf [①]·m，200r/min；14kgf·m，100r/min；20kgf·m，168r/min；140kgf·m，6r/min 和 280kgf·m，6r/min，各电机的峰值力矩为额定力矩的两倍。为满足力矩波动小、线性度好的机械特性要求，为此采用凸极式永磁电动机的结构型式，其凸极由当时磁能级较高和尺寸较大的铝镍钴 V 永磁材料（大块磁钢）制成。由于国内当时还没有生产过如此大块的磁钢，因此请中国科学院上海冶金所协助研制，并在磁钢上装上充磁线圈，利用自行研制的引燃管脉冲充磁装置进行永磁磁极装入电机后整体充磁，来解决大块磁钢充磁问题；采用单波绕组提高力矩系数、较多的磁极数来减小电气时间常数；选用多槽多极数来减小力矩波动；将电机设计成薄饼式以提高刚度；使用银石墨电刷来减小电刷压降。直线电机可用于大型雷达天线的方位、俯仰的直接驱动，还可用于天文望远镜的驱动。所研制的电机达到了任务的要求，交委托单

---

① 1kgf = 9.80665N

位使用。

1971 年，在完成电机研制后 902 工程处又提出低速力矩电机随动系统的研制任务。该系统要求具有宽的调速范围，极低的运行速度和良好的动态特性。电工所在研制并完成 09 工程 915 项目的多种稳定电源的基础上立即开展随动系统的研究。研究任务先后由周荣琼、倪受元负责。根据任务的要求，电工所研制出由两台 14.5kgf·m 电机组成的随动系统。它是一个包括速度环和位置环的闭环控制的精密定位和高精度传动的自动控制系统。试验表明：利用该系统控制的电机，其最低转速为 1r/h；最高转速 36r/min；正反转过渡时间小于 1s；位置精度 0.1%，满足用户要求。低速直流力矩电动机及其随动系统获 1978 年全国科学大会奖和中国科学院科学大会奖。

通过对直流力矩电动机及其随动系统的研究，研究人员进一步认识到只有将先进的电子技术、自动控制技术与电机相结合，才能充分发挥电机的功能，满足高新技术领域各种要求。电机的研究要扩大思路，着眼系统。一方面研究满足系统要求的新型电磁结构的电机；另一方面是扩展对系统的研究，否则，电机发展受到局限，应用难以推广，研究的道路越走越窄。

四、直线感应电动机（1972～1984）

直线感应电动机是一种不需要任何中间传动装置就能进行直线运动的电机。它具有结构简单、控制容易、可靠性高、环境适应性强、特别适合于高速线性运行等优点，在工业、国防和其他一些领域都能得到应用。因此，1972 年廖少葆与龙遐龄决定开展相关工作，在二室成立直线电机研究组，首任组长龙遐令，主要人员徐善纲、田立兴、金能强、朱维衡等，开始了相关研究。

1. 直线电机发射器

直线电机是航空母舰上飞机弹射起飞装置，国外在第二次世界大战时已得到试用。当时国内海军部门需要改进潜艇上鱼雷发射装置，因为原有的发射装置是压缩空气发射器，在水中容易产生气泡及声响，易被敌方发现潜艇的位置，因而想采用直线电机的鱼雷发射器。1973 年承接了海军某部委托的研制任务。研制工作分为两个阶段进行。第一阶段由龙遐令、田立兴对项目进行初步探索和论证，并研制实验室用小型直线电机发射器模型，它由长次级轨道（反应板）和短初级（电枢）构成，次级轨道为钢板上覆盖铝板；初级动子带有可收放的供电电缆，并推动鱼雷模型；第二阶段研制出浸入海水的实验模型，由徐善纲、张勇负责在上海先锋电机厂研制加工，并配有飞轮储能同步发电机组供电。初级定子用环氧树脂封装，以能浸入海水。整套装置在上海先锋电机厂进行了陆上试验，其出口速度达到 10m/s，试验结果符合任务要求，随后移交海军部门使用。

2. 直线电机加速器

在空中、地面、海上高速运动的航行器研制过程中，都需要进行动态试验研究，用室内仿真技术代替外场实际试验，是现代国防科研中的一种先进手段。采用直线电机加速器作大型物理仿真试验装置中的运动系统，能够带动模型模拟在运动过程中实际可能出现的运动状态，并对模型运动过程中所需研究的参数进行动态测试。因此，它是大型物理仿真系统中的一个关键装置。

1976～1981年，课题组承担了上海新华无线电厂某大型仿真试验装置中直线电机加速器的研制任务，任务由龙遐令负责。加速器由专用交、直流电源，监控装置和直线感应电动机三部分组成，由于是以直线感应电动机直接驱动负载，因此该装置简单可靠，可在短时间内产生很大的推力，而且还具有成本低、噪声小和控制方便等优点。

1981年，在理论分析，精心设计和反复试验的基础上研制成功的直线电机启动推力420kgf，最高运行速度15m/s，各项技术指标均达到任务要求。1982年正式投入使用。1983年获中国科学院重大科技成果二等奖。

3. 直线电机铁路货车自动编组系统

直线电机铁路货车自动编组系统可以克服一般驼峰编组站用机车将货车车厢推到驼峰顶上，然后让车厢自由溜放至各条岔道，这可能造成车厢之间的碰撞或者溜放不足出现空当的缺点。1978～1979年，电工所由龙遐令主持与大同铁路编组站合作研制出直线电机货车自动编组系统，并在大同铁路编组站成功实现实际现场编组试验，但后因大同编组站的负责人变动，未能实际应用。

在上述几个项目的研制过程中，龙遐令还对直线感应电动机的理论及设计计算方法做了深入研究，特别是电机的边缘效应以及定子两端半空槽对性能的影响。研究成果汇集于2006年出版的《直线感应电动机的理论和电磁设计方法》专著中。该书扼要叙述了直线感应电动机的发展、原理、类型和应用，系统地分析了各种类型电动机的磁场和电磁力、特有的端部效应、次级涡流、次级导体集肤效应和初级绕组"半填充槽"影响等问题，并提出了一种新的电磁设计计算方法。

1984年，电工所作为国内最早的直线电机的研究机构与西安交通大学、上海工业大学等单位共同组建了电工技术学会直线电机专业委员会，龙遐令任首届专业委员会副主任。

五、调速电动机及其控制系统（1972～1994）

1. 交流调速电动机

利用电力电子技术与电机相结合来开发新型交流调速电动机是当代电动机调速系统发展的一个方向，具有广阔的发展及应用前景。因此，二室于1972年成立交流调速电机研究组，倪受元任组长，研制成由三相鼠笼式感应电动机结合晶闸管三相交流调压电源组成的三相变极变压交流电动机调速系统，被评为1975年度中国科学院重大成果。1982年该组改名为节能电机研究组，组长冯之钺，主要人员罗秀文、孔力，继续进行交流调速研究。随着电力电子器件的发展，为了提高交流调速系统的效率和功率因数，减小谐波损耗及低速转矩脉动，改善控制性能，对系统的主电路的拓扑及控制单元进行了深入研究。在此基础上研制成用于风机调速的55kW晶闸管变频调速系统，并在工业部门应用。该变频调速系统采用晶闸管双重电流型结构，是当时国内自主研制的第一台用于工业部门的多重变频器。它用于东方红炼油厂初馏塔顶空冷风机调速节能，获得30%以上的年平均节电率。1984年，该项目通过中国科学院鉴定，并获中国科学院科技进步三等奖。

此外，还开发研制出2～10周交-交变频电源、三重电压型正弦波变频电源、PWM晶体管模块变频电源及低压大电流稳流电源，并在工业上或实验室得到应用。可关断晶闸管变频电源技术、控制系统的数字化技术、电力电子的数字仿真技术的研究都取得了实用化的结果。为了将研究成果尽快转化为生产力并取得经济效益，1994年电工所将该课题划入到"特种加工控制与装备工程研究中心"。归到中心后，与企业合作，共同研制开发了22～110kW采用IGBT器件的全数字PWM变频电源系列产品，在很多工业部门获得应用。该项目获得部级科技进步一等奖。此外，开发了用于数控机床的主轴驱动器，研制了系列产品的样机。

2. 永磁宽调速直流伺服电动机

宽调速直流伺服电动机的概念在国内由电工所首先全面阐释，此种电机具有调速范围宽、输出转矩大、过载能力强、低速运行平稳，能直接驱动丝杆或齿条，并具有良好的动态特性，是数控机床首选的进给驱动元件。20世纪70年代中期，二室成立宽调速电机研究组，首任组长周荣琮，主要成员夏平畴、林德芳、董增仁。

1）铁氧体永磁宽调速直流伺服电动机

1974年，应武汉重型机床厂要求研制20kgf·m铁氧体永磁宽调速直流伺服电动机，由湖北电机厂加工，1975年底完成了样机研制。考虑到国产铁氧体价格低廉和磁性能尚且稳定的特点，1976年课题组与湖北电机厂、北京微电机厂以及广州机床所等单位协作研制大转矩铁氧体永磁宽调速直流伺服电动机。根据铁氧体磁能级较低的实际情况，在设计上实现了如下创新：充分利用电机内部有效空间来增加铁氧体永磁用量，以弥补铁氧体磁能级较低的缺陷；采用软磁材料的磁极极靴，将主磁极和侧磁极磁通汇合于极弧下以增强气隙磁密；采用隐极和凸极相结合的结构形式来减小漏磁，于1977年完成了1.5、2.5和20kgf·m三种规格的铁氧体永磁宽调速直流电动机的定型，并分别在我国小型、中型和重型机床上推广应用。

为了与上述电机配套，1975年课题组还与广州机床研究所合作研制为满足

2. 5kgf·m 和 20kgf·m 宽调速电机的调速系统。该系统采用三相零式及并联可控硅供电的双环速度系统。针对数控机床进给驱动要求响应快的特点，采用了可控环流的有环流方式。利用两个无气隙非线性电抗器，既减小了体积，又避免了无环流式死区大的缺点，经过一年多的研制，于 1976 年达到预定的技术指标，并在北京第二机床厂的 THK6463 型数控镗铣床的 X 轴进行驱动试验，取得了良好的结果。后经广州机床所改装成产品，定名为 ZTC-1 型直流宽调速伺服系统，为北京第二机床厂和沈阳中捷友谊厂生产配套。

基于以上工作，系列宽调速直流伺服动电机获 1978 年全国科学大会奖和中国科学院科学大会奖。

2）钕铁硼永磁宽调速直流伺服电动机

随着高磁能级永磁材料——钕铁硼的问世，为永磁电机性能的提高和体积的缩小提供了有利条件。1980 年，南京控制电机厂委托课题组研制 SZY 系列（1N·m、2.5N·m、5N·m、10N·m、25N·m）、调速范围 1:10000 的永磁宽调速直流伺服电动机；1984 年由林德芳接任组长。1985 年承担了国家"七五"科技攻关任务，开展 B25L 型小惯量直流伺服电动机的研制工作。经过文献资料调研、分析和论证，为了使电机小型化和轻量化，宜选用钕铁硼永磁直流伺服电动机结构。采用磁体拼块及磁极聚磁以增加气隙磁密的方式来提高电机的出力和效率。提出了与传统的永磁磁路不同的磁体工作点选择方法，通过工作点的优化选取来提高永磁体的利用率和电机的性价比；采取一些有效措施解决磁体的温度去磁的"补偿问题"，以便实现转矩的平稳性；采用非均匀气隙、极尖削角、齿槽合理配合等技术抑制电枢反应和减小力矩波动来提高线性度。对于 B25L 电机，还采用强化传热的旋转热管轴，从而获得比常规电机更大的出力，体积、重量和惯量大大减小。工艺上采用常温固化胶粘接磁钢新工艺以适应磁钢居里点的要求。为克服磁钢吸力大不易装配的问题，特制作模具以保证电机装配质量。由于采取上述一系列措施，因此于 1988 年按时保量的完成国家科技攻关及南京控制电机厂委托的项目。系列宽调速直流伺服电动机获中国科学院 1990 年科技进步三等奖。

此外，还用聚磁有效地解决永磁体的温度去磁，抑制电枢反应等问题，使电机性能价格比、出力、效率及快速响应都得到提高。由于结构上将鼓风机、测速发电机与主机一体化，使整机小型化和轻量化，于 1994 年完成了冶金部科技攻关中水平连铸用大转矩（165N·m）永磁伺服电动机的研制任务。

3）钕铁硼永磁宽调速无刷直流伺服电动机

永磁无刷直流伺服电动机是当前机电产品尤其是数控机床的伺服传动部件的发展方向，也是数控系统"八五"攻关的一个项目。无刷电动机与有刷电动机相比具有很多优点，但是无刷电动机的电枢磁场为非圆形跳跃式的旋转磁场，存在较大的力矩波动，影响高精度机电产品的平稳低噪运行。为此，林德芳课题组研究出永磁电机的反向磁路、互斥磁路和异向磁路的磁体不同取向拼块理论和工艺，使影响电机的力矩波动的磁场波形得到改善，呈现出正弦波的气隙磁通密度；加上优化的不均匀气隙、适当斜磁钢、磁极尺寸的合理配置等措施，有效降低力矩波动，获得平稳静音运行，从而成为节能、低噪的永磁无刷电机；圆满地完成了永磁无刷伺服电机及其伺服系统的研制任务，在五轴联动或其他数控系统中使用。

1989～1992 年课题组与法国 Franche-comte 大学，IGE 研究所等单位合作共同研制出 Technicrea 公司电动汽车用 18kW 直流永磁无刷电动轮电机，并得到试用。

3. 永磁磁体及其匀场技术

在研究利用永磁磁体制成永磁宽调速电动机的同时，二室探索永磁磁体在其他方面的应用问题。20 世纪 80 年代初，我国开展核磁共振成像装置的研究。它是当时国际上刚开发的一种新型医疗设备，该装置可以获得人体内部组织的体层扫描图像，其图像的质量取决于装置的磁体在成像区域内所产生的磁场强度及其均匀度。1983 年，在当时室主任顾国彪的推动组织下，二室成立永磁磁体研究组，组长周荣琮，主要人员夏平畴、董增仁等，承接了磁体的研制任务。通过几年的探索性研究，他们提出了永磁磁体的新结构，考虑到成像磁体的特殊性，对匀场理论，匀场线圈所产生磁场的计算和匀场线圈的主要形状尺寸的优化设计等有关匀场技术问题进行了分析研究及优化设计方法。通过理论分析，数值计算和模型实验，研制出磁体内腔 30cm、中心磁场 0.15T、均匀度 30ppm 的永磁磁体及匀场线圈，并在我国第一台永磁核磁共振成像装置上使用，获得中国科学院技术进步一等奖及 1987 年国家发明专利。1989 年以后，电工所与科健公司合作生产了数以百计的核磁共振成像磁体。此外，二室还研究开发了多种新型永磁磁体并得到实际应用，取得了巨大的社会和经济效益。为了研究空间反物质探测器用 AMS 永磁磁体的需要，1994 年电工所将永磁磁体研究组划入工程研究发展中心。

六、自动绘图机用电动机及其控制系统（1974～1990）

在 20 世纪 70 年代中后期，国内许多部门提出需要使用大幅面高精度自动绘图机。例如，中国气象局的天气预报需要自动绘制气象图，大规模集成电路部门需要绘制复杂电路图，测绘部门需要绘制精确地图，等等。因此，我国急需发展高速高精度自动绘图机。

1. 直线和平面步进电动机

1974 年，中国科学院组织了绘图自动化攻关。根据攻关任务的安排，电工所直线电机组开始研制平面步进电机绘图机。平面电机由朱维衡、徐善纲、金能强，控制系统由苏来宾、韩功兰负责研制。由于当时国外同类产品及技术资料还不能进口，因而一切从基本原理出发，按照分析研究、设计试制、试验改进提高的路线摸索前进，于

1975 年研制出直线步进电机模型及驱动电路。试验表明电机及其驱动电路达到了预期的结果。接着进行平面步进电机及其控制系统的研制。为此，电工所组织了平面步进电机及其控制系统的攻关。

该电机动子采用气垫支承，使动子及其反应板之间没有机械接触，从而消除了摩擦，有利于高速及高精度运行，维护简单、寿命长及可靠性高；驱动上利用正余弦电流供电，由二相 100 正余弦细分电路驱动，使步距达到一个齿距的 1/100，使电机运行平稳并提高了分辨率和精度；利用定子上装加速度计进行加速度闭环控制以增加阻尼、减少抖动，从而使动子按预定轨迹平滑移动；制造上解决了大幅面反应板加工、表面精磨、动子和反应板之间气隙为 0.01mm 的气垫技术以及正余弦细分电路的调试等问题，从而保证了电机运行的可靠性；控制上由计算机突发脉冲群和升降频控制以保证电机的高加速度和高速运行，从而达到绘图机高速绘图的目的。由于采用了上述有效的措施，加之全体会战人员齐心协力、踏实工作，于 1978 年成功研制出平面步进电机及其控制系统，配以研究所研制的 XDJ-73 电子计算机构成了国内第一台 PDH-100 平面电机绘图机，并在 1978 年全国科学大会上展出。随后，对电机及其控制系统进行进一步改进，于 1981 年配以国产 DJS-131 电子计算机，完成了当时具有国际水平的 PDH-120 平面电机绘图机，并小批量生产，供中国气象局、军事测绘部门使用。该绘图机系统 1981 年获中国科学院重大成果一等奖；1985 年获国家科技进步二等奖。

1982~1985 年，按上述同样原理和方法，成功研制出小幅面平面电机定位系统，作为激光加工工作台的平面定位，提供给有关单位使用。此外，利用直线步进电动机，还研制成单轴大幅面定位系统，作为激光加工及服装套裁之用。

2. 永磁伺服电动机

由于平面步进绘图机的研制成功和取得的丰富经验，1985~1990 年，电工所由二室和计算机室合作承担"七五"国家科技攻关的滚筒式绘图机的研制任务。该任务包括永磁伺服电动机及其驱动电路和绘图系统两部分。考虑到绘图系统要求的伺服电动机具有线性的机械特性和调节特性，而且时间常数要小、力矩波动和摩擦力矩也要小的具体情况，选用钕铁硼永磁伺服电动机结构。由徐善纲、胡越升负责研制，通过合理的电磁设计，如优化电磁参数并利用斜槽以减小力矩脉动；采用银－墨电刷来减小电刷压降以消除死区，加之高精度的加工，轻薄金属片的码盘以及电机参数相匹配的驱动电路，从而使电动机及其驱动电路达到了任务确定的技术指标，装有该电机及其驱动电路的滚筒式绘图机顺利地通过"七五"科技攻关验收，之后由呼和浩特市电子设备厂生产。

七、特种发电机（1981~1991）

1. 变速恒频发电机

风能是一种取之不尽，用之不竭的能源。利用风力发电是国际上开发新能源的方向之一。但是风力的随机性会导致发电机的原动机转速变化，从而引起电压、频率和幅值波动。因此，20世纪70年代末，二室成立风力发电研究组，倪受元任组长，开展相关研究。经过几年的探索研究，研制出基于将磁场调制原理和电子解调技术相结合的变速恒频发电机，从而圆满地解决了稳频和稳压问题。它很适合风力发电，因此又称变速恒频风力发电机。在成功研制15kW变速恒频风力发电机基础上，承担并完成了国家"七五"科技攻关项目，研制出4~20kW变速恒频风力发电机及其控制系统，并且还实现了变速恒频风力发电机与柴油发电机并联可靠运行。感应子式三相磁场调制风力发电机还获得国家发明专利和国际发明展览会（北京）金奖。为了更快更好地发展风力发电机系统，并扩大其应用，1987年研究所将该课题划入新能源研究室。

2. 超导发电机

随着超导技术的迅速发展，超导技术在电机上的应用日益引起人们的兴趣。1981~1985年，研究所承担国家科委"六五"攻关"超导同步发电机电磁场与阻尼屏蔽系统"研究任务。二室成立了超导电机研究组，首任组长由顾国彪兼任。根据任务的要求，由冯尔健、夏东负责研究出二维及三维磁场的解析法；磁场及涡流的全标量位有限元法，编写了计算程序，并用于电磁场及涡流的计算。此外，还研究出电机多层屏蔽筒的损耗和故障力矩以及瞬变状态下转子电磁屏蔽的扩散时间常数计算方法。为了验证理论研究的结果，建立了超导发电机模型，并进行了实验研究。同时由董增仁研究了为解决超导转子液氦传输旋转密封的磁流体密封技术。

磁流体密封是利用磁性流体来进行密封。磁性流体是一种对磁场敏感、可流动的液体磁性材料。用磁性流体来进行密封则是一项在国际上引起关注的先进技术。磁流体密封不仅具有一般非接触式密封功耗低、无磨损、寿命长的共性，还具有其他非接触式密封所没有的特性，如泄漏点极低、动封和静封性能几乎完全相同，特别适用于真空、气体和防尘等密封。

研究所从1981年开始了此项研究工作，到1983年底已研制成多种磁性流体并完成了原理性密封模型1000h连续运行试验，后来陆续研制成具有多种轴径尺寸的真空用磁性流体旋转密封器，并经电工所、中国科学院电子研究所、上海光机所、电子部38所等单位在电机、电子束、离子束、激光设备和雷达天线铰链上实际应用考验，证明这种磁性密封器性能稳定，使用可靠。

1985~1988年，在中国科学院自然科学基金资助下研究所还研究了大型发电机端部电磁场，提出了涡流及电磁场的全标量位数值法，并用于分析计算大型汽轮发电机在不同工况下的端区磁场及涡流计算，探讨了大型水轮发电机的定子股线的换位问题。

3. 补偿脉冲发电机

20世纪80年代中期，美国提出了星球大战计划，其中有电磁场之类的动能武器。该武器利用电磁力将弹丸加速到1000m/s以上，借助弹丸动能摧毁目标。当时国内也提出了"863"计划，跟踪论证了激光武器和动能武器。尽管计划未能立即支持动能武器的研究，但国内一些单位对它很有兴趣。因此，中国科学院力学所、电工所、合肥等离子所等有关单位继续进行文献调研、资料收集、分析论证等工作。电工所二室徐善纲和高压脉冲放电研究室张适昌参加了论证。

由张适昌牵头，申请了国家自然科学基金，研究所开展了电磁动能武器电源即强脉冲功率源的研究。该电源是以惯性储能的旋转电机，即补偿脉冲发电机作为初级能源，由它供给电容性负载，通过脉冲形成网络产生高压窄脉宽的连续脉冲。二室徐善纲、史黎明负责补偿脉冲发电机的研究。本研究建立了电机的数学和物理模型；分析计算了电机的气隙磁场、机电参数以及负载特性；给出了在电容性负载时形成脉冲的参数和必要条件，为今后的实际应用提供依据。通过精心设计和参数的优化计算研制出的试验样机每个脉冲能量100多焦；脉冲时间10ms，可连续发出十几个脉冲，并进行了多种负荷的特性试验，达到了预定的技术指标。该电机除可用于动能武器外，还可作为强激光器初级能源使用。

八、长转子两相感应电动机

1992年，节能电机组孔力等研制了长转子两相感应电动机。该电机为石油深井勘探用的电动机，其特点是转子长径比很高，采用正交的两相交流电供电，在深井使用时，只要连接两根电源线即可驱动电机旋转。与单相电容电动机相比，效率高，运行平稳。在研制过程解决了定子下线工艺及长转子带来的技术问题。该电机最终在勘探现场得到使用。

九、交通运输中的电气驱动技术 (1990～2002)

在交通和运输工具中，发展高速、无污染的电气驱动技术是当代人们最关心的问题。电工所从20世纪70年代就开始利用直线感应电动机的直线驱动技术的研究。20世纪90年代初，结合现代交通和运输驱动的需要，在当时的室主任、直线电机课题组长徐善纲推动和组织下，开展磁悬浮列车及电动汽车用驱动电机的研究。

1. 低速磁浮列车驱动电机

20世纪80年代末，铁道科学研究院、国防科技大学、西南交通大学、电工所等单位开展了低速磁浮列车悬浮机理的研究。科技部将低速磁浮列车关键技术研究列入"八五"国家科技攻关计划。规划在铁道科学研究院建一条试验线，研制一辆14t低速磁浮试验车，国防科技大学负责磁悬浮导向系统；电工所负责驱动用直线感应电机；铁道科学研究院负责总体集成。1985～1990年在中国科学院新技术局资助下，电工所进行牵引直线电机基础研究。1991年在实验室建立了总浮力100kgf，气隙10mm磁浮试验装置，同时还建立了直线感应电动机旋转模型，转子直径1m，驱动功率7kW，推力22kgf，并利用装在模型上的推力和垂直力测力机构对它进行测量。

作为国家"八五"攻关项目，由徐善纲、史黎明负责完成两台低速磁浮列车的驱动电机的研制，各项指标均符合攻关合同要求，样机提交给铁道科学研究院，装在14t磁浮列车上使用。

2. 磁浮列车重大技术经济问题论证和高速磁浮列车研发的启动

1994年6月由电工所严陆光院士、理论物理研究所何祚庥院士、铁道科学研究院程国庆院士共同发起组织了第十八次香山科学会议，会议的主题是发展我国高速铁路交通，有8位两院院士和我国铁道及有关专业专家参加。会议提出了除发展高速轮轨铁路外，我国应发展高速磁浮交通，并邀请了访美学者何建良教授做了超导高速磁浮列车技术的专题报告。会议通过了纪要，发送有关部门。

1996年科技部组织了"磁浮列车重大技术经济问题"论证软课题，由铁道科学研究院、中国科学院电工所、国防科技大学、西南交通大学、创新公司等单位参加，严陆光院士和徐善纲为论证组成员。电工所负责的"超导磁浮列车"和"磁浮列车牵引供电系统"两个专题调研论证，提交了专题报告。软课题最后编写成"磁浮列车重大经济问题"总报告，对我国发展磁浮列车提出了积极建设性建议。

其间，由文汇报记者在内参上发表关于日本高速超导磁浮列车的报导；邹家华副总理做了批示，要求相关部门研究论证。科技部组织了国内各单位及浙江、上海方面的有关人员参加的"沪杭高速磁悬浮铁路技术经济论证"，电工所也参与了论证。随后，电机研究室明确以磁悬浮与直线驱动技术作为研究方向，提出将磁悬浮与直线驱动技术作为电工技术领域的一个专业，并招收研究生。同时开展了超导高速磁悬浮列车悬浮导向推进电磁系统的理论基础研究，对悬浮力、导向力、推进力做仿真计算，在国际磁悬浮直线驱动会议发表了论文。

1996年，电工所与德国合作，研制成高温超导磁浮小车模型。小车内装有高温超导块材，轨道上装有永久磁钢。高温超导块材在磁场作用下实现悬浮导向，利用长定子直线同步电机驱动，轨道直径3.5m，定子绕组分段供电。电工所由金能强负责轨道研制，这是国内也是国际上最早的高温超导磁浮车原理试验模型，模型在第五届国际超导会议上展出。在模型研制同时，对于高温超导块材悬浮力、导向力以及永磁同步直线电机推力进行了大量测试和理论分析研究，发表相关论文。

1998年6月，朱镕基总理在两院院士会上提出磁浮列车问题。严陆光院士给朱镕基总理写信，反映了有关磁浮列车的情况。朱总理批示："与德国合作，自己攻关，发展磁悬浮高速铁路系统，先建成试验段。"

1998～2000年，国内开展对引进"高速磁浮"与"高速轮轨"剧烈争论，形成了所谓"磁浮派"和"轮轨派",在媒体上大量报道。电工所积极参加了这场争论,并由徐善纲参加 1998 年 6 月按朱总理指示、铁道部副部长带队的"中国铁道代表团"赴德、法分别考察高速磁浮、高速轮轨。考察团回国后写了专门报告上报国务院。同年 9 月由中咨公司组织的有关部委领导参加的"磁悬浮列车与高速轮轨火车技术经济比较"座谈会。电工所由严陆光院士、顾国彪院士、徐善纲参加。

严陆光院士又多次联合徐冠华院士、何祚庥院士致函朱总理,得到了朱总理的关于磁浮交通的指示。为落实朱总理"先建试验线"的精神,1999 年科技部成立了"高速磁浮列车试验线的可行性论证"课题组,组长为严陆光院士,以电工所牵头,国内各有关单位参加。论证组与德国 TI 公司沟通进一步了解德国常导高速磁浮技术经济情况,并论证了在上海、北京、深圳建设试验线的可行性。最终在上海市积极支持下,决定在上海浦东建设 30km 高速磁浮示范运行试验线。

2001 年上海磁浮示范线动工,"十五""863"高速磁浮技术重大专项启动,电工所参与对德技术谈判,所内成立了磁悬浮研究中心,由李耀华担任主任,承担了"863"重大专项的有关研究工作。

3. 电动汽车用驱动电动机

在积极开展磁悬浮列车的宣传、论证和研究的同时,研究室也关注了电动汽车。为解决我国石油缺乏,改变能源消耗结构,减少污染及我国燃油汽车落后的面貌,在我国发展电动汽车是战略性决策,也是可持续性发展的方向。因此,1996 年二室成立电动汽车研究组,由温旭辉任组长,开展电动汽车驱动系统的研究,同年对电动汽车用异步电动机矢量控制驱动特性进行了试验研究,取得了预期的结果,"电动汽车电气系统的研究开发"得到了中国科学院的支持,被列为院长特别资助项目,并且还承担并完成了国家科委"九五"攻关的电动汽车概念车、燃料电池电动演示车的驱动电机和驱动系统的研制、参与电动汽车电动机及驱动系统国家标准的编制、汽车车载系统等项目,开展了永磁同步电动机及其全数字矢量控制;燃料电池电动车用大功率直流－直流变换器;燃料电池与驱动系统的联合试验,等等。此外,还与东风汽车集团合作开发出电动汽车并进行运行试验,建立了电动汽车试验室,配备了先进的仪表设备,为建成国家级电动汽车研究开发基地奠定基础。详见"电动汽车电气技术"专题。

第五节　微　电　机

微电机是随自动控制、遥测及解算装置的需要而迅速发展的一种控制和驱动用的小容量电机。它的结构形式之多、功能多样化及性能之特殊、结合新技术之紧密、使用环境条件之苛刻、应用领域之广泛,是其他电机所不可比拟的。它是军事及民用工业自动控制系统中不可缺少的元件,是电机中最活跃、最富有生命力的领域之一。

1959 年电工所电机组开始微电机的研究，到 1960 年第三季度先后研制出空心转子二相伺服电动机及旋转变压器样机。与此同时，因"两弹一星"及其他军事装备的研究和生产需要，国防部、工业部和中国科学院领导对微电机研究也十分关注。中国科学院领导指示："新中国要跻身于世界强国之列，必须要有自己的'两弹一星'，这些国防项目中要用到微电机，电工所要研究军用微电机。"之后，将国防科委五院委托中国科学院研制导弹、火箭及卫星中用的微电机项目交给电工所。根据院领导的指示和国防任务的需要，电工所立即在二部组建微电机研究组（803 组），由韦文德负责，并将原电机组微电机部分研究人员并入，开始开展军用微电机的研究。为了使研究工作迅速成长并承担重要的军工任务，1962 年初成立了由所直接领导的微电机研究组（第七研究组），组长为谢果良，并积极给予人员配备。中国科学院特批外汇购买先进仪器充实实验室，购买国外精密机床来提高所工厂的加工能力。随着军工任务的增多、研究力量的增强、实验条件的完善、加工能力的提高，1964 年成立微电机研究室（第七研究室，简称"七室"），谢果良任研究室副主任，主管业务。它是我国最早成立的微电机研究机构之一。

为了加速微电机的发展，1963 年在国防科委领导下由四机部、一机部、国防部和中国科学院等组成微电机协调组。在对全国微电机工厂、科研单位广泛调查的基础上，1964 年召开了第二届全国微电机会议，制定了微电机的发展规划。国务院各有关工业部门和中国科学院对规划十分关注。之后在院、所领导的关心和支持下，微电机研究室的人员迅速扩充到 30 余人，并且还新建了微电机参数精密测量实验室、环境条件实验室和微电机加工组，中国科学院拨款增加实验室及加工组的设备，因此研究任务日益增多，即便是 1966～1976 年"文化大革命"期间，任务还是源源不断。尽管当时研究组织多变，研究秩序异常，但研究人员怀着强国的使命感和科研的事业心，坚持任务带学科的方针，刻苦钻研，踏实工作，使各项任务按期完成，并取得丰硕成果。"文化大革命"以后，电工所恢复了正常的研究组织和秩序，经过多年的努力，到 20 世纪 90 年代，微电机研究室已成为我国研究设备较完善、研究力量较强、能承担重要任务和促进学科发展的微电机研究的一个基地。

1991 年电工所进行了机构调整，将原特种电机研究室与微电机研究室正式合并为电机研究室。在电机研究室下，原微电机室人员开展了电磁推进技术及波浪发电的研究。

30 年来，微电机研究室根据国民经济及国防建设的需要，紧密结合新原理、新技术、新材料和新应用，20 世纪 60 年代为军民两用产品的开发，开始电源及信号检测类电机和交流电动机的研究；70 年代随着电子技术的发展，开始电机与电子技术相结合的无刷直流电动机和步进电动机的研究；80 年代结合计算技术和红外技术装置的需要，开始往复直线、摆动等特种运动形式的往复电动机的研究；90 年代为发展新型交通工具驱动及发电技术，开始电磁推进技术及波浪发电的研究。下面按不同类别及时期，分述研究过的各种微电机。

一、电源及信号检测类电机（1961～1975）

1. 基准电压发电机

1961年国防科委下达总字743部队委托电工所研制雷达扫描用基准电压发电机的任务。它是一台两相正弦波永磁发电机，要求正弦波形失真度小于0.5%；相位差小于±0.5°，并满足航天设备使用的环境条件。由于微电机组刚刚成立，对微电机的生产工艺及试验都不熟悉，加工设备、仪表、环境条件试验设备又十分缺乏，因此争取外协和运用所内集体的力量和智慧来解决研制中的问题：例如，利用外协来解决电机用的铝镍钴类磁钢材料及低温轴承润滑油；利用高速示波器解决电机电势波形的测试；利用高精度静电电压表并结合分析计算方法解决相位差的测量，同时还采用土洋并举的方法，检测低温状态下电机的启动和启动力矩的测量，等等。经过几轮的设计、加工、试验和改进，于1964年由凌金福、张君冀、韦文德等研制出符合任务要求的GON型基准电压发电机，这是七室研制成功的第一项军用微电机项目。当时中国科学院郭沫若院长闻讯后，调此电机目睹。之后电机转让上海微电机厂生产供军事装备、地震测量等仪器使用。1965年按军工任务进一步要求开展电机小型化及基准电压发电机－电动机组的研究。在不到一年的时间内完成FTY-3型基准电压发电机及其机组的研制。1975年，王协时等为总字162部队成功地研制出红外跟踪系统用基准电压发电机－电动机组。

2. 旋转变压器和自整角机

旋转变压器是最常使用的机电解算元件。1965年中国科学院长春光机所、502所等单位向电工所提出了正余弦旋转变压器、线性旋转变压器、感应移相器共3个品种、6个规格的研制任务。根据各类型品种和规格的要求，设计上采用合理的定转子齿数配合和斜槽方式来改善由于变压器齿槽引起的误差；材料上采用坡莫合金，并将工作磁密选择在磁化曲线的线性范围内，以减少磁路饱和而引起的误差；制造上采用精密加工和装配以减少电气误差，等等。通过李殿友等研制，1972年成功地完成了上述3个品种、6个规格的旋转变压器的研制任务，并用于"157"工程、"尖兵一号"、"曙光一号"及"714"工程等三轴平台作为解算元件，坐标变换元件或角度敏感元件。

1963～1964年，七室与125厂共同开发СБМ2-3无刷自整角机并编写了设计计算程序，为日后自行设计此类产品创造条件。

3. 涡轮发电机

在完成中国科学院自动化所高频发电机的研制后，1965年根据541任务的需要研制超低空导弹的弹体总电源用涡轮发电机。涡轮发电机是利用高温高压气流驱动涡轮带动电机发电的一种高频发电机。考虑到电机转速高（60000r/min）、频率高（6000Hz），在300℃以上的高温燃气中短时可靠运行，并能满足导弹零部件规定的恶劣环境条件和储运条件，选用永磁感应子式发电机结构。为了更快地完成任务，电工所组织了七室和工厂联合攻关。通过刘维澄等深入分析、优化设计、优选材料和工厂精密制造，于1966年保质保量地完成WF-70涡轮发电机的研制，随后交有关单位使用。

随着导弹性能的改善，1966年541任务又提出新的涡轮发电机的研制任务，该电机的技术指标大致与上述涡轮发电机相同，但要求消除导弹发射时的供电时间差。为此沙震亚提出感应电动发电机方式来实现，于1968年成功的研制出WDF型涡轮电动发电机，并进行配套试验，符合使用要求。

二、交流感应电动机（1961～1986）

1. 交流伺服电动机及伺服测速机组

АДП-362伺服电动机是一种两相空心杯转子的交流电动机。它具有惯性矩小、动态响应快、调节性能好等优点，是当时比较先进的一种伺服电动机。在国内急需但又难以进口的情况下，1961年七机部二院委托七室进行研制。在既无样机，又缺乏技术资料的条件下，由王绍华等设计，所工厂加工。研究人员和工人紧密结合，经过一轮又一轮的设计、制造和试验，在攻克空心杯转子加工技术难关之后，于1963年完成试制任务，其性能达到了苏制АДП-362伺服电动机的技术指标，并提供给有关单位使用。

1966～1967年，七室还为七机部25所分别研制成SC42A和SC43A两相空心杯转子伺服电动机–测速机组；1966～1968年为纺织部研制成自动织布机驱动梭子牵引纬线用的新型直线感应电动机，并交纺织部有关单位使用。1966～1970年为651任务研制成卫星飞行姿态控制用惯性轮电动机等；1971年与中国科学院自动化所有关人员为581工程利用空心杯转子二相伺服电动机成功地进行了卫星伸杆天线的地面模拟试验。

2. 球形转子力矩电动机

1965年根据651任务的要求，七室研制卫星姿态控制地面模拟实验用的干扰力矩源。它实质上是一个能在三维空间运动的球形转子力矩电动机，亦称感应力矩器。通过研究，提出了由半球形气垫轴承托起不锈钢球形转子和一条绕转子四周的有限带宽内沿X、Y、Z轴方向固定的三个弧形定子构成的力矩电动机。因电机结构特殊，制造上遇到很多工艺问题，在七室研究人员与工人的共同努力下，于1966年成功制造出球形转子力矩电动机。该电动机的结构原理还适用于卫星跟踪天线驱动器、机械手以及其他需要多自由度运动的驱动器。

3. 单相串激电动机

用于监视环境污染，进行大气飘尘采样用的采样器由采样头和单相串激电动机构成。1982年，中国科学院理化所委托七室研制采样器用500W、18000r/min的单相串激电动机。研制单相串激电动机的关键就是如何解决高速换流及噪声问题。张吟蓉等通过优选绕组参数、电刷材料、定转子齿槽的合理配合、半闭口槽、零部件的精密加工、转子的动静平衡等方法使得上述问题圆满解决，于1985年完成了串激电动机的试制，并交用户使用。

4. 单相异步电动机节能器

单相异步电动机是应用最广泛的一种电动机，它的节能具有重大的经济效益。1985年，七室特组织节能器试制小组，承担电工所电气高技术公司提出的单相异步电动机节能器的任务，它要求在输出功率不变的情况下减少输入功率、改善功率因素、减少电能消耗，降低电机温升。经过近一年的研究，成功地研制出JD-1型单相异步电机节能器。之后转让给山东掖县电机厂生产，并与CO_2系列750W电机和COD9022型1100W电机配套使用。

三、交流同步电动机（1961～1999）

1. 磁滞电动机

磁滞电动机具有自启动并牵入同步的性能，结构简单、可靠性高和噪声小的优点，是高科技和军事装备同步驱动器的首选电机。20世纪60年代初国外大力进行研究，国内还刚起步，因此七室于1961年列题研究。该电动机是靠转子磁滞材料的磁滞效应产生的转矩而工作的，因而磁滞材料特性就成为电动机性能的决定因数。所以先从材料的选用及其热处理入手，先后对多种合金材料进行试验，从而为电动机选用磁滞材料提供依据。与此同时，王绍华和黄子强还完成了中国科学院光机所地平经纬仪用空心轴磁滞电动机及高速陀螺仪用电动机的研制任务。

1964年以来，磁滞电动机的任务增多，桂竞存、吴邦基、杨媛霞、王协时等多人承担了不同规格及用途的磁滞电动机的研制任务。考虑到卫星、火箭、导弹用电机中大部分要在恶劣的环境条件中绝对可靠，除在设计上保证电机性能和减轻重量外，在其部件加工和装配上还需严格把关。1965～1970年受704所委托研制外径60mm磁滞电动机，曾多次在导弹、火箭及1970年我国第一颗人造卫星的运载火箭上使用。电工所工厂生产30台之后转让给合肥电机厂、南京微分电机厂等电机厂生产。1970年还为704所研制成功地面接收站用外径90mm磁滞电动机及卫星仪器用43TZ0G磁滞电动机，一并转让给南京微分电机厂生产。1971～1974年完成了TZ45磁滞电动机的研制，之后转让给林泉电机厂生产，该电机曾用于第一颗返回式卫星及向南太平洋发射的运载火箭遥测装置。还研制出用于 651 工程红外扫描驱动装置用 0.25W 磁滞电动机；几种型号运载火箭用 1W、4W 磁滞电动机及 4W 双速磁滞电动机；为 612 所研制出 PL4 光学陀螺马达；1978 年为 302 所导弹红外跟踪系统研制成空心轴磁滞同步电动发电机组；1986 年为 612 所研制出空对空导弹用空心轴低惯量磁滞电动机；1989 年为北京地质仪器所研制成原子六型仪用 2W 空心轴磁滞电动机，并由该所小批量生产；等等。

在完成上述磁滞电动机的研制过程中，分析研究了磁滞材料性能与热处理温度的关系；电机的非线性数学模型及其计算机仿真。在正弦波、方波等不同波形的电源电压控制下，电机同步状态时转子磁滞性能变化的图形及其力矩的计算方法、过激的运行机理及其特性、电机设计计算方法等。

鉴于电工所对磁滞电动机的研究成果，该类电动机获得 1978 年中国科学院科学大会奖。1980 年 5 月由我国本土向南太平洋发射运载火箭成功后，电工所收到由七机部转发的中共中央、国务院、中央军委发出的参与南太平洋海域发射运载火箭成功的贺电；同年 7 月，还收到由七机部发出的参与我国运载火箭研制试验的全体同志的贺电。

2. 永磁同步电动机

1970 ~ 1972 年，七室自办工厂，全室按工厂编制，执行亦工亦研的方针。研究人员既当技术人员又当工人，并结合我国光电线切割机床恒相位光电脉冲调制的需要，开展自启动永磁同步电动机研制。根据研制的需要，利用集体的智慧进行设计，然后按车、钳、铣、刨、嵌线、装配等工种进行人员分工，最终装配成 36DTY 三相及单相永磁同步电动机，其试验结果符合设计要求，然后进行生产。两年多来，研究人员熟悉了电机制造工艺、掌握了加工技术，生产出 200 余台电机交中国科学院自动化所、苏州光学仪器厂、北京朝外医疗器械厂等数十个单位使用。1973 年后，电机转让给北京铅丝厂和苏州光学仪器厂生产。

1976 ~ 1978 年为北京市园林局和杭州茶叶研究所研制出 SJ-130 中频电动修剪机配套的锶钙铁氧体永磁发电机，并在杭州茶场和北京园林绿化地使用。

1997 年开展电动汽车驱动系统用 20kW 永磁同步电动机的研究，经过两年多的研究，研制成具有磁性套筒的钕铁硼磁钢块粘接成整体转子的电动机，配以合适的控制电路就能使电动机高速时恒功率运行，低速时恒转矩运行。电动机性能达到预期要求。

3. 同步同相电动机

根据中国科学院绘图自动化攻关的要求，研制地图绘图自动化第二系列装置。它由电子分色扫描数字化器和扫描绘图机组成，两者都有一个滚筒，利用电机带动它们同步同相位转动，以便对敷贴在滚筒上面的图纸进行扫描，该电机称为同步同相电动机。1973 ~ 1978 年，吴邦基等承担了该电动机的研究。电机采用永磁同步电动机的结构，并将反映转速信号的感应电势以正反馈方式来控制电机的供电电源，再加上锁相技术，使得转速稳定度在 0.01% 以上，完全符合任务要求，并在绘图自动化装置上使用。同时还对电机进行分析研究，导出了电机整步前后工作特性与开关相位角的关系式，依此可较简便地计算其工作特性。

四、有刷直流电动机（1969～1995）

1. 直流驱动电动机

直流驱动电动机是我国生产较多的一种电动机，但其品种仍然不能满足国家建设的需要，因此七室积极地去开发建设急需的新品种，如韦文德、魏美琪、保秋英等1975年为218厂研制诊断早期癌症的胃镜配套用0.8W直流电动机；同年还为空军司令部防化研究室研制防毒和防放射尘的防毒面具驱动抽气机用3.2W直流驱动电动机；1976年为杭州茶叶所研制出采茶机用价格低廉的50W锶钙铁氧体永磁直流电动机；1977年为怀柔农机厂研制出超低容量喷雾器用6W直流驱动电动机，并转让给河北正定县及山东冠县机械加工厂生产，电工所负责培训技术人员并解决生产上的问题。

1988～1989年，李世毅等研制出50W双磁体悬臂式绕线盘式直流电动机，随后由平谷燕华电器厂生产。在此期间还研制出电池供电的三相步进电动机和驱动电路，之后还为中国科学院北京天文台研制出天文仪器用的步进电动机。

1990年以来，七室与建中化工总公司合作开发汽车雨刮器用电动机并举办学习班，帮助公司在四川建立钕铁硼永磁汽车电动机加工厂；与北京民用电器厂合作研制铁氧体永磁及塑料铁氧体永磁直流电动机；与苏州电机厂共同开发永磁风力发电机并在北京八达岭风力发电厂调试；与江西电工厂合作研制成叉车牵引用永磁直流电动机；与北京延庆县电工机械厂合作办厂，共同开发电动自行车，电工所负责并成功研制出自行车用的永磁直流电动机，等等。

2. 直流伺服力矩电动机

直流伺服力矩电动机是自动控制系统应用较多的一种电动机，1978～1979年，受中国科学院计算所委托，陈明德、魏美琪承担研制亿次计算机用高速磁带机中的带盘电机。它要求电机既具有伺服电机性能，又能满足力矩电机的要求。为此采用双定子和一个电枢构成的混合式电磁结构。双定子中一个采用永磁励磁，另一个采用电励磁。永磁励磁部分按力矩电机设计，电励磁部分按伺服电机设计。利用变换电励磁电压的方向来改变电机的旋转方向。按上述结构研制的BOZHS混合式直流伺服电机，具有无级调速范围宽、输出转矩大、机械特性硬、时间常数小等特点。后因亿次计算机的研制计划变化，未能在此计算机上应用，但转为其他高速磁带机的带盘驱动用。

1980年，他们又受704所委托研制便携式数字磁记录仪收供磁带用电机。它是具有力矩和伺服双重特性的钐钴永磁直流电动机。为了便于携带，要求体积小和重量轻。因此在电机结构设计、电刷的材料和换向器及其加工精度做了周密的考虑。按此研制出 ZYS-80 永磁直流伺服电动机，在 YJ12-2 型并列数字磁带机中可靠地使用，1982 年该电机转让给 906 厂生产。为使便携式宽频带记录仪体积缩小，1982 年 704 所提出了将当时国内外采用的收、供磁带分两台电机完成的分离式结构合并为一体的新型结构。经过两年多从原理性到实用性的研究，研制出一体的电机结构，即采用轴中套轴，两轴可以相对运动的新型电动机，并把它命名为同轴双向力矩电动机。经过多轮电机设计的修改，加工工艺的改善，1985 年研制出的电机性能指标完全符合记录仪的要求，使记录仪结构紧凑，体积显著缩小，便于携带，使用灵活，1985 年该电机由林泉电机厂生产。

3. 高速直流电动机

1979 年中国科学院下达电工所承担武汉科仪厂医疗仪器中离心机用高速直流电动机研制任务。其主要技术指标是功率 1.2kW，转速 20000r/min，换向器火花 1.5 级。研制如此大功率高速直流电动机首先需要解决的是高速换向问题。为此吴邦基等对电机结构和电磁设计上采用如下措施：在主极开槽，换向极下使用非均匀气隙和内锅套的换向器结构；选用新型的耐高温、耐磨损的换向材料及片间绝缘材料；移植先进的镜片加工工艺加工换向器等。1981 年完成了 GL1 型高速直流电动机的研制，其目的是考验其设计计算方法及所采取措施的合理性和有效性。1984 年研制成 GL2 型高速直流电动机并进行了实际使用条件下的整机试验，其性能符合任务要求。从而为国产医疗仪器中离心机的研制创造了条件。

4. 印刷绕组直流电动机

印刷绕组直流电动机由于无铁芯、无齿槽、动态响应快及运行平稳等优点，在自动控制系统中得到越来越广泛的应用。考虑到 204 所的需要及国内科研生产不足的实际情况，1979～1983 年刘维澄等结合印刷绕组直流电动机的试制，探讨其理论及设计计算问题。经过几年的研究，除完成电机试制外还研究出圆形磁极的漏磁计算方法、涡流计算方法以及印刷绕组的电磁设计计算程序等。

五、无刷直流电动机（1972～2001）

1. 无刷直流驱动电动机

1972 年以来，韦文德、谢果良、王世强等研制出多种规格及用途的无刷直流驱动电动机，即电子换向直流电动机及其稳速电路。

1972～1974 年为 504 任务研制出转矩0～250gf·cm，转速 3000r/min 的无刷直流电动机及其稳速电路，采用新的稳速电路使电机的稳速精度在 10^{-5} 以上，符合用户要求，并推广使用。1975～1976 年完成中国科学院工厂局下达的长城 203 型高级台式计算机打印机用1W 无刷直流电动机的研制任务。该电机采用盘式铁氧体多对极转子，非铁磁的定子；电子换向器采用初、次极分离的高频变压器，利用电压反馈的稳速电路驱动。电机直接带动打印机，使用方便。1975～1978 年为 1411 所研制成红外雷达仪器用外径 28mm 特种同步电子换向直流电动机，它具有直流电动机和同步电动机特性，利用本身内部的发电机转矩对转速进行调节。由于解决了同步控制频率和电动机的换向信号频率间的或门组合和发电机转矩的合理利用等问题，从而实现了在较宽范围内分级控制速度，稳速性能良好。

1981～1983 年，七室与空军某所合作开展 GZTY-1 型高精度转速校准仪的研究。转速仪用于飞机发电机转速的测量和检查。项目完成后，经国家计量局检查，其转速的测量精度高于国家规定的标准，该项目获得 1985 年国家发明三等奖。

1981～1983 年，受中国科学院技术物理所委托研制热像仪用外转子无刷直流电动机，该电机采用 20 世纪 70 年代后期自行研究出的一种新型单相绕组中心轴头无刷直流电动机的结构，其特点是：转子磁极沿圆周非对称分布、单相绕组中心轴头并短距、利用偶次谐波转矩兼作启动和正常运行转矩。该电机采用简单的电子换向装置制成二次换向电动机，利用开环电压控制就可获得较好的稳速特性。使用稀土永磁材料制成的 600r/min 和 1200r/min 两种规格的这种无刷直流电动机在热像仪中得到应用。由于电机转速稳定度高，使得热像图的清晰度也高，因此医院利用热像仪测试人体表面温度分布状况来诊断疾病；工厂利用它测量物体如热网管路的表面温度等。

1987 年受北京工业学院机器人中心委托研制雷管装配机器人用 50W 无刷直流电动机。该电机利用光电换向器和光电耦合器的逻辑电路控制，使得电机在低速时运行平稳；高速时运行正常，稳速性能好，使用安全。1995～2001 年研制成蠕动泵用无刷直流电动机、电动自行车用无刷直流电动机、飞轮储能高速电动发电机组等。

2. 无刷直流伺服电动机

1975 年，沙震亚、富慧荣承担了 502 所提出 691 工程 DT-1 卫星姿态控制系统重力梯度杆伸收伺服机构用 40W 无刷直流电动机的研制任务。由于当时军用无刷直流电动机的研究还刚刚兴起，他们只能自力更生，摸索前进，在上海微电机厂的协助下进行加工，1976 年底就完成了电动机样机及其驱动电路的试制。1977 年研制实用性样机及驱动电路，考虑到该电机是在航天设备上使用，环境条件十分恶劣，因此在进行正式使用电机及其驱动电路的制造时，其可靠性给予特别关注。为此对电机本体及驱动线路元器件的筛选、零部件的加工精度、电机系统装配前后的调试等采取严格的规范措施，使 1978 年研制的实用电动机及其驱动电路顺利地通过电气性能及环境条件试验，圆满完成了任务。之后，该电动机转让给上海微电机厂生产，成为我国最早生产的军用无刷直流电动机。

1983 年，谢果良、顾玉兰承担了"六五"国家攻关专项"200 兆磁盘及温切斯特技术"研究的子项目——磁头运行特性测试仪主轴用无刷直流伺服电动机的研制。驱动磁盘电机的快速启动和停止是实现温切斯特技术的核心，也是本电机研制的技术关键。在分析研究电机的电磁参数对起停特性影响的基础上，设计合适的电磁参数和控制电路、适当增加电路功率管的饱和深度等，就可使电机快速启动、停止及频繁的正反转运行。1985年研制出的无刷直流伺服电动机启动时间为6.5s，停转时间仅4s，均小于任务规定的时间指标，其他指标均满足任务要求。1994年，还应国务院稀土办的要求，研制成精密仪器伺服控制用双磁路无刷直流电动机。

3. 无槽无刷直流电动机

无槽无刷直流电动机，亦称无刷直流低磁泄漏和低脉动力矩电动机，1986年，韦文德、桂竞存、谢果良、李世毅、富慧荣等受704所委托研制气象卫星磁带记录仪用的电动机。研制成的电机结构新颖，基于单相绕组中心轴头无刷直流电动机的原理，采用N、S磁极和零磁极空间按圆周的三等分均匀分布以及无槽集中短距绕组。由于利用二次电子换向，只需一个位置传感器，电路简单。电机能自启动，无死点，可靠性高。它既无电刷与整流子表面的机械接触，又无碳粉污染磁带，寿命长。电机能正反转运行，转速波动小。由于采用特殊的磁屏蔽措施，机壳外漏磁很小。在1988年我国发射的气象卫星"风云一号A星"和1990年"风云一号B星"上得到应用。该电机获1993年国家发明三等奖。1992年，还为我国与巴西合作发射的第一颗资源卫星研制成磁带记录仪用走带电机和带盘电机。走带电机仍采用二次电子换向的无槽无刷直流电动机；带盘电机的结构上较为特殊，两个电机的定子安装在同一机壳内，转子安装在同心的两个输出轴上，电机结构紧凑、运行可靠。

六、步进电动机（1972~1996）

步进电动机是将脉冲信号变换为相应的角位移或线位移的机电元件。20世纪60年代，国外步进电动机的研究、生产和应用发展十分迅速。而我国步进电动机的研究尚处在萌芽，生产处于仿制，应用刚刚开始。考虑到该电动机具有广阔的发展前景，1972年七室列题进行研究，通过收集文献，分析研究国内外研究动态及其发展趋势，于1973年编写了我国最早出版的《微电机》内部刊物，其中第一期是"步进电动机理论及其应用"专辑，借此与同行交流。与此同时，结合700厂的需要试制了原理性样机，以便实际了解电机的结构和原理、探讨设计方法、熟悉制造工艺、掌握试验技术，为日后电机及其驱动电路的研究与开发、承担国家任务奠定基础。

1. 反应式步进电机

1973年，中国科学院组织自动绘图机攻关。根据攻关的要求，张吟蓉、李世毅等承担与机器台面联结的滚珠丝杆的步进电动机的研制任务。由于绘图机丝杆的惯量大，精度要求高，中间不允许采用减速装置，所以电机实际上相当于带动较大飞轮的惯性转矩。由于采取了多项有效措施，解决了电机的启动频率、低频振荡以及噪声问题。1976 年圆满地完成攻关任务，研制成 110BF01 反应式步进电动机，供绘图机使用。1979 年，基于压电陶瓷在电压作用下变形的原理，研制出由多个陶瓷片构成的陶瓷堆即微位移发生器，在相应的电压控制下，由各陶瓷片的变形可引起发生器的微米级位移变化，它适合于精密机构的微位移控制。

2. 永磁感应子式步进电动机

1974 年，刘维澄在完成了 43TZ0G 磁滞电动机的研制后与李殿友等开始研究永磁感应子式步进电动机。

1）大功率永磁感应子式步进电动机

1974 年受广州机床研究所委托，研制数控机床用大功率永磁感应子式步进电动机。当时此类电动机的研究在国内尚属起步阶段，因此首先对它的运行理论及其设计计算方法进行了研究。例如，为了电机力矩计算较精确，研究出考虑铁芯饱和时步进电机静态电磁力矩的计算方法；为解决较高频率时电机出现反转现象，对电机的运行过程进行了分析，同时还分析计算了在不同运行方式下电机矩频特性以及电源参数对电机性能的影响，从而为用户合理地选取运行方式提供依据。此外，工艺上采取了若干措施，在 1978 年研制成 1kgf·m BFY110 和 2kgf·m BFY130 永磁感应子式步进电动机，供数控机床使用。

1978 年还承担了中国科学院半导体重点设备——集成电路超声自动键合机的研制任务。在分析研究电机性能与主要尺寸关系的基础上，编制设计计算程序，按此研制出 70BF6-115 步进电动机，1980 年提供给自动键合机使用。

2）BCZ 型步进电动机测试电源

1976 年受广州机床研究所委托，研制与 BFY 型步进电动机配套的驱动电路。考虑到委托单位后来研究方向调整和国内尚缺乏斩波电源的情况下，将此电机专用的驱动电路改变为步进电动机通用的斩波电源。经过几年的研究，由于采用数－模和模－数转换电路组成的升、降频电路，可以得到各种形状的升降频率；利用无回差电流检测放大电路，减小了驱动电源的脉动，扩大了电流的调节范围；使用升降时间检测电路可以方便准确地测量升、降频时间，等等。于 1982 年成功地研制成 BCZ 型步进电机斩波电源。该电源可以提供单相和双相斩波型驱动电路，适合于各种类型步进电动机的驱动。

3. 永磁式步进电动机

根据任务需要，1974 年谭作武、恽嘉陵等开始永磁式步进电动机的研究。

1）三相永磁式步进电动机

1974 年，中国科学院南京天文仪器厂委托七室研制磁场望远镜用的大步距（30°/60°）永磁步进电动机及其驱动电路。为了使望远镜具有较高的分辨率，需要电机具有较高的步距精度和较小的振荡。因此，在驱动电路上用串接均衡电阻的方法以减小力矩的脉动来提高步距精度；电机绕组并接电容器的方法以减小转子振荡。最终于1977年研制成的电机及其驱动电路不仅在磁场望远镜中应用，而且在其他天体望远镜和自动控制仪表上使用。

2）单相永磁式步进电动机

第一块指针式石英电子手表的问世，使得作为电子手表核心部件换能器采用的单相永磁步进电动机，受到人们的喜爱和关注。1975年受天津手表厂委托研制结构上具有自主知识产权的表用电机，在分析国外表用电机结构基础上，提出了表用单裂极式永磁步进电动机结构型式，随后由天津手表厂加工原理性样机并进行试验。后因参与北京电子手表会战，此项研究被迫中断。

（1）偏心式永磁步进电动机。

1977年，北京市轻工局组织"北京电子手表会战"。根据会战的分工，北京手表厂负责手表整机，电工所负责换能器等。会战的意图是在吸收和消化国外电子手表的基础上，积累经验，自行设计。当时选定国外已成功使用的偏心式永磁步进电动机作为换能器。为此，电工所在样机的试验基础上，按照手表空间布局进行设计，由手表厂加工并装配在手表上进行试验，其性能达到了国外同类型电机的水平，圆满地完成会战任务。

（2）单裂极式永磁步进电动机。

1978年，天津市一轻局组织以天津第二手表厂为首的"电子手表会战"。会战的目标是研制具有自主知识产权的电子手表。电工所承担手表换能器的研制。因此七室由与天津手表厂合作转向与天津第二手表厂合作，并启动因会战而中断的作为手表换能器的单裂极式永磁步进电动机的研制。经过多次反复的设计、分析和试验，于1978年底研制出15.6ms脉宽电压控制的半整装型单裂式永磁步进电动机，并成功地在天津第二手表厂生产的DST-3型电子手表上使用。1979年，在优化电机参数的基础上，研制出7.8ms脉宽电压控制的单裂极式永磁步进电动机并投入生产，在DST-3A型电子手表上使用。同年天津第二手表厂生产的电子手表在国内首先投入市场，从而揭开了国产石英电子手表的序幕。1979年还开展了表用7.8ms脉宽控制的单裂极式永磁步进电动机的小型化研究，并成功地在DST-5型女表上使用，该表也是我国最早投入市场销售的女表。石英电子手表用单裂极式永磁步进电动机获1979年中国科学院重大成果二等奖。

（3）双径裂极式步进电动机。

1979年，天津市一轻局组织了以天津钟表二厂为首的"石英电子钟会战"，会战的目标是研制具有我国特色的石英钟，电工所负责钟用换能器的研制。基于前期表用换能器的理论基础和实践经验，提出了二次谐波补偿理论及其补偿方法，与天津钟表二厂合作，仅用1年多的时间，基于补偿理论及方法研制出31.2ms脉冲电压控制的双径裂极式步进电动机在S-2石英电子钟上得到应用。该钟立即投入生产，并推向市场，成为我国最早上市的石英电子钟。

（4）阶梯极式步进电动机。

1982年，根据航空工业部171厂提出的航空累计计时器用步进电机能在冲击、振动、磁场等恶劣环境下工作的要求，研究出结构新颖的阶梯极式步进电动机。在分析研究电机阶梯极的几何尺寸对运行特性影响的基础上，1985年研制出的电机完全符合计时器的要求。接着171厂生产用于航空累计计时器、特种车辆里程表和其他军用、民用产品的电机。之后，七室与北京钟表厂合作将该结构型式电机从军用扩展到民用，北京钟表厂生产出8种规格电机，在10个不同型式的石英电子钟及计时仪器上使用，具有明显的经济效益。

七、往复电动机（1978~1996）

随着大型计算机磁盘存储技术、红外和激光技术的发展，需要有在有限行程内直接进行往复直线或摆动运动的电动机，统称为往复电动机，它可以取代以往采用的旋转电动机加上偏心轮或凸轮等传动机构，具有结构简单、噪声小、精度高的优点，1978年以来，七室开展了如下研究工作。

1. 音圈式直线电动机

音圈式直线电动机是因其运动类似于音圈运动而得名。它是为提高大型和巨型计算机信息存取速度而开发的一种往复直线电机。1978年，凌金福、杨嫒霞承担中国科学院757工程中磁盘机用音圈电机及磁强计用振动电动机的研制任务。为完成此项任务，电机定子采用无极靴的钐钴磁钢磁极以提高气隙磁密和减少漏磁；动子采用无骨架三层线圈以减轻自身重量来增快其动态响应。在克服由近百块小磁体构成的磁极粘接、带磁磨削、无骨架线圈的绕制以及强磁装配等工艺困难后，1979年研制成26mm行程ZX-02型双磁体音圈电机；1981年研制成52mm行程的ZX-01型单磁体音圈电机，其性能指标达到了工程的要求。1984~1988年为温切斯特技术研究用测试仪器研制成行程40~50mm的WFZ-80直线电机；为计算机磁盘驱动器研制成摆角17°的摇臂音圈电机，由于它可以取代以往使用的直线电机和小车，使驱动机构更加简单可靠。1986~1989年还研制出音圈电机精密定位系统的微处理机控制。在电机的研制过程中，分析研究了单磁体和双磁体结构直线电机的气隙磁场、漏磁场以及在不同脉宽控制下电机的动态特性等问题。

2. 动圈式振动电动机

动圈式振动电动机具有振动频率及幅度连续可调、灵敏度高、运行可靠等特点，早已用于精密仪器及其他需要微振动的控制系统。1980年受中国科学院757工程的委托开展磁盘磁粉专用测磁装置即振动样品磁强计的振动电机的研究。在分析研究电机气隙磁密、电流、振动幅度与频率之间的关系基础上，仅花1年多的时间，研制成适用于该磁强计的ZHD-01型动圈式振动电动机。1982~1983年为中国科学院南京天文仪器厂研制出WZ-70动圈式振动电动机及直线测速机。利用振动电动机驱动及测速机作为速度传感器构成的1.2m红外望远镜焦平面控制系统，能实现副镜在±0.1°范围内稳定运行，满足了望远镜的需要。

3. 有限转角力矩电动机

有限转角力矩电动机既不需要传动机构将旋转运动转换为有限转角运动，又没有因换向而引起的火花干扰，加之具有恒定的矩角特性，从而成为需要在有限转角内转动的首选驱动元件。1983~1986年，桂竞存为612所研制有限转角力矩电动机。根据任务的要求，将电机定子设计成环形，转子为凸极式。在分析和试验研究凸极、绕组、气隙等主要尺寸与性能的关系基础上，提出电机的设计计算方法，研制出转角为±60°的WFBL型有限转角力矩电动机，其性能符合用户要求。

4. 有限转角摆动电动机

20世纪70年代初，8358所委托电工所研制光机扫描器用摆动运动的电机。最初研制出衔铁式振动机构，尽管能获得摆动运动，但噪声很大。后来研究出能直接做摆动运动，噪声又小的摆动电动机，但因委托单位任务调整而被迫中断。1981年后，针对任务要求，恽嘉陵等重新启动摆动电动机的研究。

1）永磁式摆动电动机

1981年为1411所飞机前视系统光机扫描器研制永磁式摆动电动机。该电机是借助于定子冲片齿槽的特殊形状及非均匀分布使转子在有限角度内摆动，并具有自锁定位能力。经过1年多的研究，1983年成功地研制出摆角±5°的45WFB永磁式摆动电动机及其闭环控制电路；1986年为8358所研制出摆角±5°的50WFB永磁式摆动电动机及其闭环控制电路。该电机还被207所在红外辐射计中使用。

1989年受航天部508所委托研制JB-1B卫星相机快门用电机。它实质上是一台对转矩特性有严格要求的永磁式摆动电动机。其特点是依靠合适的电机转矩特性来控制快门旋转到位和复位时间；利用橡胶柱的一级固定限位和剪刀臂的二级限位来提高其限位的可靠性和精度，该电机与以往卫星相机快门比较具有机构简单可靠、功耗小、精度高、寿命长、可长时间连续工作等优点，1992年以后电机成功地用于多个卫星相机快门的驱动。1995年还为508所研制出"尖兵"型号卫星回收装置用的无刷直流电动机-测速机组，测速机由永磁感应子式脉冲发电机与单脉冲发生器构成，性能符合要求并交付使用。

2）永磁感应子式摆动电动机

1981 年，上海技术物理所为红外前视系统光机扫描装置的需要委托电工所研制大负载惯量（2.3×10^{-5} kg f·m²）的摆动电动机。考虑到永磁式摆动电动机仅适用于驱动小负载惯量的情况，决定研制永磁感应子式摆动电动机。当时国外文献报道，此类电机一般采用弹簧或扭力棒的机械定位，如果弹簧性能不稳定，将会影响定位精度。经过近两年的研究，成功地研究出用磁定位代替机械定位，并且还具有良好的摆动特性。1983 年试制成 ±4.5° 的 55HDB 型大惯量摆动电动机用于红外成像系统，使整机紧凑、振动小、无噪声。

5. 往复电动机理论及其应用

20 世纪 70 年代以来，随着红外、激光、计算机等高新技术的迅速发展，往复电动机的发展也十分迅速，其应用领域与日俱增。1985～1988 年，在中国科学院自然科学基金资助下，谭作武等除完成了几种型号往复电动机的研制外，还对往复电动机的运动特点及机理、静态和动态特性、设计计算方法、控制和测试技术等问题进行了较全面系统的理论和试验研究，其结果汇集于 1991 年北京出版社出版的《往复电动机》专著中。该书获北方十省市 1991 年度优秀科技图书一等奖，1992 年再版。1996 年，《往复电动机》部分内容收编于《电机工程手册》。此外，还撰写了 2008 年电力出版社出版的《中国电气工程大典》中的"有限转角电动机"。

八、电磁推进技术及波浪发电（1986～1998）

1. 电磁推进技术

1）水下机器人用电力推进器

水下机器人用电力推进器由螺旋桨和伺服电动机组成的。1985～1990 年，谭作武、凌金福、恽嘉陵、杜玉梅承担了"七五"科技攻关项目中伺服电动机的研制任务。它要求电动机的输出功率为 5hp[①]，效率在 80% 以上，并能在 300m 水下工作。为此采用钐钴永磁直流电动机的结构型式。在结构方面，利用机械密封、油密封和橡胶密封来解决转轴的动密封用、O 形圈和精密加工配合来解决静密封，选用特殊金属材料和强阳极化处理来解决机壳的防腐蚀；在电磁方面，借助计算机进行优化电磁参数，利用数十块钐钴磁钢粘接成大尺寸磁极，并用特殊的加工方法使磁极表面光滑、气隙磁场均匀，以利于提高电机效率和换流。此外，还对换向器的材料与电刷材料的配合以及消除刷架、刷握及换向器的振动方面做了精细地考虑。于 1990 年试制出 5hp 钐钴永磁直流伺服电动机，顺利地通过中国科学院"七五"科技攻关验收。电机全部采用国产材料，适合国内生产。

---

① 1hp = 745.700W

2）船舶用电磁推进器

尽管水下机器人用电力推进器也适用于船舶电力推进，但当电机带动螺旋桨高速旋转时就会产生噪声和气泡。气泡不仅使螺旋桨叶片剥蚀，还会降低推进效率。因此接着开展无螺旋桨电磁推进器，即磁流体推进器的研究。它是当时乃至 21 世纪海上交通工具如船舶和潜艇推进器发展的一个方向。为此，1991 年电工所所长严陆光等赴日本参加船舶磁流体推进的国际会议，具体了解它的现状及其发展趋势。之后，又去五机部、船舶研究院等单位调研，并商讨我国的对策。大家认为：尽管磁流体推进器的实用化尚显遥远，但作为基础研究，可以提前进行。在中国科学院基金资助下，经过几年的研究，除建立磁流体推进器基础试验用的小型循环回路外，还试制成小型永磁式磁流体推进器以及由该推进器装配的磁流体推进潜艇船模型，船模的最大直径 0.14m，总长 0.82m，中心磁场 0.46T，在海水槽中进行原理试验。与此同时，对推进器的结构、理论、运行中的物理和化学现象、船舶磁流体推进的性能分析计算及预测等问题进行了研究，其结果汇集于 1998 年北京工业大学出版社出版的《磁流体推进》专著中，该书获北京市 1999 年度优秀图书二等奖。1996 年以后，随着研究体制的调整，该项研究纳入"863"项目。

2. 波浪发电机

1992 年，韦文德等承担中国科学院"八五"新型航标灯波力发电装置中波浪发电机的研制任务。任务的难点是如何提高发电机的效率，效率是由波浪的输入功率与电的输出功率之比来确定的。通常输入轴功率用波浪高度来衡量。经过 3 年多研制的电机在同样输出功率条件下所需浪高为国外同类产品的 1/4。1996 年，该电机在我国专利局成立十周年的发明专利展览会上被授予金牌，同时还获得发明家协会世界联合会金杯奖。

九、磁化装置及磁化技术（1979~1988）

20 世纪 70 年代以来，高矫顽力钐钴及钕铁硼永磁材料在电机及其他电磁装置上得到越来越广泛的应用。为了发挥材料的效能，拓展其应用范围，赵德玺等开展了冲磁装置及磁化技术应用与开发工作。

1. 高压脉冲充磁装置

为了能充分挖掘永磁材料的性能，要求对它在饱和磁化场强下进行磁化即充磁，如钐钴永磁材料的磁极化强度理论上要求在 5T 左右，当时流行的电磁铁充磁装置无法实现，因此 1979 年在三室的协作下研制成高压脉冲充磁装置，它利用电容器贮能对螺管型磁化线圈瞬时放电来产生高的脉冲场强，随后七室对线圈的设计及电感计算进行了深入研究，提出了工程设计计算方法，于 1979 年底完成了内孔孔径 36mm 的螺管磁化线圈内获得4.6T的磁感应强度。1980年，又提出了线圈优化的计算方法。在此基础上1981年将装置的总容量提高到30kJ，使内孔孔径75mm螺管中心磁感应强度达5T以上。1982年，解决了放电电流的测量、磁化强度的测量和磁化线圈工作温度测量等问题，使充磁装置更完备。

2. 磁化技术的应用

高压脉冲磁化装置建成后，不仅保证了电工所科研工作的需要，而且也面向社会，解决了工厂难以解决的技术问题。例如，1983年，采用多股软导线穿绕的方法，解决了吴忠市无线电厂承担的宁夏回族自治区重点科研项目自动调节阀中力矩马达的充磁，同年还解决了沈阳市微电机厂的新产品——力矩测速发电机的孔径25.8mm转子外圆均匀分布16极的充磁；1984年采用特制的器具解决了天津汽车厂仿制日本五十铃大型翻斗卡车暖风电机定子充磁；等等。

3. 磁化技术的开发

1986年，受中科三环公司委托开展防蜡器的研制开发工作。防蜡器是在采油中防止石油井结蜡堵塞，从而提高采油率的一种有效磁性器具。经研究，研制成四种规格的防蜡器。其中，泵下使用的防蜡器，在磁路及机械结构方面都有所革新，从而获得更好的除蜡效果和产品可靠性。1987年防蜡器产品开始推广使用。

1987年，北京纺织机械所开展高温高压印染机的国产化研制，该机的一个关键部件是磁力传动器。当时传动器在国内尚未生产，因此委托七室研制。该任务的力能指标、工艺和充磁方面都有相当难度，特别是悬吊式磁力传动器，但经过多次设计、试验和改进，圆满地完成了传动器的研制。

1987年，全国第二次生物磁学会议上讨论胃肠道磁性造影技术，作为导引或固定磁性造影剂的体外磁场是当时面临的难题。当时，七室提出单极牵引磁体的设想，随后与无锡县人民医院签订合同研制。1988年磁体研制成功，并进行导引试验。结果表明：将显影剂与磁粉混合成流体的造影获得比以往使用的硫酸钡造影更清楚的影像，从而为人体胃肠道疾病的诊断提供了一个新途径。

回顾历史，七室的历任领导及全室同仁为七室的成立和发展做出贡献。30多年来，七室先后有30多人承担并完成了国防建设、经济建设及科技攻关中提出的多项任务，获得了许多具有国际水平或国内先进水平的微电机及其控制系统的科研成果，其中有些还获得国家级、科学院及省部级科技成果奖；获得了一批国家专利；在国内外学术刊物上发表了大量论文、专著2部，出版内部刊物《微电机》13期，并参与编撰《中国电气工程大典》；培养了一批研究生；为促进国家的建设和电机学科的发展做出贡献。

第六节 蒸发冷却技术

1956 年国家 12 年科学规划中列入了三峡建设项目，电工界逐渐了解到这个世界瞩目的大型水电站中要安装的巨型水轮发电机，面临的最关键的技术问题之一就是发电机的冷却技术。当时中国科学院副院长张劲夫担任三峡任务领导小组副组长，他明确指出，中国科学院要为三峡工程做出贡献。为此，长春机械电机研究所在电力研究室里成立了大型电机研究组，由廖少葆任组长。为了使这个研究组快速成长起来，1957 年与清华大学电机系在清华大学共同成立大型电机研究室，下设电磁、冷却、机械等研究组，由清华大学电机系高景德教授担任室主任，廖少葆等电工所人员参加了冷却组。

1958 年，中国科学院电工研究所在北京筹建，成立了大型电机研究组，廖少葆任组长。正值此时，浙江大学电机系研究出双水内冷技术，接着上海电机厂制造出单机容量翻一倍的 5 万 kW 双水内冷汽轮发电机。张劲夫副院长得知此事后，立即向林心贤所长指示，要求电工所也应该在三峡电站水轮发电机上研究出更有效的新型冷却技术。廖少葆提出利用制冷工质在电机空心绕组内蒸发冷却的方案，立即得到所领导的支持并立即开展试验工作。于是电工所开始了大型电机的蒸发冷却技术研究。

蒸发冷却技术研究组自 1958 年成立以来，其技术研究分为原理性研究、小型样机研究、中间试验研究和大型发电机应用等四个发展阶段。以下分而述之。

一、蒸发冷却在电机上应用的探索及设计理论研究（1958～1967）

电工所从 1958 年 10 月起，开展冰箱的低温制冷技术应用在电机中的可行性探索，有定、转子管道内冷式及全喷雾式两种。冷却介质是氟利昂（R-12 及 R-22），外部用冷冻机压缩蒸汽升压，再冷凝供液，维持冷却介质的循环将电机的热量散出去，随后也进行了低温蒸发冷却变压器的研究。将一台 15kW 的四极电机改造为定、转子均采用空心圆形管道绕组，内部通入 R-12 进行蒸发冷却，转子设计了一个旋转密封机构以供液体及蒸汽输出入，采用了冷冻机械的旋转密封，经过了 2 个多月时间完成了研制和试验，初步证明了蒸发冷却的可能性。定子在零下 15℃ 左右，转子在 0℃ 左右运行。主要参与人员有廖少葆、朱厚云、李作之、顾国彪等。由朱厚云负责定子绕组、顾国彪负责转子绕组和旋转密封，还有李作之参加有关试验。随后又制造了一台大约是 30kW 的蒸发冷却变压器，开展了冷却介质的绝缘耐压试验（由高压组进行）。

15kW 定子及转子管道蒸发内冷电机的研制成功成为当时国内电工界轰动一时的大事。院领导又专门拨款，调拨专用设备充实了试验研究条件，接着由王绍华设计了一台 80kW 蒸发冷却水轮发电机与水电科学院合作安装在北京钓鱼台水电站，正式运行发电。在电站中实际运行后，发现这种在低于室温条件下运行的强迫循环制冷方案存在着一些不可弥补的缺点。为此，在课题组内展开了认真研讨。在讨论中，廖少葆提出了利用两相流的自循环原理，研制常温下无泵自循环系统的方案。对这一提议，在组内引起争议。随后，在组内多数人仍按原方案工作的同时，廖少葆带领顾国彪、王淑珍等几位科技人员开始了试验。他们用 3 个月时间，用模型试验证明了常温下无泵自循环蒸发冷却方案的可行性，遂于 1959 年夏转向自循环蒸发内冷的研究。在用水作为蒸发介质实现自循环冷却的基础上，建立以三峡发电机组（当时提出是 50 万 kW 单机容量）为目标的一个大型电机定子模型，高度为 5m、10 多根定子线棒，取得了在不同运行工况下的各类数据。同年 9 月份，制作了一个直径 2m、转速为 150r/min 的转子模型，开展了转子线圈全浸式蒸发冷却的试验，年末完成了试验，证明转子盒式全浸蒸发冷却自循环的优越性和可靠性。

1960 年，国家主席刘少奇得知此事，在中南海召见中国科学院副院长张劲夫、国家科委黄正夏局长和电工所所长林心贤等，对此项科研成果表示极大的支持。同年 2 月，由中国科学院技术科学部出面在北京饭店召开全国性的蒸发冷却电机工业推广会议（即第一次全国电机蒸发冷却会议），邀请了哈尔滨电机厂、北京重型电机厂、电工局水电联合设计处、水电科学研究院、清华大学和浙江大学几个单位参加。会上决定进行几个工业试验项目，一是由哈尔滨电机厂为主，电工所参加，试制 35000kV·A 立式调相机；二是由水电联合设计处为主、浙江大学参加，天津发电设备厂承担制造 650kW 水轮发电机；三是由清华大学与北京重型电机厂合作试制 25000kW 汽轮发电机。这三种蒸发冷却电机在 3 个月到半年时间里都分别制造出来。但 35000kV·A 立式调相机由于操作原因，致使管道泄漏，未能长期运行，但通过该机在厂内进行的试验，证明了自循环蒸发冷却在大型水轮发电机上是可行的。650kW 水轮发电机于 1963 年安装在北京玉渊潭水电站，并网运行了 4 个多月，效果很好，充分证明了自循环蒸发冷却方案的优越性。可以说是世界上第一台蒸发冷却水轮发电机。

为进一步向工业应用推广，研究组加强应用基础性的研究以及适合此新型冷却方式的生产工艺过程，新材料以及某些新部件的结构研究。开展了一个长管道线圈内两相流气占截面比测定以及两相流阻的试验与计算的校核研究，提出了萧山电机厂外转子电机定子蒸发冷却试验报告，在第二次全国水冷及蒸发冷却会议上介绍。

1961 年正逢三年自然灾害，在困难的条件下建立起了 3 个试验室，全面开展两相流传热试验研究，包括自循环原理试验、定子绕组模型和转子绕组旋转模型等。原理实验室由夏平畴负责，进行空气－水模拟两相流实验研究，验证矩形管道内空气和水两相流阻的马丁尼里计算公式；定子实验室由华元涛负责，开展电机用空心导线内氟利昂-11 受热蒸发后的两相流体阻力的研究，校验有关的计算公式，取得了上行管及下行管测取两相流阻及出口处管内蒸汽占截面比的数据，建立模拟三峡发电机的定子绕组试验模型；转子实验室由顾国彪、李作之等负责，建立了空心导线的多匝转子绕组的试验模型，开展转子流量、液位、压力及多点温度自动检测装置，完成自循环试验及回路的循环计算；此外，华元涛、钱光岳、林德芳和常振炎等参加中空铜导线内液汽两相份额的射线测量。开展了两相流试验时管内蒸汽占截面比的 γ 及 X 射线测量方法研究；探索了喷雾式蒸发外冷的应用；指导中国科学院电子研究所等单位完成了水蒸发冷却速调管的设计，编制计算程序；并提出发电机定子及转子蒸发冷却循环系统的计算及分析方法，冷凝器的设计方法等，取得了大量有价值的试验数据和满意的结果。

本来打算进一步结合工业试验，制造更大容量的机组，由于十年动乱开始，科技人员受到冲击，科研工作受到干扰。但顾国彪和李作之等还继续坚持一些试验，并组织夏平畴、林德芳、常振炎和李召家等把以前取得的大量试验数据整理成以 75000kW 水轮发电机为目标的论证报告等 16 份研究报告，并为氟利昂-11（R-11）蒸发冷却电机设计奠定了基础。1967 年，蒸发冷却技术研究工作停止，全体人员解散。

二、小型原理样机研制（1972～1978）

1972 年，所领导决定重新组建电工所第二研究室，除原有的蒸发冷却研究组外，又新建了直线、力矩、变频调速 3 个课题组。蒸发冷却研究组开始时仅有廖少葆、顾国彪、李作之、钱光岳、陈振斌、田新东，人手紧张，同时还面临着实验室设备简陋、科研经费缺乏等困难。

为打开工作局面，1972 年在国务院第二招待所召开了第三次全国蒸发冷却会议，电工所提出 4 份综合性研究报告。同年，得到天津市科委的支持，与天津发电设备厂合作，研制一台 500kW 蒸发冷却水轮发电机，并论证 15000kW 发电机的研制，同时开展转子测温装置研制。全组人员参与了该项工作，天津发电设备厂的张广德等技术人员来电工所共同开展了定转子模拟试验。双方合作研制的这台 500kW 机组，电工所负责循环系统的设计，厂方负责加工制造。该台机组定子、转子均采用蒸发冷却，定子的冷却介质用 R-113，转子冷却介质用 R-11。1976 年下半年在厂内完成了 500kW 机组试验，由厂方整理了研究报告，证明了设计的成功。同时也完成了 15000kW 水轮发电机的预研，并研制了转子上的自动测温装置，但因未落实用户而终止。

在推动小型试验机组研制同时，廖少葆开始考虑汽轮发电机的蒸发冷却问题，并提出全浸式自循环蒸发冷却方案。1972 年，得到北京市科委的支持，与北京的良乡发电设备制造厂（现为北京发电设备总厂）合作，研制 1200kW 汽轮发电机。电工所提出初步方案，厂方完成施工方案的同时，双方合作对方案中各类结构部件进行了试验：开展了定转子模拟试验，如绝缘套筒耐外压的强度试验，转子绝缘套筒的密封试验，定、转子的单件试验，整机试验等；制造完成后又分别对转子及定子单独进行发热试验。主要参与者还有顾国彪、李作之、陈振斌、田立兴等。经过一年半时间，完成试制工作。

1975 年夏天，该机组总装后的整机作空载运行及短路发热试验均取得良好的效果，尤其是短路发热试验在相当于 1800kW 容量时，冷却效果仍然保持良好。此后，该机组在厂内作调相运行。1976 年 2 ~ 7 月在厂内建立变电站，进行了厂内额定负载试验。至此自循环蒸发冷却在水轮发电机和汽轮发电机上的结构方案都圆满地在小型工业机组上完成，为以后进一步试制更大容量的蒸发冷却电机打下了坚实的基础，该机组 1978 年获全国科学大会奖。1985 年初 ~ 1986 年 5 月，该机组又在北京发电设备总厂变电站进行了长时期运行，于 1986 年进行了全国鉴定，获 1986 年北京市科技进步二等奖；1987 年获中国科学院科技进步一等奖；1988 年与 10000kW 蒸发冷却水轮发电机联合申报获国家科技进步二等奖。

1972 ~ 1978 年，开展了一系列基础性研究工作。在定子方面，通过对定子绕组进行温度校核试验，获得了试验数据与计算数据比较接近的结果，证明了提出的冷却系统计算方法可供工程设计之用。通过对定子绕组的模拟试验，验证了运行温度低于 60℃时，所设计的 1200kW 电机的定子槽内结构合理，可保证槽内介质通畅流动，温度均匀。通过定子绝缘击穿和电晕试验、定子绝缘材料表面闪络试验，探索出可供实际使用的 11kV 级定子绝缘材料。通过深入研究，提出了蒸发冷却电机绝缘的等效传热系统概念，为蒸发冷却电机定子绕组的热设计初步得出了试验数据和理论依据。在转子方面，通过对转子的低速（100 ~ 150r/min）模拟试验，验证了转子在运行时，其冷却通道通畅，温度正常，可保证机组正常稳定运行。在高速旋转模型上，对汽轮发电机转子蒸发冷却立放式绕组及旋转冷凝器进行了试验研究，获得了满意的结果。在测量方面，开展了水轮发电机转子温度无线电遥测系统研制。此外，用色谱 – 质谱联用方法，对 R-113 介质在高电压击穿前后析出的有氟化合物进行了分析，已鉴定出的多种化合物，当时未见其对人体有特殊危害的报道。这期间，还开展了可控硅电子器件蒸发冷却研究以及 R-11 蒸发冷却时各种形式冷却面的放热系数研究并与其他冷却方式进行了比较。上述各项基础性研究工作，为推动 50000kW 中试机组研究打下了基础。

三、中试机组的研制及应用基础研究（1978 ~ 1995）

在 1200kW 汽轮发电机完成后，蒸发冷却研究工作遇到极大困难，缺少项目和经费。在顾国彪和李作之的努力和坚持下，完成了中试机组的研制和运行。1978 ~ 1982 年，他们将始于 1973 年电工所与德阳东方电机厂建立起的技术交流关系逐步推进到合作研制 1 万 kW 蒸发冷却水轮发电机的新阶段。1980 年起，东方电机厂垫资制造了两台机组。1982 年 5 月，由电工所负责在厂内对机组定子进行了负载及断水试验，确认效果很好。他们又争取到电力部的支持，由电力部科技司担保，获得了国家 160 万元贷款，圆满解决了两台机组的制造和安装费用。在云南省电力局支持下，第一台机组于 1983 年 11 月安装在云南大寨水电厂并投入运行，1984 年第二台机组也相继投运。在电厂的实际运行，验证了发电机定子蒸发冷却的效果，转子也随之降温 10℃，因而取消了原设计用于 1000r/min 高转速发电机的 4 台强迫风冷高压风扇。1985 年 10 月通过全国鉴定。1987 年获中国科学院科技进步一等奖；1988 年获国家科技进步二等奖（与 1200kW 蒸发冷却汽轮发电机联合）。主要参与者有顾国彪、李作之等。另外，由钱光岳负责研制的水轮发电机中转子温度遥测系统，在电站运行成功后，获 1983 年中国科学院重大科技成果二等奖。

10000kW 水轮发电机鉴定完成后，蒸发冷却课题组又濒临下马的形势。1984 年仅申请了一项国家自然科学基金，并为《大型电机的发热与冷却》一书编写了《蒸发冷却及其在电机中的应用》章节。

在顾国彪、李作之等的努力下，1987 年又得到东方电机厂和电力部科技司的支持，联合上海电机厂（现为上海汽轮发电机公司）和上海电力局，作为重点工业试验项目，研制 50MW（5 万 kW）蒸发冷却水轮发电机及汽轮发电机各一台，得到计委批准列入"七五"项目——"国家中间工业性试验项目"（简称"中试项目"）。50MW 水轮发电机由中国科学院牵头，机械部、水电部联合组织，电工所、东方电机厂、水电部安装三局、安康火石岩水电厂合作研制，1992 年 11 月投入运行，1995 年 12 月验收鉴定，1998 年获中国科学院科技进步一等奖，2002 年获国家科技进步二等奖（与 400MW 机合报）。50000kW（50MW）蒸发冷却汽轮发电机由电工所、上海电机厂（现为上海汽轮发电机公司）、上海超高压输变电公司西郊变电站合作研制及运行，1991 年 10 月完成了厂内制造及厂内试验，1992 年电站运行验收，1993 年全国鉴定，并获 1993 年中国科学院科技进步二等奖。

安康机组累计进行了 11 年超过 80000h 的运行考验，基本达到了免维护；同时，实现了蒸发冷却在汽轮发电机上应用新的突破，为日后进行大型机组研究打下了基础。在此期间，还重复研究了定子绕组绝缘体系，这是并存着气液固的新绝缘体系，开辟了新绝缘体系研究的领域。还对有无防晕层时产生电晕的情况与空冷、氢冷进行了对比，显示了蒸发冷却的优越性。同时还开展了不同绝缘结构的定子绕组耐电压试验，提高了对此绝缘体系的认识，为深入研究新的研究领域打下了基础。

在此期间，还深化应用基础研究，开展了氟利昂-113（R-113）的电及热分解生成物分析以及材料相容性研究；开展了 R-113 的耐压、闪络和电晕等电特性以及汽轮发电机定子绝缘性能研究；水轮发电机定子绕组自循环蒸发冷却系统计算软件研究；定子绕组温度分布研究；工业机组冷却系统的关键结构及部件研究和新型无污染冷却介质的研究。1993 年新介质 FF31L 在云南大寨电站 2 号机完成试验；1995 年末新介质 FLa 在云南大寨电站 1 号机完成试验并长期运行。

四、工业机组研制及应用基础研究（1995～2000）

1995 年 12 月 24 日，安康火石岩 50MW 机组进行了全面的试验，取得了良好的结果。铁心以及定子绝缘外表的测温均表明在 50～60℃ 之间，定子绕组导线内部埋有测温装置，进行了带电测量，也在 50～60℃ 之间，比空冷降低了 50K 温升，显示了该冷却方式的优越性。试验验证为"九五"国家计委立项打下了良好基础。

1995 年 12 月，顾国彪在安康机组全国鉴定会上提出争取 400MW 水轮发电机立项的建议，得到电力部科技司的支持，同意在李家峡电站研制与运行 400MW 蒸发冷却水轮发电机。遂由中国科学院牵头，与电力部、机械部合作组织，由电工所、东方电机厂、西北电力局、黄河上游建设局等合作单位签署协议申请研制李家峡 400MW 蒸发冷却水轮发电机。1996 年 11 月，得到国家计委的正式批准，立项为国家重点工业试验项目。1997 年顾国彪当选中国工程院院士。

400MW 容量的水轮发电机组是当时国内最大容量等级的发电机，在项目推进过程中各方均非常慎重。1997 年技术方案经过了三次审查，直到年底时方获得通过。1998 年 1 月厂内制造开工，此时，项目建设时间已经非常紧张，在合作单位的共同努力下，从施工设计、制造、监理到电站安装，克服重重困难，终于完成了任务。经过检漏检查，1999 年 12 月 7 日发电机启动进行负载试验，正式投入电网试运行，经过将近 1 个月的试运行，于 1 月 2 日起正式运行。该项目的主要参与人员有顾国彪、田新东等。

在此期间，为了跟随工业机组的进度，建立了 400MW 机组的模拟试验装置以及真实线棒的试验模型，确认冷却效果，供设计院及电站用户审查的设计方案；完善了蒸发冷却系统计算机的设计程序，为今后开展仿真研究打下了基础；进行了经济技术论证，证明在技术性能以及经济性能方面已处于全面的优势。李家峡发电机的热参数达到了三峡发电机的指标，为争取三峡任务打下了扎实基础。机组的绝缘引管的结构以及冷却系统的布置，与制造厂的技术人员确定的方案，已趋于成熟完善，保证了施工方便，保证安装质量，体现了比水内冷方式在结构上也有明显优势。电工所、东方电机厂、电站、水电部安装局共同制定了安装、运行、维护导则，为今后制定规程以及蒸发冷却水轮发电机基本技术条件打下基础，符合正规产品的施工、安装、运行、维护的要求。

五、三峡工程 800MW 级水轮发电机应用阶段（2000～2007）

2000 年 5 月，李家峡 400MW 蒸发冷却水轮发电机通过科技部验收；10 月，在国际大电网会议（CIGRE）上被评为旋转电机领域四大进展之一。同年还获得国家计委、科技部、财政部和经济贸易委员会重大成果表彰；顾国彪获四部委个人突出贡献奖。该机在 2002 年与 50MW 蒸发冷却水轮发电机联合申报获国家科技进步二等奖。

在此时期，蒸发冷却技术研究在汽轮发电机方面也取得了重大进展。电工所建立了 200MW 蒸发冷却内冷循环系统的大型试验装置，采用原水内冷的线棒，在上、中、下、左、右、前、后等 6 个方位安置，用液泵循环；确定了蒸汽出口的压力平衡器，改善了循环特性；编制了初步的计算方法，开展压力对循环系统内两相流特性的影响的研究，为向大型化发展时争取项目打下基础。

同时为了拓宽蒸发冷却的应用，顾国彪等还开展了新一轮的两相流试验装置的研究；开设了用新的射线测量装置及新型激光检漏技术对各种环保型介质如 Fla 等新氟碳化合物的电特性、物化特性、材料的相容性、环保特性，对人体安全性，仿真系统等深入的研究课题。为今后向电气装备的蒸发冷却大课题过渡，打下了扎实的基础。

2001 年 12 月，为适应未来知识创新试点工程的需要，电工所撤销了原有的研究室建制，按凝练的学科研究领域，设立了 5 个研究部，蒸发冷却研究组与新能源与新型发电技术研究室等单位合并为先进能源电力技术研究部；2003 年，蒸发冷却研究组又与强流脉冲研究组、磁推进研究组成立了新型电力技术研究部，顾国彪任主任研究员。

2004 年 10 月，中央政治局会议上提出了中国要加强自主创新的方针；12 月，胡锦涛总书记到中国科学院视察，蒸发冷却技术成为第一个汇报的科研项目，得到胡总书记的高度关注。随后，中央政治局常委们以及各部委领导陆续考察了中国科学院创新工程，蒸发冷却电机的创新过程作为中国人自主创新研发重大电力装备的范例，得到广泛认可。

同年 11 月，蒸发冷却课题获得中国科学院知识创新工程的支持；"三峡电站 800 兆瓦量级蒸发冷却水轮发电机的研制"列为院重大科研项目，开展以西门子公司及 ABB 公司设计的发电机定子绕组 1:1 实物线棒为对象的研究，将水内冷技术研究改造为蒸发冷却系统，建立了实验装置，研究开发仿真系统和测控系统。同时取得发电机标准化委员会的同意，国家发改委批准，建立了蒸发冷却水轮发电机的国家标准，并形成英文版，向国外发布。项目完成后，2006 年与三峡总公司和东方电机股份有限公司联合申请，并获科技部批准，研制三峡地下电站两台蒸发冷却水轮发电机，2007 年完成了生产合同的签订。2006～2007 年蒸发冷却系统的初步设计和施工设计方案经过十多次的审查会后获得通过，正式进入生产阶段。

同时水电部门正式开展百万千瓦级水轮发电机的论证，研制 1000MW 容量等级世界上最大的水轮发电机，蒸发冷却技术被优选为主要的冷却技术。

六、深化基础研究，拓展应用研究——电气设备蒸发冷却技术（2000～2007）

"十一五"规划期间，"发电设备蒸发冷却技术"正式被科技部列入"国家科技支撑计划重点项目"。300MW 蒸发冷却汽轮发电机也获得批准立项，由电工所与上海汽轮发电机股份有限公司、上海振发公司、中电投资公司和姚孟电厂等单位合作联合研制。2007 年完成了设计方案审查，正式投入生产。

2002～2007 年，蒸发冷却技术应用于船舶的研制工作被有关方面接受，与某工程大学合作开展 1.6～2.5MW 的蒸发冷却异步发电机的研究。2007 年末正式完成鉴定，获得高度的评价。

2004 年与山东华特电磁设备公司合作，研制成功蒸发冷却除铁磁分离设备，正式投产并获得市场的较大份额。2007 年获山东省科技进步三等奖。

同期开展了大功率及小功率的推进电机、风力发电机、超导电机、室温永磁制冷机、转子蒸发冷却装置、材料富集装置以及火电厂脱硫蒸发冷却热交换器等应用研究。其中，小功率推进电机、风力发电机和材料富集装置均取得实质性进展。大型蒸发冷却风力发电机在模型样机研制的基础上，已进入了 2MW 级风力发电机的研制阶段，与唐山市相关的企业结合的同时，获得唐山市政府和科技局的支持，在唐山高新开发区建立新能源电气实验室，结合唐山市的产业结构开展研究工作。在材料富集技术和装置方面与广西柳州远健公司进行合作开发，也获得柳州市科技局以及广西科技厅的支持，联合建立实验室（研究院）。

50 年来，蒸发冷却技术从 20 世纪 50 年代末蹒跚起步、60 年代初风光一时，"文化大革命"期间被迫停顿，80 年代后重获春天，到新世纪的全面发展。虽历经坎坷，经过几代人的不断努力，由实验室原理试验，到小型工业机组的试制，再到中试机组的研制和大型机组的应用，做大做强了蒸发冷却这一自主创新技术，不仅成功应用于云南大寨电厂两台 10MW 机组、安康 50MW 级机组和李家峡 400MW 蒸发冷却水轮发电机及 50MW 蒸发冷却汽轮发电机，而且即将应用于三峡 800MW 的水轮发电机上。

第七节　高压脉冲放电技术

1958 年根据全国自然科学发展规划要求，电工所在筹建时期即成立了高压研究组，主要开展与长江三峡发电枢纽有关的高电压技术问题的研究。于 1960 年建立"高压研究室"，即第三研究室（简称"三室"），室副主任是陈首燊（主管业务）和朱尚廉。

20 世纪 60 年代初，三峡任务调整，根据当时情况，考虑到与产业部门的分工及国家经济建设多方面的需要，改变了过去将高电压技术问题作为高电压输变电唯一的服务对象，提出研究和发展高电压技术的新理论、新应用与开拓高电压技术的新生长点的指导思想。经过调查研究，确定以能广泛应用于军事、科学实验、工农业生产以及医学领域的高电压脉冲放电技术为主要研究对象。为此，在开展防雷保护研究的同时，在我国首先开展了液中放电和脉冲磁场的理论及其应用为主的新的研究领域，在海洋地震勘探、液电清砂、液电成型、磁力成型、桩基无损探伤以及液电冲击波体外碎石技术等方面都取得重要进展，为我国的工农业生产及医疗卫生事业做出贡献。

　　20世纪70年代中期，由于社会需求牵动和科学技术本身发展，从军事上、工业应用上都急需解决高功率带电粒子束、电磁辐射、强电流脉冲、极端电磁环境等的产生、整形、传输及效应问题，而其主要的基础是高电压快脉冲放电技术。电工所抓住时机，开展了快脉冲放电技术的研究，在纳秒级电压作用下的开关技术、绝缘技术、同步辐射电源技术、激光泵浦源技术、电磁干扰源技术等方面取得了成果。这一时期研究室主要负责人是秦曾衍和陈首燊等。

　　20世纪80年代中期，在国家自然科学基金支持下开展了高压直流电弧开断的试验研究以及连续脉冲放电技术的研究。在直流电弧开断方面，研究了高压直流开断的合成试验回路和电弧不稳定性，为新的电力装置起到了奠基和推进的作用，为500kV高压直流断路器的灭弧方式提出物理设计方法。在连续脉冲放电技术方面，研究了以电容器储能为基础的快速充放电系统及开关技术和以惯性储能为基础的初始储能、脉冲开关和能量传输相结合的技术；同时提出了用惯性储能的脉冲补偿电机作为强激光器初级能源的物理与技术设计方案。1988年中国科学院实行两种运行机制，三室有三个研究组进入公司运行机制，另外两个研究组坚持研究体制。这一时期研究室主要负责人是陈首燊、秦曾衍、吴弘、张适昌等。

　　20世纪90年代以来，三室新开展了磁开关技术、火花开关、新型脉冲整型技术和射频放电技术等研究，并分别获得三项国家基金的支持。磁开关技术是利用磁性材料的非线性特性来实现"通"和"断"的开关状态，可广泛应用到高功率脉冲电源系统等领域。研究射频放电技术主要是围绕射频热效应在医学上的应用而开展的，在此基础上研制了射频热疗仪，这为其后期进入公司体制打下良好基础。1995年，高电压研究室调整为研究所直属研究组，即强流脉冲技术研究组。这一时期主要负责人是张适昌、王永荣等。

　　进入21世纪，高电压技术研究得到进一步发展，一批新生力量苗壮成长起来，在继续开展原有领域的研究工作基础上，又扩充新的研究领域，瞄准国际前沿新生长点，在粒子束新加速原理、新型绝缘技术、电磁发射、重频脉冲技术、高频高压电源技术等研究方面都取得了进展。2002年电工所研究机构调整，强流脉冲研究组划归"新型电力技术研究部"；2007年，又改组发展为独立的研究部，即"极端电磁环境研究部"，研究部主任为严萍。

下面从五个学术领域来简单回顾高电压研究室所走过的历程。

一、液电效应及其应用

当电容器储存的能量瞬间（$10^{-6} \sim 10^{-3}$ s）通过浸在水中的电极放电时，由于液体介质的不可压缩性，将产生强烈的力、声和光等效应，总称液电效应。从20世纪50年代以来，世界各技术先进国家都在开展液电效应的科学研究工作，探索液电效应在工业方面的新应用。我国液电效应及其应用研究从20世纪50年代末期就已开始，60年代初以来，电工所三室在陈首燊、秦曾衍、俞淑贞、王永荣等领导和组织下，开展了如下研究工作。

1. 液电成形新工艺

液电成形是利用高压电容器储存的能量，瞬间通过浸在水中放电电极放电释放能量，产生强大的冲击压力波，冲压工件使其变形达到预期要求。这是一种新的压力加工方法，它是继爆炸成形后，在60年代初发展起来的一种高能率成形技术。液电成形除了具有爆炸成形的优点，如成形速度快、可以加工硬质材料和形状复杂的工件外，还有成形条件容易控制，可以机床化更适于中小型零件大量生产等特点。

电工所三室开始液中放电机理及其应用研究，首先开展液电成形规律的探索性试验。用自由成形的方法研究液电成形薄板工件的某些规律；通过不同间隙距离对成形量的影响试验，证实了存在最佳间隙这一概念，总结出成形量与电容量、电压和能量关系的经验公式。考察了电极尖端绝缘情况对成形量和最佳间隙的影响。成形了直径为140mm、深为30mm、厚度为1.0mm的碗形不锈钢零件和直径为70mm，壁厚为3.0mm的铝质管状材料。

在上述基础上，电工所三室与三机部所属国营清江仪表厂合作开展了高强度弹性材料膜片液电成形机床的研制。1965年5月在清江仪表厂安装调试完毕。经过试验和鉴定，证明机床的技术数据满足用户要求并交付使用。同时商订进行第二台生产性液电成形机的研制。"膜片液电成形新工艺"于1965年在全国新工艺展览会上展览，并在高能成形交流会上进行了技术交流。1966～1967年该成形机预计生产一批膜片供航空部门使用，但由于文化大革命双方归属有变而中断工作。

在液电成形膜片试验研究同时，1965年电工所三室与三机部172厂、国营410厂协作开展了一种空心钛合金和不锈钢的航空发动机叶片的校形试验研究。在实验室用液电校形方法完成了两台航空发动机叶片的校形，应用于生产。

1966年底，三室与国营423厂合作对122炮弹火药筒生产质量开展了液中放电检验法的试验研究。1967年初，在实验室对一批火药筒进行了试验，然后将试验合格的药筒送到射击场进行实弹射击校验，经过几轮试验，结果较好，取得阶段成果。但由于文化大革命双方归属有变，协作被迫中断。

2. 海洋电火花震源的研制

1965年，从石油部641厂了解到，使用炸药作为震源产生人工地震波进行地震勘探，容易发生人身伤亡事故、污染环境和杀伤水生物，而国外使用的用电容器放电产生人工地震波的电火花震源则比较安全可靠。遂与641厂合作开展试验，试验表面利用液电效应在水中放电作为震源的原理可行，于是双方开展了海洋地震勘探电火花震源的研制。1966年签订协议，电工所三室负责电容器组及其充放电控制等系统，641厂负责接收和记录系统并安装在"战斗70号"船上进行海上试验，取得地震反射记录。通过一段时间的试验取得了一定进展，接着将电火花装置安装在滨海503船上继续进行试验。

1）电火花震源特性研究

电火花震源地震勘探系统工作原理是储能电容器组经高压直流电源充电后，按预订时间通过放电开关、传输电缆传输到置于海水中的放电电极瞬间放电，产生人工地震波，经海水向海底发射并进入地层，遇到地质界面由于声阻不同产生反射波，这种反射波由勘探船拖带的水下接收系统接收，然后由地震仪记录，记录结果经回放处理形成地质剖面供解释用。为了提高电火花震源的勘探深度，提高有效能量利用率，必须对震源的电、声、频谱等主要特性进行测试与分析研究并找出影响因素及其内在规律，以期改进震源有关参数提高勘探效率；对震源的电参数进行测试，计算分析起始放电效率、放电效率及其影响因素。

电工所三室与中国社会科学院语言研究所协作开展震源声特性和频率特性的试验研究。在研制成适用于海洋深层勘探用的水听器基础上，用多种手段、先进仪器、计算工具对震源的声信号进行测试并对其频谱进行分析，研究震源参数对其特性的影响等。试验证实电火花震源是一种具有多次脉冲的震源，作为声源，它是一个全向声源，是一个点声源，其声波以球面波的形式向外传播。声效率与放电间隙距离、充电电压总储能及回路电感有密切关系等。

十多年间根据需要多次组织到海上进行各套电火花震源电参数、声信号测试，对其电特性、声特性和频率特性进行试验研究，得到震源诸参数对这些特性的影响，进而根据放电效率、声效率、频率特性等测试分析结果对震源的运行参数及电极沉放深度提出改进意见。例如，震源分组组合放电比一组放电效率高，同样能量放电电压高的效率高，对电极沉放深度、放电电极最佳距离等提出确定参数在生产实践中得到应用，取得了重大的社会和经济效益。

2）海洋石油地震勘探电火花震源

电工所三室与石油部合作开展的电火花震源主要目的是进行海洋石油地震勘探。

在生产中对装置的各个部件要求工作可靠使用寿命长,原在实验室中使用的放电电极结构及其材料显然不能满足生产需求,因此与中国科学院化学研究所协作,开展试验研究。电工所从电极结构及电极材料方面进行试验,试验了15种类型,上百对电极,其中主要有平行电极、斜电极、同轴电极、水平电极、小电极头电极等,最后筛选出平行电极结构,结构简单,更换方便使用寿命长,用了一段时间可以把前部绝缘损坏部分锯掉继续使用,同时能保持放电间隙不变,从而激发能量稳定。绝缘材料采用化学研究所研制的环氧玻璃钢的配方和工艺。二者配合的结果可以使放电电极每勘探千米消耗率达到1~5mm。后来由地调大队生产电极。

经过多年试验,1970年电火花震源开始在海上投入试用。在张巨河构造带上进行了细测,在沙南构造上进行了详查,共获得342km的地震剖面,取得了良好的地质效果。1972年又在沙垒田地区进行了试用,共完成地震剖面1025km,并已应用于"地质解释"。

1973年正式使用前,对电火花震源进行了鉴定和验收,大家一致认为电火花震源与炸药震源相比,其地震剖面性质是:断点清楚、波组清楚、基底清楚,但在深凹陷区3500m以下的深度反射难以获得。1973年协助石油部海洋地调大队装备了第一条正式的电火花勘探船"滨海505",当时采用模拟磁带地震仪单次接收的方法。

随着震源特性的提高,同时在方法上也有了改进,1973~1974年电火花震源在海中隆起,程北凸起西部共完成3725km地震剖面,并获得近4000m的可靠反射。1975年电火花震源配备了24道水下接收系统和数字地震仪,逐步实现了24次、48次覆盖的施工技术并装备了第二条电火花震源勘探船"滨海506",在秦南地区得到了831.6km的地震剖面,获得10000m的深层反射。勘探质量和效果显著提高。在此基础上,1976年取得了6470.8km地震剖面的良好成绩。在研制过程中,西安电力电容器厂为电火花震源研制了寿命较长的脉冲电容器,上海电缆厂也为电火花震源的放电传输电缆研制了同轴电缆。

电火花震源的声信号具有多次脉冲。过去地震勘探震源工作者均致力于如何去获得单脉冲的震源,因为其他压力脉冲不仅不能加强地震信号,反而对地震记录起干扰作用,因此不少人对电火花震源的应用存有疑虑。针对这个问题,用与电火花震源相似的海底炸药震源改变药量,获得不同的气泡周期,以观察第二压力脉冲对地震记录的影响。试验结果表明:只要气泡周期控制在50ms以内(这种控制对于电火花震源很容易办到)地震记录就不会显示二次冲击,可以获得较高质量的地震记录,生产实践中高质量地震剖面也证实了这一结论。

1978年"电火花地震勘探震源"获全国科学大会奖,中国科学院科学大会奖。"海洋石油地震勘探电火花震源"1980年获中国科学院科研成果一等奖和石油工业部优秀科技成果一等奖。

随着国家改革开放，20世纪80年代我国海域的油气勘探也可以外商投标，当时外商还购买了电火花震源勘探所得剖面资料，租用了我国电火花震源勘探船开展地震勘探作业，并且租用了两年。

3）海洋地质调查用电火花震源

为了开发海底矿产资源，1971年地质部第二海洋地质调查大队（简称"二海"）提倡与电工所合作拟开展"电火花震源勘探"的试验研究项目，希望电工所共同参加协作。为此电工所组织人员针对"二海"的需求，进行震源的研制。经过近两年的研制，完成了整套设备的加工和部分调试，于1973年4月在上海沪东造船厂制造的远洋调查船"海洋二号"进行电火花震源的安装和调试，4月及10月份分别在南黄海和渤海对整机进行调试，开展静止点试验及基本参数、频谱的测量，取得了初步成果。1974年5月"海洋二号"船由上海南下，下半年在北部湾进行拖曳试验并试调查测线188km，效果较好。1975年正式在珠江口投入使用，进行南海北部的地质地球物理综合调查。当年就发现了珠江口大型沉积盆地，为南海油田开发展示了光明的前景。从1977年起又在盆地北部进行地震普查与加密，陆续提供了"珠一"至"珠七"井的井位。1979年8月在"珠五"井首获工业油流，从此迎来了南海石油开发的大好形势。1980年7月又在"珠七"井获得油流。1980年采用了数字地震仪取代模拟磁带地震仪，"海洋二号"船继续在南海北部进行大面积的多道和单道地质调查。该震源在中国珠江口、西沙海槽、南海、台湾海峡、东海和菲律宾等海域总计完成多道地震调查测线34970km，单道地震调查测线42868km，陆续发现了多处沉积盆地，在发现南海珠江口盆地和短期实现油气突破工作中起了重要作用。为南海石油普查勘探赢得了时间，受到地质矿产部和广东省的表彰，给"海洋二号"调查船记了集体二等功。

1986年2月，由中国科学院电工研究所和地质矿产部南海地质调查指挥部联合组织"DE-1型电火花震源"的技术鉴定。鉴定认为"DE-1型电火花震源"设计结构上具有一定特色，使用上稳定、安全、可靠，能取得较好地质效果，达到国内先进水平。"DE-1型电火花震源"1986年获中国科学院科学技术进步三等奖。

4）海上浅层高分辨率地震勘探电火花震源

随着海上石油勘探工作的深入开展以及海上钻井开采石油工作的扩展，浅层高分辨率地震勘探成为一项重要的工作。浅层天然气储层是海上钻井的一个潜在的危险区域。为了探测可能形成钻井危险的浅层天然气储层，并为今后海上采油平台等海洋石油工程的施工建设提供必要的工程地质调查资料，电工所三室先后与石油部南海石油勘探指挥部、地质矿产部第二海洋地质调查大队及中海石油地球物理勘探公司等单位联合研制海上小容量浅层高分辨率地震勘探电火花震源，安装在"南海502"、"奋斗4号"及"滨海581"三条勘探船上。实践表明，电火花震源具有较宽的频谱，是一种比较理想的浅层高分辨率勘探震源，获得大于1.2s的地震记录，满足生产要求。

3. 陆地电火花震源的研制

为了将电火花震源应用从海洋勘探推广到陆地勘探，1975年成立陆地电火花震源组。1976年首先和大港油田地调指挥部签订了试验协议，以后又进行了大量的试验工作，共计完成试验剖面10条，测井5口，震源的激发方式有深井激发、浅井激发、水沟激发和地面激发4种。测线涉及河北和内蒙古两个省级行政区。与此同时，还开展了煤田地质勘探工作，合作单位为山东煤田地质勘探公司物探测量队，完成试验测线共20条，测井3口。1981~1984年，与多个单位合作开展工程勘察及试验工作，于1987年12月通过煤炭部科技司组织的鉴定。1987年"浅层地震反射波方法试验研究"获铁道部科技进步二等奖，1988年"长江三角洲典型地区浅层地震勘探可行性研究"获国家教委科技进步二等奖。

陆地电火花震源组于1988年划入中科电气高技术公司体制，更名为高压部，进行市场运作，研制、生产、销售震源产品。

4. 液中放电发射鱼雷装置的探索研究

1967年11月，705所提出要探求一种非常规的鱼雷发射方法。这种方法要同时满足隐蔽性、一定的出膛速度及小于一定的加速度的要求，他们想到了水中放电的力学效应，希望与电工所合作进行试验研究。鉴于"文化大革命"的特殊情况，大家认为可以先试试看。因此很快加工出一个1:10的鱼雷模型，在现有电容器放电条件下，开始发射鱼雷模型的实验。通过反复实验、分析、改造，最终得出了令人满意的结果。在此基础上，电工所与705所签订合作协议，成立了庞大的科研队伍，先后成立1:3模型以电容器储能放电发射组、1:6模型以电感储能放电发射组和1:24模型机理研究组，开展大规模的试验探索研究工作。到1971年的"四二〇"会议上，报告了电工所进行1:3和1:6的放电发射实验结果，在回水面积1:1的条件下，试验研究达到预期目标。因此在此次会上确定09工程采用液电发射方案，同时也指出这种方案，效率低、速度分散性较大，深海发射可行性等问题还有待深入研究。为此于1972年又签订进一步的合作协议，明确深入开展1:3模型实验，同时准备建立1:1模型试验，并于1974年进行发射装置的实验设计。后来由于液电发射方案受到质疑，用户放弃在09工程上采用，于1974年6月停止液电发射研究。

5. 液电破碎

在1964年前后，电工所三室就开展过液电破碎研究工作，到1968年因"文化大革命"和体制调整而停止下来。水电破碎具有铁污染小、无粉尘、可选择性破碎、可流水作业及连续生产等优点；另外液电破碎技术还可用于其他高强度材料（如钨、钛、锆等矿石、煤、水泥等）的破碎，岩石钻孔和爆破、铸件清洗、液体乳化、医疗工具消毒等领域，加之国家计委地质局实验室、五机部成都208厂等单位对电工所开展此项工作的期望，因此1974年继09任务之后，三室又开展了利用水中放电的力学效应来破碎金伯利岩以提高筛选金刚石的效率。

考虑到金刚石原生矿在我国陆续被发现，如何寻找一种高质量、高效率的破碎方法，使金刚石从金伯利岩中单体解离出来，并保持其晶体的原生形态，是当时的重要课题。1975 年，电工所与山东 613 实验室正式签订"水电效应破碎金刚石原生矿"的技术协议书，随后开展了交直流放电装置技术、放电参数、放电与破碎效率、破碎完好率、生产效率、破碎机理等研究。1978 年 10 月在北京召开全国金刚石选矿会议，电工所汇报了几年来的研究结果，与会人员对于用水电效应破碎世界上最贫乏最低品位的矿石——金伯利岩是否具有经济价值提出了疑问。随着形势的变化，用户缺乏积极性，该项协议被中止。

6. 液电清砂

高温、高粉尘、高劳动强度和低劳动生产率是我国铸造行业长期未能解决的问题。在铸造行业中，铸件清理是最脏最累的一道工序。液电清砂（又称电液压清砂）是应用液中放电产生的力效应，在冲击力及冲击波的作用下清除内腔和孔穴中的砂芯。这是一项新技术新工艺，可以清除利用手工或机械震动等一般方法难以清理的或根本无法清理的熔模铸件的泥芯和模壳。

1980 年，电工所三室与石家庄煤矿机械厂合作开展油路控制阀体铸件液电清砂试验研究，该油路控制阀体铸件原工艺用手工清砂和多次抛光都一直难以清理干净，造成阀体本身及油泵等整个油路系统的研伤，因此阀体清砂干净与否成为提高油路系统质量的一大关键。为此，三室首先利用电工所现有实验室设备，清理了 30 多件铸件，通过严格检查表明油道光洁达到使用要求。在此基础上，三室协助厂方研制出清砂装置，经过几年的生产实践，清砂效果良好，提高了产品质量，深受工人的欢迎。从此，该厂将阀体清砂工艺改为液电清砂。

此后，电工所又协助天津机车车辆机械厂、北京石油机械厂、山西阳泉水泵厂等建立了液电清砂装置。1983 年电工所协助全国铸造学会举办了首届电液压清砂技术交流会。

1987 年，电工所与合肥精密铸造厂合作对科进新技术开发公司为该厂定做的液电清砂机进行了必要的改进。1988 年 7 月由安徽省机械厅组织了"精密铸钢件液电清砂新工艺"技术鉴定会，认为其技术水平达到了国内同行业先进水平，改善了劳动条件和工作环境，达到无粉尘作业的要求，大大减轻了清砂工人的劳动强度，提高了精密铸钢件的产品质量、产品合格率及生产效率，节电效果明显，是铸件清砂工艺的一次重大技术革命，很有推广价值。"精密铸钢件液电清砂新工艺"于 1988 年获得安徽省重大科技成果奖。

7. 体外冲击波碎石技术研制与应用

20 世纪 80 年代初，体外液中放电产生冲击波破碎人体结石获得成功，它与计算机断层扫描（CT）、核磁共振成像（MRI）被认为当时的三大医疗新技术。体外冲击波碎石思想虽由国外首先提出，但没有得到技术细节和临床医学理论。三室张禄苏同志充分关注到这种技术，结合电工所具体情况，于1983年3月开始了主持体外冲击波碎石技术的研制工作。经过理论分析和实验，在医学理论上解决了冲击波能够穿透人体组织破碎人体内的结石而对人体不造成不可逆的损伤的问题，并通过医学模拟试验研究，解决了直接影响临床效果和可靠性的冲击波特性在穿透人体时的衰减问题。

1984年初，利用猪肉代替人体组织观察不同特性冲击波在穿透不同厚度猪肉时的衰减规律，然后再用活体动物进行试验，经过长时间的探索，找到了冲击波聚焦和传播规律，进而为聚焦反射体、脉冲放电系统、X射线定位系统、控制系统、辅助系统等的设计提供了理论依据和实验数据。在此基础上，开始了样机研制工作。

1984年10月，中国科学院电工所三室与北京人民医院合作研制成功了第一台体外冲击波碎石机，命名为E8410型肾石碎石机。此后就进入紧张的动物模拟临床试验，共用50条狗分别进行医学分析实验研究，包括对肾脏、肝脏、肺脏、骨脊椎、输尿管、膀胱等的冲击影响研究和进行埋石碎石试验研究，观察狗的碎石情况。至此，从理论上和实践上完全证实了我国第一台体外冲击波肾石碎石机可以进行临床应用的安全性和有效性。1985年7月18日，由北京医科大学在人民医院组织了临床前的科学技术鉴定会，同意进行人体临床试用。1985年8月19日进行我国体外冲击波碎石第一例人体试用，取得成功。随后又进行了上百例的患者碎石成功。1985年12月24日，国家卫生部委托电工所与北京医科大学对我国第一代第一台体外冲击波肾石碎石机进行科学技术鉴定并给予高度评价；1986年获北京市科技进步一等奖；1986年获卫生部甲级成果奖；1987年获国家科学技术进步一等奖。

为了把这项重大科技成果尽快转化为生产力，1986年电工所决定由三室和所工厂合作，组成一个班子。经过一年的努力，1987年电工所与南京铁道医学院附属医院合作，成功地研制出KDE-1型生产样机，并投入临床应用。到1988年，电工所贯彻中国科学院"两种运行机制"的方针，把三室从事研制体外冲击波碎石机生产型样机的人员转入所电气高技术公司，扩大碎石机的生产和推广工作。

8. 钻孔灌注桩质量无损检验——水电效应法

在现代工程建设中，桩基成为高层建筑、船舶码头、各种桥梁、拦河水闸、飞机跑道等建筑物的主要基础形式。由于地质条件的复杂，施工队伍技术水平不同，导致人们对打入混凝土预制桩后的桩身质量优劣、承受力大小、桩的完整性及成桩后的混凝土强度极为关注。传统的静载试验方法和钻孔取芯法都存在一定的局限性。针对上述情况，1978年国家下达任务，由电工所以张用谦为主与西安公路研究所合作，开展水电效应混凝土桩基检验法的研究。其基本原理是利用水中电容器高压脉冲放电产生力效应，通过频谱分析、模态分析、机器诊断学和专家系统，较准确地判断地下桩基的完整程度和各种必要的参考数据，满足工程建设的要求。此项目于 1985 年 4 月通过交通部国家级鉴定；1986 年 9 月获国家专利；1987 年获中国科学院科技进步二等奖；1988 年在陕西省通过对水电效应法单桩承载力的鉴定；1988 年电工所与交通部联合申报获得国家科技进步三等奖。

二、脉冲强磁场技术及其应用

1. 电磁成形

电磁成形是将导电物体置于脉冲强磁场中，借助于洛伦兹力的作用而使导体成形的一种金属加工方法。三室以徐任学、褚宗兰、左公宁、吴弘等为主于 20 世纪 60 年代初在中国首先开展以平板自由成形为研究电磁成形的起点，通过试验找出影响电磁成形的各种因素，掌握其规律，1964 年 5 月与三机部 161 厂合作研究膜片磁力成形。先后研制出永久线圈结构的平滑磁通集中器和螺旋结构磁通集中器及其改进型，进一步掌握电磁成形的关键技术。到 1965 年 2 月，开始与五机部合作研究磁力压合 23# 和 37# 弹带技术，获得了有关磁通集中器特性与压合成形特性之间的相互关系，为下一步研制装置打下良好的基础。

由于圆柱收缩成形技术在军工生产方面有直接的应用价值，可以解决炮弹弹带压缩时的生产自动化问题，1965 年电工所与五机部六二研究所、西安华山机械厂合作，开始了电磁压带机的研制工作。目标是研制一台供三七高炮炮弹生产用的电磁压带机。电工所负责压带机电气部分的设计、制造、安装、调试，六二研究所和华山机械厂负责机械部分的设计、制造和安装调试。

从 1965 年 9 月到 1966 年 8 月，电工所顺利完成了电气部分的设计和加工制造任务，并在实验室对电气部分进行了试装和初步调试。1966 年 10 月进行了安装，与此同时，机械部分的加工也逐步完成并且开始安装。但由于"文化大革命"的严重干扰，机械部分的安装和调试工作常常不得不停止。在研究人员的努力下，和厂里的技术人员合作完成了电磁压带机机械部分的安装、调试以及整机的联调。

1967 年初，联机调整成功，并进行了试生产，达到每 6s 生产一枚炮弹的要求。这是中国第一台电磁成形机床。但压带机在连续运行十几分钟后，出现线圈和工件之间放电的不正常情况。分析其原因是当时经费有限采用了实验室长期使用失修的电容器，工作电压过高，如果换用新电容器并降低工作电压就可解决放电问题。但由于"文化大革命"干扰，这项十分有意义的研究项目不得不中途夭折。

1970 年，电工所与中国科学院力学研究所共同出版《高能成形》一书，其中三室负责编著了"电磁成形"一章。

2. 磁力矫形

20 世纪 80 年代末 90 年代初，我国卫星及火箭发射技术要求越来越高，对其有关装备的外壳形体的曲率精度和无损加工等技术指标也越来越精密和严格,因此,外形形体的矫形是必不可少的,但传统的矫形方法难以胜任,而磁力矫形具有优势。1989年初,航天部三院某厂委托电工所三室研制一台磁力矫形用电磁力脉冲发生器,它要求可精确控制矫形磁力、磁锤与被矫形工件无机械接触、矫形过的工件不会出现工具的痕迹、矫形速率高等。以褚综兰为主的研究小组经过一年多的努力,于1990年12月24日研制成功并交付使用。同年,航天部一院首都机械厂订购一台电磁力脉冲发生器,用于长三甲及长二捆火箭的大型外壳矫形。

厂家使用后认为磁力矫形器不仅体积小、功能齐全、质量上乘,而且可做通用机来使用,既可以用来矫形,也可以作为电磁成形机来使用。

3. 大储能爆炸丝模拟实验方法与装置的研究

用金属丝爆炸模拟地下核爆炸的化学环境是国防科工委某研究所委托电工所进行的探索性军工科研项目。该项目利用大储能爆炸金属丝(或金属箔筒)产生的热效应、力效应和高能密度,模拟研究地下核爆炸空腔坍塌之前,在高温、高压情况下熔岩及空腔形成、演化的物理化学过程。

1980年,国防科工委某研究所来到中国科学院电工研究所,进行了首轮可行性试验。1981年5月,电工所与该研究所签订了"大储能爆炸丝模拟实验方法与装置的研究"的合同,以孙广生为主于1982年开始实施。

经过4年的合作研究、实验探索,整个实验系统工作稳定可靠,可以用来进行一两种元素的模拟试验,探索这些元素在高温、高压条件下的地球化学行为和物理化学过程。该项目于1985年8月完成,达到合同要求。1987年获中国科学院军工项目表彰奖。

三、防雷保护研究

雷电灾害是联合国确定的人类经受的十大自然灾害之一。我国幅员辽阔,自然条件复杂,各地雷电活动频繁,因此研究雷电物理和防雷保护具有重要理论与实际意义。从1957年开始,电工所三室开展了雷击建(构)筑物规律和防雷保护技术研究,取得了丰硕的成果,在学术界和工程界有一定的影响。

1. 雷击建(构)筑物规律和机制研究

从1957年起,电工所以陈首燊、马宏达、张雨和、李逸松、王宗俭为主与北京市建筑设计院和清华大学共同成立了北京建筑物防雷研究小组,开始了对建(构)筑物防雷情况进行调查、试验和研究,探讨雷击规律。在调研基础上,首先利用一台1250kV的冲击电压发生器进行天安门和人民大会堂建筑模型和其他建(构)筑物模型的雷击试验研究。得到的雷击规律是:建筑物屋角与檐角的雷击率最大;并与建筑物的高度、长度、宽度以及屋顶的坡度有关。根据雷击规律，提出了"重点保护方式"的防雷方法，这种"重点保护方式"有别于按苏联防雷规程设计的防雷保护方式，把设计短避雷针、避雷带和避雷网综合起来，形成了"综合防雷方法"。这种方法随后成为人们的共识，而且被纳入各种防雷设计规范。1959年与北京市建筑设计院合编出版《民用建筑物防雷保护》一书，1965年再版，到1985年再出修订版《建筑物防雷设计》。

1963～1969年，又开展了雷达站、导弹仪器舱、弹药库、导弹发射基地等防雷保护研究。用1250kV冲击电压发生器模拟研究雷击电磁干扰及防御措施，提出弱电线路分级保护与架空避雷线联合防雷保护方案，信号电缆采用双层屏蔽方法，通过试验获得了平原地区及山区避雷线的最佳保护角度。

1987年在故宫博物院支持下，开始探索新的防雷保护方法和雷击计数方法，提出主动引雷扩大保护空间的自触发闪电机制，研制成功高效避雷针。试验证明，高效避雷针与传统富兰克林避雷针在相同的安装高度时，前者比后者超出15m以上的截击距离，而雷击计数器能对雷电流和各种放电电流进行计数显示和保存，性能稳定，运行可靠。

2. 北京故宫博物院建筑物防雷研究、设计与施工

1984年6月2日故宫的承乾宫遭雷击，引起领导高度重视，1985～2001年故宫博物院古建部与电工所建立了共同开展防雷研究与建设的合作关系。

1985～1987年，以陈首燊、黄玉茹等为主与故宫古建部合作，主要从事防雷调查试验与设计。根据调查结果首先改进了故宫原有建筑物防雷不符合规范的地方，如引下线过长、接地布局不合理等；开展故宫建筑材料和屋顶模型的耐雷击试验；进行各种避雷网方案的模拟计算、设计，同时进行耐雷试验研究。从1987年起，以张适昌、褚宗兰、马宏达等为主，研发用于故宫的高效避雷针和雷击计数器并首先应用到故宫之外的其他建筑物上，进行高效避雷针保护和雷击计数器计数的户外运行可靠性试验。与此同时，完成常规避雷方法的设计与施工，提出故宫博物院防雷规程和规划。

从1990年开始，在取得高效避雷针雷击计数器户外运行数据和经验基础上，先后完成奉先殿、皇极殿、东西六宫、保和西府、乾清宫等多个建筑物的防雷工程，在由文化部、国家文物局、北京市文物局、北京市园林局、北京市消防局以及北京防雷界和古建筑界的专家所组成的验收总结会上，对防雷工程做出"科学、高效、牢固、美观、经济"的评价。

1996～2001年，进行故宫内部防雷电磁脉冲的调研、仿真计算、模拟实验等研究。对故宫提出防雷系统的全面评估和风险预测，完成故宫典型建筑物雷击电磁场分布计算、串铁管的同轴电缆屏蔽与抗干扰性能试验、用于故宫的电源滤波器研制，提交故宫防雷隐患调查分析报告以及对故宫实施防雷电电磁脉冲的设计建议报告。与此同时，完成了北五所、慈宁宫、乐寿堂、茶库缎库和建福宫五大建筑群的新防雷设计和施工工程。至此，已在故宫安装100多套高效避雷针和100多个雷击计数器，大大改善了故宫防雷保护系统。20多年来，故宫再也没遭受到直击雷的危害。

3. 承担中国科学院（京区）避雷装置安全检测工作

1993年，电工所以张适昌为主积极准备相关材料和物质条件，向北京市消防局提出《关于申请避雷装置安全检测许可证的报告》，阐明电工所具有的理论基础、研究实力、科技队伍和承担检测的能力。经审查，电工所于1994年4月5日获得一级避雷装置安全检测站的资格，并于当天由中国科学院技安局向全院发出"关于做好避雷装置安全检测准备工作的通知"。从此开始了每年一次的对中国科学院避雷装置安全检测工作。

四、高压强流快脉冲放电技术及理论研究

自1958年以来，电工所三室主要开展"高电压弱电流"和"低电压大电流"两方面的所谓"慢放电脉冲技术及其应用"的研究工作，主要内容就是防雷保护、液电效应、电磁力效应等。但20世纪70年代以来，以"高电压强电流"为主要特征的"高功率粒子束技术"已成为世界上核物理、加速器技术、大功率微波及激光技术、大功率电磁脉冲抗核加固技术、粒子束聚变技术等研究领域的研究热点；国内以九院等十多个单位为主，正在准备开展高压强流脉冲放电和高功率粒子束研究工作，他们从不同角度向电工所提出提供实验装置、提供理论和技术上的支持等要求。电工所三室在高电压强电流快脉冲放电涉及的电流毫微秒脉冲的产生、整形和传输，粒子束的产生、传输和聚焦，高压绝缘理论与技术以及测量技术等方面具有坚实的理论基础和实验经验。于是1978年，根据全国自然科学规划会议和全国科学大会的精神，抓住国家建设和科学发展的需求，瞄准综合性、关键性和理论前沿性课题，电工所批准三室成立了以陈首燊、吴弘、张适昌、李丁九为主的高电压快脉冲放电技术研究组。

从这个研究组成立开始，几乎抽调了全室一半以上的力量，全方位地部署了研究工作。其发展分为3个阶段，第一阶段是1978~1980年，以建设实验室为主，先后成立了兆伏级快脉冲试验室、开关技术试验室、绝缘特性试验室、测量技术试验室和综合应用试验室等5个试验室。1981~1983年为第二阶段，以接受绝缘性能试验和小合作任务为主，先后完成的主要任务有：建造成功150kV、400kV和1MV快脉冲装置，设计加工2MV强流相对论电子束装置，为国营798厂提供一套电容器寿命试验装置，为核工业部401所完成真空中有机玻璃沿面绝缘特性试验，为中国科学院电子研究所完成100kV充气开关绝缘和触发特性试验，为航天部二部完成1MV开关特性试验，为

清华大学气体放电试验室完成高压电缆端部裸露部分沿面绝缘试验，完成中国科学院重点课题"上升时间小于 10 毫微秒电源技术研究"等。第三阶段是 1983～1988 年，以攻克"三大科研任务"为主，完成中国人民解放军某研究所"两个零点九"的强脉冲功率装置中的开关与绝缘技术的相关课题研究，完成哈尔滨工业大学准分子激光强脉冲电源研制工作，完成国家重点工程（中国科技大学）同步辐射加速器的冲击磁体脉冲电源及其触发系统研制工作等。

1. 冲击磁体脉冲发生器及其触发系统研究

冲击磁体脉冲发生器及其触发系统（又称 Kicker 脉冲系统）是同步辐射加速器三大关键装备之一，要求满足高电压强电流微秒级脉冲、长时间重频充放电、纳秒级同步精度等技术指标。中国科技大学与电工所合作，以褚宗兰为主的开关研究组根据任务要求的技术参数，开始了理论计算、方案确定、部件试验等研究工作。到 1983 年 8 月正式与中国科技大学国家同步辐射实验室签订了研制 Kicker 脉冲电源的协议，并开始了长达 6 年的精心设计、严格加工、反复调试、不断改进的艰苦研制工作。1984 年 5 月完成 Kicker 脉冲电源的总体物理设计，接着进行了部件研制，包括主开关、削波开关、调波电感和电阻、微秒级电流测量线圈、纳秒级分压器、延时双脉冲发生器、各级电源、控制系统等的研制工作。1985 年进行单台总体组装、调试，除要达到协议有关指标之外，还要认真解决整机的电磁干扰和电磁兼容问题。在完成单台整机组装调试后，又完成 3 台整机的组装联调。

1986 年 11 月，由甲方在北京初步验收合格，并运往合肥同步辐射实验室，开始在现场调试。经过 120 万次充放电运行，其中包括 70 万次与实际负载联调运行，完全达到或超过协议指标；于 1988 年 11 月 4 日至 10 日在中国科技大学国家同步辐射实验室进行验收考评，质量完全合格。1989 年 4 月，同步辐射实验室装置 800 兆电子伏加速器，开始用 Kicker 脉冲电源及其触发系统把由 200 兆电子伏直线加速器输出的电子束成功地注入 800 兆电子伏储存环中去，实现了电子束团由直线运动转变成为圆周运动，并于 1989 年 4 月 26 日凌晨一点零四分第一次测到我国第一束很强的同步辐射光，证明 Kicker 脉冲电源起到关键作用。1989 年 7 月，中国科技大学国家同步辐射实验室对 Kicker 脉冲电源做出评价："中科院电工所研制小组发挥自己的技术优势，不畏艰难，刻苦奋斗，研制出能输出高精度、脉冲宽度连续可调的三个衰减的正弦半波装置，并使装置的关键技术立足国内，为中国第一个专用同步辐射光源的建立做出了贡献。"该项目于 1990 年获中国科学院科学技术进步二等奖。

2. 激光泵浦用的相对论电子束电源研制

1983 年，哈尔滨工业大学激光教研室为开展准分子激光理论的研究，委托电工所研制一台高压纳秒级脉冲电源，其指标为：在输出端用线电阻作为匹配负载时，最大输出电压 600kV，输出电流应为 5～10kA，电压标称上升时间为 30～50ns。以周绮帆为主的研究组积极承担此项具有相当难度的工作，为了达到这些指标，必须采用高压快脉冲技术。经过调研、方案论证，于1984年底完成了物理设计和工程设计。该装置的马克斯发生器由24台0.01μF、工作电压100kV的电容器组成，电路采用Z形结构，变压器油浸没式绝缘保护；脉冲形成线和匹配传输线采用油介质绝缘的单同轴传输线；主开关采用充SF6的气体开关；匹配负载采用硫酸铜水溶液电阻负载。在所工厂协作下，于1986年上半年完成装置的安装、调试和参数测量，完全达到设计指标和用户要求，并交付用户使用。

3. 电磁脉冲干扰源可行性试验

20世纪90年代初，高功率微波技术受到普遍关注。电工所三室以张适昌为主在有关上级领导主持下积极参与电磁脉冲干扰源的可行性研究。1993年三室与总参某单位、北京理工大学和航天部501所签订正式协议开展项目的研究工作。主要研究目标是探索电磁脉冲干扰源的工程设计、研究方法、工程制造、功率等级和实用可行性等；其主要研究内容包括爆磁压缩功率发生器的能量放大倍数、脉冲调制器能量传输效率、小型化高能辐射天线的能量转换效率、部分防护与非防护的电子器件的干扰破坏效应等。经过一年多的协同研究，最后获得最佳试验数据为：爆磁压缩功率发生器输出能量大于8kJ、脉冲调制器输出能量大于100J、脉冲上升前沿小于200ns，发射天线能量转换效率大于2%，最大输出能量大于1J，在距辐射源2m处的分立器件设备受到有效的干扰。1995年由解放军某部组织了鉴定，于1996年获得该部科技进步三等奖。

五、高压直流开断的合成试验回路和电弧不稳定性研究

高压直流输电与交流输电相比具有线路费用省、两端交流系统无需稳定同步运行、功率调节简单易行、电晕无线电干扰小以及没有无功补偿等明显优点，特别适用于超高压远距离输电和不同频率或同频率非同步电力系统的联网运行，受到世界各国的重视，发展很快。20世纪80年代中期，世界上已有数十条直流高压输电线路投入运行。我国地域辽阔，资源分布不均，适于发展高压直流输电。但是世界上运行的高压直流输电系统均为无分支的两端网络，原因在于没有可供使用的高压直流断路器，这一缺陷不仅限制了高压直流输电优越性的充分发挥，也使其发展受到一定影响。世界上工业发达国家早在20世纪70年代末已开始研制高压直流断路器，20世纪80年代中期有些产品已在系统中试运行。

为了跟踪世界先进技术、发展我国的直流输电技术，1989年初，在国家自然科学基金资助下，由王永荣、孙广生、冯荣琼和严萍组成研究小组开展"高电压技术基础及其在电力装备研制中的应用研究"重大研究项目中子课题"高压直流开断的

合成试验回路和电弧不稳定性研究"的研究工作。首先对试验室设备进行改造，自己动手设计建造了额定电压为150kV，通流能力为1500A的电感线圈；建成了高压直流开断试验平台，其所模拟直流电流的低频振荡频率调节范围宽（3.4~70Hz），试品额定工作电流1500A，工作电压可达100kV，为开展基金研究工作打下了基础。经过4年的努力工作，通过试验模拟计算研究完成了基金研究工作的预定目标任务，发表论文24篇。

1993年6月，国家自然科学基金委组织以丁舜年院士为首的专家验收组对该项目进行了评审验收。认为各子课题均按项目任务完成了全部研究任务，达到了预期目标，取得的成果总体上具有国际先进水平。关于本子课题方面，专家验收组认为直流开断的转移回路特性分析和特征参数影响分析在应用技术理论上有新的创新或发展；高压直流开断试验回路的构成及其等价性分析在分析和解决关键技术方面有独到之处，为研制新的电力装置起着奠基和推进的作用。评审组还提出下一步必须转入应用研究和新产品的开发，特别是直流高压开关的研究和试制在现有基础上进行安排是非常必要的。

为此1993年7月中国科学院学部委员高景德、丁舜年、严陆光、汪耕和卢强等联名向国家科委和国家计委写信，建议国家计委将地线转换用直流断路器的研制列入国家新产品攻关项目，国家科委将500kV线路用高压直流断路器的研究列入国家攀登计划。

1995年7月，电力工业部科技司和中国科学院电工研究所联合向国家建议将50kV、2.4kA高压直流断路器（地线转换用）的研制列入"九五"国家重点科技项目（攻关）计划。

1993年"高压直流开断试验回路等价性和电弧不稳定性研究"被评为中国科学院重要成果。

进入21世纪，在国家自然科学基金、国家"863"计划、中国科学院创新工程等项目的支持下，极端电磁环境科学技术部正在开展新概念加速器、大功率电磁能量转换、高功率高频开关、高频高压电源、大电流滑动电接触理论和介质阻挡放电机理等研究。

第八节　特种电工装备

20世纪60年代初，中国科学院领导根据国防现代化的需要，部署电工所以电弧与放电等离子体技术作为科研重点之一，开展超音速电弧风洞、电火箭、脉冲电源与特种电源等特种装备的研制工作。1960年电工所调集了部分科技骨干开始了调研与筹划工作，并派出科研人员去西安整流器厂利用厂里已有条件进行了脉冲电弧风洞的初步试验。从1961年起，先后承担了暂冲式电弧风洞电弧加热器、暂冲式放电风洞及其电源、大容量电感储能装置、电火箭及潜艇导航平台用的特种电源、雷击武器设想、受控核聚变实验装置等研制工作。

一、暂冲式电弧风洞用电弧加热器

暂冲式电弧风洞是公认的研究卫星、导弹等空间飞行器重返大气层时的气动热力环境较好的模拟试验装置，电弧加热器是供给风洞高能高压气源的核心设备。美国于1959年建成了功率为2MW的电弧加热器风洞，1962年又发表了10MW的电弧加热器研究试验报告，其运行参数是：当气压为4.5atm[①]时，最大熔值为6570cal[②]/g；当气压为7atm时，熔值为4700cal/g，运行时间为1min。当时我国七机部五院正在建设8.25MW的FD-04型暂冲式电弧风洞。起初建设得到苏联的帮助，他们派来了专家，并提供技术资料等，在中苏关系恶化后，他们撤走了专家，带走了资料，致使工程建设和以后的运行遇到很大困难，在此情况下，国防部门委托电工所承担暂冲式电弧风洞电弧加热器的理论研究、安全启动与调试及性能改进的研究。并由中国科学院列为院重点项目，以（63）科发戌字第198号文下达电工所。电工所交由第八研究室801组具体负责研制，杨昌琪、江云为负责人，先后共有25人参加。在委托单位的密切配合下，完成了以下工作：

（1）建成了电源功率为1.8MW、弧室工作压力7个大气压的电弧加热器实验室。实验装置相当于美国1959年的兆瓦级电弧加热器的水平，是国内当时最大的可供实验研究用的电弧加热器。

（2）开展了电弧加热器的特性（电弧特性，启动特性，热效率）分析和实验研究；磁场对电弧加热器旋转电弧燃烧位置控制的实验研究；原型电弧加热器的启动过程与启动方法的研究，进行了分析计算，提出了经中间试验验证的安全可靠的启动方法及其具体措施。

（3）研制了必要的测试仪器——熔探针，总压流量法测驻点熔值以及等离子体温度的光谱测量，电弧旋转速度的高速摄影测量。

（4）审定了FD-04型暂冲式电弧风洞全套电气图纸及启动装置，并编写了全部电气设备调整校测的技术文件，制定了电弧加热器运行规程。

（5）技术上全面负责并现场参加FD-04型电弧加热器不点弧情况下的系统"冷"调试和点弧时电弧加热器的启动与调试。解决了启动方法、调试方法与电网冲击功率的降低，并用磁场控制解决了电弧后移烧坏绝缘等问题。

（6）指导电弧加热器性能参数的调整校测。经过调测，1965年达到的典型参数接近1962年发表的美国AVCO公司多头电弧加热器的性能。

（7）提高电弧加热器性能的研究。为了进一步提高电弧加热器的性能参数，对三

---

① 1atm = 1.01325×10^5 Pa

② 1cal = 4.1868J

种新型（高磁场，管状，筒状）电弧加热器进行了实验研究，起到了把国外新型电弧加热器技术引入国内的历史作用。

上述工作的圆满完成，对保证我国暂冲式电弧风洞的早日安全投入运行起到了关键作用，并促进了性能参数的改善与提高，为我国导弹重返大气层的环境模拟试验做出重要贡献。

本项目获中国科学院重大成果奖。

二、脉冲放电风洞及其电源的研究

根据国防部门委托任务，电工所于1961~1963年由802组严陆光等负责完成了脉冲放电风洞电源的技术要求的分析研究和小型放电风洞的实验研究。特别是对电容器储能放电电源，单极机——电感储能放电电源，变压器式电感储能放电电源，冲击发电机电源进行了较详细的分析比较与方案设计。在充分分析设计的基础上，建成了由电容器组、燃弧室、扩散段和真空箱组成的电容器脉冲放电风洞实验装置。电容器组由36台MY30-19型电容器并联而成，总容量684μF，在充电电压30kV下储能30万J。电容器通过约1μH电感的放电回路向燃弧室放电，放电时间约为几百微秒，放电电流约600kA，在燃弧室内形成的高温高压气体冲破隔膜以约20马赫数的高速冲向试品，进行气动力和局部的材料烧蚀试验。

在建立电容器储能放电风洞的过程中，解决了一系列技术问题，包括脉宽几百微秒600kA的脉冲大电流测量，电容器故障下爆炸金属丝保护，放电回路的高电压绝缘和耐强大电动力的同轴电缆结构，燃弧室在高气压下引燃放电以及放电引起的电极和绝缘材料的烧蚀。

上述工作是在技术资料少，工作条件恶劣，并有高电压击穿，高气压爆炸等一系列危险环境下以较短的时间完成的，并都提出了研究报告。对脉冲放电风洞的各种电源方式做了详细的分析比较，阐明了各自的基本特性及参数选择，并对高超音速实验研究中的模拟问题和高焓高速气动力实验装置的发展做出评述，对脉冲放电风洞的建设提出了具体意见，供有关单位参考，为某基地的电容器储能脉冲放电风洞的建设提供了技术和经验，对我国导弹的实验研究起了一定的促进作用。

三、大能量电感储能装置

1964年，中国科学院电工研究所八室802组（组长严陆光，副组长张永、林良真）承担中国科学院下达的640-3任务，研制用于固体激光器脉冲氙灯的千万焦级大能量激光用电感储能电源装置。大型电感储能与电容储能相比具有体积小、重量轻、价格低的优点，且能量越大，经济上的优越性越显著。用作大能量（千万焦级）脉冲氙灯电源的电感储能装置主要包括电感储能线圈、线圈充电的直流电源、直流断路器、换流元件以及相应的控制测量系统等。为此，要研究解决大能量电感储能线圈的设计和制造问题、能提供足够大的直流电源（最大充电电流将可能达数 10kA 以上）、可开断大直流电流的断路器以及能在毫秒级时间内，将储存在线圈里的能量释放在脉冲氙灯中的换流技术等一系列问题。

为了解决大电流的直流电源，802 组曾开展单极电机研究，进行了固体电刷和钾钠合金集电技术的预研。经过分析比较，初步决定采用简单、经济和技术成熟的铅酸蓄电池串并联组成直流电源。为了解决大能量脉冲放电用电感线圈的设计、制造和对脉冲氙灯放电技术问题，802 组首先设计、研制了一个 10 万 J（10^5J，简称 5 号）电感储能线圈，它由饼式线圈组成。5 号电感储能装置采用多台常规的汽车蓄电池串并联作直流电源，选用大容量直流开关作为主断路器开断直流电源，并采用熔丝换流技术来实现对脉冲氙灯放电。通过对脉冲氙灯放电的实验研究，证明所采用的电感储能装置的方案是可行的。随后 802 组与上海电机厂合作，设计和研制了百万焦（10^6J，简称 6 号）电感储能线圈，该线圈仍然采用汽车蓄电池充电，主断路器采用压缩空气开关，并与上海光机所合作进行了一系列的脉冲氙灯放电实验研究。在放电实验研究中，主要是采用充填石英砂的熔丝换流，同时还研究、实验了爆炸开关换流技术。

在研制和实验 5 号和 6 号电感储能装置基础上，802 组提出了 3×10^7J（简称 7 号）电感储能装置的设计。随后，根据实际要求和可能，将 7 号电感储能装置最大设计水平提高到 6×10^7J，线圈正常运行储能可达 5×10^7J。7 号电感储能装置的电感储能线圈电感为 26.3mH，由铝电缆串并联组成螺管线圈，线圈室温电阻为 2.9mΩ，充电时间常数约 9s，最大电流可达 70kA（对应最大储能量为 6×10^7J）。其充电电源由 500 台 QT-103 型潜艇蓄电池串并联组成，充电起始电压为 250V。其主断路器设计采用空气断路器，放电换流采用充填石英砂的铜熔丝。电感储能装置的控制、测量系统由 802 组自行研制。根据中国科学院的部署，7 号电感储能装置要建在合肥董铺岛。由于 7 号电感线圈绕制工艺复杂，且体积大、重量重，搬运和长途运输难以解决，因此确定电感线圈零部件分别在上海电机厂和西安变压器厂加工，线圈由西安变压器厂派技术人员和工人在合肥现场绕制。随后，802 组会同电工所派驻合肥人员积极进行线圈绕制准备工作以及进行电源等设备安装。经过各方人员的努力，经历近一年时间，完成了电感储能线圈的绕制，同时 500 台潜艇退役蓄电池、主开关、换流回路以及测量控制系统，也安装调试完成。最终于 1969 年底完成了 7 号电感储能装置的调试实验，其储能量达到 5×10^7J。随后，又与上海光机所合作，联合进行对脉冲氙灯放电实验，在实验成功的基础上，又进行多次的激光打靶实验，7 号电感储能装置运行完全正常。实验证明，7 号电感储能装置的设计和研制是成功的，1978 年中国科学院授予重大科技成果奖。

1970年，中国科学院确定在合肥成立等离子体研究所，按中国科学院指示，7号电感储能装置移交给合肥等离子体研究所。

四、电　火　箭

在1968年的体制调整中，电工所随中国科学院新技术局口各所一起，划归国防科委第五研究院领导。由于电工所主要从事电工新技术的研究，时任五院院长的钱学森提出了以电工所为主组建离子火箭研究所（即506研究所），开展空间电推进研究。当时还在"文化大革命"期间，在电工所军管小组领导下，由原八室801组，五室，七室部分人员共79人组成五连开展电火箭研究。连长为刘廷文，副连长为冯毓材，指导员兼党支部书记为王世中。下分为五个班，分别负责总体，离子发动机，等离子火箭，真空系统，空间电源。1970年7月，因机构再次调整，506所撤销，电工所重回中国科学院。原五连解散，恢复研究室，成立了第八研究室（电火箭研究室），冯毓材，江云分别任第一，第二副主任（无主任）。1980年中国科学院空间科学技术中心成立，八室划归空间中心。

电工所自1969年开始，先后研制了离子火箭发动机和脉冲等离子体发动机。

1. 离子火箭发动机（1969年10月至1972年6月）

1969年，电工所开始离子火箭发动机的研制。设计和制造了我国第一台离子发动机实验室样机。它是以空间主推进为应用目的而设计的，直径为12cm，以水银为工质，通过工质供给系统，水银蒸汽进入离化室被电离，带正电的水银离子从拔出级逸出，在负高压静电场的作用下加速，从加速栅的孔中喷出，与中和器发射的电子中和后，以中性束流的形式从发动机尾部喷出。关键的技术问题是：如何获得离化损失低的均匀、稳定的离子束流，如何精确设计离子光学系统以减少离子对加速栅的溅射以及离子束流的有效中和等。通过大量的实验研究，完成了原理试验和物理性能的测试。由于经费原因，该项研究于1972年中止。

2. 脉冲等离子体发动机

作为同步通信卫星姿态控制方案之一的脉冲等离子体微推力火箭发动机的研制，正式任务是从1970年7月下达开始的。新建了实验室，装备了环境模拟试验设备，同时开展了结构设计和元部件及分系统的研制，到1976年已完成了三轮样机的地面考核。MDT-2A型样机的指标达到了13μlb·s，比冲230s，功率≤5W。这些指标和美国空军的同类微推力发动机基本相当。为此曾向有关部门申请做空间飞行试验。经批准在有关部门大力协同下，完成了更严格的空间模拟环境的试验和对其他系统的干扰试验，在空间飞行各项准备工作完成后，于1981年12月7日把两台MDT-2A型脉冲等离子体发动机成功地发射上天，完成了空间飞行试验。这次试验的目的是要在真实空间环境中证实整个电火箭系统的工作情况，验证地面试验的研究结果，了解电火箭对其他系统的影响，从而促进这一新技术的进一步研究和应用。根据遥测结果，性能与地面试验完全相同，两台发动机工作正常，经受了实际环境的考验。整个试验达到了预期目的。我国成为继美、苏、日后第四个进行电火箭飞行试验的国家。1982年1月13日、14日中央人民广播电台、中央电视台及人民日报等各大报纸均做了显著报道，国防科工委也致电中国科学院祝贺发射成功。1983年获中国科学院重大科技成果二等奖。

五、潜艇导航平台用的特种电源

1965～1969年，电工所承担了潜艇导航平台用的几种特殊电源的研制任务，陆续研制完成的有以下几项：

（1）供惯性导航系统陀螺马达驱动用的三相500Hz、100W稳频稳相稳压电源。指标全面达到要求：500Hz频率稳定度 10^{-6}；三相线电压平衡，相角误差 1.2°；三相线电压输出 110～120V 连续可调；电压稳定度 1%；谐波含量小于 2%；功率 100W，功率因数 0.5 滞后。

（2）与导航平台配套的 TDZ-1 型特种电源装置。它包括 -27V 稳压电源；500Hz、110V 稳压电源；500Hz、40V 稳压电源；500Hz、10V 稳压电源；1.5Hz 和 12kHz 稳压电源；1kHz 和 12kHz 稳流电源。精度和稳定度优于 0.1%，谐波含量低，全部采用半导体器件。这在20世纪60年代是较高的水平. 所有电源组装在一个机柜中，构成一台较完善的产品，性能达到预定要求，在委托单位长期使用。

（3）仪用千瓦级可控硅直流稳压电源。技术指标：输入 400Hz、220V，输出直流27V，0～56A，电压稳定度 0.5%，电压谐波含量 <0.5%。整个电源系统由电源变压器，可控硅整流桥，滤波器和控制电路组成，通过电压反馈控制可控硅的导通角使输出电压保持稳定，系统中设有过压过流保护。

（4）供陀螺用的频率稳定度为 1×10^{-8}/d 的多档石英标准频率发生器。达到的技术指标为：频率1mHz，稳定度 1×10^{-8}/d，十进多级分频信号输出。该频率标准在当时达到国内先进水平。

以上设备在电工所完成研制后，由常州电讯元件厂正式生产供委托单位使用。本项目评为中国科学院重大成果。

六、雷击武器的设想

为了发展反导技术，1965年，时任电工所二部副主任的杨昌琪，结合电工所的学科特点和技术基础，提出了"雷击武器"的设想。雷击武器是拟利用高电压放电产生的热、电击穿及电磁效应的破坏效果作反导武器。雷击武器需建立一套储能量数亿焦至数十亿焦的电感储能电源，并拟用磁流体发电作该储能电源的充电外源，并拟用金属和尼龙条混编的超长电缆建立输送高电压和维持放电大电流的目标击穿通道。

电工所根据这一设想，进行了小规模的初步试验，并于 1966 年 9 月召开了雷击武器方案讨论会。与会专家对方案提出诸多质疑，认为放电通道的概念过于理想化，高空击穿通道的破坏效果的理论根据存在误差，目标导弹载入的机动灵活性因"雷击武器"防御空域的狭窄性而降低其使用效果等，因而雷击武器的设想方案未获认可。当时，"文化大革命"正兴起，以后再未进一步论证此方案，"雷击武器"设想方案也未被列入电工所的正式科研计划。

七、受控核聚变实验装置的研制

1. CT-6 托卡马克实验装置的研制

托卡马克是研究受控核聚变的重要实验装置之一，1972 年 4 月物理所从事托卡马克研究的课题组成立，陈春先任组长，被称为 CT-6 的工程项目随之正式启动。CT 是中国托卡马克的意思，6 代表其储能水平为 10^6 J。原定的 CT-6 装置参数是；大半径 45cm，等离子体小半径 12.5cm，环向磁场 2T，铁芯变压器的双向磁通 0.28Wb。真空室采用如 T－3 的双层结构。真空系统为无油超高真空。环向磁场和变压器初级均用电容器脉冲放电电源。环向磁场线圈为 24 饼、480 匝。加热场分为两级，第一级用于击穿，第二级用于维持电流。

电工所四室磁流体和聚变超导磁体组（组长严陆光、马宏达）负责了 CT-6 装置的电磁系统的研制，主要是环向磁场和涡旋场磁体系统和变压器的设计、制造和实验。电工所以所工厂变压器组为基础自行研制了所有线圈。重达 5t 的铁芯变压器的加工如硅钢片的裁剪和去毛刺是两所研究人员在二七机车厂进行的，组装是在北京变压器厂人员的协助下在该厂完成的。

1972 年下半年开始加工，1974 年初 CT-6 全部加工完成并成功组装。1974 年 7 月 1 日正式放电并宣布装置建成。后经较长时期的清洗放电，于 1975 年 8 月得到平衡稳定、脉冲长达 36ms 的放电。从电流电压数值估计，等离子体的电子温度有 100 多电子伏。环向磁场最高达到 1.3T。在 1978 年电源和真空室均做了较大改动后的 CT-6B 装置有了长达 100ms 的等离子体电流平顶，并在以后进行了电子回旋波加热等的研究。

CT－6 托卡马克实验装置获得 1978 年全国科学大会奖。装置的工程问题于 1974 年在成都召开的受控核聚变研究工作座谈会上做了系统报告。工程问题和初步物理研究结果于 1980 年发表于《物理学报》，后被全文翻译登载在美国出版的《中国物理》上。在完成了所有的研究任务后，CT-6 装置已于 2003 年赠送给国家科学技术馆供科普展览。

2. SUNIST 球型托卡马克实验装置的研制

SUNIST 球型托卡马克装置的研制是国家自然科学重点基金项目"球形托卡马克的理论和实验研究"（2000～2002）的最重要工作内容，也列入了清华大学"985 工程"（装置和实验室建设），并得到了中国科学院物理所创新基金（装置）的支持。

球型托卡马克装置是低环径比的托卡马克装置，其具有大的自然拉长比（约1.8）；随环径比减少，环向场较常规托卡马克低一个量级以上；等离子体电流与环向场之比极大等优点。球形托卡马克装置由具有纵场中心电流柱和加热场中心螺管的中心柱，与中心电流柱构成纵场线圈的回流排，与中心螺管构成加热场和平衡场系统的极向场线圈，真空室、偏滤器和限制器及整体支撑结构构成。SUNIST 装置的大半径为 0.3m，小半径 < 0.23m，纵场强度为 0.15T，等离子体电流为 0.05mA，中心柱电流为 0.225mA，加热场磁通为 0.07Wb。

在 1999 年项目确定了装置的物理目标、基本尺寸和设计中的主要技术难点后，电工所低温超导应用组（组长余运佳）和低温技术组（组长李会东）在 2000 年开始了包括中心柱和回流排等的电磁系统的设计，并在 2001 年完成了加工和总装。2002 年完成了整个 SUNIST 装置的总装和调试、开始了等离子体实验。现在该装置已投入了实验研究和清华大学核物理的教学工作。

20 世纪 60 年代，电工所根据国防现代化的需要，调集了部分科技骨干从事有关国防科研任务工作。当时正值苏联从我国撤走专家及三年经济困难时期，工作人员克服种种困难，自力更生，积极投身于国防科研研究任务中，并取得很大成绩。不少项目达到了当时的国际先进水平或国内首创，有的研究成果被有关部门采用与推广，有的还被评为重大科技成果奖，为我国国防现代化做出贡献。

第九节　磁流体发电技术

磁流体发电是利用导电流体与磁场的相互作用而直接将热能转换成电能的新发电方式，所指导电流体，可以是加有少量易电离物质的化石燃料（煤、燃料油、天然气）的燃烧产物或惰性气体（氩气、氦气），也可以用液态金属。

众所周知，传统发电设备的特征是，其热能－机械能转换过程和机械能－电能转换过程分别在热机和电机中发生，而且两者都是旋转机械。

与此对照，直接用化石燃料燃烧产物作为工质的磁流体发电装置则由燃烧室（包括加速喷管）、磁体和发电通道（包括扩压器）等三大设备构成。燃料在燃烧室中靠高温空气（1500～1700℃）或常温纯氧、或中温富氧空气（约650℃）助燃，燃烧温度达 2600℃以上。燃烧产物通过喷管加速后进入发电通道，在发电通道进口处，工质流的马赫数可以在 0.8~2.0 的范围内选择。在燃烧产物进入发电通道以前，需要添加少量（质量比 1%~2%）易电离物质（称为电离种子或添加剂），如钾盐或者铯盐，依靠碱金属原子的较低热电离电位，使燃烧产物具有可利用的导电性。当导电流体流经由超导磁体产生的强磁场区（5T 左右）时，在工质流中发生感应电动势，通过和导电流体接触的电极，可以向负载输出直流电，经逆变，则可以转换成工频交流电。传统动力装置的两段能量转换过程是在同一个设备——处于磁场环境中的发电通道内发生的；磁流体发电装置的主要设备都不是转动部件。可见，磁流体发电技术的发展无疑将导致发电装备的革命。不仅如此，正因为磁流体发电装置的主要部件是静止的，解脱了由动应力造成的对传统动力设备容量及其运行温度的限制，所以容许设备有更大的单机容量、部件在更高的工作温度下运行，这就能大幅度提高热力学循环的热源温度，从而为提高火力发电厂的效率、节约燃料资源创造了极大的可能性。

由于依靠热电离来维持工质的导电性，因而，要求发电通道中工质流的静温不低于 2000℃。在把磁流体发电技术应用于基本负荷发电厂的场合，从发电通道排出的工质将进入余热锅炉，构成磁流体－蒸汽联合循环发电系统，其中磁流体发电机的热电转换效率（亦称焓提取率）可以达到 20%。

另一方面，除了单机容量大，磁流体发电机还具有启动迅速的特点，因此，单独运行的磁流体发电装置可以满足大容量脉冲电源等特殊应用场合的需求。

为磁流体发电诱人的发展前景所吸引，随着美国 AVCO 公司和 Westinghouse 公司相继完成原理实验，自 20 世纪 60 年代起，出现了世界范围的研究热潮。

以基本负荷电厂为应用目标，美、英、苏、日等发达国家都根据各自的能源政策制定了研究开发磁流体发电技术的国家计划，其他各国政府也对此项研究给予了积极的支持。美国、英国、波兰、澳大利亚、印度主要关心以煤为燃料的电厂；苏联首先着眼于天然气；日本考虑烧油或煤－油混合燃料；而德国、法国、意大利和荷兰则把注意力放在与高温气冷核反应堆结合的磁流体发电技术的发展方面。其他国家如瑞典、瑞士以及芬兰，都有基础性的研究报告发表和发布于各种学术期刊和学术会议。自1962 年起步的磁流体发电国际会议一直延续至今，成为各国研究人员报告研究进展、交换信息的重要论坛，而磁流体发电国际联络组则对促进各国之间的交流与合作发挥了良好的作用。

大约在 20 世纪 70 年代后期，因为更加关注发展核电，也因为高温气冷核反应堆的工作温度尚不能满足磁流体发电的要求，欧洲各国陆续停止了磁流体发电的研究开发计划。另一方面，美、苏、日等国则决定建造大型的实验装置，并且分别取得了一系列进展。

进入 20 世纪 80 年代，一方面，苏联着手建设电功率 500MW、烧天然气的磁流体－蒸汽联合循环示范电厂，另一方面，日本对于在热功率 15MW、发电 100kW、连续运行 100h 的实验装置达到设计目标之后的发展计划进行反复的讨论，鉴于日本国内的电力需求的增长趋于减缓，补峰成为主要矛盾，因此，原定配备超导磁体的实验装置的建设未予实施，至 1989 年，日本以化石燃料燃烧产物作为工质的磁流体发电的国家研究计划告一段落，而以惰性气体为工质的闭环磁流体发电研究则继续进行。几乎同时，苏联的示范电厂的建设，因为出现了苏联解体后科研经费大幅缩减和更改超导磁体技术设计方案等问题而搁浅。美国的磁流体发电研究界在执行"概念验证"计划的同时，曾先后提出了用磁流体发电更新现有火力发电厂以及热功率 250MW 示范电厂的设想和技术方案，最终，因为资金筹措问题，没有被能源部采纳，于是，美国以民用发电为目标的磁流体发电国家研究计划到 1993 年 9 月也画上了句号。

值得注意，作为特殊用途的磁流体发电机的研究具有同样长的历史，并且至今仍在继续。其中，包括美国的电输出 20MW 风洞电源，苏联的电输出 500MW 脉冲电源和 60MW、用于地球物理勘探的电源装置；近年来，则有飞行马赫数大于 12 的跨大气层磁等离子体化学推进系统用空气工质磁流体发电装置的研究。

尽管国外磁流体发电的研究开发工作出现周折，但是，40 余年间各国所取得的成果，作为磁流体发电研究领域的宝贵财富，成为未来磁流体发电技术工业化的重要基础。国外的发展过程提示人们，磁流体发电技术的研究与发展始终为各国的能源政策所左右，每个国家都应该根据各自的资源状况及经济发展需求做出适合于本国特点的战略部署。

电工所是世界上开展磁流体发电研究较早的单位之一。1959 年磁流体发电原理性试验首先在美国获得成功，引起各国能源、电力行业研究工作者的很大重视。在中国科学院技术科学部一些科学家的倡导下，力学研究所和电工所分别开展了磁流体发电技术的探索研究。紧接着，当时第一机械工业部上海汽轮机锅炉研究所和南京工学院先后跨入该研究领域，形成了互相竞争、互相促进的局面。可以说，中国的磁流发电研究历程也是起起伏伏，其发展轨迹与国外相似，而装置规模和研究深度则有差距。

电工所的磁流体发电研究可以分为原理性实验、短时间特种用途磁流体发电机研究、长时间民用磁流体发电研究、高技术发展计划和后"863"计划等 5 个阶段。

一、磁流体发电的原理性实验阶段（1960～1965）

1960 年，电工所代所长林心贤得知中国科学院关注磁流体发电研究，便请当时所二部（承担国防科研工作）的主任张夕云和副主任杨昌琪专程到钱学森先生家拜访、请教，进一步了解情况。之后，杨昌琪将钱学森先生提供的关于磁流体发电在美国初步试验成功的英文资料翻译成中文，同张夕云一起向林所长做了汇报，希望开展这方面的探索，随即向中国科学院写了请示报告。十多天后，院技术科学部派了主管业务的干部来到电工所，口头传达了学部领导的意见，同意电工所开展这方面的研究，但未正式下文。根据学部意见，所里决定组成由张夕云负责的研究组，启动此项研究工作，归在八室，成为803组，成员有张夕云、刘鉴民等7~8人。研究组一边开展文献调研，一边进行了一些探索性的实验，用普通反射炉作为燃烧室，柴油、煤粉作燃料，用永磁磁体提供外加磁场，经过多次试验，均未发出电来。另一方面，以1962年杨昌琪、刘鉴民联名发表在《科学通报》上的综述报告作为代表，逐步加深了对于磁流体发电技术的了解。

从1962年起，803组负责人和组员都做了调整，刘鉴民担任副组长（暂无组长），并以他为主，新设计了用常规电磁体的磁流体发电原理性试验装置，用捣打耐火水泥作为发电通道的绝缘壁和燃烧室的内衬壁，普通石墨做电极，外加磁场的场强是1.2T。装置于1963年建成。

原理性试验装置于1964年开始调试，该装置用汽油作燃料、纯氧为氧化剂、氢氧化钾酒精溶液为电离种子，设计的输入热功率为800~1000kW。当年夏天第一次发电80W。后因刘鉴民、王炳南等主要成员参加"四清"，工作暂停了一年。1965年10月，装置经改进后，发电300W，点亮了作为负载的灯泡，标志着磁流体发电的原理性试验在中国首次获得成功，并向国家科委报了喜。试验成功后，中国科学院副院长张劲夫、秘书长秦力生来电工所参观了磁流体发电实验室；计划局局长谷雨和人事局局长廖冰来参观了试验。

二、短时间特种用途磁流体发电机研究阶段（1965~1975）

1. 6403任务

20世纪60年代初，激光技术发展迅速，激光技术的军事应用成为重要的发展方向之一，激光器用的短时间（秒级或毫秒级）、大功率、高能级（几百万焦至10亿J）、能够灵活移动的电源，随之成为亟待解决的课题。

1964年初，毛泽东主席对激光武器的研究做出指示："有矛必有盾，搞少数人，有饭吃，专门研究这个问题。五年不行，十年；十年不行，十五年，总要搞出来的。"根据这个指示，国家开始部署"640"任务。该任务分五大部分，从640-1~640-5，由中央各有关部门分别负责。

640-3任务由中国科学院总抓，院属几个光机所负责主体任务，电工所、物理所等单位负责能源部分。1964年，电工所以电感储能放电的方案，承担了固体激光脉冲氙灯电源的研制任务，可是，在超导尚未达到实用阶段，常温电感储能装置在达到一定功率水平后，将越趋庞杂，成了该方案的后顾之忧。次年，电工所燃烧型磁流体发电的原理性试验成功，为640-3任务提供了又一种可选的电源方案。

1965 年下半年，中国科学院技术科学部副主任赵飞克来电工所，正式通知磁流体发电作为能源方案之一，已纳入 640-3 任务，但没有书面文件。

1966 年 3 月，经张劲夫副院长批准，由院发通知，在电工所召开了院内磁流体发电研究工作的协调会议。参加会议的有电工所、物理所、大连化学物理研究所、兰州化学物理研究所、上海硅酸盐所、北京气体厂等单位的所长、厂长。会议由技术科学部主任严济慈主持，旨在将磁流体发电机本体、发电用燃料、氧化剂、耐高温材料等的研制单位组织起来，相互协作，促进磁流体发电研究工作的发展。此时，电工所正准备针对 640-3 任务要求，设计、建造一台发电功率为百千瓦级、短时间、大功率的预研装置。

几乎同时，原一机部科技委决定要在一机部系统开展磁流体发电研究，并派人来电工所学习，希望与电工所合作。后来，北京市也表示了对磁流体发电研究的关注，要求参加合作。于是，1966 年 4 月，在国家科委三局和北京市科委的领导下，一机部从北京电器科学研究院和北京重型电机厂抽调了 10 多名科技人员；北京市从北京工业大学、酒仙桥电机厂和卢沟桥耐火材料厂等单位抽调了部分业务人员，加上电工所 803 组部分科研人员，共 40 多人，在电工所成立了北京市磁流体发电联合工作组。由电工所派何学裘任组长，电工所、北京电器科学研究院和北京重型电机厂各派一人任副组长。工作组成立后，其工作内容与电工所原定的 640-3 任务的电源预研工作结合在一起。

联合工作组开始工作后，部分成员参加电工所最早的一台原理性试验装置的试验，使未接触过磁流体发电的人员能得到一些对磁流体发电的感性认识。大部分成员参加 640-3 能源预研装置的设计和建设。该装置以汽油为燃料，纯氧为氧化剂，氢氧化钾酒精溶液为电离种子。设计电功率输出为百千瓦级，运行时间 2～3min。燃烧室按燃气轮机燃烧室设计，发电通道为分段法拉第型，12 对电极，磁体由两个可以分开的巨型铁芯构成，线圈用空心铜管绕制，内部通水冷却，中心场强 2.6T，平均场强 2.2T。设计方案经讨论通过后，1967 年开始加工制作。由于文化大革命开始，外单位的人员于 1967 年上半年先后撤回原单位，之后的加工联系工作全部由电工所 803 组科研人员承担。由于处于特殊时期，拖延到 1968 年底各主要部件才加工完毕，并完成组装。1969～1970 年，先后进行了热态调试和发电试验 10 余次。先是由于燃烧室和加速段的石墨衬套不耐冲刷、发电通道绝缘壁材料因尺寸过大不耐热震、电离种子输送压力不匹配等原因，发电试验难以得到预期的结果，后经不断改进，到 1971 年末，发电功率达到了 130～160kW，然而，仍存在燃烧室头部喷嘴较少、燃料 - 电离种子的雾化混合和燃烧组织欠佳以及发电通道流体力学特性有待改进的问题。

1972～1973 年，对装置进行了较大的改造，首先是用火箭燃烧室取代原来的燃气轮机燃烧室，同时，探讨了扁截面发电通道的优缺点，决定重新设计流通截面接近方形的发电通道。当时，日本二号机的特点和上海汽轮机锅炉研究所新发电研究室（当时，该研究室归属于上海电机厂）的研究进展和实验装置设计经验给了重要的借鉴和激励。

这一时期，磁流体发电的研究队伍有了发展，特别是，适应交叉学科研究的需求，增加了专业背景为燃烧、传热、热工自动化以及化工方面的研究技术人员，研究工作不断深入，实验技术得到显著改进。还逐步建立了高温高速工质等离子体特性诊断和发电通道内压力和电位分布测量等技术手段。

于是，重新设计、加工了火箭型三组元低压燃烧室，燃料、氧化剂和电离种子的喷嘴的数量显著增加，明显改善了燃料及种子的雾化、混合和燃烧组织；设计加工的新发电通道，加宽了绝缘壁的间距，减小了绝缘壁组块和电极的尺寸，增加了电极的对数，不仅改善了发电通道的气动力学特性，而且在磁感应密度有所降低的情况下，发电体积明显增加。

改进后的设备经过多次试验，在热功率输入 28～30MW、中心磁场 2T 时，发电功率一般在 450～500kW 之间，最高发电功率达 595.1kW，一次运行 2min26s。

1969～1974 年，该装置热态运行和发电试验共 40 余次，最高发电功率、功率密度和热电转换效率均达到当时国内外同类机组的先进水平。

短时间大功率磁流体发电研究虽然取得了一些进展，但是主要部件如燃烧室和发电通道以及耐高温材料，每次试验都要重装或者修补，并没有解决能多次重复使用而不损坏的问题。

在进行定常燃烧型磁流体发电研究的同时，还开展了爆炸磁流体发电的探索研究。

据当时文献记载，爆炸型磁流体发电的研究在国外已经开展了两三年，功率密度可达到 $2 \times 10^{10} \mathrm{W/m^3}$，脉冲宽度几十到几百微秒，设备亦较简单，是有可能最早用来解决激光能源的方案之一。

1965 年，电工所八室 803 组（磁流体发电研究组）刘鉴民做了《爆炸型磁流体发电》的开题报告，并由他负责开展工作。

所采用的方案是烈性炸药加苦味酸铯爆轰方式的爆炸型磁流体发电。炸药爆轰速度（8000～13000m/s）和推动导电层的激波速度（10^4～10^5m/s）很高，磁场区长度和导电层厚度相对很小，发电过程是非定常的，与功率相关的气流和电参数（速度、电导率、电流、电压等）均为脉冲量，测试诊断完全属于脉冲技术。影响化学能及电能的效率和功率的诸因素中，与炸药有关的因素涉及最广，如炸药种类和组分、密度、特性参数、几何形状、安装位置、起爆方式、添加剂组成等。爆炸磁流体发电机除磁场励磁设备外，无其他庞杂的辅助设备，系统简单，运作简便快捷。但作为特殊物品的炸药，其加工、运输、保管、使用均具有危险性，所以防护和安保极为严格又复杂。

爆炸磁流体发电的研究经历了在电工所本部、合肥分部、和中国科学院安徽光机所3个阶段。

（1）1969年底以前，该课题的研究工作在北京本部进行。工作内容有3项：第一，创建试验研究条件，建立1号爆炸型磁流体发电试验机，成功地完成了原理性试验；第二，设计测试方法及相关设备，通过实验分析影响发电特性的各种因素；第三，跟踪国内炸药和雷管的研究和生产情况，掌握品种系列及其成分、性能参数，进行筛选，以优化爆炸磁流体发电的特性。在使用RDX炸药6g，添加苦味酸铯160mg的条件下，发电功率达到405W，脉冲上升前沿5~10μs，脉冲宽度200~300μs。

（2）1965年2月，中国科学院决定电工所迁址安徽省合肥市。1969年底，803组的爆炸磁流体发电项目组陈忠荣等和实验设备，迁到了合肥，名为"电工所合肥分部803组"。在合肥分部所做的工作主要是提高发电效率和优化特性的基础性研究。并为此改进了设备，同时为扩大规模做准备。第一，继续在1号机上进行试验；第二，设计带有气流诊断机构的2号发电通道，改进诊断技术，增加炸药量；第三，为提高磁感应密度而建立了电容器放电励磁方式的脉冲磁场装置；第四，继续跟踪炸药的研制和生产，又一次进行了深入的调研。

（3）正当爆炸磁流体发电的研究准备扩大规模时，1970年11月中国科学院决定，以电工所合肥分部和上海光机所合肥分部为基础，在合肥组建中国科学院安徽光机所。爆炸磁流体发电课题在脱离电工所、归属安徽光机所后，研究工作又有了很大的进展，发电功率达到了18MW，超过了当时的苏联，接近美国的水平。

1973年，中国科学院决定在安徽光机所部署"受控热核反应"重大科研项目，为了适应该项目对人员和设备的迫切需求，根据安徽光机所的决定，爆炸磁流体发电课题组的人员和设备全部纳入受控站。爆炸磁流体发电的研究工作，就此终止。

640-3任务在研究过程中，进行过多次打靶试验，能量密度和聚焦的矛盾一直没有很好的解决。负责激光武器的主体单位对于磁流体发电作为640-3的能源，提不出进一步的要求。加之"文化大革命"期间，803组的隶属关系多次变动，后来的上级主管部门对此项任务的要求也不明确，磁流体发电作为640-3任务的能源方案的预研工作，虽然没有正式宣布下马，实际上已经不了了之。

2. 6403以外的探索

约1971~1972年，起因于国家空气动力学研究中心关于消除风洞实验对电网冲击的电源方案的咨询，对作为大容量风洞电源的电输出50MW的磁流体发电机进行了可行性研究，为此专门成立了课题组（命名为3号机组）。此外，为了简化特殊用途磁流体发电机的系统，与大连化学物理研究所协作，开展了把电离种子混合于火箭燃料的探索研究，并利用原上海汽轮机锅炉研究所的小功率磁流体发电试验装置进行过试验。

"文化大革命"期间，经历了体制的变化，电工所原八室已经解体。1967年冬，801组划归国防科工委第五研究院，802、803划归国防科工委第十五研究院。1969年研究室改为连队建制，802 组和 803 组合并为电工所六连，下辖三个班。后因大国防科研体系未能建成，电工所又下放到北京市，"文化大革命"后，再回到中国科学院。1972 年随着科研队伍的不断扩大和研究工作的深入发展，原六连二、三班合并改建成研究室，即后来的第一研究室，研究室的建制经过了按照试验机组分为 1 号机、2 号机和 3 号机组的阶段，逐步演变成下设发电通道组、燃烧室组、磁体电源组和测量控制组等四个研究组，同时还有一个工程组。

三、长时间民用磁流体发电研究阶段（1975～1985）

20 世纪 70 年代初，随着国际能源危机的加深和我国能源供需矛盾的日益尖锐，人们进一步认识到磁流体发电是大幅度提高效率、节省能源的有效措施。根据中国能源形势的要求和国际磁流体研究发展的趋势，电工所决定把磁流体发电研究的方向由特种用途转向民用，拟首先建立一台燃油长时间实验装置。

为了机组建设，组成了由何学裘负责的调研组，进行了比较广泛的调研，1974 年2 月电工所向中国科学院党的核心小组和北京市科技局上报了"关于在北京地区开展磁流体发电研究工作的建议"并在 1974 年接到《中国科学院（74）科发计字 217 号》文件和北京市"1974 年—1975 年科学技术发展计划（草案）"，计划在两年内初步建成100～500kW 长时间发电的模拟机组。

1974 年 6 月电工所上报了"为落实中国科学院、北京市下达的 1974～1975 年磁流体发电研究任务的请示报告"，报告主要请示了以下 5 个问题：

①关于模拟实验机组的容量；②组织领导问题；③关于经费及关键设备；④主要参加单位和协作单位；⑤关于机组建设的地点。

由于需要的经费太多，许多条件还不具备，难以实施，改为在原 1 号短时间磁流体发电试验机组的基础上改建的方案。

1 号长时间民用磁流体发电机实验机组是在原 1 号短时间机组的基础上，于 1975年夏季着手改建的。改建这台机组的目的是：

（1）研制高温空气预热器（热风炉），输出空气温度达到 1500℃；

（2）研究高温空气助燃、添加碳酸钾的柴油燃烧产物的电导率；

（3）研究长时间运行的燃烧室和发电通道的结构；

（4）研究电极材料、绝缘材料的最佳工作状态和长时间工作性能；

（5）磁流体发电机的电特性和气动力学特性的研究。

此外，也考虑了研究燃煤磁流体发电的可能性。该机组于 1976 年 10 月改建完成，11 月开始调试。

该机组以柴油和预热空气燃烧作为热源，用碳酸钾水溶液作为电离种子，热输入功率6MW，常规电磁体提供的磁场平均磁感应强度为 1.55T，高温空气预热器可以使空气预热到 1450~1500℃，法拉第型发电通道的设计输出电功率为 20kW，斜框型发电通道的为 10~12kW。

机组自1976年10月调试以来，先后进行了10余次试验。装置联合运行时间累计超过350h，累计发电时间超过70h。进入主燃烧室的空气温度最高达1530℃。主燃烧室燃气温度2655℃左右，试验时燃烧产物总流量在 1.1~1.4kg/s 之间可调，燃烧稳定。油和电离种子的混合、雾化和电离基本符合设计要求。法拉第型通道最高发电功率为23.6kW。斜框通道最高输出为11.6kW。用固体碳酸钾粉末作电离种子的发电试验表明，在钾含量及其他参数相同的情况下，比用碳酸钾水溶液作电离种子的功率输出提高30%以上。控制测量系统基本满足要求；顺序控制器根据预定的指令能顺利地完成热风炉的各种操作过程，使用情况良好。

本装置的建立为进行长时间磁流体发电的试验研究，提供了重要的条件，获得了许多有意义的技术数据。在长时间磁流体发电的设计和运行方面积累了有价值的经验。1980年6月，中国科学院电工所组织了鉴定会，肯定1号长时间磁流体发电实验机组主要部件达到了设计要求，其主要性能指标达到了国内外同类型先进机组的水平，评为应用性重大阶段成果，同年获得1980年中国科学院重大科技成果二等奖。

围绕以基本负荷电厂为应用目标的长时间磁流体发电的实验研究，电工所在燃烧产物物性计算、燃烧室和发电通道设计分析、高温空气预热器的设计和运行等方面积累一系列研究成果，编制开发了相关的计算软件，还启动了计算机数据采集的工作。

之后，在此装置上继续进行了燃烧室的改进和发电通道的绝缘水平、电极结构和功率引出方式等改进，并取得了预期的结果，最高发电功率达33kW，最长运行时间达30h。

考虑到煤在很长一段时间内将是中国发电的主要燃料，从20世纪80年代开始，逐渐将研究重点转向燃煤磁流体发电。为此，将燃油试验装置逐步改造，并进行了一系列燃煤磁流体发电的试验研究。

磁流体发电机作为一种流体动力学装备，其能量转换效率随着机组容量增大而提高，鉴于建立长时间运行的大容量试验装备需要巨额科研经费并面临多项技术挑战，为了获得商用化目标所必需的设计依据和技术积累，当时世界各国多采用所谓"两极逼近"的技术路线，即用小容量试验装置解决长时间运行的技术问题，同时，建造短时间运行的大容量装置来进行接近实用规模装置性能的研究。

借鉴所述思路，电工所于1979年开始设计建造热输入功率75MW、以轻柴油为燃料、用纯氧助燃的短时间磁流体发电机试验装置。该装置经过多次试验，完成了2200kW的发电试验，焓提取率达到了的设计指标，在大型无极头铁心常导磁体设计运行、燃烧室设计运行、发电通道结构设计和性能分析、高电压隔离计算机数据采集系统的研制等多方面取得了重要的成果，之后获得了 1989 年度中国科学院科技进步二等奖。并且，在中国科学院和美国国家科学基金会分别支持下，电工所和田纳西大学空间研究所合作，用该装置开展了"高互作用磁流体发电通道流体力学研究"，联合发表了 6 篇论文，受到国际同行的好评。

在这一阶段，由于综合发电试验装置的运行时间与对发电通道材料研制部门所提的寿命要求不相匹配，为了提供评价材料寿命的试验条件，杨昌琪决定建造以电弧加热器为热源的试验装置，长时间空气电弧加热器 1978 年设计、1980 年作为热源成功地在磁流体发电单元试验机组上投入使用，起到了加强与材料研究单位的配合、促进磁流体发电用电极和绝缘材料研究的作用。之后，为了进一步协调与电极材料研制单位的协作关系，更好地满足综合发电试验的需求，磁流体发电研究室组建了发电通道用电极材料研制小组，开展了氧化锆系和铬酸镧系材料的制备工作。

电工所在磁流体发电相关技术的研究和成果转化方面取得了可喜的成绩。主要有用于发电通道电极性能和寿命的百千瓦级长时间空气电弧加热器的研制、煤粉锅炉点火用电弧加热器的研制和燃用轻柴油或煤油的家用汽化油炉的研制等。

煤粉锅炉电弧点火的研究旨在大幅度减少煤粉锅炉点火时轻柴油以及燃烧低质煤和低负荷时助燃用重油和原油的消耗。研究工作由中国科学院能源办公室出面组织，成立了有中国科学院力学所、电工所、北京锅炉厂、751 厂参加的电弧加热器煤粉点火研制组，任务是用两年左右时间研制出一套参数优化、运行安全可靠的电弧加热器点火装置样机，经鉴定后能批量生产，为我国煤粉锅炉配套。第一步将代替油点火，第二步将能点燃劣质煤粉和解决助燃问题。技术方案是以电弧为以煤粉为燃料的预燃室点火，预燃室火焰喷入炉膛点燃主燃料，从而实现以煤代油的无油或少油点火和助燃。

1981 年 3 月至 1982 年 4 月，在试验室先后完成了各点火源的试验研究，煤粉预燃室的冷态和热态试验研究，预燃室用低质烟煤时也达到了稳定燃烧。1983 年 4 月开始在 751 厂的 35t/h 锅炉上开始进行工业试验。除了高能电弧，在同一个预燃室上还采用液化石油气、焦炉煤气、轻柴油及重油等点火源，并分别在 35t/h 锅炉上进行了点火启动试验，均取得了成功。少油点火的节油率在 97% 以上，费用可节省 90% 左右，取得了显著的经济效益。该项目获中国科学院 1983 年度重大成果一等奖。

家用汽化油炉的研制任务来源于广州市白云机械厂（后改为白云机电公司）。在没有或缺少煤气和液化石油气的广大地区，如部队边防哨所、煤供应困难的南方城市的个体经营者、没有液化石油气和煤气的城市居民以及部分农村家庭等，都迫切希望有一种高水平的汽化油炉。其中，广州军区后勤部和声称代表广州市 8 万个体户的记者先后向该厂提出研制这种汽化炉的要求。已有的汽化油炉，因噪声大、燃烧不充分或使用不方便……不能满足广大用户的要求。白云机械厂根据市场的要求提出了研制一种高水平的家用柴油汽化炉的攻关任务。其技术要求包括：①不用电、不用压气机；

②燃烧效率高，启动和停机不冒黑烟；③长时间运行不堵塞；④预热启动时间短，力争 1min 以内；⑤耗油量少，油污染少，可作数人至十数人炊事之用。

1985 年 4 月 15 日，电工所与广州白云机械公司签署了"新型家用汽化炉产品化协议书"，正式承接了此项开发任务。

磁流体发电研究室燃烧室组接受任务后，进行了广泛的调研，包括国内产品、图书资料、专利文献等，并进行了实验研究，在此基础上设计和制造了一种以柴油为燃料的新型家用汽化油炉样机，经性能鉴定试验证明，其火焰燃烧完全，呈蓝紫色，完全可以与液化石油气炉相匹敌；启动方便可靠，不需用酒精等辅助燃料；起停时无黑烟，加热效率高；操作简便。新产品克服了已有家用汽化油炉的主要缺点。厂方鉴定小组对电工所开发的新产品非常满意。双方并就该成果共同申请了实用新型专利。产品于 1985 年 10 月投入市场。该项目 1988 年获中国科学院技术进步二等奖，1989 年获国家科技进步三等奖。

四、高技术发展计划阶段（1985～2000）

1986 年 3 月，我国著名科学家王大珩、王淦昌、杨嘉墀、陈芳允向党中央提出发展我国高技术的建议，邓小平同志高瞻远瞩，做了"此事宜速决断，不可拖延"的重要批示。据此，中共中央、国务院邀请 200 多位专家研究制定了高技术研究发展计划纲要（即"863"计划）。经 1986 年 8 月国务院常务会议和 1986 年 11 月中共中央政治局扩大会议批准，从此诞生了中国高技术研究和发展的中长期计划。

当时，国家决定从 1986～2000 年投资 100 亿元人民币，最初进入该计划的有生物、自动化、信息、能源、材料和航天 6 个领域。后来又增补了超导、海洋科学等项目。

能源技术领域是"863"计划民用高技术研究 5 个领域之一，最初列入该领域的只有先进核反应堆一个主题项目，但是在专家论证过程中大家认为，煤是我国主要能源燃料，以煤为燃料的发电量占我国发电总量的 70% 左右。因此有必要进行先进的燃煤发电技术研究。1986 年 7 月，在国家海洋局，由国家科技领导小组出面召集当时国内正在从事磁流体发电研究的中国科学院电工研究所、机械工业部上海发电设备成套设计研究所和东南大学（即南京工学院）三个单位的领导和专家开会，在讨论过程中，经济贸易委员会周宣城副主任和石化部张定一副部长极力推荐磁流体发电项目，建议在国家"七五"攻关计划已经考虑煤气化联合循环和增压流化床等先进燃煤发电技术的同时，把难度相对大一些、前景更好的燃煤磁流体发电技术列入"863"计划。会后，由杨昌琪起草了一个文件，阐述了磁流体发电技术的优越性和本世纪的目标和安排，在做了一些修改后递交给国务院科技领导小组办公室，作为制订"863"计划的背景材料。

上述建议被国家科技领导小组采纳，燃煤磁流体发电补充列为国家"863"项目，编号为863-613，和先进核反应堆一起成为能源技术领域两个主题，并且明确，1986～2000年，燃煤磁流体发电的研究经费为1.2亿元，燃煤磁流体发电技术主题的目标是：2000年前，完成万千瓦级中间试验电站的实验，做好建设50～100万kW的大型工业电站的技术准备。阶段成果："七五"期间，以建设万千瓦级中间试验电站为目标，进行概念设计、技术设计及关键技术试验研究。"八五"期间，建成中间试验电站。"九五"期间，突破大型工业电站关键技术。

1987年2月，国家科委经过部门推荐成立了"863"计划能源技术领域第一届专家委员会，首席科学家王大中，委员孙祖训、杨昌琪（杨昌琪逝世后，由严陆光接任）、霍裕平、徐益谦、舒宗勋、陈叔平。经单位推荐，领域专家委员会选定，由国家科委批准，组建了燃煤磁流体发电技术主题专家组，主题专家组组长由电工所居滋象担任；1995年后由童建忠担任。

1987年3月，在清华大学核能技术研究院召开了燃煤磁流体发电技术主题专家组第一次扩大会议。会议就燃煤磁流体发电技术主题1988～1992五年间的课题分解、每个课题的目标、研究内容、主要技术指标、技术路线、经费预算及各课题的经费分配达成了一致意见，会议确定了该主题下分8个课题，即燃烧室、发电通道、逆变系统、超导磁体、余热锅炉、种子回收、种子再生和中试电站的概念设计。同时还确定将电工所原有的热功率75MW油－氧燃烧磁流体发电机组改建成燃煤磁流体发电上游基地，上海成套所原有磁流体发电机组改建成燃煤磁流体发电下游基地。在此基础上编写了该主题的可行性报告及"七五"期间的计划任务书。1987年6月专家组正式成立，并向专家组成员颁发了国家科委的聘书。

该主题的可行性报告及"七五"期间的计划任务书，1987年6月20日经能源技术领域专家委员会审查通过。专家委员会一致认为：该报告客观地反映了本主题国内外的研究现状，报告所提出的研究目标和工作内容符合"863"计划关于"燃煤磁流体发电技术"的要求，研究的技术路线可行，"七五"期间安排的工作内容与研究的进度适当，技术指标与经费预算合理。一致同意将该可行性报告及"七五"期间的计划任务书上报国家科委。

1987年7月24日国家科委发文批复了该主题的可行性报告及"七五"期间的计划任务书〔（87）国科发工字0516号文〕，批复同意专家委员会及主题专家组所报的"燃煤磁流体发电技术"主题的可行性报告及计划任务书，并同意中国科学院电工研究所为本主题的主持单位。

至此，"863"计划燃煤磁流体发电技术主题的各项工作正式启动。电工所承担的研究工作分为以下几个方面：

- 磁流体发电机发电通道的研究。包括发电通道结构设计、性能分析、气动力学及电动力学研究、近电极现象及电极单元结构、负载连接方式、通道工程计算方法的研究等；

● 燃烧室方面的研究。添加电离种子的燃烧产物的组分、热电性质的计算和燃烧过程的数学模拟等；

● 大型鞍形超导磁体的研制；

● 燃烧产物等离子体的诊断和测量。主要从事燃气温度、通道内高温气流的速度和电导率的诊断和测量等方面的研究工作；

● 万千瓦级磁流体——蒸汽联合循环电站的系统分析和概念设计。

作为燃煤磁流体发电项目的主持单位，电工所领导对该项目研究给予高度的重视，各级职能部门也给予大力协助，磁流体发电研究室全体人员、超导研究室的有关人员全力以赴投入到该项目的研究工作，在 10 年左右的时间内，取得喜人的进展。

1988 年下半年，开始对油－氧燃烧机组进行全面的改造，按照燃煤磁流体发电研究的要求。建立了煤粉储存和输运系统、液氧储存和汽化系统，研制了燃煤燃烧室（由东南大学负责）、燃煤磁流体发电通道、扩压器和测量控制系统，建成了热输入 25MW、能连续运行 1~2h 的燃煤磁流体发电上游部件试验基地。上游部件试验装置于 1990 年底基本建成并点火调试，1992 年 11 月第一次发电，直到 1999 年 6 月，共进行热启动 37 次，燃烧试验 10 次，发电试验 14 次。最高发电功率 130.8kW，最长连续发电运行时间达 130min。所得到的大量实验研究结果和工程经验，为我国燃煤磁流体发电技术的进一步发展积累了极有价值的科学依据。热功率 25MW 燃煤磁流体发电上游部件试验装置的建成，使我国成为继美国之后，第二个拥有在规模和水平上相当的试验装置的国家，而且，在一级燃烧室的氧化剂注入方式，发电通道的非铂电极材料，绝缘壁用陶瓷元件，发电通道外部结构以及高速数据采集系统等方面，有一定的技术创新与关键技术的突破，都不同于美国而独具特色。

发电通道材料，特别是电极材料是燃煤磁流体发电的关键技术问题之一。为此，"863" 计划在新材料领域内专门设置了磁流体发电通道材料专题，在电工所专门建立了发电通道电极单元模拟试验装置，它以电弧加热器作热源，添加电离种子与灰渣，对材料进行长时间寿命考验和性能试验。冶金部钢铁研究总院等材料单位做了大量研究工作，并筛选出铁铬铝加稀土元素的电极合金材料和赛隆绝缘材料，先后进行了 85h、202h 和 256h 的考核试验。阳极材料的腐蚀率为 2.4×10（g/C），其腐蚀率虽然比白金高一个数量级，但价格便宜，可用增加厚度的办法来满足工作需要。至于用钨铜制成的阴极材料，完全满足阴极工作的条件。作为绝缘材料，赛隆有良好的绝缘性能，亦能满足发电通道性能的需要。燃煤磁流体发电通道电极单元模拟试验装置获 1990 年中国科学院科技进步三等奖。

磁流体发电用鞍形超导磁体系统是实用磁流体发电站的关键部件，它包括大型鞍形超导磁体、实用卧式低温容器与从俄罗斯引进的 150L/h 氦液化装置及有关配套设备。是迄今为止中国研制的尺寸最大低温超导磁体，运行电流为 888A，场强为 4T，有效段长 1m，圆形室温空间直径为 440mm。磁体由 17 层共 34 饼鞍形线圈串联组成。国际上只有少数国家研制过这种大型鞍形超导磁体，研制技术复杂，工艺要求高。卧式低温容器储存的液氦可供磁体连续运行 8h，并可随时补充液氦。鞍形超导磁体和卧式低温容器等主体部件总装在一起，冷重达 15t。1997 年进行大鞍超导磁体的低温超导通电总体试验成功，使我国的大型磁体工艺和技术水平迈上一个新台阶。磁流体发电用超导鞍形磁体获 1994 年中国科学院科技进步二等奖。

由电工所牵头，联合上海成套所、东南大学及电力部门（主要是华北电管局和北京第三热电厂）有经验的技术人员，如期完成了磁流体发电中试电站的概念设计。这项工作是与美国田纳西大学空间研究所合作进行的。该电站计划建在北京第三热电厂，构成联合循环下游的是北京第三热电厂两台 12MW 汽轮发电机组，总热功率为 108MW。由于充分用美国花了大量资金和时间编制的磁流体电站概念设计软件，本项研究起点较高，结合我们具体条件为中试电站的设计方案和参数选择的优化，进行了大量技术性能和经济分析的计算，并特别注意各关键部件与常规电厂的接口。设计结果除了组织国内专家进行审查之外，还利用美国第 29 届磁流体发电工程年会的机会，邀请了国外 32 位专家进行了评议，给出了"设计是在高水平上完成的，它吸收了磁流体发电在动力工业中实际应用领域内世界最新成就"的评价。

国家第一期"863"高技术计划的总要求是跟踪国际先进水平，因此，在从事燃煤磁流体发电研究过程中，非常重视国际交流与国际合作。中国是国际磁流体发电联络组成员国之一，电工所积极参加国际联络组组织的各项活动，定期参加美国磁流体发电工程年会（SEAM）和日本能量转换和新发电方式年会，组织到美苏日等国磁流体发电研究基地进行考察，并且于 1992 年、1999 年在北京先后举办了磁流体发电国际会议，取得了很好的效果。在执行"863"计划过程中，先后与美国能源部、苏联科学院高温研究所签订了磁流体发电合作协议。与美国田纳西大学空间研究所进行的"磁流体发电流体力学研究（美国 NSF 组织支持）"和"磁流体中试电站概念设计"两项合作，都取得了预期的结果。从俄罗斯引进的、由两个容积 66m³、工作压力为 8 个大气压的储罐和配套的气化、压力调节装置构成的液氧供应系统为燃煤磁流体发电上游基地达到预定试验目标发挥了作用。

在磁流体发电用超导磁体的研制过程中，全面吸收美国研制同类磁体的经验，聘请美国有关专家进行指导。磁体绕制完成后，又在俄罗斯科学院高温研究所的大型杜瓦容器（我国没有同类设备）中进行低温通电和场强测试试验，取得了圆满的结果，为磁体最后封装创造了条件。从俄罗斯低价引进的两套液氦设备为此磁体的运行和其他超导磁体的试验提供液氦的保障。总之，10 年多时间内国际交流和国际合作为我们取得一定的研究成果创造了非常有利的条件。

但是，燃煤磁流体发电研究项目在按计划完成第一阶段任务之后，经历了目标的调整。

事实上，1986年给该主题制定的总目标与当时我国磁流体发电研究水平不相适应，在研究和编写万千瓦级燃煤磁流体－蒸汽联合循环中试电站可行性报告过程中，发现由于经费缺口大，技术风险大等原因，原定目标难以一步实现，经过认真的工作，反复讨论，并听取了国内外专家与有关领导的意见，当时任电工所所长的严陆光院士及时提出了修改总目标的建议，主张缩小中试电站的规模。应该先建设小型的燃煤磁流体试验装置，经过大量的综合发电试验取得经验后，再建设万千瓦级的试验电站方为稳妥。经过专家充分论证，该建议得到国家科委核准。国家科委确定，燃煤磁流体发电技术主题2000年的战略目标调整为：立足国内已有的基础和大鞍超导磁体，到2000年建成燃煤磁流体－蒸汽联合循环长时间试验装置，在该装置上进行关键技术和部件研究，并完成累计1000h的性能和寿命试验，为中试电站的建设做好必要的技术准备。该装置称为：12MW热输入燃煤磁流体－蒸汽联合循环试验装置（MHD-12），包括燃煤燃烧室、发电通道、超导磁体、功率调节和逆变器、余热锅炉、种子回收装置等主要部件。热输入为12MW，磁流体发电功率为200kW，蒸汽生产能力为15t/h。预计可于1997年建成，1997～2000年进行调试与长时间试验研究。

与此同时，还明确工作的重点应放在进一步解决一些主要关键技术问题上，使主要部件的性能水平和寿命指标达到能建立中试电站的要求。1994年6月28日国家科委《国科发工字（1994）99号文》正式批准了"12兆瓦热输入燃煤磁流体－蒸汽联合循环试验装置"的建设。1994年7月底国家科委和中国科学院签订了"国家科委－中国科学院'863'计划燃煤磁流体发电试验装置委托建设和运行管理合同"。中国科学院作为MHD-12试验装置建设主管部门，负责项目的立项、设计、建造和运行的组织管理。

电工所作为"12兆瓦热输入燃煤磁流体－蒸汽联合循环试验装置"建设的业主单位，成立了工程指挥部。主任严陆光，副主任刘廷文、居滋象。具体组织领导该试验装置的研究和建设。中国科学院电工研究所与有关单位合作，组织了70多位科技人员参加的队伍，进行具体的方案论证，施工设计和工程建设准备工作。在中国科学院各级领导的大力支持下，整体工程得以按计划顺利进行。

但到20世纪90年代中期，国际磁流体发电研究形势发生的变化，影响着国家的决策；此外，在"863"计划执行过程中，发现原定的能源领域总经费不敷使用。于是，国家科委决定终止磁流体发电中试装置建设，在能源技术领域，调整经费分配，保证高温气冷核反应堆项目的进行，磁流体发电研究也不再列入国家21世纪的"863"计划。

在"12兆瓦热输入燃煤磁流体－蒸汽联合循环试验装置"停止建设后，确定了"九五"期间四个方面的研究课题，经能源领域专家委员会评审及国家科委批准实施，总经费1500万元。

四个课题的主要研究内容和目标为：

①连续稳定燃煤磁流体发电试验及关键技术研究（1995～2000）

充分发挥现有25MW上游试验装置的作用，在2000年前开展一系列上游部件及综合发电的试验研究，其中包括研究和掌握煤渣的行为及其对磁流体发电机性能的影响，通道结构及性能的规律性研究。

②磁流体发电应用基础研究（1995～2000）

与试验研究紧密配合，积极开展理论分析研究，计算机模拟，经济技术分析及新方案的探索研究与人才培养工作。

本课题的研究目标是：深入了解磁流体发电机的主要部件燃烧室和发电通道的工作机理，建立必要的数学模拟，为磁流体发电的技术人员提供设计计算方法，为两大部件试验研究提出改善性能和延长寿命的措施。

③磁流体发电用超导磁体的研制（1995～1997）

主要任务是完成鞍形超导磁体系统制造，包括卧式低温容器的研制，大鞍超导磁体系统的安装及通电试验以及150L/h氦液化装置（低温站）的建设，计划到1997年底全部研制及试验工作结束。

④超导磁流体船舶推进技术的研究（1995～1998）

研制一个可船载的超导磁体系统（5T）；利用上述超导磁体研制一个螺旋通道推进器；设计、建造试验海水循环回路；利用上述推进器研制一艘超导螺旋通道磁流体推进模型船；并完成航行试验研究，为我国磁流体推进船的研究和发展奠定坚实的理论和实验基础。

以上四个课题从1995年中开始，到2000年8月全部结束，全面完成了"863"计划磁流体发电主题调整后的研究计划目标，并按规定由科技部"863"能源办公室和能源领域专家委员会联合进行验收。

在关键技术的实验研究取得预期成果的同时，在发电通道热电物理过程的研究、不均匀流磁流体发电机的探索、燃煤燃烧室燃烧和电离过程的研究、燃煤燃烧室高温燃烧过程诊断系统研究、燃煤燃烧室氧化氮排放的研究、磁流体燃煤燃烧室空冷方案可行性研究、尾气煤气化磁流体－蒸汽联合循环的系统分析等应用基础理论研究方面也取得了重要的进展。

"九五"期间所得的研究结果为今后开展磁流体发电研究积累了大量的经验，并为开展磁流体工程技术其他应用奠定了基础。

五、后 "863" 计划阶段

进入 21 世纪，电工所的磁流体发电研究的经费和研究队伍大幅度缩减，在继续从事船舶磁流体推进的探索研究的同时，得到 "863" 计划的支持，进行过爆炸磁流体发电作为微秒级脉冲大功率微波发生器电源的可行性研究、采用磁流体动力学能量转移原理的高超音速磁等离子体化学推进系统的概念研究，还有在中国科学院创新项目支持下的爆炸磁流体与磁通压缩联合发电机作为高功率微波电源的可行性研究等。

另一方面，电工所在 1980 年就进行过调研、准备开题、却没有实施的液态金属磁流体发电研究，却在传世宇机械设备有限公司的支持下，以波浪能发电为目标，有了良好的开端，波浪能磁流体发电机使用 U47 低熔点合金作为工质，往复式运动方式，研究工作无疑将为波浪能的有效利用开辟新的发展方向。

40 余年来，电工所百余位研究、技术人员和工人师傅奉献了他们的学识、智慧、青春甚至一生。电工所为了给国家找出一条高效节能的发电途径，积极向有关部门建议开展磁流体发电研究，为了磁流体发电研究工作需要，在电工所内建立了具有相当规模的磁流体发电实验室，实验室内先后建立了 4 台机组，在不同时期，为不同试验目的和任务服务。从无到有、从小到大、从浅到深，克服了许多困难，坚持此项工作，取得了 20 项研究成果、10 项奖励和 4 项专利。在国内外各种刊物和学术会议上发表论文数百篇，编著 3 本。历练了一支具有良好素质和奉献精神的研究队伍，培养了一批掌握磁流体发电理论基础、具有较强研究能力的硕士和博士。

电工所已经掌握磁流体 – 蒸汽联合循环发电系统上游主要部件的工程计算和实验分析程序，并具备了提供使用的能力。在通道气动力学与电动力学的研究，漏电对发电机性能的影响的研究，斜框形通道的性能研究，燃烧产物组分和热电性质计算，燃烧过程数值模拟、电导、温度与速度诊断，高电压条件下的多参数数据采集等方面，均具有自己的特色，在国内处于领先地位。

第十节　超导技术研究

超导技术是有广泛应用和巨大发展潜力的高技术，是目前国际科技发展的重要前沿，它的研究具有十分重要的理论和实际意义。超导体具有诸多奇特的物理性质，如零电阻特性、完全抗磁特性、宏观量子相干效应等。利用超导体这些特性可以获得强磁场、储存电能、实现磁悬浮、制作永久磁体以及测量微弱磁场信号等。利用超导体研制的各种装置，由于其具有能耗低、体积小、重量轻等优点，已经展现出极大的优势，在电工、能源、信息、交通、科学仪器、医疗技术、国防和重大科学工程等方面都具有重要的应用价值和前景。自 20 世纪 60 年代出现 NbTi、Nb_3Sn 等实用低温超导材料后，超导应用研究在国际上已获得了很大的进展，并获得实际应用。1986 年发现高温超导材料以后，由于高温超导体可以在比低温超导体所需的液氦温区（4.2K）高得多的液氮温区（77K）下运行，高温超导应用研究更受到世界上许多国家的重视。目前，高温超导输电电缆、高温超导故障电流限制器、高温超导电机、高温超导变压器等研究方面均已取得实质性进展。

一、开创和建室阶段

1964 年中国科学院电工研究所八室 802 组承担中国科学院下达的 640-3 任务，开展大功率脉冲激光用的电感储能装置研究，先后研制了储能为 10^5J、10^6J 和 5×10^7J（合肥）的电感储能装置，并与中国科学院上海光机所合作进行激光打靶实验。为了以后研制更大能量的电感储能装置的需要，1969 年 802 组张超骥、申世民等与中国科学院物理研究所五室合作，进行用于脉冲氙灯的超导储能线圈的预研工作，研制内容包括超导电缆、磁体和低温容器的设计与研制以及相应的超导磁体保护、液面测量、电流引线和超导开关等。该超导储能线圈由截面为 2.7mm × 8mm 的 NbTi 超导绞缆绕成，线圈电感为 40mH，最大电流 2240A。1973 年完成了储能量为 10^5J 超导电感储能实验装置研制，并作为脉冲氙灯的电源进行了放电试验。通过试验证明采用超导线圈储能的方案是可行的。

1970 年 802 组在完成 5×10^7J 电感储能装置研制与实验后，根据中国科学院的决定，将该电感储能装置移交给新成立的合肥等离子体研究所。当时，国际上超导技术研究正在兴起，而 802 组承担的 640-3 任务已结束，于是提出开展超导磁体技术研究。1973 年电工所领导决定在原八室 802 组基础上成立超导技术研究室（第四研究室，简称四室），开展超导磁体技术研究，韩朔担任研究室主任。

四室成立之初，首先开展液氦低温站和低温实验室的建设工作。由于当时国内尚无合适的氦液化器的产品，于是决定自力更生建造一台 20L/h 活塞式氦液化装置。通过氦液化器的研制，同时也培养和锻炼了一批低温技术人员。另一方面，四室还积极关注人员的专业知识培训，曾请北京大学物理系教师为四室人员开设超导物理讲座，以便尽快掌握超导基础理论，开展研究工作。随后还组织主要技术骨干到物理所参加"超导物理"讲习班，系统学习超导基础理论知识。在此期间，四室还组织相关人员积极争取超导磁体研究任务。自 20 世纪 70 年代中后期，四室开展了高能物理、核聚变装置、磁流体发电等方面用的超导磁体的研究，随后还进行了超导磁分离、超导核磁共振谱仪等的预研。根据研究工作的开展，四室组成了四个研究组和一个低温技术组（即 401 组），主要进行大型全稳定超导磁体研究（组长林良真）；402 组，主要进行脉冲超导磁体和高场超导磁体研究（组长韩朔（兼），副组长张超骥）；403 组，主要进行高精度、高稳定度超导磁体研究（组长张永）；404 组，主要进行磁流体超导磁体和聚变超导磁体研究（组长严陆光，副组长马宏达）；405 组（低温技术组），主要进行液氦装置的建设、维护和运行等（组长彭世万，副组长杨洪盛），逐步形成了一支技术力量较强的超导应用的研究队伍。

1974 年，根据当时高能物理研究所建立 50GeV 质子同步加速器的计划，402 组开展了加速器用脉冲二极超导磁体的预研工作。该组采用宝鸡有色金属加工研究所研制的多芯丝 NbTi 超导线组成的编织带和 Cu-CuNi-NbTi 三组元扁平导线，先后研制了两个脉冲二极超导磁体，其孔径分别为 10cm 和 15cm，磁体长均为 70cm。孔径为 10cm 的磁体采用四层圆鞍绕组结构，有冷铁屏时磁体中心磁场达 4.67T，无铁屏时中心磁场达 3.6T。孔径为 15cm 的磁体为六层圆鞍绕组，其中心磁场达 4.1T。除此之外，还研制了脉冲超导磁体研究实验用的 23 股卢瑟福超导电缆。与此同时，401 组根据 50GeV 质子同步加速器的 0.7m/3.5T 探测器用超导磁体的要求，先后研制了孔径分别为 10cm 和 35cm 的低温稳定超导模型磁体。孔径为 10cm 超导模型磁体采用宝鸡有色金属加工研究所研制的铜超比为 6 的 NbTi 复合超导线绕制，磁体为双饼式绕组结构，由 27 个双饼组成，磁体运行电流为 500A、中心磁场为 4T、电感为 0.6H，磁体总重 180kg。35cm 孔径的超导模型磁体所采用的复合超导线是将铜超比为 1 的多芯 NbTi 导线嵌入凹形铜基带中组成。凹形铜基两侧均开有沟槽，以增加与液氦接触面积，NbTi 复合超导线总的铜超比为 10。该磁体由 18 个双饼绕组组成，其运行电流为 1500A、对应中心磁场为 4T、导线上最大磁场为 4.8T、磁体电感为 0.38H、储能为 427.5kJ、磁体总重 400kg。为进行超导磁体实验，还相应设计和研制了内径为 600mm 和 800mm 的低温实验容器。随后，由于高能所超导加速器计划变动，高能物理用超导磁体研究未能进一步进行。但是通过对高能物理用的超导磁体预研，有力地推动了我国超导磁体技术和 NbTi 超导线的发展。

1975 年，四室与北京天文台合作进行大视场天文电子照相机的研究，403 组负责天文望远镜磁聚焦用的高均匀度超导磁体系统研制。天文望远镜超导磁体采用外径 0.4mm NbTi 超导线绕制，磁体内径为 21.4cm，外径为 24.6cm，高 44cm，磁体中心磁场 1.5T。在磁体中心直径 10cm、长 10cm 范围内磁场均匀度优于 5×10^{-4}。该磁体采用超导开关闭合运行，磁场稳定度在 2h 内优于 10^{-5}，在与天文望远镜配合实验时，在整个工作区线条分辨率优于 1.5μm。该项成果获中国科学院重大成果奖。

1974 年，电工所一室提出研制热输入功率为 6MW 的 1 号磁流体发电装置的计划，该装置法拉第型发电通道的设计输出电功率为 20kW，斜框型发电通道的为 10～12kW。根据磁流体发电研究的需要，1976 年 404 组开展了 1 号磁流体发电装置研制超导磁体的预研工作，提出了研制一个室温孔径为 40cm、有效磁场长度为 1m、中心磁场强度为

5T 的磁流体发电装置用超导磁体的研究方案。根据预研计划，首先拟定了一个用高电流密度、密绕、充蜡的超导磁体方案。该方案具有立足国产超导线、磁体重量轻和造价低等优点。为此曾先后设计、研制和实验了三个鞍形超导磁体模型。第一和第二个超导磁体模型的绕组都是横截面为相交椭圆、恒周长结构，绕组内径为 15cm，绕组长 56cm。绕组导线为矩形 NbTi/Cu 带，其截面为 2.09mm×1.54mm，铜超比为 2，超导丝径为 50μm。这两个磁体绕组都采用石蜡浸渍，中心磁场最终分别达到 3.84T 和 3.17T，其性能为导线短样性能的 70%。第三个鞍形超导磁体模型绕组采用 45°扇形、双饼式结构，绕组内径为 21.5cm，长 62.5cm。绕组采用截面为 3.21mm×1.81mm、超导丝径为 70μm 的 NbTi/Cu 超导带绕制。由于改进了绕制工艺，该磁体成功地达到了中心磁场 4.56T、最高磁场达 6.3T，对应绕组电流密度为 27.3kA/cm^2、储能为 396kJ，磁体性能达到导线短样性能的 97%。

为了提高超导磁体的稳定性，保证超导磁体能安全、可靠地运行，考虑到实用磁体尺寸比模型磁体大，因此 1 号磁流体发电机用的超导磁体决定采用低温稳定的圆鞍磁体（简称大鞍磁体）方案。此后，一方面积极进行超导磁体的技术设计；另一方面进行磁体研制的准备，向沈阳电工设备厂定购专用的鞍形线圈绕线机、向美国 Supercon 公司购买了 4t 截面积为 2mm×10mm 的高铜比 NbTi 超导线以及进行高铜比 NbTi 超导线特性和稳定性实验研究等。随后由于大鞍磁体的研制缺乏进一步经费的支持，1984 年研制工作暂时中断。

为了跟踪国际进展，在中国科学院支持下，1976 年 404 组以研究核聚变研究用超导 Tokamak 装置为目标，提出研制一个小型 Tokamak 超导磁体装置（简称 6D 装置）的计划。6D 装置由 16 个 D 型超导磁体组成，总半径为 45cm，中心磁场为 3T，磁体总储能为 4MJ。为此，开展了 D 型超导模型线圈的研究工作，研制与试验了一系列 D 型超导磁体，包括一个 D1、两个 D2 与一个 D3 超导磁体。D3 超导磁体是 6D 装置原型磁体，D2 和 D1 磁体分别为 D3 磁体的 1/2 和 1/3 模型。

1978 年上海制冷机厂研制的我国第一台 50L/h 活塞式氦液化器在四室低温站顺利投入运行。该氦液化器的运行，为四室各项实验研究工作提供了有力的保证。

二、调整、提高阶段

1978 年改革开放以来，四室先后派遣多名技术骨干分别到德国卡尔斯鲁厄核研究中心技术物理所、法国 Saclay 实验室、瑞士苏黎世高等工业大学、美国威斯康星大学、日本电子综合研究所和日本高能物理研究所等相关超导研究单位学习、进修和从事合作研究。与此同时，四室还积极邀请国外知名超导技术专家来所访问、讲学。

20 世纪 80 年代，电工所超导技术研究已具有一定规模，成为国内超导应用的重要研究力量，超导技术应用研究也受到国家重视。根据国际超导技术发展的形势和我国超导技术发展的需要，1982年国家科委成立电工专业组超导电工技术分组，聘任韩朔为组长。1983年5月中国科学院为了拟定超导技术发展规划，成立了超导技术规划专题组，韩朔任专题组副组长。超导技术发展规划提出，中国科学院超导技术工作已有一定基础，要加强应用研究，重视基础研究，建立更扎实的技术基础；要发挥中国科学院工作的特点，多承担基础性研究和重大任务，大力培养年轻的科技骨干队伍；到2000年，实现我国超导技术力量跻身国际先进行列。

1982年，402组开展了核磁共振成像超导磁体的预研工作，针对全身核磁共振成像超导磁体系统和1/3尺寸大小的模拟磁体系统，进行了四线圈主磁体的设计、补偿和梯度场线圈、超导开关和磁体保护以及低温容器和制冷系统的设计。随后，原国家科委决定支持在深圳成立科健公司开发磁共振成像用的超导磁体，402组部分从事超导核磁共振成像研究人员随之转到科健公司工作。此后该组则主要围绕核磁共振成像超导磁体关键技术开展研究。建立了设计程序并应用于科健公司的0.6T核磁共振成像用超导磁体。

1983年中国船舶总公司武汉712研究所开始了船舶推进用超导单极电机的研制工作。该项目第一阶段的目标是研制一台电压为230~330V、转速为1300r/min的300kW单极超导电机，404组承担了单极电机的超导磁体研制任务。超导磁体由两个相同但磁场极性相反的分离螺旋管线圈组成，两个螺线管线圈中心距离为880mm。超导螺线管线圈内径为370mm、外径为490mm、长为300mm、中心磁场为4.70T、最高磁场为6.0T、储能650kJ。超导单极电机各部件分别研制、调试成功后，1992年12月在武汉712所进行300kW超导单极电机的满负载试验。电机在不同电压、电流和转速下试验运行2h以上，满负载300kW运行（电流350A）36min，电机运行稳定。300kW超导单极电机获1993年中国船舶总公司科技进步一等奖。

1981年402组提出超导高场磁体的研制方案，开展高场超导磁体的研究。1983年成功研制了一台超流氦冷却、中心磁场达11T的NbTi超导磁体。该磁体内径为10mm、外径为127mm、高为58mm，采用直径0.5mm、铜超比为1.5的NbTi超导线绕制。在4.2K下磁体中心磁场达8.35T，在1.9K下磁体中心磁场达11.01T。

1984年电工所任命严陆光为第四研究室主任，林良真为副主任，研究室下设三个研究组和一个低温组（站），分别开展高场超导磁体技术（组长林良真（兼））、超导磁分离技术（组长严陆光兼）以及超导应用技术（组长张永）。低温组（站）（组长彭士万）负责提供研究实验所需的液氦。

高场超导磁体组自1983年起承担了中国科学院"六五"高场超导磁体攻关项目，其目标是研制一台NbTi-Nb₃Sn高场超导磁体。1985年底完成了内径为80mm、中心磁场达11.4T的NbTi-Nb₃Sn磁体的研制，该磁体的Nb₃Sn线圈采用西北有色金属研究院用青铜法生产的两根不同截面的多芯 Nb_3Sn 导线绕制，Nb_3Sn 线圈单独试验时，最大电流达 637A，对应中心磁场为 9.45T，达导线短样性能的 90%。在此基础上，1987 年又完成孔径为 31mm 的第二个 Nb_3Sn 线圈的研制，这个 Nb_3Sn 线圈采用上海冶金所用铌管法工艺生产的 Nb_3Sn 导线绕制。线圈单独试验时，最大电流达 717A，对应中心磁场为 6.79T（未失超）。1987 年进行三个线圈组合实验，由两台电源分别对 NbTi 和两个 Nb_3Sn 线圈供电，组合磁体中心磁场最大达 14.42T，这是我国自行研制的最高场强的实用超导磁体。随后在 14T NbTi-Nb_3Sn 磁体中插入在强磁场下能保持高导磁率的一对直径 25mm 的低纯钬芯棒进行实验，在 6.5mm 芯棒间隙中获得了 17T 磁场。NbTi-Nb_3Sn 高场超导磁体的研制获 1990 年中国科学院科技进步二等奖和 1991 年国家科技进步三等奖。

1985 年，超导应用技术组为中国科学院电子研究所研制成功 4mm 微波回旋管用磁体系统，该课题属超导技术攻关任务。磁体系统由一个主超导线圈、一个梯度超导线圈、两个超导开关和一个常规铜线圈组成。该磁体系统在孔径 9cm 室温空间中心谐振区可提供 3T 的均匀磁场，前部谐振区磁场的轴向分布可按需要调节，以满足不同的特定的要求。其超导线圈的低温容器具有 90mm 的室温孔径，并配有可拔电流引线，其液氦挥发率为 40mL/h，整个系统可在磁体闭环下持续运行 9 天而不需要补充液氦。该磁体系统通过了中国科学院组织的鉴定，并成功地用于 4mm 微波回旋管试验。

1985 年，超导磁分离技术组开展了超导磁分离技术研究。1987 年研制了一套超导高梯度磁分离样品实验机，它由中心磁场 5.5T、室温孔径 8cm 的超导磁体及其中空低温容器、高梯度磁分离室、馈料系统和反冲洗系统组成。利用它进行了高岭土提纯和高硫煤的脱硫脱灰试验，取得了较好的结果。

1986 年，超导应用技术组还开展 200MHz 核磁共振谱仪的超导磁体的研制工作，研制出中心工作磁场为 4.7T 的 NbTi 超导磁体。在没配置均匀场线圈时，在直径 5cm 的室温空间内磁场均匀度达 10^{-6}。磁体闭环运行时，其低温容器的液氦挥发率为 34mL/h。

1986 年燃煤磁流体发电技术作为一个主题被列入了国家高技术研究发展计划（"863" 计划）能源技术领域，"燃煤磁流体发电超导磁体系统研究" 也被列入燃煤磁流体发电技术主题的八个课题之一。于是，大鞍磁体的研制工作于 1987 年重新开始。为此重新调试已到货的鞍形线圈专用的绕线机、订制绑扎机等专用设备，并组织全室人力，在四室低温实验大厅进行鞍形线圈绕制工作。

1986 年研究核聚变 Tokamak 装置用超导磁体的计划也获得国家 "863" 计划的支持。根据计划要求，首先研制由 6 个 D2 超导磁体组成的 5D 环形磁体实验装置，其总半径为 25cm，中心磁场为 3T，以研究环形线圈的性能。严陆光组在原先工作的基础上，先后绕制成 6 个 D 型线圈。在完成 6 个线圈通电实验的基础上，进行了 5D 整环的组装。

1987年，超导磁分离技术组和中国科学院低温实验中心承担了中国科学院"七五"重大科研项目"超导高岭土磁分离工业性试验样机"的任务。其目标是研制出处理能力达3t/h高岭土干料的超导磁分离工业试验样机并进行高岭土干料分选示范实验。该实验样机由超导磁体系统、高梯度磁分选系统及卧式低温容器组成。超导磁体绕组内径为0.6m，外径0.684m，长0.8m，由三个螺管线圈组成，其中心磁场为3.5T，最大磁场为4.0T，工作电流857A，磁体的储能1.4MJ，磁体总重500kg。磁体的低温容器由低温实验中心研制，其室温内径0.5m，外径1.12m，长1.32m，总高2.77m，液氦容积约200升，满载时液氦最大挥发率约12L/h。1990年底，该课题单独进行了以系统性能为目的的运行实验，取得了令人满意的结果，表明高梯度磁分选系统可满足连续运行的要求。1992年5月，超导高岭土磁分离工业试验样机进行联机调试，并对茂名高岭土样品进行磁分选提纯实验、磁饱和实验以及工业性生产的模拟实验。该磁分离工业试验样机磁分选系统处理高岭土的能力达到3t/h的设计指标，经提纯的高岭土白度提高3%~5%、Fe_2O_3脱除约12%~20%、TiO_2脱除率达44%~58%。1992年8月，超导高岭土磁分离工业性试验样机通过中国科学院组织的验收，并获中国科学院1993年科技进步二等奖。

1987年超导应用技术组与武汉710所合作研制一种船用超导磁体模型装置，该装置包括超导磁体、超导开关和可变速旋转的低温容器等。其磁体由直径0.4mm NbTi超导线绕成，绕组内径为28.5cm，外径为30cm，长为18cm，工作电流为34A。磁体采用超导开关闭环运行，其低温容器平均液氦挥发率为0.32L/h，一次输液可连续工作110h。该超导磁体模型装置于1989年研制完成，并通过了中国船舶工业总公司的科学技术鉴定，1991年获中国船舶工业总公司科技进步三等奖。

在电工所的大力支持下，四室于1984年建成了面积达800m²的新低温实验室，安装了两台50L/h的氦液化装置，保证了各项实验任务的液氦的需要，为四室顺利完成各项任务做出了重大贡献。

在开展超导磁体应用研究的同时，四室也积极承担国家自然科学基金项目并结合相应课题，进行超导应用的基础研究。在超导磁体设计计算方面研究和发展了精确的数值计算方法和高均匀磁体的最佳设计方法与程序，建立了一套计算非线性静态磁场的程序包以及进行了载流导体及磁性体构成的系统的磁场分析计算研究。在超导磁体稳定性研究中，四室比较系统地研究了超导磁体的低温全稳定、脉冲超导磁体的动态稳定性、高电流密度、密绕磁体的绝热稳定性及其提高稳定的措施，并将研究结果成功应用于研制各种类型的超导磁体中。此外，还比较系统地研究了石蜡充填的提高超导磁体稳定的措施，积累了丰富的经验。在此期间，还先后开展高电流密度、中型超导磁体稳定性与常导区传播的研究和高场组合超导磁体最佳设计和稳定性研究等国家自然科学基金课题研究，在超导磁体稳定性研究方面，做出了较好的贡献。

为了增强超导磁体中心磁场、降低磁体导线上最大磁场和改善磁场均匀性，开展了在超导螺管线圈中插入稀土磁心的研究，提出了在强场螺管线圈中插入低纯度钕芯可有效地提高磁场。该结果被应用到14TNbTi-Nb$_3$Sn高场超导磁体实验中，当在磁体孔径中插入一对直径25mm低纯钕芯，在6.5mm芯棒间隙中，磁场可增高达3T。

此外，在结合磁体研制过程中四室还开展了超导磁体失超传播和磁体保护、超导磁体冷却方式、新型超导磁体结构、超导同步电机多层屏蔽等方面研究，其结果在磁体的研制中大都获得实际应用。与此同时，四室还进行超导磁体参数测量和数据采集的研究和超导磁体的低温材料力学性能的测量研究等。

在20世纪80年代初，电工所实际上已形成了一支比较强大的超导应用科研队伍，但随后由于科研体制改革等原因，四室面临超导研究任务不足、经费有限的问题。考虑到当时的实际情况，提出派遣技术骨干到德国汉堡电子同步加速器实验室（DESY），参加正在建造的电子－质子对撞机（HERA）的研制与实验工作。这样不仅可解决任务不足、经费有限的困难，同时还能培养锻炼队伍、保全超导研究技术骨干。从1985年10月至1990年9月期间，四室先后多次派出共约20人到DESY工作。此外，四室还派人到日本高能物理所、美国超级超导对撞机（SSC）实验室工作，与国际高能物理的超导应用研究保持密切的联系。

三、巩固、发展阶段

1986年高温超导体发现后在世界范围掀起了"超导热"。1987年5月国家科委组建了"国家超导技术联合研究开发中心"，具体负责超导攻关组织管理工作，同时还筹建国家超导重点实验室。韩朔被聘为"国家超导技术联合研究开发中心"学术委员会委员和国家超导重点实验室学术委员会委员。1992年林良真被聘为第二届国家超导技术专家委员会委员。

1987年10月，原国家科委委托电工所为主进行"超导技术应用研究与发展对策"软科学课题研究，韩朔任领导小组副组长和课题组组长。该课题的主要任务是通过国内外情况调研、分析和论证，提出我国发展超导应用的目标、任务和组织措施的意见，为国家宏观决策提供根据。1989年1月完成该软科学课题研究，提出了"超导技术应用发展对策报告"。

这期间电工所低温超导技术应用研究在有关部门支持下取得不少进展，有些项目也列入国家计划如"863"计划。"八五"以来，四室开展了一系列超导磁体的应用研究，如单晶炉用超导磁体研制、磁流体发电用超导磁体研制和其他特殊应用的超导磁体研制等。此外，还开展超导磁分离技术在选矿、重油燃烧、污水处理、生物工程和医疗等方面的应用研究。

1990年，电工所任命林良真为研究室主任、余运佳为副主任。研究室设有磁流体发电用超导磁体组（组长荆伯弘）、超导磁分离技术组（组长余运佳）、工程磁体组（组长易昌练）、高场磁体技术组（组长林良真）和液氦低温站（组长李会东），另外还设有磁场计算课题组（冯之鑫负责）和低温应变计测试技术课题组（韩燕生负责）。随后，根据磁流体发电用大鞍磁体研制等工作的需要，调整为四个研究组和一个液氦低温站，即大型磁体组（组长林良真，副组长荆伯弘）、超导磁分离技术组（组长宋守森，副组长戴银明）、磁体应用组（组长易昌练）、基础研究组（副组长冯之鑫）和液氦低温站（副组长杨鸿盛）。

在磁场中生长单晶的技术是20世纪80年代发展起来的一项新技术，它可使晶体的性能大大改善。1989年，磁体应用组开始为中国科学院半导体研究所研制一台砷化镓单晶炉用的超导磁体装置。它在坩埚区可产生0.4T的垂直磁场，在15cm圆柱形内磁场均匀度达6%，超导线圈是通过超导开关闭环运行。1992年，该研究组又为原电子部南京55所研制一台中心磁场为0.4T的砷化镓单晶炉用的超导磁体，该磁体室温孔径为0.516m，外径0.88m，高1.6m。随后，该研究组还为原电子部13所研制磷化铟单晶生长炉用超导磁体系统，该磁体由一对亥姆霍兹线圈组成，磁体内径71cm、外径74.3cm、总高17.2cm，在坩埚区域可提供0.3T的稳定垂直磁场，沿轴向15cm内磁场均匀度不低于5%。该磁体采用直径0.4mm NbTi超导线绕制，磁体工作电流为30A，对应中心磁场为0.301T，线圈最大磁场为1.41T，超导线总重13kg，磁体采用超导开关闭环运行方式。该磁体的低温容器采用原电子部16所生产的二级制冷机冷却容器的冷屏。1996年10月，在现场进行了19天连续运行实验，容器液氮挥发率平均为7L/d、液氦挥发率平均为0.32L/d，其液氦槽容积为72L，一次输液可连续运行两个月以上。1999年磁体应用组还为力学所微重力实验室研制了砷化镓单晶生长炉用超导磁体装置，超导磁体在单晶炉坩埚区可分别提供0.45T以下的垂直磁场或0.25T以下的水平磁场。其低温容器在存满液氦（约50L）时，平均液氦挥发率为2.2～2.4L/d。

为了解决特殊情况下通信中断问题，受207所委托，磁体应用组于1991年研制出一个重量仅达0.5kg、场强为1T的超导磁体提供力学所进行模拟实验。该超导磁体及其磁通泵单元件经受了振动、冲击、离心等机械强度实验后，性能未退化，能满足要求。

1992年5月，大型磁体组完成大鞍磁体的绕制，它由17层34饼鞍形线圈组成。磁体绕组内径690mm，外径1210mm，长1720mm，磁体总重13.6t。由于当时国内没有进行大型超导磁体的低温实验条件，经所长严陆光与俄罗斯科学院高温研究所商谈，该所同意电工所支付2万美元实验费用，为大鞍超导磁体进行通电实验。1992年6月，电工所将磁体运往莫斯科，1993年1月，林良真率队赴莫斯科与俄方人员组成联合工作组，进行大鞍磁体实验的一系列准备工作，包括磁体参数测量、绝缘实验、大电流引线制备、磁体吊装设计和加工装配以及液氦生产、输液的准备等。经双方共同努力，1993 年 5 月该磁体顺利安装在高温所的直径达 Φ5.3m、高达 9.55m 的实验低温容器中，并进行低温冷却和通电实验。经约 90h，顺利将该磁体从 300K 冷却到 4.2K，随后两次对磁体励磁达 916A，对应磁体中心磁场达 4.16T，绕组最大磁场达 4.67T，磁体性能达到设计和使用的要求，俄方对该磁体的性能给予了高度评价。这次实验共用液氦 2 万余升，对双方来讲，都是一次最大规模的超导磁体实验。大鞍磁体随后运回电工所，并于 1993 年 11 月通过中国科学院组织的鉴定。该磁体的研制获 1994 年中国科学院科技进步二等奖。随后，与北京化工机械厂合作，加工、制作了卧式低温容器并将大鞍磁体吊装在低温容器中。该容器采用偏心的氦容器结构，室温孔径为 44cm，容器在额定运行时液氦挥发率估算为 11L/h，一次输液可连续运行 8h，可以满足磁流体发电装置实验的需要。

为了保证大鞍磁体冷却、实验和今后正常运行所需要的液氦，电工所通过俄罗斯科学院高温研究所定购一套产量达 150L/h 的氦液化器装置，该装置各部件由俄罗斯高温所负责定购和配套，并派技术人员到电工所协助安装和调试。1996 年 9 月，150L/h 的氦液化器在四室低温实验大厅安装、调试完成，液化器产量达到 150L/h 的设计水平。1997 年 1 月，全室组织进行了大鞍磁体的总体实验。该 150L/h 氦液化器共连续运行 4d，生产液氦约 14000L，保证大鞍磁体的总体实验顺利进行。大鞍磁体在中心磁场达 4T 下，稳定运行了 8h，低温容器在额定负载下液氦损耗实测为 9.1L/h。该磁体系统于 1997 年 8 月通过了国家 "863" 能源领域专家委员会组织的验收。专家委员会验收意见认为，该课题已全面完成磁流体发电用超导磁体研制合同规定的任务，达到了要求的技术指标；该磁体系统是我国迄今为止所研制的最大超导磁体系统，它的研制成功，标志我国大型磁体研制水平达到了国际先进水平。

1994 年，磁体应用组与中国船舶工业总公司 710 研究所继续合作，完成了船用超导磁体工程模拟的研制。该超导磁体为螺线管线圈，其内径为 709mm、外径 740mm、长 440mm、工作磁矩为 $3 \times 10^5 A \cdot m^2$，工作电流为 88A、线圈储能 $1.78 \times 10^5 J$，磁体总重 165kg。磁体采用超导开关闭环运行方式，超导线接头采用冷压焊接，接头电阻 < $10^{-8} \Omega$。磁体的低温容器为立式容器，在旋转和摇摆的工况下，其平均液氦挥发率为 0.6%，一次输液可连续运行 15d 以上。通过船用超导磁体工程模拟的研制达到了进行实用性装置的设计和生产的水平。该项研究成果获 1996 年国家技术发明二等奖。

根据工作的需要，四室曾开展各种用途的实验室用小型超导磁体的研制，先后研制了多种口径、不同磁场强度的超导磁体。例如，1994 年研制成功绕组内径为 88.6mm、中心磁场达 8.78T 的高均匀度 NbTi 超导磁体，在磁体中心空间球径 10mm 内，磁场均匀度达 1.7×10^{-7}。该磁体失超电流达到其最强场区超导线短样性能的

96.5%，磁体励磁时间为9min。四室还开展超导磁通泵的研究，1994年研制出一台具有热控式超导开关的全波超导整流磁通泵。作为一种有感负载的供电装置取代常规的电流引线，它具有低热负载、高输出功率的优点。

1994年4月，与韩国浦项大学签订研制合同，为其研制中心磁场为4T的磁流体推进用超导磁体系统，超导磁分离技术组负责该磁体系统的研制。该磁体系统包括内径20.5cm、长83cm的圆鞍形NbTi超导磁体、可拔电流引线、超导开关以及具有室温孔径的低漏热低温容器。1996年底完成超导磁体在卧式低温容器中的总装和闭环试验后，韩方于1997年1月到电工所进行验收实验。验收实验共进行闭环运行30次，其中闭环电流在650A以上共14次，最高电流达710A。验收实验结果表明，该磁体可在中心磁场为3.5T下稳定闭环运行，轴向和径向磁场均匀度均满足用户要求，顺利通过验收。随后还派专人到韩国浦项大学帮助韩方安装和调试，保证该超导磁体系统的正常运行。

1995年电工所任命余运佳为四室主任、李会东为副主任（其间杨鹏于1997~1998年任副主任），下设"863"计划低温超导组（组长林良真，副组长李会东、高智远）、磁分离技术组（组长宋守森，副组长戴银明）、磁体应用组（组长易昌练）和低温超导应用基础研究组（副组长冯之鑫）。

考虑到电工所磁流体推进实验的需要，1996年四室承担了研制船载用螺管超导磁体系统的任务。该磁体系统使用早先研制成功的内径300mm螺管型超导磁体以及新研制的卧式低漏热低温容器、磁通泵、可拔电流引线和二极管保护装置等。该船载用螺管超导磁体系统结构紧凑，漏磁少、中心磁场达5T，并成功地应用于螺旋式超导磁流体船舶推进试验船，其船速达0.61~0.65m/s。

这期间，四室还相应开展小型超导储能的研究。1998年研制了一台25kJ/1.25kW小型超导储能实验装置，它包括一台内径为17.6cm、电感为0.66H的NbTi超导磁体和一台自制的六重化斩波器。1999年研制成功了一套无液氦的5T/50mm的制冷机直接冷却的NbTi超导磁体系统。这是国内研制成功的第一套制冷机冷却的磁体系统。

自高温超导体发现以来，四室即注意高温超导的应用研究。这期间，韩朔、林良真结合国家基金课题指导研究生开展了高温超导体在低温强场下应用研究、高温超导永磁体研究等。随后，还与上海发电成套设备研究所合作研制了一个四极超导永磁电机模拟装置。此外，还开展了工频交流超导磁体及其稳定性、超导接头工艺及微结构等基础研究。

"九五"期间，四室积极开展高温超导电力应用研究，主要进行高温超导输电电缆、高温超导故障限流器等的研究。在国家"863"计划支持下，1998年与西北有色金属研究院和北京有色金属研究总院合作，研制成功1m长、1000A的高温超导直流输电电缆模型。在此基础上，2000年又合作完成6m长、2000A高温超导直流输电电缆的研制和实验。在此期间，四室还开展强磁场应用基础研究，磁分离技术组在新研制的具有20cm室温孔径、5T磁场的超导磁体系统上联合9个单位，进行了强磁场实验，实验内容涉及分子液晶材料、蔬菜种子、金属合金、工程塑料、磁分离等方面。此外，在磁分离技术和应用研究方面，为大庆、乌鲁木齐炼油厂等企业研制开发了永磁磁选机和FCC催化剂磁分离中试样机。

1998年，电工所决定在四室成立"应用超导技术开放实验室"，为争取成为院重点实验室迈出了关键的一步。

1999年，电工所任命肖立业和李会东为研究室副主任（肖立业主持工作），下设高温超导应用组（组长肖立业、副组长宋乃浩）、低温超导应用组（组长余运佳、副组长王子凯、杨鹏、戴银明）和低温技术组（组长李会东）。

1999年，高温超导应用组承担国家重点基础研究发展规划（973）的"超导科学技术"项目中的"高温超导磁体物理基础"课题研究在课题实施过程中，培养了一支优秀的科技队伍，提高了我国高温超导强电应用技术的总体水平和创新能力。

此期间，四室还研制了一台高温超导混合磁悬浮轴承样机。样机由永磁磁悬浮轴承（PMB）、有源磁悬浮轴承（AMB）、高温超导磁悬浮轴承（SMB）三种磁悬浮轴承混合组成。超导磁悬浮轴承采用七块截面积30mm×15mmYBCO块材，最大磁浮力达11.5N/cm^2。样机性能指标为：转子质量3.5kg，径向刚度大于1MN/m，转速达9600r/min。

四、改革创新阶段

2001年12月，电工所决定四室改为应用超导技术研究部（肖立业任主任研究员，其间王秋良于2002～2003年任主任研究员）。下设三个研究组，即超导电力科学技术研究发展中心（简称超导电力组，组长肖立业）、超导磁体及磁体应用研究组（简称超导磁体组，组长王秋良）和超导技术支撑组（至2003年7月，组长王秋良、副组长李会东）。2002年电工所进入院知识创新工程，"应用超导开放实验室"也被院批准为"中国科学院应用超导重点实验室"，肖立业任实验室主任、王秋良任副主任、严陆光任学术委员会主任。

在国家"863"计划和中国科学院知识创新工程的支持下，重点实验室得到了国内相关企业如甘肃长通电缆股份有限公司、新疆特变电工股份有限公司等的支持。超导电力组先后开展三相交流高温超导电缆、高温超导变压器、高温超导限流器、超导储能系统的研究。2003年8月，超导电力组研制出三相10m、10.5 kV/1.5kA交流高温超导电缆系统。2004年底，超导电力组与甘肃长通电缆公司等合作，研制成功75m、10.5kV/1.5kA三相交流高温超导输电电缆。超导电缆的额定电压达到10.5kV，在配电网中的最大运行电流达到了1600A（RMS）。2005年超导电缆接入甘肃长通电缆科技股份有限公司 6.6kV 配电网进行长时间运行,经受了长达 7000h 的并网运行考验,系统运行稳定可靠。2006 年,75m 高温超导电缆通过了科技部组织的验收,并获 2007 年甘肃省科技进步二等奖。

超导电力组自 1998 年起着手开展高温超导限流器的探索,2002 年超导电力组研制成功我国第一台新型高温超导限流器(400V/25A)。在进行了多种超导限流器原理研究及其在电力系统中应用研究的基础上,又开展"10.5kV/1.5kA 三相高温超导限流器及其并网示范运行"的研究工作。2005 年初,顺利完成了 10.5kV/1.5kA 改进桥路型三相高温超导限流器样机的研制。2005 年 8 月,超导电力组与湖南电力局电力试验研究院和娄底电业局合作,在湖南娄底市高溪变电站进行高温超导限流器三相接地短路。试验结果显示,高百 1#线的三相接地短路电流成功地将预计的 3.5kA 短路电流限制到 635A。此后,三相高温超导限流器投入电网,进行载荷并网长期示范运行。2006 年,高温超导限流器分别通过了北京市科委和科技部组织的验收,并获湖南省科技进步二等奖。

2003 年,超导电力组与新疆特变公司合作,研制了 26kV·A 三相高温超导变压器和 45kV·A 单相高温超导变压器实验样机,并进行了短路冲击实验和雷电冲击试验。在此基础上,研制出 630kV·A 三相高温超导非晶合金铁心配电变压器,并于 2005 年 12 月安装在新疆特变公司并网试验运行。根据国家变压器质量监督检验中心的检测,其负载损耗比油浸式变压器 9 型国家标准低 95.5%,比 H 级绝缘干式变压器 9 型国家标准低 97.2%。

2005 年超导电力组完成 100kJ/25kW 超导限流 – 储能系统的研制,并进行短路和电压补偿实验。这是完全具有自主创新的新型超导电力装置,实现了多种功能的有机集成。在中国科学院知识创新工程的支持下,超导电力组研制了 1MJ/0.5MVA 高温超导储能系统。其储能线圈是由 44 个 Bi2223 双饼线圈组成,电感为 6.4H,运行电流 560A。为了提高储能线圈的稳定性,线圈在液氢温区下运行。该储能系统已于 2007 年安装在门头沟变电站,并将进行改善电能质量的试验运行。

在开展超导电力装置研究的同时,超导电力组还进行超导电力应用一些关键技术研究,开展了超导电力装置的引入对电力系统动态特性的影响、含电力系统中超导电力装置的动态特性研究以及与超导电力装置结合的电力电子技术、低温技术和应用超导材料研究等,取得了较好的成绩。2002 年超导电力组与清华大学电机系共同承担了国家自然科学基金重点项目"高温超导电力技术基础研究"课题研究,这方面的研究对促进超导电力技术实际应用具有关键的作用。2003 年肖立业获得国家自然科学基金委杰出青年基金"超导限流 – 储能系统的研究",结合超导技术的发展和现代电力电子技术,首次提出了多功能超导电力装置的原理,即将超导限流器的功能与超导储能系统集成起来,从而形成超导限流 – 储能系统。博士研究生张国民的博士论文《高温超导带材及线圈的交流损耗》获 2004 年中国科学院优秀博士论文奖和 2005 年全国百篇优秀博士论文奖。

超导磁体组在以往工作基础上积极组织、开展超导磁体应用研究。超导磁体组研制成功了微波源传导冷却的超导磁体系统，该制冷机冷却的超导磁体系统，不仅能够提供开展毫米波研究所需的 4T 磁场，而且还能提供不同规格回旋管加速器使用的多个磁场均匀区，超导磁体系统的运行无需任何低温液体的操作，大大提高了设备使用的方便性。

超导磁体组还开展强磁场超导磁体系统的研制及其应用研究。2003 年超导磁体组完成了 10T 传导冷却超导磁体系统和旋转低温容器的设计。该磁体由一个 6T NbTi 超导磁体和一个 4T 的 Nb_3Sn 超导磁体组成。2004 年该组研制成功在 100mm 的室温口径内产生 6T 传导冷却的 NbTi 超导磁体系统，磁体无锻炼效应，运行稳定可靠。利用该装置，应用超导实验室已经与相关单位合作开展了大白鼠在强磁场下的生理变化的探索研究。此外，还研制成功室温孔径 35mm、中心场强 3.1T 的传导冷却的高温超导磁分离磁体。

这期间，超导磁体组还参加了丁肇中教授为首的国际合作项目 "阿尔法磁谱仪的研究" 的 AMS02 铝稳定超导磁体系统研制中的部分工作，完成了 AMS02 超导磁体的失超安全性评估、低温设备的供气系统以及其他低温系统方案和设备检测。此外，还参与了超导磁体用的新型铝稳定超导线的研究，提出了采用传导冷却技术用于空间探测超导磁体，并进行可行性研究，同时还开展了特殊的冷却方法研究。

在超导磁体技术方面，超导磁体组设计并完成了回旋管电子加速器用的，具有多段磁场均匀区的制冷机冷却超导磁体系统的研制。该磁体可在孔径 80mm 的中心孔内产生复杂的磁场位形，其中心磁场达 4.5T，磁场均匀度小于 10^{-3}。该系统已提供给用户并配备在高功率微波系统上应用。

超导磁体组还开展了磁导航外科手术系统电磁问题的研究，提出了一种新型的超导球形四极磁体结构。在此基础上设计、研制了此导航外科手术模型装置，并进行了一系列模拟实验。此外，还开展了超导技术在惯性导航领域中的应用研究。

2006 年，超导磁体组设计并完成了多均匀结构的 4T 传导冷却的超导磁体系统的研制，并通过专家鉴定，交付用户使用。此外，还研制成功 120mm/4T 大口径传导冷却的超导磁体系统、固态氮保护的高温超导磁体等。

在磁体设计方面，超导磁体组通过对高温超导磁体运行过程的电流分布特性的研究，提出了高温超导磁体系统的优化设计方法，采用模拟烧结的方法结合快速电磁场计算程序发展电磁场优化设计程序，进行电磁场优化和超导磁体的结构设计工作；设计了室温孔径 35mm，中心场强 3.1T 等多组高温超导磁体。此外，还研制成功传导冷却的高温超导磁体分离磁体系统的高温超导磁体系统。

在大规模超导磁体系统的数值模拟和仿真计算方面，和韩国 KSTAR、合肥等离子体物理研究所 HT-7 项目合作，发展了大规模的分析和设计软件，分别用于超导 Tokamak 磁体系统运行设计和德国 GSI 加速器的超导 CR 磁体系统设计。为了发展复杂磁场分布的传导冷却的高磁场超导磁体科学和技术在一些特殊的物理实验上的应用以及空间特种应用的高磁场超导磁体技术，开展了一系列的高磁场超导磁体中电磁场逆问题的研究。解决了包括 25T 高磁场超导磁体和高均匀度复杂磁场分布的超导磁体的基础科学问题，发展了复杂磁场分布的超导磁体的电磁分析优化技术。此外，还开展了复杂电磁结构的超导磁体的优化方法、磁场的精确分析和数值模拟，取得了具有独创性的成果，如发展了磁导航外科手术系统中的电磁问题分析技术，提出了一种新型的超导磁体结构。另外，还发展了电磁悬浮动态应力的分析模型，并用于磁悬浮系统的振荡特性和高速旋转特性研究；提出了大规模 CICC 超导磁体失超传播和瞬态分析的高速热流和亚音速近似的数学模型，并发展了高精度的 NMR 保护系统的分析和设计方法等。在高温超导电磁优化方面，发展由遗传算法、序列二次规划算法和模拟退火算法有机结合形成的优势互补的混合算法来进行高温超导磁体的优化。结合优化算法和高温超导磁体设计，编写了完整的高温超导磁体电磁结构优化设计程序包。

MgB_2 是 2001 年才发现的一种金属系超导体，它的临界温度为 39K，高于低温超导体的临界温度。MgB_2 的化学组成和晶格结构简单，容易加工和成材，制备工艺比较简单，用来制备 MgB_2 的原料镁和硼价格低廉，因此，MgB_2 超导体无论对基础研究还是应用研究都具有十分重要的意义，受到国际学术界和产业界的广泛重视。2004 年，马衍伟入选电工所百人计划，在应用超导重点实验室开始了 MgB_2 超导材料的研究。2006 年，在国际上率先采用纳米碳掺杂法制备出当时世界上临界传输电流性能最高的 MgB_2 线带材，其临界电流密度大于 $1.5 \times 10^4 A/cm^2$（4.2K，10T），且重复性很好。成功制备出百米量级的高性能 MgB_2 长线材。2006 年底，电工所批准在应用超导部下设立"强磁场材料研究组"，马衍伟任组长。

2007 年，电工所换届，应用超导技术研究部由肖立业兼任部主任，王秋良、戴少涛、马衍伟为副部主任。设有三个研究组，即超导电力科学技术研究发展中心（组长戴少涛，副组长王银顺）、超导磁体及强磁场应用研究组（组长王秋良，副组长戴银明）和超导材料及强磁场科学研究组（组长马衍伟）。

应用超导重点实验室多年来一直重视结合研究室主要研究方向，为具有较高学术造诣和科学水平的杰出人才提供创新实践、施展才华的平台，特别注重优秀青年人才的培养和使用。几年来，应用超导实验室共引进"百人计划"3 人，1 人评为 2007 年中国科学院杰出青年，并有 2 人入选"新世纪百千万人才工程"国家级人选。

超导技术是一门有广泛应用和巨大发展潜力的高技术领域，也是目前国际科技发展的重要前沿。多年来，电工所应用超导重点实验室在超导技术研究方面取得了多项重大突破，掌握了多方面的关键技术。在超导磁体设计、计算和研制方面取得了很大成绩，研制的各种超导磁体以及超导电力装置，如超导限流器、超导电缆和超导变压器均成功并网试验运行。经过多年的努力，应用超导重点实验室已成为电工所一支重要的研究力量，同时培养了一支在国内、国外都具有一定影响力的超导研究队伍。最近，在电工所的倡议下，联合中国电力科学研究院、清华大学等 6 个单位成立了超导电力科学技术联合实验室。近年来，电工所还主办了多次国际超导学术会议，如第十五届国际磁体工程会议，第一届亚洲应用超导会议，第二十届国际低温工程会议，并将于 2009 年主办第二十一届国际磁体工程会议等。

第十一节　电工测量与仪器仪表

电工测量与电工仪器仪表的研发是电工技术领域的重要分支，也是电工所为满足工业、国防和本身承担科研项目的需求。曾经从事的研究工作，其发轫甚至可以上溯到 1954 年在长春机电所期间与上海电线厂合作研制 10kV 电力电缆介质损失角测定用西林电桥。1958 年迁址北京后，即建立过电工测量组，成为由研究所直接领导的七大课题组之一，进行过标准传递、仪器研制与计量、维修等工作。同时，结合研究课题，1959 年研制了可以测量带宽 1MHz 的脉冲电压和带宽 200kHz 的脉冲电流的电火花功率表，并在中国科学院建院十周年成果展览会上展出。1960 年研制成功高精度频差测量装置和标准频率发生器。

1960 年，根据院的部署，电工所成立了二部（即第八研究室），主要承担两弹一星的有关任务。为此，电工测量组被纳入二部，作为 805 组，负责高速高焓气流参数的测量研究，那兆凤任组长。由张式仪承担电弧加热器氮等离子体喷焰温度测量这一跨学科技术的研究，经过调研，决定采用原子谱线相对强度法，对于铜的谱线和铁的谱线的可用性进行了仔细的实验，最终确认铜谱线的适用范围为 5000~8000℃，而对于温度范围为 3000~4000℃时，选用铁的谱线可以得到比较准确的测量结果。

1963 年，院里又下达军用宽量程、高精度、便携式阻抗电桥的研制任务，以此为契机，1964 年，以 805 组为基础，成立了以那兆凤为副主任的仪表研究室。

仪表研究室根据军工的需求，解决了标准电阻和标准电容的精确测量、电桥布线的残余参数补偿等关键课题，针对 1Ω、10Ω、100Ω、1000Ω 精密电阻器其范围为 $0.001~1\mu s$ 的时间常数测量，于 1965 年先研制成电阻器残余电感测量电桥，对精密阻抗电桥的研制成功起了重要保证作用。至 1967 年，研制成工作频率 1kHz 至 1.1MHz 的宽量程（L：$0.05\mu H$ 至 1100H。C：$0.05pF$ 至 $1100\mu F$。R：$0.05m\Omega$ 至 $1.1M\Omega$）、高精度（精确度不劣于 0.1%）便携式精密阻抗电桥，鉴定后交付委托部门使用。经中国科学院计量中心检定，电桥第一量程误差为 ±0.1% ±0.005 满度值，其余各量程均为

±0.05% ±0.005 满度值。1968 年研制了脉冲大电流无感分流器。

在"文化大革命"中，研究室建制一度被撤销，1972 年才得以恢复。在此前后，仪表研究室的同仁又完成了 09 工程所需的稳压、稳流、稳频电源的任务，旋即转向了新的研究方向，仪表研究室的历史使命便告完成。之后，仪表和测量技术的研究只是结合项目的需要，在各研究室分别进行，仪表的原理、测量的对象和应用范围均得到了相应的扩展。

例如，1975～1979 年配合 400 亿 eV 质子同步加速器主环磁铁电源电流测量的需要，由张式仪负责的课题组采用二次谐波调制器型零磁通结构原理，研制了直流 1000A、3000A 和 6000A，交流工频有效值为 800A、3000A 和 4000A 的系列大电流测量用电流互感器（电流比较仪），精度为直流 1×10^{-5}，交流 5×10^{-4}。该项工作于 1980 年通过中国科学院鉴定，并获得当年年度重大成果奖。该项成果还被应用于大型电解企业以及电力机车用电表的校验。

又如，作为光谱测量诊断技术研究的延续和发展，1975 年之后，相继把钠线反转法和用钾共振线的广义谱线反转法用于磁流体发电机高温高速工质温度的测量。从谱线吸收系数出发，利用计算机模拟分析了不同火焰结构、添加剂浓度、标准光源亮度、温度以及分光器分辨率对广义谱线法温度的影响，并借助于计算机数据采集、信号处理技术，排除了系统噪声和火焰波动的影响，实现了对波动较快的火焰温度测量。

第十二节　计算机应用技术

1972 年，"文化大革命"进入第 7 个年头，被"文化大革命"动乱摧残的科研工作渐行恢复。电工所的组织机构也由"文化大革命"高潮时的连队编制恢复为研究室。所内的 8 个研究室重新组建。新组建的五室包括了老五室（电工测量）和原二室（电机）的部分人员，他们先前都承担过 09 工程中电源的研制工作。在该项工作已告完成的情况下，五室面临着下一步往哪一方向发展的问题。根据室内人员过去的工作积累和相关学科当时的发展趋势，经过广泛讨论，听取多方建议后，室负责人万遇良决定今后的研究方向是数字技术及其应用，具体内容就是数字计算机在电工领域中的应用。因为该方向不是传统电工学中所包含的分支，所内曾经有过一些不同意见，但经过讨论，最终得到了所领导的支持，并迅速开展了研究工作。

此后，计算机（主要是小型机和微型机）在电工领域中的应用这一方向曾经成为电工所的主要研究方向之一。从 1972 年自行研制小型计算机开始，在所内经过了 30 余年的历程。这一时期恰好是数字计算机在全世界范围内从少数科学家专用的计算工具发展成为各行各业都离不开的得力助手的时期，也是计算机由价值不菲的庞然大物转变成一般人都能问津并可随身携带的有广泛用途的电器的时期。这给计算机应用研究带来了大好机遇和广阔的发展空间。电工所五室敏锐地把握住这一机遇，及时开展了数据采集和处理，计算机控制、机床数控、电工科学计算以及相应的基础应用研究等计算机应用的各个方面的研究工作，并取得一系列成果。

20 世纪 80 年代初，中央做出了科研体制改革的决策。五室（计算机应用研究室）华元涛鉴于当时科研工作存在的问题，在所内率先走出了科研改革的第一步，与当时由中国科学院和海淀区共同创办的科海公司合作，以五室的 506 组为基础，于 1985 年建立了 MCS（即微机控制系统）实验室，从事微机应用的研究开发，作为科研改革的一种尝试。MCS 实验室实现科研、生产、经营（即科、工、商）一体化，以科为主，以商养科，改变了过去向国家要科研经费的传统，革除了科研与生产脱节的弊病。当时，周光召院长，严东生、胡启恒副院长等领导都曾来 MCS 实验室参观指导，周院长并题词鼓励。当时五室因为主要力量投入了可变矩形电子束曝光机的研制工作，所内计算机应用的工作基本上转由 MCS 实验室承担。到 20 世纪 90 年代初，根据形势发展，计算机应用研究室、MCS 实验室和所内相关单位合并，成立了机电控制工程中心，继续从事相关研究工作，并为电工所在院内的定位进程起到了独特的作用。

下面分述电工所进行的计算机应用方面的主要工作。其中，数控研究因涉及面广，将另有专题叙述。

一、研制成功 XDJ-73 小型计算机

1972 年五室重新组建并确定了数字技术及其应用作为自己的研究方向。当时与电工所三室合作研究海上石油勘探的大港油田提出，根据地震勘探的要求，他们需要数字计算机，希望与我们合作，请我们研制小型数字计算机供他们使用，并提出了具体型号，是以美国 DEC 公司的 PDP-8 小型机作为蓝本。

那时，国外小型计算机在各方面的应用已得到相当大的发展，但在国内既无具体的应用研究，更没有现成的小型计算机可以提供。当时，由国内的计算机研究和制造单位联合提出了仿制美国 Data General 公司的 NOVA 小型机作为我国小型机的主流机型，并已着手研制。五室经过对包括用户单位、正在研制大型计算机的单位如北京大学和研制数字集成电路的院内研究单位在内的多个单位进行调研之后，决定不等待和依靠由国内提供计算机，而是自行着手研制小型机，以此作为切入点，开展计算机应用研究。这样做不仅可加快进度，而且有利于培养和锻炼自己的队伍。研制工作于 1973 年初正式开始。

为了尽快取得成效，五室倾全室之力，成立了 4 个研制组，即总体组（组长万遇良），负责机型选定和总体设计；运控组（组长冯国治），负责运算控制部分；内存组（组长罗武庭），负责磁芯存储器；外设组（组长童忠镶），负责配套的数模模数转换

器。随着工作的进展,总体组还负责乘除运算加速部件、三台基本外部设备(光电读入机、纸带穿孔机和作为人机交互用的电传打字机),软件部分由总体组沈国镠负责。总体组郑万勋负责主机逻辑设计,华元涛负责乘除运算部件的设计和55型电传打字机的5/8,8/5变换,张汉亭负责外部设备。

经过两年多的奋力拼搏,参加研制的人员在没有样机、缺少资料以及难以找到配套的器材设备的条件下,率先在国内研制成功真正意义上的小型数字计算机。1975年初,整机调试成功。利用美国DEC公司为PDP-8机编制的全套软件系统对整机进行考核,结果全部顺利通过,说明该机与DEC的PDP-8机完全兼容,研制工作取得成功。

这台计算机研制成功后,定名为XDJ-73机。它在当年就被推广到北京无线电一厂(后改名为北京计算机一厂),由该厂安排批量生产,并报国家电子工业部(四机部),正式命名为DJS-19机,进入国家的系列计算机行列。后来,该机又推广到兰州市135厂、大连机车车辆厂和昆明市云南电子设备厂(后改名为云南计算机厂),也都取得成功。1977年,原机改型成XDJ-73Ⅱ型机,机箱由柜式改为台式,部分部件和外设也做了改进。1978年,该机获中国科学院科技大会奖。

研制成功小型机为开展其应用提供了硬件基础。五室接着就利用这台计算机和其后引进的微型机,在机床数控、数据采集和处理、计算机控制等方面开展了应用研究,并不断取得成果。除数控部分另立专题外,其他各种应用研究将在下文中阐述。

二、微型计算机的引进、推广和应用

20世纪70年代中后期,也就是电工所研制成功XDJ-73机的同时,微型计算机开始在国外兴起。微型计算机以微处理器为其核心,同时采用大规模集成电路和小型磁盘机作为主要组成部件。它比小型机更加小型化,体系结构更灵活,性价比更高,应用更方便,并且可靠性更高。所以,一经推出,发展极快,很快就普及各个应用领域,使许多原来无缘使用计算机的场合都成为微型机的应用对象。鉴于此,五室在推广小型计算机应用的同时,有一部分科研人员也积极致力于微机的应用工作。由于当时国内在微处理器研制方面尚无基础,自行研制微机似不现实。因此,五室把重点放在引进和推广应用方面,以使国内的各个方面能尽快用上这一先进工具。

早在1979年末,中国科学院东方仪器进出口公司从香港先进电脑公司引进TRS-80微型计算机,在此基础上,506组不失时机,组织翻译出版了TRS-80微机的原始资料,配合东方公司组织学习班,多次举办展览会、演示会,建立TRS-80维修站,并和沈阳计算所、中山大学等院校筹建了全国TRS-80微机用户协会。

TRS-80微型计算机是美国Radio-Shack公司的一款家用机。经沈国镠、华元涛等分析研究,发现由于它的可扩充性,该机具有一定的工业应用的可能,并且因它的高性价比，很适合于普及推广。经过对它的软硬件做了分析并进行再次开发，该机成功地用于控制线切割机床，并在此基础上研制成功了编程机，与线切割机床配套使用，大大提高了线切割机床的性能和效率。这一工作后来成为电工所数控研究的一项成果和产品，产生了深远影响。

506组还结合市场需求，在TRS-80微机上研制开发了一系列的成果和产品，包括WSC微机控制色差计、CD-80模数变换系统、WMS工资管理系统、加上独创的WBKH自动编程语言和软件固化技术等。这些成果的推广应用使电工所在20世纪80年代走在全国微机应用技术前列，提高了我国微机应用的水平。

20世纪80年代初，美国的IBM公司一改其专注大型主机的传统，推出了IBM-PC，并与美国微软公司合作，配套推出了操作系统PC-DOS和一系列应用软件，从此拉开了微机在全世界大发展的序幕，也改变了人们对微机的看法。五室看到了这个苗头，并依靠自己在TRS-80和Apple微机应用方面的经验，很快掌握了IBM-PC的应用技术。成为国内第一批从事PC应用推广的科研单位。除了为把PC用于数据采集处理、机床控制、自动控制和各种管理软件等方面而开展多项研发工作以外，五室还在培训PC的应用人才方面发挥了独特的作用，先后开办了数十次应用培训班，学员来自全国各行各业，并参与了当时国内IBM-PC用户协会的筹建工作。可以说，在微机的应用方面，电工所在整个中国科学院甚至在国内都是领先的。

三、数据采集和处理技术

在计算机应用中，除了纯粹的数学计算外都必须与外界打交道，即把外界参量输入计算机，由计算机处理后把结果送回外部世界。由于外部世界的参量大都是模拟量，所以必须有模数和数模转换装置在输入时把模拟量变成数字量，输出时则反之。为此，在研制XDJ-73机的同时，五室的外设组也研制成功了模数与数模装置作为XDJ-73机的配套装置以进行数据采集和输出。这在国内也是比较早的。

在引进微型机的同时，为了配合微机在各个领域中更广泛的应用，五室开发了与微型机配套的模数数模转换系统或数据采集系统。1980年与中国科学院成都科仪厂合作研制成功的CD-80通用数据采集系统是在微机开始引进不久后就为市场提供的最早的数据采集系统之一，对推广微型机在各种场合下的应用起了促进作用。

针对不同机种和不同要求，五室还研制成功了多种专用的数据采集系统。最初的工作是与电工所一室合作，利用微机和数据采集系统实时测量磁流体发电试验中的电压、电流和功率，该项工作最后由一室完成；以后又为四室的超导体试验研制了低温（液氦温度）测量系统；另外，还与院内外有关单位合作，在使用微机与数据采集系统的基础上，与相应的测试仪器设备配套，并编写相应的软件，先后研制成功多种具有数据处理功能的科研或生产用的仪器设备。例如，与院北京科学仪器厂合作研制成功 LT-1 型离子探针质谱分析仪，与中国科学院新疆物理所等单位合作研制成功 GDY 型光电直读光谱议，与山东纺织工学院、北京光学仪器厂合作研制成功 WSC 型带微处理器的色差计，与中国科学院地质所合作研制成功带微型机的穆斯堡尔谱仪，与中国科学院生物物理所合作研制成功 DS-80 高速数据采集系统，与桂林电表厂合作研制成功高精度数字功率计，与天津第二电子仪器厂合作研制成功频谱分析仪，等等。这些成果都得到了实际应用或进行了生产，并得到相应的奖励。例如，LT-1 型离子探针和 GDY 型光电直读光谱仪都得到了 1978 年全国科学大会奖；WSC 型色差计得到了国家科技进步奖，在提高我国纺织工业的染色质量方面起了应有的作用。在 MCS 实验室成立后，由该实验室完成了多种数据采集系统并进行了小批量生产，如手表综合测试仪、饱和水蒸气干度分析仪、油田数据采集系统等，均取得良好效果。

此外，在提高数模和模数变换器的精度方面，五室研制成功了计算机控制的模数和数模转换精度的自动测量系统。为了使微机能方便地与各种测量仪器或其他设备配合使用，还开发了用于微机的 IEEE488 通用接口，并开发了微机与静电绘图仪联机使用的直接内存存取接口板和它的共享器等。

四、计算机控制

计算机控制是计算机应用领域中一个重要方面。在 1975 年研制成功 XDJ-73 机从而具备了开展应用研究的物质基础和技术储备后，五室立即开展了这方面的研究。其中，较为主要且规模较大的应用有三项，分别叙述如下。

1. 加速器主环磁体电源的计算机控制

1975 年，中央批准了代号为"八七工程"的在中国科学院高能物理研究所（简称高能所）建造 500 亿 eV 质子同步加速器的工程。1976 年，中国科学院将加速器的主环磁体供电系统控制及检测的任务下达给电工所，所领导决定此任务由五室承担，并任命万遇良为该任务的总负责人。

主环磁体电源由 180 块二极（弯转用）磁体和 120 块四极（聚焦用）磁体组成。两种磁体都直接由电网经相控可控硅整流器供电，每台整流器的峰值功率分别为 7MW 和 2.5MW，电流波形均为梯形。电源系统由两台 PDP-11 小型机控制和调节，由计算机检测和校正弯转磁体的磁场（电流）。除了实时控制电流反馈回路和电压反馈回路外，计算机作为自校正系统对下一个脉冲周期的电压程序加以修正，以确保磁场精度。两种磁体电源的控制与调节方式类似。为了保证跟踪精度，以弯转磁场或电流作为校正参考值。

控制系统由控制计算机和控制信息传输系统量部分组成。控制计算机除计算机本身外，还包括直流检测部件、数模和模数转换器等。控制信息传输部分包括通信控制器、中继器、监控逻辑和数字点火线路等。

五室承担的工作在 1978 年完成了初步设计，由高能所汇编在《500 亿电子伏北京质子同步加速器初步设计》资料中。此外，五室张式仪等人还完成了控制系统所需的电流检测部件，命名为 DB 系列电流比较仪，并在 1980 年被评为院重要成果。

由于国家对重大工程进行调整，整个八七工程在 20 世纪 80 年代初下马，五室承担的任务也随之结束。

2. PDH 自动绘图仪

1975 年，中国科学院为了解决院地理所地图自动绘制中遇到的问题，提高绘图的速度和精度，在沈阳召开院内有关单位的会议，讨论解决方案。电工所二室朱维衡提出以平面电机作为绘图机的执行元件可以解决这一问题。这一方案经院同意后，由二室承担平面电机和平面绘图机的研制任务。平面电机绘图机系统包括平面步进电机、气浮技术和计算机控制三个主要问题。经过二室的努力，平面电机首先得到了圆满成功。然后，二室、所工厂和五室三方合作研制了平面电机自动绘图系统。五室负责计算机配置、硬件接口和软件开发等任务。

整个绘图机系统采用当时国产主流机 DJS-130 小型机作为主控机。软件系统以移植国外同类系统的软件为主，并在充分消化的基础上作了改进和发展。主控机和软、硬件系统在完成后与平面绘图机进行了联调，取得圆满成功，各项指标均满足了地理所提出的要求。

此项成果除了为地理所解决了地图绘制的问题外，绘图机本身还可作为计算机的一台通用输出设备。与其他绘图机相比，它具有精度高、速度快和寿命长的优点，可用于各种计算机精密绘图输出的场合。因此，该成果后来转让给哈尔滨龙江仪表厂进行商品化生产。这项成果于 1981 年获中国科学院成果一等奖，于 1985 年获首批国家科技进步二等奖。

在此基础上，"七五"期间又承担了国家科技攻关项目"计算机控制的滚动式绘图机"，该机于 1990 年研制成功，并在 1991 年通过国家验收。

3. 可变矩形电子束曝光机的计算机控制和图形发生器的研制

电子束曝光机是制造大规模集成电路的关键设备之一。可变矩形电子束曝光机比圆束机具有速度快、产率高的优点，一直是西方国家对我国的禁运设备。"六五"期间，国家把它列为重大科技攻关项目，由电工所、电子所、北京科仪厂、成都光电所和上海冶金所共同承担，并延续到"七五"期间。电工所为院攻关项目的牵头单位，由电工所所长杨昌琪负责总抓，半导体所王守武院士为顾问，其他各单位各有分工。作为牵头单位，电工所任命万遇良、何福民分别任技术抓总正、副负责人，六室（后为九室）负责整机的总装总调（其他有关单位参加），并负责真空系统和部分电子线路。五室负责计算机控制部分，包括图形发生器和高速数据传输系统、控制软件和图形变换软件。

图形发生器由五室童忠镶负责，它的主要功能是把曝光用的数字数据按顺序转换成曝光机能接收的模拟曝光图形，使电子束曝光机的相关部件依次将图形曝光在硅片（直接光刻）或掩模版（掩模制作）上。图形发生器还要控制电子束的通断，并根据各种反馈数据，对电子束的位置进行校正，最后在硅片或掩模版上曝出正确的图形。这里要说明的是，在为变形束曝光机研制这台图形发生器之前，五室已为六室以前研制的圆形束曝光机研制成功了两种型号的图形发生器，它们都通过了鉴定并交付使用。在此后九室研制亚微米圆形束曝光机时，五室还合作研制了该机的图形发生器并取得成功。

高速数据传输系统由五室万遇良负责，它负责传输曝光加工数据信息，这些信息通过一些特殊指令将存放在相关装置中的曝光数据按需要传送给图形发生器，并与图形发生器一起指挥曝光操作。

软件系统由沈国缪、罗武庭负责，它包括控制软件和图形变换软件。控制软件要对包括电子束镜筒和工件台等部件进行实时控制，并要配合图形发生器和高速数据传输系统的工作。因此，它是一个多任务实时控制软件。它参照了国外同类产品但结合本绘图机的硬件进行了重新开发。图形转换软件的作用是把由 CAD 设计得到的原始的半导体芯片图形数据格式如 PG3000 等格式转换成曝光图形所能接受的格式，并进行各种图形处理，如图形分割、缩放、镜像、旋转、黑白翻转等。

以上三项由五室承担的任务都按要求如期完成，并用于与主机的联调。整机系统在 1991 年 3 月由中国科学院组织了评审，达到了规定的技术指标。

五、计算机在其他方面的应用

五室除在机床数控、数据采集和处理以及计算机控制方面做了许多应用研究的项目外，还根据国家和市场需要，进行了其他方面的应用研究，主要有以下方面。

1. 在医用设备中的应用

医用设备是计算机的一个重要的用武之地，这只要举出计算机断层摄影（CT）和磁共振成像（MRI）两个例子就足以说明了。五室吴石增等从 20 世纪 80 年代开始就着手进行计算机与医用设备相结合的研究。在五室和 MCS 实验室内先后开展了三个项目。

1）B 型超声诊断仪

1988 年在所长基金的支持下，五室与北京医用电子仪器厂合作，进行了微机化的B 型超声诊断仪的研制工作。五室负责用单片微机进行检测、控制、图像重建和显示部分。1990 年初研制成功，由该厂接产。

2）微波治疗机

微波治疗机是利用微波辐射会在人体局部产生热量的效应，使体内局部产生高温（42℃以上）以杀灭癌细胞而达到治疗肿瘤的效果。它也可以治疗其他某些适应症。该机的主要技术除提供合适的微波源外，关键是要解决治疗区域的实时测温和直接实时检测微波功率这两个问题。这是因为热疗对温度有严格的要求，过高会损伤人体组织，过低则不起作用。这两个实时测量当时国内尚未解决，阻碍了微波治疗技术的应用。

项目于1990年立项，在重点解决了上述两个问题后，1992年完成了样机研制，并由北京医科大学第二附属医院（人民医院）临床试用，1994年又由北京医科大学第一附属医院临床试用。在这两个医院的临床研究报告的基础上，于1994年12月通过了国家医药管理局的产品鉴定。此后，中科集团的医电技术公司接收技术转让并进行生产。1995年，该成果又通过了国家医药管理局的成果鉴定，认为达到国内领先水平；1995年被评为中国科学院重要成果；1999年获中国科学院科技进步奖，同时也取得了良好的经济和社会效益。

3）自体血液回收机

1998年与北京手表厂合作，研制自体血液回收机。该机主要用于手术中病人血液回收再利用，对手术中输血用血清不足和防止输血感染有重要意义。该机在1999年底研制成功，后转交北京万东医疗装备公司进行产品化并生产推广。

2. 非接触型磁卡及其应用系统

20世纪90年代初，随着市场经济的发展壮大，各种类型的卡的应用迅速普及。1991年，针对国内非金融领域磁卡应用尚属空白的状况，五室开展了非接触磁卡及其应用系统的研究。内容包括：非接触磁卡、读写卡机、考勤管理系统、计时收费系统、会议管理系统、门禁系统等的研制。

1992年，非接触磁卡及其应用系统列为国家"产学研"产业化计划项目"数据卡及其配套电子设备"的子项。1993年11月，非接触磁卡及考勤管理系统通过技术鉴定，并被评为中国科学院重要成果。1994～1995年，又陆续完成计时收费系统、会议管理系统、门禁系统等的研制工作。后又按"产学研"计划要求，将非接触磁卡及考勤管理系统转让给天津手表厂，对该厂技术人员进行了技术培训，并移交了全部图纸和源程序清单等资料。全部工作于1995年完成。

3. 管理软件的开发

在微型机普及各行各业后，各种管理软件也应运而生。五室在进行硬件系统研制的同时，也开发了各种管理软件。最初的尝试是为本所财务处开发了工资管理软件。这在国内是把微机用于管理的一项开创性工作，取得了成功后又开发了多种管理软件，如微机计算检索文件管理系统、WMS工资管理系统等，以后又为本所医务室开发了公费医疗管理系统等，为电工所的行政管理计算机化开了先河。

六、应用基础方面的研究

五室在进行具体的计算机应用研究的同时，还对应用基础有关的工作进行了探索研究。这类应用基础的研究一方面为以后的实用项目做好储备，另一方面也是探索新的应用领域。所进行的工作有以下几个方面。

（1）计算机网络特别是局域网的研究。这方面的工作主要在20世纪80年代初、中期进行。当时，计算机网络研究在美国ARPA网的推动下正以迅猛势头进入大规模普及化阶段。五室见到此苗头后也及时开展了这方面的工作。由于室里科研人员都参与了其他重要任务，所以基本上是导师确定课题，工作由研究生承担。他们分别在网络软件、传输介质、分布式数据库、局域网的计算机辅助设计与分析以及汉字网络软件做了若干探索，取得了一定成果。

（2）专家系统的研究。把专家的知识系统化、规范化后规划存入计算机，利用计算机超凡的检索和判断能力，根据人们的需要进行检索以得到对特定问题的解决方案，这就是专家系统的主要功能。五室曾对专家系统做了一定探索，准备用于数字逻辑电路的故障诊断分析。

（3）计算机图形图像处理。计算机图形学是计算机应用的一个重要方面。五室曾结合大规模集成电路的图形数据处理、三维线切割编程中的图像处理以及肾结石破碎机定位图像处理等方面进行过研究。这些工作都有具体的应用对象，并都取得应用结果。

以上三方面的应用基础研究都取得可供实用的成果，后因任务及建制变更等原因而没有继续下去。

七、人才培养和服务性工作

作为国内较早开展计算机应用的科研单位，五室在进行具体的科研课题的同时，在人才培养和为所内外服务方面也做出了相应的贡献。

在五室将要完成XDS-73小型机的研制工作时，中国科学院新疆物理所在院的支持下派出了以沈兰荪为首的科研小组来五室进行交流学习，主要内容是小型计算机的应用研究。他们回去后加强了该所的计算机应用研究室，并在新疆地区开展了多项计算机应用的研究，取得很好的成果。五室也在以后多次派人前往交流讲学，促进了双方的学术交流。

五室重视与相关单位合作，多次举办了全国性的微机应用培训班，学员来自全国各地，为普及计算机应用做出贡献。

五室还建立了电工所的公用机房,为全所的科学计算服务。电工所在 1979 年初建了公用机房,当时仅有一台国产的 DJS-130 小型机。1984 年,由五室主持为电工所公用机房购买了美国 DEC 公司的 VAX-750 机,并配置了相应的外设和终端,为全所职工,特别是研究生提供了大量机时和各种服务。后来又为所内开展 CAD 工作引进了工作站和 CAD 软件(包括机械设计和电子线路设计软件)。此外,还为电工所机房与全院联网提供了技术支援和物质条件。

电工所各研究室几乎都有与五室合作的科研项目。1985 年,电工所获得的第一批国家科技进步奖的两个奖项都是与计算机应用合作研究的成果。五室在最鼎盛时期有 70 余名研究人员,是所内的一个大室。电工所虽不是计算技术的专业所,但五室以及随后的 MCS 实验室的工作在院内甚至在全国都有一定影响。五室和 MCS 实验室还为电工所普及和推广计算机应用做出了自己的贡献。随着科技体制改革的深入,五室在 20 世纪 90 年代与所内机电控制工程中心合并。五室在其 30 多年的研究工作中,取得了多项成果,为电工所和我国计算机事业的发展做出历史性的贡献。

第十三节　数控技术研究

1975 年初,电工所五室在室主任万遇良领导下研制成功了国内首批小型计算机 XDJ-73。这为研究计算机应用奠定了物质基础。当时考虑的计算机应用的主要方向之一就是各类加工用机床的数字控制技术(简称数控)。在中国成为所谓世界工厂的今天,数控技术受到热烈追捧是理所当然的,因为没有数控技术,就难以制造出高端的机加工产品。但在 20 世纪 70 年代文化大革命期间,提出研究数控技术却是一个相当超前和大胆的想法。

所谓数控技术,简单地说就是以数字计算机为工具利用数字控制技术去控制各类机床的加工过程以代替人工操作。人们只要根据设计图纸,或借助于 CAD(计算机辅助设计)技术,利用规定的编程语言写出加工程序,把这个程序输入计算机,计算机就会自动生成加工指令,再通过一定的接口装置去指挥机床自动加工。数控加工在加工的复杂性、加工速度和精度等方面都大大优于人工操作。所以任何类型的机床,只要配上数控系统,就会身价百倍,甚至成为当时西方技术先进国家对我国的禁运对象。

在国外,数控技术在 20 世纪 50 年代就已开始发展,最初是由计算机生成控制纸带,再由纸带和相应的设备控制机床加工。20 世纪 60 年代中期小型计算机问世,出现了由计算机直接控制机床的技术。电工所的数控机床研究就是由计算机直接控制机床开始的。从 1975 年研制成功小型计算机 XDJ-73 并用于数控技术开始,到 2000 年所里宣告停止数控研究为止,数控技术研究在电工所内经过了 26 年的历程。其间,研究工作基本与世界数控技术的发展同步,进行了以下各方面的研究工作:计算机直接控制

（CDC）、计算机群控（DNC）、计算机化数控（CNC）、微计算机数控（MNC）、基于 PC 机的数控（PC-based NC）等，并在计算机数控的编程语言方面有所创新，自主开发了自动编程数控语言。在此基础上开发和生产了编程机推向市场，产品曾销往全国各地。

1984 年之前，电工所的数控工作主要在五室中进行。1984 年，五室和六室共同承担了国家"六五"攻关项目"可变矩形束曝光机的研制"的任务。五室承担其中计算机控制系统和图形变换软件的研究。为了保证这一任务顺利进行，五室抽调了包括从事数控研究的许多骨干力量投入该项工作。同时，从 20 世纪 80 年代中期开始，国家对包括中国科学院在内的科研体系进行改革。

为了响应改革号召，原来 506 组的部分同志在华元涛的倡导下于 1985 年开始了研究室体制的改革试验，他们脱离了原来的五室成立了华元涛为主任的机械控制系统（MCS）实验室，以便在国家科研政策改革的推动下和研究所的体制内，进行科研改革。这项改革得到了当时杨昌琪所长的支持和院方的肯定。MCS 实验室在研究工作、用人机制、财务管理等各方面进行了一系列改革。在研究工作方面主要是积极开展与生产企业的横向合作，使科研成果为生产服务。当时，MCS 实验室主要的合作伙伴有：内蒙古第二机械制造总厂、北京手表厂、辽河油田、杭州无线电专用设备厂、天津第一机床厂、天津第二机床厂等。同时，MCS 实验室还为许多企业提供了数控设备。在数控研究开发方面，MCS 实验室取得了不少的成果，同时也赢得了不菲的经济效益，尤其是在研究成果转化为市场需求的产品方面，取得了可喜的成绩。

1991 年，根据中国科学院关于研究所在创新体系进行定位的条件之一是所内应建有工程中心这一规定，电工所以 MCS 实验室为基础，把二室和六室中的相关部分并入 MCS 实验室，成立了"电加工与数控工程研究发展中心"（对内称新六室），并任命华元涛为中心主任。工程中心基本上继承了 MCS 实验室的体制和运行模式，但工作范围有所扩大。中心以机电一体化技术为研究方向，以数控技术、伺服系统、电加工、和精密机械为研究内容。中心承担了多项国家、院和地方的重点攻关任务和产学研项目，如五轴联动高档叶轮数控加工中心、异形螺杆铣床、数控激光切割机和交直流伺服系统等。1992 年受中国科学院委托，中心举办了"92 中科院数控技术高级研讨班"的全国性活动，对推进我国数控技术的发展，起到了积极作用。1993 年，中心又与计算机应用研究室、电机研究室的电力电子组合并，成立了"机电控制工程研究中心"，主任仍是华元涛。新的工程中心增加了特种电源技术、永磁机构和电工装备 CAD 等研究。中心除进行研究工作外，还大力承担成果产品化的任务，使科研与国民经济更紧密结合。中心还积极寻求国际合作。1994 年，中心与德国弗琅荷费学会的"生产系统和设计技术研究所"（IPK）签订协议，合作研究基于工业 PC 的数控系统，并连续几年派多人前往该所工作。由于任务和人员的变动，中心的工作在 2000 年前后逐步从数控为主转向驱动技术为主，数控研究在电工所内渐行淡出，直到全部停止。

下面分项目简述电工所在此期间做过的各种数控系统。

一、采用通用小型计算机的数控系统

1975年起，电工所五室采用通用小型计算机进行计算机直接控制机床和计算机群控机床的研究，共进行了四项工程。参加人员有万遇良、杨正林、华元涛、吴石增、杜友让、杨慎忠等。

1. 车床群控系统

1975年，电工所与北京机床研究所、北京人民机器厂合作，共同研制了机床群控系统。这个系统采用通用小型计算机控制10台车床，命名为CQK-9车床群控系统，安装在北京人民机器厂。10台车床中，8台用于加工盘类零件，其中2台具有插补功能；10台中的另外2台用于加工轴类零件，有加工螺纹和插补功能。为了适应自动加工的要求，自行设计和改造了全部车床。控制系统实行三级控制，核心是XDJ-73计算机，负责管理、处理和发布控制指令。第二级是专门设计的分时装置，作为计算机与机床之间的通路。第三级是各台机床上的机床控制器，具体执行加工指令。软件基本上有两大类：一类是管理程序，管理全部机床。另一类是各台机床的加工程序。这个系统从1980年起分阶段投产。

2. 镗铣床控制系统

1975年，电工所将XDJ-73计算机的全新技术资料无条件转让给大连机车车辆厂。该厂据此制成了整机，并与电工所合作用该机控制两台镗铣床，于1978年投入生产。

3. 线切割机床控制系统

在进行上述工作的同时，电工所还将XDJ-73机的技术推广到云南电子设备厂，并与上海星火模具厂合作，将该机用于控制线切割机床，加工各种模具。

4. 线切割机床群控系统

与电工所研制XDJ-73机的同时，当时的电子工业部组织了多个专业单位的大量人力，以美国DG公司生产的NOVA机为原型，研制了国产的DJS-130小型计算机，并组织批量生产和系列化（DJS-100系列）。电工所把五室和六室联合起来与国营738厂合作，成立了联合研制组，于1976年开始合作进行了线切割机床群控系统的研究。该系统采用DJS-154机作为主控机。系统既可自动编制切割程序，又能同时控制6~8台线切割机床进行自动切割。联合研制组改进了当时流行的SXE-1线切割编程语言，在DJS-154机上编写源程序，制成穿孔纸带输入154机。计算机经过运算形成加工指令，再通过专用接口和运行台传送到各机床实现对加工的控制。这个系统到1978年底投产了两台，其余几台以后陆续投入生产。

二、采用通用微型计算机的数控系统

20 世纪 70 年代末，以微处理器为基础的微型计算机开始引入我国。微型机以其高性价比和方便实用而迅速得到推广普及。电工所五室沈国镠、华元涛等人及时抓住了这一机遇，在国内率先开展了微型机的引进推广和应用工作，具体进行了微型机在数据采集、控制、管理等方面的应用研究。

当时，最初引进的是美国的 TRS-80 微型机。这是一台批量生产的家用机，价格比较低廉，使用比较方便。电工所五室对此机进行了深入的分析，认为它虽是家用机，但其系统结构具有作为工业控制应用的潜力，于是对它进行了全面的二次开发。把该机应用于数控加工是重要内容之一。具体进行的工作如下。

1. 自主开发的自动编程语言 WBKH

电工所在 20 世纪 70 年代开展计算机数控研究的同时，就开展了自动编程语言的研究。首先是分析了 XDJ-73 小型机的原型机即美国 PDP-8 机的计算用的解释性编程语言 FOCAL，把它的源程序做了透彻的了解。其次分析了 APT 编程语言。在此基础上，华元涛自主开发了 WBKH 自动编程语言。这种语言的特点是简便易学，功能很强，可方便地编制任意复杂图形，在若干方面其功能更优于日本 JAPAX 自动编程语言。在把微型计算机成功用于数控后，把 WBKH 语言在 TRS-80 和 IBM-PC 机上实现，大大扩展了这种语言的应用范围。20 世纪 80 年代中期，该语言又由齐智平进一步发展了三维编程功能。WBKH 语言在国内得到了大规模推广，广泛应用于线切割机床、火焰切割机和激光切割机，都取得了很好的效果，促进了生产行业的技术进步。

2. 线切割微机数控系统

20 世纪 80 年代初，电工所五室以 TRS-80 微型机和 WBKH 语言为基础，研制成功了集自动编程和实时自动加工控制于一体的 WBKX-I 型线切割自动编程控制机，这是国内首创的自动编程控制机。1982 年，该机转让给了杭州无线电专用设备厂进行批量生产。除国内推广外，该机还出口到美、德、东欧、东南亚等十余个国家和地区。该厂由此成为该产品的出口生产基地。

1985 年和 1986 年，MCS 实验室又先后研制成功 WBKX-A 型和 WBKX-P 型两种用于控制线切割机床的专用数控系统，先后推广了数百台。1986 年与内蒙古第二机械制造总厂合作完成了大型精密切割机床 WBKX-40A 的研制，并由厂方进行生产，电工所负责提供配套的数控系统。WBKX-40A 被评为 1986 年北京市科技进步二等奖。

3. 大型火焰切割机数控系统

1986 年，电工所 MCS 实验室与内蒙古第二机械制造总厂合作研制了 SQG65-II 型带 V 型坡口的大型火焰切割机。该机是切割军工任务用厚钢板的专用工具机床。电工所负责切割机的专用数控系统。这个系统以 TRS - 80 微型机为控制机,实时控制四个坐标的运动,可实现三轴联动的坡口切割。全部软件由 MCS 实验室自行开发,结果完全达到预定要求。1986 年通过部院级鉴定,整个系统达到了国外同类产品的先进水平,满足了生产需要。

4. 高精度雕刻机

雕刻机是一种仿形的切割机床,主要用于奇异小型模具加工和对有色及黑色金属材料零件进行刻线刻字等。1988 年,电工所 MCS 实验室的肖功布等完成了 XG4115 高精度平面雕刻机,能以 1 ~ 1/50 倍进行仿形切割,并取得国家专利。该机获全国火炬高新技术展交会银奖,并出口香港,产品推向国内外市场。之后又研制成功数控平面雕刻机。

三、基于微处理器的计算机数控系统

20 世纪 70 年代开始,微处理芯片得到大规模发展,不仅功能越来越强,而且价格急剧下降,各种开发工具也越来越普及。在这种情况下,基于微处理器的各种应用系统也如雨后春笋迅速发展起来。电工所五室和 MCS 实验室以及随后的工程研究中心华元涛、齐智平利用自己的工作积累,抓住机遇,开展了以微处理器为核心的各种数控系统的研究开发,先后开发了 ZK-1 型、LCS 系列数控系统。

1. ZK-1 型数控装置

ZK-1 型数控装置采用卡式及总线结构,核心器件是 Intel 的 8088CPU,它可靠性高,功能齐全,是一种高档线切割控制装置,1990 年开发成功后迅速得到推广应用。ZK 系列线切割控制装置和自动编程机由电加工组进行小批量生产,推广应用数量达 400 多台,产品销往全国各地,在电加工行业中产生了影响。

2. LCS-01 数控系统

LCS - 01 数控系统是多处理器结构的数控装置,同样采用 8088 微处理器。该系统是集自动编程和伺服系统控制于一体的高性能数控系统,曾用于激光切割机。该系统 1991 年研发成功,并于 1992 年改进成 LCS-02 型。之后,又研制成功使用 Intel 80286 微处理器的大板结构多处理器数控系统。其特点是功能全,可靠性高,具有更高的性价比,是一种理想的中档数控装置,后来应用于异形螺杆铣床和激光打标机等机床上。

LCS 系列数控系统是三级体系结构。其中,第一级是系统管理和程序编辑级,负责系统管理和零件加工程序自动编程,所用微处理器是 Intel 的 80X86,用做系统的主处理器。第二级是数控程序译码和分配级,具有较强的实时性能,负责轴管理,采用 Intel8086 或 8087,一般可管理 4 个轴。第三级是指令执行级,它对主轴、伺服电机和机床电器进行控制，采用单片机，每轴一个处理器。这样的体系结构的最大优点是可以利用已在 IBM – PC 机上开发的大量应用软件。为了保证系统的可靠性，把软件进行了固化。

3. 工业 PC 机的数控系统

20 世纪 80 年代初发展起来的 IBM – PC 机问世以后，迅速占领了广大的应用领域。可以说，PC 机的发展，开创了计算机普及应用的新时代。它除了应用于办公室环境外，同时也走向了工业生产应用领域，由此开发了在工业环境下使用的工业 PC 机，并且开辟了 PC 机的工业控制领域。电工所在 90 年代中期与北京第二机床厂合作研制数控外圆磨床，研制了与其配套的工业 PC 机的数控系统。工业 PC 机数控系统的研制1993 年列入中国科学院对德合作项目。

四、高档数控机床的研制

1990 年中国科学院与天津市商定加强全面合作，双方联合在天津发展数控机床是其中重要内容之一。为此，组织了电工所、沈阳计算所、北京自动化所和天津市有关单位参加的联合调研组，进行了三周的调研。根据调研报告，经中国科学院和天津市反复协商，确定了十余个项目。其中，与数控机床相关的项目有：五轴联动高档叶轮数控加工中心（"八五"的攻关项目）、高档数控装置"蓝天一号"、数控变径变距螺杆铣床、数控激光切割机、交直流伺服电机及控制、数显表及高精度光栅尺、可编程序控制器（PLC）的推广等。

电工所主要由 MCS 实验室及以后的工程中心承担了其中的五轴联动高档叶轮数控加工和数控变径变距螺杆铣床、数控激光切割机、交直流伺服电机及控制的研制，均圆满地完成了任务，并取得相应的奖项。

五轴联动高档叶轮数控加工中心于 1991 年申请立项，于当年列入国家"八五"攻关项目。这种机床是加工具有复杂曲面的叶轮和复杂模具的关键设备，主要用于航空、航天、船舶、机车、汽车以及国防工业部门。当时，世界上只有美国、瑞士、意大利等少数国家能够生产这种机床，并开发出了与其配套的 CAD/CAM 软件。这种机床是当时巴黎统筹委员会（正式名称为输出管制统筹委员会，简称"巴统"）对我国实行禁运的设备。这个项目当时由天津市和中国科学院五个单位联合攻关。攻关分两期完成。1992 年完成第一期，机床加工零件最大直径为 300mm，采用沈阳计算所研制的高档数控系统，电工所提供直流伺服系统。第二期于 1995 年完成，机床加工零件直径增大至 500mm，采用交流伺服系统。攻关项目如期完成，填补了国内空白，打破了"巴统"对该类产品的封锁。

与该机床配套的伺服系统，是电工所在数控系统外，与先进加工机床研制的另一大类研究工作。伺服系统除与数控机床配套外，还广泛应用于国防工业和各种产业部门。

五、伺服系统的研制

伺服系统和数控技术都是自动化机床加工系统中不可或缺的重要组成部分。伺服系统是集计算机控制、电力电子和特种电机三项不同技术领域于一身的综合技术。除了在机械加工行业中有广泛应用外，在国民经济的许多行业中都有它的用武之地。大到大型轧钢机的运行，小到半导体芯片的装配，凡是需要对机械运动进行控制的地方，无不需要伺服系统的参与，电工所在很早就开展了与此有关的研究工作。

首先，伺服系统的重要组成部分之一是具有特定性能的伺服电动机。电工所从 20 世纪 70 年代开始，先后开展了研制直流力矩电机和铁氧体永磁宽调速直流电机的工作。20 世纪 80 年代林德芳等又开展了钕铁硼系列宽调速伺服电机的研制。它们的研制成功为完成全套高质量的伺服系统打下了坚实的基础。

1988 年 11 月 17 日电工所 MCS 实验室王时毅等研制成功的 MCSSVO/I – 5 型数控直流伺服系统通过部院级鉴定。该项目于 1991 年被定为国家科技成果。该系统采用脉宽调制（PWM）控制大功率晶体管（GTR）作为主功率管，调速范围优于 1 : 10000，可与 0.1 ~ 30N·m 的直流宽调速电机配套使用。该系统进行了有偿技术转让。1992 年，在此基础上又对该系统进行了改进研制出 SF2 型。1993 年，在 SF2 型直流伺服系统的基础上又研制成功了 SF3 型伺服系统。该系统应用 IGBT 作为驱动器的主功率管，与当时著名的日本 FANUC 直流伺服系统兼容，为高精度伺服系统的国产化做出贡献。该系统后来提供给上述的"八五"攻关项目五轴联动叶轮加工中心配套使用。此外，SF3 型直流伺服系统还进行小批量生产和推广应用于其他各种设备中。由于系统工作可靠，性能优良颇受用户欢迎，销售量有二三百套，并应用于一些重大项目中。

从 1992 年开始，电工所 MCS 实验室还开展了交流伺服系统的研究。首先研究的是混合式交流伺服系统，后来进行了 ACD21 型全数字交流伺服系统的研制，1996 年春交流伺服系统作为中国科学院"八五"重大应用攻关项目"CNC 高技术研究与高档数控机床控制系统研究"的子课题，参加了由中国科学院组织的鉴定。总项目于 1997 年被评为中国科学院科技进步一等奖。1996 年秋对 ACD21 型系统进行进一步改进，开发出 ACS300 系列伺服系统。该系统其核心部件采用了美国得克萨斯仪器公司（Texas Instrument）的数字信号处理器（DSP）系列芯片，以便于推广应用。研制完成后，和电力电子组冯之钺等完成的普及型高精度主轴系统一起与宁波市联合成立的甬科公司合作进行了产业化的工作。

六、机电一体化技术

机电一体化技术，又称机械电子学，是 20 世纪 70 年代发展起来的新技术。它从系统工程的观点出发，把机械技术与微电子技术、计算技术和自动控制技术等相结合，形成了一门新兴的学科。机电一体化技术在 20 世纪 90 年代得到迅速发展。1991 年，电工所在成立电加工和数控工程研究发展中心时，根据过去自身在相关领域中研究成果所积累的优势，确定了把机电一体化作为中心的研究方向。在电工所内，万遇良较早关注机电一体化的发展，在大量调研和资料的基础上，编写出版了《机电一体化技术概览》一书。应《机电工程师继续教育丛书》编委会的邀请，电工所还组织所内外相关人员，编写出版了《机电一体化技术丛书》二套共 13 册。该丛书出版后很受欢迎，先后重印了三次。中国电工技术学位根据专业的发展，在 20 世纪 90 年代中新成立了机电一体化专业委员会，万遇良任专委会的第一、二届主任，以后由齐智平续任。该专委会挂靠在电工所，为我国机电一体化的学术交流和发展做出贡献。

第十四节　可再生能源发电技术

能源是人类社会赖以生存和发展的基础。化石能资源的日益枯竭以及燃烧化石燃料所带来的环境污染问题日趋严重，特别是 1973 年世界发生的能源危机促使人们进一步认识到寻求替代能源的迫切性。无污染的太阳能、风能等可再生能源成为重要的替代能源。如何在现代技术的基础上研究开发利用可再生能源，使之更好地为人类服务，成为备受关注的重大科技问题。

早在 1973 年世界石油危机发生之时，电工所的科技人员就敏锐地看到了国内潜在的能源紧缺问题，看到了节约能源和开发新能源的必要性与重大意义。1978 年，电工所在赵志萱所长的领导和支持下，以廖少葆为首开展了太阳能、风能发电研究的调研和筹组工作，于 1979 年 3 月正式成立太阳能发电研究室，是国内最早投入可再生能源发电技术研究领域的科研机构之一。

近 30 年来，随着政策起落，电工所的相关研究虽历经波折，但仍不断发展壮大。在太阳能光伏发电、太阳能热发电、风力发电及多能互补发电等方面，取得了一系列令人瞩目的成果，得到国家主管部门和国内同行的重视和好评。电工所逐步成为国际上可再生能源发电技术重要的研究机构之一。电工所可再生能源发电研究的发展历程，可划分为三个时期，即初创波折期、快速成长期和创新发展期。

一、初创波折期——太阳能发电研究室（1978~1985）

初创的太阳能发电研究室，由廖少葆（主持全面工作）、李安定任副主任。这里的"太阳能"，包括太阳能、风能、水能、海洋能等，也就是以后常用的新能源与可再生能源（new and renewable energy）。研究室从所内各研究室抽调、聚集了40多名科技人员，由所投入数十万元人民币，主要研究内容是太阳热发电，开启了国内太阳能槽式抛物面聚光热发电系统的一系列开拓性工作。廖少葆负责系统总体方案，李安定负责系统组织协调和实施条件。研究室下设4个研究组，分别承担系统总体、聚光集热器、发电机组和储能系统的研发工作，分别由徐任学、刘鉴民、倪受元和周荣琮任组长；另外，专门设置了太阳能辐射测量技术组。

主要从事的研发工作有：

在发电系统方面，主要研究了农村能源综合开发利用以及利用复合抛物面聚光集热器和热管式真空管集热的中低温（100~250℃）太阳热发电系统以及利用槽型抛物面聚光集热器的中高温（250~350℃）太阳热发电系统，并建成一座试验测试平台。

在聚光集热方面，研制了复合抛物面、槽式抛物面聚光集热器和热管式真空管集热器以及国内最早的单轴、双轴跟踪系统；开展了太阳能辐射测量和选择性吸收涂层，强化对流传热等多项基础性研究。

在发电机组方面，研制成功一种适合于中小型风电机组用的国内首创的磁场调制型变速恒频发电机系统，进而成功地实现了与同等容量柴油发电机的并联运行；研制成功一种无刷爪极自励发电机，并成功应用于"φ"形5m立轴风电机组；研制出用于太阳热发电的斯特林发动机小型样机。

在储能方面，开启了机电储能（飞轮储能）的初期探索性研究等。

上述的大量研发工作，都是紧追国际前沿和应用基础研究课题，为电工所可再生能源发电技术发展打下了初期基础，同时也培养锻炼了一批年轻的科技带头人和骨干。

太阳能发电研究室在建室初期，尽管条件比较简陋，但在短短3年多时间内，还是取得不少的成果，如太阳能聚光镜几何精度激光测试仪，选择性吸收铬涂层，直径2.5m单镜太阳能跟踪聚光系统，"φ"形5m立轴风轮发电机组以及1984年获重大成果的变速恒频风力发电机组等。其中，重大成果"φ"形5m立轴风轮发电机组系水电部任务，电工所与清华大学合作研制。清华大学负责研制风轮机，电工所风力发电组研制与之配合的爪级无刷直流自励式发电机。其主要指标：风能利用系数0.43，发电机满载效率86.5%等，达到国际同类机组的先进水平，博得当时中央领导的称赞，1982年获中国科学院重大成果二等奖。此外，太阳能发电研究室还承担了中德合作项目"北京大兴县太阳能工程"的任务以及中国科学院石家庄"农村能源试验站"等任务。

1983 年 3 月，中国科学院批准了技术科学部《对电工研究所的评议意见》，认为太阳热发电，基本属于光学和工程热物理范畴，不符合电工所学科方向，建议撤销太阳热发电研究室。4 月，电工所发布了《关于电工研究所撤销太阳能发电研究室的决定》。研究室虽被撤销，但电工所可再生能源方面的研究并未就此中断。原 903 组、904 组整建制重回电机研究室，继续新型发电机电磁结构及其控制系统等研发和开展永磁磁体、电磁场方面工作。"六五"期间，承担中国科学院"六五"科技攻关项目"新型风力发电系统"，与福建省机械科学研究院合作，设计、研制了三台变速恒频风力发电机组，重点解决风力发电机与小型柴油发电机并联运行问题，并投入实际运行使用。这是我国首次研制成功的变速恒频风力发电机组，也是我国第一次成功地实现了与相近容量柴油发电机并联运行的风力发电机组，1986 年获中国科学院科技进步二等奖。

原 901 组解散后，部分人员继续高效集热器等方面的研发。原 902 组所进行的太阳能发电系统分析论证及复合抛物面聚光集热器等工作也在继续，先后由廖少燊、王德录任组长，坚持研究，并将该项技术推广应用到熔化沥青、水泥养护等方面，获得了成果；后来，该组转入所公司，仍继续承担并完成了科技部"八五"、"九五"有关太阳能热发电关键部件的攻关任务。

二、快速成长期——新能源研究室（1986～2001）

1986 年初，李安定提出在电工所开辟太阳能光伏发电研究，得到了杨昌琪所长等领导的支持，同意先成立研究组，争取国家"七五"攻关任务，并着手恢复太阳能发电研究室。1987 年，新能源研究室正式成立，倪受元任室主任，李安定任副主任。研究室下设 3 个研究组：新能源发电系统配套组，江云、陆虎瑜先后任组长；风力发电组，倪受元、许洪华先后任组长；光伏发电组，李安定、孔力、孙晓先后任组长。

新能源研究室主要从事太阳能光伏发电、风力发电、波浪能发电系统及新型水力发电系统等方面的研究工作，包括：太阳能光伏发电系统工程技术和装备的研制，变速恒频风电转换系统、风力发电与柴油发电机并联运行系统、风/光互补混合发电系统、可变速水力发电、抽水蓄能发电系统以及相应配套的高效逆变器、最大功率跟踪器、控制器等的研制。

在"七五"、"八五"及"九五"这 15 年间，电工所新能源研究室承担并出色完成了多项国家重点攻关任务，还承担完成了大量横向任务，取得了 10 多项重大成果，获得中国科学院科技进步二等奖 4 项和农业部二等奖 3 项等，发展成为可再生能源发电技术研究领域国内的中坚力量。

1. 风力发电技术

"七五"期间，电工所承担了国家"七五"重点科技攻关项目"风力发电机与柴油发电机并联运行"和"20 千瓦变速恒频风力发电机组",按计划全面完成合同所规定的任务和指标,通过了国家验收和由机械部、农业部、中国科学院联合组织的成果鉴定。1991 年,该两项成果均被评为中国科学院重要成果。获得"感应子式三相磁场调制发电机"发明专利,该发明在 1988 年北京国际发明展览会上获金牌奖,中国科学院获奖代表受到党和国家领导人的接见。

"八五"期间,电工所承担了国家"八五"重点科技攻关项目"30 千瓦风/光互补电站系统工程技术和装备的研制",1995 年通过了由电力部和中国科学院联合主持的科技成果鉴定,发电系统的主要技术性能达到国际先进水平,在风电机组最佳叶尖速比控制和稳压控制相结合的控制技术上处于国际领先水平。该成果获 1996 年中国科学院科技进步二等奖。

"九五"期间,电工所承担了国家"九五"重点科技攻关计划"600kW 失速型风力发电机组控制系统研制"和"风电场集中和远程监控系统研制",圆满完成研制任务。该成果被评为 2001 年度中国科学院重要成果。

2. 光伏发电技术

紧紧围绕降低光伏系统造价,实现太阳电池在地面大规模经济利用的目标,电工所开展了深入研究。在"七五"、"八五"和"九五"期间,结合具体的攻关任务,电工所开展了光伏系统优化设计和高效、高性能系统配置用直流－交流逆变器,蓄电池充放电控制,太阳光伏系统最大功率跟踪器以及光伏电站计算机自动控制与检测等电工装备的研制,在国内首先提出"太阳能光伏发电系统工程"概念,并充分发挥光伏系统模块化结构特质,在不同功率容量下领先示范应用,带动整个光伏应用行业的发展。

1990 年,国家计划委员会(现国家发改委)提出了实施"中国光明工程"的设想,旨在开发利用边远、贫困无电地区的风能、太阳能等新能源,走出一条开发当地资源、提高无电地区人民生活水平的道路。电工所依靠自身在光伏发电及风力发电方面长期积累技术基础,先后建成多座独立运行光伏系统,在完成国家"七五"、"八五"一系列重大攻关任务的同时,承担并出色地完成了 4 个西藏无电县光伏电站的研建(即西藏双湖 25kW、安多 100kW、班戈 70kW 和尼玛 40kV 光伏电站),受到了当地政府和农牧民高度好评。

从 1997 年开始,电工所在国家计委的支持下,与日本新能源·产业技术综合开发机构合作,先后在西藏、青海、新疆、内蒙古等 11 个省级行政区完成了 16 个独立运行光伏系统项目。在此期间,电工所在科技部的支持下于西藏建成了两座风/光互补发电系统,实践验证了小风电机组在西藏应用的可行性。除系统集成技术外,电工所开发出独立运行光伏系统控制器、逆变器、风电控制器、监测系统等一系列成熟可靠的装置。在此基础上,中国光明工程开始进入规模化实施阶段。

其间取得的主要成果和奖励："30kW 风光互补联合发电系统"，获 1996 年中国科学院科技进步二等奖；"西藏双湖 25 千瓦光伏电站"，获 1997 年中国科学院科技进步二等奖；"西藏安多县 100 千瓦光伏电站"，获 2001 年度中国科学院科技进步二等奖；"太阳能视听照明中心"被评为国家科委重大成果，并获农业部 1988 年度二等奖。

3. 太阳热发电技术

在此阶段，电工所太阳能热发电的研究处于低潮，但研究工作并未中断，总的研究方向未变，始终沿着太阳能中高温热利用及热发电这一主线发展。"七五"期间，承担并完成了国家科技攻关任务"太阳能中温集热器的研制和推广应用"；"八五"期间，承担并完成了国家科委下达的槽式太阳热发电系统关键部件"高反射率槽型抛物面聚光集热器"的研制任务；"九五"期间承担并完成了国家重点攻关任务"太阳能中高温集热器工业热利用"，并获得自主知识产权和应用，为我国太阳能中高温热利用开启了先河。

4. 可再生能源咨询服务

为在技术研发和工程示范方面积极推进的同时，提供可再生能源技术领域高水平咨询服务，1997 年在电工所新能源研究室的基础上，成立了北京计科电可再生能源技术开发中心（简称北京计科中心），并获得了由中国工程咨询协会颁发的工程咨询单位资格甲级证书。这是国内最早的可再生能源专业咨询服务机构。该中心组织完成了"1999 中国新能源和可再生能源白皮书"的编写和出版，参与组织了《中国新能源"十五"计划与 2015 年远景目标》和《中国新能源"十一五"太阳能光伏发电专项发展规划》的编写等，积极搭建国内可再生能源与国际上沟通和交流的平台，承担了我国政府与日本新能源产业技术综合开发机构、美国国家可再生能源实验室、德国技术合作公司和德国 KFW 银行、法国电力、联合国计划开发署、世界银行、全球环境基金、世界自然基金等国家与机构之间的多项国际合作项目。

三、创新发展期——可再生能源发电研究部（2001~2007）

2002 年，为争取尽早进入院知识创新工程试点，电工所对所内研究系统组织结构进行了全面调整，将原有研究组通过合并调整，成立了先进能源电力技术研究部；2003 年调整为可再生能源发电研究部，许洪华任主任，原光伏发电组与风力发电组合并为可再生能源发电研究组。

1. 光伏发电技术

2000~2001 年，国家计委组织了光明工程先导项目，由中国科学院电工所承担。其具体内容为在西藏自治区气候特点不同的 3 个地区建成 6 座独立光伏电站，总容量为 36kWp，所有核心控制设备均为自主研发产品；2001 年，进一步以西藏阿里地区为试点建成独立光伏电站 16 座，发放户用光伏系统 5000 套，总容量 180kWp，其中包括当时世界最高的阿里革吉县亚热乡电站（10kWp，海拔 5500m）。

2002～2003 年，在技术与实践经验日趋成熟的基础上，国家发改委启动实施了西部无电省级行政区"送电到乡"工程，工程覆盖西藏、青海、新疆等 11 个省（自治区、直辖市），共拟建设光伏、风/光互补电站 721 座。电工所承担并完成了该工程中难度最大的西藏那曲地区 92 座光伏、风/光互补电站的建设工作（电工所是唯一在西藏送电到乡中建设风/光互补系统的单位），总装机容量 1.76MW。

自"十五"开始，随着国际能源危机的进一步凸显以及发达国家并网光伏技术的迅速发展，并网型光伏发电系统成为当今和未来世界光伏技术应用的主要形式。电工所在并网光伏发电系统两个主要方向，即城市光伏建筑一体化并网系统（BIPV 系统）研究与荒漠大规模高压并网光伏系统研究，都取得了一系列重大进展。

2003 年，电工所完成国家科技攻关项目，在北京建成了我国第一座光伏建筑一体化的 50KWp 并网光伏系统，对城市中光伏技术的综合应用进行了尝试。2004 年，电工所在深圳园艺花卉博览园结合建筑、景观自主设计，建设了总容量为 1MWp 的并网光伏发电系统，该项目为当时国内乃至亚洲容量最大的光伏电站，标志着中国并网光伏系统的设计、建设水平达到了一个新的高度。2005 年，电工所在西藏羊八井建成了中国第一座荒漠型高压并网光伏发电系统，系统容量为 100kW。2006 年，研制成功 150kVA 集中型逆变器，替换了羊八井电站原有的进口逆变器，并在国内率先研制成功水平单轴、倾纬度角单轴和双轴跟踪 3 种太阳光伏跟踪系统。2005～2007 年，电工所在北京奥运中心区，结合国家体育馆建成了一座容量为 100kWp 的光伏建筑一体化系统，体现了中国光伏技术的最高水平。在科技部和北京市支持下，电工所承担了奥运中心、奥运村、奥林匹克森林公园、奥运大厦等多项光伏项目，光伏安装总容量近 400kW。

"十一五"期间，电工所力争继续保持国内光伏发电技术的领军地位，在科技部的支持下，将于 2010 年前分别在北京、西藏各建设一座兆瓦级并网光伏示范系统，并研制其核心设备，实现我国光伏系统集成技术的标准化和光伏产品的系列化。

此外，为适应国内市场经济发展和承接重大任务的需要，2001 年，电工所成立北京科诺伟业科技有限公司。该公司是国内最早从事太阳能光伏发电研究及产品开发的企业之一。作为中国科学院电工所前沿技术的市场转化基地，公司凭借丰富的工程设计经验、雄厚的技术实力、优质的产品和服务，在国内可再生能源市场上赢得了骄人的成绩。自成立以来，公司先后建成了近 200 座光伏电站和风/光互补电站，承建了"西藏阿里光明工程项目"和西藏那曲"送电到乡"项目等重大任务，取得了良好的经济效益和社会效益。同时，公司研发产品正不断实现产品化、系列化，并逐步实现批量生产。

2. 风力发电技术

由电工所首先提出并研究的变速恒频风力发电技术进一步得到发展。"十五"期间，电工所承担了国家"十五"重点科技攻关计划"600kW 失速型风力发电机组控制系统产业化关键技术开发"和"750kW 失速型风力发电机组控制系统研制及产业化关键技术开发"项目；承担了国家"863"项目"MW 级变速恒频风力发电机组控制系统及变流器研制"；承担了国家发改委新能源产业化专项"MW 级双馈式变速恒频风力发电机组控制系统及变流器高技术产业化示范工程"。"十一五"期间，电工所又承担国家"十一五"科技支撑计划"双馈式变速恒频风力发电机组控制系统及变流器研制"。

其研制的 1.5MW 变速恒频风力发电机组控制系统及变流器于 2006 年 9 月在甘肃玉门风电场成功并网运行，是目前我国第一台完全替代国外商业化运行机组、具有自主知识产权并在风电场实际并网运行的控制系统及变流器；研制的 600kW、750kW 失速型风电机组控制系统已经实现产业化。此外，为使我国完全掌握大型风力发电机组的核心技术、加强大规模风电应用技术研究以及提高实施自主科技创新能力，电工所正在积极推动北京市、中国科学院建设国家级风电工程技术中心及大型风电机组传动系统实验平台，推动我国风电产业链的发展，力争使其在风电技术领域继续处于"领跑者"地位。

3. 太阳热发电技术

20 世纪末，国际上太阳热发电研究热潮再涌，在此背景下，太阳能热发电得到电工所领导的高度重视。2002 年在争取"十五""863"后续能源创新课题"碟式聚光太阳热发电系统及关键技术"成功的基础上，电工所成立了太阳热发电研究组，副组长为李斌，课题负责人李安定。至 2006 年，研制了"10 米直径碟式聚光器及双轴精密跟踪系统"和"1 千瓦碟式聚光斯特林发电系统"，掌握了碟式聚光器、系统控制等关键技术。

2005 年，通过"百人计划"引进王志峰担任组长，开展塔式太阳热发电系统的研究。在"十五"期间，完成了国家"863"、"973"、军口"863"、国家自然科学基金等重大项目任务的基础上，又承担起国家"十一五""863"的重大项目"1 兆瓦塔式太阳热发电试验示范系统"等任务。计划在北京市延庆县建立 1MW 塔式太阳热发电站，开发一批太阳能塔式发电关键设备，编制一批太阳能热发电站设计规范和标准，计划于 2010 年发电。

同时，为完善太阳能热发电学科建设，在实验室建立主干学科的基础上，还开展了大量学科互补性的科研协作。以"中国科学院电工研究所－皇明太阳能集团联合实验室"的形式与相关企业建立并保持了密切合作关系，该实验室除 90% 的力量部署在太阳热发电方向外，研究还涉及太阳能集热器评价技术和海水淡化技术等。2003 年，与国家住宅与居住环境工程技术研究中心成立了"太阳能与建筑集成技术联合研究中心"。该中心主持了"十一五"国家科技支撑计划"可再生能源与建筑集成技术研究与示范"项目的立项工作。2006 年，电工所发起成立了"中法可持续能源实验室"（Sino-French Laboratory of Sustainable Energy）。2007 年与武汉理工大学材料复合国家重点实验室共同成立了"中国科学院电工研究所 – 材料复合国家重点实验室太阳能热利用技术联合研究中心"。目前，电工所已成为国内太阳热发电及中高温热利用方面的主要研发基地。

4. 太阳电池技术

为进一步在可再生能源领域做出基础性、战略性、前瞻性的创新成绩，2006 年，电工所成立了太阳电池研究组，又通过"百人计划"引进王文静任组长，投入数百万所长发展基金，新建中国科学院电工所太阳电池研究实验室，开启了所内晶体硅高效太阳电池和新型薄膜太阳电池的研究工作。电工所太阳电池技术研究的定位，不仅要进行基础性研究，而且要研究产业化技术以引领光伏产业的技术进步，现已建设了一条晶体硅太阳电池实验线、太阳电池中试线、太阳电池组件封装中试线和一个硅薄膜电池实验平台。

5. 光伏/风力发电检测服务

20 世纪 90 年代，国内光伏和风力发电出现了蓬勃发展的良好势头，电工所在技术研发、应用和工程示范的同时，对光伏和风力发电系统的质量检测和监控问题予以高度关注。1999 年 8 月，成立"中日合作光伏检测实验室"；2001 年末，建成了"中国科学院光伏发电、风力发电检测测试中心"，设立了光伏部件、风力部件、光伏/风力系统三个检测实验室，并根据 IEC 标准自行研发了部分光伏检测设备和平台，致力于光伏和风力系统以及部件的质量检测与评估工作，成为国家质量认证中心、鉴衡认证中心的签约实验室。

2001 年和 2005 年，电工所获得了中国实验室国家认可（CNAL）和中国计量认证（CMA）资质，成为经中国科学院批准建立，目前国内一流、国际认可的具有第三方公正地位的权威性专业光伏/风力检测机构。近年来，检测中心先后承担了中国"光明工程"项目的产品测试，中国"送电到乡"项目的产品评估，世界银行/全球环境基金的"可再生能源发展"项目的产品检测工作，并为国内多家光伏企业提供产品检测、产品设计鉴定定型、CE 认证测试等系列服务。

6. 咨询与培训服务

2000 年，在原国家计划委员会基础产业司的领导下，北京计科电可再生能源技术开发中心起草了"中国光明工程项目第一期行动计划"和"光明工程先导项目计划"并作为专家组牵头单位组织实施。到 2002 年止，该中心在承办中日政府签署的"绿色援助计划"中为中国边远无电地区建成 14 座集中型太阳能光伏发电站，187 套户用光伏系统。2001 ~ 2003 年，受原国家发展计划委员会基础产业司的委托，该中心组织国内近 20 个有关单位共同完成 25 个并网风力发电机标准和 37 个离网风力发电机标准的起草工作，并报国家质量技术监督局审批颁布。

除积极搭建国内可再生能源与国际的沟通和交流平台外，该中心还坚持为国内可再生能源市场的开拓提供专业咨询和培训，并先后完成国家计委组织的"大型风力发电机组国产化咨询"、"兆瓦级硅太阳能电池及应用系统生产线建设"、"国家送电到乡工程可持续运营模式研究和建议"等 50 多项项目建议书、可行性研究报告、初步设计评估、工程监理和后评估分析，还作为国内第一个通过美国 ISPQ 资格认证、国际认可的培训中心，为"国家送电到乡工程"培训了 150 名省级教师和大约 1000 名当地运行维护人员。

2006 年，电工所批准在可再生能源部组建了"可再生能源发电咨询与培训中心"，马胜红任主任。至此，电工所可再生能源发电技术领域已形成包括光伏发电、风力发电、太阳热发电、太阳电池、光伏/风力发电检测服务以及可再生资源咨询与培训等多学科领域全方位布局。

30 年来，电工所可再生能源发电技术研究在一代代科研人员的不懈努力下取得了长足进步。从早先国家投入不多的困难条件下蹒跚起步，到如今囊括光伏发电、风力发电、太阳热发电、太阳电池、分布式电力与储能、可能生能源咨询与培训、光伏/风力发电系统质量检测等多学科领域全方位布局，点滴进步都凝聚了几代电工所人的辛勤汗水。他们发扬无私奉献的精神，紧跟国家能源战略的需求，服务社会电力供应的需要，奋斗在祖国最艰苦地方，把光明和温暖带给最贫苦的百姓；同时，也引领了中国多项可再生能源发电技术的发展，为我国可再生能源事业做出突出贡献。

第十五节　微细加工技术

早在 1962 年建所筹备期，电工所就开始了微细加工设备的研制和相关技术的研究，先后研制完成了电子束镀膜机、电子束焊接机、电子束热处理装置等。但这些装置都属于传统的机械加工范围。20 世纪 60～70 年代，半导体微电子产业的迅猛发展极大地促进了与该产业相关的微细加工技术的研究。该技术主要包含图形光刻、材料刻蚀、薄膜生成、离子注入和黏结互连等技术。其中，图形光刻技术是微电子制造技术发展的主要驱动者。根据科学技术发展和国家建设的需要，电工所及时开拓了以电子束曝光和离子束加工技术为主的微细加工研究方向。

电工所微细加工技术研究的发展历史分为四个阶段：第一阶段在 20 世纪 70 年代，微细加工研究在电加工研究室起步；第二阶段在 20 世纪 80 年代，由于承担了国家重大科技攻关项目而得到快速发展；第三阶段在 20 世纪 90 年代，正处于科技体制改革时期，微细加工研究在困难中闯出了一条新路；第四阶段是 21 世纪开始这几年，微细加工研究在中国科学院创新工程推动下，扩展了新研究方向，进入了纳米加工领域。

微细加工技术研究孕育于电加工研究室。1983年，在该室电子束曝光技术研究组基础上成立微电子束技术研究室，列为第九研究室（简称"九室"）；1990年，更名为微细加工技术研究室；2002年，发展成微纳加工研究部。

一、起步开创期

1964年，电工所与中国科学院北京科学仪器厂及中国科学院电子学研究所联合研制电子束加工机。这是我国研制微米量级电子束加工设备的最初尝试。研制工作由中国科学院科学仪器厂黄兰友领导，电工所胡瑞萱、刘如松等承担了电子光学柱、高压电源、束闸等单元的研制工作。这项工作虽然由于"文化大革命"的冲击而中断，但它为电子束微细加工研究积累了经验、培养了队伍。1970年，电加工研究室科研人员参加了北京市组织的电子束布线机会战和100kV毫米离子束注入机会战，1972年又承担了1：1电子束投影曝光技术科技攻关项目。这些项目的实施，进一步锻炼和培养了这支队伍。

1. 电子束布线技术研究（1970～1972）

1970年，被"文化大革命"中断了多年的科研工作陆续恢复，电工所参与了北京市组织的"696"电子工业会战。其中，一部分人由张祥龄带队，参与了在北京师范大学低能研究所进行的"100kV毫米离子束注入机研制"工作（详见"电加工技术"专题）；另一部分由顾文琪带队参加了北京市组织的电子束布线机会战。参加电子束布线机会战的单位除了电工所外，还有中国科学院北京科学仪器厂、北京市仪表局所属有关器件厂。电工所胡瑞萱、游本章、马腾蛟、向钟慧、刘晗英、史启泰、武丰煜、王理明等深入到北京市仪表局所属器件厂，参加了电子束布线机主机、电气及计算机控制的研究。20世纪60年代末70年代初，世界正处于集成电路技术发展的起步阶段，集成度才几千位，特征尺寸在3～5μm。从当时半导体制造厂成品率较低的现实出发，利用电子束曝光技术对芯片进行选择布线，既可提高集成电路的成品率。又可将小规模的集成电路拼接成较大规模的集成电路。电子束布线机首先对半成品芯片进行检测，然后根据设计者的要求，进行选择性曝光布线。这是一项与国外处于同一水平的前沿性探索研究。该项目完成了主机、电源和计算机控制方案设计，搭建了实验装置，并进行了初步实验研究。由于科研体制的变化和"文化大革命"中科研秩序尚未完全恢复，该项目最终没有完成工业样机，但所获得的研究成果为后来开展电子束曝光技术研究积累了经验。同时，项目的实施为电工所培养了电子束设备研究人才，初步形成了光、机、电、计算机技术为主的研究团队。

2. 1：1电子束投影曝光技术研究（1972～1984）

1972年，为了跟踪国际上先进的半导体制造技术，电子工业部和北京市将1：1电子束投影曝光技术研究确定为科技攻关项目。经多方努力，电工所争取到了该项任务。后来，国家科委将该项目列为大规模集成电路的关键设备攻关项目，中国科学院将此列为院长远科学规划重点课题，并给予了经费支持。项目协作单位有中国科学院半导体所、感光所和电子工业部1413所。项目启动时间为1972年11月。项目要求研制完成一台1：1电子束投影曝光实验装置。其技术指标为：成像比例1：1，成像面积ϕ50mm，图形分辨率1μm，一次成像时间1～2min，对准精度0.3μm，对准时间1s。

为此，电加工研究室从参与北京市"696"电子工业会战的科研人员中组建了604组，承担1：1电子束投影曝光技术研究项目。项目负责人为张祥龄，副组长为游本章、史启泰，先后有30多人参加此项研究工作。主要研究工作有：①一次曝光的工艺及装置的研究，包括可暴露大气的光电阴极、大面积均匀磁场和磁偏转器、高精度稳压稳流源以及高精度稳压高压电源、感光胶及曝光工艺、电荷积分及曝光量控制等；②高精度曝光对准的研究："通孔对准"及"激光对准"的实验研究；③微米级精密工件台的研究；④曝光图形畸变及其测试方法研究。

经过几年的努力，该项目组共研制出3台不同形式的曝光实验装置，即1号机、2号机和翻版机；完成了电子光学、高精度稳压稳流电源、精密机械、光电阴极、自动对准、计算机控制以及曝光工艺试验等研究任务。在实验装置上，完成了ϕ50mm面积的1：1成像曝光，图形分辨率为0.75μm。

1979年12月，电工所对该项目的单次曝光技术进行鉴定，鉴定认为：该项目经过多年的研究，在电子光学系统设计制造，高稳定性、高均匀性磁场和电场的建立，可暴露大气的光电阴极的研制，精密无磁机械定位结构的设计，光源均匀性的测试，电子抗蚀剂的性能研究等方面做了大量的工作，取得了较好的结果。整机达到了预定的主要技术指标并取得稳定的曝光效果，可用于制作单次曝光的器件或复合图形掩模版。

鉴定小组建议对单次曝光进行实用化研究，并尽快开展对准定位的研究工作，以便在大规模、超大规模集成电路生产中发挥作用。根据鉴定小组的意见，项目组继续组织力量对装置进行单次曝光考核，同时加强定位对准技术研究。项目组在2号机上进行了通孔对准和激光对准两种方案对比实验，选定了通孔对准方案，解决了通孔对准技术的一系列难题，最终达到了0.3μm对准精度。1982年10月，电工所对电子束投影曝光的孔形标记自动对准技术进行鉴定，鉴定认为：该任务经过大量细致的工作，解决了其中关键问题。对准精度可达到0.3μm。同意评为电工所科研成果三等奖。

随着研究工作的深入，1：1电子束投影曝光技术的一些关键性缺陷陆续暴露出来，如大面积曝光图形畸变问题、高精度套刻问题等。随着半导体集成电路工艺向大直径硅片和亚微米特征尺寸发展以及紫外光刻技术的快速发展，1：1电子束投影曝光技术的应用前景受到挑战，国外一些有影响的研究机构纷纷放弃此项研究。因此，1984年，电工所顺应国际研究动向，中止了该项目的研究。

二、快速发展期

20 世纪 70 年代末到 80 年代初，半导体集成电路制造技术高速发展，硅片尺寸越来越大，图形特征尺寸越来越小，集成电路集成度越来越高。在这一时期，国家对发展半导体集成电路产业越来越重视。1982 年 10 月，国务院成立了计算机与大规模集成电路领导小组，大幅度增加了对集成电路产业和集成电路专用装备研究的投入。为了承担国家科技攻关项目和适应新的科技发展形势，1983 年 11 月，电工所党委决定从电加工研究室组建微电子束技术研究室，以促进微电子束技术这一电加工新领域的发展。建室初期，主要承担扫描圆形电子束曝光技术和可变矩形电子束曝光技术这两项科技攻关项目，同时启动所长基金项目——亚微米扫描电子束曝光机研制。

新建研究室有 40 多位科研人员，室主任为朱琪，副主任为杜友让。新室下辖 3 个研究组：扫描圆形电子束曝光技术研究组，由那兆凤负责；可变矩形电子束曝光技术组，由杜友让、何福民负责；亚微米扫描电子束曝光机研究组，由顾文琪负责。

1984 年底，微电子束技术研究室陆续迁入新建的电工实验大楼。由于该室科研人员事先参与了工艺流程设计、仪器设备布置等的审定，新室办公用房和实验用房都达到了先进、适用和安全的要求，大大改善了研究条件。

1985 年、1986 年，朱琪、杜友让相继调出。1987 年底，顾文琪被任命为室主任。1990 年，微电子束技术研究室更名为微细加工技术研究室。

这十多年，电工所微细加工研究工作进入快速发展期，微细加工研究与磁流体发电研究、超导应用研究一起成为电工所研究工作的三大支柱。在此期间，微细加工技术研究室承担了院重大科研项目"DY-3 微米级圆形扫描电子束曝光机研制"以及所长基金项目"DY-4 亚微米电子束曝光机研制"，同时还争取到国家重大科技攻关项目"DJ-2 可变矩形电子束曝光机研制"。

1. DY-3 微米级圆形扫描电子束曝光机研制（1978～1988）

1977 年 10 月，中国科学院制定了中国科学院长远科学发展规划。该规划明确提出要突破西方禁运，自力更生研究和开发半导体关键专用设备。1978 年，根据该长远科学发展规划电工所承担了研制圆形扫描电子束曝光机的科研任务，参与联合研制的单位有中国科学院光电所、感光所和半导体所。项目负责人为那兆凤，主要科研人员有：史启泰、孙荣富、向钟慧、吴桂君、王树生、武丰煜、刘晗英等以及五室的陈建平和王平。项目分两个阶段进行：第一阶段（1978～1980）完成微米级电子束曝光机的研制；第二阶段（1981～1982）完成亚微米级电子束曝光机的研制。1980 年初，根据项目研制实际情况，中国科学院有关部门决定集中力量完成第一阶段微米级电子束曝光机的研制任务，暂缓第二阶段亚微米电子束曝光机的研制。

为了完成该科研任务，电工所组建和充实了圆形电子束曝光技术组（603组），并由研究室副主任那兆凤兼任该组组长，担任项目负责人。计算机应用技术研究室（五室）参与了合作研究。项目于1978年4月启动，由电工所负责总体设计和调试，由光电所负责激光工件台研制，由半导体所负责工艺实验，由感光所研制电子抗蚀剂。

经过各单位长期努力，在完成整机安装后，又克服了很多技术难题，到1987年该机达到原定指标，整机具有以$2\mu m$线宽制作64K DRM的能力。该系统的电子光柱和真空系统性能稳定，束斑位置漂移小；图形定位精度、拼接精度和套刻精度高；激光控制工件台的定位分辨率高（优于$0.2\mu m$）；背散射电子的定位检测精度可达$0.1\mu m$；图形发生器的场校正功能齐全，有位移校正、增益、旋转、正交和梯形畸变修正功能；具有大容量操作系统控制图形数据曝光，并有较完整的计算机控制软件。系统功能处于国内领先水平。本项目最终达到指标是：

束斑尺寸：$0.3\sim1\mu m$。

扫描场尺寸：$2\times2mm$。

场拼接精度：$0.25\sim0.4\mu m$。

层间套刻精度：$0.5\mu m$。

激光定位分辨率：$0.04\mu m$。

激光工件台行程：$100\times100mm$。

1988年3月，由中国科学院技术科学局主持对该项目进行了鉴定评审。鉴定评审委员会认为：电工所等单位研制的DY-3型电子束曝光系统的各项技术指标均已达到并部分超过原定要求，圆满地完成了中国科学院下达的任务。该系统采用了目前国际上同类机的先进技术，如电子光学系统、电子束发生器、背散射电子检测器、激光自动跟踪系统、实时磁盘操作系统及无油高真空系统等，具有完整的整机结构和系统功能。该系统的整体技术指标及功能结构表明：我国微米级圆形电子束曝光机的研制已达到一个新的水平。该系统与国内研制的同类机相比占领先地位，接近日本电子公司JBX-5A的性能指标。

该项目于1989年获中国科学院科技进步三等奖。

2. DY-4亚微米电子束曝光机研制（1983～1990）

20世纪80年代早中期，国际半导体产业进入$1\mu m$工艺阶段，半导体科研已突入亚微米阶段。为了跟踪国际先进水平，1983年在所长基金支持下，电工所开始了亚微米电子束曝光技术的探索，开展DY-4亚微米电子束曝光机研制。项目负责人为顾文琪。项目目标是自行设计完成一台亚微米电子束曝光实验样机，探索电子光学柱设计和制造、高速高精度束偏转技术和亚微米曝光工艺，为以后开展深亚微米机的研制积累经验。

项目于1983年启动。项目组完成了电子光学柱的光学计算和机械结构设计。电子光学柱由北京气体分析仪器厂加工，首批加工 2 台套。麻莉雯设计了束偏转器，采用了电工所特有的电加工线切割技术，保证了高扫描速度和高扫描精度。系统采用商品扫描电镜电源和工件台。1985 年初完成整套系统安装，并拉出电子束。经测试最小束斑直径为 0.1μm。1986 年开始由刘晗英、唐文剑负责系统调试和工艺实验。1990 年完成系统调试，其主要指标是：最小束斑 0.05 ~ 0.1μm，束流密度 5 ~ 10 A/cm^2，最大扫描场 4mm × 4 mm，扫描速度 1MHz。DY-4 电子束曝光机可用于微米和亚微米曝光，它是电工所第一套完全由本单位设计，并完成加工的电子束曝光机电子光学柱。它的研制为后来的次亚微米和深亚微米机的研制积累了经验。

3. DJ-2 可变矩形电子束曝光机研制（1983 ~ 1991）

进入 20 世纪 80 年代，国家决定将开发大规模集成电路列为重点攻关项目。在杨昌琪所长领导下，电工所抓住机遇，以研制可变矩形电子束曝光机为目标，积极争取国家攻关任务。1983 年 1 月，电工所向中国科学院递交了《中国科学院电工研究所关于组织联合攻关研制变形电子束曝光机的建议书》，提出了技术路线、技术指标、进度计划和组织措施。经多次反复争取，1983 年 7 月，电工所终于获得了该项任务，正式签订了国家科技攻关专项合同（合同号 30-2-37），成为该项目抓总单位。合同规定该项目完成日期为 1988 年底。"七五"期间，该项目继续列为国家科技攻关项目，专项编号为 75-66-4-1。项目总经费 960 万元。1988 年 4 月，经主管单位批准将本项目完成日期确定为 1990 年底，项目目标为研制完成一台可变矩形电子束曝光机。

DJ-2 可变矩形电子束曝光机采用高速改变束斑形状和尺寸的新原理，是一台既具有高分辨率，又具有高生产率的生产型设备，它由电子光学柱、精密电源、激光控制 X-Y 精密工件台、无油超高真空系统、计算机、图形发生器、高速数据通道和大容量存储器组成。

该项目于 1983 年 10 月正式启动。有院内外中国科学院光电所等七个单位参加，学部委员王守武为总体组组长，杨昌琪、黄兰友为副组长，电工所为总体负责单位。各攻关单位分工如下：总体设计和调试（总体组、总调组）、电子光学柱及电源（科仪厂、电子所、电工所九室）、图形发生器及高速数据通道（电工所五室）、计算机控制系统和软件（电工所五室）、偏转放大器（电工所九室）、激光控制精密工件台（光电所）、信号检测和参数校正（电工所九室）、真空系统与控制（电工所九室）。

电工所参与可变矩形电子束曝光机研制攻关的有近 60 名科研人员。所长杨昌琪直接领导了此项研究工作。项目实施前期由万遇良、何福民协助杨所长工作。杨所长为该项目的争取和组织实施呕心沥血，最后积劳成疾，于 1987 年病逝在所长岗位上。杨昌琪所长的敬业和牺牲精神永远留在参加科技攻关人员的心中。

为了国家科技攻关项目的顺利实施，1987 年底所领导调回了正在香港工作的顾文琪，任命为微电子束研究室主任，并接替杨昌琪具体领导可变矩形电子束曝光机攻关工作。

1988年初，项目组进行了机构调整，调整后的项目总体组组长为王守武，副组长为顾文琪（常务）、黄兰友。总体调试组组长为顾文琪，成员有：王理明、沈国镠（后期罗武庭）、康念坎、方光荣。部件研制负责人有：江钧基、朱协卿、康念坎（电子所），王克定、吴明钧、夏志伟、刘廷壁（科仪厂）（负责电子光学柱与电源研制），王静汉、杨碧君、罗正全（光电所）（负责精密工件台研制），童忠镶（负责图形发生器研制），万遇良、沈国镠、罗武庭、刘祖京（负责计算机控制及软件研究），武丰煜、张福安（负责信号检测和参数校正研究），王树生（负责偏转放大器研究），王理明、薛虹（负责真空系统与控制），方光荣（负责电气与控制）。此外，马腾蛟、林春岚负责研究型系统总体调试，吴桂君负责曝光工艺实验。

为了保证按时完成国家攻关任务，总体组安排了研究型和正式型二套系统同时研制。研究型系统在前，它采用光电所已研制的Ⅰ型工件台，通过在研究型系统的实验摸索经验，取得数据，以修改正式型系统的设计。1986年第三季度，研究型系统完成总装，进入总调。正式型系统为完成任务用的实用系统，它采用光电所新研制的Ⅱ型工件台。1988年6月，正式型系统进入部件验收和总装，8月进入总体调试阶段。1990年10月完成可变矩形电子束曝光机整机调试，经测试达到原定技术指标。1990年11月进行局部改进和技术文件整理。1990年底，在7个单位90多名科研人员7年多的努力下，可变矩形电子束曝光机研制任务如期完成，进入工艺考核。达到的主要技术指标如下：

束斑尺寸：可变矩形，每边 $1 \sim 12.5\ \mu m$ 可变，步距 $0.05\ \mu m$。

最细线宽：$1\ \mu m$。

实用线宽：$2\ \mu m$。

束电流密度：$> 0.4\ A/cm^2$。

扫描场尺寸：$2mm \times 2\ mm$。

工件台移动范围：$135 \times 110\ mm$。

工件台移动最大速度：$20\ mm/s$。

激光读数分辨率：$0.02\ \mu m$。

数据格式：手编格式 DJL01，PG3000，PG3600。

生产能力：可制作 5in[①] 掩模版，2 片/h。

图形位置精度、拼接精度和套刻精度三项指标达到原定技术指标。

1991年3月，中国科学院技术科学局组织专家组对该项目进行技术评审。评审专家组认为：电工所等单位联合研制的可变矩形电子束曝光机，配备有电子光学镜筒、

---

① 1 in = 2.54 cm

激光控制精密工件台、计算机控制及软硬件系统等。系统硬件、软件配套齐全，硬件和软件设置已基本符合微电子工业实际生产要求。

中国科学院可变矩形电子束曝光机攻关组已攻克和掌握了可变矩形电子束曝光机的关键技术，已基本完成专项合同所规定的技术指标，完成了"七五"攻关任务。该电子束曝光机的技术指标已接近或达到 80 年代初国外同类机器水平，标志着我国在电子束曝光机研制方面取得了新的突破。

专家组还认为该设备在下列技术领域具有独创性或国内首次使用：①独特的电子光学设计；②以 6MB 大容量存储器和高速数据传输系统为支撑的曝光方式；③先进的 12 工位激光控制高精度定位工件台；④利用扫描标记、图形显示和波形显示进行的电子光学柱调整技术；⑤数据转换、曝光控制、故障诊断、参数校正等软件的开发；⑥以分子泵 – 离子泵组成的无油真空系统以及真空自动控制技术。

专家组希望进一步进行自动校正补偿和拼接精度实验，改进和提高拼接精度，提高系统可靠性，完成工艺考核。

根据评审专家组的意见，项目组在评审会后与微电子中心、半导体所合作，继续进行调试和工艺实验，使拼接精度和系统可靠性大大提高。但由于后续经费不足及科研体制方面的原因，该项成果未能在产业界推广，因此也未能登上高等级领奖台。但 DJ-2 可变矩形电子束曝光机的研制成功，是我国微电子专用设备研制的重大突破，是电工所微细加工历史上的辉煌一页。该项目组被评为中国科学院和机电部"七五"科技攻关先进集体。该项目获"七五"机械电子工业部重大科研成果奖。

三、改革转型期

20 世纪 90 年代初，微细加工研究室承担的中国科学院和国家科技项目陆续完成，此时正遇国家开始执行"八五"计划。由于科研投资方向的改变，九室申请的电子束曝光技术研究在国家科技攻关项目中落选。该室陷入了既无主攻方向，又无经费支持的被动局面，科研工作陷入了低谷。但九室领导和全室人员在困难面前不是畏难退缩无所作为，而是想方设法探索新路。他们一方面积极申请院级课题，另一方面探索引进、改造、升级的道路，把微米级电子束曝光机推向实用化。在这一时期，九室先后争取到院级科研项目 4 项，建立了半导体制版生产线，并完成了一系列技术开发项目。4 项院级科研项目是："八五"院重点应用研究项目——DY-5 亚微米电子束曝光机研制（1991）；"八五"院重点应用研究项目——微米级电子束曝光机实用化研究（1992）；"八五"院重大应用研究项目——0.3 ~ 0.4μm 电子束曝光实验装置研究（1991）；"九五"院重大应用研究项目——0.1μm 扫描电子束曝光装置研制（1997）。

1991 年，顾文琪任副所长，兼任九室主任，张福安、杨中山为副主任。1997 年，王理明任九室主任，张福安、杨中山为副主任。

1. DY-5 亚微米电子束曝光机研制（1991～1995）

根据中国科学院"八五"科学研究规划，为了满足我院微电子科学对亚微米电子束曝光机的迫切需要，由院计划局和技术科学局共同支持，电工所和微电子中心合作，联合研制一台研究型亚微米（0.5～0.8μm）电子束曝光机，列入中国科学院"八五"重点应用研究项目。

该项目由武丰煜主持，由九室和五室共同承担。项目组成立了总体组，武丰煜任组长，罗武庭任副组长。根据项目规定的技术指标，确定了总体方案，进行了课题分解。九室负责主机系统研制，包括电子光学柱、工件台、真空系统和电源。五室负责图形发生器和软件系统。近20位科研人员经过四年多的努力，攻克了多项关键技术，于1994年底完成了任务，研制出一台能稳定运行的亚微米（0.5～0.8μm）电子束曝光机。该机达到的技术指标为：

最细线宽：0.4μm。

束流密度：2～4 A/cm^2。

图形精度：±0.15 μm。

拼接精度：±0.15 μm。

扫描速度：1 MHz。

扫描场尺寸：1mm×1mm、2mm×2 mm。

工件台移动速度：3 mm/s。

最大工件尺寸：4in① 掩模版或3in硅片。

1995年7月，中国科学院应用研究与发展局主持召开了该项目的技术鉴定会。鉴定委员会认为：该项目主要技术指标已达到合同指标的要求，较圆满地完成了原定任务。该机具有场校正功能，可实现大面积图形制作；具有扫描电镜功能以及微机控制等特点。整机性能在国内处于领先地位。该机曾为中国科学院上海冶金所、微电子中心和物理所进行掩模制版和硅片光刻服务。实践证明，作为实验室用机，该机运行稳定可靠，能满足用户要求。

该项目于1996年获中国科学院科技进步二等奖。

2. 微米级电子束曝光机实用化研究（1992～1995）

由于国家迫切需要，微米级电子束曝光机的实用化研究项目被列为中国科学院"八五"重点应用研究项目。项目目标是研制完成一台生产实用型微米级可变矩形电子束曝光机，同时掌握关键技术，使研制电子束曝光机的水平跃上一个新台阶级。

该项目于1992年启动。项目负责人为顾文琪，主要科研人员有：刘祖京、杨忠

① 1 in＝2.54cm

山、方光荣、吴桂君等。项目组原计划在电工所 DJ-2 微米级可变矩形电子束曝光机基础上来实现实用化。项目启动后进行了多次方案论证，对 DJ-2 微米级可变矩形电子束曝光机进行了测试考查，考虑到 DJ-2 样机是八年前设计的，有些器件和部件已老化过时，设备整体的稳定性和可靠性不理想，决定舍弃 DJ-2 样机，走引进、改造、升级的技术路线。这样既可以加快研制速度，又可以使研究水平有一个高起点。

1992 年，项目组从美国引进两台套二手 JBX-6A Ⅱ 电子束曝光机及部分零部件。1993 年 3～11 月经过半年多艰苦努力，项目组完成了安装、检修、改造和升级，完全恢复了设备的原来指标。由于对关键部件进行了更新，整机的稳定性和可靠性大大提高。改造升级的主要内容有：改造了真空系统，更新了计算机存储系统，更换了数据转换计算机，同时扩充了系统接收图形数据的能力。

实用化工作的圆满完成，受到中国科学院领导和国家计委科技司的重视，国家计委科技司给电工所补充拨款 500 万元，并决定将该机移到中国科学院微电子中心制版生产线运行。1994 年 4 月，电工所与微电子中心签署了移机协议，同年 6 月正式移机，9 月完成安装调试，投入制版生产。1995 年 5 月通过引进、改造、升级完成的第 2 台 JBX-6A Ⅱ 电子束曝光机安装到电工所微细加工实验室，并完成总体调试，用于该室曝光实验和对外承接制版业务，成为中关村地区重要的掩模制版基地。上述两台设备至今已稳定运行 10 多年，为全国各地制作了大量高精度掩模版，并为很多大学和科研单位进行了相移掩模、新器件直刻等实验研究，为我国半导体研究和微电子产业做出重要贡献。

该项目于 1997 年获中国科学院科技进步二等奖。

3. 0.3～0.4μm 电子束曝光实验装置研究（1991～1996）

1992 年 4 月，中国科学院计划局和技术科学局根据我国微电子工业的需要，组织院内单位进行微电子专用装备技术研究，要求项目总体目标要超越国家"八五"攻关目标一个台阶，使我国的微细光刻技术达到国外 20 世纪 80 年代末、90 年代初的水平。

项目名称为"微电子专用装备技术研究"。项目列入中国科学院"八五"重大科研项目计划。项目编号 KY85-18。项目负责人为姚汉民、顾文琪。项目共设置 4 个课题，电工所承担的课题为"0.3～0.4 微米电子束曝光实验装置研究"（KY85-18-03）。该课题负责人为张福安、马腾蛟（前期），主要科研人员：薛虹、左云芝。课题经费 199 万元，其中院拨 173 万元。课题要求完成一套供实验研究用的 0.3～0.4μm 电子束曝光实验装置，解决深亚微米电子束曝光机的关键技术，为"九五"完成深亚微米实用型电子束曝光机打下基础。

本项目在 1991 年争取中科院立项过程中已经启动，开始阶段采用扫描电镜电子光学柱和精密工件台组装实验装置，进展缓慢。1992 年 7 月，项目组决定采取引进、改造、升级的技术方案，从国外引进二手部件和设备进行改装，把研究工作重点放到关

中国科学院电工研究所所史

键技术攻关上。1993 年 7 月，项目组从美国引进了一台由 Varian 公司制造的光栅扫描式圆形电子束曝光机 Ee BES-40A。该机采取先进的光栅扫描方式，精密工件台在 X 方向连续移动，电子束在电磁偏转器控制下沿 Y 方向连续扫描，形成一条扫描带，然后由一条条扫描带拼接成整幅图形。

1994 年上半年建立超净化空气压缩站、更换磁盘系统、改造磁带机，10 月完成整机安装，11 月拉出电子束，1995 年 5 月曝出测试图形。1995 年下半年设计安装了 LaB6 阴极，使电子束斑尺寸由 $0.5\mu m$ 减小到 $0.2\mu m$，满足了深亚微米曝光要求。同时，将 L-EDIT 软件移植到该机上，扩充了可接收图形数据范围。1995 年 12 月，该机完成调试，基本达到项目合同所规定指标，即电子束斑直径 $0.2\mu m$，最细线宽 $0.8\mu m$，图形位置精度 $\pm 0.1\mu m$，图形拼接精度 $\pm 0.1\mu m$，阴极亮度大于 $10^6 A/（cm^2 \cdot sr）$，阴极寿命大于 1000h，真空度 $4 \times 10^{-8} torr$①，数据传输速度 40MB/s。不足之处是，由于经费原因未能安装热场致发射阴极，致使束斑直径和图形最细线宽稍低于合同指标。该机为生产实用型机器，通过此项目的执行，使项目组掌握了光栅扫描行进式曝光、气浮导轨高速移动工件台、超高速数据处理与传输、激光测距束位实时修正等先进技术。

1996 年 1 月，该项目通过了中国科学院应用研究与发展局主持的专家评审会的评审。1999 年，该机移送到山东大学电子工程学院用于教学科研。

4. 0.1μm 扫描电子束曝光实验装置的研制（1997～1999）

"0.1 微米扫描电子束曝光实验装置的研制"是中国科学院"九五"应用研究与发展重大项目"微电子专用设备研制"的课题之一，课题编号 KY951-A1-501-02，起止时间为 1997 年 5 月至 1999 年 12 月。

$0.1\mu m$ 分辨率电子束曝光技术既可用于制作常规掩模版，也可用于制作 X 射线光刻机用高分辨率掩模版，同时还可以直接在晶片上光刻，研制 ULSI、超高速 GaAs 器件、集成光路中的光波导和光开关元件、光电子器件、声表面波器件和量子阱器件等。项目目标为完成一台 $0.1\mu m$ 电子束曝光实验装置，为今后的实用化打好基础。

该项目从 1997 年初启动，负责人为顾文琪、张福安，主要科研人员有：康念坎、王理明、薛虹等，选用了 KYKY-1000 扫描电子显微镜镜筒进行改造。项目组首先对偏转系统进行优化设计，采用物镜前双偏转系统以缩短工作距离、降低总像差、减小束斑尺寸；改造了电子枪部件，安装了 LaB6 阴极；选用日本 JBX-6AII 精密激光工件台，增加工件表面高度修正功能；重新设计驱动软件，以满足定位精度要求；研制了多功能图形发生器。

1999 年初，项目组完成实验装置的总体安装，开始曝光实验，经过反复研究摸索，

---

① 1 torr = 133.322 Pa

· 222 ·

在该装置上制作 0.09μm 线宽图形。经测试，本项目达到的主要技术指标是：

最细线宽：0.09μm。

图形精度：0.1μm（2σ）。

套刻精度：0.1μm（2σ）。

束电流密度：105～149 A/cm²。

LaB6 阴极寿命：可达 2100h。

最大工件尺寸：6in 掩模版或 5in 硅片。

2000 年 4 月，中国科学院应用研究与发展局主持了该项目验收会。验收专家组认为：项目组完成了合同要求的各项指标，圆满地完成了研制任务。0.1μm 扫描电子束曝光实验装置的首次研制成功，说明我国已经具备了研究这种国际公认的高技术大型设备的能力。系统中采用了"独特的透镜前双偏转优化设计和特殊的加工技术"以及"线性和非线性修正技术"，该两项技术属国内领先。

该装置先后为北京大学、中国科学院物理所等单位制作纳米半导体器件图形，在纳米器件实验研究中获得可喜结果。

5. 建立半导体掩模制版生产线

为了适应科研体制改革的新形势，探索科研为经济建服务的途径，九室领导决定建立半导体掩模制版生产线。1994 年，在电工所所领导支持下，在净化实验室辟出200 多平方米面积改造为掩模制版生产线用房。以"微米级电子束曝光机实用化研究"项目完成的第 2 台 JBX-6AⅡ电子束曝光机为主机，并配备了必要的工艺设备，建成了半导体掩模制版生产线。制版线根据客户提供的数据，可制作 2.5～6in 掩模版，图形最细线宽 1μm（实验性用途时为 0.6μm），同时可提供实验曝光服务。该制版线建成后，客户遍布全国各地，已成为中关村地区重要的制版基地。客户包括清华大学、北京大学、中国科学院物理所、中国科学院电子研究所以及航天部门等单位。

该制版线由杨中山负责，2006 年后由李建国负责。

6. 积极推动技术开发工作

在这一时期，微细加工研究室积极组织科研人员走上社会，承担横向任务和开发新技术产品，先后完成的项目有：宝钢大功率电机计算机控制系统（刘祖京负责），出口伊朗的强电子柱测量系统（王理明、张福安负责），北京大学医用恒温水浴（方光荣负责），阜外医院心电数据实体采集系统（张福安负责），海军航空兵自动填弹样机（王理明负责），微机控制自动绕线机（郭士禄负责）。开发并投入市场的新产品有：高电位康复仪（方光荣、王树生负责），腰椎间盘突出治疗仪（王理明负责）。

四、创新工程阶段

进入 21 世纪后，在中国科学院创新工程推动下，微细加工研究室积极争取承担院创新工程重大科研项目，努力探索新的研究方向；积极引进优秀科技人才，完成了科技队伍的代际转移；大力推动研究成果实用化和产业化，争取做出"顶天立地"式的成绩。

从 2000 年开始，为了拓宽微细加工技术的研究领域，在电子束曝光技术组外，组建了生命科学仪器研究组和微机电系统（MEMS）技术研究组。为开拓新的研究领域，积极培养和引进青年科技人才，于 2001 年以中国科学院百人计划引进了李艳秋博士，2002 年引进了韩立博士、吴岚军博士等。

2001 年从中国科学院申请到实验室维修经费 300 万元，对 700m² 净化实验室进行了更新改造，使使用了 20 年的实验室面貌焕然一新。

2002 年，微细加工技术研究室更名为微纳加工技术研究部。2002 年 3 月，李艳秋接替张福安任研究部主任，2003 年 9 月改由顾文琪任部主任，2006 年 2 月至今由韩立任部主任。

从 2003 年开始，微纳加工技术研究部进一步探索新的研究领域，开展了以下新的研究工作：100nm ArF 光刻机辅助设计仿真，扫描探针显微镜纳米级加工研究，MEMS 制冷器研究，纳米压印设备和技术研究，聚焦离子束加工技术研究。此外，研究部摸索微纳加工技术与新能源开发相结合的可能性，目标为开发微小电源和绿色无污染电源。

21 世纪以来，微纳加工技术研究部先后承担了中国科学院创新工程重大项目——电子束缩小投影成像系统研究（1999）、纳米级电子束曝光系统实用化研究（2002）和生物芯片点样仪研制（2001），还承担了院仪器改造项目——高压纳米级电子束曝光系统研制（2002）和新型盲文印刷系统的开发（2006）。

1. 电子束缩小投影成像曝光系统研制（1999 年 9 月至 2002 年 3 月）

在科学家的长期努力下，一种新型的电子束曝光技术——具有角度限制的电子束缩小投影成像曝光系统（SCALPEL），于 20 世纪 90 年代取得了突破性的进展，被半导体业界视为 21 世纪微电子产业的主流光刻技术。中国科学院紧盯国外高技术发展的前沿领域，于 1999 年在组织院创新工程首批重大项目时，不失时机地安排了电子束缩小投影成像曝光系统研究项目（项目编号：KGCX1-Y-8）。项目分三个阶段：第一阶段为关键技术攻关，第二阶段为样机研制，第二阶段完成样机研制后再交给企业实行产业化。项目第一阶段从 1999 年 9 月至 2001 年 9 月。总经费 1280 万元，其中院拨 1080 万元。项目由电工所承担，合作单位有中国科学院微电子中心等。

项目总目标：通过对电子束缩小投影成像系统的关键技术及相关部件的研究，探索纳米级电子束缩小投影成像曝光、散射型掩模制备及角度限制机理和高精度对准定位等核心技术，并获得自主知识产权；为研制我国首台纳米级电子束缩小投影成像曝光系统实验样机奠定良好基础；在该研究领域培养一支接近国际水平的创新队伍。

项目于 1999 年正式启动。负责人为顾文琪，主要科研人员有：张福安、方光荣、薛虹、靳鹏云、彭开武等。项目组制定了详细又切合实际的总体方案和合理可行的技术路线。为加快研究进度，采用了改造透射电子显微镜，配置精密工件台的方案。在 2000 年引进 JEOL-2000 型透射电镜（加速电压 200kV），加装了激光控制精密工件台，重新设计了缩小投影透镜，配置了控制用计算机，并开发了控制软件。与此同时，研制了用于定位对准的束位测试系统和束偏转修正系统。2001 年 5 月安装完成了缩小投影成像曝光用原理样机，并投入光刻实验。

在原理样机上，采用了独特的反对称双磁透镜设计，抵消了大部分像差。根据设计，投影镜球差系数为 0.08762m，色差系数为 0.04451m，总像差 35nm，动态修正后总像差为 23nm。投影镜使图像缩小 4 倍，满足了系统的总体要求。在掩模研究中，微电子中心与电工所密切合作，提出了"纳米硅镶嵌"结构，使薄膜内应力下降了一个数量级，大幅度提高了掩模成模率、重复性和稳定性。经测试，该掩模透射率为 30% 左右，对比度 60% ~ 70%，与国际水平接近。掩模图形区面积达到 30mm × 30mm。通过近 6 个月的实验，项目组完成了合同规定的目标。

2002 年 3 月，中国科学院综合计划局、高技术研究与发展局共同主持了该项目的验收总结会。验收专家组一致认为：项目组研制了一套电子束缩小投影成像曝光原理实验装置。该装置是继美国 Bell 实验室和日本 Nikon/美国 IBM 之后的第三套同类实验装置。项目组达到了项目合同规定的技术指标：最细曝光图形线宽为 78nm；掩模图形面积 3mm × 3mm ~ 30mm × 30mm，工件台工件尺寸 5in、6in，曝光系统焦深约 93μm，定位检测精度 45nm（3σ）。研究工作中取得的创新点有：采用了独特的反对称双磁透镜设计，大大减小了系统总像差；将"纳米硅镶嵌"技术应用于散射型掩模制备，提高了掩模成膜率和稳定性；成功地将精密工件台的激光测量分辨率提高到 5 nm，提高了定位精度。总之，本项目第一阶段目标的实现为研制实用化样机奠定了基础，同时为我国微细加工高技术的发展，在国际上争得了一席之地，大大缩短了与工业先进国家的差距。

在该项目实施期间，由于国外传统光学光刻技术的飞速发展，光学光刻已进入了纳米范围，使电子束缩小投影成像曝光技术受到严重挑战。但电子束缩小投影成像曝光技术仍然是纳米器件制作的重要候选光刻技术之一，随着掩模制备技术、套刻对准技术的不断改进，它仍然有可能成为 21 世纪纳米器件制作的主流光刻技术。

2. 纳米级电子束曝光系统实用化（2002 年 6 月至 2005 年 9 月）

2002 年，遵循"发展高技术，实现产业化"的方针，微纳加工研究部承担了中国科学院创新工程重大项目——纳米级电子束曝光系统实用化研究（项目编号：KGCX1-Y-8，二期）。本项目瞄准国内急需的纳米级电子束曝光设备，在攻克实用化样机关键技术基础上，要求研制 3 台以扫描电镜（SEM）为基础，配备激光定位精密工件台和

PC 机控制系统的新型纳米级电子束曝光系统，供科研单位用于纳米科技和半导体前沿研究，满足我国科研机构和国防建设需要。该设备既可以用于制作精密掩模版，也可以在工件上直接曝光。

项目于 2002 年 7 月签署中国科学院知识创新工程重大项目任务书，起止日期为 2002 年 6 月至 2005 年 6 月。总经费 1432 万元，其中院拨 1100 万元。项目由电工所承担，项目负责人为顾文琪、韩立。合作单位有中国科学院光电所等。

本项目于 2002 年 6 月启动，设置了 3 个课题组：系统总体设计和调试组，负责人顾文琪、薛虹；图形发生器和软件系统研制组，负责人方光荣、张福安；激光定位工件台研制组，负责人王肇志、张正荣。

经过 3 年努力，项目组解决了一系列关键技术，完成了 3 台（套）以 SEM 为基础的纳米级电子束曝光系统。该系统在扫描电镜基础上，配备了 DY-2000 图形发生器、超高真空系统、高速束闸、PC 机控制系统和定位对准系统。该系统具有纳米级曝光分辨率，可进行图形拼接和图形套刻，具有完整的操作和控制软件，可满足国内纳米科技、半导体和 MEMS 实验室的需要，达到国际先进水平。其中，一台设备安装于国家纳米中心，一台设备安装于电工所微纳加工实验室，已长期稳定运行，用于纳米图形制作和器件研究。整机达到的技术指标是：

加速电压：1 ~ 30 kV。

最小电子束斑直径：6 nm。

电子束流：4 pA 至 10 nA。

最细线宽：30 nm（取决于所选 SEM）。

扫描速度：5 MHz。

图形尺寸精度：0.06 μm（2σ）。

场拼接精度：0.06 μm（2σ）。

对准精度：0.09 μm（2σ）。

工件尺寸：5in 硅片，6in 掩模版，非标准试片。

工件台移动速度：16 mm/s。

工件台移动范围：160mm×140 mm。

激光测量分辨率：10 nm（λ/64），0.6 nm（λ/1024）。

本项目同时研制出我国首台高精度纳米通用图形发生器，型号 DY-2000。该图形发生器可以配备到 SEM、聚焦离子束系统（FIB）和扫描探针显微镜（SPM）上，构建成纳米加工设备。该图形发生器与国外高端产品相比，具有更高的速度（传输速度可达 20MB/S）、更友好的操作界面（中文界面）和更便捷的操作方式（实时加工图形显示）。首批生产 12 台，已安装到清华大学、中国科学院微系统与信息技术所、台湾中正大学等有关实验室。此外，研制出高精度、高稳定性激光定位精密工件台，其激光测量分辨率达到 0.6nm，移动速度为 16mm/s，行程为 160mm×140 mm，达到国际先进水平。

总之，本项目的完成，使我国科学家掌握了基于 SEM 的纳米级电子束曝光系统的关键技术，研制出具有自主知识产权的图形发生器和科研用纳米电子束曝光机，并形成了小批量生产的能力。本项目在完成过程中，采取"沿途下蛋"的策略，将核心部件——纳米通用图形发生器推向了市场，为我国纳米科技研究做出重要贡献。

2005 年 9 月，中国科学院综合计划局、高技术研究与发展局联合主持了该项目的专家验收会。验收意见如下：纳米级电子束曝光系统是半导体、光电子、微机电系统和微结构研究的关键设备之一，它是电子光学、精密机械、真空技术、电子技术和计算机控制技术的综合集成。项目组按照项目任务书要求，完成了 3 台以扫描电镜（SEM）为基础的纳米级电子束曝光系统。该系统具有纳米级曝光分辨率，最细线宽为 30nm，图形拼接和图形对准精度分别达到 60nm（2σ）和 90nm（2σ）。该系统具有完整的操作和控制软件，可满足纳米科技、半导体和微机电系统实验室制作纳米图形的需要。

本项目开发了 3 项具有自主知识产权的创新性关键技术，它们是：①开发了以数字信号处理器（DSP）为核心，以 Windows 2000 为操作系统的通用图形发生器。在自主研制数字信号处理和软件系统方面取得了重大突破。②研制出高精度、高稳定性激光定位精密工件台，其激光测量分辨率达到 0.6nm（$\lambda/1024$），移动速度为 20mm/s，行程为 160 mm×140 mm。工件台采用独特的结构和先进的数字控制技术，运动精度高，运行平稳可靠。③开发了纳米级高精度定位技术与系统集成技术，以激光波长为基准，通过信号采集、数据处理、扫描场尺寸校正、畸变校正和工件台位移补偿，保证了纳米级定位精度。

该项目重视成果的推广应用，成绩显著。验收专家组认为，本项目已圆满完成了任务书的各项要求。

3. 生物芯片点样仪研制（2001 年 3 月至 2004 年 8 月）

2001 年，中国科学院将"生命科学仪器研制"列入"十五"中国科学院创新工程重大项目，项目编号：KGCX1-12。微纳加工部承担了该项目的一个课题——生物芯片点样仪研制。负责人先后为王理明、高钧、吴岚军。项目要求在两年内研制完成高精度中密度生物芯片点样仪，形成每年 10 台的中试生产能力，并根据市场需求，进一步扩大生产规模，使我国生物芯片研究水平和规模化生产能力有大幅度的提高。仪器整机技术指标要达到国外同期先进水平。项目经费 600 万元。要求达到的指标是：

点样最小直径：75～300mm。

中高点样密度：1000～8000 点/cm²。

最大点样面积：22mm×73mm。

点样量：0.2～0.8nL。

携样量：0.25～2μL。

样点间距：100～350μm。

针孔数：32～96孔。

载荷样片：50～100片。

项目于2001年3月全面启动。为提高研制起点，加快研制周期，项目组决定以国外较先进、同时又能满足国内近期需求的生物芯片点样仪为借鉴，作为模仿样机。通过反复比较，2001年底从英国引进一台先进的阵列式生物芯片点样仪。通过分解、学习，攻克关键技术，设计出96针生物芯片点样仪。2002年5月试制完成两台样机，命名为DY-2001型生物芯片点样仪。2004年初完成工艺考核、定型和总检。经测试样机的技术指标达到合同要求，其性能接近当时国际水平。DY-2001型生物芯片点样仪为通用型设备，价格较贵。为了满足国内一般用户的需求，项目组又设计并研制完成了快速高精度小型生物芯片点样仪，投放市场，命名为DY-2003型小型生物芯片点样仪。电工所研制的多台点样仪已在科研单位和医院使用。该项目于2004年8月通过院计划局和高技术局组织的专家验收，2004年被评为中国科学院重要成果。

4. 200kV纳米级电子束曝光系统改造项目（2002年12月至2005年10月）

2002年，为了探索电子束曝光技术的极限分辨率，探索大深宽比抗蚀剂图形的制作，探索高能量电子束对材料的损伤特性，微纳加工部承担了院仪器装备改造项目——高压纳米级电子束曝光系统研制。项目要求将一台200keV的透射电子显微镜（TEM）改造成能进行纳米级图形曝光的实验装备，同时保留TEM的观察功能。项目经费240万元，其中院拨160万元。项目负责人为韩立。

通过参研人员2年多的努力，在高压电子显微镜的基础上进行了以下四个方面改造：电子光学系统的改造、小型工件台的设计和安装、真空系统的改造、图形发生器的配备。该高压电子束曝光系统具备了图形制作、图形数据转换、曝光控制、扫描场校准等电子束曝光所需要的基本功能，同时保留了透射电子显微功能和扫描电子显微镜功能。该系统可以曝光最细线宽为39nm，在2.6μm厚的光刻胶上可制备高深宽比为5:1的图形。该系统为国内首台200keV高压电子束曝光系统，它可以用于微纳米器件、分子器件、MEMS技术等方面的实验研究。除了满足电工所科研工作的需求外，同时还向院内外开放，为其他研究机构的微纳米科技研究提供服务。该装备完成后，清华大学、中国科学院微电子研究所等单位在装置上进行了大量实验，取得良好的实验结果。

2005年12月，中国科学院综合计划局主持了该项目专家验收会。验收组认为：项目组完成的高压纳米级电子束曝光系统是国内唯一一台高电压电子束加工系统，该系统在保证透射电子显微镜功能的基础上增加了电子束加工功能，极大地拓展了该仪器的功能，开展了研究高能量电子束加工特性的新途径，是一个成功的仪器改造项目。该项目充分利用透射电子显微镜的功能，结合了电子束曝光技术，为基础研究提供了新的技术手段。

该项目于 2005 年被评为中国科学院重要科研成果。

5. 新型盲文印刷系统开发（2006 年 10 月至今）

传统盲文印刷系统主要采用阳文拓印，印刷成本高、制作效率低，且易磨损。为实现盲文印刷技术的突破，微纳加工部承担了院高技术局主管的中国科学院科技助残计划项目"新型盲文印刷系统开发"。项目目标为研制一台新型盲文印刷系统样机，印刷速度为每页 3min。项目经费 60 万元，负责人为韩立、刘俊标。

项目于 2006 年 10 月启动。该项目组借鉴生物芯片点样仪的工作原理，成功研制出了单头点胶式和多头阵列蘸胶式两种盲文印刷系统。该系统利用点胶或蘸胶装置，将紫外固化胶水转移排列到普通纸张表面，经紫外线照射固化后形成突起的盲文文字。由于采用无模版印刷和普通纸张，极大地减少了盲文出版物的制造成本和中间流程。紫外固化胶的使用也突破了纸质材料必须以拓模方式制作盲文的限制，将纸张和盲文字符分离开来，大大增强了盲文字符的耐磨性和书籍的抗压性，为盲文书籍的高密度存放提供了新的可能，也为盲文二维特殊图形的制作开辟了新天地。

设备开发成功后，受到了中国残联领导和中国科学院有关部门重视。2007 年，项目组又参与了国家科技支撑项目"中国残疾人信息无障碍关键技术支撑体系及示范应用"。项目由盲文出版社牵头，由电工所研制新型盲文印刷机，服务于残疾人重大赛事与活动，特别是为北京 2008 年残疾人奥运会提供信息无障碍服务示范。项目经费 110 万元。新型盲文印刷系统将在北京奥运会和残奥会期间为国际广播中心现场使用，为北京 2008 年残疾人奥运会等残疾人重大赛事与活动提供盲文多语种（中、英等）的文件、简报和成绩册的快速盲文打印服务。该项目正在顺利进行中。

近 40 年来，先后有 120 多名科技人员参加了微细加工的研究工作。微细加工研究室紧紧跟踪国际半导体产业的发展，与时俱进，一步一个脚印，从研制微米级电子束曝光设备，到亚微米级，再到纳米级设备；从研制出实验装置到研制成功实用装备，并投入制版生产线使用；从典型的矢量扫描电子束方式，发展到可变矩形电子束方式、光栅扫描电子束方式；在电子束曝光技术领域微细加工研究室在国内一直处于领先地位。在 20 世纪的后十年中虽然遇到了科技体制改革中出现的种种困难，但微细加工研究室在探索中前进，闯出了一条新路，仍然取得了可喜的科研成果。进入 21 世纪，微细加工研究室积极承担院创新工程重大科研项目，进一步推动研究成果实用化和产业化，在变革中继续前进。

微细加工技术是国际上工业发达国家的研究热点，发展微细加工技术是我国经济建设、社会发展和国家安全的需要。电工所有一支优秀的、具有创新意识的微细加工科研队伍，已经积淀了 40 多年的研究经验。只要能团结一致，不断创新，电工所微细加工技术研究一定会更加辉煌。

第十六节　电磁场理论与数值计算

电磁场理论是描述宏观电磁现象和电磁过程的理论，是电工学科的理论基础之一。电磁场理论不仅为电工学科的技术创新和持续发展提供了重要的支撑，而且为一些交叉学科和新兴边缘学科发展提供依据。电磁场研究的基本任务是利用电磁场理论认识、控制宏观电磁现象和电磁过程，实现人类的预定要求，为解决国家重大工程项目中的一些疑难问题提供前期技术支持，并促进技术发展。电磁场的研究对象通常是宏观电磁现象和电磁过程的分析、设计、优化、制造、测量和控制方法等方面的问题。电磁场与工农业生产、各种领域中的科学研究以及日常生活都有着十分密切的联系。几乎所有的电工设备、电器、电子元件、电磁物理装置的工作状态和性能由它来决定。因此，电磁场分析和计算是这些设备、元件和装置设计、优化的重要基础。

电工所的主要研究领域是电工电能新技术，电工所每一研究室的学科方向都与电磁场有关；电工所的每一位研究工作者在研究工作进程中都需要面对相关的电磁场问题；电工所的每一重大研究成果也都含有电磁场研究的贡献。

早在 20 世纪 60 年代初，由于研究高效、高性能和高可靠性的电机需要电磁场、应力和温度场的分析与计算，电工所理所当然地开始了电磁场方面的工作。爪极电机漏磁计算、直线电机端部效应、平面步进电机电磁问题、永磁直流力矩马达电磁问题是当时电磁场研究工作的重点。1965 年以后，电机研究室在开展永磁直流力矩马达研究的同时，开始研究直流永磁宽调速电机，与上述几类电机相关的电磁场问题一直是电机研究室关注的焦点。基于传统的磁路概念的磁场计算技术已不能满足电机整机研发过程中所提出的一系列要求，这期间的电磁场工作需要寻求学术创新和技术突破，研究人员开始研究和引入有限差分方法。

1965 年以后，电工所的学术方向和相应的组织机构有很大变动，新增加了磁流体发电、超导应用、电子束装置和微特电机等学科，相应地需要解决的电磁场方面的课题也大大地增多了。磁流体发电研究涉及流体力学场、温度场、磁场、电流场等问题，其中的场分析问题是电磁场领域的前沿。超导应用的核心问题之一是超导磁体设计，其基础是静磁场计算，需要计算精确的磁场分布、最大磁场点、磁场力分布等。其中，电磁场逆问题是电工学科的前沿热点问题。电子束方面的工作需要研制各类磁场发生装置用于引导和控制束流，需要精密、准确的计算。微特电机的研发需要计算各种特殊电机及执行器的多种电磁量和力学量，需要计算各种执行器的传递函数，需要通过某些电磁场的计算来为相关的各类状态方程提供参数，解决电磁场分析层面等问题。

20 世纪 80 年代永磁材料发展很快。80 年代初，韩朔先生提出，中国的磁共振成像磁体可以采用永磁材料作磁源，并引领当时电机研究室的周荣琼进入到研制我国首台磁共振成像的领域，具体承担了研制磁共振成像的永磁磁体的任务，电工所的永磁磁体研究工作从此起步。这一研究方向的开拓和组织布局，为后来电工所两项重大成果的取得打下了基础，所说的两项重大成果指的是国内首台磁共振永磁磁体系统和用于空间磁谱仪的永磁磁体。前一种磁体要求磁场工作区内磁场空间均匀度达到（1～3）× 10^{-4} 的水平，并要求配用能在磁场工作区产生线性变化磁场的电磁线圈系统，或称梯度线圈系统；后一种磁体在严格限制了重量的前提下，要求特别轻巧且抗振，要求磁场尽可能强，工作温度要适应太空的天候。不言而喻，这些磁体的设计基础又是电磁场计算。

随着电磁场研究水平的提高，电工所逐渐进入了国内电磁场数值计算研究的主流队伍，所里曾依次派出夏平畴、冯之鑫出任中国电工技术学会理论电工专业委员会副主任委员、国际电磁场计算会议中国联络办公室副主任委员、委员等职务，并于 1988 年接受国际电磁场计算会议中国联络办公室委托，协助汤蕴璆教授主持了首次在中国召开的国际电磁场计算会议。

20 世纪 80 年代中期，电工所在关于电力工业及三峡工程工作的报告中提出，电工所过去所有电磁场理论工作，都分散在各室中结合自身的课题进行，力量分散。随着电力工业的发展，特别是三峡工程准备上马，提出了大量的电磁场理论课题，为了在这方面逐渐形成力量，杨昌祺所长曾考虑成立电磁场理论研究课题组，除了有些电磁场工作在原课题组进行外，拟由冯尔健、夏平畴等着手建立电磁场理论组，从小到大逐步选拔有一定研究水平的科技人员参加；严陆光所长曾专门拨出所长基金 15 万元，用于添置工作站，以便开展电磁装置 CAD 的研究。但是，这种设想的实施因为种种原因而中断。

20 世纪 90 年代末，计算机的迅速发展和普及，使利用数值法分析和计算电磁场问题成为可能，成为电磁场问题研究和工程计算的一种最重要的手段。许多花费巨大的模型试验可以用数值模拟取而代之，数值分析和 CAD 相结合正在成为工程设计的一种主要手段。由于电磁场数值分析和计算机模拟可为产品的设计和优化提供最可靠的依据，它在国内外企业、研究单位和高校已受到普遍重视和广泛应用。电磁场研究水平的高低已成为衡量在电工领域中学术水平高低的一个重要标志。1999 年，孔力担任电工所所长，在人员条件、组织条件等方面对电磁场方面的工作适时地提供了支持。2000 年 6 月，夏东向所里正式提交了《关于成立电磁场数值分析和计算机模拟实验室的建议报告》，并于当年成立了电磁场计算中心。为支持电磁场仿真实验室的建立，电工所专门购买了大型电磁场分析软件 ANSOFT 公司的 MAXWELL 3D 的基本模块，2002

年，招聘了专门的研究人员为所内研究组提供技术支撑和前沿探索研究。

进入 21 世纪，许多科学研究都涉及有关电磁场耦合问题的求解，如电磁场与温度场、温度场与流场、温度场与结构应力的耦合问题，还有温度场、电磁场和结构应力的多物理场耦合的问题。因此，以电磁场为基础，多物理场耦合问题的解决成为电工所各研究组极为关心的问题，如超导电动机的场－路耦合问题，超导装置在电磁场、温度场作用下的失超问题，磁制冷装置的磁、热耦合问题，磁浮列车电缆线圈在电磁、热和力作用下的运行问题，磁场激励激发声波的资源探测与生物成像问题，电磁场对生物流体的控制问题，蒸发冷却发电机内电磁、热、流体耦合问题等。

在数值模拟技术方面，大型电磁场软件、流体力学等 CAE 软件日渐成熟，应用软件精确地了解所研究设备中的电磁场及其他物理场的分布以及它与各种参数、性能的关系是优化设计的关键。因此，与时俱进，以大幅度缩短研究时间、节约研究经费、提高科研创新能力为出发点，电工所有关电磁场耦合问题的研究进入了借助应用软件解决工程技术问题的重要阶段。

五十年来，针对国民经济及国防建设的需要，紧密结合所涉及的研究任务，电工所分散在各研究室、组从事电磁场理论研究和分析计算的同仁就上述各类问题取得了一批成果，满足了主体课题的需要。以下以举例形式简述有关情况。

一、电机中的电磁场问题

电机研究室的电磁场研究，除了围绕着爪极电机漏磁计算、直线电机端部效应、平面步进电机电磁问题、永磁直流力矩马达电磁问题和直流永磁宽调速电机电磁问题进行的工作以外，还开展了超导同步发电机的研制、大型发电机端部磁场的研究、特种汽车发电机和混合动力车驱动电机的电磁场及优化设计、定子励磁式永磁－磁阻电机理论和应用研究等。

1. 直线感应电动机的理论和电磁设计方法

由于直线电机结构的特殊性，直线电机的分析变得更为复杂，旋转电机的理论不能直接应用于直线电机的设计。1981 年，龙遐令采用电磁场分析和电路理论相结合的方法，在保持严格的电磁场分析的条件下，推导出反映直线电机端部效应的"纵向动态端部效应系数"计算公式，将本来很复杂的电磁场分析简化为普通电路的计算问题，利用纵向动态端部效应系数与国外文献给出的"横向端部系数"，可以方便地由等值电路计算直线感应电动机的所有特性。2006 年，科学出版社出版了龙遐令的论著《直线感应电动机的理论和电磁设计方法》。论著用电磁场理论系统地分析各种类型直线感应电动机的磁场和电磁力，详细阐述了根据"场路"复量功率相等的关系，通过等值电路通用的推导方法和参数计算、端部效应、次级漏抗、次级导体集肤效应和初级绕组

"半填充槽"影响等问题的理论分析和电磁设计方法。

2. 超导同步发电机电磁场与阻尼屏蔽系统

该课题是国家科委"六五"攻关项目（1981~1985），由冯尔健和夏东完成。开展了如下电磁场问题的研究工作：

（1）高阶矢量位三维解析法的研究，该工作的深度超过国外。

（2）适用于超导同步发电机磁场及涡流分析的全标量位有限元法的研究。

（3）完成了以上两项分析法所需的程序设计和编制，并完成了样机计算工作。

（4）完成了实验模型的超导转子和杜瓦设计和实验研究。

该课题的完成为超导同步发电机的概念设计和电磁理论体系的建立奠定了良好的基础，并在理论方法上有突破性进展。国家科委组织的评议认为，该研究达到了国际水平。

3. 大型发电机端部电磁场

该课题是国家自然科学基金委员会的基金项目（1985~1988），由冯尔健和夏东完成。承担的主要工作如下：

（1）计算涡流及磁场的一种新的数值法－全标量位有限元法的研究。

（2）应用全标量位有限元法分析了大型汽轮发电机在不同工况下的端区磁场和涡流。

（3）完成了二维及三维全标量位有限元法的计算程序设计和编制，完成了200MW和300MW汽轮发电机的实例计算。

（4）水轮发电机定子股线非正常360°换位的最佳方案研究，拟定了320MW水轮发电机的定子股线换位方案。

本课题的完成为难以精确计算的大型发电机端部磁场和涡流的计算提供了一种节省机时和内存的新的可靠的数值计算方法，它也是对电磁场理论中的有限元法的一个贡献。该工作的结果得到了国内外的承认。

4. 特种汽车发电机和混合动力车驱动电机的电磁场及优化设计

该课题是德国研究基金会（DFG）和西门子公司资助的项目（1990~1995），由夏东完成。承担的主要工作如下：

（1）完成了两种不同结构的电机的二维和三维磁场分布以及端部漏磁场分布的分析和计算。

（2）完成了两种电机的运行参数和电机转矩的计算。

（3）完成了利用磁场分析结果对这两种电机进行优化设计的工作。

（4）完成了两种电机的铁心中涡流损耗的分析和计算。

（5）完成了将力场和温度场的计算程序 ADINA 移植到电磁场计算的工作和以上（1）~（4）部分计算中所需的程序的设计和编制。

该课题的完成为两种新型电机的设计和优化奠定了基础。在该项工作基础上设计的电机已由西门子公司制造，在大众汽车和宝马汽车上使用。

二、磁流体发电技术中的电磁场问题

同样是基于法拉第电磁感应原理的磁流体发电机，其工作过程极其复杂，涉及气动力学、电动力学、热力学、传热学、等离子体等综合物理场的分析。

磁流体发电机通道工程计算模型分为：一维、准一维、二维、准二维和三维。但二维、三维模型一般只限于发电机局部现象分析。对于发电机通道设计，国内外都采用一维或准一维（平均流）模型。

一维均匀流数字解（尤拉法）首先由磁流体发电研究室的黄常纲提出并得到应用，解决了当时实验发电机性能评价提出的问题。随后，王炳南首先在国内建立了准二维（中心均匀流）和边界流（湍流的）模型，并用于兆瓦级磁流体发电机设计，发电试验结果达到设计指标。

在磁雷诺数 Rm < 1 的情况下，磁流体发电机工作过程中的气动力学场和电动力学场之间互作用影响小，气动力学部分可以和电磁场部分分开计算，并可通过互相迭代直到收敛精度为止。

在 20 世纪 80 年代中期，针对二维电磁场问题，国外多用解二维麦克斯韦方程组的有限元数值解法。鉴于编程困难和使用普通计算机的实际情况，王炳南从事了电网络图论的研究，并提出了磁流体发电机电网络的割集解法。这种方法便于计算机编程和数据自动输入与计算，且计算花时少。所述理论工作，在国内处于领先地位。

另外，磁流体发电装置的研究包括专用大型电磁体的研制，磁体设计过程中引入"可能磁路径法"解决了相关问题。

三、应用超导中的电磁场问题

在超导应用方面，涉及大量的磁体设计问题。磁体设计的基本任务是在安全的电流密度下计算磁场，确定磁体的类型和尺寸。优化设计就是最大限度地提高性价比，在保证安全可靠的前提下降低制作成本。在各阶段实际的磁体设计任务的带动下，应用超导研究室针对通用的电磁场计算技术本身，进行了系统的工作：解决了载流螺管线圈系统产生的空间和绕组内部磁场的分布计算问题；解决了在利用积分方程方法分析计算绕组内部场分布时出现的奇点问题；研究了三维非线性静电场及静磁场问题的积分方程方法，并编制了实用计算程序，研究了有限元边界元结合的磁场分析方法。在高温超导电磁优化方面主要进行 Bi 系高温超导磁体的电磁设计，由王秋良发展了由遗传算法、序列二次规划算法和模拟退火算法有机结合形成的优势互补的混合算法，并编写了完整的高温超导磁体电磁结构优化设计程序包。

围绕超导磁体的设计和应用，应用超导研究室在电磁场方面开展了大量的基础研究和应用研究工作，如超导加速器用二极偏转磁体、四极聚焦磁体等。近年来，应用超导重点实验室为了发展复杂磁场分布的传导冷却的高磁场超导磁体科学和技术在一些特殊的物理实验上的应用以及空间特种应用的高磁场超导磁体技术，开展了一系列的高磁场超导磁体应用研究。

1. 超导磁共振成像系统中的电磁场问题

1982 年，韩朔、张超骥提出了磁共振成像超导磁体研究的课题。这个课题当时在国外也刚刚起步。1983 年底，国家科委拨款 80 万元给电工所开发磁共振成像超导磁体。经过一年的时间，张超骥、陈浩树基本完成了四线圈原型磁共振成像超导系统的设计。1988 年，根据磁共振成像磁体高均匀场要求，应用超导研究室研究了高场均匀性永磁磁体的结构设计问题，开发了相应的算法和程序。程序可以同时考虑超导体的超导特性、磁场均匀性要求、磁体的经济性以及磁体结构选择等各方面的因素。用此程序对一系列具有不同磁体结构、不同中心场强、不同孔径要求的 MRI 超导主磁体进行设计计算及分析，获得了对实际设计 MRI 超导主磁体有参考价值的数据。同时还研究解决了超导及永磁磁共振成像主磁体均匀度的无源补偿问题。王秋良提出了采用连续电流分布离散化方法，结合基础磁场的空间分布的特征曲线，解电磁场线性优化最小问题得到电流块分布，再使用非线性遗传优化嵌套自适应退火烧结方法得到复杂磁场分布线圈的电磁结构参数，用于包括多均匀可调均匀区的超导磁体，高磁场高均匀度的核磁共振谱仪和成像磁体的电磁结构以及德国 GSI 超导二极磁体的系统分析。该技术用于设计具有极高均匀的超屏蔽结构的 500MHz 核磁共振谱仪系统，使得在 50mm 的均匀范围内达到 0.1ppm[①] 的量级。此外，应用超导研究室还研究了高精度磁共振成像的保护系统的分析和设计方法，提出了复合高磁场超导磁体的等效力模型、分级细化分组结构网格有限元弹塑技术，更能有效和高精度的设计高磁场超导磁体，特别是高磁场（>15T）和大口径（>150mm）的超导磁体系统。

2. 大规模 Tokamak 超导磁体优化运行分析

在 CCIC 超导磁体稳定性方面，应用超导研究室提出了大规模 CICC 超导磁体失超传播和瞬态分析的高速热流和亚音速近似的数学模型，并发展了用于大规模 Tokamak 超导磁体优化运行分析的设计软件包。该软件正在被 MIT 用于 ITER，KBSI 用于 KSTAR 和 IEE-IPP 用于 HT-7U。

---

① 1 ppm = 10^{-6}

四、永磁应用中的电磁场问题

1. 永磁磁共振成像系统中的电磁场问题

为了实现磁共振成像的高均匀磁场，先根据磁场解析式进行线圈绕制、装配，而后进行微调，使其达到高的磁场均匀度。在用于磁共振成像的永磁磁体的研制过程中，周荣琼、夏平畴深入研究了相关的电磁场计算，解决了以下关键问题：

（1）发明了双磁源并联工作的新颖磁体构成方案，其特点是能使用低品位的永磁材料构成工作磁场较高的磁体以及从理论上保证了工作场区的基础场十分均匀；

（2）限于当时计算机的发展水平，使用初级的微机（没有硬盘、字长8位、只有64K内存、带有5寸软驱），完成了磁体的磁场设计工作，以改进的有限元波前算法为依托，算题规模在上述电脑上达到5000节点；

（3）在参考材料极少的情况下，黄常纲完全立足于自身创新，完成了梯度线圈系统的设计；夏平畴完成了磁体的有源垫补，使磁体工作区30cm直径的球域内场的空间不均匀度小于万分之二，满足了成像要求。

2. 空间磁谱仪中的电磁场问题（1994～1998）

冯之鑫曾与蒋晓华、韩朔合作在 IEEE 的刊物上发表论文 "The Design and Construction of High Field-uniforming Permanent Magnet System for MRI"，被丁肇中教授看到，为电工所和丁肇中教授在空间磁谱仪用永磁磁体方面的合作提供了线索。

在用于空间磁谱仪的永磁磁体的研制过程中，电磁场研究工作解决了以下关键问题：

（1）夏平畴从"三无（无铁、无漏、无不均匀）"的角度论证了 Halbach 型永磁磁体是用于空间磁谱仪的最佳方案，获得了丁肇中教授的认可，取得了 AMS 磁体研制任务；

（2）创造性地提出并实施了不同性能永磁材料混用以兼顾磁体在场强、总重、运行温度等方面的指标要求，取得了成功。

五、离子光学系统和电子束投影曝光机中的电磁场问题

九室的电子束方面的工作与电磁场的关系密切，麻莉雯做了如下研究工作。

1. 电场透镜方面（离子光学系统的电场聚焦）

1969～1972年北京市电子工业会战中，100keV 毫米离子注入机1978年获"全国第一届科技大会"一等奖。该项目中的"等径双圆筒电场透镜，不等径双圆筒电场透镜和单透镜的组合系统"的计算与设计，"四级电场透镜聚焦"方案计算与设计，"不

等径、等径双圆筒电场透镜"的计算与设计,"不等径、等径双圆筒与电极电场透镜及散角的计算"都以电场的成功计算为基础。

2. 电子束投影曝光机高精度聚焦磁体设计

对于亚微米 DY-4 扫描电子束曝光机的磁场偏转系统设计与计算,磁体设计是关键。该磁体设计按蒙哥马利磁场计算方程进行,十分成功。成果之一曾以论文"电子束投影曝光机聚焦磁体计算、设计与测试"发表于 1982 年"全国电磁场学术讨论会"。

在电工所发展的每一个时期,电磁场研究都发挥了重要的作用。电磁场问题是一门历史悠久而又内容不断更新的学问,随着新材料和新器件的出现,还将会出现更多亟待解决的电磁场问题。同时,电子技术也更多地融入了电工学科,使电工学科电磁场的研究范围从传统的线性、高电压、大电流的低频电磁场问题扩展到了一些非线性、高频、瞬态电磁场问题;从传统的单一物理场扩展到电磁场与其他物理场的耦合。在新的历史时期,从事电磁场研究的科技人员将继续努力,为承担国家重大任务和促进学科发展贡献一份力量。

第十七节　永磁应用技术

永磁应用技术是伴随着永磁材料近半个世纪的发展而发展起来的。永磁电机、永磁器件、磁选机和医学磁共振成像系统的普及应用刺激了永磁材料的发展,材料的发展又给永磁的应用提供了广阔的前景。目前,永久磁铁在科研、医疗卫生、工业、军工以及国民经济的各个领域获得了广泛的应用,甚至在家庭里的各种电器,玩具和用具都可见到永久磁铁。与此相适应的永磁器件和永磁磁体的设计、电磁场的解析计算方法、电磁场的各种数值计算方法应运而生,且获得普及。

电工所从 20 世纪 60、70 年代就开始进行永磁力矩直流电机和永磁宽调速直流电机以及永磁在各种微电机中的应用研究。20 世纪 80 年代,电机研究室磁共振成像磁体组的周荣琮等人又开展了磁共振成像永磁磁体的研制。

20 世纪 90 年代中期,在丁肇中 AMS 国际科研计划的支持下,夏平畴、董增仁等开展了阿尔法磁谱仪永磁体研制。为此,1996 年 4 月 25 日,电工所决定将电机研究室的技术开发组、特种加工控制与装备工程研究中心的永磁机构 CAD 组合并,成立永磁应用研究室(新五室),夏平畴、董增仁分别任正副主任,下设两个研究组,即永磁机构 CAD 组,组长夏平畴,副组长宋涛;磁体技术开发组,组长董增仁,副组长赵德玺。

阿尔法磁谱仪永磁体(AMS01)于 1997 年研制成功,并于 1998 年搭载"发现号"航天飞机首次升空试验成功,开始了探测反物质的科学实验。"阿尔法磁谱仪升空并进行科学探测"被中国科学院和中国工程院 587 位院士评选为 1998 年世界十大科技进展新闻之一，获得1999年中国科学院科技进步一等奖和2000年国家科技进步二等奖。

阿尔法磁谱仪研制完成之后，永磁应用研究室机构进行了调整，下设三个研究组，即永磁应用组，组长张一鸣，副组长杜玉梅；永磁工程组，组长宋涛，副组长赵德玺；磁共振成像系统组，组长黄常纲，副组长王友勇。2001年，永磁应用研究室改名为应用磁学研究室。

随着中国科学院知识创新工程的逐步实施，生物电磁技术研究被确定为电工所的新的学科生长点，开展了中国科学院知识创新工程项目"电磁生物工程研究"。以此为契机，2001年电工所在应用磁学研究室内成立了电磁生物工程研究组，2002年，在原应用磁学研究室的基础上组建了生物医学工程研究部，宋涛担任主任研究员，在继续开展核磁成像技术研究的同时，开展了电磁生物技术的研究。数十年来，电工所的永磁应用技术开展了一系列的研究工作，得到了迅速发展。

一、永磁电机的研究

电工所从20世纪60、70年代就开始进行永磁力矩直流电机和永磁宽调速直流电机的研究，先后研制成 6kgf·m、14kgf·m 永磁直流力矩电机和 1.5kgf·m、2.5kgf·m、20kgf·m 永磁直流宽调速电机，并得到应用。综合以上科研成果的"直流力矩电机和宽调速直流伺服电机"项目曾获得1978年全国科学大会奖（详见"特种电机技术"专题）。

与此同时，各种永磁材料在多种微特电机研制中也得到了广泛的应用。20世纪70年代，先后研制成 36DTY 三相（单相）永磁步进电机、永磁步进电动机及其驱动系统、偏心式永磁步进电动机、BFY130 永磁感应子式步进电动机、锶钙铁氧体永磁发电机、三种型号的单裂极式永磁步进电动机等，并推广应用。20世纪80年代以来，又研制成功钐钴直流电动机、永磁式摆动电机、永磁感应子式摆动电机、铁氧体永磁及塑料铁氧体永磁直流电动机、永磁风力发电机、叉车牵引用永磁直流电动机、永磁直流电动机、20kW 永磁同步电动机等。这些都为永磁应用技术的发展奠定了基础（详见"微电机技术"专题）。

二、磁共振成像永磁磁体的研制

1983年，电工所根据国家科委"国新字180号"文件，由电机研究室磁共振成像磁体组的周荣琼承担磁共振成像永磁磁体的研制，于1984年完成了1∶5磁体模型，经中国计量院测试，磁场强度达到1700Gs[①]，均匀度为50ppm，1985年5月申请了"高

---

① 1 Gs = 10^{-4} T

均匀度磁场的永磁磁体"国家发明专利。此后与科健公司合作研制磁共振成像1：1永磁磁体样机，于1986年与科健公司正式签订"1500高斯永磁磁体研制协议书"。为确保按时完成研制任务，特种电机研究室主任顾国彪组织科技人员，投入研制工作。永磁体由周荣琮、董增仁负责，梯度线圈由黄常纲负责，匀场线圈由夏平畴负责，匀场电源由王树生负责，董增仁还负责磁体组装和研制可充大块磁铁的充磁机。参加该项研制任务的人员20多名，历经三年，圆满完成了研制工作。1987年8月，磁共振成像永磁磁体样机的技术指标达到协议书预定的要求：气隙磁场强度1600Gs，直径30cm球域均匀度86ppm，加匀场线圈后，均匀度达到36ppm，磁体气隙高度50cm，加梯度线圈和匀场线圈后气隙净高38cm。这是中国第一台自己研制的磁共振成像用的全身成像磁体。同年交付安科公司配磁共振成像系统，于1988年出图像，1989年12月经国家科委、国家医药管理局和中国科学院组织鉴定，定名为ASP-015磁共振成像扫描仪。该磁共振成像扫描仪被评为1989年十大科技新闻，1990年获中国科学院科技进步一等奖，1992年获国家科技进步二等奖。该型ASP-015磁共振成像扫描仪由安科公司生产了100多台。

1988年以后，电机研究室的技术开发组与电磁场数值计算组联合开发研制新的磁共振成像永磁磁体，由夏平畴、董增仁负责，完成了1：5模型后，1989年共同申请了新的"大气隙高均匀度永磁磁体"专利，1992年获得国家授权。此后，由于课题组调整，电磁场数值计算组离开电机研究室，先到五室，后又到机电控制工程中心，改称永磁机构CAD组。1992年，该组与江苏张家港金柳集团合作，采用钕铁硼材料开发成功0.3T磁共振成像永磁磁体，在此期间夏平畴在电磁场数值计算方面提出了"改进了的波前法"算法。

1990～1995年，董增仁研究开发了多种结构的永磁磁体。技术开发组由海南侨企公司提供资金，开发出低成本、低场强的1000Gs磁共振成像永磁磁体。又与汉太公司合作，由汉太公司提供研制经费，电工所提供技术人员，组装二手磁共振成像系统，并研制0.3T C型磁共振成像永磁磁体，开发成功"MAG2"永磁磁体磁场专用二维有限元软件。完成1：5的0.3T C型磁共振成像永磁磁体模型后，又申请了"大气隙C型永磁磁体"专利，1999年1月9日授予专利权。

这两个组还分别开发出铁磁流体及磁流体旋转轴密封器，用于真空和雷达天线铰链气体旋转密封，用于化工的永磁传动耦合器和磁力耦合金属密封阀等。

经过两个组几年的发展，提高了电工所电磁场数值计算与永磁磁体技术学科的水平，培养了一批磁共振成像年轻的骨干技术人员，壮大了电工所永磁磁体研制队伍，为承担更大科研任务打下了坚实的技术基础。

三、阿尔法磁谱仪永磁体研制

在阿尔法空间站磁谱仪（alpha magnetic spectrometer，AMS）中，永磁体是关键部件。AMS 是由世界著名物理学家、诺贝尔奖获得者丁肇中领导的国际科研计划，目的是寻找宇宙中的反物质和暗物质，探索宇宙的成因，具有重大科学意义。

丁肇中很早就从电工所发表在国外的文献中获悉中国科学院电工所在从事超导及永磁磁体的研究，1994 年 3 月首次来电工所参观，与顾文琪副所长、夏平畴等研讨了建造 AMS 磁体的设想。他听取了夏平畴提出的无铁永磁磁体方案，并与他带来的俄罗斯永磁应用方案相比较。夏平畴的方案具有无铁、漏磁小及磁场均匀的优点，引起了丁肇中的极大兴趣。随后，永磁机构 CAD 组对圆形和方形磁体方案进行了深入的论证，做出了概念设计，并制作了多个模型磁体（1∶20 方形磁体，1∶4 方形磁体），对磁体磁场进行了反复测量，同时对磁体磁场进行了反复的数值计算分析。美方多次对上述工作结果进行了考察，并予以肯定，确定 AMS 磁体采用夏平畴提出的磁体方案，考虑到探测器的形状，最终确定采用圆形魔环结构。

1994 年 10 月，丁肇中带美国能源部官员来电工所，考查电工所是否具有建造大型永磁磁体的实际能力，参观了电机研究室的全身磁共振成像 1000Gs 永磁磁体。随后，丁肇中与顾文琪副所长签订备忘录，确定 AMS 磁体由电工所设计研制，并确定首先研制一台 1∶3 圆形模型（魔环）磁体，进行制造工艺探索和各种性能的测试。在夏平畴的带领下，永磁机构 CAD 组编写了 AMS 国际合作计划（项目建议书）的第四章 "AMS 磁体"（The AMS Magnet），并按时完成了 1∶3 圆形模型磁体的研制，磁场分布与计算吻合；对模型磁体的漏磁场和二极矩进行了测量，根据测量结果推算出 1∶1 磁体的相关参数完全满足要求。在此基础上，永磁机构 CAD 组完成了 AMS 磁体的概念设计，确定了 AMS 磁体的基本尺寸（磁体内径 1120mm，外径 1291mm，轴向长度 800mm）和结构（64 个不同磁化方向的磁棒组成）。1995 年 6 月 8 日，丁肇中与顾文琪在美国正式签订了 AMS 永磁磁体研制的国际合作合同。

1995 年 8 月，电工所成立了 AMS 磁体研制领导小组，严陆光所长任组长，成员有顾文琪副所长、夏平畴（技术负责）、董增仁（工程总指挥）和孙广生（国际合作）。在电工所领导的直接领导下，电工所集中全所永磁研究领域的精兵强将，跨室组成 AMS 磁体研制的科技攻关队伍，立即开展 AMS 磁体的工程设计。地面对照磁体采用 30MGsOe 钕铁硼，中心场强 1000Gs；为了减轻磁体重量，AMS 磁体采用永磁魔环结构，外径 1298mm，内径 1122mm，轴向长度 800mm，铝制壳体的外壳厚 4mm，内壳厚 3mm，内外壳之间有 32 个格子，每个格子内安放 2 个磁条，总共 64 个不同磁化方向的磁条。由于磁化方向的精度和磁块的几何尺寸精度要求很高，强大的磁力可使壳体变形 10mm，因此给磁体的制造和安装工艺带来极大的困难，安装工艺和工装设计极为关键。经过两个月的专家方案论证，工艺调研，完成了工程设计、工装设计、胶黏剂选择和订货等工作。

1996 年永磁应用研究室成立后，AMS 永磁磁体研制是该室的主要科研任务，也是全所的重点项目。经过近一年的紧张工作，AMS 地面对照磁体于 1996 年 6 月 6 日组装成功，并进行了磁场分布的测量。此后，该磁体顺利通过振动、离心等航天环境试验，于 11 月底运抵瑞士。苏黎世联邦高等工业大学（ETH）又进行了磁场分布图的测量，其结果与国内的测量结果基本吻合。

1996 年 9 月，AMS 国际合作计划的各国代表来到北京，召开了提高磁体制造质量的工作会议，严格贯彻执行美国航空航天局（NASA）安全技术标准，以保证"发现号"航天飞机能如期升空。NASA 技术安全专家多次专程来华，对电工所、航天部一院研制 AMS 磁体所用的永磁材料、制造工艺流程、质量检查体系逐一进行安全评估。电工所的科研体制与 NASA 苛刻的质量安全要求之间存在巨大反差，一度使得电工所研制 AMS 磁体的形势变得十分严峻。为了与国际接轨，电工所改进了磁体黏结中的灌胶工艺，制定了规范的操作工艺流程和严格的质检大纲，建立了所、室、组三级全面质保体系（TOC），所级质检组长凌金福加入 AMS 领导小组。

1996 年 10 月 6 日，严陆光所长主持召开 AMS 飞行磁体建造动员大会，开始了研制 AMS 飞行磁体的决战。此后仅用了不到半年时间，电工所就研制出人类历史上第一个用于太空科学实验的大型磁体，并如期于 1997 年 3 月底运抵瑞士。1997 年 7 月，ETH 测量结果认为：飞行磁体定位准确，磁场分布均匀，场图精度 10Gs，大部分区域达到 1Gs，能够满足反质子探测和其他科学实验的需要。同年 8 月，电工所又完成了一台试验磁体，并进行了静态模拟破坏性试验，该试验的成功，使 NASA 对 AMS 飞行磁体的安全审查破例减少了一次，确保了 1998 年 6 月 3 日阿尔法磁谱仪首次升空试验成功。

AMS 磁体的研制成功，标志着我国在永磁技术应用方面居于世界领先水平。参与 AMS 磁体工作的主要人员有：夏平畴、董增仁、宋涛、赵德玺、杜玉梅、孙广生、凌金福等 30 多名。AMS 永磁磁体研制任务的圆满完成，为电工所争了光，为中国科学院争了光，为中国争得了荣誉。电工所的杰出贡献，得到了国内外专家和丁肇中的高度赞扬。"阿尔法磁谱仪升空并进行科学探测"被中国科学院和中国工程院 587 位院士评选为 1998 年世界十大科技进展新闻之一；"阿尔法磁谱仪永磁体系统"获得 1999 年中国科学院科技进步一等奖和 2000 年国家科技进步二等奖。

四、磁共振成像系统的开发研究

1996 年 4 月 20 日，磁体技术开发组与江苏张家港金柳集团签订"合作开发生产永磁磁共振成像系统"协议书，由金柳集团提供研制经费，电工所提供科研人员共同开发磁共振成像系统。磁体采用金柳集团已经研制成功的 0.25T 永磁磁体，谱仪等电子部件采用德国 Bruker 公司产品，其余部件如梯度场线圈、射频线圈、成像软件等自行研制。董增仁担任项目负责人，主要参加人员有黄常纲、杨文晖、王友勇等。1996 年底，磁共振成像系统整机基本成形，并得到磁共振图像，之后历时两年完成改进。该台磁共振成像整机安装在山西孝义市人民医院。这是继与汉太公司合作后第二次研制磁共振成像系统。通过此项工作，电工所获得了有关磁共振成像系统整机开发方面的第一手资料与经验，对磁共振成像系统各部件的主要技术参数和指标以及影响磁共振成像系统性能的关键技术问题有了进一步的认识，为电工所磁共振成像系统的进一步研究开发奠定了重要的基础。

1997 年，永磁工程组与加拿大麦乐林科技公司（Millennium Technology Inc）签订合同，加方出资 23 万美元，为其研制世界上第一台 0.35T C 型永磁磁体。项目负责人董增仁，磁体研制的主要人员有赵德玺、宋涛等。磁体于 1998 年 5 月完成；同期，梯度线圈由黄常纲等完成。1998 年 5 月 18 日，中国科学院电工所召开了 0.35T C 型永磁磁体测试会。测试结果表明，磁体中心磁场强度为 0.333T，直径 30cm 球域内均匀度达到 210ppm。该磁体于当年运抵加拿大温哥华医院，进行了现场调试，直径 30cm 球域内均匀度最终达到 29ppm，优于 30ppm，圆满完成了合同。

1998 年 10 月 1 日，永磁工程组与香港大学工学院核磁共振工程中心签订《研制开发专用磁共振成像系统合作协议》。由香港大学出资，电工所先后完成两台 C 型专用磁体（包括梯度线圈）。磁体中心磁场强度为 0.2T，直径 12cm 球域内均匀度达到 30 ppm。该系统的应用目标是马腿和人的肢体磁共振成像。

以上磁共振成像磁体及系统研究的所有经费由合作、协作单位提供，电工所提供科技人员进行研究开发，根据市场和用户的需要开展工作，以任务带学科的方式促进磁共振成像事业的发展。

与以上单位合作结束以后，在所长孔力等所领导的大力支持下，由电工所所长基金提供经费 160 万元开发磁共振成像系统。项目于 2000 年 4 月启动，经多方论证，确定以下技术方案：自行开发 C 型永磁磁体、梯度线圈、射频线圈、系统软件，进口成像谱仪、梯度功放、射频功放。项目负责人为宋涛（至 2001 年 6 月）及杨文晖。2001 年 12 月，磁共振成像系统基本完成，获得人体各部位的良好图像。由于磁体涡流没有很好解决，快速成像的图像欠佳，有待进一步完善。

五、永磁磁体技术的其他应用

永磁磁体技术是永磁应用研究室的技术专长，与 AMS 磁体工作开展的同时及完成以后，又先后完成了多种永磁磁体的研制。例如，永磁应用组为中日友好医院研制完成用于骨质疏松治疗的旋转永磁装置等，永磁工程组为兰州大学近代物理研究所研制完成特殊位形要求的扇形聚焦磁体，为军事医学科学院放射医学研究所研制完成电子顺磁共振用的永磁磁体和线圈等。

永磁应用组的张一鸣等还完成了自然科学基金核磁共振测井中的电磁场问题的研究、核磁共振在测井（石油）中的应用和蛋白灭火剂磁化系统的研制等。杜玉梅等完成了飞轮储能用永磁磁浮轴承磁场及磁力的计算及优化设计，多种规格永磁磁性联轴器的设计以及磁性联轴器隔离套中涡流效应的研究，红外地平仪力矩电机偏心磁场及磁力的计算，质谱仪磁体的研制，红外激光研究用的永磁磁体，ECR离子源六极磁体的研制，永磁磁疗床的研制，永磁磁选机的研制，离心式人工体外循环永磁驱动系统研制等。

磁分离技术在矿物分选方面具有独特的优势。随着永磁材料性能的提高，永磁磁分离设备也在不断更新，对永磁在这个领域的应用不断地提出新的课题。1999年，赵德玺与四室杨鹏合作研制了高场强永磁筒式磁选机，其表面磁场峰值达到1.2T，并于1999年12月15日召开专家鉴定会。

2001年1月，赵德玺等完成了为石家庄化纤有限责任公司设计制造的磁分离器，超过甲方提出的大于0.4T磁场强度的合同指标，实际达到0.63T，使钢毛上达到更高的磁场强度，现场应用效果极佳。此外，还为四室及地质科学院研制和改进干式磁选机用直径75mm、100mm磁辊，使其表面磁场强度超过1T，在很多企业使用，具有良好的效果。

2002年，应用磁学研究室改为生物医学工程研究部后，电磁生物工程研究组在进行电磁生物工程研究的同时，继续开展磁共振成像系统和永磁体的研究，并与台湾"清华大学"研制成功气隙1in、中心场强2.3T的旋转永磁体。在已有的磁共振成像技术的基础上，2004年电工所与浙江温州嘉恒磁业公司合作，开发商业化的磁共振成像系统，2006年首台0.35TC型磁共振成像系统开发成功，2007年6月获得国家食品药品监督管理局产品注册证，获准上市；2007年还开发出0.4T磁共振成像系统。2007年，电磁生物工程研究部新设电磁成像技术研究组，该组主要在已有的磁共振成像技术的基础上，研究发展新的电磁成像技术（详见本章第二十节）。

多年来，电工所永磁应用技术在成长与发展过程中，注重与工厂、企业相结合，以任务带学科，以市场为需求，从市场找经费，边干边学，在完成任务的同时，出成果、出人才，不断发展永磁应用学科，为推动我国永磁应用技术的发展做出贡献，成为我国在国际上永磁应用研究领域的代表。

第十八节　电动汽车电气技术

汽车工业作为国民经济支柱产业，发展十分迅速。然而，传统的燃油汽车需要消耗大量的石油，排出的有害气体严重地污染自然环境。鉴于世界石油资源日益枯竭，而且环境保护越来越受重视，因此，发展污染小、噪声低、综合利用能源的蓄电池型电动汽车、混合动力汽车和立足于氢能的燃料电池电动汽车，就成为当今世界各国汽车工业发展的主要方向。

对于中国而言，发展电动汽车还有利于调整能源结构、改变燃油汽车工业落后的面貌，关系可持续发展的战略。20世纪90年代以来，中国政府特别重视发展电动汽车，持续增加研究开发的经费投入，从"九五"开始，科技部将电动汽车的研究开发列入国家高技术研究发展（"863"计划），以进一步加快其发展速度。

电动汽车技术是一项集机械、电工、控制和化工等技术于一体的新技术，电气驱动及控制是其中的关键技术。1996年，电机研究室特种电机研究组专列课题，从电动汽车用异步电动机矢量控制试验入手，开始了电动汽车电气驱动技术的研究。1997年承担国家重大科技产业工程"电动汽车概念车电机及控制系统"任务，为了确保任务完成，特种电机研究组挑选部分科研人员组建了电动汽车研究组。同时，电动汽车的研究开发受到中国科学院领导的重视，给电工所下达了"电动汽车电气系统研究开发"特别支持项目，以支持和强化国家电动汽车计划的实施。2001年，根据电工所建制布局的变动，电动汽车研究组划入现代电气驱动技术研究部。同时，为了使研究成果适时地转化为生产力，又在研究组的基础上成立了电动汽车技术研究发展中心，温旭辉任中心主任，主要从事电动汽车电气驱动技术和中低压变流技术的研究，并且还承担科技部下达的"863"计划中的"纯电动汽车、混合动力汽车用电机及控制系统"、中国科学院知识创新工程的"大功率燃料电池DC-DC变换"以及北京市科委的"电动汽车交流驱动系统"研制任务。

为了扩大研究领域，2003年在现代电气驱动技术研究部组建成立了汽车电子应用技术研究组，组长为王丽芳，从承担"863"电动汽车任务的网络、总线、通信协议等研究入手，开始了车用总线技术的研究。2006年又开始了混合动力汽车整车集成与控制技术、电池管理系统、机械式自动变速控制系统的研究。为了使研究结果迅速推广、为企业所用，2007年，在该研究组的基础上成立了汽车电子应用技术开发中心，主要从事汽车网络及信息传输及管理和整车集成与控制技术的研究，积极与企业合作，争取更多的国家项目，推动汽车电子技术的发展和应用。为了优化学科布局，2007年，研究所将现代电气驱动技术研究部更名为电力电子与电气驱动技术研究部。

10年来，从事电动汽车技术研究的人员从最初仅有电机学科背景的4人发展到目前有多学科背景的 50 余人，研究设施从一台 1.5kW 的电机实验台发展到具有 300kW 较为完备的电力电子、电机驱动试验设备、车用总线分析及测试系统等。电工所已经成为国内电动汽车电气技术研发的重要基地之一。

一、电动汽车驱动技术研究

电动汽车是靠电动机带动车轮运行的，电机驱动系统是整车的重要组成部分，驱动技术是电动汽车驱动的关键技术之一，按照科技部、中国科学院、北京市科委科技攻关任务的要求，开展的研究工作如下。

1. 交流异步电机及其驱动系统的研发与应用

"九五"期间（1997～2000），承担了国家重大战略方向电动汽车领域中的电动轿车概念车、燃料电池电动中巴车、电动汽车电机及驱动系统国家标准、汽车车载信息系统等多项高科技重大攻关任务。研制的全数字交流异步矢量控制系统外力矩环模拟了 ICE 汽车的驾驶特性，实现了电动轿车基速区恒转矩、基速外恒功率的控制、系统过载 2.78 倍以及能量回馈等性能要求，采用矢量控制的交流异步电机驱动系统，其电机结构简单，坚固，而且控制性能好。该系统在概念车上进行了试验，概念车最高时速达到 114km/h、爬坡度≥20%、0～50 km/h 加速时间 9.85s；与中国科学院大连化物所、东风汽车集团合作研制的第一辆具有我国自主知识产权的燃料电池电动客车，在湖北十堰通过整车性能测试，最高时速 60.6km/h，最大爬坡度 18%；0～40km/h 加速时间为 22.1s，缩短了我国汽车工业在此领域与国外之间的差距，迈出了我国汽车工业跨越式发展的第一步。研制的 20/60kW 交流异步电机驱动系统已用于国内包括天津、武汉、浙江、南京在内的多个地区的纯电动轿车研究与示范项目。"电动汽车交流异步电机全数字矢量控制系统"课题在"九五"国家重点科技攻关计划成果鉴定会电动汽车领域的十个重大技术专题中获得了最高的评分。与会专家一致认为，该系统既填补了国内电动汽车用交流异步电机矢量控制驱动的空白，又达到了 20 世纪 90 年代国际先进水平，是电动汽车关键技术的重大突破。"电动汽车电机驱动控制系统"项目和项目负责人温旭辉研究员分别获得"九五"国家重点科技攻关计划优秀科技成果奖和先进个人奖。

"十五"期间（2001～2005），承担了国家"863"计划"纯电动大客车电机及控制系统"项目，研制出了较高转矩/功率密度的 100/160kW 交流异步电机驱动系统，实现了全数字矢量控制和 CAN 通信，电机效率＞93%，控制器效率＞94%，电机驱动系统效率＞87%，顺利通过了国家电动汽车牵引电机及其控制器测试中心的全面的性能测试和部分可靠性测试，完成空载 2500km 和满载 2500km 运行，并首次将国产交流异步电机驱动系统用于电动公交车，运行情况良好。通过课题的研发工作，对于纯电动和串联式混合动力公交车用交流电机驱动系统进行了深入的研究，成效显著地推进了该关键技术的发展。

进入"十一五"以来，纯电动公交车奥运示范运行项目启动，国内首支电动公交车队121线投入示范运营，示范车整车载客人数50人左右，满载重量约17t，最高车速80km/h，续驶能力150～200km。电工所为其中的8辆纯电动公交车提供了自行研制的100/160kW电机驱动系统和4.8kW DC/DC变换器。自2005年6月22日北京奥运公交示范项目开始，北京市先后投入8辆装载有电工所先进交流驱动系统的电动公交车为北京奥运会服务。它标志着我国电动汽车向实用化和商业化发展迈进了一个新的阶段。

同时，作为牵头单位，电工所联合株洲电力机车研究所和北京理工大学共同完成对《GB/T18488.1－2001电动汽车用电机及其控制器技术条件》和《GB/T 18488.2－2001电动汽车电机及其控制器试验方法》两项国标的修订，并已正式颁布实施。

2. 混合动力永磁驱动系统技术的研发与应用

"十五"期间（2001～2005），还承担了国家"863"计划"混合动力汽车用电机及其控制系统"和"EQ7200HEV混合动力轿车用ISA/ISG"一期、二期项目，在永磁同步电机设计、集成控制器设计、永磁同步电机矢量控制策略的研发方面做了大量的工作，技术上在高转矩密度的永磁同步电机、数值化矢量控制技术、CAN总线通信、集成电机驱动系统等方面有所突破。采用永磁磁阻电机及矢量控制技术，使主电机低速最大转矩达到178N·m、恒转矩/恒功率区比值接近4，在有限体积和有限散热能力条件下满足了整车驱动动力要求，ISG保证了发动机快速启动与车载电池充电的功能。同时，集成电机系统电机的电动/发电快速状态切换控制和电机转矩对应控制保证了电机、内燃机混合动力系统控制的实现，高效电动/发电（92%/94%）特性凸显出混合动力驱动系统的节能优势，共研制出满足整车要求的混合动力轿车集成驱动系统13套，已完成2.5万km以上的道路实验。通过本课题的研发工作，对于混合动力电动汽车用高功率密度永磁同步电机的设计和控制进行了深入的研究，推进了混合动力轿车关键技术的发展。

3. 变流技术研究相关项目

DC/DC变换器研发以及电气系统集成技术的研究，起始于"九五"国家攻关项目《燃料电池技术》专题，所研制的45kW DC-DC变换器，曾应用于第一辆具有自主知识产权的燃料电池电动汽车。

2002年5月，承担国家"863"计划中的"燃料电池轿车用DC/DC变换器"项目，为上海燃料电池轿车提供燃料电池用DC-DC变换系统。针对燃料电池轿车系统中所特有的问题，本项目从技术路线到具体设计进行了深入的考察，最终决定采用改进新型DC-DC变换电路以获得较高的功率密度和转换效率，同时减小输入端和输出端电压/电流纹波，提高系统控制精度，使系统具有较好的动态特性，从而有效保证在燃料电池轿车上的长期可靠运行。在燃料电池电动汽车用大功率 DC-DC 变换器的长期研发过程中，采用了先进的拓扑结构结合成熟的控制方案，既保证了系统的可靠性，又降低能耗，提高系统效率。按照年度计划和整车提出的技术进度要求，如期完成了 DC-DC 变换器的设计、调试、改进以及最终样机的研制，并且顺利通过了整车单位组织的静态性能指标和动态性能指标两轮测试，部分技术指标超出了课题合同书的要求，并交付使用。

2005 年 3 月起，为奥运用电动汽车提供配套服务，开展高效率直流 – 直流（DC/DC）电源变换器和 APU（辅助供电单元）技术研究，如期完成了 7 套 4.8kW DC/DC 变换器和 7 套 APU 系统的研制工作，性能基本满足合同要求；通过了电磁兼容（EMC）测试，结果均符合合同指标要求。

4. 原始创新技术——深度混合动力系统 EVT

"十一五"以来，在科技部的支持下，以电力无级变速器（EVT）为技术核心，开发具有原始创新、自主知识产权的深度混合动力乘用车动力系统技术平台。该平台能够实现丰田 Pruis 方案的所有功能，是深度混合动力的一种新的型式。

EVT 混合动力系统的核心是双机械端口电机（DMPM）和电机控制器。双机械端口电机是一种新型的电机，具有内转子和外转子两个机械输出端口和两个电气端口，能够进行机械能和电能的传递和分配，是混合动力系统的核心部件。DMPM 电机的控制器是一个背靠背的逆变器，分别给两个电气端口供电。EVT 系统中，将内燃机和内转子相连，外转子和驱动轴相连，中间转子采用永磁，同时为内外两个气隙励磁，实现"内电机"和"外电机"的电磁耦合，通过电控单元 ECU 的控制，完成电力无级变速和能量传递功能。它具有结构简单、紧凑、重量轻、响应快、控制简单、灵活，在常用工况下效率高等优点，为混合动力汽车开辟了一条新的技术途径。

自 2005 年以来，电工所和美国俄亥俄州立大学联合，在统一磁场双机械端口电机结构、数学模型、控制方法方面率先开展研究工作。2006 年，课题组已经研制出（1∶5）缩小比例样机，实现了纯电动、发电、启动发动机（模拟）和电力无级变速等全部功能；完成了原理试验，系统效率达到 90%，证明了方案的可行性，申报专利 5 项，并已开始进行实用化研究。

5. 产业化相关探索

2004 年，由中国科学院电工所与北京三易同创新技术有限公司共同斥资，组建成立了北京中科易能新技术有限公司，融合了投资方在电机及其驱动控制方面的科研、生产和人才优势，建立起一个科研成果转化平台，以现有的电动汽车电机及其驱动系统科研项目为基础，依据市场需求开发系列化电动汽车电机驱动系统产品，形成小规模的生产能力，建立健全产品的测试、质量保证等体系，稳步进入电动汽车电机驱动系统及其相关领域的市场。在进行电机驱动产品的开发与生产的同时，以市场为导向将产品辐射到电动汽车及其相关领域，逐步建成具有自主开发能力、系统成套生产能力和市场营销能力的高科技产业公司。

公司成立的第二年即开始承担"863"课题，对永磁磁阻同步电机及其驱动技术进行深入研究，并将电工所混合动力永磁驱动系统的研究成果应用于东风电动汽车公司混合动力轿车。整车已经过了约4万km的道路试验，为一汽、东风、长安的混合动力轿车和混合动力客车提供电机系统，为混合动力汽车产业化打下基础。

二、汽车电子技术研究

汽车电子是指汽车电子控制系统和各类车载电子信息网络装置以及汽车电力电子与电气驱动控制等。汽车电子是现代汽车技术发展的主要驱动力之一。无论是内燃机汽车，还是电动汽车、智能汽车，汽车电子都是它们的共性关键技术。电工所主要开展的研究工作包括：车用总线技术、车用混合动力系统的设计与控制、电动汽车电池管理系统技术、机械式自动变速器控制技术等。这些工作得到国家"863"计划电动汽车重大科技专项的支持，具体研究工作如下。

1. 车用总线技术

在国家"十五"、"863"计划电动汽车专项的支持下，在"十五"和"十一五"计划中一直作为依托单位承担"电动汽车网络、总线、通讯协议研究"课题，已经开展包括各种车载网络的规划技术、动力系统网络技术、车身网络技术的应用研究，总线测试技术、总线抗电磁干扰（EMC）等技术的深入研究。制定出了《电动汽车动力总成CAN总线通讯协议》电动汽车专项内部推荐稿，初步建立起进行电动汽车网络、总线、通信协议相关研究工作和评价所需的仿真测试环境和实物测试环境，可对部分共性关键性能指标进行测试；对总线系统相关关键技术进行了研究，制定了部分测试规范，与相关整车单位进行了通信协议的应用研究。同时开展了TTCAN、LIN等总线实用关键技术的研究。在电动汽车总线系统抗电磁干扰能力测试研究方面，建立了基于ISO 7637-3、ISO 11452-4和FORD企业非电源线标准的抗电磁干扰测试平台；测试了CAN总线物理层中，不同的通信介质、CAN收发器、磁珠和共模线圈等对抗电磁干扰能力的影响，在此基础上，研制了低成本CAN总线收发电路。目前，具备高速、低速CAN以及CAN与LIN结合、Flexray总线产品研发能力，为电动汽车总线技术的完善和发展提供参考和依据。这些工作为车用总线技术水平的提高和后续工作的深入开展提供了坚实的基础。

2. 混合动力电动汽车整车集成与控制技术

重点研究油电混合动力汽车的整车控制技术，已经开展整车参数匹配与优化技术，研究混合动力车零部件选型、参数匹配优化，通过经验、匹配工具和优化算法相结合，实现各种类型混合动力车的动力系统优化设计；整车控制算法，研究驾驶员意图识别、能量管理算法、回馈控制技术、综合协调控制技术等各种整车控制算法，实现整车功能并优化提高性能；车辆及分布式网络化控制系统的建模与仿真，研究并实现整车各零部件系统、各零部件的控制器以及分布式网络的数学建模，并通过搭建仿真模型，对控制算法进行仿真测试；整车控制器开发以及整车控制器试验技术等方面的研究，根据车载环境和整车的要求，在软硬件平台技术的基础上，快速高效开发工程化的整车控制器。通过硬件在环仿真测试、台架试验和道路试验等各种试验，对整车控制器进行试验设计和试验验证。开发出的软硬件系统已经在实车上进行了成功调试安装运行。

3. 动力蓄电池管理系统

结合镍氢电池和锂离子蓄电池的工作特性，针对车辆复杂的环境和苛刻的要求，与企业紧密合作开发满足整车需要的动力蓄电池管理系统。已经开展的工作包括动力蓄电池及管理系统的建模与仿真、剩余电量 SOC 的估算方法、动力蓄电池热管理技术、高压电系统安全管理技术、电池管理系统综合控制技术。根据车载环境和整车的要求，在软硬件平台技术的基础上，快速高效开发工程化的电池管理系统。

4. 机械式自动变速器（AMT）控制系统

针对混合动力车 AMT 系统的特点和系统要求，研究 AMT 执行器控制技术、换挡规律、换档控制算法、与动力系统其他部件的协调控制算法，研究开发 AMT 控制技术和实际的控制器。

十年来，电工所承担并完成了科技部、中国科学院、北京市科委下达的重大科技攻关项目，取得了丰硕的成果，在电动汽车概念车、混合动力桥车和客车等多种型号汽车上应用，取得了多项专利，发表了大量论文，培养了一大批博士和硕士研究生，为我国电动汽车工业兴起和学科的发展做出贡献。目前，电工所已形成了在国内外具有一定影响的、较强的研究力量，建立了具有现代化仪表和设备的实验室，掌握了电动汽车电气驱动及整车控制技术，开展了与国内有关公司与企业协作，同时还与美国通用电气公司建立了良好的合作关系，为推动我国电动汽车工业的振兴、技术的进步和学科的发展做出新贡献。

第十九节 磁悬浮与直线驱动技术

高速磁浮交通列车是当今世界唯一能安全、经济地以 500km/h 速度运营的大容量、节能、环保的地面客运交通工具。从填补速度空间的空白角度来说，高速磁浮交通技术适合我国人口众多、地域辽阔、重要经济区域相对集中的国情；从我国的能源战略，或是从走新型工业化道路的角度考虑，发展科技含量高、经济效益好、资源消耗低、环境污染少的磁浮交通体系，可以优化我国客运综合交通结构，提高客运服务质量，同时降低交通对石油的依赖，有利于我国的能源安全。

磁悬浮交通技术将传统轮轨铁路的支撑、牵引和转向所依赖的铁轨与车轮之间的支持力、黏着力和导向力，全部用电磁力取代，从而实现了列车无接触、无磨损的沿地面"零高度飞行"。高速磁浮交通系统由牵引供电系统、磁悬浮与导向系统、线路、轨道与下部结构以及运行控制系统四大子系统组成。从电气工程的角度来看，高速磁悬浮列车实际上是一台大功率直线电动机，车体是电机的动子，沿轨道敷设的绕组构成电机的定子，牵引供电系统是其安全、高速、稳定行驶的关键，也是蕴涵核心技术最多的系统。牵引供电系统的核心技术是直线电机驱动技术和大功率电力电子变流技术。

磁悬浮列车的设想起于20世纪20年代，1922年德国工程师赫尔曼·肯佩尔提出电磁悬浮原理，并于1934年获得磁悬浮专利。从20世纪60年代起，经过几十年持续努力，德国工业界成功研究开发出TR高速磁悬浮列车技术。20世纪八九十年代该技术在国外的研究发展日趋完善，1991年底德国官方机构宣布TR技术（即长定子直线同步电动机驱动的常导磁悬浮列车）已经成熟。

国外高速磁悬浮列车技术的发展，引起了我国科技人员和领导的高度关注。在我国磁浮事业发展中，中国科学院电工所立足三十多年的学术基础和技术积累，尤其是在直线电机设计与控制技术以及高压大功率电力电子技术方面的长期科研攻关和技术积累，通过自主创新，在牵引供电技术领域发挥了骨干和引领的作用，为我国先进交通技术的跨越式发展做出重要贡献。

一、20 世纪 70 ~ 80 年代

电工所是我国在磁悬浮与直线驱动领域中最早开展相关研究的单位之一。从1972年起，电工所的电机研究室成立了直线电机研究组，开始了直线电机技术与磁悬浮技术的研究，研究内容包括直线电机分析与设计，直线电动机的控制技术等。龙遐令、徐善纲、朱维衡和金能强等是电工所在此技术方向的早期学术带头人，他们所培养的学生当中很多人日后都成为这个学术领域中的中坚力量。科研成果包括直线电机绘图机、直线电机发射器、直线电机加速器和直线电机自动编组系统等。航空模拟用直线异步电动机系统，最高速度达到65km/h。平面电机绘图机于1981年获得中国科学院重大科技成果一等奖，1985年获得了国家科技进步二等奖。为电工所今后在这个技术方向的发展打下了坚实的基础。

二、"八五"期间（1991～1995）

"八五"期间，国家科委将低速磁悬浮列车的关键技术攻关列入了计划。中国科学院电工所是我国最早参与磁悬浮技术研究的少数几个单位之一。徐善纲、金能强等研制成功了用于磁悬浮列车牵引的单边异步直线感应电动机（功率93kW，推力2770N，速度120km/h）和直线异步电机试验用旋转台。电工所与中国科学院物理所、德国Braunschweig大学电机研究所、德国Jena高技术物理所联合研制成功了一辆高温超导磁悬浮模型车，具有悬浮和导向自稳定性，不需要控制装置；而且，高温超导块材在液氮环境下工作，大大简化了车载冷却系统，降低了制造成本和运行费用。这是世界上最早的高温超导磁悬浮车原理试验模型，一直在中国科技馆展出。

1994年6月，电工所严陆光院士与何祚庥院士、程庆国院士等一起发起组织了第十八次香山科学会议，首次提出了要积极开展高速磁悬浮列车技术研究，促进我国磁悬浮列车的发展。

三、"九五"期间（1996～2000）

当时，电工所的电力电子与电力传动技术主要在机电控制工程研究中心开展，进行数控技术、伺服技术和电力电子技术的研究开发工作。"九五"期间，电工所先后承担国家机械工业局"九五"科技攻关项目"普及型主轴驱动单元工程化开发研究"、"内装式电主轴单元及驱动单元工程化开发研究"以及中国科学院"九五"院重大项目"系列通用变频器产业化前期研究开发"等，研究开发成功ACS300型全数字伺服控制器和SMD-I型主轴驱动系统在我国数控机床、加工中心和其他高精度调速场合得到成功应用，还开发出功率范围为2.2～150kW的GVF通用变频器，在现代电力电子和电力驱动技术领域的研发工作中积累了丰富经验和技术实力。这些科研工作都为日后电工所承担高速磁悬浮交通牵引供电系统研究打下了良好的基础。

1996年，科技部组织了国家"九五"重大软课题"磁悬浮列车重大技术经济问题研究"，电工所向国家科学技术部提交的研究报告结论认为：500km的时速的磁悬浮列车可以将1000km左右距离的大城市连接起来，实现当天往返，从而促进统一市场的形成，减小地区经济发展的不平衡，具有重大的战略意义。

1998年6月11日，严陆光院士上书朱镕基总理，阐明开展磁悬浮交通技术研究的重要意义，很快就得到了总理的亲笔批复："与德国合作，自己攻关，发展磁悬浮高速铁路系统，先建成试验段。"

2000年1月，科技部高速磁悬浮预可行性研究项目组在电工所正式成立。严陆光为项目组组长，电工所所长孔力、科技处处长孙广生、金能强和方家荣为项目组成员。项目组办公室设在电工所，负责重大专项的预研、启动和项目的日常组织管理工作。

四、"十五"期间（2001～2005）

2001年，电工所在理清学科及战略技术方向和产业服务方向的基础上，全面推进"知识创新工程"工作，加大结构优化调整的力度，转变运行机制和管理模式。为实现综合集成优势，电工所将机电控制工程研究中心的电力电子组、伺服技术组和开发组等三个研究组以及电机研究室特种电机组合并，成立磁悬浮技术研究与发展中心，着眼于国家重大科研需求以及世界科技的最新发展方向。至此，电工所在高速磁悬浮列车牵引供电系统方面的两大技术主线：直线电机技术与电力电子技术终于交汇。电机设计与控制技术与电力电子技术的结合，加速了自身发展，焕发了新的活力，而把电力电子与电力传动技术从传统应用拓宽到交通领域，进行基于直线电机和大功率电力电子技术的高速磁悬浮交通牵引供电技术，则开辟出了一条传统学科崭新的发展道路，为电工所在轨道交通领域中的发展打下了良好的基础。

在此之前，电工所在磁悬浮交通技术的领域工作涉及了异步/同步直线电机的分析与设计、短定子/长定子直线电动机的驱动与控制、高温超导磁悬浮技术、电励磁/混合励磁悬浮控制等诸多方面。为面向国家重大科技专项的需求，适应常导悬浮、长定子直线同步电动机驱动的高速磁悬浮交通系统的特点，电工所以多年来在直线电机技术方面的技术优势为基础，以电力电子与电力传动技术为切入点，聚焦科研力量，重点开展了牵引供电技术的研究。

2001年3月1日，上海磁悬浮示范线正式开工建设。至此，电工所在这一领域二十多年的科研积累，终于有了一个充分施展的广阔舞台。电工所的磁悬浮技术研究工作的开展，是以上海磁悬浮示范运营线的建设以及国家"863"计划磁浮重大专项的科研工作为"两条腿"，同步进行的，上海线的建设有效地带动了科研工作，而科研工作也有力地支持了上海线建设。

从2001年开始，在上海磁浮线建设中，电工所上到院士、所长，下到基层科研和工程技术人员，包括在学的研究生近百人，都积极投身到工作当中，参与了立项论证、技术谈判、技术引进、设备安装、调试、安全测试和验收等各个环节的工作。在上海线的建设过程中，电工所也掌握了大量的第一手的技术资料和系统数据，为科研工作的进展打下了良好的基础。

与上海线建设同步，科研工作也在紧张有序的展开。2001年，电工所完成了两项国家"十五""863"前期预研项目"高速磁悬浮铁路牵引供电系统电气设备国产化可行性研究"和"高速磁悬浮铁路牵引供电特性的计算、仿真与分析的前期研究"，向科技部提供了研究分析报告，为国家"十五"立项提供了充分依据。这些工作为电工所在"十五""863"高速磁悬浮交通重大专项中承担重要科研工作打下了良好基础。

2001 年下半年，科技部筹建"国家磁浮交通工程技术研究中心"，具体负责重大专项的设施，电工所科研人员成为牵引供电研究室的骨干，大家时时处处以优秀共产党员的标准要求自己，在平时的工作中充分发挥了共产党员的先锋模范作用，大大增加了整个团队的凝聚力，有效地促进了科研工作的进展。

为了抓住机遇，在引进消化吸收的基础之上进行创新。2002 年，科技部及时启动了国家"863"计划"高速磁悬浮交通技术研究"重大专项。在"十五"国家"863"磁悬浮重大专项，电工所主要进行牵引供电系统的关键技术研究和系统集成研究，负责牵引供电系统的技术总成任务，并为上海磁悬浮示范线建设过程中的技术引进、消化吸收以及系统调试、安全认证直至成功通车运行做出重要贡献。

电工所严陆光、孔力、李耀华、孙广生、史黎明、韦榕、杜玉梅等作为课题负责人主持了国家"863"计划和科技支撑计划重大专项第一期研究中的 9 个课题，经费达到近 3000 多万元，并成为牵引供电技术的牵头单位。李耀华被任命为总体组成员、牵引供电专业组长。

2002 年，电工所进行了牵引供电系统关键设备国产化的核心技术研究，包括高压大功率变流器及其控制系统的研究，掌握了牵引供电系统的关键技术。牵引供电系统是国产化创新中最重要的一个部分，牵引变流器单元是牵引供电系统最关键的设备。当时，国外公司研制了基于 GTO 器件的中功率/高功率模块，并应用在上海线中。电工所大胆地提出了一个全新技术方案：采用新型的电力电子器件 IGCT。IGCT 器件是一种具有更优良电气特性的新型器件，在变流技术领域虽然也已经有所应用，但是在高速交通领域，实现如此大的功率等级，世界上还是第一次。通过全体人员的通力协作，在不到 2 年的时间里，研制成功当时国内单机功率最大（5MVA）的变流器样机。同时，葛琼璇研究员带领牵引控制系统课题研究团队，采用新型三电平主电路结构和先进的空间矢量 PWM 控制算法，实现了变流器的高压、大电流和大功率的高性能输出。电工所还开发出了具有自主知识产权的牵引供电系统仿真软件包，针对不同的线路条件、不同的运输组织要求、不同的列车编组、不同追踪时间间隔、不同的速度指标要求等，进行了牵引供电系统的设计和大量的牵引特性的计算；利用该仿真软件包特别针对上海示范线的牵引供电系统进行了仿真计算，与上海线的实际运行测试结果进行了比照，计算误差在 5% 以内。

2003 年 6 月和 7 月，科技部对重大专项的"适用性研究"和"国产化与创新"专题进行了验收，电工所承担的"磁浮交通长大干线牵引供电方案研究"课题得到了"适用性研究"专题中的最优评价；"牵引供电系统技术分解、集成及关键设备国产化可行性研究"和"高速磁浮交通系统牵引控制技术研究"课题得到了"国产化与创新"专题 20 个课题中评分第一和第三的优秀成绩。2003 年 12 月，中国工程院专家组对国家"863"计划磁浮重大专项进行了咨询评估，得出评估结论：磁浮重大专项是我国重大工程项目引进、消化、吸收、再创新的一个范例。2004 年 11 月磁浮专项（第一阶段）通过了科技部的验收。

2004 年，国家启动了"863"磁浮重大专项第二阶段工作，以"研制一列车，一条试验线路和一套配套的牵引供电和运行控制系统，形成磁浮交通试验系统"为载体，建设高速磁浮交通技术综合试验研究环境，全面开展整个磁浮系统技术的国产化研究工作。

五、"十一五"期间（2006 年至今）

1. 磁悬浮交通牵引供电领域的研究成果

2004 ～ 2007 年，在"十一五"国家科技支撑计划磁悬浮重大项目中，电工所承担了"新型牵引控制系统研制"和"牵引供电系统设计和集成"两个关键课题，在研制成功 5MVA IGCT 变流系统的基础上，研制成功了 7.5MVA IGCT 三电平高压大功率变流系统。该系统是我国迄今单机容量最大的新型变流系统。牵引控制系统在同济大学试验基地的 1.5km 试验线上已稳定可靠运行两年多，进行了各种工况下的大量牵车实验研究，成功地实现了一台 7.5MVA IGCT 变流器和一台 7.5MVA IGBT 变流器的高性能控制以及磁悬浮列车的牵引力、速度和位置的实时控制。

2007 年 3 月，科技部徐冠华部长视察了高速磁悬浮重大专项试验现场。在牵引控制系统的控制下，中功率变流器牵引磁悬浮架顺利通过了 400m 小半径曲线。2007 年 11 月，科技部副部长曹健林视察了试验现，在不到 1200m 的有效行驶里程内，牵引供电系统成功实现了牵引磁悬浮列车以 80km/h 的速度平稳加速、运行和制动。

2006 年 1 月，龙遐令的学术专著《直线感应电动机的理论和电磁设计方法》由科学出版社出版发行，这是以龙遐令为代表的电工所一批直线电机科研工作者在这一领域多年科研成果的一个集大成的学术成果。

发展磁悬浮交通技术，推动新型轨道交通方式的形成，是国家战略高科技发展的重要方向之一，已经列入我国中长期发展规划。科技部已将高速磁悬浮交通技术的研究开发列入"十一五"科技支撑计划。电工所再接再厉，积极努力为中国磁悬浮的发展做出更大贡献，将重点突破 15MVA 背靠背型高压大功率 IGCT 变流系统，新型牵引控制系统，研制半实物仿真开发平台，建设高速磁悬浮交通系统综合试验基地，形成全套自主创新高速磁悬浮交通牵引供电系统核心技术和完整的知识产权体系。

2. 开拓新的研究方向

近年来，尤其是国家"十一五"科技计划实施以来，电工所基于电力电子与电力传动技术，研究领域不断拓展，开展了新型非黏着直线电机轨道交通系统驱动技术研究以及新型直线电机运输系统的研究等。

2005 年，"新型非黏着直线电机轨道交通技术研究"获得企业和地方合作研究经费 1000 万元，2006 年，获得院方向性项目支持 800 万元。这种直线感应电机驱动的轨道交通系统，具有不依赖黏着力驱动、爬坡能力强、转弯半径小等诸多优点，特别适用于地形复杂的城市轨道交通。具有自主知识产权的非黏着驱动型直线电机轨道交通车辆 2009 年之前，会在北京首都机场—东直门线上进行试验运行，实现系统综合节电 30%。

鉴于研究领域的不断拓展，2007 年年初，磁悬浮技术研究发展中心正式更名为磁悬浮与直线驱动技术研究中心。

2007 年年底，电工所开始了新型直线电机煤炭运输系统的研究，承担了国家"十一五"科技支撑计划重大项目《新型直线电机驱动运输系统关键技术与装备研制》，总经费为 2.2 亿元，旨在帮助内蒙古自治区尽快解决煤炭运输的高成本、高耗能、高污染的瓶颈问题，掌握世界领先的新型直线电机运输技术。电工所负责"牵引供电、电机及驱动控制关键技术与装备研制"和"新型直线电机运输系统集成关键技术及示范线建设"。

几十年的不懈努力，收获了丰硕的科研成果。通过承担国家重大科研项目，以任务带动了学科发展，电工所已经掌握了旋转电机设计与驱动技术、直线电机设计与控制技术、高压大功率电力电子变流系统、新型磁悬浮技术等研究方向的关键技术，形成了在该研究领域的核心竞争力，锻炼培养了一支高水平的科研团队（现有科研人员 30 余人，其中，中国科学院院士 1 人，研究员 5 人，副研究员和高级工程师 5 人，另有博士后、博士硕士研究生等流动人员 30 余人）。电工所已经成为了我国在电气化交通牵引供电技术方面的最高水平的代表之一，真正起到了骨干和引领的作用。

第二十节　生物电磁技术

生物电磁技术旨在用电工理论、方法和技术手段研究并解决生物学和医学中的相关电磁问题。其主要任务是：研究生命活动本身所产生的电磁场和外加电磁场对生物体的作用规律及其应用；研究与电磁相关的医疗仪器和生命科学仪器中的电工技术问题。生物电磁技术的发展将促进生命科学的相关研究和医疗设备及新型生命科学仪器产业的发展，对诸如生命活动中电磁现象本质的深刻认识和电磁场对生物体起作用的内在机理、疾病诊断和治疗以及环境保护等问题的深入研究也将起到具有创新意义的推动作用。

多年来，电工所一直将电工电能新技术及其应用基础研究作为本所的研究方向，并致力于与其他学科的交叉，拓展电工电能新技术研究的新生长点。从 20 世纪 80 年代起，电工所就开始了医疗仪器和相关设备的研制，并与多家医院建立了联系，进行动物实验和临床实验等多方面实质性合作，取得了多项成果，积累了丰富的经验，成为电工所开展生物电磁技术研究的先声。

随着中国科学院知识创新工程的逐步实施，在深入调研、论证的基础上，生物电磁技术研究被确定为电工所一个新的学科生长点。2000 年，在院领导和相关局领导的关心和大力支持下，开展了中国科学院知识创新工程项目"电磁生物工程研究"；以此为契机，2001 年在应用磁学研究室成立了电磁生物工程研究组；2002 年，在原应用磁学研究室的基础上组建了以宋涛为主任的生物医学工程研究部，建立了比较完善的生物电磁学实验室，初步形成了一支包括电工、生物、医学等专业的青年科技人员组成的攻关团队。

自 2001 年以来，生物医学工程研究部开展的工作包括电磁场的生物学效应及其机理研究、生物电磁特性和电磁信号的检测及应用研究、生物电磁成像技术研究、人工生物器官研究、纳米生物电磁技术研究等，执行重要国际合作项目、国家自然科学基金和"863"项目多项，与企业联合研制的 0.35T 开放式永磁磁共振成像系统获得了生产许可证；生物芯片点样仪已经具备小批量生产的能力；生物人工肝体外支持系统的研究取得了较好的结果。这些成果的取得，为进一步开展生物电磁技术的研究奠定了坚实的基础。

一、生物电磁技术研究的前期工作（2000 年以前）

1988 年以前，电工所医疗仪器及相关设备的研制工作分别在各研究室进行。1988 年以后，一批已具备转化为产品条件的科技成果纳入研究所的"中科电气高技术公司"体制，从而形成了以液电型体外冲击波破碎肾（胆）结石机等为拳头产品的医疗设备研制、生产、销售中心，同时也促进了各研究室医疗设备研制工作的发展。据统计，截至 2000 年，电工所研制成功的医疗设备有 30 多种，创造了很好的经济效益和社会效益，并获得了多项奖励。液电冲击波体外碎石机，获 1987 年国家科技进步一等奖；基于 0.15T 永磁磁体的 ASP-015 磁共振成像扫描仪（与科健公司合作），获 1991 年国家科技进步二等奖；前列腺射频治疗仪获 1996 年中国科学院科技进步三等奖；诱发电位仪获 1998 年中国科学院科技进步三等奖；ZMT-I 型微波治疗机获 1999 年中国科学院科技进步三等奖；与澳大利亚悉尼大学医学院合作开展生物人工肝体外支持系统的研究，取得阶段性成果；利用高压脉冲放电技术将加速基因导入细胞的技术获得多项相关专利。

液电冲击波体外碎石机的研制可以看做电工所涉足生物电磁工程技术最早的切入点。（史料详见本章第七节。）

磁共振成像系统是电工所以自己的专业特长介入生物医疗设备领域的重要工作方向。1985 年 5 月，周荣琮申请了"高均匀度磁场的永磁磁体"发明专利；1987 年研制出我国首台磁共振（MRI）永磁磁体。在此基础上，电工所与科健公司开发出国产核磁成像设备的产品 ASP-015 磁共振成像扫描仪。产品研制成功后，由科健公司专业生产磁体，安科公司生产系统，到 1997 年已生产 100 台。

此后，由夏平畴领导的永磁 CAD 课题组与张家港金柳集团合作开发磁共振成像（MRI）用永磁磁体系统，于 1992 年首次采用钕铁硼研制完成一种 0.3T 的通道式永磁磁体，并出口至韩国三星公司。1990 ～ 1995 年，董增仁研究开发了多种结构的永磁磁体，并参与了一些公司的二手 MRI 系统的安装调试。接着，张家港金柳集团又于 1996 年 4 月与电工所签订了《合作开发生产永磁磁共振成像系统协议书》，由董增仁担任项目负责人，开始了磁共振成像系统的研制。该项目于 1998 年完成，在山西省孝义县人民医院进行了临场试验。

1997 年，电工所与加拿大麦乐林科技公司（Millennium Technology Inc.）合作，于 1998 年 5 月研制完成世界上第一台 MRI 用 0.35T C 型永磁磁体，项目负责人为董增仁。该磁体于当年运抵加拿大温哥华医院，进行了现场调试，最终达到直径 30cm 球内磁场均匀度优于 30ppm。

1998 年，电工所又与香港大学工学院核磁共振中心合作，先后研制完成了两台 C 型专用磁共振成像系统用永磁磁体（含梯度场线圈）。随后在所领导的大力支持下，电工所自筹经费自主开发磁共振成像系统，于 2001 年 12 月基本完成，获得人体各部位的良好图像（详见本章第十七节）。

此外，电工所还取得了前列腺射频治疗仪、诱发电位仪、微波治疗机、人工生物肝、磁性药物靶向治疗等一系列研究成果。

前列腺射频治疗是一种非手术治疗前列腺增生的方法，它以射频电磁波作热源，利用特殊的电极结构来实现对前列腺体组织的局部深层加热，当治疗温度达到 42 ～ 45℃时，细胞发生急性坏死，萎缩和纤维化，从而加大尿道内径，缓解排尿困难症状。1996 年，前列腺射频治疗仪荣获中国科学院科技进步三等奖。参加该课题的主要人员有鄢慧芬、王雪顽、张连成、李日新等。

诱发电位是中枢神经系统在感受外在或内在刺激时产生的生物电活动。"诱发"是对"自发"而言，中枢神经系统的自发电位，如脑电图、脑地形图，反应的都是大脑皮层在无外界刺激时产生的生物电活动。向钟慧、李兴启、李建国、李满成等在解决生物放大器的交流阻塞、工频干扰和本机噪声等关键问题的基础上，设计了高灵敏度、低噪声、高共模抑制比的前置放大器，采用数字信号处理的散步提取方法，研制成功通过测量诱发电位来诊断中枢神经系统病变的 ZEP 系列诱发电位仪，并于 1998 年获得中国科学院科技进步三等奖。

微波治疗机是以微波对人体组织的热效应治疗疾病的医用装备。它以治疗肿瘤为主，兼治其他一些良性疾病。1990 年，在严陆光所长和当时计算机应用研究室领导的支持下，由所里自筹资金研制微波治疗机。杨正林、吴石增、武俊来、马彦苓在实现在线测温和多点测温等设计思想的同时，采用温度－频率模式有效地解决了温度测量过程中的抗电磁干扰问题，1992 年中期完成了样机的研制，当年下半年首先送入北京医科大学附属第二临床医院（人民医院）进行临床试用。1993 年底通过了国家医药管理局医用骨科物理治疗设备质量监督检测中心的全性能检测。1994 年又经北京医科大学附属第一医院（北大医院）临床试用后，于 1994 年 12 月通过了由国家医药管理局主持的产品鉴定。1995 年 1 月取得了国家医药管理局颁发的产品试生产注册证，并先后生产销售了 10 多台。随后对中科集团的医电技术公司进行了技术转让，以医电技术公司为主进行生产、推广和销售。随后，中科集团医电技术公司取得准产证，先后生产销售了近百台，取得了较好的经济效益和社会效益。1999 年 ZMT-I 型微波治疗机获中国科学院科技进步三等奖。

"人工生物肝"是一个集生物医学技术和计算机控制技术为一体的、用于重症肝脏病变患者的新型医疗设备。它可以在一定时间内代替肝脏的解毒与生物合成功能，暂时辅助患者严重病变的肝脏，使患者赢得生存时间，有机会过渡到肝细胞再生获得康复或等待得到供体进行肝移植。通过"人工生物肝"治疗而康复的患者可以免除昂贵而创伤性大的肝移植手术和长期应用免疫抑制带来的副作用。"人工生物肝"课题来源于 1999 年中国与澳大利亚政府之间的若干科学技术合作计划，电工所和澳大利亚悉尼大学是双方的参加单位。该项目于 1999 年 10 月正式启动，2002 年 9 月顺利结束。电工所以鄢慧芬、李明、霍荣岭为技术核心研制完成了"人工生物肝"的核心部件——专用生物反应器及控制系统的设计和制造。运抵澳大利亚悉尼大学后，实验证明完全符合系统要求，得到了澳方专家的一致好评。2002 年 12 月 8 日，项目通过专家的验收。该项目的顺利完成对促进生物型人工肝技术在我国的推广使用有重要意义。

磁性药物靶向治疗是利用磁场将磁性药物聚集在病灶部位，提高药物浓度的一种新型肿瘤治疗方法。电工所利用永磁磁体和铁磁流体技术优势，在 20 世纪 80 年代就开展了相关技术的研究。1985 年，江苏省无锡县人民医院和南京大学物理系及无锡县磁性材料厂共同承担江苏省重点新开发科研项目——胃肠道磁性造影技术，对磁性液体的研制已经取得明显效果，但是牵引磁体却一直没有解决。1987 年 7 月，赵德玺在全国第二次生物磁学会议上获悉该信息后，向无锡县人民医院潘震宇副院长提出了采用单极磁体的想法。会后经过数次讨论，双方于 1988 年 5 月签订了医用单极牵引磁体的研制合同，1988 年 10 月下旬磁体研制成功。磁体重量 5kg，工作表面磁通密度大于

300mT，于 1988 年 10 月底交付无锡县人民医院实验使用。无锡县人民医院利用电工所研制的单极磁体进行了家兔实验，达到了预想目的。此外，董增仁等还与北京医科大学北大医院合作，利用狗进行了磁性药物靶向治疗实验，取得了一定的成果。这些工作为后续的磁性药物靶向治疗研究奠定了基础。

在这些医疗设备的研制过程中，孕育出了新的生长点。

二、电磁生物工程研究

1998 年底，为了适应知识经济时代对科研工作的要求，面向新世纪，谋求大的发展，永磁应用研究室决定抓住机遇，按中国科学院对创新工作的要求调整研究布局，开拓电工技术新的前沿发展方向。恰逢路甬祥院长视察电工所，并指出电工所应该"研究电磁场与物质、电磁场与生物之间的相互作用规律和新的经济社会战略需求，找到电工技术新的前沿发展方向"。于是，1998 年 12 月电工所向中国科学院领导呈送了《开展生物磁学研究的设想与建议》报告。建议书以与香港大学工学院核磁共振成像中心合作研制专用磁共振成像系统为切入点，用 1 年时间提供一套先进的检测系统，并启动多项生物磁学方面的研究工作；经过 5 年左右的努力，在生物磁学研究方面取得突破性进展；同时建立一个先进的生物磁学研究开放实验室，希望中国科学院提供 500万元人民币支持电工所开展生物磁学研究。建议书由香港大学核磁共振研究中心副主任马启元先生转交给院领导。1999 年 3 月，电工所向院高技术研究与发展局递交了《关于开展生物磁学研究的申请报告》。由于项目中专用磁共振成像系统的研制经费较大，与生物磁学研究的关系又不十分密切，因此未获得资助。

2000 年，夏平畴与生物物理研究所蒋锦昌联合提出了《关于建立磁生物工程研究开放实验室的建议》，获得中国科学院初步认可后，研究所相关人员按照院综合计划局的意见对申请书做了多次修改，最终确定项目名称为《电磁生物工程研究》，并于当年11 月通过了院组织的专家论证，被列为中国科学院知识创新工程重大交叉项目，完成了"电磁生物工程研究"的立项。

中国科学院知识创新工程重大交叉项目《电磁生物工程研究》的总体目标是以现代电磁学理论、装置、仪器和分析技术为依托，使用物理学的思想、概念和方法，结合近代生物学、生物医学的进展，开展前沿性多学科交叉研究，揭示生物组织和生命过程与电磁场相互作用规律，并研究其在医学和生物学中的应用，为研制新药提供依据和临床试验，为新型医疗设备的研制提供理论依据。

项目分为四个子课题，电工所承担了脉冲电场对细胞膜作用机理的研究、磁场对细胞增殖和分化的影响、电磁镇痛效应的神经内分泌机制的研究三个课题子。此外，"弱磁空间对脑功能的影响"课题由生物物理所承担，电工所为合作单位。

按照任务书要求，项目组充分发挥多学科交叉的综合优势，初步建立了电磁生物工程研究平台，研究了脉冲电场对细胞膜作用机理、电磁场对细胞增殖和分化的影响、亚磁空间对脑功能的影响以及电磁镇痛效应的神经内分泌机制等，取得了重要研究进展，全面完成了计划任务书的指标任务。

项目取得的重要进展包括：

（1）研究表明脉冲电场对斑马鱼胚胎发育具有明显的抑制作用，同时建立了电场下细胞膜电位分布的数学模型和细胞电场效应的模型。

（2）研究得出对原代成骨细胞增殖影响明显的低频脉冲磁场频率，探讨了其机制；实验表明低频的经颅磁刺激可以在抑制癫痫中发挥作用。

（3）研究表明亚磁空间对雏鸡大脑学习记忆功能具有负面的影响，并从形态学角度揭示了该影响的神经生物学基础。

（4）研究表明磁场对痛阈的影响具有时间窗口效应，探讨了磁场镇痛的机制，研究还表明磁场对急性和慢性关节炎都有消肿镇痛作用。

同时，电工所自主研制了多种电磁场暴露装置，改造了多种生物检测设备，为电磁生物工程的研究提供了实验平台，积极开展国内外学术交流与合作。

在完成四个课题的同时，电工所也积极探索了电磁生物工程研究的新领域。经过认真的调研，结合电工所在电磁场理论和磁体技术方面的特长，选择了磁性药物靶向治疗及相关技术和新型电磁生物成像技术两个重点研究课题。这些工作为生物电磁技术的进一步发展奠定了良好的基础。

三、生物电磁技术研究的新进展

《电磁生物工程研究》项目完成后，电磁生物工程研究组继续在生物电磁学技术方向进行探索，在多个方面取得了突破。所内其他研究组也开展了相关的研究，在国内外具有一定的影响。

1. 生物医学电磁成像技术

电磁生物医学成像技术是利用生物体内不同组织在不同的生理、病理状态下具有不同的电磁特性，通过施加电磁场，在体外测量电磁信号来重建生物体内部某一电磁参数的分布或其变化图像的方法和技术。电工所主要开展了磁感应断层成像、微波激励热声成像、磁共振电阻抗成像技术等研究。

磁感应断层成像是一种通过外部施加交变磁场，利用检测线圈来检测待测物体的涡流产生的扰动磁场，从而重建物体内部电导率分布的方法。2003年，刘国强在国家自然科学基金项目《三维各向异性张量磁感应成像研究》的资助下开展了相关研究。

磁共振电阻抗成像技术是一种把磁共振成像技术和电阻抗成像技术结合起来的新

型功能成像技术。在中国科学院知识创新工程重大交叉项目《电磁生物工程研究》的资助下，电磁生物工程研究组开展了磁共振电阻抗成像的探索，利用实验室自行研制的 0.25T 开放式 C 型永磁磁共振成像设备，搭建了磁共振电阻抗成像的硬件系统，并获得了电流密度图像。在此基础上，2006 年杨文晖申请到国家自然科学基金项目《斜位三电极注入电流磁共振电阻抗成像研究》，研究完成了硬件系统的改造和测试平台的搭建，研制了成像水模装置，搭建了一套测量电路，研究了电导率图像重建算法并初步获得了图像。

微波激励热声成像是利用脉冲式的微波辐射到生物组织使组织产生热电膨胀效应而激发出属于超声波范围的热声波，通过检测被激发出的热声波来重建生物组织图像的一种成像方法。在中国科学院知识创新工程重大交叉项目《电磁生物工程研究》的资助下，电磁生物工程研究组开展了微波激励热声成像的探索。利用数字人体电磁模型，深入研究了微波激励热声成像的正逆问题。

此外，在磁共振成像技术的产业化方面也取得突破性进展。2004 年，浙江嘉恒医疗器械科技有限公司与电工所合作，采用电工所的磁共振成像技术，开发了医用 0.35T 磁共振成像仪产品，杨文晖担任项目负责人。2005 年底，整机通过了上海医疗器械检测所的型式检测；2006 年开始进行临床试验。2007 年 6 月，国家食品药品监督管理局向该产品颁发了产品注册证，标志此项合作项目取得了完全的成功，也标志着电工所的磁共振成像技术第一次完全实现产业化。该产品磁体的中心场强 0.35T，30cm 球的均匀度达到 10ppm 以内，并且有良好的稳定性，成像质量优良。

2. 纳米生物医学电磁技术

纳米生物医学电磁技术是纳米生物技术与电磁技术的交叉，是将电磁技术的相关原理、方法、手段应用到纳米生物学研究而形成的新的前沿领域。电工所在磁性药物靶向治疗、基于磁检测的生物芯片等方面开展了相关的探索。

在中国科学院知识创新工程重大交叉项目《电磁生物工程研究》相关研究的基础上，2003 年，电磁生物工程研究组与中国医学科学院肿瘤研究所合作申请到 "863" 计划 "靶向治疗肺癌、食管癌的磁性纳米药物的研制"。电工所主要开展了磁性药物靶向定位的研究。对外磁场作用下磁性颗粒在血液中的动力学进行了深入研究，并且用 MRI 检测到磁纳米颗粒在大鼠体内的聚集，理论分析了磁纳米颗粒聚集的原因。

由于对磁电子学研究的深入以及纳米加工技术的发展，一些新型的磁检测技术获得突破，使得其在生物芯片中的应用越来越受到人们的关注。2005 年，王明在国家自然科学基金项目《基于巨磁电阻（GMR）效应的纳米生物分子识别系统研究》的支持下，对基于巨磁电阻效应的纳米生物分子识别技术开展了研究。基于磁纳米颗粒自组装特性的磁共振成像检测技术是利用磁纳米颗粒与生物分子自组装成较大的复合体前后对周围水分子中质子的自旋弛豫时间的影响来进行检测的一种新技术。电工所胡丽丽等利用自行研制的磁共振成像系统对此进行了初步研究，并由此获得国家自然科学基金的资助，项目名称为《基于磁小体靶向分子探针的高场永磁 MR 分子成像技术研究》。

随着机器人技术和微电子机械系统的发展，微型诊疗机器人成为国内外研究的热点，特别是进入人体的无线内窥镜和血管机器人等的发展和应用受到广泛重视。宋涛借鉴趋磁细菌的运动特点，建议研制一种主动螺旋推进结合外磁场姿态控制的新型微机器人系统，申请获得"863"计划新材料技术领域 2006 度专题探索项目《仿趋磁细菌的微型机器人及其控制系统研究》。在此基础上，对多种微机器人系统展开了研究。

3. 人工器官

在中澳合作项目的基础上，电磁生物工程研究组李明等持续开展相关研究。2005年期间申请并较好地完成了国家"十五"攻关"医疗器械关键技术及重大产品开发"项目中的"杂化人工肝体外支持系统"课题。课题的总体目标是杂化人工肝体外支持系统关键技术研究及产品开发。电工所承担的任务是杂化人工肝体外支持系统生物反应器及其控制系统设计和研制。主要人员包括李明、刘剑峰、楼含芬、杨巍等。该课题在 2005 年 12 月 10 通过了科技部组织的专家验收。2006 年以来，结合临床应用对生物人工肝体外支持系统的特殊需求，在现有试验平台的基础上对系统进行了改进。2006 年 12 月，与南方医科大学共同申请到科技部"863"《干细胞与组织工程》重大项目中《人源细胞混合型生物人工肝的研制与开发》的课题。2007 年 5 月，与广州珠江医院共同申报了广东省重大科技专项《新一代人源细胞生物人工肝的研制》，并取得了广东省的支持。

此外，电工所夏东等对用于人工心脏的永磁齿轮进行了研究，彭爱武等提出了基于电磁流体推进原理的血流泵，王秋良等对磁外科手术系统进行了研究。

4. 电磁场的生物学效应研究

经颅磁刺激是一项用于脑功能研究的技术。其基本原理是：利用外部快速变化的磁场在脑组织内部产生感应电流，当电流的大小、方向合适时即会使脑内神经元去极化或超极化进而兴奋或抑制神经活动。2004 年，霍小林等在国家自然科学基金项目《强脉冲磁场对动物癫痫模型的影响机理》的支持下，研制了经颅磁刺激仪，实验发现急性磁刺激与慢性磁刺激对 PTZ（戊四氮）诱发癫痫具有抑制性影响，低频经颅磁刺激后大鼠脑电的相关维及功率谱发生了显著性变化。

三磷酸腺苷（ATP）循环是生物体内能量转换最基本的方式。2004 年，在国家自然科学基金项目《旋转磁场对 ATP 合成酶的影响》支持下，宋涛等对磁场影响 ATP 合成酶的动态特性进行了物理仿真，提出了一种利用 ATP 合成酶和巨磁电阻传感器进行生物分子识别的新方法。实验研究发现，影响 ATP 合成酶水解活性的极低频磁场具有频率窗口，强度阈值在 $0.1 \sim 0.3\text{mT}$ 之间；ATP 合成酶，特别是其 F1 亚基是磁场作用的一个重要的位点。

2004 年，法国科研中心细菌化学实验室吴龙飞主任研究员与中国科学院电工所宋涛研究员、日本金泽大学福森（Fukumori）教授、法国科研中心电气工程实验室 Yonnet 教授共同申请到国际大科学计划"人类前沿科学计划"（Human Frontier Science Program，HFSP）项目——"细菌磁性细胞器的起源、功能和应用"（Biogenesis，Function and Application of Bacterial Magnetic Organelle）。项目为期三年，经费 45 万美元/年。人类前沿科学计划是生命科学领域重要的国际合作研究计划，旨在研究探索生物体复杂组织。该计划特别强调物理、数学、化学、计算机科学家以及工程技术人员与生物学家一起开创复杂生物系统的新兴学科。在 HFSP 项目的资助下，三国四方不同背景的实验室对趋磁细菌开展了紧密的合作研究。电工所主要研究磁场对趋磁细菌生长的影响、趋磁细菌的磁感受机制、趋磁细菌及磁小体的应用等。在分析磁场对趋磁细菌影响的基础上，提出了一种表征其磁特性的指标，并搭建了磁性检测设备；进行了脉冲磁场和零磁场对趋磁细菌 AMB-1 的生长、磁小体生成和相关基因表达的影响实验，并探讨了其机制；分析了在磁场作用下，极性和轴性趋磁细菌的趋磁行为差异并探讨了其应用。2007 年，在完成项目的过程中，潘卫东申请到国家自然科学基金项目《趋磁细菌中基于磁小体的磁感受元研究》。

电工所虽然在医疗仪器研制方面有长期的积累，但是以生物电磁技术为学科方向的研究历史并不长，经过多年的努力，取得了一些成果，今后的路还十分漫长，需要持续努力，以期取得更大的突破。

第四章　科技开发和产业化

第一节　北京中科电气高技术有限公司

1984 年 10 月，党中央做出了《中共中央关于经济体制改革的决定》。这一决定在全国贯彻执行的过程中很快掀起了改革大潮。根据中国科学院的有关精神，电工所成立了以所长杨昌琪、副所长申世民为正副组长的改革工作小组，开始在电工所进行改革探索试点，其中一项重要的举措就是在 1984 年 10 月 17 日成立了所办公司——中国科学院电工新技术开发公司。此举的直接目的是为了发挥本所在电工科技方面的优势，加快将科技成果转化为产品的进程，提升经济效益和社会效益。通过此实践，探索研究所办高技术企业的路子；同时，在当时的历史条件下，将一部分研究所的科技人员分流到公司，减少研究所日益紧张的经济负担。公司成立之初为集体所有制企业，注册资金 40 万元。1985 年 3 月，公司更名为"中国科学院电气高技术公司"（简称中科电气），并于次年改为全民所有制，注册资金达到 115 万元。

1987 年，中国科学院提出"一院两制"办院方针后，电工所结合本所实际情况落实贯彻，采取了"一个所，一个公司，两种运行机制"的方针，并集中精力"全所办一个公司"，切实努力"把所办公司办好"。1988 年，所长严陆光采取了有力措施，将技术已成熟且能形成产品的 7 个项目和课题组的人员纳入公司体制运作，使渡过初建探索期的中科电气迅速成长起来，将自主开发生产的若干新产品推入市场，开始了第一次创业。1991 年 1 月，公司更名为"北京中科电气高技术公司"，注册资金为 195 万元。1995 年，董事会又向公司提出了以"规模化、产业化"为目标进行第二次创业。经过两次创业，中科电气不断发展壮大，取得了良好的经营业绩，获得多项嘉奖和荣誉。进入 21 世纪，中国科学院的科技创新工作全面展开，电工所以科技创新为中心，引领全所各项工作开创新局面，新一届董事会向中科电气提出了"建立中科电气集团控股公司，逐步实行股份制"的新目标。2002 年 10 月 31 日，"北京中科电气高技术公司"正式改制为"北京中科电气高技术有限公司"，注册资金 1800 万元，其中，法人占 90% 股份，自然人占 10% 股份。2004 年 9 月，中国科学院发出了"关于加快院所投资企业社会化改革的实施办法"，电工所被列为试点单位，要求在 2007 年实现减持到35% 以下（简称减持）。从此，中科电气及其下属公司和事业部步入了"社会化改革"

新阶段。

中科电气经过20多年运作，逐步建立了较为完善和规范的管理体系。中科电气先后作为电工所的独资公司和控股公司，电工所所长一直担任中科电气的董事长。中科电气实行董事会、中科电气总经理、子公司及事业部经理三级管理。中科电气的总经理任免、中科电气的重大事项——如任期目标、机构设置、重大开发及基金项目、对外投资、各项重要制度的实施均由董事会决策。中科电气总经理制定并实行任期目标，对董事会负责，主持中科电气的全面工作。总公司下属公司及事业部的经理，由中科电气总经理聘任，同样实行任期目标制。中科电气下属各子公司及各事业部均实行独立经济核算制度，并按协商议定的上缴利润额度每年定额逐级上缴。在中科电气内部，建立了各种管理制度。按《公司法》规定和北京市及中国科学院的有关规定，现代企业制度所要求的各项重大制度陆续建立起来并加以实施。

在经营业务方面，公司成立之初主要是进行研究所科技成果的推广和转化，同时开展进口电话传真机等产品的销售、维修和技术培训业务。1988年后，中科电气的主要业务是开发、生产和销售电工、电能、医疗、机电等新产品，同时开展进口电话传真机、复印机、锅炉燃烧器、燃油壁挂炉等销售业务。形成了医疗设备及机电设备两大类主导产品，其系列品种有20多个。其中，液电型体外震波碎石（肾、胆结石）机和电子束焊接机，是公司和北京市新技术产业开发试验区的拳头产品，还拥有几个国家级新产品。

中科电气经营20多年来，与时俱进，发展成一个高新技术企业，在中国科学院的所办公司中享有较好声誉，多次得到中国科学院及北京市有关方面的表彰。

以下分四个阶段简述中科电气1984～2007年的发展历程：

第一阶段：创建探索期（1984～1987）

公司初建，员工十余名，技术力量薄弱，资金不足。在总经理石德林和总工程师张式仪的领导下，从实际情况出发，经过认真的调查研究，把三方面的业务发展起来，并取得初步业绩（表4-1）。

表4-1　1984～1987年中科电气经营业绩

项目＼年份	1984（2个月）	1985	1986	1987
销售额/万元	7.9	179.0	186.5	286.5

开展的业务有：一是推广研究所的科技成果，开展技术咨询和技术服务。二是与研究室及所工厂合作，开发研制成功四种新产品——0.1级智能电度表、三相校表电

源、交直流电压、电流表校验电源及单相电机节能器。因当时公司的人力不够，未能进一步完善和定型，只向用户提供几台至十几台设备供其使用。公司刚成立就研制出这些产品，是将研究所的科技成果转化为产品的成功尝试。三是以销售日本理光公司生产的 FX-120 型电话传真机为切入点，把公司的技贸业务开展起来。张式仪带领少数几名助手，在 3 年内，销售传真机 1000 余台，毛利润达到 1000 万元，成为当时公司的主要收入，为公司积累了发展资金。同时，通过销售传真机，培养了一批销售、维修队伍，为客户培训了数千名操作人员，为传真机的普及和推广做出贡献。公司开展这项技贸业务时，将销售、维修和培训紧密结合，深得用户好评。1987 年 9 月 24 日，中科电气投资 25 万元成立了"日本佳能复印机北京维修分站"，为北京地区的佳能复印机用户提供安装调试和维修服务。

第二阶段：第一次创业（1988～1994）

1988～1994 年，中科电气将"开发高新技术产品、开展高技术贸易"作为第一次创业的奋斗目标。为此，在电工所的全力支持下，中科电气采取了一系列有力措施，新产品产销、开发和科研攻关都在第一次创业中取得了喜人的成绩。

1. 新产品产销和开发方面

1）接纳所内项目和人员，产销新产品

电工所为加强开发工作，先后动员和组织了所内能形成高新技术产品的七个项目和人员整体进入中科电气公司，促进中科电气快速发展。1988 年，体外冲击波碎石机、电子束齿轮焊接机、太阳能热水器、陆地电火花震源等四个项目及相关研究组和所工厂的有关科技人员进入公司。1990 年平面绘图机组进入公司。1991 年离子镀膜机课题组进入公司。中科电气将先后纳入公司的各个项目，组成独立核算的事业部，开展产品生产，当年即有一批产品投放市场。当时，中科电气的主要产品有：体外冲击波碎石机、电子束焊接机、电火花震源、太阳能热水器、太阳能熔化沥青装置、大型平面绘图机、离子镀膜机、静电植纱机、智能电针仪、脑干反应测听仪、前列腺射频治疗仪等。体外冲击波碎石机已销往巴基斯坦、泰国、印度尼西亚、韩国、独联体国家、中国香港等国家和地区，共 20 多台，在国内销售近百台。该产品已得到医疗设备市场的认可，有了较高的知名度，它和电子束焊接机是公司的两个拳头产品。

2）筹措资金，自主开发新产品

经过市场调查，中科电气将新产品开发的重点定为医疗设备。从 1990 年起，脑干反应测听仪等多项新产品开始研制。1991 年中科电气投入新产品研制的经费达到 100万元。1992 年，脑干反应测听仪和智能电针仪通过了试生产鉴定，投入试生产；这一年，射频前列腺治疗仪决定投入生产；诱发电位仪的研制已攻克了技术难关，第一台样机送往医院临床试用。同时，与研究室合作研制的微波治疗仪也在研究室组织试生产。

3）大胆改革，加强管理

1989 年，根据中央整顿公司的精神及中国科学院的相关部署，电工所对所内各个公司进行了整顿，撤销了"电工所技术开发部"，使"电工所劳动服务公司"歇业，两个单位的原有业务被纳入中科电气体制运作。从而，全所只保留中科电气高技术公司，即"一个所办一个公司"。为建立现代企业制度，建立和完善各项管理制度，规范公司管理，所领导大力支持公司实施员工聘任制度及部门经理（子公司）承包经营等各项改革措施，以加强竞争机制，调动员工及经营者的积极性。

经过不断地完善，中科电气建立起了较为完整的管理制度。从 1992 年起，陆续开始公司内部的改革。1993 年 3 月，公司实行了员工聘任制度，在人事制度改革中引入了竞争机制。1993 年，开始实行部门经理经营承包制，激励经营者的责任感和主人翁精神。

1993 年 4 月，整合了原有医疗器械生产部、研发部等部门，注册成立了"北京市中科医疗设备公司"，主要产品为前列腺射频治疗仪、诱发电位仪、脑干反应测听仪等。1994 年 3 月，在原新型医疗工程部的基础上，注册成立了"北京中科健安医用技术公司"，主要从事 KDE 系列体外冲击波碎石机、智能电针仪等产品的研发、生产和销售。

4）改善工作条件，建立生产和营销场所

所领导对全所的工作用房进行了调整，将原动模实验室、展览楼三层及一层的大部分房间交给中科电气使用。从而，中科电气在展览楼和原动模实验室建立起两处较为集中的、具有一定规模的研发和生产基地。1992 年，在电工所的支持下，中科电气自筹资金建成 1000m^2 的二层小楼，除二层部分房间用于管理外，底层及二层其余房间全部用于市场销售。

5）加强科技贸易业务

第一次创业期间，电工所每年都向中科电气提供一定数额的优惠贷款，支持其开发新产品及开展贸易业务。为加强公司产品的销售业务，中科电气有一位副总经理统一抓全公司的销售，各事业部及子公司都设立了专门销售人员（组）。中科电气还成立了两个以销售进口产品为主项的子公司，扩大贸易业务。其中，1992 年 12 月，由中科电气所属的"日本佳能复印机北京维修分站"与"北京海淀区图强第二小学"合作成立了"北京科佳办公设备公司"，主要从事办公自动化设备的维修、批发、销售业务。1993 年 4 月，中科电气原经营部与北京清华园中学合作成立了"北京科夏宝电子技术发展公司"，主要从事计算机外围设备、电子元器件的销售业务及技术咨询。此外，中科电气还销售进口的晒图机，图形记录仪等多种办公设备和计算机外设，并承担相应的培训、维修服务。

在电工所的大力支持下，经过几年努力，出口外销取得良好业绩。1993年3月30日，经"国家对外经济贸易部"批准，中科电气获得了"可以自理进出口业务"的权力，成为北京新技术产业开发试验区首批享受自理进出口权的八家企业之一。1994年，中科电气成立了国际贸易部，由一位副总经理统管公司的进出口业务。

6）以中科电气名义向外投资，扩展经营业务

1990年2月，以NE系列体外震波碎石机作为技术入股（占25%股份），与深圳煤机公司、香港德业投资公司及中山大学共同组建了"深圳科达电气新技术公司"，生产销售碎石机等医疗产品。在十年合作期间，售出200余台，并有十数台出口。

1991年底，中科电气出资18.75万美元，参股上海泰利通讯设备有限公司，跻身通信设备生产行业。

2. 承担国家和院的科研任务方面

公司的科技开发人员绝大部分来自研究所各课题组。这些课题组进入公司后，首要任务是组织生产新产品，同时还要完成带入公司的国家和中国科学院攻关项目及基金课题，并承接新项目。这几年，完成的中国科学院"七五"攻关项目有：太阳能中温集热器、垂直地震剖面电火花震源、电火花震源井中透视法、高压（放电）基因轰击器；参加的中国科学院"八五"攻关项目有：高压射频抛物柱面聚光器研究；承担的国家科学基金题目有：液电冲击波对人体组织的研究、电子束焊接及热处理用电子枪高可靠性问题的研究。

同时取得了一批科研成果，其中院重要成果就有：TV-6型真空管式太阳能热水器、石油地震勘探陆地电火花震源、EBM-4G型汽车齿轮专用电子束焊接机、NE-2型肾胆通用体外碎石机。申请专利的项目有高压放电基因枪，碳氮化钛系列镀层离子镀工艺等九项。截止到1992年已在国内外刊物和大型会议上发表论文48篇，培养出硕士研究生四名。

在1988～1994年期间，中科电气也得到多种荣誉。1988年，公司被评为北京市新技术产业开发试验区的"新技术企业"；1989～1992年，连续四年及1995年被试验区评为"优秀新技术企业"；1990年被中国科学院评为"科技开发综合经济效益先进企业"，同时被试验区评为"统计工作优秀企业"；1991年被北京市工商管理局评为"重合同，守信誉"单位，并被市税务局评为"纳税先进单位"；1994年被北京市评为"科技之光优秀企业"。公司的体外冲击波碎石机等产品从1988～1991年连续四年被评为试验区的拳头产品，并获得全国医药卫生科技成果博览会金奖。体外冲击波碎石机、电子束焊机、太阳能集热器等9个产品被评为国家级新产品。一些产品在多个博览会上获得金银奖和其他奖励。

通过第一次创业，公司取得了较好业绩（表4-2），具有一定的规模（图4-1），为下一步发展打下了基础。

表4-2　中科电气1988~1994年营业额

项目 \ 年份	1988	1989	1990	1991	1992	1993	1994
营业额/万元	1531	2372	1949	2532	3364	6434	5500

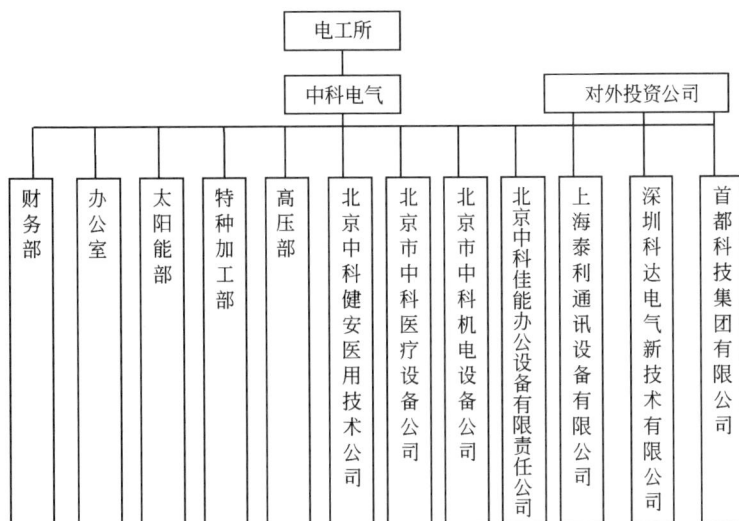

图4-1　2000年前公司结构框架

第三阶段：第二次创业（1995~2001）

　　第一次创业在取得一定成果的同时也发现了一些问题，比如规模化不够，产品销售面窄，产量相对少，产业化程度不高等，即生产能力、工艺手段和管理方法等与社会公司相比差距还很大。针对发现的问题，在1995年初所领导换届后，新一届董事会即向中科电气提出"坚持总公司统一领导，积极慎重地推行股份制改造工作，形成公司品牌产品，扩大规模，提高效益，向着符合现代企业制度要求的有限责任制公司方向努力"的要求。中科电气领导及140余名员工，按照新一届董事会的要求，对公司下一步的发展目标进行了近半年的反复酝酿，取得共识：乘胜前进，使公司走向产业化、规模化，进行第二次创业。在当年七月份召开的经理研讨会上，将"实现公司产业化、规模化"定为总经理的任期目标，同时明确，通过实现产业化、规模化进程，使中科电气年营业额突破5000万并上升到7000万元以上的新台阶。从1995年7月，中科电气开始了第二次创业。

　　在1995~2001年期间，中科电气为了扩大自主产品的生产和销售，并使贸易业务跨上新台阶，在汪德正、朱建华先后两任总经理的领导下，采取了加强和完善公司管理、规范公司运作，推进改革等多项措施，取得了良好效果，为完成二次创业目标提供了保障。

1993 年改制为公司的所工厂纳入中科电气，称"北京中科机电设备公司"（简称中科机电）。二次创业伊始，它除承担本所各研究室和外单位的机加工任务，继续生产销售原所工厂的各种产品（如增氧机、美容仪、光绘图机等）外，又新开发生产无压燃油锅炉等几种新产品。同年，开始承接日本 CORNOA 公司 TN 型燃烧器的加工制作业务。这些新产品投入市场，丰富了中科电气的产品品种，使医疗和机电两大类产品也增加了产量和销售量，从而使中科电气自主产品的销售额保持了稳定上升的态势。

中科机电自 1995 年成为意大利 RIELLO 公司的中国北方总代理，销售其燃烧器以后，又于 1998 年取得了意大利 OCEAN 公司的壁挂炉在中国的总代理权。2000 年后，意方公司改名为 BAXI 集团，中科机电作为一级分销商，销售 BAXI 旗下的 SHAPPE 锅炉，这一系列的贸易代理业务，使中科机电的营业额快速增长（表 4-3）。

表 4-3　1995～2001 年中科机电营业额统计

项目＼年份	1995	1996	1997	1998	1999	2000	2001
营业额/万元	365	997	2137	3455	6506	4630.6	6967.13

注：1995 年的 365 万元，仅为销售 RIELLO 产品的营业额

中科电气的拳头产品——体外冲击波碎石机是由中科健安医用技术公司生产的。在 1995 年，该产品连续第六年被评为北京高技术产业试验区的拳头产品。在公司内部，从 1996 年起试行按部门承包责任制；同时，建立和完善了产品档案管理及各种规章制度。从 1997 年开始了 ISO9000 认证工作，从而使产品质量进一步提高、稳定，保持了产销两旺的态势。

中科电气的另一个拳头产品——电子束焊机是特种加工部的当家产品。该部在 1997 年制定出电子束焊机的行业标准，同时完善了部内的各种规章制度，进一步提高了产品的性能，订单逐年上升。

中科医疗设备公司生产的诱发电位仪被国家科委评为 1995 年度国家级新产品，扩大了市场影响，产销量大增。该公司生产的超声去脂减肥仪于 1995 年投入市场，并于 1996 年首次出口东南亚；1997 年该产品通过了国家医药监督管理局组织的成果鉴定，并被国家经贸委评定为国家级新产品。同年，射频前列腺治疗仪及诱发电位仪取得了"试产证"。至此，这些医疗设备进一步开拓了市场，扩大了产销量。

1997 年，中国科学院"分类定位"工作全面展开，所办公司及所办工程中心的业绩是定位考核的内容之一。为适应当时电工所定位工作的需要和进一步加强医疗设备研发工作，中科电气遵照所领导的指示和决定，立即于 1997 年将中科电气的高压部，医疗公司二部和健安公司的中频 X 射线机项目组建成"电工所高档医疗设备工程中

心"，主动提供各种条件，全力支持该中心按中科电气机制运作，该中心还承担了与澳大利亚的国际合作项目——人工生物肝的研制。1998 年底，由该中心研制成功白内障超声乳化仪（中国科学院"九五"攻关重大项目），通过中科电气的渠道，通过了国家医药监督管理局评审，获得了"试生产许可证"，为中科电气增添了一个新医疗设备产品。

早在第一次创业的后期，中科电气即已酝酿在公司内部进行股份制试点工作。1996 年 7 月至 11 月，在中国科学院指导下，完成了对"日本佳能复印机北京分站"的股份制改造试点工作。通过股改，将其改造成"北京中科佳能办公设备有限责任公司"，使该公司达到《公司法》规定的要求，扩大了投资，开展了新业务，重要的变化是吸纳自然人成为股东，公司职工以自然人身份持有公司 40% 股份。此举得到了中国科学院的肯定，受到了公司员工的拥护，调动了积极性，推动了公司业务迅速发展。据以后几年统计，该公司效益稳定上升。

通过二次创业，中科电气的销售收入快速增长（表 4-4），2001 年达到 9628 万元，创造了中科电气建立以来的最好经济效益，在中国科学院的所办公司中业绩名列前茅。与此同时中科电气还取得了一系列的荣誉：1995 年，被评为试验区的优秀新技术企业并连续多年被北京市工商局评为"重合同，守信誉"单位。1996 年，中科电气还被试验区评为"年度统计工作优秀企业"；两任总经理汪德正和朱建华被评为中国科学院"八五"期间科技开发工作中做出突出贡献的先进工作者。

表 4-4　1995~2001 年中科电气经营情况统计表

项目 ＼ 年份	1995	1996	1997	1998	1999	2000	2001
营业额/万元	5733	5573	5049	5732	7800	7183	9628

第四阶段：股份制社会化改造（2002~2007）

进入 21 世纪以来，国家和中国科学院多次发出指示，要求加快股改进度。中科电气是由电工所单一投资的新技术企业。这种非股份化的独资公司，不符合《公司法》规定。电工所对该公司承担无限责任，风险很大。因此，自 1996 年对其所属的"日本佳能复印机北京维修分站"完成股份制改造试点以后，董事会将股改提上日程。加大中科电气的股改力度，以期通过股改扩大公司规模，解决自身及其下属其他子公司和事业部存在的问题，提高公司竞争力，将公司办成符合公司法要求的现代高技术企业。

1. 中科电气的股份制改造

1）中科电气总公司改制

2001 年 5 月，电工所成立了中科电气股份制改造领导小组，开展了请专业公司评估资产、拟定股改方案等一系列工作，股改工作正式起步。2001年12月，院综合计划局审批了中科电气9月份上报的资产评估报告和股改方案，确定中科电气的评估价值为1828.36万元（包括不良资产）。2002年10月31日，"中科电气高技术公司"正式改制为"北京中科电气高技术有限公司"，注册资本1800万元。其中电工所法人股占股本的90%，公司内自然人股占股本的10%。此后，中科电气一方面继续积极寻找社会参股伙伴，一方面操作下属子公司及事业部的股份制改造。

2）进一步社会化改革

2004年，中国科学院下发了《关于加快院所投资企业社会化改革的实施办法》。文件要求院、所投资的独资企业要吸纳社会资金参股，使企业股份化。文件还具体规定：到2010年，院、所要将在已投资企业中持有的股份减少到35%以下（简称减持）。电工所作为减持试点单位之一，要在2007年实现减持35%以下的目标。联系到效益滑坡等不景气现象，中科电气增强了抓紧时间，全面推进公司社会化工作的紧迫感。2004~2007年，中科电气在坚持生产和贸易业务的同时，公司社会化改革工作全面展开。介于2002年4月中科机电已与中科电气总部合并管理（图4-2）；中科电气在2003年和2004年对中科机电所属的各生产销售部门进行了大幅度调整的基础上，着手进行社会化改革工作（图4-3）。

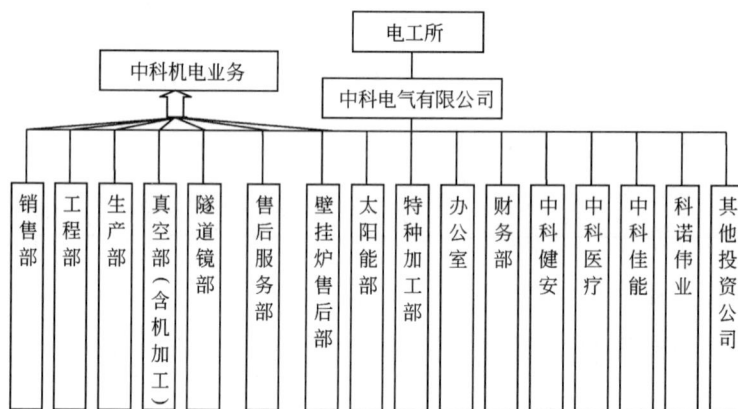

图4-2　2002年公司结构框架（中科电气与中科机电合并）

（1）改造锅炉生产部和环保设备事业部。

2004年，这两个部的销售出现了下滑。为减少成本，中科电气于2005年将锅炉生产部等4个部门与销售部的壁挂炉业务合并成立了壁挂炉事业部。2005年11月，中止了锅炉生产部在温泉生产基地的生产，库存资产评估后转让给汉邦公司，生产基地也交由汉邦公司接收使用，只保留少数人组成"锅炉留守组"照料当时中关村地区的工程和售后服务。

从2005年起，逐步减少了环保设备事业部的售后服务人员。到2006年6月，该部

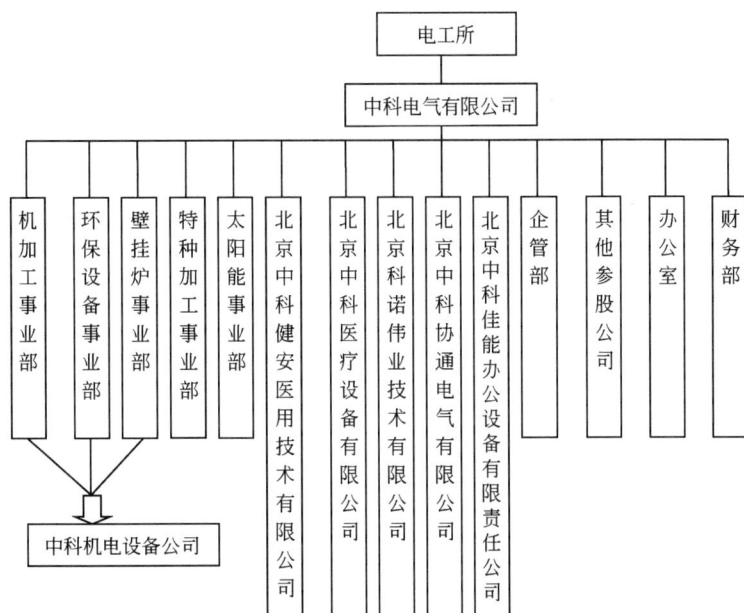

图 4-3　2004 年公司结构框架（中科电气对中科机电调整后）

的售后服务人员减至 1 人。

（2）机加工事业部的股改。

2003 年电工所为了支持知识创新工程，改善园区建设，决定在机加工事业部车间所在地原址新建电气工程楼，机加工事业部车间遂搬迁到温泉。2005 年 10 月，机加工事业部独立成立了"北京中科汉邦机电设备有限公司"，从中科电气分离出去，并接管了原中科电气在温泉租用的生产基地。

（3）太阳能事业部和壁挂炉事业部的股改。

为了完成到 2007 年实现减持 35% 以下的目标，2006 年 6 月，太阳能事业部改制成立"北京健安能源有限公司"，原事业部资产评估后出让，原员工从中科电气分离出去。2006 年 7 月，壁挂炉事业部也开展了股改工作。2007 年 2 月，该部改制成立"北京中科沅宏环保科技有限公司"，原该部资产评估后出让给沅宏公司，人员分离，该事业部原来的售后服务工作由沅宏公司承担。

3）"科诺伟业"和"中科协通"公司的成立与退出

（1）科诺伟业公司。

2001 年 1 月 31 日，为扩大机电设备公司的生产，决定购地新建厂房。为此，由中科电气和自然人共同出资 50 万元（中科电气 40 万元，自然人 10 万元），在昌平注册成立了"北京科诺伟业公司"，并于当年 2 月与昌平马池口镇政府签订了购买 23 亩土地的协议。11 月，该公司自然人持有的 10 万元股金转让给机电设备公司。此后，随着机电设备公司机构不断变化，机电公司改变了去马池口购地建厂房的初衷，同时了解到因对方改变了原有土地的既定用途，使我方难以取得土地使用权证，于2004年12月，双方友好协商，签订了终止原购买土地合同协议。至此，科诺伟业退出在昌平马池口购地的活动。到2006年5月，中科电气和中科机电公司在科诺伟业有限公司的股本全部退出。此后，科诺伟业由电工所联合其他股东注入资金，发展成为国内新能源产业的知名企业。截至2007年，该公司净资产已达4000万元。

（2）中科协通电气公司。

为改善电工所的科研环境，所领导请示中国科学院批准，改造东大院的老旧建筑物，兴建现代化科研大楼。2002年5月决定，将原机加工车间搬迁他处，择地安置各种加工设备，建立新的生产基地，作为中科电气发展生产之用。经多次研讨，2003年3月，中科电气董事会决定在沙河购地建立生产基地，并在昌平注册了"北京中科协通电气有限公司"，注册资金100万元，其中中科电气投入60万元，占60%股份，自然人出资40万元，占40%股份。同年11月，协通电气投入资金，沙河生产基地破土动工。但到2004年6月，因资金未能按时到位，基地建设中途停工。中途一度复工，后于2005年5月安全转让给其他单位。

4）经营效益下滑

在中科电气2002年10月31日改制后，因主客观方面的多种原因，2004~2006年出现了总公司经营业绩下滑的形势（表4-5）。客观方面，自国家加强审计以来，明令禁止事业单位给企业贷款和担保，使中科电气获取贷款的渠道堵塞，流动资金发生困难；同时，随着公司几个主要产品方面的技术人员向外流动，带走了技术和客户，在知识产权得不到有效保护的情况下，出去的人生产销售几乎和中科电气一样的产品，甚至压价销售，形成恶性竞争，使原本就不很大的市场变得混乱，公司主要产品的生产销售受到打压。主观方面，产品老化问题进一步暴露没有得到有效的解决，未能开发出附加值高的新产品，争取更多的市场份额；面对产品和贸易方面的严峻形势，中科电气的领导层经营管理不善，未能及时发动员工出谋献策，寻找制止效益下滑的良方。

表4-5　2002~2006年中科电气经营情况

项目 ＼ 年份	2002	2003	2004	2005	2006
营业额/万元	2738	2821	1935	1606	738

2002年，燃烧器事业部销售人员集体外流，带走了技术及几乎全部客户，造成占中科电气营业额相当大份额的燃烧器、壁挂炉营业额大幅下降。另外，从2002年开

始，中科电气财务改制，中科健安、中科医疗、中科佳能采用单独财务报表，不再纳入总公司营业额统计中。2004 年，锅炉销售额下降；2006 年，三角债问题爆发，历年积累的应收款中很大部分成为呆账。

2. 子公司和事业部的股份制改造

1）中科健安医疗设备公司的股改

2003 年 3 月，"北京中科健安医疗技术公司"改制成立"北京中科健安医疗技术有限公司"，注册资本 500 万元，中科电气有限公司将原中科健安资产评估后计 200 万元出资，占股本的 40%。北京鑫格瑞电气有限公司出资 125 万元，占股本的 25%，自然人出资 175 万元，占股本的 35%。

2）医疗设备公司的股改

2002 年 7 月，曾将该公司划归中科健安公司代管，为两公司合并成立股份制公司做准备。但在 2003 年 11 月，医疗设备公司单独进行了股改，改制成立"北京中科医疗设备有限公司"，注册资本 121 万元，中科电气有限公司将原医疗设备公司的资产评估后作为投资，计 72 万元，占股本的 59.5%，自然人出资 49 万元，占股本的 40.5%。2005 年 6 月，该公司进行了第二次股改，中科电气有限公司的股份退至 30%。2007 年 4 月，该公司第三次股改，中科电气在该公司的股本全部退出。

3）中科佳能公司的股改

2002 年 12 月，根据董事会的决定，中科电气在该公司的股份由 60% 减持到 30%。2006 年 11 月，着手该公司的清算工作。公司合作期满，经股东大会讨论，一致同意中止，解决在该公司工作的电工所编制人员回所安置问题。

4）特种加工事业部的改制

2007 年 3 月，着手特种加工事业部的改制工作。

在改革开放初期开始实行社会主义市场经济的形势下，在电工所贯彻"一院两制"办院方针的背景下，开办中科电气公司。它为电工所转化成果、分流人员起到了积极的作用，取得了诸多荣誉和奖项，在 20 世纪八九十年代一直跻身中国科学院所办公司的先进行列。进入 21 世纪，随着我国市场经济体制的确立和发展，产品老化、规模化程度不够等公司自身的内在问题日益暴露。在这期间，公司的经营和管理上也出现了种种问题，使公司发展受到很大影响，效益明显下滑。在这种形势之下，根据《公司法》的要求，按照中国科学院关于"股改"和"减持"的部署及要求，中科电气进行了相应的股份制改造。截至 2007 年 3 月，中科电气已基本完成了对所属子公司及事业部的股份制改造，中科电气已转型为投资管理型公司（图 4-4）。与此同时，根据科技创新需要，电工所新成立的公司也逐步发展起来，电工所所办公司发展和科研成果转化进入一个新的发展时期。

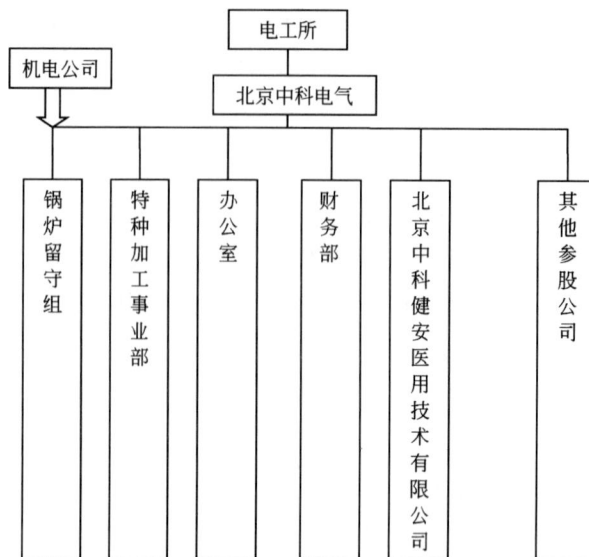

图 4-4　2007 年股份制改造后公司框架

中科电气人事构成和结构框架见表 4-6 ~ 表 4-8 和图 4-1 ~ 图 4-4。

表 4-6　北京中科电气高技术有限公司历年法定代表人

1. 1984 年 10 月 17 日	石德林
2. 1986 年 9 月 4 日	汪德正
3. 1999 年 7 月 13 日	朱建华
4. 2002 年 10 月 31 日	孔　力
5. 2007 年 8 月	马淑坤

表 4-7　北京中科电气高技术有限公司历届董事长

1. 1996 年 1 月 21 日	董事长	严陆光	
	副董事长	申世民	汪德正
2. 1999 年 5 月 14 日	董事长	孔　力	
	副董事长	李安定	汪德正
3. 2002 年 10 月 31 日	董事长	孔　力	
	副董事长	李安定	马淑坤（自 2004 年 10 月）
4. 2006 年 1 月	董事长	孔　力	
	副董事长	马淑坤	
5. 2007 年 8 月	董事长	马淑坤	

表 4-8   北京中科电气高技术有限公司历届总经理

1. 1984 年 10 月 17 日	总经理	石德林	
2. 1986 年 9 月 4 日	总经理	汪德正	
	副总经理	金家骅	张式仪（兼总工）
3. 1991 年 3 月 9 日	总经理	汪德正	
	副总经理	金家骅	张式仪（兼总工）
	副总工	丘宁茂	
4. 1993 年 3 月 3 日	总经理	汪德正	
	副总经理	金家骅	张式仪（兼总工）
	副总工	丘宁茂	
5. 1995 年 4 月 17 日	总经理	汪德正	
	副总经理	金家骅	苏来滨（1996 年 2 月 14 日任职）
	总工	丘宁茂	
6. 1997 年 1 月 21 日	总经理	汪德正	
	副总经理	苏来滨	马振军
	总工	丘宁茂	
7. 1999 年 5 月 17 日	总经理	朱建华	
	副总经理	马振军	董承康
8. 2002 年 11 月 22 日	总经理	曹 勇	
	副总经理	马振军	阎 辉
	总工	田 晶	
9. 2004 年 10 月 15 日	总经理	汪德正	
	副总经理	马振军	陶守林（兼总工）
10. 2006 年 3 月	总经理	马振军	
	副总经理	陶守林	

第二节 工 程 中 心

1985～2001 年，电工所在进行科研体制改革过程中，先后成立了两个工程中心，一个是由 MCS 实验室演变发展建立的"中国科学院电工研究所工程研究发展中心"（即机电控制工程中心），另一个是"高档医疗设备工程中心"。按照国家的有关规定，这两个工程中心的任务是转化科技成果，开发新产品，它们均为研究室（事业单位）体制，按公司（企业单位）机制运作，采用"技、工、贸一体化"模式发展。

一、工程研究发展中心

506 组是电工所五室（计算机应用研究室）从事数控技术研究的课题组，由沈国缪、华元涛任正副组长。1984 年，该组大部分科技人员组成 507 组，承担了"可变矩形电子束曝光机的研制"任务中的有关研究工作。506 组由华元涛任组长，全组共 5 名工作人员。早在 1979 年底，华元涛作为中国科学院东方仪器进出口公司的顾问，协助该公司于 1980 年初引进了 TRS-80 微型计算机并销售推广。同时，506 组开展了对这种微机的消化、吸收工作，深入挖掘微机用于工业控制的潜力，把自主研制成功的具有简单易学、功能很强等优点的自动编程 WBKH 语言在微机上实现，扩展了 WBKH 语言的应用范围，将微机成功用于数控。并于 1983 年前，取得了一批实用成果——WSC 型（带微处理机）色差计、CD-80 数据采集系统，WMS 工资管理系统等。电工所成为国内第一批从事微机应用研究的单位。这些成果连同 506 组已积累的线切割机床自动编程及控制系统等成果，构成 506 组开展改革试验的宝贵资源。

1983 年初，中国科学院推出成立高新技术公司，加强成果转化的措施，决定由中国科学院与海淀区政府合作成立科海新技术公司（也称联合开发中心，简称科海公司），华元涛又受中国科学院开发局委派并经电工所领导同意，参加了科海公司的筹建。科海公司建立之初，采纳了华元涛的建议，先后引进 TRS-80 和 IBM-PC 微型计算机，结合成果推广，很快销售 1000 多台，取得了可观的经济效益。

1984 年 5 月，华元涛向电工所领导提出了在 506 组进行改革试验的报告，得到所领导的支持。他将"计算机在工业自动化中的应用"定为 506 组的科研方向，拟从推广该组积累的科技成果入手，在研究工作、用人机制、财务管理等方面进行改革试验。1985 年 6 月，征得电工所同意，506 组在科海公司内成立了"MCS 实验室"（MCS 即机械控制系统或微机控制系统），华元涛任该实验室主任。同时将该实验室注册为"科海微控"高新技术企业。MCS 实验室成立后，设立了独立的财务账号，实行自负盈亏、自主经营，贯彻"科、工、商一体，以科为主，以商养科，成果产品化，科研企业化"的办室方针。当年，19 个面向国民经济主战场的项目开展起来，签订了 18 份合同，通过销售产品和转让技术，获纯利润 41 万元，人员发展到 16 名。

1986 年初，周光召院长，严东生、胡启恒两位副院长先后到电工所视察了 MCS 实验室，对其改革方向及取得的成绩予以肯定。周光召院长题词"是有志者要为中华创业，成无畏虎决心世界夺标"，予以鼓励。科学时报、北京科技报和光明日报均报道了 MCS 实验室的事迹。

杨昌琪所长一直关心和支持 506 组的改革试验，关注 MCS 实验室的发展变化，1987 年初，杨所长宣布 MCS 实验室在所内以研究室编制运行。按杨所长指示，电工所与科海公司经过协商，于 1987 年 9 月，签订了双方合办 MCS 实验室的协议，合办期限为五年。

MCS 实验室成立后，主要致力于开发以数控技术为主的机电一体化产品，后来，将伺服系统、精密机械的开发也纳入了它的开发范畴。MCS 实验室设立了数控（计算机应用）、伺服、精密机械三个部门。1985～1991 年，开发出多项产品，并有多项产品获奖。

在数控方面，以 TRS-80 微型机和 WBKH 语言为基础，研制成功 WBKX-1 型线切割自动编程机，属国内首创，获得中国科学院 1986 年科技进步三等奖。该项成果转让给杭州无线电专用设备厂投入批量生产，1986 年已累计生产达 600 多台，并出口到美、德、东南亚及东欧诸国。1985 年和 1986 年，先后研制成 WBKX-A 型和 WBKX-P 型两种专用数控系统，先后推广数百台。1986 年，MCS 实验室与内蒙古第二机械制造总厂合作研制成 WBKX-40A 型大型精密线切割数控机床，作为该厂的军转民产品投入生产，MCS 实验室为其提供配套的数控系统。该产品于 1986 年通过中国科学院及兵器部的联合鉴定并获得北京市 1986 年科技进步二等奖。MCS 实验室与内蒙古第二机械制造总厂合作研制 SQG650-II 型四坐标三联动大型火焰切割机，于 1987 年通过了中国科学院和兵器部联合鉴定，并投入生产。新型线切割机系列编程及控制系统（含 MCS 系列自动编程机、MCS-PC 线切割分时编程控制系统、WDH-1 型线切割数控脉冲电源）是 1988 年中国科学院级鉴定的重大成果。因成果推广应用产生了良好的经济效益和社会效益，线切割机床微机自动编程控制系统的推广应用获 1986 年海淀区科技进步一等奖。

以后，由齐智平对 WBKH 自动编程语言进行了完善、扩展了三维功能，使这种语言在国内线切割机床上得到广泛推广应用。

MCS 实验室在研发基于微处理机的数控系统的同时，开发研制出基于微处理器的数控系统，在已有技术成果基础上，采用 Intel 8088CPU 器件及卡式和总线结构等技术，1990 年开发成功 ZK-1 型高档线切割数控装置，1991 年和 1992 年又开发出 LCS-01 型和 LCS-02 型中档线切割数控装置。这些新装置均推广应用。

在伺服方面，MCS 实验室的王时毅等研制的高精度宽调速数控直流伺服系统，1988 年通过中国科学院技术鉴定，评为重要成果，后于 1990 年获得中国科学院科技进步三等奖，并提交内蒙古第二机械制造总厂生产。

在精密机械方面，MCS 实验室的肖功布于 1988 年开发出 XG415 型高精度平面雕刻机并投入生产。出口香港 24 台套，并获国家火炬计划产品成果展交会银奖。同时，刘春煊等还开发成功新型钕铁硼永磁平面磨床吸盘，并于 1993 年获得发明专利授权。

在此期间，MCS 实验室和有关高校和企业合作，开发出的其他产品有：油田数据采集系统、FGZ 饱和水蒸气干度分析仪、MT-3 手表综合测试仪、简易数控车床、ICE-01 型高级联机仿真器、MCS-II 汉字自动编程机、软件固化技术等。

改革开放激发了科研人员的积极性，提高了科研效率，取得了明显的经济效益和社会效益。1989 年 MCS 实验室荣获"北京市 1986～1988 年度先进模范集体"。

随着电工所体制改革的不断深化，1991 年，所领导决定将原电加工研究室（六室）的电火花加工课题组和电机研究室（二室）的伺服电机组并入 MCS 实验室，改名为电加工与数控工程中心，主任华元涛。

1992 年，电工所与科海公司合办 MCS 实验室的协议期满，该工程中心由电工所独立经营。用工程中心自有资金，在海淀试验区注册高新技术企业"北京科跃机电控制工程中心"。

1993 年 8 月，电加工与数控工程中心、计算机应用研究室（五室）及电机研究室的电力电子课题组（组长冯之钺）合并建成"中国科学院电工研究所工程研究发展中心"（简称机电控制工程中心），主任华元涛，副主任罗武庭，总工程师夏平畴。该中心以机电一体化、机电控制为方向，以驱动技术为核心，以数控、伺服、变频调速、特种加工综合集成配套。该中心成立后，在编人员 72 名（近百人运行），其中，中、高级科技人员 50 多名。中心内设立了七个部门：数控、伺服、电力电子、永磁机构和CAD、精密机械、电加工、医疗设备。中心的主要产品有：ACD21 系列数字化交流伺服系统、SF3 及 SF4 系列直流伺服系统、GVF 系列全数字交流调速变频器、JJTS 系列直流电机调速器、ZK 系列电火花线切割控制系统、WDH-Ⅱ、Ⅲ型高频脉冲电加工电源、MCS 编程机、KY-1 型激光切割自动编程系统、KY-1 型激光切割机数控系统、平面雕刻机、永磁吸盘及 EC-3628 伺服马达控制卡等。

在数控方面，该工程中心成立后，承接并完成了多项研发项目。1990 年中国科学院与天津市开展全面科技合作后，机电控制工程中心与天津市有关单位合作，圆满完成了四项发展数控机床方面的任务：天津市提出的"五轴联动高档叶轮数控加工中心"列入了中国科学院的"八五"攻关项目，机电控制工程中心为该项目提供了合格的伺服系统，分别于 1992 年和 1995 年完成了攻关任务，该攻关项目如期完成，填补了国内空白，打破了"巴统"对该类产品对我国的封锁和禁运。机电控制工程中心还完成了与天津合作的数控变径变距螺杆铣床、数控激光切割机、交流伺服电机及控制等三项合作攻关任务。

在 20 世纪 90 年代中期，齐智平与北京第二机床厂合作，研制成数控外圆磨床，研制了与其配套的工业 PC 机数控系统，开辟了 PC 机的工业控制领域。1994 年，该中心与德国弗琅荷费学会的"生产系统与设计技术研究所（IPK）"签订了合作研究基于工业 PC 机的数控系统，并连续几年派多人去德国工作。

在伺服方面，林德芳在完成钕铁硼永磁宽调速伺服电机研制的基础上，该中心研制成两种型号的高精度宽调速直流调速系统，1993 年王时毅等完成的 SF3 型直流伺服系统，成功用于与天津市合作攻关的五轴联动加工中心的第一台样机。1997 年将 SF3 系列伺服系统和 PLC 用于平津战役纪念馆多维演示馆模型车控制系统取得了很好的实用效果。SF3 系列直流伺服系统还进行了较广泛的销售推广。王时毅、李耀华、陈竞堃等，在研制成功混合式交流伺服系统后，完成了全数字交流伺服系统的研制，用该项成果与电力电子组的普通型主轴系统成果一道于 1999 年与宁波市合作成立了甬科公司，使这两项成果产品化。

在电力电子方面，冯之钺等除完成上述的普及型高精度主轴系统并实现成果转化外，还与东昱公司合作，完成了 GVF 系列全数字交流调速变频器开发，该系列有 2.2 ~ 110kW 的 14 种标准规格，四种箱体，由东昱公司生产投放市场。

在永磁机构方面，机电控制工程中心用积累的自有资金，支持夏平畴领导的永磁机构 CAD 组开展有关研发工作：中心投资近 20 万元，贷款 200 万，于 1993 年与张家港金柳集团合作首次采用钕铁硼永磁材料，完成场强为 0.3T，用于磁共振成像（MRI）的通道式永磁磁体，并出口韩国三星公司。

1994 年，丁肇中教授来电工所，了解商榷研制空间磁谱仪用的磁体问题，夏平畴提出了用钕铁硼材料和"三无"（无漏磁、无铁、无不均匀性）原则设计和制造空间磁谱仪永磁体（AMS）方案，在相关国际技术方案竞争中获胜，并最终确定由中国制造，此后，机电控制工程中心垫付经费，在 1994 年至 1996 年 4 月期间，由夏平畴负责，完成了 AMS 磁体 1/20 模型制作和测试等工作，为最终圆满完成任务打下了坚实基础。

1996 年 4 月，为保证 AMS 磁体按时高质量完成研制，电工所领导决定将该中心的永磁机构 CAD 组和电机研究室的技术开发组合并成立永磁应用研究室。随后几年，随着部分人员外调、出国及多数骨干逐步退休，至 1999 年，由原来的 7 个部门减少为 4 个：数控、电力电子、伺服和医疗设备。该中心的工作从数控为主转向以驱动技术为主，2000 年相关人员转向能源研究，数控研究全部停止。该中心经过多年的成功运作，在人员、技术、资金等方面为以后的发展打下了基础。

1999 年至 2001 年底，先后由齐智平、李耀华任中心主任。为了争取尽快进入中国科学院知识创新工程试点，适应未来知识创新工程的需要，电工所领导加大了力度改革科研体制，于 2001 年 12 月，撤销了原来的研究室建制，按凝练出的学科研究领域，将原来的 7 个研究室及工程中心调整为 5 个研究部，机电控制工程中心成为新成立的现代电气驱动技术研究部。

二、高档医疗设备工程中心

1997 年 4 月，中国科学院决定在全院开展以"研究所定位和重点开放实验室分类管理"的工作（简称定位）。为准备定位工作和加强医疗设备的研发工作，电工所于 1997 年 8 月，成立了高档医疗设备工程中心。

该中心由中科电气公司高电压部、中科医疗公司二部及中科健安公司中频 X 射线机电源组组成，共 16 人，主任申世民，副主任鄞惠芬、魏云峰。按中国科学院规定，该中心属于研究室体制，以公司机制运作。

该中心成立后，承担了中国科学院"九五重大攻关项目——高档医疗设备研制"中的"白内障超声乳化仪研制"任务，鄞惠芬等用一年多时间刻苦攻关，提前完成了研制任务，于1998年12月，通过了国家医药总局组织的评审并获得了试生产许可证，中科电气公司从而也增加了一个医疗设备新产品。

该中心开展了与澳大利亚悉尼大学医学院合作研制人工生物肝工作。李明等经充分调研，精心设计，完成了该合作项目的核心部件"生物反应器及其控制系统"的研制，运往澳方进行了联合调试，达到了预定要求，受到澳方赞扬，圆满完成了第一阶段合作研制任务。

中心还开展了中频X射线机电源的研制工作。魏云峰等攻克了几项重要技术关键，取得了重大进展。同时，原高压部继续生产销售电火花震源，在技术、人员和经费方面给予中频X射线机电源研制大力支持。他们完成的"高压放电基因枪的研制"项目，被电工所评为1997年的重要成果。此外，该中心还受中国科学院委托，具体管理"高档医疗设备研制"这一院的重大攻关项目，并组织完成了对该攻关项目的验收工作。

1999年3月，所领导班子换届后，在新一届所领导对全所科研机构进行调整时，于2000年将该中心划归中科电气公司管理，任命朱建华为主任。随后，根据所领导指示对该中心的业务工作进行了调整：白内障超声乳化仪由中科医疗设备公司生产、销售并做进一步改进提高；高压部恢复原独立建制，仍生产销售电火花震源；中频X射线机电源研制划归高电压脉冲放电技术研究组，继续研制工作；人工生物肝划归永磁应用研究室继续进行。从此，电工所高档医疗设备工程中心不复存在。

第三节　开展知识创新工程以来的科技开发和产业化

电工所是以电工电能新技术的应用研究为主的国立科研机构。科技开发是全所科研工作的重要组成部分。建所以来，电工所坚持走与企业结合的道路，采用多种方式，促进科技成果的产业化。建所之初至20世纪80年代的20多年间，电工所主要是通过无偿向企业提供科技成果，由企业使之产业化，如电加工、微电机、特种电机等方面的多个项目，皆为成功实现转化的案例。这期间，电工所未曾组织过产品生产。从20世纪80年代初起，电工所逐步进行了科研体制改革，这期间，除坚持向企业提供科技成果，促进科技成果转化外，开始尝试自办或合办高新技术公司和建立工程中心，生产销售拥有自主知识产权的机电类和医疗设备类新产品，创造了良好的经济效益和社会效益。跨入21世纪，电工所成为中国科学院知识创新工程试点单位，全所的科技成果转化也随之呈现出多途径探索的新态势。

2005年，我国做出了"加快建设国家创新体系，建设创新型国家"的重大抉择。这项抉择强调要构建以企业为主体、市场为导向、产学研相结合的技术创新体系，提升我国的科技自主创新能力。此时，电工所也像其他应用型研究所一样，延续多年的技术开发的主体地位受到严峻挑战，企业逐步成为我国技术开发的主体，国家的重大科技项目要由企业牵头承担，昔日的合作伙伴，变成了竞争对手。针对这种现实，中国科学院于 2005 年 6 月，发布了《关于加强与国家体系各单元联合与合作的指导意见》（简称《指导意见》）。《指导意见》指出："加强与国家体系各单元的联系和合作是加快推进中国特色创新体系建设的重要举措。"同时要求，与国家体系各单元的联合和合作要与中国科学院开展的知识创新三期试点的创新基地建设紧密结合起来。在指导意见的指导下，电工所于 2006 年在科技处设立了产业化办公室，以加强与地方政府及企业的合作，尤其致力于加强与行业内知名企业的联合与合作；制定了新的政策，鼓励科技人员积极参与科技成果转化工作。近几年，采用成立公司、共建研发中心（联合实验室）等多种形式，使成果转化工作持续发展。

一、成　立　公　司

1. 北京科诺伟业科技有限公司

该公司成立于 2001 年 1 月 31 日，注册资金 50 万人民币。2002 年 3 月，对该公司增资扩股，注册基金增加到 2050 万元。公司的经营业务是：光伏发电、风力发电、风/光互补发电等可再生能源系统的工程设计、调试、安装及维护，研发生产和销售具有自主知识产权的控制器、逆变器、监控系统、电流变换器以及户用电源等系列产品及提供相关服务。2003 年，在西藏成立了分公司。2006 年 2 月～2007 年 5 月，该公司按中国科学院的要求，完成了社会化改革，投资重组后，注册资金调整为 2000 万元，股东有电工所（技术入股——大型风电机组控制技术及太阳光伏控制逆变技术，作价 400 万元）、北京东之乙光科技有限公司和自然人三方组成。2006 年 10 月，该公司投资成立了保定科诺伟业控制设备有限公司，注册资金 1000 万元。

科诺伟业自 2002 年增资扩股以来，承接并完成了多项工程。

在光伏发电方面：该公司承建了"西藏阿里光明工程项目"和西藏那曲"送电到乡"项目；2004 年建成了当时国内也是亚洲最大的深圳国际园林花卉博览园 1MWp 光伏并网电站。2005 年建成了我国第一座高压并网光伏发电电站即西藏羊八井 100kWp 光伏并网发电电站。北京奥运会国家体育馆 100kWp 并网光伏发电项目已于 2007 年建设完成。到目前为止，公司已建成近 200 座光伏电站和风/光互补电站。研制成功 10kW、20kW、30kW、50kW、150kW、500kW 系列光伏并网逆变器，并投入市场。

在风力发电方面，电工所向该公司提供的失速性风电机组控制系统关键技术，先后与西安维德、新疆金风、浙江运达等公司达成协议，进而与广东雅图公司达成战略合作协议。从 2007 年开始，这项技术在保定科诺伟业控制设备有限公司形成年产 200 台的批量生产能力。在变速恒频风电机组控制系统及变流器关键技术及设备方面，与大连天元电机厂、国电龙源集团公司、甘肃玉门风电场合作，将 1.5MW 变速恒频风电机组控制系统及变流器在玉门风电场安装运行，是目前国内第一台在风电场实际运行的兆瓦级变速恒频风电机组控制系统及变流器。

到 2007 年，科诺伟业公司的净资产已增加到 4000 万元，正式职工 90 余人，使公司成为国内同行业中的一家知名企业。2007 年，该公司开始筹划上市募集资金，以进一步提升公司的研发能力和扩大生产规模。

2. 上海迈电工程技术有限公司

2002 年 7 月，为推进磁悬浮技术国产化需要，上海磁悬浮交通发展有限公司和电工所共同投资成立了上海迈电工程技术有限公司，该公司注册资金为 50 万元人民币，电工所投资 22.5 万元，占 45% 股份。该公司主要致力于磁悬浮列车牵引控制、供电技术的研究开发和产业化推广，在"十五"期间该公司在技术开发上取得了多项突破性进展。2006 年 12 月，因上海磁悬浮交通发展有限公司规范投资管理，经股东会决议同意注销上海迈电工程技术有限公司，电工所按 45% 比例分得资产 108 万元，实现了投资的增值。

3. 北京中科易能新技术有限公司

2004 年 8 月，由电工所、北京三易同创新技术有限公司、电工所电动汽车研究核心团队共同投资组建北京中科易能新技术有限公司。公司注册资金人民币 260 万元，电工所出资 104 万元（现金出资 26 万元，评估无形资产 78 万元），占 40% 股份。该公司以电机驱动系统开发、设计、生产、服务为主业，致力于产品工程化、标准化、系列化工作。公司坐落在中关村产业基地，成立后成功获得过多项国家"863"计划支持，目前公司与多家电机厂家建立了良好的产业联盟伙伴关系。例如，与四川东风电机厂有限公司强强联合，签署了产业化战略联盟关系协议，形成了能够满足市场需求的电机生产线。2006 年该公司开始推进企业社会化改革工作，旨在引进社会资本和先进管理推进电驱动系统的产业化。

4. 上海振发机电设备有限公司

2006 年 12 月，由中国科学院国有资产经营有限责任公司、上海电气集团股份有限公司和北京叶隆思根科贸有限公司、中国科学科院电工研究所共同出资设立了上海振发机电设备有限公司。公司注册资本 1000 万元人民币，电工所无形资产出资 280 万元，占 28% 股份。公司注册地点在上海，主要经营目标是推进大型蒸发冷却汽轮发电机、水轮发电机的产业化，兼顾各类船用电机、各类氢冷、双水内冷发电机的改造工作；各类电气装备和军工产品的研发及营销等。公司成立以来，先后承担了"十一五"国家科技支撑计划研究课题"300MW 量级蒸发冷却汽轮发电机样机研制及关键技术攻关"的冷却液、冷凝器、冷却系统、绝缘桶和密封件等的研制和配套工作，推进了华电新乡发电有限公司渠东热电厂二台全新 330MW 蒸发冷却汽轮发电机技术协议的签订，完成了 300kW 特种推进电机总装等工作。

二、共建研发中心（联合实验室）

进入 21 世纪，中国科学院在开展知识创新工程的同时，加大了科技开发和推进科技成果转化的力度，支持各研究所和地方政府，尤其是经济发达地区的政府及大中型国有或民营企业共建研发中心（联合实验室）。电工所领导高度重视这项工作，到 2007 年，电工所与有关单位共建成四个研发中心（联合实验室）。

1. 电工所—皇明联合实验室

2001 年，电工所的太阳能热发电研究组与皇明集团公司联合成立了该联合实验室，从事太阳能热发电、太阳能热利用方面的研究开发工作，重点开展太阳能塔式发电技术及系统示范的理论基础研究、关键技术开发与示范电站建设等工作。联合实验室成立后，承接了"十五"国家太阳能热发电领域的研究课题，因而得到国家匹配经费的支持。一方面，皇明集团每年均向联合实验室提供 300 多万元科研经费，从而保证和促使该实验室顺利完成了承担的国家"973"和"863"计划中的太阳能热发电用聚光器和定日镜等项成果，为获得"十一五"国家"863"计划先进能源技术领域的"太阳能热发电技术及系统示范"重点项目打下了坚实基础。另一方面，该联合实验室开发的新产品，在皇明集团投产后，为企业累计增加销售收入 7900 多万元，同时为企业的发展提供了技术储备。

2. 醇基燃料转换技术联合实验室

甲醇是一种"清洁替代燃料"，燃料甲醇可应用于汽车、工业窑炉、工业锅炉、中餐灶、户用灶等领域。2006 年 10 月电工所与香港能源资源有限公司共同组建了醇基燃料能量转换技术联合实验室，该实验室先后进行了多种醇基燃料燃烧器的冷态和燃烧试验研究，解决了醇基燃料燃烧时普遍存在的点火困难、难以稳定燃烧的难题；成功完成了汽车烤漆房醇基燃料燃烧器的改造，并进行了现场试运行；成功研发了新型液体燃料中餐灶和户用灶。香港方面分批向联合实验室投资 380 万元用于由电工所对这些项目的开发。目前，研发的产品正在进行市场推广。

3. 电工所－林洋光伏联合实验室

电工所－林洋光伏联合实验室是由电工所与江苏林洋新能源股份有限公司共建而成。成立于 2006 年 12 月，研究项目为高效晶体硅太阳电池产业化工艺优化。该联合实验室由林洋新能源有限公司投入 220 万元作为科研经费。电工所主要是利用现有的实验条件进行研究开发工作，帮助企业解决生产中遇到的一系列问题；联合实验室申请国家或地方的各种项目，参与企业发展的战略研讨以及进行人才培养等。联合实验室成立后，电工所科研人员多次深入进到生产现场进行技术指导，研究指导生产工艺改进，为企业带来了较好的收益。

4. 电工所欧贝黎高效节能太阳电池技术开发中心

高效节能太阳电池技术开发中心是由中国科学院电工研究所与江苏欧贝黎新能源股份有限公司共建而成，成立于 2007 年 5 月。欧贝黎公司在该中心投资 1000 万元建立一条科研中试线，电工所究所为欧贝黎公司生产线提供技术支撑，在该中心进行高效的产业化技术研究，研究内容包括：太阳电池产业化技术的研究、太阳电池产业化中使用的新材料的研究和试验、新型太阳电池产业化技术的中试等。联合实验室成立后，电工所科研人员首个任务就是帮助企业提高光伏电池转化效率，经过努力攻关，在短短的半年时间内，使企业生产的光伏电池转化率提高了近 2 个百分点，为产品顺利进入欧美市场打下了坚实基础，为企业减少损失近 2000 万元。目前的合作已逐步深化，科研中试线的建设正在进行中。

三、合作开发

合作开发是高校、院所为企业技术进步服务，提升企业创新能力的最主要手段，是电工所和企业、地方政府间最为广泛的传统的合作方式。近几年，通过合同方式，电工所每年从地方政府和企业获得的横向开发经费有了较大幅度的增长，占科研经费总额的比例也在逐年上升，主要有以下几个典型项目。

1. 高温超导直流输电电缆

高温超导电缆在交流传输且容量相同的情况下，可以大大减少电网的线损；而直流传输几乎可以无损地实现电力传输，其优越性更为明显。电解铝行业是重要的基础原材料行业，是高投入、高能耗、对环境影响大、对资源依赖性强的行业。2007 年，电工所与河南中孚实业股份有限公司合作，投资 2800 万元（其中公司投资 2500 万元，中国科学院资助 300 万元）共同开发应用于电解铝行业的高温超导直流输电电缆。目标是完成 380m 长、10kA 量级高温超导直流输电电缆的研究开发并实现在河南中孚实业股份有限公司的工程示范运行，解决长距离、大容量高温超导电缆的关键技术问题，形成相关自主知识产权，为后续应用于相关行业和国家电力传输的高温超导电缆研究开发奠定了坚实的技术基础。这将是目前世界上传输电流容量最大的高温超导电缆，目前该项工作的总体设计方案已经通过评审，各项工作进展顺利。

2. 新型非黏着节电型直线电机轨道交通系统关键技术研究

非黏着直线电机轨道交通系统利用轮轨支撑和导向，采用直线电机牵引，是一种节能环保、动力强劲、转弯灵活的新型轨道交通技术，具有广阔的应用前景。为使我国在该领域尽快弥补与国际水平的差距，于 2006 年 12 月，由电工所牵头，哈尔滨泰富电气有限公司、长春轨道客车股份有限公司、北京东直门机场快速轨道有限公司等单位参加，共同签约。攻关项目是以直线电机轨道交通系统中的重大科学问题和关键技术作为主要研究内容，研制成功一节具有自主知识产权的非黏着节电型直线电机轨道交通车辆，在北京首都机场线上测试运行。该项目已于 2007 年 1 月正式启动。目前，科研人员已配备到位，已获得各方支持经费 2910 万元，研究工作进展顺利。

3. 蒸发冷却变压器

2006 年 6 ~ 8 月，电工所与国内两家著名电工装备制造企业——中电电气集团有限公司、北海银河高科技产业股份有限公司签订了《蒸发冷却变压器样机研制和产业化》的科研合同。目标是联合进行采用新型绝缘和冷却介质的不燃型蒸发冷却变压器的研制与开发。该项目的科研工作于 2006 年 9 月初正式启动。两个合作厂家拟向电工所投资 600 万元，以支持基础研究和应用基础研究阶段的科研工作，此外，还将投资人民币 1500 万元用于样机研制和挂网试运行。相关的基础性研究工作也已在电工所启动并顺利进行。

四、成果产业化

在成果产业化方面，近年有以下两个项目。

1. 蒸发冷却除铁器

2004 年 9 月电工所与潍坊华特磁电设备有限公司签订了《新型电磁除铁器样机研制》的技术开发合同，共同合作开发蒸发冷却电磁除铁器。经过双方近一年的共同努力，2005 年 9 月在黄骅港输煤码头安装了国内外首台大型蒸发冷却电磁除铁器产品。经过现场运行，新开发的产品在除铁器工作温度、吸力、适应环境能力和设备维护上的优越性得到了充分体现，市场全面打开。截至 2006 年底，已经与国内几个重要输煤港口、火力发电厂签订了各种型号的蒸发冷却电磁除铁器合同（20 余台），总合同额近 1600 万，在大型电磁除铁器的市场份额已经占有了相当的比例。

蒸发冷却技术在电磁除铁器领域的成功应用，大大开拓了该项技术在大型水轮发电机和汽轮发电机以外的应用。目前正积极探索该技术在选矿领域里的应用。

2. 磁共振成像系统

经过几批科研人员多年的持续工作，电工所具备了独立研制磁共振成像系统的能力。2004 年电工所与浙江温州嘉恒磁业公司合作，开发商业化的磁共振成像系统，2006 年首台 0.35TC 型磁共振成像系统开发成功，2007 年 6 月获得国家食品药品监督管理局产品注册证，并获准上市。

在国家和中国科学院方针政策的指引和鼓励下，在所领导班子的领导和高度重视下，电工所的科技成果转化工作与时俱进，不断推陈出新。多项技术已经在行业中发挥引领、骨干和示范作用，各研究领域的开发工作也正紧张有序地进行着。

第五章　科研管理和人才培养

第一节　科研成果

根据我国电工学科发展的需要与中国科学院科研战略方针政策的指导，电工所在不同的历史时期均承担了多项重点科研项目，迄今已取得科研成果 400 余项，其中 100 余项已在工业、科研部门推广应用；获得国家、中国科学院及其他部级奖励 100 余项。

电工所科技成果均是按规定程序和办法评定出来的。在课题结束后或进行到一个重要阶段取得肯定结果后，由课题组提出申请，由研究所或中国科学院邀请同行专家和管理人员召开成果鉴定会，对提出申请的项目进行全面鉴定，评定其科技水平、学术价值、应用前景等。因此科技成果的数量与质量都受到中国科学院科技成果管理办法的变化影响。根据电工所发展的不同历史时期，科研成果发展也分成 5 个阶段。

一、建所初期，开拓进取（1958～1966）

新中国成立后，党和政府十分重视科学技术工作。为适应大规模经济建设与国防建设的需要，电工所于 1958 年开始筹备建所，展开针对电工学科的高技术研究。1956 年院领导提出"出成果，出人才"的奋斗目标，并将此作为考核评价研究所的重要条件，大大提高了全院的"成果"意识，同时中国科学院计划局设立了专门管理科技成果的机构——成果处，陆续出台了中国科学院科技成果管理条例，并按条例实施了申报、评审成果的一系列具体措施。

在这期间，根据中国科学院的有关规定，电工所对研究课题实行以成果为目标的管理，每年由所学术委员会对已结束的课题或进行到一个重要阶段的课题获得的成果，按"重大"和"一般"两类标准予以评定，由研究所给予适当奖励。

到 1966 年，电工所共取得了 56 项科研成果，为电工所工作的开展奠定了良好的基础。其中重大成果 4 项，包括天安门和人民大会堂雷电保护（1959）、KD-103 型高频脉冲电蚀加工装置（1963）、KD-104 型线电极电蚀加工（1963）、电力系统动态模拟装置（1964）。KD-103 型高频脉冲电蚀加工装置在 1964 年获得国家发明证书。

二、"文化大革命"期间，坚持工作（1967~1977）

"文化大革命"期间，十年动乱，科研工作受到严重干扰，成果评定工作也停顿，直到1978年全国科学大会后才得以恢复。致使一些已形成的具有成果价值的科技工作在当时未能得到及时的评价。1982年为迎接中国科学院组织学部委员（院士）对电工所进行评议，电工所对1982年以前的科技工作进行了一次全面清理总结。由所学术委员会对十年动乱期间未评定成果的课题，进行了一次认真的"成果补评"。

"文化大革命"期间，电工所科技人员利用一切可能的机会，坚持开展科研工作，保证了国家重点项目的完成，使电工所在恶劣的政治环境下，取得了相当数量的高质量科研成果。1967~1977年10年间电工所取得的科研成果总计76项，其中重大成果17项，10项成果获1978年"全国科学大会奖"，10项成果获得1978年"中国科学院科学大会奖"。有代表性的科研成果包括精密万用电桥、09工程导航平台电源、大能量激光用七号电感储能装置、光电跟踪电火花线切割机床、直流力矩电机和宽调速直流伺服电机、毫米离子束注入机、电火花地震勘探震源、托卡马克环形受控热核实验装置、自动绘图机和图形数字转换仪、变极变压调速异步电动机、大型数控电火花线切割机床及其基本规律的试验研究、GDY型光电直读光栅光谱仪配电子计算机系统、全氟利昂自循环蒸发冷却式1200kV·A汽轮发电机、磁滞同步电动机、XDJ-73小型电子计算机等。涉及的领域包含电气测量技术、电机、微电机、高电压技术、电加工技术、强磁场技术、计算机应用、数控技术等。

三、振兴科研，成果丰收（1978~1984）

粉碎"四人帮"后，在十一届三中全会精神鼓舞下，根据中央制定的"调整、改革、整顿、提高"的方针和中国科学院科研工作要"侧重基础，侧重提高，为国民经济和国防建设服务"（简称两侧重、两服务）的指导思想，电工所各项工作得以拨乱反正，开始走向正轨。1978~1984年，国家与中国科学院设立发明奖、科技进步奖等奖励办法。中国科学院的成果奖项分为4个等级，其中一、二等奖为"重大成果"，由院或国家颁奖；三、四等奖为"一般成果"，由研究所颁奖。

1978年，"全国科学大会"在北京召开，促进科研工作迅速恢复振兴，极大地调动了科研工作者的积极性，科研成果和获奖成果均同步增加。1978~1984年，电工所取得科研成果总计118项，其中重大或重要科研成果22项。有10项重大或重要成果获得国家、中国科学院、省、部、委的奖项，其中包括获得中国科学院重大成果一等奖3项，获得中国科学院重大成果二等奖6项及轻工业部科技进步三等奖1项。

在上述获奖的成果中，有代表意义的科研成果有：DJS-154 计算机群控线切割机床、天文望远镜用精密直流超导磁体、石英电子手表用单裂极式永磁步进电极、1 号磁流体发电实验机组、海洋石油地震勘探电火花震源、DB 系列电流比较仪、PDH-120 自动绘图系统、"φ" 形 5m 立轴风轮发电机组、WBKX-1 型线切割机床编程控制系统、水轮发电机转子温度无线电遥测系统、直线电机加速器、WSC 型（带微处理机）色差计、煤粉锅炉少油、无油点火、FD-6BH 型 3×4kW 变速恒频风力发电机组、内径 30cm 充蜡超导螺管、累计计时器用阶梯极式步进电机等。

四、推进改革，持续发展（1985~1999）

从 1985 年开始，中国科学院先后提出 "进一步扩大研究所自主权"、"院属研究所实行所长负责制"、"实行所长任期目标责任制"、"一院两种运行机制"、"打破封闭体系，形成开放的、流动的、联合的、富有活力的新局面" 等一系列新的办院方针和统一部署。随着中国科学院体制改革的深入开展，电工所的领导体制也由党委领导下的所长负责制改为所长负责制。科研体制的改革提高了科研工作的效率，进一步推动了科研工作的开展。1984 年后，国家开始实施专利法，尤其是将 "专利授权" 作为对研究所进行考核的条件重要条件之一后，科技管理目标由 "成果" 转移到 "专利"，用 "验收" 取代 "成果鉴定" 对结束的课题进行考核。从此 "成果" 指标逐渐弱化。虽然仍将验收的结果习惯地称做成果，但列入研究所成果统计表中的仅限于那些水平较高，具备获得国家和中国科学院及省、部、委奖项的 "重要成果"。所以，在此阶段成果的总量较前减少，而专利则呈现逐年快速增长的态势。

1985~1999 年，电工所取得科研成果共计 147 项，其中重要成果 81 项。在这些成果中，获得国家科技进步奖 9 项（一等奖 1 项、二等奖 3 项、三等奖 5 项），获得中国科学院科技进步奖 44 项（一等奖 6 项、二等奖 17 项、三等奖 21 项），获得其他省、部、委级科技进步奖 13 项（一等奖 2 项、二等奖 7 项，三等奖 3 项、四等奖 1 项），此外，还获得国家发明奖三等奖 2 项。

这些成果，尤其是获得奖励的重要科技成果，不仅具有较高的学术价值和技术水平，而且得到较好的推广应用，获得了可观的经济效益和良好的社会效益。例如，采用荣获国家科技进步一等奖的 "液电冲击波体外破碎肾结石技术" 制造的 "肾结石碎石机"，已在临床得到成功应用，其优良的治疗效果得到国内外专家的一致肯定，已陆续销售 200 余台并出口到俄罗斯、东南亚、南美等国家和地区。拥有自主知识产权的自循环蒸发冷却技术，其水平处于国际领先地位，已在水轮和汽轮发电工业机组上得到成功应用。此外，高档数控机床及 "汽化油炉" 等均得到成功地推广应用。

在本阶段的科学研究中，电工所在电工电能新技术的诸多方向上都进行了积极的探索与研究。在电磁流体推进技术、蒸发冷却技术、低温等离子体应用技术、高压脉冲放电技术、电磁生物效应研究、风力发电与光伏发电技术、磁悬浮与直线驱动技术、应用超导技术、电子束微纳加工技术等诸多方面都取得了多项重要的研究成果，为电工所的进一步发展奠定了坚实的基础。

五、努力创新，开创未来（2000～2007）

从 1999 年开始，中国科学院知识创新工程试点工作全面展开，明确提出了知识创新工程的五大目标（即科技目标、体制改革目标、机制转换目标、队伍建设目标、文化建设目标）。按此五个目标，中国科学院对下属科研院所进行评估，从单一的成果评估转为综合评估；同时更加注重专利授权、专利受理等评价标准，进一步弱化成果评价标准。并于 2004 年取消了中国科学院颁发的三大奖项。完成验收结题的科研项目不再强调科研成果鉴定与申报，同时"一般成果"不再上报和评定，只上报"重要成果"以争取申报国家级或其他省部级的相关科技奖项。

电工所根据中国科学院的政策转变，确立创新目标，调整机构，改革运行机制，积极参加中国科学院知识创新工程，在可再生能源技术、现代电气驱动技术、应用超导技术、生物医学技术、微纳电加工技术、电磁流体推进技术、高压脉冲放电技术、低温等离子体应用技术、绝缘特性与材料研究、蒸发冷却技术等方面都取得了重要的科研成果。2000～2007 年，电工所取得科研成果 48 项，其中重要成果 45 项。由于国家取消了由中国科学院颁发的部级奖项，获奖成果在总量上有所减少，共获得 8 个奖项。其中国家科技进步二等奖 2 项，分别为阿尔法磁谱仪（AMS）永磁体系统（含反符合计数器初样）（2000 年）、李家峡 400MW（40 万 kW）蒸发冷却水轮发电机（2002年）；中国科学院科技进步奖 3 项（一等奖 1 项、二等奖 2 项）；此外还有省、部、委科技进步奖 3 项。

实施知识创新工程是我国科技发展史上前所未有的事业。电工所积极转变思路，以科技创新为己任，注重本学科方向科研综合实力的发展，在重点研究方向上加大创新研究力度，在科研成果的质量上提出了更高的要求，收到了良好的成效。

附录　电工所科研成果目录表

附录说明：

表 5-1 所列的成果均是按规定程序和办法评定出来的，其程序一般是由课题组提出申请、由研究所或中国科学院（院属重大课题）邀请同行专家和管理人员召开成果鉴

定会，对提出申请的项目进行全面鉴定后做出评价，最后由所学术委员会讨论确定等级后上报中国科学院。

本目录中的成果是基于两次全所的科研成果清理工作形成的，一次是 1982 年，为迎接中国科学院组织学部委员（院士）对电工所进行评议，由电工所学术委员会对 1982 年以前已结题课题而未评定成果的课题进行了一次成果补评，经整理得到 1982 年以前的成果目录；第二次是在 1993 年，为建所 30 年所庆，将 1982～1993 年的成果列入。这次编写所史时，在对上述两次成果审定基础上，将 1993 年以后的成果列入，得到 1958～2007 年完整的成果目录。

将获奖成果单列一简表，意在强调"获奖"项目的重要性。这些获奖项目是指获得国家、中国科学院、有关部、委及省、直辖市的正规奖项，而那些在博览会、展览会等获奖的项目均未列入。另外，KD-103 型高频脉冲电蚀加工装置于 1964 年获得"发明证书"，这里把它视为"发明奖"。

表 5-1　电工所科研成果目录表

序号	年份	成果名称	类别	是否获奖
1	1959	DM5540 穿孔仿形脉冲加工机床	一般成果	
2	1959	天安门和人民大会堂雷电保护	重大成果	
3	1960	电力系统摇摆曲线自动计算装置	一般成果	
4	1960	高精度频差测量装置	一般成果	
5	1960	建筑物防雷重点保护方式法	一般成果	
6	1960	定子自循环蒸发冷却的研究	一般成果	
7	1960	标准频率发生器	一般成果	
8	1961	动力系统事故分析和处理的逻辑控制	一般成果	
9	1961	直流输电模型装置	一般成果	
10	1962	强力励磁调节某些规律的研究	一般成果	
11	1962	晶体管电流互感器	一般成果	
12	1963	DI 型-电子管式强力励磁调节器	一般成果	
13	1963	电力系统非同步化同步输电稳态运行的研究	一般成果	
14	1963	电弧加热器实验装置	一般成果	
15	1963	脉冲放电风动电源方案的研究与论证	一般成果	
16	1963	电火花加工用 RLC 弛张式脉冲发生器	一般成果	
17	1963	KD-103 型高频脉冲电蚀加工装置	重大成果	是
18	1963	KD-104 型线电极电蚀加工	重大成果	是
19	1964	KD-110 型电子管式高频脉冲发生器	一般成果	
20	1964	KD-111 双闸流管高频脉冲电源	一般成果	
21	1964	建立用于研究电火花腐蚀的 40000 幅/s 高速摄影系统	一般成果	

序号	年份	成果名称	类别	是否获奖
22	1964	电力系统动态模拟装置	重大成果	
23	1964	汽轮发电机原动机调节对电力系统动态稳定的影响	一般成果	
24	1964	罗柯夫斯基线圈测量脉冲大电流实验研究	一般成果	
25	1964	用于快脉冲放电的同轴电缆的选择	一般成果	
26	1964	快脉冲同步放电间隙的研制	一般成果	
27	1964	应用电感储能作为激光电源的原理性实验研究	一般成果	
28	1964	测量脉冲大电流的分流器	一般成果	
29	1964	矩形管道内气－水两相流动规律的研究	一般成果	
30	1964	650 千瓦水轮发电机	一般成果	
31	1964	GON 基准电压发电机	一般成果	
32	1964	高电压输出宽频带放大器	一般成果	
33	1964	5 千瓦 200 周轻便型交流发电机	一般成果	
34	1964	微秒级脉冲分压器及其校验	一般成果	
35	1965	电弧加热器中电弧喷焰温度的光谱测量	一般成果	
36	1965	爪极电机磁极漏磁计算	一般成果	
37	1965	TZX1/16 型爪极中频发电机	一般成果	
38	1965	АДП-362 型空芯转子二相伺服电机	一般成果	
39	1965	FTY-3 型基准电压发电机	一般成果	
40	1965	TZY0.15/12 型手摇发电机	一般成果	
41	1965	微秒级瞬时大压力压电式测量系统	一般成果	
42	1965	磁场对电弧加热器旋转电弧燃烧位置的控制	一般成果	
43	1965	高磁场电弧加热器	一般成果	
44	1965	暂冲式电弧风动 FD-04 型电弧加热器安全启动与调试	一般成果	
45	1965	线切割机床用 KD-112 独立式高频电源	一般成果	
46	1965	爪极电极气隙磁场的分析	一般成果	
47	1965	磁流体发电原理试验	一般成果	
48	1965	电阻时间常数测量电桥	一般成果	
49	1966	利用同步电机机械制动提高系统温度性的研究	一般成果	
50	1966	大厚度铝板的等离子体切割工艺的研究	一般成果	
51	1966	液电效应清除金属铍氧化层	一般成果	
52	1966	速调管的水蒸发冷却系统	一般成果	
53	1966	WF-70 涡轮发电机	一般成果	
54	1966	－3A 二相空心转子伺服－测速机组	一般成果	
55	1966	"651" 感应力矩器	一般成果	
56	1966	"157" 陀螺马达	一般成果	

序号	年份	成果名称	类别	是否获奖
57	1967	10^6 焦耳电感储能装置	一般成果	
58	1967	2 千焦耳固体激光器用电感储能电源装置	一般成果	
59	1967	低压高熔射流中的总压探针	一般成果	
60	1967	管状常弧电弧加热器	一般成果	
61	1967	筒状电弧加热器	一般成果	
62	1967	高山雷达防雷保护的研究	一般成果	
63	1967	新型电机发电机	一般成果	
64	1967	精密万用电桥	重大成果	
65	1967	SC4-2A 二相空心转子伺服 - 测速机组	一般成果	
66	1968	WDF-120 涡轮电动 - 发电机 WDF-70 涡轮电动发电机	一般成果	
67	1968	膜片液电成型新工艺	一般成果	
68	1968	122 炮弹火箭筒液中放电检验法	一般成果	
69	1968	航空发动机叶片液电校形	一般成果	
70	1968	脉冲大电流无感分流器	一般成果	
71	1969	09 工程导航平台电源	重大成果	
72	1970	电磁压弹带机床	一般成果	
73	1970	400 赫惯性轮执行元件	一般成果	
74	1970	大能量激光用七号电感储能装置	重大成果	是
75	1970	低速直流力矩电机	一般成果	
76	1970	直枪式电子束镀膜装置	一般成果	
77	1971	光电跟踪电火花线切割机床	重大成果	是
78	1971	直流力矩电机和宽调速直流伺服电机	重大成果	是
79	1971	两相稳频稳压陀螺驱动电源	一般成果	
80	1971	10kV、65kV 爆炸开关研制	一般成果	
81	1971	HDSH-1 真空电子束焊接机	一般成果	
82	1971	伸杆直流电动机	一般成果	
83	1971	直线感应电动机	一般成果	
84	1971	PL-4 光学陀螺马达	一般成果	
85	1972	毫米离子束注入机	重大成果	是
86	1972	HDSH-2 高低真空二用电子束焊接装置	一般成果	
87	1972	横枪式电子束真空镀膜机	一般成果	
88	1972	GDX-1 型光电跟踪线切割机床	一般成果	
89	1972	正余玄分解器（旋转变压器和电感移相器）	一般成果	
90	1972	"651-704" 磁滞电动机	一般成果	
91	1972	12 厘米离子火箭发动机的研制	一般成果	

序号	年份	成果名称	类别	是否获奖
92	1973	电火花地震勘探震源（阶段成果）	重大成果	是
93	1973	直流力矩电机及随动系统	一般成果	
94	1973	36DTY 三相（单相）永磁同步电动机	一般成果	
95	1974	低频录音机	一般成果	
96	1974	托卡马克环形受控热核实验装置	重大成果	是
97	1974	DS-1 大型数控线切割机床试验研究	一般成果	
98	1974	二号磁流体发电机组及其实验研究	一般成果	
99	1974	无刷直流电动机及高精度稳速系统	一般成果	
100	1974	力矩电机－测速发电机组	一般成果	
101	1975	低温气体、液体及绝缘材料的实验研究与 5 号超导储能装置绝缘	一般成果	
102	1975	自动绘图机和图形数字转换仪	重大成果	是
103	1975	KD-01 可控硅脉冲电源与工艺	一般成果	
104	1975	直流复激高速电动机	一般成果	
105	1975	水下接收系统 HJ-751 型	一般成果	
106	1975	电火箭微推力测量装置的研制	一般成果	
107	1975	直流他激高速直流电动机	一般成果	
108	1975	变极变压调速异步电动机	重大成果	
109	1975	磁滞同步电动机与机组	一般成果	
110	1975	永磁同步电动机	一般成果	
111	1975	DJS-19 通用小型计算机	一般成果	
112	1975	脉冲发电机组	一般成果	
113	1975	高速直流电动机	一般成果	
114	1975	全氟利昂自循环蒸发冷却式 1200 千伏·安汽轮发电机	重大成果	是
115	1975	小型计算机及模数装置	一般成果	
116	1976	可控硅电火花加工机床	重大成果	
117	1976	XF5025 型光电跟踪仿型铣床控制系统	一般成果	
118	1976	异型纤维喷丝板	一般成果	
119	1976	大型数控电火花线切割机床及其基本规律的试验研究	重大成果	是
120	1976	203 打印机用电子换向直流稳速电动机	一般成果	
121	1976	GDY 型光电直读光栅光谱仪配电子计算机系统	重大成果	是
122	1976	胃镜用永磁直流电动机	一般成果	
123	1976	磁滞同步电动机	重大成果	是
124	1976	防毒面具减阻器（直流电动机）	一般成果	
125	1976	DK6740 大型数控线切割机床产品样机	一般成果	
126	1977	D6720G-Ⅱ型光电跟踪线切割机床	一般成果	

续表

序号	年份	成果名称	类别	是否获奖
127	1977	磁场望远镜用步进电动机	一般成果	
128	1977	50 瓦永磁直流电动机	一般成果	
129	1977	平面步进电机及细分电源	重大成果	
130	1977	超低容量喷雾用直流电动机	一般成果	
131	1977	高压直流激光电源	一般成果	
132	1977	XDJ-73 小型电子计算机	重大成果	是
133	1978	异型纤维应用	重大成果	
134	1978	水电效应分选金刚石	一般成果	
135	1978	DJS-154 计算机群控线切割机床	重大成果	
136	1978	LT-1 型离子探针质谱微分析仪	重大成果	是
137	1978	脉冲储能电容器	一般成果	
138	1978	电火花线切割专用工作液（DX-1 乳化液）	一般成果	
139	1978	BFY-110 永磁感应子式步进电机	一般成果	
		BFY-130 永磁感应子式步进电机	一般成果	
140	1978	φ28 电子换向电动机	一般成果	
141	1978	红外末制导调制电机	一般成果	
142	1978	电动修剪机用中频电动 – 发电机组	一般成果	
143	1978	车床群控线和镗铣床群控线	一般成果	
144	1978	扫描图像信息处理系统同步同相电动机	重大成果	是
145	1978	海洋勘探用 HJ-73 型水听器	一般成果	
146	1978	辐射吸收法测量磁流体发电机火焰温度	一般成果	
147	1979	宽调速直流速度伺服系统及校正	一般成果	
148	1979	外四电极法测量电导率方法	一般成果	
149	1979	旋转体多点温度自动巡回检测方法	一般成果	
150	1979	高温气冷堆控制棒的传动方法	一般成果	
151	1979	磁场调制型变速恒频稳压发电机	一般成果	
152	1979	开环平面电机自动绘图机	一般成果	
153	1979	溶液式两级电阻分压器	一般成果	
154	1979	连续脉冲大电流开关	一般成果	
155	1979	全稳定超导磁体系统	一般成果	
156	1979	天文望远镜用精密直流超导磁体	重大成果	是
157	1979	脉冲一号二极超导鞍形磁体	一般成果	
158	1979	电火花穿孔和线切割联合加工喷丝板异型孔新技术	一般成果	
159	1979	低真空电子束焊接强度合金钢与中碳钢的新技术	一般成果	
160	1979	电子束投影成像一次曝光技术	一般成果	

续表

序号	年份	成果名称	类别	是否获奖
161	1979	DB-1 型直流电流比较仪	重大成果	
162	1979	大功率晶体管直流高压电源	一般成果	
163	1979	691 工程（DT-1）卫星姿态控制系统重力梯度杆伸收机构 40ZW 直流无刷电动机	一般成果	
164	1979	石英电子手表用单裂极式永磁步进电极	重大成果	是
165	1980	1 号磁流体发电实验机组	重大成果	是
166	1980	KDX-1 斜框型磁流体发电通道	一般成果	
167	1980	转子立放式绕组蒸发冷却及旋转冷凝器试验研究	一般成果	
168	1980	11 千伏级蒸发冷却电机定子绝缘及其传热系数试验研究	一般成果	
169	1980	海洋石油地震勘探电火花震源	重大成果	是
170	1980	油路控制阀电液压清沙	一般成果	
171	1980	DB 系列电流比较仪	重大成果	
172	1980	电子束图形发生器	一般成果	
173	1980	S-2 钟用双径裂极式步进电机	一般成果	
174	1980	电子束焊接装甲运输车轮鼓技术	一般成果	
175	1980	高精度全数字式锁相环	一般成果	
176	1980	用微处理机进行线切割机床自动编程	一般成果	
177	1980	数模变换器线性误差自动测试系统	一般成果	
178	1980	130Z20 型录像机用电子换向资料电动机	一般成果	
179	1980	130ZHS 混合式直流伺服电机	一般成果	
180	1980	选择性吸收铬黑涂层	一般成果	
181	1981	CQK-9 车床群控系统	一般成果	
182	1981	集成电路计算机辅助制版软件	一般成果	
183	1981	太阳能聚光镜几何精度激光测试仪	一般成果	
184	1981	70BF6-115 反应式步进电机	一般成果	
185	1981	ZX-01 短音圈电机	一般成果	
186	1981	数字式电荷积分仪	一般成果	
187	1981	直接调整式精密高压电源	一般成果	
188	1981	低真空电子束焊接装置	一般成果	
189	1981	CD-80 数据采集系统	一般成果	
190	1981	提高超导开关闭环性能的新技术	一般成果	
191	1981	超导磁流体交流损耗的热测量	一般成果	
192	1981	超导铁芯螺管线圈	一般成果	
193	1981	充蜡稳定超导螺管线圈	一般成果	

续表

序号	年份	成果名称	类别	是否获奖
194	1981	氟利昂－113高压电击穿前后物质的定性定量分析及有害物质的净化方法	一般成果	
195	1981	开环磁流体发电工质－燃气等离子体化学平衡组成及热力和电物理性质计算	一般成果	
196	1981	磁流体发电KDF-2高性能法拉第型通道	一般成果	
197	1981	PDH-120自动绘图系统	重大成果	是
198	1982	"φ"形5米立轴风轮发电机组	重大成果	是
199	1982	和离子泵结合为一体的电子枪结构	一般成果	
200	1982	直径2.5米单镜太阳能跟踪聚光系统	一般成果	
201	1982	BCZ型步进电机测试电源	一般成果	
202	1982	电子束投影曝光孔型标志自动对准技术	一般成果	
203	1982	电子束剖面显示技术	一般成果	
204	1982	扫描电子束曝光机用背散射电子检测器的研制	一般成果	
205	1982	简易的微计算机488标准接口	一般成果	
206	1982	十六位数磨模转换装置	一般成果	
207	1982	WBKX-1型线切割机床编程控制系统	重大成果	是
208	1982	超流氮冷的11NbTi高场线圈	一般成果	
209	1982	海洋震源特性测量系统	一般成果	
210	1982	250千伏毫微秒触发装置	一般成果	
211	1982	毫微秒级传输线型电容分压器	一般成果	
212	1982	ZY-80陆地电火花震源车	一般成果	
213	1982	铬酸镧基电极材料的研制及应用	一般成果	
214	1982	百千瓦级长时间空气电弧加热器	一般成果	
215	1982	利用相关技术测量磁流体发电机等离子流的速度	一般成果	
216	1983	水轮发电机转子温度无线电遥测系统	重大成果	是
217	1983	直线电机加速器	重大成果	是
218	1983	WSC型（带微处理机）色差计	重大成果	是
219	1983	煤粉锅炉少油、无油点火	重大成果	是
220	1983	气体高温炉	一般成果	
221	1983	磁流体发电用MARKⅡ-Ⅱ半极头磁体装置	一般成果	
222	1983	在微机上求解泊松方程第一边值问题的有限元程序	一般成果	
223	1983	气冷超导磁体试验装置	一般成果	
224	1983	φ35厘米超导全稳定磁体系统	一般成果	
225	1983	动态稳定鞍形二极磁体	一般成果	
226	1983	超导磁体失超保护技术	一般成果	

续表

序号	年份	成果名称	类别	是否获奖
227	1983	TRS-80 微计算机情报检索、文件管理系统	一般成果	
228	1983	配有微机的穆斯堡尔谱仪及其软件程序	一般成果	
229	1983	TRS-80 微机控制的 A/D 自动测试装置	一般成果	
230	1983	WMS 工资管理系统	一般成果	
231	1983	分析 CP/M 操作系统用的软件工具 – TRACE	一般成果	
232	1983	半导体材料电子束退火技术	一般成果	
233	1983	ZYS-80 永磁直流电动机	一般成果	
234	1983	ZHD-01 振动电机	一般成果	
235	1983	45WFB 永磁式摆动电机	一般成果	
236	1983	HDB-55 永磁感应子式摆动电机	一般成果	
237	1983	ϕ108 单相绕组稀土永磁电机	一般成果	
238	1983	GZJY-1 型高精度转速校准仪	重大成果	是
239	1984	高性能电火花线切割脉冲电源	重要成果	是
240	1984	FD-6BH 型 3×4kW 变速恒频风力发电机组	重要成果	是
241	1984	内径 30 厘米充蜡超导螺管	重要成果	
242	1984	纵向壁面电极法测量 MHD 通道内等离子体电导率	一般成果	
243	1984	300 千伏马克斯发生器	一般成果	
244	1984	直接导冷式恒温器及微处理机快速巡测装置	一般成果	
245	1984	钳形 10kA 直流电流比较仪	一般成果	
246	1984	钯光电阴极的研制及实验研究	一般成果	
247	1984	高速离心机直流电机	一般成果	
248	1984	高压脉冲充磁	一般成果	
249	1984	累计计时器用阶梯极式步进电机	重要成果	是
250	1984	太阳能中温集热器	一般成果	
251	1985	自循环蒸发冷却汽轮发电机研制和运行	重要成果	是
252	1985	脉塞用超导磁体系统	重要成果	
253	1985	钻孔灌注桩质量无破损检验	重要成果	是
254	1985	用于电磁场有限元分析的条分析波前算法	一般成果	
255	1985	600 千伏自同步 L-C 发生器	一般成果	
256	1985	8.5T/8cm 铌钛超导磁体	一般成果	
257	1985	用于离子镀膜的高压单脉冲引弧技术	一般成果	
258	1985	单相串激电动机	一般成果	
259	1985	同轴双向力矩电机	一般成果	
260	1985	1.2 米红外望远镜副镜用直线测速机和电动机	一般成果	
261	1985	DA-4 型偏转放大器	一般成果	

续表

序号	年份	成果名称	类别	是否获奖
262	1985	扫描电子束曝光机用微电流测量仪	一般成果	
263	1986	自吸油式柴油汽化炉	重要成果	是
264	1986	1800℃双重化学气氛下热电偶测温	一般成果	
265	1986	10000千瓦定子绕组蒸发冷却水轮发电机	重要成果	是
266	1986	超导调制系统的研究	一般成果	
267	1986	初馏塔顶空冷风机电机变频调速节能技术	重要成果	是
268	1986	液电冲击波体外破碎肾结石技术	重要成果	是
269	1986	浅层地震发射波方法技术试验研究	重要成果	是
270	1986	WBKX-40A大型线切割机	重要成果	是
271	1986	相对论性电子束电源	一般成果	
272	1986	DE-1型电火花震源	重要成果	是
273	1986	WFBL型有限转角直流力矩电机	一般成果	
274	1986	红外制导系统用摆动电机	一般成果	
275	1986	空心式低惯量电动机	一般成果	
276	1986	JD-1型单相异步电动机节能器	一般成果	
277	1986	激光工件台的130计算机控制与位置测量系统	一般成果	
278	1986	半导体型背散射电子检测装置	一般成果	
279	1986	燃用轻柴油或煤油的家用汽化油炉	一般成果	是
280	1987	N_bT_1-$N_{b3}S_n$（铌钛、铌三锡）高场超导磁体	重要成果	是
281	1987	电子束热处理工艺及装备的研究	重要成果	是
282	1987	流态化压力输送煤粉装置	一般成果	
283	1987	ZSY-0.6宽调速直流伺服电动机	一般成果	
284	1987	电火花震源在长江三角洲地层地震勘探中的应用	一般成果	是
285	1987	300千瓦单极电机1号超导磁体	一般成果	是
286	1987	20厘米涂漆导线、窄液氮通道高电流密度超导磁体	一般成果	
287	1987	稿件格式处理系统	一般成果	
288	1987	步进电机控制集成电路系列	一般成果	
289	1987	微距、分幅高速摄影技术	一般成果	
290	1987	LBI直线步进驱动器	一般成果	
291	1987	小功率三相混合步进电动机及其驱动电源	一般成果	
292	1987	微波中继站9瓦高速无刷直流电动机	一般成果	
293	1987	太阳能中温集热器和蒸汽综合利用养护水泥制品装置	一般成果	
294	1987	钕铁磨床永磁吸盘	一般成果	
295	1987	WBKX-Ⅱ自动编程机	一般成果	
296	1987	FGZ饱和水蒸气干度分析仪	一般成果	

序号	年份	成果名称	类别	是否获奖
297	1987	磁流体发电数据采集系统	重要成果	是
298	1987	铌钛合金及铌钛－铜多芯超导线的质量改进与性能控制及8.7T超导磁体研制	重要成果	是
299	1988	千千瓦级磁流体发电机组（KDD-2）的研制	重要成果	是
300	1988	SZY系列宽调速永磁直流伺服电动机	重要成果	
301	1988	超导高梯度磁分离样品试验机	重要成果	是
302	1988	圆形电子束曝光机	重要成果	是
303	1988	EBW-4G型汽车齿轮专用电子束焊机	重要成果	是
304	1988	煤田地震勘探陆地电火花震源试验	重要成果	
305	1988	新型线切割机系列编程机及控制系统	重要成果	是
306	1988	大型自动火焰切割机	重要成果	
307	1988	XG418型高精度平面缩刻机	一般成果	
308	1988	大储能爆炸丝模拟实验方法及装置研究	一般成果	
309	1988	具有内部接头的高电流密度超导螺管	一般成果	
310	1988	智能频谱分析仪	一般成果	
311	1988	小型直线电机	一般成果	
312	1988	磁盘机科技攻关专项主轴用电子换向直流电动机	一般成果	
313	1988	50瓦钕铁硼无刷直流电机	一般成果	
314	1988	PLC系列电源调节器	一般成果	
315	1988	上海市浅层地震工程勘察应用研究	一般成果	是
316	1989	燃煤磁流体发电通道电极单元模拟试验装置	重要成果	是
317	1989	B25L型小惯量直流伺服电机	重要成果	是
318	1989	磁性流体及真空旋转轴密封的研究	重要成果	
319	1989	冲击磁铁脉冲发生器及其触发系统	重要成果	是
320	1989	MCSSVO/1-5型数控直流伺服系统	重要成果	
321	1989	NE-2型肾胆通用体外碎石机	重要成果	是
322	1989	50瓦绕线式铁氧体盘式直流电动机	一般成果	
323	1989	原子六型分光度计用驱动电动机	一般成果	
324	1989	摇摆音圈电机	一般成果	
325	1989	系列太阳能视听照明中心	一般成果	
326	1989	传真机－微机通信系统	一般成果	
327	1989	TV-2闷晒式太阳能热水器试验研究与推广应用	一般成果	
328	1989	ASP-015磁共振成像系统	重要成果	是
329	1990	CTS-14滚筒式绘图机	重要成果	
330	1990	水下推进器系统用直流伺服马达的研制	重要成果	是

续表

序号	年份	成果名称	类别	是否获奖
331	1990	PVI 系列正弦波高效率逆变器	重要成果	
332	1990	高硫煤强磁分离脱硫技术开发	重要成果	
333	1990	磁流体发电机的理论分析和基础研究	重要成果	是
334	1990	超导技术应用发展对策报告	重要成果	
335	1990	超导磁性扫雷实验样机超导磁体系统	重要成果	是
336	1990	仿真终端及图形处理	重要成果	
337	1990	受控真空电弧蒸发源	重要成果	
338	1990	ZK-1 型线切割控制系统	重要成果	是
339	1990	TV-6 真空管式太阳能热水器样机与推广应用	重要成果	是
340	1990	GH-1 型光绘图机	重要成果	
341	1990	交流电焊机安全节电器	一般成果	
342	1990	液电效应反应器的研制及其在煤转化上的应用研究	一般成果	
343	1990	ZJ-1 型智能激光参数检测仪	一般成果	
344	1990	250 瓦太阳能光电水泵系统	一般成果	
345	1990	太阳光、风力发电蓄电池储能供电系统技术经济分析	一般成果	
346	1990	中国沿海地区风能利用的可行性研究	一般成果	
347	1991	风力发电机与柴油发电机并联运行	重要成果	
348	1991	20 千瓦变速恒频风力发电机组	重要成果	
349	1991	风云一号气象卫星用无槽无刷直流电机	重要成果	是
350	1991	石油地震勘探陆地电火花震源的研制	重要成果	是
351	1991	CO_2 激光切割机数控系统	重要成果	
352	1991	SZYX 系列钕铁硼永磁宽调速直流伺服电动机	重要成果	
353	1991	小型风力机储能控制保护系统	一般成果	
354	1991	风力发动机气动功率性能微机测试与数据处理系统	一般成果	
355	1992	燃煤磁流体–蒸汽联合循环中试电站系统分析和设计研究	重要成果	
356	1992	五万千瓦蒸发冷却汽轮发电机	重要成果	是
357	1992	超导高岭土磁分离工业性试验样机	重要成果	是
358	1992	光纤电流测量仪	重要成果	是
359	1992	中国儿童发展信息数据采集系统	重要成果	
360	1992	ZABR 型脑干反应测听仪的研制	重要成果	
361	1992	ZCEA 型智能电针仪	重要成果	
362	1992	增氧机的电机断相保护及定时增氧装置	一般成果	
363	1993	高压直流开断试验回路等价性和电弧不稳定性研究	重要成果	
364	1993	磁流体发电用超导鞍形磁体	重要成果	是
365	1993	ZYT-FF300 165N·m 永磁直流伺服电动机	重要成果	

序号	年份	成果名称	类别	是否获奖
366	1993	非接触磁卡及考勤管理系统	重要成果	
367	1993	DK7725L-Ⅲ型数控电火花线切割机床	重要成果	
368	1993	2千瓦光伏示范电站	重要成果	
369	1993	DJ-2可变矩形电子束曝光机实验样机	重要成果	是
370	1993	ZPRT-Ⅱ前列腺射频治疗仪	重要成果	是
371	1993	ZEP系列诱发电位仪	重要成果	是
372	1993	高速测温及复杂结构火焰测温之研究	一般成果	
373	1993	低温应变的实验研究	一般成果	
374	1993	PDH-123平面电机激光绘图机及其控制系统	一般成果	
375	1994	受控电子镀膜设备和工艺技术	重要成果	
376	1994	五轴联动高档叶轮数控加工中心用直流伺服系统	重要成果	
377	1994	气象站用风能/太阳能互补发电系统	重要成果	
378	1994	DSⅢ微计算机控制自动绕线机	一般成果	
379	1995	30千瓦风/光互补电站	重要成果	是
380	1995	DY-5型亚微米电子束曝光机的研制	重要成果	是
381	1995	ZMT-1型微波治疗机	重要成果	是
382	1995	输油管道阴极保护风/光互补供电系统	重要成果	
383	1995	LCS-02激光切割机数控系统	重要成果	
384	1995	Super-CAPP高档编程机	一般成果	
385	1995	WDH-Ⅲ高效线切割脉冲电源	一般成果	
386	1996	微米级电子束曝光机实用化	重要成果	是
387	1996	五万千瓦（50兆瓦）蒸发冷却水轮发电机	重要成果	是
388	1996	西藏双湖25千瓦光伏电站	重要成果	是
389	1996	磷化铟单晶生长炉用超导磁体系统的研制	重要成果	
390	1996	JB-1B（尖兵一号乙卫星）星快门	一般成果	
391	1996	CNC高技术研究与高档数控机床控制系统研究开发	重要成果	是
392	1997	大型磁流体发电用低温超导磁体系统	重要成果	
393	1997	高压放电基因枪的研制	重要成果	
394	1998	阿尔法磁谱仪（AMS）永磁体系统（含反符合计数器初样）	重要成果	是
395	1998	热功率25兆瓦燃煤磁流体发电机实验装备	重要成果	
396	1999	超导螺旋式电磁流体推进试验船	重要成果	是
397	1999	制冷机直接冷却的超导磁体系统	一般成果	
398	1999	电子注分析系统	一般成果	
399	2000	西藏安多县100kW光伏电站工程	重要成果	是
400	2000	6米铋系高温超导直流电缆的研制	重要成果	

续表

序号	年份	成果名称	类别	是否获奖
401	2000	0.1 微米电子束曝光实验装置的研究	重要成果	
402	2000	电动轿车全数字矢量控制系统	重要成果	
403	2001	600kW 风力发电机组电控系统及风电场监控系统研究	重要成果	
404	2001	李家峡 400 兆瓦（40 万千瓦）蒸发冷却水轮发电机	重要成果	是
405	2001	燃料电池电动车电控系统及装车试验	重要成果	
406	2001	系列通用变频器产业化前期研究开发	一般成果	
407	2002	电子束缩小投影成像曝光系统研究	重要成果	
408	2002	生物型人工肝支持系统	重要成果	
409	2003	大型光伏并网示范电站	重要成果	
410	2003	电动汽车驱动单元的研究开发	重要成果	
411	2003	牵引供电特性仿真软件包的开发和牵引供电特性的计算	重要成果	
412	2003	高压大功率变流技术的研究	重要成果	
413	2003	高速磁浮交通系统牵引控制技术研究	重要成果	
414	2003	长定子直线同步电机的优化设计和特性的研究	重要成果	
415	2004	与建筑结合的兆瓦级并网光伏发电关键技术研究	重要成果	
416	2004	混合动力汽车用集成电机驱动系统	重要成果	
417	2004	无液氦超导磁体装置	重要成果	
418	2004	生物芯片点样仪	重要成果	
419	2004	100mm 步进扫描投影光刻机光刻仿真	重要成果	
420	2005	户用风/光互补发电系统	重要成果	
421	2005	8mm 基波回旋调速放大器用传导冷却超导磁体系统	重要成果	
422	2005	高压纳米级电子束曝光系统	重要成果	
423	2005	纳米级电子束曝光级实用化	重要成果	
424	2005	杂化人工肝体外支持系统	重要成果	
425	2005	研究和开发工业应用的传导冷却高温超导磁体系统	重要成果	
426	2005	纯电动大客车电机及控制系统	重要成果	
427	2005	10kW 并网光伏电站示范	重要成果	
428	2006	10.5kV/15kA 三相高温超导限流器	重要成果	是
429	2006	630kV·A 高温超导变压器	重要成果	是
430	2006	100kJ/25kW 超导限流－储能系统	重要成果	
431	2006	75 米长三相交流高温超导电缆	重要成果	是
432	2006	IC 装备关键技术	重要成果	
433	2006	纯电动大客车电机及控制系统	重要成果	
434	2006	磁流体推进血液泵的基础研究	重要成果	
435	2006	电磁生物工程研究	重要成果	

序号	年份	成果名称	类别	是否获奖
436	2006	固氮保护传导冷却高温超导磁体系统	重要成果	
437	2006	纳米级通用图形发生器	重要成果	
438	2007	10.5kV/1.5kA 高温超导限流器研究开发与并网实验运行	重要成果	
439	2007	超导储能系统的研究	重要成果	
440	2007	我国农村可再生能源发展建议研究	重要成果	
441	2007	可再生能源独立供电电力系统电价补贴机制研究	重要成果	
442	2007	中国农村可再生能源供电可持续培训机制的建议报告	重要成果	
443	2007	可再生电力培训新机制的建立	重要成果	
444	2007	关于离网电站相关标准和规范的研究报告	重要成果	
445	2007	可再生能源教育纳入国家高等教育体系的建议报告	重要成果	
446	2007	纯电动客车电机驱动系统可靠性与耐久性考核研究	重要成果	

获奖成果一览表

1）获国家奖励的项目

（1）科学技术进步奖。

①一等奖。

液电冲击波体外破碎肾结石技术（1987）（卫生部申报）。

②二等奖。

a. PDH-120 自动绘图机系统（1985）；

b. 自循环蒸发冷却的水轮发电机和汽轮发电机（1988）；

c. ASP-015 磁共振成像系统（1992）（中国科健公司申报）；

d. 阿尔法磁谱仪（AMS）永磁体系统（含反符合计数器初样）（2000）；

e. 50MW 及 400MW 蒸发冷却水轮发电机研制与运行（2002）。

③三等奖。

a. WSC 型（带微处理机）色差计（1985）（山东纺织工学院申报）；

b. 钻孔灌注桩质量无破损检验－水电效应法和机械阻抗法（1988）（和交通部联合申报）；

c. 新型系列汽化油炉（1989）；

d. NbTi-Nb$_3$Sn 高场超导磁体研制（1991）。

（2）发明奖。

a. KD-103 型高频脉冲电蚀加工装置（1964 年获发明证书）；

b. GZJY-1 型高精度转速校准仪（1985 年获发明三等奖）（空军第一研究所申报）；

c. 风云一号气象卫星用无槽无刷直流电机（1993 年获"国家发明三等奖"）。

2) 获中国科学院奖励的项目

(1) 重大科技成果奖。

① 一等奖。

a. 海洋石油地震勘探电火花震源（1980）；

b. PDH-120 自动绘图系统（1981）；

c. 煤粉锅炉无油和少油点火技术（1983）。

② 二等奖。

a. 强磁场超导聚焦大视场天文电子照相机的电子光学系统及性能测试（1979 年）（天文台报）；

b. 石英电子手表单裂极式永磁步进电机（1979）；

c. 1 号磁流体发电机组（1980）；

d. φ 形 5 米立轴风轮发电机组（1982）；

e. 直线电机加速器（1983）；

f. 水轮发电机转子温度无线电遥测系统（1983）。

(2) 科学技术进步奖。

① 一等奖。

a. 自循环蒸发冷却的水轮发电机和汽轮发电机（1987）；

b. 核磁共振成像扫描仪（1990 年）（中国科健公司申报）；

c. 5 万 kW（50MW）蒸发冷却水轮发电机（1998）；

d. CNC 高技术研究与高档数控机床控制系统研究开发（1997）（沈阳计算所申报）；

e. 阿尔法磁谱仪（AMS）永磁体系统（含反符合计数器初样）（1999）。

② 二等奖。

a. FD-6BH 型 3×4kW 变速恒频风力发电机组（1986）；

b. 钻孔灌注桩质量无破损检验（1987）；

c. 新型汽化油炉（1988）；

d. 铌钛合金及铌钛 – 铜多心超导线的质量改进与性能控制及 8.7T 超导磁体研制（1988）（中国科学院沈阳金属所申报）；

e. 超导高梯度磁分离样品试验机（1989）；

f. 千千瓦级磁流体发电机组的研制（1989）；

g. NbTi-Nb$_3$Sn 高场超导磁体研制（1990）；

h. 冲击磁铁脉冲发生器及其触发系统（1990）；

i. 5 万 kW 蒸发冷却汽轮发电机（1993）；

j. 超导高岭土磁分离工业性试验样机（1993）；

k. 磁流体发电用超导鞍形磁体（1994）；

l. 30kW 风/光互补电站（1996）；

m. DY-5 型亚微米电子束曝光机的研制（1996）；

n. 微米级电子束曝光机实用化（1997）；

o. 西藏双湖 25kW 光伏电站（1997）；

p. 超导螺旋式电磁流体推进试验船（2000）；

q. 西藏安多县 100kW 光伏电站工程（2001）。

③三等奖

a. 累计计时器用阶梯极式步进电机（1986）；

b. 高性能电火花线切割脉冲电源（1986）；

c. 线切割机床自动编程控制系统（1986）；

d. 初馏塔顶空冷风机电动机变频调速节能技术（1986）；

e. DE-1 型电火花震源（1987）；

f. 我国能源领域调研（1988）（由中国科学院技术科学局申报）；

g. 磁流体发电数据采集系统（1988）（和物理所联合申报）；

h. DY-3 型电子束曝光机（1989）；

i. EBW-4G 型汽车齿轮专用电子束焊机及其生产应用（1989）；

j. 燃煤磁流体发电通道电极单元模拟试验装置（1990）；

k. TV-6 真空管式太阳能热水器样机与推广应用（1990）；

l. 系列宽调速直流伺服马达的研制（1990）；

m. 新型线切割机系列编程控制系统（1991）；

n. 水下推进系统用直流伺服马达的研制（1991）；

o. 太阳能热水器技术开发（1991）（由中国科学院石家庄农业现代化研究所申报）；

p. 无槽无刷直流电机（1992）；

q. 地震勘探用陆地电火花震源（1992）；

r. 用超导材料解决再入通讯中断的地面模拟实验研究（1992）（由中国科学院力学所申报）；

s. ZK-1 型线切割控制系统（1993）；

t. ZPRT-Ⅱ前列腺射频治疗仪（1996）；

u. ZEP 系列诱发电位仪（1998）；

v. ZMT-1 型微波治疗机（1999）。

（3）自然科学奖。

二等奖。

磁流体发电机的理论分析和基础研究（1991）。

3）获部委、省市（直辖市）级奖励的项目

（1）一等奖。

①液电冲击波体外破碎肾结石技术（1986年获卫生部科技进步一等奖）；

②300kW单极电机1号超导磁体（1995年获中国船舶总公司科技进步一等奖）（与中船总712所合报）。

（2）二等奖。

①KD-103型高频脉冲电蚀加工装置（1964年获国家计委、经委、科委的新产品二等奖）；

②WBKX-40A大型线切割机（1986年获北京市科技进步二等奖）；

③浅层地震反射波方法技术试验研究（1987年获铁道部科技进步二等奖）；

④长江三角洲典型地区浅地层地震勘探可行性研究（1988年获国家教委科技进步二等奖）；

⑤钻孔桩垂直承载力的动力测定方法（1989年获陕西省科技进步二等奖）；

⑥EBW-4G和ZD5040C型汽车齿轮专用电子束焊机及工艺研究（1990年获北京市科技进步二等奖）；

⑦电子束材料表面改性的研究（1990年获机电部科技进步二等奖）；

⑧NE-2型肾胆通用体外碎石机（1990年获铁道部科技进步二等奖）；

⑨10.5kV/15kA三相高温超导限流器（2006年获湖南省科技进步二等奖）；

⑩75m高温超导电缆研制及并网技术（2007年甘肃省科学技术进步奖二等奖）。

（3）三等奖。

①KD-104型电气靠模线电极电蚀加工装置（1964年获国家计委、经委、科委的新产品三等奖）；

②DST3-A型半整装单级永磁式步进电机（1981年获轻工业部科技三等奖）；

③KDE-1型体外冲击波碎石机研制及临床应用（1988年获江苏省科技进步三等奖）；

④上海市浅层地震工程勘查应用研究（1989年获地质矿产部科技进步三等奖）；

⑤超导磁性扫雷实验样机超导磁体系统（1991年获中国船舶工业总公司科技进步三等奖）；

⑥630kV·A三相高温超导变压器的研发及并网实验运行（2007年获中国电力科学技术奖获三等奖）；

⑦RCDZ型蒸发冷却电磁除铁器（2007年获山东省科技进步奖三等奖）。

（4）其他奖项。

①DJ-2可变矩形电子束曝光机（1991年获"七五"机械电子工业部重大科研成果

奖）；

②SY-CY-5 钕铁硼永磁伺服测速电机（1989 年获广西科技进步奖）；

③SN-CYN 印制绕组伺服测速机（1989 年获广西科技进步奖）。

4）获科学大会奖的项目

（1）全国科学大会奖（1978）。

①电火花地震勘探震源；

②光电跟踪电火花线切割机床；

③直流力矩电机和宽调速直流伺服电机；

④自动绘图机和图形数字转换仪；

⑤GDY 型光电直读光栅光谱仪配电子计算机系统；

⑥六号托卡马克环形受控热核实验装置和实验（电磁系统）；

⑦毫米离子束注入机；

⑧全氟利昂自循环蒸发冷却式 1200kV·A 发电机；

⑨扫描图像信息处理系统的研制；

⑩LT-1 型离子探针质谱微分析仪。

（2）中国科学院科学大会奖（1978）。

①电火花地震勘探震源；

②直流力矩电机和宽调速直流伺服电机；

③光电跟踪电火花线切割机床；

④六号托卡马克环形受控热核实验装置和实验（电磁系统）；

⑤扫描图像信息处理系统的研制；

⑥LT-1 型离子探针质谱微分析仪；

⑦XDJ-73 通用小型电子计算机；

⑧线切割机床及其基本规律的实验研究；

⑨大能量激光用七号电感储能电源；

⑩磁滞同步电动机。

第二节　专利管理

1984 年 3 月 12 日，第六届全国人大常委会第四次会议通过了《中华人民共和国专利法》，并定于 1985 年 4 月 1 日实施。根据中国科学院的部署，1984 年 5 月，杨昌琪所长召开了办公会，专题讨论了在电工所启动专利工作的有关问题。会议决定：要在全所宣讲《专利法》，做到人人皆知；全所的专利工作，在科技处内设专人负责管理；专利专职管理人员要兼备专利代理人资格；由科技处负责做好专利法实施的各项准备工作，1985 年将电工所的第一批专利申请报到国家专利局。

根据所长办公会的决定，选定方国成为专利管理人（兼专利代理人），随后派他参加了 1984 年 6～7 月由国家专利局举办的全国第一期专利代理人培训班，并取得了专利代理人资格。1985 年 5～8 月，又派方国成参加了中国人民大学法律系专利律师班学习并结业。1984 年底至 1985 年初，编写了《中国专利基本知识纲要》、《如何撰写专利申请文件》和《经济合同法基本知识》等资料，发到各研究室供科技人员阅读。同时，邀请专利代理公司的专家来所举办"专利"专题讲座。在此基础上，1985 年电工所向国家专利局提出了第一批共 6 项专利申请。至此，电工所的专利工作逐步开展起来。

专利工作启动后，首先抓建立和完善专利管理的规章制度。1985 年专利实施伊始，就将专利档案建立起来。为不断宣传普及专利知识制定了定期举行专利讲座制度。根据中国科学院《关于专利管理工作的规定》，在总结运作一年多经验的基础上，1986 年制定了《中国科学院电工研究所专利工作暂行规定》，并于 1989 年对该规定进行了补充和修订，出台了《补充规定》，一直执行至今。

在实施专利法的过程中，1996 年中国科学院根据《专利法》、《著作权法》、《技术合同法》等法律法规，制定并发布了《中国科学院保护知识产权的规定》，在全院执行。据此，电工所开展了保护知识产权的宣传活动；同时按该规定的要求，全所在职职工都签署了执行该项决定的保证书，从而将实施专利法与保护知识产权紧密结合起来。

1996 年，中国科学院下发的《中国科学院专利管理工作的补充规定》（简称《补充规定》）中明确提出：应用研究和开发工作，要实行"专利目标管理"，即将获取专利和知识产权作为研究工作的管理目标。电工所是以应用研究为主的研究所，开发工作在全部研究工作中占有较大的比例。从这种实际情况出发，电工所于 1996 年 12 月制定并向全所发布了《关于实施专利目标管理、技术合同管理和科技著作出所审批管理三项规定的通知》。1997 年，中国科学院又下发了《中国科学院自然科学研究人员各学科高级专业技术职务任职资格申报与评审条件修改补充意见》（简称《补充意见》）。院发的《补充规定》和《补充意见》不仅强调应用研究和开发工作要实行专利目标管理，而且将获取专利定为对研究所绩效考核和对科技人员任职评审的条件之一。据此，电工所于 1997 年 8 月，发布了《实行专利目标管理，努力科技发明创新——关于发送院专利管理工作补充规定等两份文件的重点的通知》。同时，电工所根据上述院发文件中关于"专利基本费用"实行院所两级负责分担的规定，决定专利申请费、代理费、维持费、审查费均由研究所缴纳，在所内实行"一奖两酬"激励办法，对发明专利取得授权和经济效益及社会效益的有关人员，发放奖金，予以表彰。这些措施的实施，对科技人员获取专利，特别是获取发明专利的积极性起了激励和引导作用，使全所科技工作的管理目标逐步由"成果"转向"专利"。

1998 年后，电工所的专利管理人不再兼任专利代理人。这一变化，一方面将专利申办委托给专业专利代理公司办理，拓宽了申办渠道，加快了申办速度；另一方面，使专利管理人的精力专注于专利管理和专利的推广实施，整理了历年专利成果，编辑出《电工所专利汇编》，建立了完善的按年度分类的 EXCEL 文档系统，建立了专利数据库，修改了专利申请登记表，使之能与数据库方便地联系，从而完善了专利档案的管理。

1999 年，所领导进行了换届，完成了从所领导到课题组的代际转移，年青一代高学历的科技人员成为科技队伍的主体。2002 年 4 月，电工所成为中国科学院"知识创新工程"试点单位。这支朝气蓬勃的科技队伍，在国家、中国科学院、电工所各项政策和措施的激励和支持下，在各项研究工作中，特别注重知识创新，创造了一批批发明专利，使全所的专利申请和获得专利授权逐年快速增长（图 5-1 和图 5-2）。在 2002~2007 年的六年中，平均年申请量超过了以前 17 年申请量的总和。而且，申请专利的目的也从开拓研究工作的领先优势，扩展到保护领域、突破垄断和市场转让方面；申请的地域也由国内扩展到国外，2006 年和 2007 年，分别申请了一项国际发明专利。

电工所专利申请、授权推广的基本情况如下：

（1）自 1985 年 4 月 1 日至 2007 年 12 月 31 日，共申请专利 470 项。其中，发明专利 374 项，实用新型专利 86 项，外观设计专利 6 项，软件著作专利 4 项。

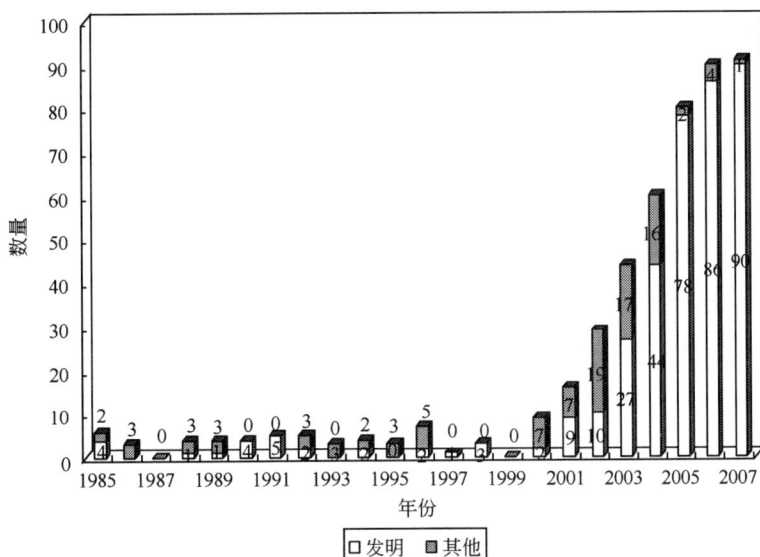

图 5-1　电工所逐年申请专利情况

（2）已获授权的专利 143 项。其中，发明 55 项，实用新型 83 项，外观设计 2 项，软件著作 3 项。

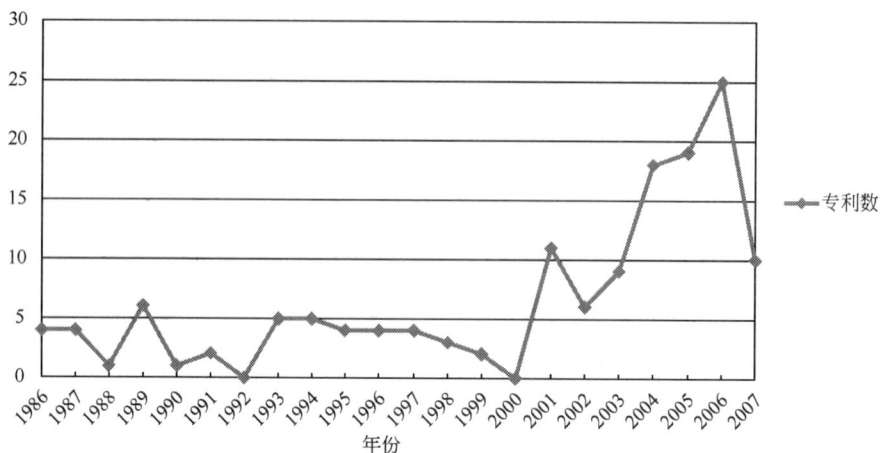

图 5-2　1986~2007 年已获授权专利情况

（3）已申请还未获授权专利 327 项（表 5-3 和图 5-3）。其中，发明 319 项，实用新型 3 项，外观设计 4 项，软件著作 1 项。

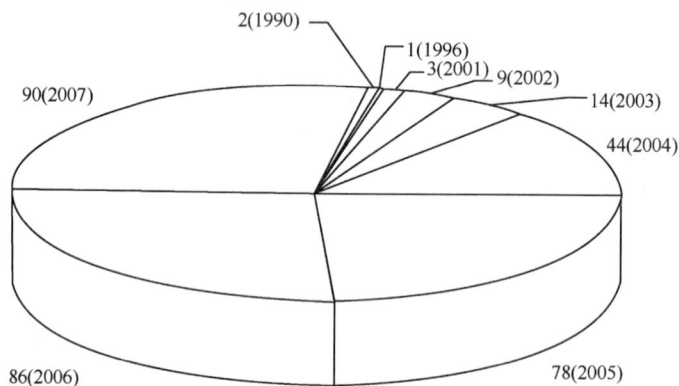

图 5-3　1986 年至 2007 年底已申请还未获授权专利情况

（4）部分专利推广使用情况。

电工所的专利项目，在申请专利前均完成了原理试验，绝大部分都制作了样机或模型，利于推广使用。专利推广使用的方式，有的是有偿转让，有的则是以专利作价作为技术股份。已推广使用的专利，均取得了良好的经济效益和社会效益。具体推广使用的情况主要有以下几种：

一是电工所专利与国内外单位合作开发新产品。大气隙高均匀度磁场的永磁磁体专利（专利号为 85103498.5），共三项，系本所二室周荣琮等人的发明专利，与中国科健公司合作，开发出国产 ASP-015 型的核磁共振成像装置，并成为系列产品，销售 200 余台，产值 3 亿元以上，节约外汇 6000 多万美元。使用本所大气隙 C 型永磁磁体专利（专利号 94115507.2）的产品，已交付加拿大麦乐林公司。利用汽化油炉及其喷燃器共 7 项专利，与广州白云厨具厂合作，开发出军民两用的系列产品，使该厂成为厨具行业的知名企业。

此外，感应子式三相磁场调制发电机专利在风力发电机中应用；利用无刷直流波浪发电机和厨房垃圾处理机等专利，也与合作单位共同开发出产品，批量销售。

二是用电工所专利以技术入股方式与有关单位合资成立新技术公司。如 1989 年，用液电式体外震波碎石机专利与深圳煤机公司等四家合资成立了深圳科达电气高技术公司；用可再生能源方面的三项专利入股，与合作单位成立了北京科诺伟业公司，生产新能源产品；用电动汽车方面的专利与北京三易同创新技术公司组建了北京中科易能新技术公司等。

三是电工所专利在本所的中科电气公司和本所的工程研究发展中心使用。其中体外震波碎石机、定位系统和电极等专利，在所公司的拳头产品体外碎石机上应用，已生产 300 多台，是国内该产品的主要生产厂家之一。陆地电火花震源、超声去脂减肥仪、高压放电基因枪、白内障超声乳化仪、电子束焊机、离子镀膜工艺及设备等产品，都是采用本所专利开发出来的。高精度平面缩刻机、多功能电火花线电极切割机床及其新型加工电源等，也是用本所专利，在所工程中心开发的新产品。

（5）为推广本所专利，由所科技处组织，有选择地参加国际和国内举办的各种成果、专利交流会、展览会。每次会后，均有客户上门了解专利情况，促成了一些专利的转让或合作。同时，参展专利也获得了好评，并获得了金、银、铜奖牌、奖杯、锦旗等多种奖励。

进入知识创新工程试点以来，全所的专利工作进入了高速增长的新阶段。电工所专利工作正沿着高产、高质量的方向发展，把工作做深做细，专利的推广应用会越来越多，创造更多的经济效益和社会效益。

附录　电工所专利

专利法实施以来，电工所已获授权专利、已申请还未获授权专利分别见表 5-2、表 5-3。

表 5-2　1986 年至 2007 年底电工所已获授权专利列表（含 GF 专利）

序号	专利名称	类别	时间	是否授权	发明人
1	陆地电火花震源	发明	1986	是	秦曾衍等 5 人
2	离子镀膜用高压单脉冲引弧装置	实用新型	1986	是	游本章、黄经筒
3	一种燃用轻柴油或煤油的汽化油炉	实用新型	1986	是	沙次文等 6 人
4	红外线多用气化油炉	实用新型	1986	是	沙次文等 5 人
5	超导体用的可拔引线装置	实用新型	1987	是	张永、高广簊
6	三相磁场调制发电机	发明	1987	是	常振炎

续表

序号	专利名称	类别	时间	是否授权	发明人
7	高均匀度磁场的永磁磁体	发明	1987	是	周荣琮等4人
8	外混合气动雾化和自吸油式汽化油炉	实用新型	1987	是	沙次文等5人
9	球形转子力矩电动机	发明	1988	是	谭作武、李世毅
10	主轴固定式高精度平面缩刻机	实用新型	1989	是	肖功布、方国成
11	对称双磁体悬臂式直流盘式电动机	实用新型	1989	是	李世毅等4人
12	卧式自吸油式汽化油炉	实用新型	1989	是	沙次文等5人
13	热管式取暖装置	实用新型	1989	是	陈振斌
14	"吸一压"式增氧机（船）	实用新型	1989	是	龙遐令
15	燃油炉灶的油和空气比例调节装置	实用新型	1989	是	董承康等6人
16	体外冲击波碎石机定位系统	实用新型	1990	是	张禄荪等4人
17	大气隙高均匀度永磁磁体	发明	1991	是	夏平畴、董增仁
18	感应式高压多回路同步触发脉冲放电装置	发明	1991	是	张天福等6人
19	一种坚固、耐磨强力永磁吸盘及吸盘台面制造方法	发明	1993	是	刘春煊
20	碳氮化钛系列镀层离子镀工艺	发明	1993	是	杨铁三等5人
21	自动燃油喷燃炉灶	实用新型	1993	是	沙次文等4人
22	自动燃油喷燃器	实用新型	1993	是	沙次文等4人
23	磁力耦合全密封阀	实用新型	1993	是	马世宏
24	两工位体外冲击波碎石机	发明	1994	是	朱建华等8人
25	无刷分级调速直流电动机	发明	1994	是	韦文德
26	燃油或燃气的热管式热水开水炉	实用新型	1994	是	陈元利等8人
27	电火花线电极切割机床的卷丝机构	实用新型	1994	是	刘春煊等3人
28	多功能电火花线电极切割机床	实用新型	1994	是	肖功布等5人
29	大电流多弧斑受控真空电弧蒸发源	发明	1995	是	吴振华等4人
30	变刷分级调速直流电动机	发明	1995	是	韦文德
31	避雷设备用雷电接闪计数器	发明	1995	是	邓惜慎等4人
32	直流无刷直线电动机	实用新型	1995	是	顾玉兰等3人
33	高压放电基因轰击器	发明	1996	是	姚山麟等9人
34	电磁摆式平板阀	实用新型	1996	是	沙次文等7人
35	电弧蒸发和磁控溅射相结合的离子镀膜设备	实用新型	1996	是	吴振华
36	厨房垃圾处理机	实用新型	1996	是	林德芳
37	无刷直流波浪发电机	发明	1997	是	韦文德等4人
38	平行螺管超导磁体组合式磁流体海水推进器	实用新型	1997	是	沙次文等4人
39	有检测和控制功能的线切割机床加工电源	实用新型	1997	是	史红斌等5人
40	飞轮电池用高速电机	实用新型	1997	是	李世毅、富慧荣

序号	专利名称	类别	时间	是否授权	发明人
41	三极等离子触发开关	实用新型	1998	是	秦增衍等8人
42	集散控制系统用交流电动机多功能保护控制器	实用新型	1998	是	曹志峰、刘祖京
43	陆地电火花震源深井震动装置	实用新型	1998	是	左公宁等8人
44	钕铁硼永磁和软磁混合磁极电机	发明	1999	是	韦文德、谢果良
45	大气隙C型永磁磁体	发明	1999	是	董增仁等5人
46	诱发电位仪支架	外观设计	2001	是	李满成等5人
47	聚光型真空管太阳能集热器	实用新型	2001	是	王德禄等3人
48	扁平式振动电动机	实用新型	2001	是	李世毅
49	高效超声去脂减肥仪	发明	2001	是	鄞惠芬等5人
50	直流伺服系统保护装置	发明	2001	是	张斌等5人
51	交直流电动机通用的驱动器及其驱动控制方法	发明	2001	是	张斌等3人
52	体外碎石机震波产生装置	实用新型	2001	是	王绮、朱建华
53	放电电极	实用新型	2001	是	朱建华、王绮
54	放电开关	实用新型	2001	是	朱建华、王绮
55	壁挂式可调角度太阳能热水器支架	实用新型	2001	是	朱建华等3人
56	左心辅助系统离心式血流泵	实用新型	2001	是	王武等3人
57	无感线圈的绕制方法及用该方法绕制的超导开关	发明	2002	是	南和礼、余运佳
58	高寒地区太阳能光伏发电的充电储能控制器	实用新型	2002	是	孙晓等4人
59	气压弹道碎石机手柄	实用新型	2002	是	吴栩栩等4人
60	C型磁共振成像磁体	外观设计	2002	是	王慧贤等4人
61	陆地电火花震源	实用新型	2002	是	孙鹍鸿等5人
62	逆变器过电流快速保护装置	实用新型	2002	是	魏云峰等4人
63	白内障超声乳化仪	发明	2003	是	鄞惠芬等5人
64	汽轮发电机定子绕组内部蒸发冷却循环装置	发明	2003	是	顾国彪等4人
65	热管型太阳能热水器热管与水箱的联接件	实用新型	2003	是	周云超等4人
66	生物反应器培养基的去泡装置	实用新型	2003	是	霍荣岭、李明
67	直流—直流电源变换器	实用新型	2003	是	徐鲁宁等3人
68	生物芯片点样仪	实用新型	2003	是	王理明等3人
69	生物芯片点样仪	外观设计	2003	是	王理明等3人
70	顺磁共振在体测量人牙齿的专用磁场装置	实用新型	2003	是	吴可等3人
71	燃料电池电动车用DC-DC稳压电源	实用新型	2003	是	徐志捷等4人
72	悬浮熔炼水冷坩埚	发明	2004	是	吴振华等4人
73	高温超导电力电缆接头的焊接方法及其专用装置	发明	2004	是	林玉宝等5人
74	半 cdzxdjssxdcfs 装置	发明	2004	是	沙次文

序号	专利名称	类别	时间	是否授权	发明人
75	一种碟式聚光太阳跟踪装置	实用新型	2004	是	李安定等4人
76	太阳能－燃气混合型吸热器	实用新型	2004	是	李斌等4人
77	混合磁悬浮轴承	实用新型	2004	是	方家荣
78	图形发生器	实用新型	2004	是	方光荣等4人
79	集成启动机——发电机的轻度混合动力传动装置	实用新型	2004	是	温旭辉等9人
80	生物反应器的在线取样装置	实用新型	2004	是	李明等4人
81	电动车交流电动机驱动器	实用新型	2004	是	张琴等5人
82	双向链传动张紧装置	实用新型	2004	是	臧春城等6人
83	太阳跟踪控制器	实用新型	2004	是	郑飞等6人
84	一种正激式恒流源	实用新型	2004	是	沙德尚、孔力
85	一种核磁共振前置放大器电调谐回路	实用新型	2004	是	李杰等5人
86	等离子体避雷器高频电源	实用新型	2004	是	彭燕昌等4人
87	单线圈核磁共振系统线圈能量释放电路	实用新型	2004	是	周莹等5人
88	一种车载CAN总线光纤集线器	实用新型	2004	是	王丽芳等4人
89	压电陶瓷管迟滞曲线测量装置	实用新型	2004	是	王丹丹等5人
90	水轮发电机定子绕组的蒸发冷却装置	发明	2005	是	顾国彪等6人
91	扁平式永磁直流振动电动机	发明	2005	是	李世毅
92	磁流体动力回收海面浮油的方法和装置	发明	2005	是	沙次文等8人
93	汽轮及水轮发电机定子的蒸发冷却装置	发明	2005	是	顾国彪等6人
94	汽轮发电机定子全浸式蒸发冷却自循环系统	发明	2005	是	顾国彪等3人
95	高温超导电缆绕制机	发明	2005	是	高智远等5人
96	磁流体血泵	发明	2005	是	沙次文等8人
97	CBDLTJYZFLQDJDFSL冷凝器	发明	2005	是	傅德平
98	一种太阳能热化学分解水制氢装置	实用新型	2005	是	李鑫等5人
99	风力发电机控制器	实用新型	2005	是	李亚西等6人
100	一种单线圈核磁共振系统的检验线圈	实用新型	2005	是	周莹等5人
101	一种独立运行太阳能光伏电站控制器	实用新型	2005	是	武鑫等5人
102	一种大功率电力电子器件蒸发冷却装置	实用新型	2005	是	国建鸿等7人
103	温度循环反应仪	实用新型	2005	是	吴岚军等7人
104	蒸发冷却式电磁除铁器	实用新型	2005	是	顾国彪等7人
105	电动车交流电机风冷控制器	实用新型	2005	是	张琴等4人
106	风力发电机组并网控制器	实用新型	2005	是	赵斌等5人
107	一种矩形永磁磁体	实用新型	2005	是	赵凌志等8人
108	矩形真空插板阀	实用新型	2005	是	初明璋等5人

序号	专利名称	类别	时间	是否授权	发明人
109	一种连铸电磁制动器	发明	2006	是	沙次文等8人
110	一种泵喷推进器	发明	2006	是	沙次文等8人
111	电动式磁悬浮导电板式轨道	发明	2006	是	王厚生、金能强
112	磁力微粒操控器	发明	2006	是	王明
113	一种C型开放式磁共振成像平板式射频线圈	发明	2006	是	杨文晖等3人
114	张量生物磁感应成像的方法和装置	发明	2006	是	刘国强
115	一种车载CAN总线光纤集线器	发明	2006	是	唐晓泉等4人
116	蒸发冷却电机的冷凝器排气和冷却液回收装置	发明	2006	是	钱光岳等5人
117	非金属复合低漏热杜瓦容器	发明	2006	是	王子凯等8人
118	一种电压凹陷补偿、限流电路	实用新型	2006	是	赵慧元等5人
119	高温超导带材短样测试架	实用新型	2006	是	朱志芹、李会东
120	高温超导带材拉力测试架	实用新型	2006	是	朱志芹、李会东
121	一种离心电泵	实用新型	2006	是	彭燕等8人
122	一种生物反应器	实用新型	2006	是	李明等4人
123	细胞功能活性在线检测装置	实用新型	2006	是	李明等4人
124	混合动力轿车用交流电机控制器	实用新型	2006	是	徐志捷等5人
125	纳米级别图形的压印装置	实用新型	2006	是	董晓文等3人
126	图形发生器	发明	2006	是	方光荣等5人
127	一种细菌活性比较仪	实用新型	2006	是	王珺等7人
128	一种换水装置	实用新型	2006	是	闫献勇等7人
129	一种生化传感器	实用新型	2006	是	左燕生等4人
130	太阳能中温生活供热系统	实用新型	2006	是	郑飞等5人
131	MicroCruiser光刻仿真辅助设计软件V4.0	软件著作权	2006	是	张飞、李艳秋
132	MicroCruiser光刻仿真辅助设计软件V5.0	软件著作权	2006	是	赵国荣、李艳秋
133	并网光伏逆变系统	实用新型	2006	是	赵斌等6人
134	水轮发电机定子绕组的强迫循环蒸发冷却装置	发明	2007	是	阮琳等6人
135	高温超导带材弯曲性能检测机	发明	2007	是	李会东等4人
136	基于数字信号处理器DSP的移相全桥高频链逆变器	发明	2007	是	张玉明等3人
137	一种直流功率继电器	发明	2007	是	王时毅等4人
138	一种用于热开关的低温热管	发明	2007	是	王秋良、冯遵安
139	深冷绝缘密封装置	发明	2007	是	雷沅忠
140	铁电薄/厚膜微机电制冷器的制备方法及其结构以及制冷器系统	发明	2007	是	李艳秋、刘少波
141	旋转电机转子内冷却回路	发明	2007	是	顾国彪等5人
142	矩形真空插板阀	发明	2007	是	初明璋等5人
143	EBWriter电子束曝光控制系统V1.0	软件著作权	2007	是	魏淑华等4人

表 5-3 1986 年至 2007 年底电工所已申请还未获授权专利列表（含 GF 专利）

序号	专利名称	类别	时间	是否授权	发明人
1	多极液电冲击波源	发明	1990	否	张禄荪等 4 人
2	体外冲击波碎石机放电电机	发明	1990	否	张禄荪等 4 人
3	交流伺服系统中电机转子初始位置的检测方法及装置	发明	1996	否	吉传稳等 6 人
4	太阳能热水器真空管集热元件的尾托构件	发明	2001	否	付向东等 4 人
5	透过皮肤给药的微型针阵列及其制造方法	发明	2001	否	杨忠山、黄经筒
6	磁共振成像的方法和装置	发明	2001	否	杨文晖
7	数字式低频电脉冲治疗仪	发明	2002	否	李可等 3 人
8	太阳能光伏发电阵列检测与控制	实用新型	2002	否	孙晓等 3 人
9	磁性药物靶向治疗的药物定位方法	发明	2002	否	宋涛、徐华
10	一种故障限流电路	发明	2002	否	赵彩宏等 3 人
11	一种限流电路	发明	2002	否	赵彩宏等 3 人
12	一种限流储能电路	发明	2002	否	赵彩宏等 3 人
13	一种用于输配电网的故障限流器	发明	2002	否	赵彩宏等 3 人
14	一种用于输配电网的故障限流电路	发明	2002	否	赵彩宏等 3 人
15	sfxtddbh 装置	发明	2002	否	李耀华
16	一种用于超导磁体充放电的电流调节器	发明	2003	否	赵彩宏等 4 人
17	一种用于超级电容器的复合碳基电极材料及其制备方法	发明	2003	否	谭强强等 3 人
18	一种测量超导带材各部分临界电流均匀性的方法	发明	2003	否	陆岩等 4 人
19	有机电解液及其制备方法	发明	2003	否	谭强强等 3 人
20	一种磁通压缩脉冲直线发电机	发明	2003	否	严萍等 3 人
21	一种超导磁流体船舶推进器	发明	2003	否	周适等 8 人
22	一种阻抗成像方法及装置	发明	2003	否	王慧贤等 3 人
23	一种张膜式反光镜的焦距控制与测量方法及装置	发明	2003	否	李斌等 5 人
24	一种整流电路启动保护装置	发明	2003	否	王时毅等 6 人
25	具有互助功能的家庭防盗报警装置	发明	2003	否	张一鸣、李可
26	一种电子束缩小投影曝光成像系统	发明	2003	否	李艳秋
27	压电陶瓷管扫描器非线性校正方法	发明	2003	否	王丹丹等 5 人
28	一种 CB 船舶推进电机的蒸发冷却密封装置	发明	2003	否	顾国彪
29	一种船舶推进电机的喷注式蒸发冷却循环装置	发明	2003	否	傅德平
30	电动汽车电机驱动控制系统主回路反接保护电路	发明	2004	否	王丽芳等 5 人
31	一种短路故障限流器	发明	2004	否	张志丰、肖立业
32	一种短路故障限流器	发明	2004	否	张志丰、肖立业
33	一种永磁同步电动机	发明	2004	否	杜玉梅等 5 人

序号	专利名称	类别	时间	是否授权	发明人
34	一种用于核磁共振仪器静磁场发生装置的永磁体	发明	2004	否	张一鸣等3人
35	用于介入治疗立体定位的超导磁体系统	发明	2004	否	王秋良、白烨
36	一种二硼化镁超导体的制备方法	发明	2004	否	马衍伟
37	高温超导双饼线圈骨架	发明	2004	否	张京业等5人
38	高温超导双饼线圈绕制装置	发明	2004	否	张京业等5人
39	一种复合超导线（带）材	发明	2004	否	王银顺等6人
40	一种磁共振成像磁体极板	发明	2004	否	杨文晖等4人
41	铁电陶瓷微制冷器及其制备方法	发明	2004	否	刘少波、李艳秋
42	一种二硼化镁超导材料及其制备方法	发明	2004	否	马衍伟
43	一种蒸发冷却变压器	发明	2004	否	张国强等3人
44	铌镁酸铅－钛酸铅固溶体超细粉体的制备方法	发明	2004	否	张清涛等3人
45	磁外科手术用超导磁体及其线圈绕制方法	发明	2004	否	白烨等4人
46	一种油浸式电力变压器	发明	2004	否	郭卉等3人
47	一种变速恒频双馈发电机系统及其并网控制方法	发明	2004	否	赵栋利等11人
48	一种固体电解质薄膜及其制备方法	发明	2004	否	谭强强等3人
49	一种油水分离方法和装置	发明	2004	否	沙次文等8人
50	电子束曝光工程实时显示系统	发明	2004	否	殷伯华、方光荣
51	氧化物纳米管复合碳基电极材料及其制备方法	发明	2004	否	谭强强等3人
52	车载CAN总线实时性能仿真系统	发明	2004	否	王丽芳等4人
53	PWM三电平逆变器触发信号的译码电路和其死区补偿的控制方法	发明	2004	否	李耀华等5人
54	极紫外光刻精密磁悬浮工件台	发明	2004	否	朱涛、李艳秋
55	一种用于超级电容器的碳基多孔电极薄膜及其制备方法	发明	2004	否	谭强强等3人
56	一种微制冷器及其制冷方法	发明	2004	否	李艳秋等4人
57	中压大功率三电平逆变装置的矢量优化控制方法	发明	2004	否	李海山等5人
58	一种碱金属热机	发明	2004	否	谭强强等3人
59	一种超级电容器及其制造方法	发明	2004	否	谭强强等3人
60	一种短路故障限流器	发明	2004	否	张志丰、肖立业
61	球形托卡马克磁体环向场线圈的中心柱	发明	2004	否	戴银明等3人
62	一种混合型脉冲电源	发明	2004	否	严萍等4人
63	一种太阳能热电联供系统	发明	2004	否	李鑫等5人
64	发电机定子的蒸发冷却系统监测及保护控制装置	发明	2004	否	国建鸿等6人
65	一种利用微悬臂梁进行生化检测的方法及装置	发明	2004	否	左燕生等4人
66	一种整流电路启动电流抑制器	发明	2004	否	蔡昆等6人

序号	专利名称	类别	时间	是否授权	发明人
67	蒸发冷却牵引变压器	发明	2004	否	张国强等4人
68	一种太阳能光伏发电最大功率跟踪器及控制方法	发明	2004	否	陈兴峰等5人
69	高温超导线圈的加固装置及加固方法	发明	2004	否	王银顺等5人
70	蒸发冷却式电磁除铁器	实用新型	2004	否	顾国彪等7人
71	纳米级别图形的压印装置	实用新型	2004	否	董晓文等3人
72	一种JSQJY结构	发明	2004	否	严萍
73	一种GGLDCZD	发明	2004	否	王秋良
74	一种高温超导带材失超传播速率测量方法及其装置	发明	2005	否	李晓航、王银顺
75	一种制备氧化物超导带材的方法	发明	2005	否	马衍伟
76	一种同轴型低温等离子体物料处理器	发明	2005	否	袁伟群、严萍
77	高温超导电力电缆终端	发明	2005	否	高智远等8人
78	高温超导电力电缆用高压隔离器	发明	2005	否	高智远等8人
79	一种真空绝缘结构	发明	2005	否	袁伟群等3人
80	一种细胞活性比较仪	发明	2005	否	王珺等7人
81	一种流量检测方法及装置	发明	2005	否	郭少朋等7人
82	一种短路故障限流器	发明	2005	否	赵彩宏等9人
83	一种短路故障限流器	发明	2005	否	肖立业等3人
84	一种放电式短路故障限流器	发明	2005	否	张志丰、肖立业
85	大电流设备引线的自循环冷却回路	发明	2005	否	袁佳毅等8人
86	一种脉冲放电电极	发明	2005	否	孙鹨鸿、严萍
87	蒸发冷却电磁除铁器	发明	2005	否	郭卉等5人
88	一种不对称式电流调节器及其移相控制方法	发明	2005	否	赵彩宏等5人
89	一种不对称式电流调节器及其双极性控制方法	发明	2005	否	赵彩宏等5人
90	一种超导磁体充放电电流调节器的控制方法	发明	2005	否	赵彩宏等6人
91	一种用于超导磁体充放电电流调节器的控制方法	发明	2005	否	赵彩宏等6人
92	一种线间电压补偿型限流贮能电路	发明	2005	否	赵彩宏等5人
93	一种桥路型限流电路	发明	2005	否	赵彩宏等5人
94	用于超导储能的低温电流调节器	发明	2005	否	赵彩宏等5人
95	一种低温桥路型超导故障限流器	发明	2005	否	赵彩宏等5人
96	超导储能系统	发明	2005	否	赵彩宏等6人
97	高温超导电缆绕制机及电缆绕制方法	发明	2005	否	张丰元等7人
98	高温超导磁体测试用补偿线圈装置	发明	2005	否	张京业等5人
99	一种对极永磁磁体	发明	2005	否	彭燕等5人
100	蒸发冷却水下设备用电机	发明	2005	否	王海峰等3人

序号	专利名称	类别	时间	是否授权	发明人
101	外水道式蒸发冷却卧式电机	发明	2005	否	王海峰等3人
102	用于便携式核磁共振仪器的永磁磁体	发明	2005	否	陈继忠、张一鸣
103	电子束曝光过程样片步进定位误差补偿系统	发明	2005	否	方光荣等4人
104	一种磁共振成像磁体	发明	2005	否	杨文晖等4人
105	陀螺仪球形转子三维静平衡测量方法及装置	发明	2005	否	王厚生等4人
106	电子束图形扫描处理器	发明	2005	否	刘伟、方光荣
107	一种原子力显微镜扫描探头	发明	2005	否	原剑等4人
108	扫描探针显微镜的数字闭环扫描控制系统	发明	2005	否	夏清文等4人
109	双绕双饼线圈绕制工艺	发明	2005	否	商木喜等3人
110	一种 MgB_2 超导材料及其制备方法	发明	2005	否	张现平、马衍伟
111	一种用于便携式核磁共振仪器静磁场发生装置的永磁体	发明	2005	否	陈继忠、张一鸣
112	一种电力电缆	发明	2005	否	唐晓泉等3人
113	一种蒸发冷却风力发电机定子	发明	2005	否	宋福川等4人
114	一种用于燃料电池的流场板	发明	2005	否	徐鲁宁等3人
115	永磁圆筒形单极直流直线电动机	发明	2005	否	彭燕等5人
116	一种用于电工设备的蒸发冷却混合介质	发明	2005	否	张国强等3人
117	一种蒸发冷却变压器	发明	2005	否	张国强等3人
118	极紫外激光等离子体光源碎片隔离器	发明	2005	否	李艳秋
119	一种超级电容器模块充放电电压均衡装置	发明	2005	否	李海冬等3人
120	一种氧化铝纳米粉体的制备方法	发明	2005	否	谭强强等3人
121	一种锐钛矿型二氧化钛纳米粉体的制备方法	发明	2005	否	谭强强等3人
122	极紫外光刻掩模台静电卡盘冷却器	发明	2005	否	尚永红等3人
123	恢复外特性下垂方法中电压幅值和相位的装置和方法	发明	2005	否	谢孟等7人
124	步进扫描光刻机晶片台掩模台同步控制系统	发明	2005	否	朱涛、李艳秋
125	一种串联结构混合动力系统	发明	2005	否	温旭辉等3人
126	一种蒸发冷却变压器	发明	2005	否	张国强等3人
127	一种蒸发冷却变压器	发明	2005	否	张国强等3人
128	一种变速恒频风力双馈发电机实验模拟系统	发明	2005	否	赵栋利等7人
129	大功率混合式直线电动机	发明	2005	否	李耀华等4人
130	原子力显微镜针尖清洗方法及装置	发明	2005	否	田丰等3人
131	消除逆变器并联运行系统中直流环流的装置	发明	2005	否	谢孟等7人
132	一种磁感应式磁共振电阻率成像方法及装置	发明	2005	否	刘国强等5人
133	一种超导电流引线焊接方法	发明	2005	否	雷沅忠等5人
134	一种超导磁体的电流引线	发明	2005	否	赵保志等6人

序号	专利名称	类别	时间	是否授权	发明人
135	双馈式变速恒频风力发电机励磁电源网侧变换器的控制器	发明	2005	否	林资旭等9人
136	肾形超导线圈制作装置和制作方法	发明	2005	否	宋守森等5人
137	含碳的 MgB_2 超导材料及其制备方法	发明	2005	否	张现平、马衍伟
138	磁共振电阻抗断层成像方法	发明	2005	否	王慧贤等4人
139	一种高速磁阻电机	发明	2005	否	丘明等4人
140	传导冷却超导磁体用热开关	发明	2005	否	赵保志等7人
141	一种分布式串联混合动力系统	发明	2005	否	温旭辉等3人
142	双机械端口电机及其驱动控制系统	发明	2005	否	温旭辉等6人
143	一种蒸发冷却变压器	发明	2005	否	张国强等3人
144	一种电力变压器箔式线圈及其制作方法	发明	2005	否	张国强等3人
145	一种电力变压器外绝缘结构	发明	2005	否	张国强等3人
146	一种风电机组控制系统	发明	2005	否	鄂春良等12人
147	一种并网发电逆变器及其输出电流的控制方法	发明	2005	否	王环等3人
148	直线感应电动机牵引运载装置	发明	2005	否	史黎明、李耀华
149	一种伺服系统断电自动制动装置	发明	2005	否	王时毅等6人
150	一种换水装置	实用新型	2005	否	闫献勇等7人
151	BXFJXCD 陀螺仪	发明	2005	否	王秋良
152	低温液氮环境中 FBG 应变传感器应变－波长定标装置	发明	2006	否	邓凡平、王秋良
153	电子器件冷却装置	发明	2006	否	刁彦华、王秋良
154	计算机 CPU 散热装置	发明	2006	否	刁彦华、王秋良
155	用于传导冷却超导磁体的低温热管热开关	发明	2006	否	刁彦华等5人
156	一种新概念磁悬浮列车	发明	2006	否	王厚生等3人
157	一种超导磁体减振方法	发明	2006	否	王厚生等3人
158	用于回旋管的传导冷却超导磁体系统	发明	2006	否	王秋良等6人
159	一种二硼化镁超导材料及其制备方法	发明	2006	否	高召顺等4人
160	一种三电平零电压开关直流变换器及其控制方法	发明	2006	否	郭文勇等5人
161	超导储能用双向三电平软开关 DC/DC 及其电压侧脉宽控制方法	发明	2006	否	郭文勇等5人
162	超导储能用双向三电平软开关 DC/DC 及其电流侧移相控制方法	发明	2006	否	郭文勇等5人
163	超导储能用双向多电平软开关 DC/DC 及其电压侧移相控制方法	发明	2006	否	郭文勇等5人
164	超导储能用双向多电平软开关 DC/DC 及其电流侧移相控制方法	发明	2006	否	郭文勇等5人

序号	专利名称	类别	时间	是否授权	发明人
165	含有碳的 MgB_2 超导材料及其制备方法	PCT 国际发明	2006	否	马衍伟
166	一种测量实用长度 YBCO 高温超导带材临界电流均匀性的方法和装置	发明	2006	否	王银顺等5人
167	一种 MgB_2 复合超导线（带）材及其制备方法	发明	2006	否	王银顺等5人
168	一种非接触连续测量超导线/带材 n 指数均匀性的非接触连续测量方法和装置	发明	2006	否	王银顺等5人
169	旋转磁制冷设备用永磁磁体系统	发明	2006	否	夏东
170	一种电力限流电抗器	发明	2006	否	肖立业等5人
171	一种短路故障限流器	发明	2006	否	肖立业等7人
172	一种铁/铜复合包套二硼化镁超导长线的制备方法	发明	2006	否	禹争光等5人
173	一种铁基二硼化镁超导线带材的热处理方法	发明	2006	否	禹争光等4人
174	用于高电压超导电力设备的液氮液位测量装置	发明	2006	否	张东等7人
175	含有 Si 元素和 C 元素的 MgB_2 超导材料及其制备方法	发明	2006	否	张现平、马衍伟
176	H 桥级联型有源电力滤波器直流侧电容电压均衡控制方法	发明	2006	否	陈峻岭等4人
177	一种基于 VME 总线的实时多任务分布式控制系统	发明	2006	否	葛琼璇等5人
178	一种工业以太网的嵌入式实时控制系统	发明	2006	否	刘洪池等3人
179	一种 RS485 面向字符的同步串行通信总线空闲时的抗干扰装置	发明	2006	否	张树田等3人
180	一种微型机器人及其体外导向系统	发明	2006	否	宋涛等4人
181	一种新型平面微线圈核磁共振微检测器件	发明	2006	否	王明
182	物体转动惯量的测量方法及装置	发明	2006	否	吴昌哲等3人
183	一种减小磁共振成像磁体涡流的装置	发明	2006	否	杨文晖等4人
184	油井下管式永磁涡流加热装置	发明	2006	否	彭燕等6人
185	永磁套管式井下采油降粘防腊装置	发明	2006	否	彭燕等6人
186	单管双通道液态金属磁流体波浪能直接发电单元装置	发明	2006	否	彭燕等6人
187	一种圆筒形永磁磁系	发明	2006	否	赵凌志等6人
188	一种双机械端口电机的绕线型内转子	发明	2006	否	范涛等4人
189	真空装置用螺钉	发明	2006	否	初明璋、韩立
190	一种语音导盲装置	发明	2006	否	郭少朋等3人
191	一种盲文制品和盲文印刷方法以及盲文印刷系统	发明	2006	否	韩立等3人
192	扫描式 PI 参数自寻优控制器	发明	2006	否	李敏、韩立
193	一种利用原子力显微镜的套刻对准方法及装置	发明	2006	否	李晓娜、韩立
194	一种隆起印刷方法	发明	2006	否	徐鲁宁等3人

序号	专利名称	类别	时间	是否授权	发明人
195	一种高压脉冲电容器充电装置	发明	2006	否	高迎慧等5人
196	采用蓄电池供电的高压电容器高频恒流充电电源	发明	2006	否	高迎慧等5人
197	重复频率纳秒脉冲介质击穿特性实验方法及装置	发明	2006	否	邵涛等6人
198	多通道激光触发真空沿面闪络开关	发明	2006	否	王珏、严萍
199	一种塑料液体容器漏液检测装置	发明	2006	否	严萍等6人
200	一种用于塑料液体容器漏液检测的高频高压电源	发明	2006	否	严萍等6人
201	一种带CAN接口的车用中控锁控制装置	发明	2006	否	陈志武等6人
202	一种车载分布式网络控制系统的开发方法	发明	2006	否	廖承林等3人
203	一种测试CAN总线抗电磁干扰能力的方法和装置	发明	2006	否	唐晓泉等5人
204	汽车电动后视镜智能控制装置	发明	2006	否	王丽芳等6人
205	一种电子控制雨刷	发明	2006	否	王丽芳等7人
206	一种电梯用混合储能装置及其控制方法	发明	2006	否	冯之钺等5人
207	用于电梯的混合储能装置及其控制方法	发明	2006	否	齐智平等5人
208	一种用于电梯的混合储能装置及其控制方法	发明	2006	否	唐西胜等5人
209	一种接收整流天线	发明	2006	否	胡浩等3人
210	一种微型电网的控制与管理系统	发明	2006	否	裴玮等4人
211	一种微型电网系统	发明	2006	否	盛鹍等5人
212	一种太阳能高温模块化储热系统	发明	2006	否	王志峰等4人
213	一种利用混凝土的高温储热器及储热方法	发明	2006	否	王志峰等3人
214	高温太阳能集热管及其制造工艺	发明	2006	否	王志峰、雷东强
215	一种太阳能反射体调整装置	实用新型	2006	否	王志峰、刘晓冰
216	一种定日镜支撑装置	发明	2006	否	王志峰等8人
217	一种流媒体的动态认证及授权方法	发明	2006	否	王新立
218	光伏-温差微能源与无线传感器网络节点集成自治微系统	发明	2006	否	李艳秋等4人
219	一种光伏能源与传感器节点集成的自供电微系统	发明	2006	否	李艳秋等3人
220	基于太阳能光伏效应和热电效应的混合能源发电系统	发明	2006	否	尚永红、李艳秋
221	带有光纤的聚二甲基硅氧烷微流控电泳芯片检测装置	发明	2006	否	苏波、李艳秋
222	多种充电方式的电源管理系统	发明	2006	否	于红云、李艳秋
223	一种消色差浸没干涉成像光刻系统	发明	2006	否	周远等3人
224	可调节反射式光学物质装调系统	发明	2006	否	朱涛、李艳秋
225	一种变速恒频双馈发电机定子电压自抗扰控制系统	发明	2006	否	赵栋利等10人
226	一种功率半导体器件蒸发冷却装置	发明	2006	否	顾国彪等6人
227	蒸发冷却电磁磁选机	发明	2006	否	郭卉等4人
228	一种变频器蒸发冷却装置	实用新型	2006	否	李振国等6人

序号	专利名称	类别	时间	是否授权	发明人
229	一种发热部件分布式蒸发冷却散热结构	发明	2006	否	李振国等6人
230	一种功率器件的蒸发冷却散热结构	发明	2006	否	李振国等6人
231	蒸发冷却烟气加热器	发明	2006	否	熊斌等5人
232	一种高压断路器	发明	2006	否	郭卉等3人
233	一种带油箱的套筒式蒸发冷却变压器	发明	2006	否	张国强等3人
234	一种喷淋式蒸发冷却变压器	发明	2006	否	张国强等3人
235	一种不燃型有载分接开关	发明	2006	否	郭卉等3人
236	一种DDYLTJ电机	发明	2006	否	王海峰
237	一种ZFLQSDDYLTJ电机	发明	2006	否	王海峰
238	并网发电和电网电力有源滤波的统一控制方法	发明	2007	否	黄胜利等4人
239	一种风力提水发电系统	发明	2007	否	熊斌等5人
240	轻型单元级联式多电平功率变换器	发明	2007	否	杜海江、李耀华
241	一种压电扫描器高速扫描方式	发明	2007	否	王丽娜等4人
242	一种太阳能塔式热发电站用高温吸热器	发明	2007	否	王志峰等4人
243	具有事故安全功能的蓄电池组电池电压测量单元	发明	2007	否	唐晓泉等3人
244	一种制备MgB_2超导材料的方法	发明	2007	否	王栋樑等5人
245	一种熔融盐传热蓄热介质及其制备方法	发明	2007	否	丁静等5人
246	熔融盐中高温斜温层混合蓄热方法及装置	发明	2007	否	左远志等5人
247	熔融盐中高温斜温层混合蓄热装置	发明	2007	否	左远志等5人
248	超导电磁除铁器	发明	2007	否	张承臣等8人
249	一种基于巨磁电阻的传感器	发明	2007	否	王丽娜等3人
250	一种高温超导磁体双饼线圈间的接头及其焊接方法	发明	2007	否	张京业等7人
251	一种大型饼式高温超导磁体的承力装置	发明	2007	否	张京业等7人
252	一种集成化晶硅太阳电池及其制造方法	发明	2007	否	孙红光等5人
253	智能汽车车身网络系统	发明	2007	否	万亮等4人
254	一种碳化硅泡沫陶瓷太阳能空气吸热器	发明	2007	否	王志峰等4人
255	用于太阳能塔式热发电的流化床高温吸热器及其"吸热—储热"双流化床系统	发明	2007	否	王志峰等3人
256	一种数字化高压直流电源	发明	2007	否	严萍等4人
257	转子空冷定子蒸发冷却的汽轮发电机	发明	2007	否	熊斌等3人
258	一种全息消像差方法及其投影光刻系统	发明	2007	否	张强等3人
259	一种γ-Fe_2O_3纳米管的制备方法	发明	2007	否	王军红等3人
260	一种用于醇基等液体燃料炉灶燃烧装置	发明	2007	否	沙次文等7人
261	一种多电机合成驱动系统	发明	2007	否	刘钧等4人

序号	专利名称	类别	时间	是否授权	发明人
262	一种传感器节点能量管理系统	发明	2007	否	苏波等4人
263	一种双机械端口电机的带有龙骨结构的外转子	发明	2007	否	范涛、温旭辉
264	一种具有寿命预测功能的电动汽车电机驱动系统	发明	2007	否	温旭辉等3人
265	车载电池监控系统	发明	2007	否	王丽芳等5人
266	一种用于测量球形转子极轴偏角的磁悬浮装置及测量方法	发明	2007	否	崔春艳等4人
267	一种高性能 Fe/Cu 包套结构二硼化镁多芯超导线的制备方法	发明	2007	否	禹争光等5人
268	风力发电系统的背靠背变流器及其环流控制方法	发明	2007	否	李建林等5人
269	一种新型电力无级变速器	发明	2007	否	范涛、温旭辉
270	一种全功率变流器直流卸荷电路的控制方法	发明	2007	否	李建林等3人
271	一种双机械端口电机的无刷化内转子	发明	2007	否	范涛、温旭辉
272	一种 MgB_2 超导材料的制备方法	发明	2007	否	王栋樑等7人
273	一种高性能 MgB_2 超导材料及其制备方法	发明	2007	否	张现平等5人
274	一种电网电压跌落发生器	发明	2007	否	李建林等3人
275	一种超导线圈失超检测方法	发明	2007	否	张正臣、李晓航
276	一种用于新型陀螺仪信号读取图形的制作方法	发明	2007	否	胡新宁等6人
277	一种基于超导储能系统能量转换的变流器	发明	2007	否	白烨等4人
278	双面浸泡超导螺管线圈	发明	2007	否	周义刚等3人
279	一种永磁转式磁制冷机的热交换系统	发明	2007	否	夏东
280	一种电力无级变速器及其动力模式	发明	2007	否	赵峰等6人
281	基于固氮保护的传导冷却高温超导电磁除铁器	发明	2007	否	王秋良等3人
282	一种光刻系统掩模邻近效应校正方法	发明	2007	否	高松波、李艳秋
283	一种生长硅基薄膜及高效硅基薄膜太阳能电池的 PECVD 设备	发明	2007	否	刁宏伟等4人
284	光伏逆变器过流保护电路	发明	2007	否	刘四洋等4人
285	太阳能自动跟踪系统停电保护装置	发明	2007	否	刘四洋等4人
286	太阳能自动跟踪系统手动控制装置	发明	2007	否	刘四洋等4人
287	一种双自由度跟踪光伏发电系统的跟踪太阳精度测量装置	发明	2007	否	周世勃等4人
288	一种氟碳化合物绝缘负荷开关	发明	2007	否	张国强等3人
289	内冷式自循环蒸发冷却风力发电机定子结构	发明	2007	否	王海峰等4人
290	一种测量晶体硅体少子寿命的化学钝化方法	发明	2007	否	周春兰等4人
291	一种复合磁场下金属材料高温处理方法及装置	发明	2007	否	程军胜等6人
292	一种装载双机械端口电机混合动力汽车的控制方法	发明	2007	否	陈静薇等6人
293	高压系统电压及绝缘电阻测量电路	发明	2007	否	徐冬平等4人

序号	专利名称	类别	时间	是否授权	发明人
294	一种 MgB_2 带材超导连接方法	发明	2007	否	李晓航等10人
295	光伏跟踪角度传感器	发明	2007	否	刘四洋等4人
296	SPM 高分辨图形数据处理方法	发明	2007	否	陈代谢等3人
297	磁力传动液态金属磁流体波浪能直接发电单元装置	发明	2007	否	彭燕等9人
298	用于高压快脉冲信号实时关断保护的装置	发明	2007	否	邵涛等3人
299	直线运动磁力传动装置	发明	2007	否	赵凌志等7人
300	一种可在 0.3V 的电压下升压的能量管理系统	发明	2007	否	苏波等4人
301	一种超导带材绝缘绕包装置的数控系统	发明	2007	否	张东等5人
302	一种永磁微型机器人	发明	2007	否	宋涛等5人
303	一种用于双光子微细加工的三维超分辨衍射光学器件及其设计方法	发明	2007	否	韦晓全、李艳秋
304	机械型超导开关	发明	2007	否	马海宝等3人
305	一种高性价比大功率 IGBT 模块	发明	2007	否	刘钧等4人
306	用于串联超级电容器组的电压均衡电路	发明	2007	否	周龙等8人
307	锂离子电池－超级电容器混合储能光伏系统	发明	2007	否	于红云等4人
308	一种定日镜支撑装置	发明	2007	否	王志峰等5人
309	一种核磁共振波谱检测平面微线圈及其制作方法	发明	2007	否	李晓南等4人
310	一种串联超级电容器组用电压均衡电路	发明	2007	否	周龙等5人
311	一种薄膜硅/晶体硅背结太阳能电池	发明	2007	否	赵雷等3人
312	一种空间旋转磁场发生装置及其控制	发明	2007	否	王喆等3人
313	一种肖特基背结硅太阳能电池	发明	2007	否	赵雷等3人
314	一种复合绝缘材料及其制备方法	发明	2007	否	王珏等3人
315	一种含有富勒烯的 MgB_2 超导材料及其制备方法	发明	2007	否	张现平等5人
316	一种旋转磁制冷机用永磁磁体系统	发明	2007	否	夏东
317	CDZZJPHCD 装置	发明	2007	否	任凯龙等4人
318	一种 CDYXFJGDZZ 方法	发明	2007	否	黄天斌等5人
319	电磁 GDPPKDHYZQ	发明	2007	否	袁伟群等3人
320	一种基于 MSNXYQDDCDTLYZXZ	发明	2007	否	杨再敏等3人
321	一种 DNZMCDGQ	发明	2007	否	袁伟群等3人
322	一种电 CPJPSGJG	发明	2007	否	袁伟群等5人
323	一种组合 SMCDY	发明	2007	否	严萍等4人
324	一种电磁 GDPDSZLDKZ 方法及装置	发明	2007	否	袁伟群等3人
325	一种 GPGYZDJ 控制器	发明	2007	否	高迎慧等3人
326	一种 TSJGDCDKXN 转子	发明	2007	否	王晖等6人
327	一种盲文制品和盲文印刷方法以及盲文印刷系统	PCT 国际发明	2007	否	韩立等3人

第三节 外事活动

电工所的外事活动，按其发展历程分为四个阶段：建所初期、"文化大革命"时期、"文化大革命"后的恢复期和发展期。

一、建所初期（1958～1965）

这时期的外事活动主要围绕所的筹建而开展，其对象主要是苏联等社会主义国家。主要的活动有：1958 年 3 月 28 日，苏联科学院动力所高电压研究室电弧组负责人维·安·鲍利索夫（В. А. Болисов）博士作为出差专家到长春机电研究所工作，并于当年 9 月 1 日来北京参加电工所高压室的筹建工作，直到 1959 年 12 月 30 日。1959 年 12 月 1 日，苏联科学院动力研究所电力系统研究室主任尤·马·马尔科维奇（Ю. М. Маркович）、苏联中央材料研究所电加工物理基础研究室主任、副博士尤·伊·拉宾诺维奇（Ю. И. Лабинович）和自动化研究室主任、副博士波·伊·卓洛得赫（Б. И. Золодых）相继作为出差科学家到电工研究所工作。1963 年，万遇良随电力部代表团赴匈牙利就电力系统自动化问题进行了考察。1964 年为执行中朝两院的合作协议，隆重而热烈地接待了朝鲜科学院工学所室长金俊实到所考察。考察持续了 14 天。

二、"文化大革命"时期（1966～1976）

这个时期的外事活动基本上处于停顿状态，仅 1975 年接待了阿尔巴尼亚地拉那大学工程系主任约萨夫·波帕和哈桑桑尼及日本东北大学教授小林卓朗为团长的日本焊接学会代表团一行 11 人的考察访问。

三、"文化大革命"后的恢复期（1977～1984）

（1）改善接待条件。因受搬迁等因素的影响，电工所工作条件（包括研究工作环境）较差。为此，1978 年筹建了电工所第一个外宾接待室，并配备了相应的设备，初步具备了接待外宾并举办小型学术活动的条件。同时，分批对科研骨干进行了英语培训，为接待外宾、开展国际学术交流创造了条件。

（2）针对电工所重点学科，请国外知名学者来访和派科研骨干出国进行学术交流。电工所在当时知名度不高，广泛开展国际学术交流的条件不足。为此，采取了先请进、后派出，广交朋友的外事活动原则。

1977 年，由中国国际旅行社介绍，接待了第一位美籍华人、美国加利福尼亚大学劳伦斯·伯克利实验室的超导专家叶景豪来所参观座谈。客人介绍了国际超导研究情况，赠送了约十种技术资料和幻灯片一套。

1978 年，联邦德国卡尔斯鲁厄核中心技术物理所所长海茵茨（F. Heinz）夫妇应邀到电工所讲学访问，系统讲授了超导磁体的应用和基础研究。这是电工所自建所以来应所邀请到访的第一位客人。接待中发了二次简报，客人受到了中国科学院副秘书长秦力生会见和宴请。这一年还接待了以美国斯坦福大学副校长米勒（W. F. Miller）教授为团长的 6 人考察团。当年 10 月，由国家计委组织，赵志萱所长率中国能源利用考察团访问了日本。代表团走访了日本的 16 个城市、8 个研究所、3 个大学和 20 多个工厂。自此，电工所和日本的有关单位建立了正式的联系。另外，该所还有二人参加了中国科学院组织的太阳能考察组赴澳大利亚访问。

1979 年，中国科学院批准电工所邀请 6 位外国专家来华访问，但因种种原因，唯美国田纳西大学的美籍华人、世界著名的磁流体发电专家林颖珠教授应邀到访三周。另外，联邦德国卡尔斯鲁厄核研究中心技术物理所副所长考玛雷克（P. Komarek）教授顺访电工所一周。英国剑桥大学的尼克松（W. C. Nixon）博士一家三口也访问了电工所。这一年副所长杨昌琪参加了国家科委新能源考察组赴美国访问三周，还有两人分别出访了联邦德国和美国。

1980 年，除杨昌琪副所长参加了在美国召开的第十六届国际磁流体发电联络组会议外，还有 6 位同志分别赴美国、联邦德国、日本考察超导技术和新能源技术。两人去意大利参加太阳能学习班，一人赴美国短期工作。这一年还接待了美籍华人科学家黄耀辉教授等 23 位外国来访者。

1981 年共有 5 人出访：杨昌琪副所长赴澳大利亚参加第十七届国际磁流体发电联络组会议，韩朔副所长等两人赴联邦德国参加国际超导会议，两人去联邦德国短期工作。这一年接待的外国客人有南斯拉夫科索沃大学的两位教授，南斯拉夫磁流体发电专家尤斯替斯（Eustis）教授一家三口，法国佩皮尼扬大学热动力和能量转换实验室主任达格涅夫妇及应所请邀到访的联邦德国卡尔斯鲁厄核中心技术物理所所长海茵茨一家等 12 位外宾。

1982 年共派出 5 人：杨昌琪等两人访问了泰国，一人参团去英国考察电子束技术，一人通过日本振兴学会赴日讲学访问，一人赴意大利参加太阳能短训班学习。美国威斯康星大学超导专家鲍姆教授及夫人，MIT 的磁流体发电专家路易（Louis）教授，美国 IBM 公司的电机专家 R. W. Lisser 以及法国原子能委员会核研究中心超导负责人 H. Deportes 博士应所邀请来华讲学访问。同时接待了院请客人、美籍华人、美国阿贡实验室的超导专家王守田博士一家等 27 位外宾的访问。

1983 年出访 5 人：杨昌琪副所长等三人参加了在苏联召开的第八届国际磁流体发

电会议，韩朔副所长赴法国参加了第八届国际磁体工艺会议，还有一位同志作为翻译出访联邦德国和英国。这一年共接待了 15 位外宾来访。应所邀请来访的是美国 MIT 的超导专家 J. L. Kirtley 教授和联邦德国西柏林工业大学的电机专家哈尼奇教授。

1984 年有 8 人出访，包括杨昌琪副所长到日本进行电子束曝光考察，2 人赴瑞士参加"第七届国际电机会议"，2 人参加了香港"东南亚地区电脑会议"，1 人参加了"美国电子束、离子束和光子束会议"。全年接待外宾 15 批 26 人次。主要的来访外宾有英国菲利浦研究所电子束曝光技术专家华尔德（R. Ward）博士、美国匹兹堡能源技术研究中心主任 Sun. W. Chun. 博士为首的 7 人磁流体发电代表团、院请客人日本东京工业大学磁流体专家盐田进教授、美国阿贡实验室的王守田博士。联邦德国的海茵茨教授夫妇也第三次应所邀请来访。

四、发展期（1985~2007）

电工所的外事始终坚持以重点学科为主的请进和派出活动。请进专家以短期学术交流为主，派出以参加国际会议、跟踪本学科的国际科研动态为主。从 1985 年起，中国科学院进行了外事改革，实行"减政放权"。从此，研究所有了自主邀请外宾的审批权，从而使来访外宾大增。电工所的外事干部也由兼职改为专职。同年，电工所制定了第一份涉外文件《电工所关于出国人员缴纳提成款有关规定》。并于 1987 年印制了电工所第一份英汉对照的介绍材料，1988 年制定了《电工所涉外的几项规定》（后经二次修改）。这个阶段的外事活动主要有以下几个特点：

- 以电工所为主，成功地举办了一系列国际学术会议；
- 以电工所的优势学科为依托，广泛开展国际科技合作，取得了一批重要成果；
- 坚持"请进来，走出去"的方针，与国际同行之间建立起更为广泛深入的学术交流机制。

1. 举办国际会议

广交朋友，扩大影响，提高所的知名度，促进学术交流为目的。

（1）1986 年 5 月，受联合国教科文组织委托及资助，举办了第 21 届国际磁流体发电联络组会。除以色列代表团因签证未解决而缺席外，世界 11 国（中国、美国、苏联、意大利、荷兰、法国、瑞典、日本、波兰、芬兰及澳大利亚）共 13 位代表全部到会。这是电工所建所以来举办的第一个国际会议。通过会间的广泛交流，使电工所对当时世界上磁流体发电的情况有了全面的了解。同时，所长杨昌琪因获得资助而访问了欧洲六国。

（2）1987 年 10 月，受中国电机工程协会的委托，由电工所主办的北京国际电机会议（BICEM' 88）在北京科学会堂举行，顾国彪为大会组织委员会主席，共有 350 人与会，其中外国代表 85 人，陪同 30 人。发表论文 534 篇。会议获国家自然科学基金委员会 6000 元的资助。

（3）1988 年 10 月，由中国电工学会发起和委托，电工所举办了北京国际电磁场讨论会（BISEF'88）。共有 18 个国家的 214 位代表与会，其中，中国代表 54 位。哈尔滨电工学院的汤蕴璆教授为会议主席，严陆光所长和华中理工大学的周克定教授为副主席。这是该会第一次在中国举行。

（4）1992 年 10 月，经国家科委批准，在北京举办了第 11 届国际磁流体发电会议。居滋象研究员任国际组委会主席，严陆光院士任执行委员会主席。与会代表 150 人，其中外国代表 65 人，陪同 13 人。发表论文 246 篇。会议的领导者——国际磁流体发电联络组对会议的组织工作表示满意。

（5）1995 年 4 月，由联合国教科文组织、中国科学院和中国联合国教科文组织全国委员会发起，由联合国教科文组织工程技术和科学处、中国科学院电工研究所和中国联合国教科文组织全国委员会科学处承办的中国太阳能高级研讨会在北京召开。会议讨论了中国太阳能国家报告，1995、2010 年新能源和可再生能源发展纲要及"世界太阳能高级进程"主要议题的有关建议，并进行了科学交流。此会是为 1996 年"世界太阳能高级峰会"做准备。周光召院长为本次会议国际组委会主席和中国组委会主席。严陆光所长为会议中国组委会副主席兼秘书长。共 12 个国家和国际组织的代表 107 人（其中外国代表 31 人）与会。会议获得联合国教科文组织和中国科学院约 33 万人民币的资助。中国国家科委、计委、教委、农业部、卫生部、电视部、航天部、建设部和电力部都派了司局级官员参加会议。

（6）1997 年 10 月，第十五届磁体工艺会议（MT-15）在北京国际会议中心举行。共有 19 国家的 471 位代表参加，其中外国代表 330 人，收论文 489 篇。严陆光所长为本会议国际组委会和中国组委会主席。会议设有展台，共有欧美和中国的 10 个单位参展。

（7）1999 年 10 月，受国际磁流体发电联络组的委托，电工所举办了第 13 届国际磁流体力学和高温技术会议。美国的 SESM、日本的磁流体发电协会、俄罗斯科学院高温研究所和意大利的 CNR 和 MHD 协会为会议的协办单位。88 人与会，其中外国代表 58 人。日本东京工业大学的盐田进教授（国际磁流体发电联络组主席）为会议主席。会议发表论文 117 篇。会后举行了法拉第奖的颁奖仪式，奖给美国前田纳西大学教授、电工所名誉研究员林颖珠博士。

（8）由电工所承办的第六届国际电机及系统会议（ICEMS'2003）于 2003 年 11 月在北京举行。中国电工技术学会、中国电机工程学会、韩国大汉电气工程协会和中国国家自然科学基金委为会议的主办单位。并由电机及系统国际会议指导委员会和国际电气与电子工程协会（IEEEIAS）协办。国际电机会议秘书长 B. Ertan 教授、韩国大汉电气工程协会副主席 Soo-Hyun 教授、及中国工程院院士陈清泉、饶芳权、唐任远和顾国彪等为会议的领导。共有 15 个国家的 179 位代表与会（其中外国代表 71 人），共收论文 248 篇，特邀报告 4 篇。

（9）第二届亚洲应用超导与低温工程技术会议（ACASC '2003）于 2003 年 11 月在北京举行。这是日本低温学会、日本制冷协会、韩国应用超导及低温学会、中国国家超导技术联合研究与发展中心共同发起的每年一次的国际会议。该会议得到中国电工技术学会和中国科学院的支持及国家自然科学基金委的资助。林良真研究员为大会主席。到会代表 104 人，其中外国代表 42 人。大会报告 12 篇，分会报告 40 篇，张贴报告 46 篇。

（10）由国家磁悬浮交通中心和中国科学院电工所合办的第十八届国际磁悬浮系统与直线驱动会议于 2003 年在上海举行，共 12 个国家的 260 人（外国 133 人）与会。参加会议人数为历届之最。会议发表论文 134 篇。严陆光院士为会议主席并做了"中国磁悬浮交通的发展"报告。

（11）2004 年 5 月，电工所还与中国科学院理化技术研究所合办了第二十届国际低温工程会议（ICEC 2003）。11 国的 328 人与会，发表论文 398 篇。林良真研究员为大会副主席和大会学术委员会主席。

（12）2007 年，国际太阳能大会（ISEC 2007）首次在中国召开，电工所承办，电工所孔力所长为大会执行主席。大会共收到学术论文 630 篇，61 个国家的近千位代表（其中，外国代表 686 人）参加了大会。大会设有 2 场大会报告、6 场专题报告和 56 场分组会报告。会议期间还举办了 11 个论坛。国际可再生能源展览会也同时举行。展览面积 6500 多平方米，有 21 家外国企业参展。大会的规模，提交的论文和参展企业的数量，都创了历届世界太阳能大会的最高纪录。

（13）2007 年 12 月，电工所和西北有色金属研究院共同承办了第四届亚洲应用超导与低温工程技术会议，林良真研究员任大会主席。中国、日本等五国的近 80 位专家与会（其中 40 位来自国外），就亚洲应用超导和低温工程领域前沿的研究进展和最新成就进行了交流。

2. 参加国际合作

从 1985 年起，外事工作的重点已由一般性交流转向广泛开展国际科技合作。为此，在磁流体发电、超导磁体技术、新能源及可再生能源等方面先后开展了多种形式的国际合作。

1）磁流体发电研究

（1）"高相互作用磁流体发电流体力学研究"（1986 年 7 月至 1988 年 7 月）是中国科学院同美国国家科学基金会的合作项目（简称"合作项目"），中国科学院电工所和美国田纳西大学空间研究所为双方执行单位。合作内容是利用美方计算机软件整理分析电工所二号磁流体发电机的实验数据。为此，美方以林颖珠教授为首的工作组分别于 1986 年和 1987 年两次到电工所参加合作试验，中方也于 1987 年和 1988 年派了 6 人次去美国工作，通过双方的共同努力，研究取得了巨大的成果，如在美国重要的核心期刊上多次发表了具有重要影响的文章。在 1987 年试验后，中国科学院技术科学部主任王大珩授予林颖珠教授电工所名誉研究员证书。这在电工所的历史上是第一次。

（2）因磁流体发电改造电站的研究已列入国家"863"计划中，为促进该项目的研究，继"合作项目"完成后，经主管部门批准，1988 年 12 月，电工所和美国田纳西大学空间研究所签订了"中美合作燃煤磁流体改造电站的概念设计研究协议"。美方提供人员、设备、装置、材料、生活供应和服务。双方修改美方现有的计算机系统代码，以适应一座典型的中国燃煤电厂的磁流体改造。而中方提供相应的资料。这次合作分两个阶段进行。第一阶段，由国家科委"863"办公室派了包括电工所在内的 9 人赴美工作 32 人·月，熟悉了美国改造电站的设计资料，掌握了美国的系统分析计算机程序，结合北京第二热电厂的实际情况进行了两个方案的系统分析计算研究；第二阶段从 1990 年初开始，国家科委"863"办公室再派人赴美国工作 30 人·月。最后提出了完整的概念设计报告，并就此报告在美国新奥尔良举办了国际专题讨论会。美国、日本、意大利、澳大利亚的专家出席了会议。这项报告对我国进行改进设计等有重要参考意义。为此，还专门请了中国科学院技术科学局局长张厚英参加此会。该项合作的费用全部由国家科委"863"办公室支付。

（3）1989 年初，苏联科学院通信院士、高温研究所所长巴捷宁（Батенин）及外事负责人应中国能源研究会邀请来华。在顺访了电工所后，表示愿在燃煤磁流体发电研究方面进行合作。11 月，由国家科委派了 5 人代表团访问了苏联科学院高温所，双方对中方提出的草案进行了讨论，并于当年 12 月在中国科学院电工研究所签订了《中国科学院电工研究所和苏联科学院高温研究所在燃煤磁流体发电领域的合作协议》。中国科学院副院长胡启恒会见并宴请了苏联客人。为执行协议，电工所于 1991 年派了 9 人代表团对苏联进行了考察，了解高温研究所磁流体发电研究情况。苏方也于 1991 年和 1992 年相继派团来华，介绍苏方磁流体发电研究情况，并对中方万千瓦燃煤磁流体蒸汽中试电站的设计进行评估。后因情况有变，合作也随之终止。

2）超导磁体技术

（1）为培养人才、学习国外先进技术，电工所和德意志联邦共和国电子同步加速器实验室合作，1985~1989 年，先后派出 20 多人参加德方质子加速器环超导磁体的检测工作，其费用由德方支付。

（2）和苏联科学院高温所合作。为我国万千瓦燃煤磁流体中试电站的建设，电工所研制成了我国最大的超导磁体。但当时电工所不具备试验条件。经和苏联高温研究所协商，苏方同意为该磁体的实验提供条件。该磁体的试验于 1993 年完成。

（3）按电工所和韩国朴项大学间的合作协议，电工所于1994～1995年为韩方研制一套船舶推进用超导磁体系统，韩方支付10美元的研制费。

3）阿尔法谱仪永磁磁体——中美空间领域的合作

按中国科学院应用研究与发展局和美国麻省理工学院核科学实验室的协议，中国科学院电工研究所为美方研制二套阿尔法磁谱仪永磁磁体（AMS01）。1996年11月交第一套（初样）供地面试验用，1997年3月交付第二套磁体（正样），运往瑞士的苏黎世联邦高等工业大学测试，1998年5月29日发射升空。该磁体获得了1999年中国科学院科技进步一等奖和2000年国家科技进步二等奖。从2000年起，该所又参加了阿尔法磁谱仪超导磁体（AMS02）的国际合作。

4）人工生物肝的研制

这是经中澳政府主管部门的批准，由澳方的悉尼大学和中国科学院电工研究所共同承担的合作项目。从1999年起，中方负责人工生物肝支持系统——专用生物反应器及控制系统的研制。澳方为此提供20万澳元的经费。院、所也提供了相应的匹配经费。该项目于2000年12月完成。

5）数控系统

由德国科技部部长奖学金资助，从1994年起，电工所和联邦德国弗朗霍夫学会的生产设备与设计技术研究所开展了"基于工业PC机计算机数控系统"的合作研究。5年间，电工所先后派出4人连续在德国工作。经过前二年的工作，中方完成了实施多任务数控软件平台的开放式体系结构设计，初步实现了软件平台，并在此平台上开发了激光切割和异型螺杆铣数控系统。此成果于1996年6月10日通过了中国科学院应用研究与发展局组织的验收。

3. 来访和出访活动

电工所1985～2007年来访、出访活动情况见图5-4。

1985年，出访12人次。主要是参加了在瑞士召开的第九届国际磁体工艺会议和在匈牙利召开的微机应用会议，派人赴美国进行快脉冲技术考察以及参加了联邦德国电子同步加速器实验室（DESY）的合作研究工作。同时邀请了DESY的负责人B. Week教授、美国蒙大拿州立大学磁流体发电专家J. Rose教授及夫人、法国萨克莱核研究中心超导磁体组负责人H. Deportes博士、日本电子总公司高级技术人员田中一光和日本佐贺大学超导电机专家牟田一弥教授以及西柏林工业大学电机专家D. Naunin教授等来访，还接待了院请客人、荷兰埃茵霍温大学磁流体发电专家L. Rietjens教授和日本新能源代表团（17人）等共32位外宾来访。

1986年有29人次出访，其中，13人次参加会议：意大利的磁流体发电会议、美国的国际电子束、离子束和光子束会议、苏联的第八届国际电加工学术讨论会、日本电气工程学会86年会、日本的NDG用户协会年会和第九届国际磁流体发电会议、瑞士

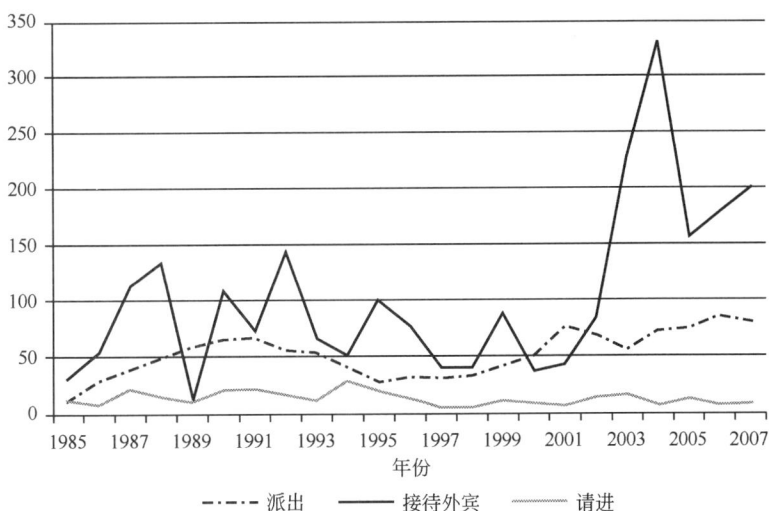

图 5-4　派出、请进及接待外宾历年变化图

的国际未来加速器委员会超导磁体会议和捷克斯洛伐克的国际低温工程会议；赴香港进行变形束考察的 3 人次；去 DESY 工作的 6 人次；去日本、中国香港、美国、比利时参加技术培训的 7 人次。邀请了美国田纳西大学林颖珠教授等 3 人来华从事磁流体发电合作研究。还请了美国威斯康星—麦迪逊大学应用超导专家 V. Sciven 教授和 Oak Ridge 国家实验室磁体和应用超导负责人 M. A. Lubell 教授、联邦德国卡尔斯鲁厄核研究中心超导专家库彻拉和夫人，还接待了院请客人、日本东京工业大学磁流体发电专家桦岛成治教授等共 54 位外宾。全年支出外事费用 13 万元。

1987 年，全所出访 39 人次：4 人分别参加了联邦德国第五届国际高电压工程讨论会、美国第三十届国际电子束、离子束和光子束会议和第十届国际磁体工艺会议，去联邦德国 DESY 工作的有 5 人次，考察苏联、美国磁流体发电的 4 人次，去香港考察计算机应用、电子束曝光技术的各一人，赴日考察机电一体化的 2 人，赴美国参加研究工作的 3 人等。包括会议，全年接待外宾 113 人。其中，因应邀到所讲学访问有日本电子综合研究所超导室负责人大西利之（T. Onish）、美国蒙大拿州磁流体发电中心的谢里克（J. M. Sherick）、联邦德国卡尔斯鲁厄核研究中心执委克鲁斯（W. Close）教授、美国康乃尔大学电机系主任纳森（J. A. Nation）教授及参加磁流体发电合作研究的林颖珠教授等 3 人。还接待了院请客人日本东京工业大学磁流体发电专家山岬裕之、罗马尼亚布加勒斯特工学院电机专家 R. Magureanu 教授、中国电工学会请的客人英国纽卡斯尔大学 M. Harris 教授和国家科委请的客人美国以麻省理工学院（MIT）的 J. Beer 教授为首的燃煤科技代表团一行 7 人。全年支出外事费用 11.3 万元。

1988 年出访 49 人次，其中，参加美国应用超导会议（ASC'88）的 3 人，参加意大利国际电机会议的 4 人，参加联邦德国第七届国际高功率离子束会议 1 人，参加法国第四届国际电子束、激光束焊接和融化技术会议的 1 人；3 人赴美国参加磁流体发电合作研究，4 人去联邦德国 DESY 短期工作，2 人去法国参加永磁电机的合作研究等。全年接待了 135 人次（包括会议）外宾来访。应邀来华讲学访问的有联邦德国卡尔斯鲁厄核中心技术物理研究所所长考马雷克教授、斯密特（C. Schmidt）博士及周光召院长会见并院请的该中心执委 W. Klose 教授，苏联科学院高温所超导室主任 V. A. Tovma 博士，法国贝尔福特大学校长让·皮埃尔·培雷内尔（J. P. Perenel）教授，日本东京工业大学磁流体发电专家原田信弘博士。还接待了院请客人日本新能源考察团一行 9 人。全年外事支出 20 万元。

1989 年，因受 1989 年政治风波的影响，应到访的欧美专家全部取消了计划。来访客人主要有以苏联科学院高温研究所副所长斯·特·毕希科夫（C. T. Пищиков）为首的磁流体发电代表团 5 人，中国科学院副院长胡启恒会见并宴请了该代表团。还有朝鲜科学院电器所电机考察组 3 人，南斯拉夫能量转换考察组 2 人。全年出访达到创纪录的 60 人次。主要参加了日本第九届国际电加工会议、第十一届国际磁体工艺会议和国际太阳能会议，美国第五届冲击波碎石术年会，印度第十届国际磁流体发电会议，世界实验室讨论会和脉冲磁流体发电用于地球物理研究讨论会。这一年支出外事费 22.5 万元。另外，所公司研制的体外冲击波碎石机首次出口到巴基斯坦、中国香港和泰国。民主德国卫生部副部长到所公司参观，非洲塞内加尔驻华大使从医院跟到所公司参观该机器。

1990 年的外事活动的特点是对苏联的交流猛增，执行双边协议和来华签订合作意向书的占了主要位置。这一年，应邀来访的外国专家达 9 批 21 人次。受 1989 年政治风波的影响，计划请进的美国和西欧的学者无一来访。全年接待了约 110 位外国来访者。主要的有所请客人苏联科学院列别捷夫物理研究所超导专家卡拉西克（B. Карасик）等 2 人，苏联科学院高温研究所超导专家岑凯维奇（B. Б. Зенкевич）等 4 人及磁流体发电专家泽依伽尔尼克（B. A. Зейгарник）等 2 人，苏联列宁格拉工学院的电机专家帕甫洛夫（Г. М. Павлов）教授等 2 人；院请客人罗马尼亚电工部电工研究所的电机专家 Mrs. Victoria Tanasescu 等 3 人，日本横滨大学的冢本勇教授、佐贺大学的牟田一弥、电子综合研究所的大西利之、东京大学的卯本重郎和石川本雄、山梨大学的向山芳世及法国 Saclay 核中心超导专家 J. C. Lottin 等。派出 66 人次。参加了美国应用超导会议、美国碎石协会第四届年会、第四届国际电机会议、第三十七届国际科技交流会议、第六届体外冲击波碎石术研讨会和第八届高功率粒子束会议，日本超导体稳定性讨论会，意大利第二届国际磁流体发电改造现有电厂讨论会和国际磁流体发电联络组会等。这一年，从事经贸活动的出访人数达到创纪录的 20 人次。为适应形势的发展，对原外事规定做了适当修改，再次印发了电工所涉外的几项规定。全年支出外事费 22.2 万元。

1991 年，全年派出和请进总人数达到 87 人次，为历年之最。其中，派出 35 项 67 人次，完成计划的 94.9%；请进 6 项 22 人次，完成计划的 66.67%，也是情况最好的一年。接待顺访客人 50 人次。支出外事费用（不包括所公司）约 25 万元。请进来华的全为苏联客人。主要的有以苏联科学院高温研究所副所长毕希科夫（С. Т. Пищиков）为首的 6 人代表团，以苏联科学院院士、全苏电机研究所所长格列波夫（И А Глебов）、苏联科学院通讯院士达尼列维奇（Ю Б Данилевич）等三位电机专家组成的学术交流组、以苏联科学院高温研究所岑凯维奇 V. B. Zenkevitch 为首的 4 人超导访问组和以乌克兰科学院院士、电动力研究所所长夏斯特里维（Г Г Щястливы）为首的 4 人讲学访问团等。派出人员中，27 人次为所公司经贸和机器维修人员，8 人为执行协议。派出参加国际会议有澳大利亚"第二十七届国际磁流体联络组会议"、意大利"磁流体发电超导磁体讨论会"、日本"国际超导磁流体船舶推进会议"和"第三届国际等离子体会议"、美国"第二十九届磁流体发电会议"和"第二十一届太阳能会议"、苏联"国际闭环磁流体发电学术研讨会"以及为考察磁流体发电而经国家科委派出的 9 人访苏代表团。

1992 年，出访 56 人次，接待各种来访者 145 人次（包括来华参加会议人员），支出经费 26 万元。为审查电工所 25MW 磁流体发电试验电站可行性研究报告，苏联科学院高温所副所长毕希科夫（S. T. Pishikov）和该所磁流体发电负责人索科洛夫（Ю. Н. Соколов）来所短期工作；为讨论大鞍超导磁体试验，该所 V. Zenkevich 等 4 人再次来华访问。应邀来电工所访问的还有苏联电工研究所的维尼茨基（Ю. В. иницки）等 2 人，俄罗斯科学院技术物理研究所的库拉金（Б. П. Кулагин）、化学物理研究院能源问题研究所的阔尔东（Е. Б. Кордон）及磁流体发电会议后顺访的大批俄罗斯科学家。另外，日本信州大学的山田一教授、胁若弘博士，日本京都大学的原武久副教授，联邦德国柏林理工大学的 D. Naunin 教授等也相继来访。这一年，出访俄罗斯、乌克兰考察的有 20 多人次，为历年少见。参加的国际会议有美国焊接学会第十三届年会，美国应用超导会议，美国碎石术协会第六届年会，美国第三十六届国际电子束、离子束和光子束会议，日本的国际交流超导应用会议，意大利的第二十八届国际磁流体发电联络组会等。这一年，由第三世界科学院资助，电工所首次接待了伊朗学者菲兹博士到所电机研究室进修。另外，对所外事规定进一步做了修改，对年度出访次数等做了规定，强调了外事审批的"一支笔"，印发了《电工所短期出访和来访的有关规定》。

1993 年，派出 54 人次，请进 12 人次，加上顺访者，共接待来访外宾 67 人次，支出外事费用 22.5 万元。请进来访的主要是经贸人员。来华进行学术访问的只有乌克兰科学院脉冲过程和工艺所的佛甫钦科（А Вовтченко）和切夫茨（И Чевц）2 人。另外，日本汤浅电池株式会社中央研究所的松本完等 3 人到所进行电源逆变技术考察。

1993 年派人参加了美国第三十七届国际电子束、离子束和光子束会议、国际磁流体发电工程会议，国际低温工程和国际低温材料会议，德国的第二十一届气体电离会议，加拿大的第十三届国际磁体官员会议，法国的世界太阳能高级会议（随周光召院长出访）等。并首次派人参团赴澳门大学讲学。

1994 年共派出 42 人次，请进 29 人次，加上顺访的，共接待外宾约 50 人次。支出外事费用约 45 万元。请进客人有来华参加磁流体发电试验的两位美国人、一位日本人，来华装调液氧系统的来自俄罗斯理论与试验物理所的 5 位客人和来自高温所装调超导用低温设备的 6 位客人。还有来所参加船舶推进用超导磁体系统合作研究的 2 位韩国浦项大学的客人以及应邀来所讲学访问的法国 Belfort 大学副校长 J. M. Kauffmann 教授和 P. A. Porcar 教授等。出访人员参加了美国的第三十二届工程磁流体力学会议，日本的磁流体发电联络组会议和亚太超导应用会议，意大利的第十五届国际低温工程和国际低温材料会议，瑞士的空间探测器磁体会议，法国的国际电机会议和马来西亚的 1994 年亚太可再生能源会议等。

1995 年派出 27 人次，参加了七个国际会议："美国低温工程和国际低温材料会议"、美国"第三十三届国际磁流体发电工程会议"和"国际电工委员会 1990 年技委会第三次会议"、德国"第十四届国际磁浮会议"和"第十四届国际磁体工艺会议"及巴基斯坦"亚太地区太阳能专家会议"。赴阿根廷、印尼和厄瓜多尔从事商务活动的有 7 人次，去英国、德国、罗马尼亚、乌克兰、俄罗斯和美国考察的有 6 人次。请进来访的 20 人次。主要的有俄罗斯科学院高温所来电工所装调氢液化器的 7 人，韩国来所商讨船舶推进用超导磁推进系统合作细节的 6 人，美国田纳西大学利用电工所磁流体发电装置进行遥感诊断传感器试验的 3 人及韩国来所考察的 4 人。加上参加国际会议的代表等，这一年共接待外宾 102 人次。全年支出外事费用 16 万元。

1996 年派出 24 批 32 人次，参加的国际会议主要的有七个，即加拿大"第一届国际世界能源系统会议"，日本"第十六届国际低温工程和国际低温材料会议（IECE '16）"、"东南亚太阳能会议"和"第十二届国际磁流体发电会议"，"美国 1996 年应用超导会议"和美国"第四届国际太阳能会议"以及津巴布韦的"世界太阳能高级峰会"等。应邀来访的客人有四批 13 人次，即俄罗斯科学院高温所来华装调设备的二批 6 人，美国为阿尔法谱仪磁体合作来访的二批 6 人（包括丁肇中本人）以及日本东京工业大学磁流体发电专家盐田进教授。另外还接待了顺访客人 64 人次。全年支出外事费用 17 万元。

1997 年出访 31 人次，主要是参加韩国"1997 年世界太阳能大会"，日本"沙漠地区大型光伏电站研讨会"，瑞士"阿尔法谱仪磁体会议"，"美国第三十二届学会间能量转化工程年会"，"美国第三十四届工程磁流体力学会议"和"世界电动汽车大会"及"美国低温工程和国际低温材料会议"等。同时，就磁浮列车技术经济问题分别考察了德国和日本。全年请进5人，其中有来华参加船舶推进用的超导磁体试验的韩国浦项大学朴秀用和孙永旭，日本京都大学磁流体发电专家石川本雄和德国布瑞克大学从事超导磁浮车模型研制的 H. Benecue 等。全年接待外宾约40人次。

1998年出访33人次。其中，考察磁浮列车、太阳能光伏系统、电动汽车、微电子专用设备的9人次，参加国际会议的有9人次。参加的国际会议有英国"国际低温工程会议"，土耳其"高级电机会议"和"美国第四十二届电子束、离子束和光子束会议"。全年请进5人，均为公司项目。全年接待外宾约40人次。

1999年有41人次出访，其中，出国考察的28人次。参加的国际会议有加拿大"低温工程和国际低温材料会议"，瑞士"欧洲电力电子及应用会议"，泰国"国际可再生能源教育和培训研讨会"及美国"第十六届国际磁体工艺会议"。赴日本从事磁流体船舶推进试验的有5人，公司出访8人。请进11人，主要的有日本神户船舶大学的 K. Nishigaki 夫妇。全年接待外宾约90人次。

2000年共派出51人次，参加了13个国际会议和博览会，主要的有法国"第三十三届国际大电网会议（CIGRE）"，芬兰"国际电机会议（ICEM'2000）"，德国"2000年欧洲微纳米工艺国际会议"，印度"第十八届国际低温工程和国际低温工程委员会会议"，墨西哥"亚太经合组织能源研讨会"和"美国应用超导会议（ASC'2000）"等。赴日本、德国和美国考察高速铁路、磁浮列车和可再生能源的有7项12人次。请进9人次，全为公司项目。

2001年派出45项77人次，其中参加国际会议21项19个会议。主要的有"美国交通运输研讨会"，法国"第十二届 IEEE/SEMI ASMC 国际会议"和"微纳米工程国际会议（MNE'2001）"，俄国"第三届磁流体力学空间应用学术讨论会"，分别在美国、英国、瑞士和法国举行的"阿尔法磁谱仪磁体技术研讨会"，美国"2001年低温工程和国际低温材料会议（IEC/ICMC'01）"，瑞士"第十七届国际磁体工艺会议（MT-17）"，德国"第十八届国际电动汽车会议（EVS-18）"和意大利"第六届国际磁悬浮技术与应用会议"、"第十七届欧洲太阳能光伏会议"，加拿大的"2001IEEE/CEIDP 会议"，印度"第十三届第三世界科学院全体会议"及香港"电工领域创新技术交流会"和"第八届亚洲铁路会议"等。从事各种技术考察的有9项20人次。从事合作研究、技术交流及短期培训等共10项15人次。从事商务活动的5项8人次。请进来访从事学术交流的有3项6人次，即美国 MIT 的超导专家 Yukikazu Iwasa 和 Yoneko Tonita，德国磁悬浮专家 Manfred Wackers 和韩国从事废热利用研究的专家 Lee Ki Woo 等三人。

2002年全年出访69人次，出访仍以参加国际会议为主。全年参加的国际会议24个，主要的有英国"AMS 超导磁体技术研讨会"和"第十七届国际磁悬浮系统和线性驱动会议"，美国"第三十三届国际等离子力学会议"（AIAA）、"美国三束会议"

（EIPBN'2002）、"第三十七届国际能量转换工程会议"（IECEC'2002）、"第七届国际交通新技术应用会议"、"美国应用超导会议"（ASC'2002）、"第二届国际生物医学工程和生物工程会议（2nd EMBS-BMES)"、"第二届北美高技术项目和人才交流会议"，加拿大"第二十四届国际生物电磁年会"，瑞士"第十九届国际低温工程会议"（ICEC'19）和"第十七届 MAGLEV'2002"，比利时"第十五届国际电机会议"（ICDM'2002），巴西"国科联会议"、韩国"第十九届国际电动汽车会议"（EVS'19），西班牙"可再生能源技术交流会"等。请进来访的共10项14人次，其中从事学术交流的有韩国核聚变研发中心从事超导研究的专家 Keeman Kim 和 Woo Ho Chung，日本高能所的超导专家平林洋美及夫人。

2003年派出34项56人次，其中参加国际会议的20个37人次，出访考察9项9人次，其余的为进行技术交流和合作研究人员。请进13项16人次。全年支出往事费用217.4万元。参加的国际会议中主要的有美国"超导电力技术研讨会"、"2003年低温工程和国际低温材料会议"及"第二十届国际电动汽车会议"，日本"亚洲光伏发电研讨会"、"第十八届国际磁体工艺会议和"第七届国际磁悬浮技术研讨会"，英国"第四届全电船舶技术国际会议"和"第四届国际直线驱动工业应用会议"，澳大利亚"中澳应用超导技术研讨会"，新加坡"第五届 IEEE 国际电力电子及驱动系统会议"，瑞士"AMS 技术研讨会"和德国"超导磁体技术研讨会"。来访客人主要的有德国可再生能源专家 Hams Joerg Gabler、日本筑波大学磁流体动力学能量转换专家 Ishikawa 教授、英国的超导专家黄厚诚先生和美国俄亥俄州立大学电动汽车专家徐隆亚教授等。

2004年派出73人次，其中参加国际会议25个共58人次，创电工所历史之最。主要的国际会议是：美国"第四十八届国际电子束、离子束、光子数和纳米制作学术会议"、"2004应用超导会议"和"2004 IEEE/CEIP 国际会议"，法国"第五届磁载体在科学和临床中的应用会议"，比利时"第五次中国-欧盟能源合作大会"，德国"国际可再生能源会议"，加拿大"磁共振磁体技术研讨会"，日本"第十七届国际超导体会议"和"第二届亚洲应用超导和低温技术会议"，瑞士"阿尔法磁谱仪技术研讨会"，韩国"2004国际电机与系统会议"和"国际太阳能学会2004亚洲太平洋地区会议"等。请进的有6项7人次。主要的客人有美国俄亥俄州立大学的徐隆亚教授、日本东京工业大学磁流体推进专家山岬裕之教授和夫人以及德国马普协会的 Yong Kong 先生等。这一年自办和合办了三个国际会议，所以接待的外宾达到创纪录的332人次。支出外事费338万元。

2005年出访75人次，其中63人次参加了35个国际会议，主要的有美国"2005国际科学计算会议"、"2005年世界太阳能大会"、"第四十九届国际电子束、离子束、光子束和纳米制作学术会议"、"第四届国际紫外光刻会议"、"2005国际电机与电力电子驱动会议"、"2005国际脉冲功率会议"和"SPIE 国际光学会议"，芬兰"脉冲功率会议"，日本"第七届国际光掩模和下一代掩模技术会议"、"2005 国际电绝缘材料会议"、"第二届亚洲应用超导和低温技术会议"、"第五届国际直线驱动工业应用会议"和"第十八届国际超导体会议"，韩国"中国 – 韩国可再生能源技术研讨会"，香港"2005 年度 IEEE 国际工业应用第四十届年会"，爱尔兰"国际生物电磁学 2005 年年会"，奥地利"超导材料会议"，澳大利亚"微电子、微系统纳米技术国际会议"，德国"国际可再生能源会议"和"中 – 德应用超导技术研讨会"，意大利"第十九届国际磁体工艺会议"，西班牙"中国 – 西班牙太阳能技术研讨会"，法国"第三届趋磁性细菌的生成功能与应用会议"，俄罗斯"第十五届国际磁流体能量转换会议"，英国"第五届国际直线驱动工业应用会议"，瑞士"阿尔法磁谱仪技术研讨会"和中国台湾"海峡两岸可再生能源技术研讨会"等。这一年应邀来访的有 7 项 12 人次，其中来华从事学术交流的有美国 MIT 的 Yukikazu Iwasa，参加光伏/燃料电池互补电站工作会议的有意大利 S. P. A. 能源技术公司的 Eucherio Bricca 等 3 人，来华授课的有美国的徐隆亚教授等 4 人。加上顺访客人，全年接待外宾 156 人次。支出外事费用 220 万元。

2006 年出访 86 人次，参加国际会议 28 个共 55 人次。主要国际会议有美国"2006 IEEE 功率调节器会议"、"第五十届电子束、离子束、光子束和纳米制作学术会议"、"美国应用超导会议"、"2006 生物医学成像会议"，日本"国际光掩模程序会议"、"第五届国际材料加工会议（EPM'2006）"、"第九届国际电机及系统会议（ICEMS）"和"国际能源与全球变暖会议"，意大利"中—意可再生能源与节能建设研讨会"，瑞士"阿尔法磁谱仪技术研讨会"，德国"国际电磁发射会议"、"第二十一届欧洲光伏会议"、"第十九届磁悬浮系统及直线驱动国际会议"，捷克"2006 国际低温工程和低温材料会议（ICEC'2006）"，英国"第七届带电粒子光学会议"，希腊"国际电机与系统会议"，巴西"第三世界科学院院士大会"等。这一年邀请来访 5 项 7 人次，其中，来华从事合作研究的有美国俄亥俄州立大学的徐隆亚教授，有第三世界科学院资助来华短期工作的乌兹别克斯坦物理技术所的 Ahatov Jasurjon 和从事 AMS 技术交流的英国人 K. T. Collins，M. Mason 和意大利客人 E. Bricca、R. Barile。加上其他来访者，全年接待外宾 178 人次。

2007 年共 44 批 81 人次出访，参加国际会议 25 个，主要的有美国的第二十届国际磁体工艺会议（5 人），第二十三届国际电动汽车大会（EVS'23），第二十届国际磁体工艺大会科学程序委员会会议（1 人），2007 脉冲功率及等离子体科学会议（1 人），第十六届磁流体能量转换会议（2 人），王宽诚国际会议（1 人）；日本的中日能源合作研讨会（2 人）第十四届光刻和掩模技术国际会议（1 人），中日磁悬浮交通技术研讨会（2 人），2007 年度微纳机电一体化和人工智能科学国际论坛（2 人），第二十届国际超导研讨会（1 人）；奥地利的第十九届电力输送国际会议（2 人）；比利时的第八届欧洲超导会议（1 人）；丹麦的中国—丹麦环境与可再生能源论坛（1 人）；德国的国际标准技术委员会 2007 年工作会议（1 人）；法国的联合国国际科学联合委员会会议（1 人）；韩国的 2007 年度国际电机及系统会议（17 人）；葡萄牙的第十七届国际近海与极地工程会议（1 人）；瑞士的空间反物质探测器技术讨论会（1 人）；意大利的第二十二届欧洲光伏会议（1 人）；印度的国际可再生能源组织会议等。这一年，该所接待了各种来访外宾 50 多批 200 余人次。

电工所建所以来的外事活动，在初期主要围绕苏联等社会主义国家展开活动。改革开放以来，电工所在开展研究项目的过程中，与世界各国的同行建立了日益广泛、紧密的联系，通过学术交流，增进了相互了解，使本所的研究工作尽快与国际科技发展接轨，并在国际科技发展的前沿开拓新的研究领域，有力地促进了将电工所建设成世界一流研究所的进程。如今，全所的外事活动正以全面健康的态势向前大步迈进。

第四节　科技队伍建设

电工所作为中国科学院内唯一从事电气工程学科研究的专业研究机构，其使命之一便是建设一支高素质、结构合理的电工学科人才队伍。建所以来，历届所党委和历任所长都将全所队伍的建设和人才培养列为一项重点工作，其日常具体工作则由人事教育职能机构（早期的人事科，后来的人事处，现今的人教处）承担。

50 年来，电工所坚决贯彻落实执行国家和中国科学院在不同时期提出的关于队伍建设和人才培养方面的方针政策，并始终把科技队伍的建设放在全所队伍建设的首位来抓，与时俱进，并不断改革，逐步建成了一支由科研、管理、支撑、服务等团队组成的能满足全所工作需要的工作队伍，培养了一批批后备人才，为电工所的持续发展提供了保障，为我国电工事业的发展做出贡献。

科技队伍建设是电工所工作的重要组成部分，在电工所的发展进程中，科技队伍建设和研究生培养经历了不断发展和完善的历程。

一、初建科技人才队伍（1958～1963）

1958 年电工所筹建之初，全所职工共百余人，其中有 67 人来自中国科学院长春机电研究所，包括科研人员 47 人，党政干部 12 人，技术工人 8 人，他们是筹建电工所的领导和骨干力量。这是电工所的第一支科技队伍。

筹备期间，电工所的科研工作迅速开展并逐步发展。大量应届毕业生逐年入所，根据国家政策所里吸收了近一百人的转业干部与战士，同时引进了一批留学归来的高层次人才，招收了一批知识青年。1960 年后，职工总人数发展到 300 余人。随着电工所规模的不断壮大，20 世纪 50 年代入所的大学毕业生成长为电工所各研究室及各课题组的领导与业务骨干。

在筹建初期，职工的在职教育便得到领导的重视，有效地开展起来。这期间，每年都举办全所性的专业基础学习班，包括数学、电工基础、外文等课程。主要对象是初级科技人员和实验系统人员，也有部分管理干部参加学习。人事部门与图书情报资料室联合，举行专门讲座，向青年科技人员介绍本所藏书以及查询资料的方法。为机关干部组织了一系列的科普讲座，让管理人员更好的了解全所的科研情况，主动地为科研工作提供服务。根据工作需要，组织部分科技人员到高校相关专业听课。鼓励职工结合工作需要，开展业余自学。上述各项措施激励了全所职工的学习积极性，白天紧张工作，夜晚刻苦攻读，全所学术气氛浓厚，提高了职工的业务素质，为日后科研队伍建设打下了坚实的基础。这段时期，对科技人员的业务考核也提上了日程，准备实行淘汰制，但在"文化大革命"期间夭折。

1960～1961年，在国家困难时期，根据国家"精简人员"的政策，工厂工人精简掉近200人，其中绝大多数是转业战士，电工所的职工人数锐减到200余人，但原有科技人员数量保持稳定并略有补充。

二、完整科技队伍体系的建立（1963～1978）

1963年，经过五年的筹建，电工所正式成立，进入成长时期。"文化大革命"以前，专业科研队伍基本形成。但在长达16年时间里，因所的科研方向任务调整及"文化大革命"冲击等多种因素的影响，电工所的人才队伍建设在此期间发生了一系列的变化。

这段时期，根据中共中央1961年颁布的《国家科委党组、中国科学院党组关于自然科学研究机构当前工作的十四条意见（草案）》（简称"十四条"）和中国科学院1961年制定的《中国科学院自然科学研究所暂行条例》（简称"七十二条"）的规定，电工所将已基本定型并逐步成长的科技队伍划分为三个系统：研究系统、技术系统和实验系统。对科技人员定向培养和使用，进一步激发了科技人员的工作积极性和学习热情，科技队伍的结构渐趋合理。当时，在这支科技队伍中，青壮年科技人员是主体，只有为数不多的高级研究人员，主要的学科带头人有：韩朔、胡传锦、廖少葆、陈首燊、那兆凤，以及留学归来的鲍城志、杨昌琪等。这期间，研究机构由电工所直属的大课题组发展成研究室，相关的支撑机构也逐步完善。至1966年，全所职工人数又发展到300多人。

1964年至1966年初，全所有一百多人分批参加了河南省的"四清"运动，其中科技人员占90%，有的科技人员连续参加了两期"四清"运动，历时近两年，对科研工作产生了不利影响。1966年6月，"文化大革命"波及电工所，科研工作受到了干扰，近三分之一的科技人员受到冲击。1967 年初，造反派组织"夺权"；1968 年成立"革委会"，随着电工所被国防科委接管，实行军管，将原来的各科研、行政、工厂等单位，按军队建制，改建成六个连队，打乱了已有的科研秩序。在当时困难的环境中，全所科技人员一边"搞运动"，一边坚持科研工作。从总体上看，原有的科技队伍尚未发生重大变化。但因国防科委接管后，拟将研究多年并卓有成效的电加工研究转到产业部门，使从事电加工研究的科技人员的工作热情受到打击。在"文化大革命"期间，从 1970 年后，没有本科以上毕业生补充科技队伍，出现了科技人才的断层。

1978 年，全国科学大会召开，科学事业发展重新步入正轨，科研队伍建设提上了新的日程。电工所由北京市回归中国科学院后，在所党委和赵志萱所长的领导下，采取各种措施来调动科研人员的积极性。政治上，拨乱反正，为"文化大革命"中受到冲击的 103 位干部和科技人员平反；生活上，解决了很多职工的个人实际困难；工作上，开辟了新的研究领域，为科研人员创造工作条件。这期间，由电工所牵头，会同力学所，联合调研太阳能热发电项目，并于 1979 年 3 月，成立了太阳能发电研究室，向中国科学院提交了研究电子束扫描曝光技术的开题报告。另外，图书馆、资料室这两个为科研服务的支撑部门合并改称为第十研究室。自此，电工所的十个研究室科研体系正式恢复起来。任命的各个研究室的领导由两部分人员构成，"文化大革命"中受冲击的领导重新走上岗位，一批中年科技骨干担任了领导。此时，本着"请进来，走出去"的方针，电工所恢复了与国外进行学术和人才交流，加强了对科技人员的培养。

三、科技队伍的恢复整顿与快速发展（1978～1993）

1979～1993 年，是电工所人才建设的关键时期。国家经历了从计划经济到市场经济的巨大转变，传统的人事制度也在这种大环境下进行了改革，培养人才，为人才服务，促进科技转化成为这一时期的重点和中心。

"文化大革命"之后，恢复执行正确的知识分子政策，重视和发挥科技人员的作用，围绕出成果、出人才整顿和培养科技队伍。1978 年中共十一届三中全会胜利召开后，全党工作转移到经济建设上来。1979 年电工所向院党组递交了《电工所实现以科研为中心的战略转移的工作意见》，并下达全所执行。所领导对已构建成的十个研究室进行了"三定"工作（定方向、定任务、定人员）。为激励和调动所内科技人员的积极性，采取了多方面的措施。首先针对对外交流的需要，加强了外语培训；解决了二十多位科技骨干夫妻两地分居的在京安家落户问题；提高了职工的工资水平，恢复了技术职称评定，实行了专业职务聘任制。

自 1978 年恢复专业技术职称评审制度到 1983 年间，电工所共提升研究员 1 名，副研 28 名，高级工程师 3 名，情报副研 1 名，高级馆员 1 名，管理副研 1 名，助研 159

名，工程师88名，中级技师41名，馆员3名，会计师5名，医师和护师共4名；定职助理工程师55名，初级技师39名。在1983年10月到12月，电工所遵照中央职称评定工作领导小组的指示及中国科学院的相关部署，进行了整顿职称评定工作。

三位正副所长赵志萱、韩朔、杨昌琪，根据"文化大革命"之后全所各类人员的业务知识状况，在努力制订和落实电工所的科研规划和方向任务的同时，大力推动在职人员培训工作。为加强学术交流和提高研究水平，针对全所外语水平较差的现实，赵志萱所长亲聘英语教师，在1978年使英语初、中、高级口语班以最短的筹备时间先后开班授课。韩朔副所长分工负责人才培养，并亲自开设日语班登台授课。杨昌琪副所长上任后，根据电工所实际情况制定了《出成果出人才是研究机构的中心任务》，提出了本所出成果出人才的方向目标和计划措施，指出电工所要在科学实验的实践中造就人才。因此，培养在职科技人员，包括技术工人等，成为此时电工所科技队伍建设的重要任务。

针对所内学习对象的需要，开办各种内容和方式的学习班、讲座等。主要内容包括三个方面：①专业知识（结合各研究室的方向任务，补充和更新相关的专业知识）；②外语（普及和提高）；③基础知识（补学基础课）。讲座注重实用性，内容包括科技文献查找、进口精密贵重和统管通用仪器的使用、科研管理、财会等。采取分脱产、半脱产、业余及到高校听课、进修等多种方式。1978～1985年，电工所共举办学习班74个，培训人员2636人次。

1979年，随着员工增多和对外开放，培养科研人才的方式主要转为派青年人才出国留学，派中青年骨干出国培训。1977～1985年，派往美国、欧洲诸国、日本、加拿大等进修磁流体发电、超导技术、微电子束技术、微特电机、脉冲放电、空间技术、太阳能发电、计算机技术等专业的人员，总计36人；组织部分高级、中级科技人员出国考察与参加学术活动，请外国同行专家来本所进行学术交流，共派出56人次，请进外国同行173人次。

1984年，电工所贯彻中国科学院提出的"一院两制"的办院方针，实行"一所两制"，创办了电气高技术公司。该公司不断发展壮大，1988年后，约1/3的在编科技人员在所公司工作，使多项科技成果转化成产品，投放市场，创造了良好的经济效益，提高了电工所的知名度，同时还有效地分流了人才，缓解了电工所经费紧张的状况。

十年"文化大革命"造成电工所的科技队伍结构比例于严重失调。据1982年统计，高级、中级、初级职称人员之比为1：6.9：2.6，即两头小中间大。短时间达到合理比例很困难，需逐步改善。为此，电工所采取了多种措施：①较多地补充青年初级研究人员、技术人员和其他业务辅助人员；1982年开始招收新的本科毕业生到所工作，并有硕士研究生留所工作。②培养并适当提升一定数量的中年高级科技人员。③支持和鼓励某些科技人员向所外流动，精干科技队伍。④通过课题定编定员的人员编制改革,实行长聘、短聘、待聘、不聘(为长期病号者)的人事机制,促进所内人员流动。
⑤在专业职务聘任制实行中,严格执行人员比例、限额规定及聘任条件。1985 年以后,
电工所老一代专家陆续退休,一批中年科技人员担当起各个研究室的领导重任。随着
离退休人员不断增加,科技队伍的高中低人才结构得到一定程度的改善,但年龄结构
开始失衡。这期间,为了加强管理工作,还抽调了一部分科技人员到机关各处办工作。
到 1985 年下半年,电工所科技队伍的高、中、初人员比例为 1:5.6:2.4,"中间大,两
头小"的科技队伍结构不合理状况未能从根本上改变。

1986 年,电工所共有在职职工 649 人,其中科技人员 414 人、业务管理党政工作
人员 95 人、科辅与工勤人员 192 人。为了尽快提高整体职工的综合素质,在职教育工
作继续开展,1986~1993 年,所内每年都积极举办英语、计算机应用、电工基础方面
的培训班,鼓励职工参加院里开办的经营管理班、岗位培训班、技师培训班等,支持
职工进行继续教育的学习,参加职大、业大的学历教育,每年都有一定数量的职工顺
利毕业。同时注重高技术的研讨,1992 年申请中国科学院资助,成功举办"全国数控
技术高级研讨班"。

1985~1993 年,进入了人事改革的深化改革阶段。首先随着中国科学院行政领导
体制的调整,所的行政领导体制发生了变化。1985 年 9 月,实行所长负责制,重新启
动职称评定。

1985 年展开了"工资制度改革"和"专业职务聘任制"两项试点工作。当年 8
月,作为中国科学院"专业职务聘任制"十个试点单位之一,完成了电工所第一批专
业职务聘任工作,调动了广大科技人员的工作积极性。从此,专业职务聘任工作走向正
常化,从 1986 年起,每年均进行研究员及其他专业职务评审。1986~1992 年,先后有
胡传锦等 30 多位科技人员被评为研究员,使电工所的研究员总数达到 32 人。1991 年
10 月,严陆光当选为中国科学院学部委员(院士),1992 年又被聘为乌克兰科学院院
士。1997 年 8 月,顾国彪当选中国工程院院士。

在科研管理制度方面,也更加注重个人主观能动性的发挥。1985 年实行了课题
组长负责制,采用经费登记本管理课题经费,大大增强了课题组长的责任感和提高
了自主权,并于 1992 年初,对全所研究组的设置做出了调整,重新任命了正副课题
组长。

四、科技队伍的代际转移 (1993~2007)

1993~2007 年,电工所认真贯彻"科教兴国"的精神,以中国科学院制定的"九
五"期间科技任务和到 2010 年科技工作的战略重点为指导,在十年改革已有成绩基础
上,充分发挥自身的特点和优势,完成所的战略定位和进入院知识创新工程试点。这

段时期，实现了科技队伍、学术带头人、研究所、研究室（部）、研究组及管理机构领导等各层次的代际转移。

20世纪90年代，"文化大革命"前参加工作的绝大部分人员都陆续离退休。在严陆光所长领导下，从1995年起，采取了一系列有力措施应对这一局面：任命了科技和行政所长助理；启用一批高学历的科技人员担任研究项目、课题组负责人；提拔了一批年轻同志到管理部门领导岗位。1999年所领导班子换届，孔力被任命为常务副所长，主持全所工作；2001年8月正式任命其为电工所所长。在一线科技队伍中，年轻的博士、硕士担当起学术带头人的重担，顺利地完成了电工所新老交替的平稳过渡。

为了尽快建设一支高水平、以中青年骨干为主、结构合理的科技队伍，随着新老交替的进程，所领导采取多项措施，对一大批走上了室、组领导岗位，担当起了学术带头人重任的青年骨干进行培养，陆续组织了多次干部培训，使他们在完成"九五"任务和争取"十五"项目的过程中更好地发挥重要作用。在国家"十五"、"863计划"中，电工所共有7位科技骨干进入专家委员会、主题或专项专家组中，这从一个侧面说明电工所新一代的青年科技骨干群体已开始得到社会、国家的认可和重视。电工所也一直都比较重视选派科技人员到市、县担任科技副市长、副县长的科技副职工作，把它作为密切电工所同地方联系、促进成果转化，推动地区经济发展的重要纽带。截止到2007年，20年中共派出10位科技人员到地方担任科技副县、市长，积极协助地方做好科技发展的工作并发挥了较大的作用。

2002年4月5日，经中国科学院批准，电工所作为试点单位进入院"知识创新工程"。在孔力所长领导下，以人为本，不断加强人才队伍建设。一方面对在职的科研人员，坚持在科研实践中培养和锻炼；另一方面，广开才路，招纳新的科技人员，吸引了一大批高层次人才，为全所科技创新奠定了较好的基础。二期创新工程中，电工所按"百人计划"招聘并到位工作的共4人，招聘新职工104人，其中博士学位38人，硕士学位65人。

在人才队伍建设方面，注重青年人才的培养，积极发挥各类人才的作用。建立所人才支持基金，给予4位百人计划、20位入站博士后及120位博士科研启动费的支持，鼓励他们开展原始科学创新和关键技术的创新。电工所还积极发挥资深科技专家的作用，鼓励资深专家参加中国科学院科普团和"中国科学院院霞光工程"等活动。在所内积极聘请资深研究员作为研究组的科研顾问、学术委员会和学位评定委员会委员、战略研讨小组成员和所史编撰小组成员，使他们能在全所的科研活动中继续发挥作用，用深厚的学术积累和丰富的实践经验继续为电工所的科学事业贡献自己的力量。

进入知识创新工程以后，实行了"按需设岗、按岗聘任、公开招聘、竞争上岗、合同管理"的用人制度，全所所有创新岗位都经过设岗考评委员会根据实际需要确定岗位职数，由人事处经过规范的公开招聘方式来进行。近几年来，不断完善项目聘用制，研究组可根据科研任务的需要在创新岗位指标不足时，适时招聘各级各类人员。到 2007 年，电工所共有在编职工 314 人，其中科研人员 249 人。至此，电工所形成了一支年轻、高学历、结构合理的科研人才队伍。

第五节　院士简介、研究员名单

电工所自 1958 年筹建以来，几代电工所人发扬"团结凝聚、开拓创新"的精神，取得了一系列的成果。截至 2007 年，科技成果 440 多项，获得已授权发明专利 140 多项，发表科技论文 4500 多篇，撰写专著 60 余部。曾在电工所工作过的研究员有韩朔、鲍城志等 85 名，其中，严陆光、顾国彪分别当选为中国科学院院士和中国工程院院士。

一、院　士　简　介

严陆光简介

严陆光，男，中共党员。1935 年 7 月 6 日出生于北京，1959 年毕业于莫斯科动力学院电力系，回国后一直在中国科学院电工研究所从事特种电工装备研制和电工新技术研究发展工作。

1991 年当选中国科学院学部委员（院士），1992～1998 年及 2004～2008 年任技术科学部常务委员，2006～2008 年任技术科学部副主任。1992 年当选乌克兰科学院外籍院士。2000 年当选为第三世界科学院院士。2004 年当选为国际欧亚科学院院士。

主要科技成就如下：

在我国电工新技术的发展中，他开创了大能量电感储能装置的系统研制，建成了储能 6000 万 J 的电感储能装置，并将其成功用于大能量激光强脉冲电源进行了实验。参与建成了我国第一台小型 CT-6 聚变托卡马克实验装置，并投入了长期物理实验，负责领导研制和建成了该装置的电磁系统。他长期从事应用超导的研究发展与强磁场应用工作，进行了多方面超导电工的应用基础研究，领导研制成多台实用超导磁体。基础性研究包括导线与磁体设计、磁体稳定性、失超传播、磁体检测与保护、冷却方式等。在高电流密度充蜡稳定与窄通道冷却稳定磁体、拟无力超导环形磁体与低纯度钕心研究中取得了创新性的研究成果。研制的重要磁体有：成功进行了磁流体发电用鞍形与聚变托卡马克用 D 形超导磁体的预先研究与模型磁体研制；领导研制成功磁流体发电、高岭土提纯磁分离工业样机、300kW 单极电机与磁流体推进试验船实用超导磁体系统。

他组织领导并完成了国家"863"计划燃煤磁流体发电主题工作。开创了我国超导磁流体船舶推进的研究，研制成功 HEMS-1 超导螺旋式磁流体推进试验船。

1988～1999 年担任电工所所长期间，致力于组织力量开拓新兴的重大领域研发工作。重点组织与推动了可再生能源发电、电动汽车、磁浮交通与永久磁体等新兴电工技术的发展。领导组织研制和建成了空间阿尔法磁谱仪的大型永久磁体（AMS 磁体）。

倡导与促进我国磁浮交通的发展，进行了高速磁浮在我国客运交通中的地位及发展战略的研究论证，推动建成了上海实验运营线，证实了技术的成熟性和安全可靠性。

1999 年换届离开所长岗位后，组织与参加了能源发展战略与构建我国能源可持续发展体系的多方面研究，提出了一些有价值的建议。并在清华大学等七所大学和中国科学院研究生院为研究生讲授"电工新技术"课程。

严陆光院士关注青年人才的成长，共培养硕士研究生 5 名，博士研究生 8 名。在国内外重要刊物上发表论文 200 余篇，有专著 4 本。

获得的国家及部级二等以上奖励有：

六号托卡马克环形受控热核实验装置（电磁系统）获 1978 年全国科学大会奖及 1978 年中国科学院科学大会奖，在 1978 年 3 月获全国科学大会"在我国科学技术工作中，做出重大贡献的先进工作者"奖；

大能量激光用七号电感储能装置 获 1978 年中国科学院科学大会奖；

超导高岭土磁分离工业性试验样机 获 1993 年中国科学院科技进步二等奖；磁流体发电用超导鞍形磁体获 1994 年中国科学院科技进步二等奖；300 千瓦单极电机 1 号超导磁体 获 1995 年中船总科技进步一等奖；超导螺旋式磁流体推进试验船 获得 2000 年中国科学院科技进步二等奖；传导冷却超导磁体获 2007 年北京市科技进步三等奖。

严陆光在电工所历任课题组组长、室主任、所长等职。他于 1988～1999 年担任电工所所长。1990～1991 年兼任中国科学院技术科学局局长。1993～2003 年任中国科学院能源研究委员会主任。1988～1996 年任国家高技术研究发展计划（"863"计划）能源技术领域专家委员会委员。1992～2002 年任国务院学位委员会电工学科评议组副组长。1999～2004 年任宁波大学校长，现为名誉校长。1993～2008 年任中国人民政治协商会议第八届（科技界）、第九届（科协界）、第十届（教育界）全国委员会委员。1995～2003 年任中国太阳能学会理事长，现为名誉理事长。1995 年起任中国能源研究会副理事长。1996 年起任中国电工技术学会副理事长。1996～2006 年任中国科学技术学会第五届、第六届全国委员会委员。1996～2008 年任《中国科学》、《科学通报》副主编，现为 E 辑《技术科学》主编。

他对所担任的各种职务都尽心履行职责，对促进相关方面的工作发挥了积极作用。

为了提高电工所在国际上的地位，他在任所长期间，使电工所的各个在研学科与国际上相关研究单位建立了紧密的联系，开展了多项国际合作研究，并促成了超导技术、磁流体发电等国际会议在中国召开。他组织主持了 1988 年在北京召开的国际电磁场讨论会。1992 年在北京召开的第十一届国际磁流体发电会议，1997 年在北京召开的第十五届国际磁体工艺会议。

顾国彪简介

顾国彪，男，中共党员。1936 年生于上海南翔。1958 年毕业于清华大学电机系发电厂及电力系统专业，分配至中国科学院电工研究所从事研究工作至今。现任研究员，研究部主任，所学位评定委员会主任。

他于 1997 年当选为中国工程院院士，1999 年 6 月至 2006 年 6 月年任机械与运载工程学部副主任，院士增选委员会委员。

科技贡献如下：

50 年来坚持不懈地进行蒸发冷却技术的创新研究，自主创新研发成功大型水轮发电机蒸发冷却技术。他从实验室的原理试验和关键技术研究开始，并与产业部门和电站用户合作，研制和运行小型工业样机和中型、大型工业机组，实现了技术研发到产业化的全过程。多台机组的安全高效运行表明，与引进设计的大型水轮发电机比较显示了明显的优势。蒸发冷却技术的研究和应用成功提高了我国自主研发重大电力装备核心技术的水平。2000 年在法国召开的国际大电网会议（CIGRE）上，蒸发冷却发电机被评论为旋转电机的四项新进展之一。

这项技术的研究和应用，曾先后得到刘少奇和胡锦涛的关注及鼓励。进入 21 世纪，它得到更大更快的发展。2006 年，长江三峡总公司已将此技术应用在三峡工程后续的电站中，两台 700MW 蒸发冷却水轮发电机优化设计研究和样机研制也已经得到科技部的立项。蒸发冷却技术在 300MW 汽轮发电机上应用也获得科技部的立项。在其他电工装备领域的拓展应用和产业化工作也已经开展，并已取得初步的成果，显示出突出的优势和良好的前景。

在学术方面，顾国彪院士提出了一个新概念：将电气工程与工程热物理交叉结合，形成了新的学科领域 – 电气设备蒸发冷却技术。顾国彪院士持有授权发明专利六项，其中四项已应用。发表论文 80 余篇，合作专著一本。

获得的国家及部级二等以上奖励有：

1200kV 安全蒸发冷却汽轮发电机研制，获 1978 年全国科学大会奖；1200 kV·A 蒸发冷却汽轮发电机研制与运行，获 1986 年北京市科技进步二等奖；自循环蒸发冷却水轮发电机和汽轮发电机，获 1987 年中国科学院科技进步一等奖，1988 年国家科技进步二等奖；50MW 蒸发冷却汽轮发电机研制与运行，获 1993 年中国科学院科技进步二等奖；50MW 蒸发冷却水轮发电机研制，获 1998 年中国科学院科技进步一等奖；50MW 及 400MW 蒸发冷却水轮发电机研制与运行，获 2002 年国家科技进步二等奖。

2000 年获国家计委、经委、财政部和科技部颁发的蒸发冷却科技攻关成果奖及个人突出贡献奖，2005年获何梁何利基金科学与技术进步奖。

在1980~1995年顾国彪任研究室主任期间，还组织完成以下工作：组织研制成国产首台磁共振CT用ASP-015永磁磁体，这也为日后开展合作研制太空反物质探测仪永磁磁体（AMS磁体）打下基础，从而为电工所获得ASP-015和AMS磁体两项国家科技进步二等奖奠定了基础；推动开展磁悬浮直线电机驱动技术研究，用于特殊场合的无泄漏磁性流体密封器研究和研制首套电机变频控制装置以及其他特种电机多种，均获得国家或院级奖励。

顾国彪院士自2000年起担任电工所学位评定委员会主任，他关注研究生的培养，为电工所获得电气工程的一级学科研究生培养点起到了重要的作用。顾院士已培养了十二名博士，一名博士后和多名硕士，现正指导博士生三名和一名国外进修生。

顾国彪院士于1999年后任工程院机械与运载工程学部副主任期间，为院士增选以及学科分布研究做了大量工作。他曾受科技部和国家自然科学基金委员会的委托，担任专家组组长，于2003年对全国工程类学科27个国家重点实验室进行评估；于2004年受科技部、中国工程院和国际工程咨询公司委托，任专家组组长，主持了对磁悬浮列车科研工作的评估，对京沪高速铁路交通设备的论证评估，和对沪杭磁悬浮线的论证评估。此外还负责其他一些重大工程项目的立项或审查等工作。

为提高我国电机学科在国际上的地位，1987年组织召开了国内首次北京国际电机会议（BICEM'87），任组委会主席。2004年后促成了中日韩合作的国际电机及系统会议（ICEMS），每年轮流在三国召开，并与美国IEEE（电机及电子学会）合作，任常设委员会主席。

二、研究员名单

（含正研级高工，以评为研究员的时间为序）

1964年　韩　朔　鲍城志

1983年　杨昌琪

1986年　胡传锦　陈首燊　龙遐龄　谭作武　沈国镣　严陆光　周荣琮
　　　　　那兆凤　万遇良

1987年　廖少葆　张　永　顾国彪　居滋象　李作之

1988年　何学裘

1989年　林良真　倪受元　华元涛　张式仪　申世民

1990年　童建忠　夏平畴　顾文琪　张禄苏　刘成相

1992 年	沙次文	徐善纲	韦文德	易昌炼	林德芳
1993 年	周　适	冯之鑫	丘宁茂	吴　弘	刘廷文
1994 年	黄常纲	余运佳	罗武庭	武丰煜	
1995 年	冯之钺	张适昌	李安定	凌金福	向钟慧
1996 年	金能强	董增仁	陈镜堃	刘祖京	王时毅
1997 年	齐智平	孔　力	张福安	孙广生	鄞惠芬
1998 年	吴石增	王理明	董承康		
1999 年	许洪华	温旭辉	肖立业	宋　涛	李耀华
2000 年	马胜红	夏　东			
2001 年	王秋良	严　萍	张一鸣		
2002 年	王丽芳	李艳秋	王志峰①		
2003 年	韩　立	马玉环	马胜红②	王文静③	
2004 年	马衍伟				
2006 年	张国强	王银顺			
2007 年	史黎明	葛琼璇	刘国强	彭爱武	孙鹢鸿	赵　斌

第六节　研究生教育培养

研究生教育培养工作，是为国家和电工所培养高层次科技人才的重要措施之一。电工所的研究生培养，从所筹建初期即已开始，从当初招收的几名硕士生发展到现在近 300 人。在过去 50 年中，经历了开创阶段、成长阶段和发展阶段这三个历史时期。

一、开创阶段（1958～1976）

电工所筹建初期，就已经开始招收研究生。1958 年，长春机械电机研究所的电力研究室（电工所的前身）招收了 2 名硕士研究生，其导师分别为鲍城志、朱物华（时任长春机电所学术委员会委员、哈工大电机系教授、副校长）。同年，多名在职科技人员被机电所派往苏联科学院相应的研究所做研究生或进修学习。1958～1964 年，电工所共招收 8 名研究生，导师共有三名，分别是鲍城志、韩朔、胡传锦。

---

① 2005 年入所
② 继 2000 年后再次被评为研究员
③ 2005 年入所

电工所正式成立不久，1966年文化大革命开始，研究生招生与培养工作被迫中断，从1977年开始恢复招生。

二、成长阶段（1977～2000）

1. 全面恢复招收与培养研究生制度（1977～1985）

中国科学院的科技人员因"文化大革命"动乱，造成"青黄不接，后继乏人"的严重状况。为尽快培养和造就科技人才，发展我国科技事业，我国于1977年恢复研究生招生制度，电工所按照中国科学院部署，在1977年下半年启动招生工作，由韩朔副所长负责领导这一时期的研究生招收培养工作。招生的专业有电机和电工新技术。1978年，电工所录取了13名硕士研究生，即拨乱反正之后电工所招收的第一批硕士研究生。从此，电工所招收培养研究生的工作步入了正轨。

1981年，电工所被国家批准为首批学位授予单位，同年获得"电工新技术"和"电机"两个专业硕士学位授予权。由于电工所招生专业较少，所以所内其他研究领域的招生都纳入"电工新技术"专业中招生。当时，研究所每年的招生人数是由中国科学院控制下达的，中国科学院对研究生导师资格也有较为严格的限制；另外，电工所的经费也比较紧张，每年用于培养研究生的经费有限，限制了招生规模。从1978年至1985年，电工所仅招收硕士研究生51名。其间，电工所还补发了在"文化大革命"前招收和培养的研究生的学历证书。

2. 研究生招生培养工作稳定发展阶段（1986～2000）

1986年电工所获得"电工新技术"专业博士学位授予权和"高电压工程"专业硕士学位授予权，1987年开始招收博士生。1990年，国务院学位委员会施行新的培养研究生的学科专业目录，"电工新技术"专业点更名为"超导技术及磁流体发电"；"高电压工程"专业点更名为"高电压技术"。这些变化并没有改变电工所招生学科专业的局限性，在1986年至1993年的七年间，尽管师资力量有了加强，研究生经费有所增加，但受学科和国内经济形势影响，个别年份出现了生源不足的状况，研究生招生规模的发展比较缓慢。

为加快研究生工作的发展，电工所领导多次开会研究讨论，并召开导师座谈会和研究生座谈会，分析原因，研究对策。以获得"电工新技术"专业招收博士生的授权为契机，立即着手招收超导专业的博士研究生；同时，积极扩大"电工新技术"二级学科的招生范围。1991年硕士研究生齐智平被评为"做出突出贡献的中国硕士学位获得者"。

从1992年电工所参加了中国科学院组织的报考研究生咨询会议后，加大了对外宣传力度，利用多种方式和各种机会，宣传电工所的科研方向、研究课题、科技成果、师资实力及经济状况。经过不断努力，电工所已形成多年的电工技术与其他学科交叉产生的若干新的生长点——微纳加工、新能源、电力电子、计算机应用、电机蒸发冷却等专业，得到有关方面的认可，使得"电工新技术"内涵得到扩展。1993年，电工所又获得了"电力电子技术"与"电力传动与自动化"两个专业的硕士学位授予权，突破了研究生招生学科专业的局限性，拓宽了硕士生招生渠道。

在此期间，电工所于1991年成立了研究生教育与学位授予工作自检小组，对"电工新技术"和"电机"两个专业从招生工作、课程教学、学位论文、培养条件、管理工作和导师情况、毕业研究生的调查进行了全面的自查。1995年，国家对全国五个一级学科研究生培养工作进行了评估，电工所的博士学位研究生培养专业点通过了评估；1997年，硕士学位培养点通过北京市学位委员会组织的合格评估。1997年，国务院学位委员会对全国研究生的学科专业进行修订，电工所的学科专业也随之更名为"电工理论与新技术"、"电机与电器"、"高压技术与绝缘技术"、"电力电子与电力传动"四个硕士专业和"电工理论与新技术"博士专业。1998年，获得可招收港澳台研究生资格；1999年，获得可招收外国留学生来华攻读研究生的资格。

1993年以后，电工所对过去的研究生工作进行了多次总结，吸收各方面意见，修订了研究生管理制度，制定了研究生奖学金制度。

在国家政策的引导下，经过了一系列重大变革，从1993年起，电工所的研究生招生情况呈现上升的发展态势，为此后的快速发展打下了良好基础。

三、快速发展阶段（2001～2007）

1998年，为全面提升科技创新能力，党中央国务院做出建设国家创新体系的重大战略决策。作为国家创新体系建设的重要组成部分，中国科学院知识创新工程体系试点率先启动。2001年2月，中国科学院下发文件，明确了研究生院"三统一、四结合"的办学方针，即统一招生、统一教育管理、统一学位授予和院所结合的领导体制、院所结合的师资队伍、院所结合的管理制度、院所结合的培养体系，从而使中国科学院的研究生教育进入了一个新的发展阶段。电工所研究生教育工作也因此得到了快速的发展。

2000年8月，电工所获得"电气工程"一级学科硕士、博士学位授予权，可在电气工程一级学科内招收和培养博士、硕士研究生。2001年3月，电工所被人事部、全国博士后管理委员会批准设立电气工程一级学科博士后流动站。2002年，电工所在读研究生总数已达到133名，其中博士生32人。

这一时期为了提高研究生的科研实践能力，电工所实行了研究生研究助理制，使得研究生队伍成为全所研究队伍中思想活跃、具有生机与活力的一支生力军。伴随中国科学院进入知识创新工程，稳定规模、提升质量成为研究生教育的重点。中国科学院研究生院致力于构建研究生教育质量保证体系，其中包括培养体系、质量管理体系、质量监督体系、质量反馈体系等方面的改革。以跨学科专业选择计划、跨学科课程兼修计划、通识案例课程、相对标准考核规则等为主要内容的4项改革创新举措已经启动并迈出坚实的步伐。电工所立即贯彻执行了这些改革措施。

为全面提升科技创新能力，构建电气工程学科高层次科技创新人才的国家队，电工所在新的发展时期，坚持以人为本，尊重研究生的兴趣爱好和自主选择，注重研究生创新精神及能力培养，在干部配备、招考模式、培养机制、培养质量等方面不断进行探索和创新。

为使电工所电气工程学科得到更好的发展，结合所的科研方向，根据一级学科内可以自主设置二级学科的机遇，2003 年，自主设立"生物电工"专业；2005 年自主设置了"微纳电工技术"专业点并获得国家的批准，使电工所电气工程学科的内容更加丰富，更有利于所科研工作的发展，为进一步做好研究生招生工作创造了良好的条件。

2004 年对接收推荐免试生工作实行全所统一考核，2005 年重新规范了统考硕士生和博士生的面试工作。2006 年被确定为电工所提高研究生教育质量年，通过召开导师座谈会和研究生座谈会，对毕业生进行问卷调查等形式，了解导师和研究生的需求，以制定相应的措施和各项管理办法，努力提高研究生教育质量。聘请法国、美国、日本等国专家教授来所为博士生授课，使博士生能够及时了解到学科发展的前沿动态；在研究生队伍迅速扩大后，为保证和提升研究生的质量，成立了研究生党支部，积极协助做好研究生的政治思想教育工作。成立教育督导小组，引导和监督顺利开展各项研究生教学与管理工作。

2006 年人事处更名为人事教育处，逐步增设研究生教育管理岗位，到 2006 年共设置三个专职研究生教育管理岗位，为电工所研究生教育管理工作跃上新台阶提供了人员保障。教育管理干部在所处领导的指导下，依靠全所导师的大力支持与配合，着力提高研究生教育质量，并取得了一定的成果。

通过一系列的举措，电工所研究生教育质量得到了较大提升。2003 年全国一级学科评估，获得电气工程学科整体水平全国排名第九的成绩；2006 年全国一级学科评估，整体水平排名全国科研院所第一。电工所博士研究生张国民的博士学位论文在 2005 年被评为全国百篇优秀博士论文，实现了零的突破；2007 年，电工所硕士生源招生质量明显提高，硕士招生优秀生源率排名为全院第 2 位。

自恢复研究生招生工作以来，截止到 2007 年，电工所总共招收研究生 744 名，其中招收博士研究生 214 名，招收硕士研究生 530 名（图5-5）；总共培养毕业研究生 416 名，其中培养博士研究生 78 名，培养硕士研究生 338 名（图5-6）。共有 14 人荣获中国科学院院长优秀奖，6 人荣获中国科学院刘永龄奖，9 人荣获中国科学院华为奖，3 篇博士学位论文被评为中国科学院优秀博士学位论文，1 人获得董氏海外东方海外奖学金，1 人获得中国科学院亿利达奖学金，1 人获得中国科学院彭荫刚科技奖学金，1 人获得中国科学院朱李月华优秀博士奖。此外，获得中国科学院研究生院优秀研究生奖学金 9 人、优秀考生奖 3 人、三好学生标兵 5 人、优秀毕业生 6 人、优秀团干部 2 人、优秀学生干部 13 人、三好学生 70 人。众多毕业生已经成为科研、教育、工程等各领域的领军人物和中坚力量。

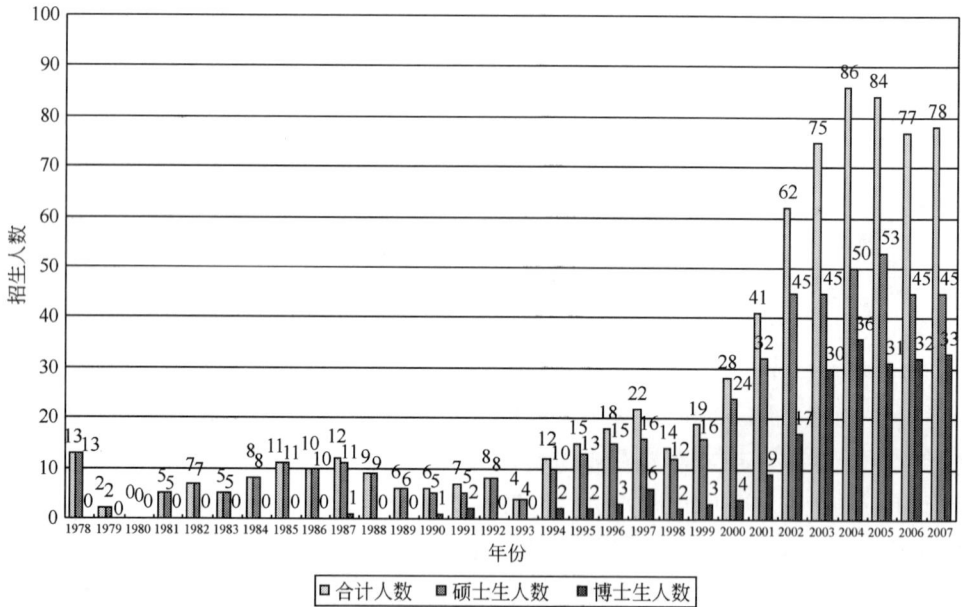

图 5-5　电工所历年招收研究生情况统计

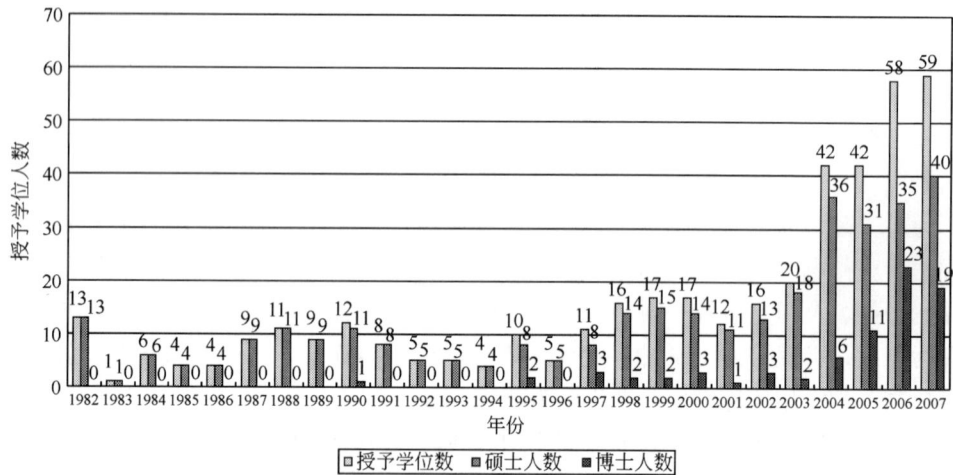

图 5-6　电工所历年授予研究生学位情况统计

第六章 支撑条件

第一节 图书资料、情报信息、刊物

电工所图书馆是研究所下属的专业图书馆，为科研工作服务、为科研人员服务是建馆的宗旨。建馆以来一直坚持开馆，即便在"文化大革命"期间，没有特殊情况也仍然开馆。科研人员能在这里能了解到国外相关学科的发展趋势，以寻找电工所未来的发展方向。该馆以收藏电技术、机械工程、力学、物理学和一般技术科学文献为主，馆内藏书与所内开展的研究工作关系密切，磁流体发电、太阳能利用、超导技术、电机、微电子、新能源等方面藏书丰富。系统收藏英、德、美、俄、日等国电工技术方面有代表性的期刊，收藏年代较长，如英国电气工程师协会会刊（J. I. E. E. P. I. E. E）、德国电工学杂志（ETZ）、美国电气电子工程师协会会刊（P. I. E. E. E）、俄国电杂志、日本电气学会杂志，分别从 1872 年、1890 年、1916 年、1917 年和 1926 年开始典藏至今，具有"小而精"的特色。另外，对有关会议录和工具书的收藏也比较完整。

电工所图书馆已有近 50 年的历史。1958 年电工所筹建之初，在原中国科学院长春机械电力研究所调拨来的 3366 册图书、1075 册期刊合订本、1482 本期刊单行本的基础上筹建成立图书馆。第一任馆长是朱其清。最初馆址设在化冶所大楼三层。1959 年设立资料室，图书馆从化冶所大楼搬至经济楼一层；1961 年 1 月设立情报组，它们曾分别隶属所办公室、计划科、业务组、科技处领导。1962 年，图书馆又迁至展览楼三层，书库面积为 380 平方米，工作环境得到了改善。1976 年资料室、情报组并入图书馆。至 1979 年，图书馆先后由朱其清、齐真、刘玉哲、李淑坤、章静、赵亨利担任馆长。

1979 年 3 月，电工所决定在图书馆的基础上成立第十研究室（简称"十室"），即图书情报研究室，下设图书组、资料组、情报组，新建了技术组，研究室主任为朱尚廉。该研究室由业务副所长直接领导。后在所学术委员会领导下，又设立了《论文报告集》、《电工电能新技术》编辑组，全室共有 25 人。1984 年，电工所在东大院电工楼设立了科技阅览室，面积共 140 平方米。有中文期刊阅览室、西文期刊阅览室、日俄文期刊阅览室、检索期刊阅览室和内部期刊阅览室。至 1990 年，先后由朱尚廉、蔡养甫、王幽林担任第十研究室主任。

1990 年 2 月 27 日，经所长办公会议研究决定：调整第十研究室机构，将出版编辑组划归业务处领导，十室改为图书馆，主要任务是做好图书工作。后所领导又决定在东大院建立新馆，于1991年11月建成并完成搬迁工作。将设在展览楼的书库、资料室、计算机房、办公室与设在东大院电工楼的阅览室合并。新馆总面积600平方米，有40个阅览座位，借还、阅览、书库合在一起，书刊全部开架，主要为所内读者提供文献借阅等服务。

1993年图书馆工作人员减至5人，并将《中国科学院电工研究所论文报告集》和《中国科学院电工研究所年报》的编辑、出版工作纳入图书馆。1999年6月15日，图书馆重新组建，将编辑部、网络中心、声像部并入。设馆长、副馆长各一人，工作人员三人。2003年，将编辑部、网络中心划出图书馆，图书馆设馆长一人，工作人员二人。至2007年，先后由颜蓓华、桂竞存、秦洁、谢红玲担任馆长。

一、书、刊、资料

图书馆是收藏文献，进行科学管理使之便于读者利用的一个部门，书、刊、资料的收藏也是电工所图书馆最早开展的业务。图书馆收藏的书刊是指公开出版发行的书刊；而资料则为内部出版发行的研究报告、刊物、会议录等。除书刊资料外，还收藏产品样本、图纸，后来还收藏电工所研究生的毕业论文、音像制品及光盘、数据库等。书、刊、资料的采购、登账、编目、制卡、入藏、借还，以及期刊的装订、登账、盖章、上架等都是图书馆的日常工作。馆藏书刊全部开架，有完善的目录组织（有分类、书名、作者）便于读者查阅。新到书刊资料报导、新到期刊目次报导和作为二次文献服务的题录及时编印好发至各研究室，以便更好地为读者服务，提高文献的利用率。

资料工作还与国内外多个单位建有情报资料交换关系，这样做不仅扩大了馆藏来源，还为国家节约了资金。多年来与4~5个国家的9~11家单位建有国际交换关系，仅2006年就收到国外原版现刊200多册。最多时与国内近400个单位建有交换关系，每年发出和收到的各种科技资料、内部刊物4000~9000份；2006年与41家单位建有交换关系，收到国内现刊550册。

1983年，馆藏文献共38000余册，价值约30万元。其中，图书24000余册，期刊13000余册合订本，另有资料7000份；1991年搬迁新馆时，因书库面积小，剔除了大量陈旧过期的书刊；1993年清产核资时，馆藏书刊近17000册，价值33.4万元。其中，图书10330册，期刊6490册合订本。2006年固定资产上报时，馆藏书刊近2万6千册，价值180余万元。其中，图书12842册，期刊12780册合订本。

二、情 报 信 息

1961年1月，电工所图书馆设立情报组，由计划科领导，其主要任务是收集、整理与科研工作有关的国内外科研发展动态，翻译、编写成文供所领导参考。

1978年，全国科学大会召开后，电工所于1979年3月成立了图书情报研究室（第十研究室），从各研究室抽调了一批科技人员加强情报信息工作，工作人员达8~9人，语种有中、英、俄、日等。其工作任务不仅是一般的收集积累、整理加工国内外科技情报信息，还配合科研的各项中心工作，加强情报调研；参加技术科学部电工学科组和本所科研长远发展规划的制定；配合科研选题和清理研究课题、重点科研项目攻关和成果评审等任务。十室建立后，前后参加过11个与电工所科研业务有关的情报网活动。

情报组还创办了《科技消息报道》（油印），每月1期，供领导及各室科技人员参考，内容包括国内外新技术、新产品、新工艺、新材料、新课题等。编译多种专题资料，如《新能源》、《国外超导研究及其应用》、《离子溅射在工业中的应用》、《太阳能电池在农业中的应用》和《国外磁流体发电》等。1979年受国家科委新能源专业组磁流体发电组委托，组织了磁流体发电情报网，并负责编辑出版网刊《磁流体发电情报》计15集。1988年下半年还编辑出版了《新技术新产品信息报》，为宣传、推广电工所科研成果，扩大知名度做了一定的工作。

1989年底，随着情报组人员的调离、退休，该项工作也渐告结束。

三、技 术 服 务

电工所是工程技术类研究所，建所初期，虽然条件简陋，即已开展为所内晒制蓝图的工作。1979年第十研究室成立后，为了满足科研工作发展的需求，组建了技术组，主要开展以下三方面的工作。

1. 晒图、复印、打字、油印、装订

为所内晒制蓝图。1981年安装了红外熏图箱后，晒图质量有所提高；1982年全年晒图量达到6300余张。科技文献的复印量大增，每年达到10余万页。每年还为研究人员打字、油印或光电誊印、装订会议论文多份。

2. 文献翻拍、科技幻灯片的制作、拍照

技术组的工作人员积极创造条件，从无到有，开展了文献翻拍（无复印机时）、科技幻灯片的制作、拍照的工作，满足了科研工作的需求。

3. 科技成果摄影、录像

经过两年的积极筹备，1983年开展了科技成果摄影、录像的服务。这项工作是以声像为载体，进行科技情报的收集与传播。到1989年，成片已近20部，还有多部素材片。

1990年机构调整后，技术组撤销，上述工作有的停止，有的转到其他部门。

四、刊　物

1.《电工电能新技术》

《电工电能新技术》1982年7月1日创刊，试刊2期，1983年改为季刊，到2007年12月已出版发行了102期。该刊是我所主办的电工及能源类综合性科技刊物，主要栏目有论文报告、综述和述评、新技术应用等，反映国内外电工电能新技术的研究情况和发展动向，扩大学术交流，促进我国电工电能新技术的发展。从1989年第3期（总第29期）改为北京市报刊发行局发行（邮发代号82-364），1990年发行量增加到4000余份。该刊从1983年每期64页，每年约43万字到2002年改为大16开，增加至每期80页，每年60万字。文章来源从所内为主到所内外并举，现已是所外为主。该刊已被评为中文核心期刊、中国科技核心期刊、国务院学位与研究生教育重要期刊。已加入万方数据、中国期刊网，并是中国科学引文数据库、中国科技论文统计与引文分析数据库、中国学术期刊综合评价数据库、中国科技期刊精品数据库、中国期刊全文数据库、中文科技期刊数据库、中国学术期刊文摘（英文版）、中国学术期刊文摘（中文版）以及AJ、SA（INSPEC）、CSA、JST（China）的来源期刊。《电工电能新技术》2006年在全院300多种期刊中排名第50位。经过艰苦努力《电工电能新技术》的影响因子由1997年的0.030、1998年的0.147、1999年的0.145、2000年的0.244、2001年的0.310、2002年的0.550逐年提高，到2006年已达到0.77，在同类（动力与电力工程类）的37种核心期刊中排名第4。自2003年起扩大了编委会，由原来仅所内几人扩大到国内外包括院士、IEEE会员的几十人。到2007年，先后由韩朔、刘成相、林良真担任该刊主编。

2.《中国科学院电工研究所论文报告集》

该刊主要反映电工所在电工、电能新技术领域中各项研究工作的进展情况，刊登各项研究工作的阶段性成果和最后成果，包括理论分析、实验研究、特种装备的研制总结等各种类型的报告。1963年12月出版第1集（该刊不定期出版），所内发行并与相关单位进行交换。1966年后停刊，1980年6月复刊。到2007年底，共编辑出版了40集，在所内各研究室之间，在与电工电能直接或间接有关的研究单位和产业部门之间起着交流经验、互相学习、互相促进的作用。

3.《中国科学院电工研究所年报》

1991年7月，所科技处编辑的《1989～1990年中国科学院电工研究所年报》出版。1993年后改由图书馆编辑出版。年报主要内容有：电工所简介、所长在全所工作总结会上的发言摘要、全所概况与组织机构、科研及开发工作进展、国际合作与学术交流，附录中有各研究组及公司等部门负责人名单、专业技术职务晋升情况统计、各单位人员情况统计及退休人员名单、科研成果和获奖情况统计、专利申请和授权情况统计、所内研究生答辩情况统计、外事活动情况统计、发表论文情况统计等。年报为了解所内主要情况提供了方便。1991~1994年还编辑出版了中国科学院电工研究所年报英文版。

4.《情报研究参考》

该刊为内部参考性非正式出版物（油印、不定期）。为所、室领导和学术委员会在制定科研规划、选题、论证技术方案，评定科研成果方面，提供了有关科技信息和情报人员的见解，供领导决策参考。1979年8月，第1期《情报研究参考》出版，到1984年底共出版64期，后因人员变动，仅编写了几篇未附印。1989年后因机构调整，该刊物停止出版。

5.《消息报导》

该刊为技术情报性刊物（油印）。报道国内外有关电工电能新技术的研究情况及发展动向。每期印数约100份，直接发送到各研究室和课题组，及时传递有关科技信息。自1970年创刊起，以周刊形式，每年出版50期；1971~1973年调整为半月刊，每年印刷24期；1974年改为月刊，每期10页。此项工作持续到1989年。

五、数字图书馆的建设

由于计算机、信息、网络技术的飞速发展，建设现代化的数字图书馆势在必行。2002年初，中国科学院文献情报系统自动化集成体系建设启动，10月电工所投资55151元为图书馆购置了一台服务器及四台微机。11月21日在图书馆内装配网线实现联网。2003年购买了IEL及Elsevier两个全文期刊数据库，及时发布两库及中国科学院情报中心其他数据库开通与使用方法等信息。配合中国科学院情报中心"服务百所行"活动，在电工所组织电子信息资源服务与推介的培训活动。2004年所级图书馆自动化系统开通了联机联合编目模块，中国科学院共建共享图书、期刊编目数据及馆藏信息，使读者能检索到全院图书及全国期刊的收藏单位，便于馆际互借、资源共享。2005年，图书馆与超星公司签订了合作协议书，将馆藏2000余册书刊数字化，并在电工所局域网内免费安装超星阅览器，2500册相关图书可供读者使用。2006年电工所国家科学图书馆学科化信息服务站正式建立。

第二节 园区建设

电工所建所五十年来，园区建设从无到有，中间虽经搬迁周折，但"文化大革命"后尤其是改革开放以来，发展迅速，园区面貌焕然一新。回顾其发展历程，分以下五个阶段。

一、开始筹建所，艰苦创业（1958～1963）

电工所于 1958 年开始筹建，1963 年正式成立。这五年，是艰苦奋斗的创业阶段。刚从长春搬到北京时，没有集中的所址，科研人员和行政人员全挤在从化冶所借来的房子里办公。后来院里陆续在经济楼、展览楼等处给电工所腾出了部分房屋，但办公用房仍非常分散。同时，中国科学院在化冶楼对面划给了电工所一块空地，作为临时建设之用，它就是后来电工所的东大院。"八大处"及"眼镜湖"成为电工所园区的显著标志。

所谓"八大处"是对电工所办公用房分散的形象描述，当时的办公用房主要是：借用化冶所大楼部分房间，约 800m²，由材料组、自动化组、高压组、仪表组以及工厂厂部办公室等单位使用；借用化冶所大楼东边平房约 80m²，用做车库，其余为工厂仓库所用；借用化冶所化学品仓库的南半部及仓库西的平房，约 400m²，用做动态模拟试验室（后来归电工所使用，现在为健安公司所在地）；借用化冶所钢厂附属配房约100m²，用做电力系统及电加工组一部分使用；借用电子所的展览楼，全楼建筑面积3 204m²，起初是电工所借用其一部分，因为电工所用房太紧张，由领导出面，几经交涉，后来该楼大部分归电工所使用，当时的微电机组、电加工组、所图书馆，以及电力系统组的一部分及自动化组都在该楼工作。此外，借用经济楼第四栋第二层，建设面积 569m²，主要是所长、书记、人事、保卫、财务、基建、党办、所办、后勤等用做办公室，那里有全所唯一的大会议室，其使用面积仅有 87m²；经济楼对面西侧平房 4间约 80m²，曾做过办公室、医务室、库房和临时家属用房；经济楼第二栋一层，除三间为数学所使用外，其余均归电工所使用，面积 298.5m²，用做科研器材的库房和办公室。

所谓"眼睛湖"是指东大院的两个大水坑。那时，中关村还没有划分街道，在化冶所大楼南面的那片空地，地势比较低洼，其中还有两个大水坑，称之为"眼镜湖"。在 20 世纪 60 年代生活困难时期，还曾在水坑中养过鱼，分给散居职工和集体食堂食用。

从 1958 年起，电工所开始建设东大院，采用"短平快"、"先科研后生活"、"边施工边设计"的方法，建设了一批办公用房。

当时正值大跃进年代，在建设临时用房时，要求工期短，一律盖平房，速度越快越好，所以叫"短平快"；那时，电工所决定先盖试验室、厂房、车间，后盖食堂、锅炉房，所以 1958 年电工所职工都挤在化冶所食堂吃饭，使很多人感到不便。在施工建房的过程中，由于全都是平房，有的有个草图，有的甚至连草图也没有，只是在布局上有一个总的设想。对有特殊要求的个别实验室，则由科研人员到施工现场与施工人员共同研究商量房屋结构，以保证科研的需要。

经过大家的团结奋战，在短期内就解决了电机组、高压组的科研实验用房，以及工厂的一车间、二车间及翻砂车间的生产用房，还临时搭建了一些竹板房，作为辅助用房，用做行政库房、木工房、电工室等。1959 年电工所除了继续完善实验室的建设外，还在东大院建起了自己的食堂。

1959 年以前，新建的平房没有暖气，冬天靠火炉取暖，既危险又不干净。由于东大院有两个大水坑，地势比较低，下雨积水外溢，而新建的房屋又都是平房，所以到了雨季还须防涝。在 1959 年的一场大雨中，有的车间和实验室进了水，使得科研和生产都受到不同程度的影响。

到 1963 年，将大部分竹板房拆除，改建成正式平房，又新建了八室实验室、车库、器材仓库、锅炉房等附属用房。东大院包括食堂在内，已建成平房十多栋，其建筑面积约 4 500 余平方米，东大院开始粗具规模。

此时，东大院的环境还是很差，周边虽然也架有铁丝网，但不完整，常有人钻进来捡破烂，丢失砖瓦、木材之事也时有发生。在东大院的东、西两侧各有一个土厕所，每隔一段时间，公社大队的马拉大粪车就来掏一次厕所。院内道路全都是土路，一下雨就有积水，满院泥泞，行走困难。整个东大院内只在水坑旁有几棵柳树。在屋前房后和路旁都长着野草，搞卫生时将草拔掉，一起风，尘土风扬，条件相当艰苦。电工所的职工就是在这样艰苦的条件下勤奋工作。

二、所址确定，准备搬迁（1964 年至 1970 年 6 月）

所址是关系到电工所发展的大事，在筹建期间，电工所一边工作，一边选择所址，曾到怀柔、良乡、917 大楼，甚至到天津的杨柳青进行选址，均无果而返。中国科学院规划在北郊建科学城，1963 年电工所曾向院里申请基建面积 42 000m²，也未实现。一直到 1965 年 2 月 13 日，中国科学院决定电工所迁往安徽省合肥市董铺岛，才确定了所址。

董铺岛三面环水，是伸入水库中的一个半岛。20 世纪 60 年代初，开始在那里动工兴建一座大型建筑，该建筑的地下工程已基本完工，但整个工程却下马了。为了妥善处理这个已下马的工程，当时的安徽省委领导建议中国科学院在董铺岛建一个科研基地，且合肥靠近大别山区，也符合中央"备战备荒，为人民"的三线建设方针。因此，中国科学院领导决定电工所和上海光机所迁往合肥董铺岛。

在中国科学院、安徽省委和省科委的领导下，由电工所、光机所和地方抽调干部组成董铺工程筹委会。1965 年初，电工所派陈步东负责，并带领一批干部参加筹委会的各项工作。同年 6 月，又派朱尚廉前往合肥作为电工所代表参加筹委会，并负责技术处工作。

在筹委会的统一领导下，大家齐心协力，到 1966 年上半年，家属宿舍、集体宿舍可以入住，电工所集体食堂已经开伙，实验大楼（3 号楼）验收完毕，工厂的部分设备开始安装，仓库开始进货。其他各研究室和实验室，除三室、高压大厅外，大部分已经完工或是已经验收，基本上具备了搬迁的条件。

根据中国科学院决定电工所在 1966 年 2 月迁往合肥的要求，于 1966 年 1 月成立了电工所合肥搬迁办公室，任命朱尚廉为主任，陈步东、胡光为副主任，并抽调一批干部准备和组织实施搬迁。1966 年 4 月 18 日，电工所党委向中国科学院党组呈交《关于电工所搬迁有关问题报告》，请示电工所将分期分批迁往合肥的有关问题。1966 年上半年，六室（电加工）大部分仪器设备和人员先行迁往合肥。原定于 1966 年 8 月份全所迁往合肥，后因"文化大革命"的开始，1966 年 7 月 11 日电工所党委向中国科学院党组呈交报告，特申请推迟搬迁。除部分人员在合肥留守外，其他人员均回到北京。

后来军宣队进驻电工所，实行军管，并于 1968 年正式划归国防科委五院，电工所改名为中国人民解放军总字 815 部队 6 支队（506 研究所）。直至 1970 年 7 月回归中国科学院领导，才恢复电工所名称。1970 年 11 月中国科学院批复电工所合肥部分正式移交中国科学院安徽光学精密机构研究所。

从 1964 年至 1970 年 6 月间，虽经历搬迁、"文化大革命"和体制的变动，但除个别实验室因工作需要进行了必要的改装和修建外，电工所的基建在北京中关村的科研环境基本上没有大的变化。

三、北京发展，初建"两院"（1970 年 7 月至 1977 年）

自 1970 年 7 月电工所回归中国科学院以后，鉴于所驻地分散，科研办公用房紧缺的困难日益突显，电工所领导曾多次向中国科学院各领导部门反映，要求尽快解决这一难题。院领导部门对此很重视，提出多种设想，其中也包括将电工所迁往城里端王府。因当时端王府里已有心理所、院房产处、修缮队、幼儿园等单位，将它们迁出有困难，且电工所需要的面积较大、用电不便、大型试验产生的噪声扰民等原因而作罢。此后，又到怀柔找所址，当时因为高压试验对部队无线电通信有干扰，未能解决。

恰逢地球所由中关村迁往北郊新所址，当时中国科学院秘书长秦力生恢复工作后结合在中国科学院革委会后勤组工作，很关心和同情电工所的处境。他提出调整方案：将地球所迁往北郊后，原在中关村的科研办公用房全部移交给电工所，同时电工所在经济楼第四栋的第二层 569.8m^2（15 间）及其楼下的平房 80m^2（4 间）腾出来交回院里，分配给其他兄弟所使用。地球所的原所址是中关村北二条 6 号，与大气所合用一幢大楼，地球所约占 2/3，大气所约占 1/3。

秦力生提出的方案经中国科学院领导批准后，电工所于 1971 年接收了地球所的办公楼，中关村北二条 6 号就成了电工所西院。同时，地球所在西院马路（北边）的食堂和托儿所，也同时移交给了电工所。

这次院内办公用房的调整，电工所交出楼房 569.8 m^2（15 间）、平房 80m^2（4 间），而接收的楼房有办公楼（现在的电工楼）、小灰楼、小红楼，楼房面积为 5 667.2m^2（122 间），西院内的所有平房面积为 2 613.8m^2（94 间）。电工所交出总面积 649.8m^2（19 间），接收总面积是 8 281m^2（216 间），电工所科研用房得到了极大改善。1972 年电工所食堂由原东大院迁到原地球所食堂。

此后，电工所对东大院进行了初步规划，并逐步在东大院开展建设，将两个大水坑填平，将原食堂拆除，修建了一个机加工车间，车间大厅为一层，有起重设备，可加工较大的工件，车间东部的局部二层作为工厂办公室，总建筑面积为 861m^2，投资 12.9 万，这项工程于 1973 年 6 月动工，1974 年 3 月完工。

此外，1973 年 3 月至 1974 年 6 月，在东大院西南角修建了电火箭二层小楼，建筑面积 757m^2，投资 12.48 万，主要为电火箭研究实验室用房（当时对外称 801 实验室）。后来，电火箭研究工作划归中国科学院空间技术中心，该实验室也借给了空间中心使用。

四、拨乱反正，改造"东院"（1978～1998）

"文化大革命"结束后，尤其是全国科学大会召开后，电工所的各项工作都快速开展起来，虽然那几年先后零星扩建工作用房约 2600m^2，但仍与工作需求相差甚远。赵志萱所长对实验室建设非常重视，她一方面组织所内科研人员针对实验室建设方案以及自身课题任务的需要，提出对实验室建设的要求，同时积极地向上级领导反映情况，争取经费，得到中国科学院领导的支持。电工楼（东大院）于 1979 年正式开工，开启了东大院改造（实验室建设）的新局面。

1980 年 6 月建成锅炉房，建筑面积 637m^2，投资 53.8 万元，其中包括公用浴室。同年拆除了简易供暖锅炉房和部分平房约 120m^2。此锅炉房在全市实行统一供暖后，现已改造成研究用实验室。

1981 年 10 月建成蒸发冷却实验楼，建筑面积 686m^2，二层，投资 35.38 万元，其中包括超速专用实验室、蒸发冷却实验大厅，厅内有起重设备。

1982 年建成低温超导实验大厅，建筑面积 967m^2，投资 51 万元。大厅净高 10.8m，设有起重设备，安装了冷却循环水，拆除旧房屋约 180m^2。

1982 年 12 月建成太阳能实验楼，建筑面积 288.8m^2，三层，投资 2.2 万。

1984 年 12 月建成气柜间，一层，高 13.4m，建筑面积 147m^2，投资 2 万元，该项目为低温超导大厅配套用房。

1984 年建成电工楼，此楼为东大院主楼，地下一层，地上四层，和南侧附属一层平房。建筑面积 6 681m²，投资 313.9 万元，地下一层为人防，首层主要为 100 级、10000 级和 1000000 级净化间，首层与二层之间有专为净化间使用的空调和净化设备夹层。拆除材料大棚约 300m²。进驻电工楼的有当时的九室（电子束）、八室、五室以及二室的部分课题组。

1986 年 9 月，建成低温超导实验楼，三层，建筑面积 1 562m²，投资 56.22 万元，拆除房屋约 80m²。该楼建成后，第四研究室从借用气体厂小楼搬回所内，从此电工所以前所有借用兄弟单位的房屋均已归还完毕。

此时的电工所，除七室（微电机）、一室（磁流体发电）、三室（高压）以外，已全部搬进新的实验楼。

1991 年 10 月建成图书馆，三层，建筑面积 923.5m²，楼内设有电梯一部，总投资 69.6 万元，所内自筹。首层为实验室，二、三层为图书馆，拆除房屋 235m²。

随着电工楼以及其他几栋实验楼的建成，东大院的面貌大为改观。接着对东大院的环境进行绿化和美化。因为当时还是走北门（即与化冶楼对面的门），因此在电工楼的正面进行绿化、造景；栽植了雪松、桧柏、紫薇、蜡梅等树木，还利用超导大厅的循环水，修建了一个喷水池；对于室外的道路，进行重新规划与修整，由原来的沙石路变成了方砖路面。

后来，为了方便职工上下班和对外联系，关闭了北门，改走面向中关村北二街的西门。"中国科学院电工研究所"的门牌刻在了中关村北二街 2 号大门口外。1991 年东大院西门的大门和传达室建成，给电工所加强对外交流提供了极大的方便。

五、全面规划，再展新颜（1999~2007）

一流的研究所，需要一流的科技园区。1999~2001 年，为了美化科技园区，东大院拆除危旧房屋 1 558m²；2002 年又对电工楼室内外重新装修，室内更换了地面材料和门窗，墙面粉刷，改造了卫生间，增设了空调，更换了电梯等。外部墙面更换了材料，增加了玻璃幕墙和屋顶装饰房屋，屋顶更换了防火材料。同时还完成了图书馆、太阳能楼、低温超导实验楼、蒸发冷却实验楼的外墙面与外窗的装修，更换了材料，同年还将部分室外方砖路改建成沥青路面。

虽然电工所东大院的改造已取得了很大的成绩，但还远不能适应电工所知识创新工作的需要。根据中国科学院批准的中关村四号园区总体规划，拆除了原机加工车间、磁流体实验室、高压实验室等危旧房屋 5 023m²，从 2001 年开始规划修建"电气工程实验楼"，于 2003 年 9 月开工，2005 年 6 月建成。地下一层和地上七层，总建筑面积

9 162.31m²,总投资 3 453.34 万元。该楼有两部电梯,有空调系统,地下一层为高低压配电室,循环冷却水池、消防水池、二次生活水箱、变频泵设备和电工值班室等。头层为配电附属用房,1~6 层除与大厅配套科研用房外,其余均为一般通用科研与办公用房。该楼南部实验大厅高度分别为 9.33m 和 13.28m,有起重设备。该楼设计科学、美观、功能齐全、通信网络系统快捷、安全、消防自动化,同时也是一座环保型建筑。电气工程楼的建成,大大提升了实验室的综合水平,使园区建设有了质的变化,为科技创新提供了支撑和条件保证。

此后,在该楼的周围和拆除旧房屋的地面上又进行了绿化和道路的修整,楼墙体上安装了醒目的形象标志,门口、路口设置了指示牌,园区内划设了相配套的机动车、非机动车停车位,使得与整个东大院协调一致,更加优雅。2006 年,在该楼东侧与理化所共同修建了一个正规的灯光篮球场,填补了东大院的一个空白。2006 年,对原蒸发冷却小楼进行了全面装修改造,以供超导磁体实验室使用;同年对整流房进行扩建改造,投资 200 多万,总建筑面积 400 多 m²,建设了超净实验室,供太阳电池实验室使用。2007 年,又新建了一个标准的羽毛球馆,进一步改善了电工所体育用房条件。

东大院经过改造、实验楼的修建、环境整治美化和实验楼的包装等一系列工作,使东大院呈现出现代研究所的面貌。

综上所述,电工所所址和实验楼的建设,经过几十年的变化,目前主要分东院及西院,其次还有科峰公寓、展览楼、经济楼和动模实验室等处。

(1)东院。坐落于中关村北二街 2 号,院落面积 2.43 万 m²,经过几十年的变化,原来在平地上建起的十多栋平房,现已被十几栋现代化的科研实验楼取代(表 6-1),成为电工所的科研实验基地。到 2007 年房屋建筑面积为 21 807.5m²,它是电工所的主工作区。

表 6-1 东院建筑物名称对照表

现楼号	新名称	原名称
1	电工所主楼	电气工程楼
2	电工实验楼	电工楼
3	应用超导重点实验室	四室小楼
4	图书馆(包括永磁实验室)	图书馆
5	应用超导实验厅	超导大厅
6	太阳电池实验室	原 10 号楼
7	高电压实验室	电动汽车小楼
8	物业楼	电工班
9	微纳电加工实验室	九室平房
10	磁推进实验室	老八室小楼
11	应用超导重点实验室 2	二室小楼

（2）西院。坐落原保福寺村，现在的中关村北二条 6 号。它是 1971 年接收地球物理所的"地球物理所楼"，后改名为"电工楼"。接收时除此主楼外，还有其他楼房和平房。但是在过去 30 多年中发生了很大变化，如 1992 年拆除平房 238m²，修建了电气高公司三层楼一栋，建筑面积 958.5m²，后因扩建道路也已拆除。在院里的统一规划下，又腾出了一些地方给兄弟单位并拆除了一些房屋进行绿化。现在，始建于 1954 年，建筑面积 4 206.27m² 的西院主楼依然结实，除大气所还占用一小部分外，此楼归电工所的部分实验室、医务室等单位使用。

（3）其他办公用房。

①科峰公寓。1995 年在原食堂、幼儿园地址建成的综合楼，后改成科峰公寓，建筑面积 5 313.2m²。电工所自筹资金 695.84 万元，主要用于所内单身职工、研究生住宿和就餐。

②展览楼，坐落在蓝旗营，此楼建成后，1958 年中国科学院曾在这里举办过展览会，故得此名，全楼建筑面积 3 204m²。现在此楼主要归所公司使用。根据中国科学院统一规划，在不久的将来，将要拆迁。

③原动模实验室及经济楼第二栋楼下，归所公司使用。

（4）职工宿舍。都是由院里统一规划、修建和分配。为促进和加快职工宿舍建设，采用了集资联建、合建和自筹资金等方式共建住宅 173 套。

①集资联建 175 套。其中，1983 年二所一厂（电工所、计算所、科仪厂）联建的 901 住宅楼，电工所 63 套；1992 年集资联建北郊一期住宅楼，电工所 32 套；1994 年集资联建北郊二期住宅楼，电工所 30 套。

②合建 24 套。1993 年由低温中心、中国科学院建筑设计院和电工所在低温中心院内合建住宅楼，电工所 24 套。

③自筹资金建 24 套。1989 年在中关村南区自筹资金建乙 43 楼四层共 24 套。

根据《中国科学院中关村科学城四号园区总体规划方案》，四号园区包括电工所、理化所、力学所、工程热物理所。园区改造本着"一所一址"的原则，将电工所在三号院北二街西侧的办公区调入四号院内，并将现过程所办公楼划归电工所使用。按照规划，在不久的将来，电工所将交出西院，位置在东大院北侧的过程所大楼将划归电工所使用，使之南北连成一体。电工所在四号园区的改造任务很快就要提上议事日程，建成后的园区将对电工所的发展和科技创新目标的完成提供有力的保障，将使电工所园区环境和科研办公用房条件进一步得到改善。

第三节 工 厂

电工所工厂是 1958 年电工所筹备时建立的。建立之初，工厂条件十分简陋，尔后凭借艰苦奋斗，不断发展成为工种较为齐全，设备基本配套，人员结构合理，具有一定规模，具有较强加工能力和较高加工水平，能满足全所科技工作配套加工所需的"小而全"单位。在中国科学院京区各所办工厂中，电工所工厂一直处于一流水平。所工厂是电工所支撑体系中的一个组成部分，工厂的任务是为研究工作服务。五十年来，所工厂牢牢把握为科研服务的方向，历届厂领导坚持引导和鼓励工人和技术人员钻研业务，调动他们的积极性和主观能动性，不断提高加工能力和加工水平，保质保量地完成了大量为科研配套的非标准加工任务，为保障和促进全所科技工作的发展，为电工所出成果、出人才做出重要贡献。

它的发展历史大体经历以下四个阶段。

一、建厂初期阶段（1958～1961）

所工厂建立之初，厂房简陋，设备不全，科研加工任务不多，熟练工人少。为改善这一状况，工厂一手抓基本建设，建厂房、购设备；一手抓工人技术培训，通过生产感应电动机培养了熟练的工人队伍。

电工所工厂在1958年建立时，第一任厂长张树德是红军时期参加革命的老干部，第一任党总支书记申世显是刚从军队转业的干部，以后调来了一位副厂长白洪顺，也是红军时期参加革命的老干部。当时工厂总人数二百多人，设四个车间，分别是金工车间、电机车间、半导体车间和仪表车间。厂部除秘书外设了两个业务组，工务组管技术，器材组管器材。四个车间主任和两个业务组组长都是刚从军队转业的干部，工人则大部分是刚从部队转业的战士，还有一些青年徒工，技术人员很少，老工人只有五六位，都是电工所从中国科学院长春机电所带过来的。

当时，电工所所址未定，所工厂也没有正规厂房，厂部两个管理组及四个车间都在荒凉杂乱的东大院搭建的一些简易工棚及平房里办公和生产，工作条件非常艰苦。

工厂的任务是为研究工作服务，主要是为各研究室加工需要的试验装置和配件。但在电工所开始筹备初期，各研究室的工作尚未充分展开，工厂为研究工作服务的任务并不多。由于大部分工人是新手，对业务不熟悉，为了尽快掌握技术，同时满足电工所和一些兄弟单位的需要，工厂决定生产一批鼠笼式感应电机。技术人员从有关部门找来图纸，制定了工艺，设计了专用的工、卡、模具，由金工车间进行机械加工，电机车间进行线圈绕制、下线、浸漆、转子铸铝及装配等工作。

当时金工车间的车、铣、刨、磨等机床约20台，可以进行一般的机械加工，但没有电机硅钢片冲槽用的小型冲床，为此技术人员从有关部门找来图纸自行制造。由于找来的图纸残缺不全，技术人员对图纸进行整理和补充，很快制成了一台小型冲床。这台小型冲床不但满足了当时生产感应电机硅钢片冲槽的需要，也为后来各研究室委托工厂研制的多种特种电机和微电机解决了硅钢片冲槽设备。

通过感应电机的生产，工厂培养出了一支技术熟练的工人队伍。后来随着研究室委托工厂加工的任务逐渐增多，逐步停止了感应电机的生产。

二、精简阶段（1961～1970）

这一时期主要特点是：工人精简，机构调整，工厂编制缩小了很多，但各研究室委托工厂加工的任务却逐渐增多。

20世纪60年代初，由于国家处于困难时期，许多原来从部队转业的工人被精简回乡，工厂编制缩小了很多，工厂人员总数只剩下几十人，有的工种甚至只剩一人。半导体车间撤销了，仪表车间和厂部的器材组归并到所里的器材科，工务组的技术人员则直接到车间工作，工厂不再分车间，原来的金工车间和电机车间合并。规模虽然缩小了，但工种还比较齐全，除机械加工和钳工外，还有锻工、钣金工、电气焊工（包括氩弧焊）、电气修理及变压器绕制、喷漆工、电镀工、木模工及电工等工种。

在这段时期内，工厂为研究室承担的加工任务逐渐增多，其中有些加工任务难度较大，但工厂全力以赴，圆满地完成了任务。例如微电机室研制的用于我国第一台人造卫星东方红一号的基准电压发电机，就是由工厂加工制造的。工厂还完成了用于国防和卫星的多种微电机；承担了为特种电机加工试制样机任务和为蒸发冷却加工试验用转子模型等任务。其他研究室的多项加工任务，工厂也都一一按时完成任务。

在这段时期，有几批新分配到所的大学生到工厂锻炼。他们通过与工人一起劳动，熟悉了工厂的情况，不仅有利于他们在以后的研究工作中与工厂合作，同时对锻炼和提高他们的动手能力也有益处。

在这段时期，先后由庞长富、胡光、王维起担任厂长。

三、发展阶段（1970～1988）

这一阶段的主要特点是：工厂人员增加，设备配置逐步齐全，完成了大量加工任务。

1970年后，为了适应研究室加工任务不断增加的需要，工厂规模有了一定发展，招收了一批新工人，人员总数达到一百多人，增加了一些精密机床和大型机床，使得设备配置更加齐全。其中有些专用设备是工厂自行研制的，如等离子切割设备、氩弧焊设备，由于中关村地区其他研究所的工厂没有这类专用设备，这些专用设备实际上是为全中关村地区服务的。工厂自行研制的设备还有2吨和3吨吊车及钢板折弯机等。工厂还与有关研究室合作，加工并完成大线圈绕制用的专用绕线机等。

在这段时期内，工厂为研究室的科研工作承担并完成了大量加工任务。用于东风-3、东风-4、东风-5、巨浪、331 等型号任务中的 60 磁滞同步电机，工厂共生产了 30 台，得到了使用单位的好评。航天部 704 所在使用证明中提到："该电机完全满足要求，为导弹的研制、试验定型做出了贡献"。用于气象卫星的无槽无刷直流电动机，精度要求很高，轴端跳动量要求小于 $5\mu m$，工厂共生产了 4 台，被航天部 704 所评价为"风云一号卫星中可靠性最好的仪器之一"。通过这些工作，工厂不仅锻炼了队伍，提高了技术水平，积累了许多制造微电机和特种电机的技术经验，也为以后完成要求更高和种类更多的任务打下了基础。

这段时期工厂完成和参加的工作，除以上提到的多种微电机和特种电机外，比较重要的还有平面步进电机绘图仪、磁流体发电试验用法拉第通道和煤粉输送系统、肾结石破碎机的研制和安装、高电压试验装置、特殊形状的不锈钢电极、高炉进风用旋风器等。

工厂在完成各项加工任务中，技术人员和工人付出了大量心血和劳动，很多项加工要根据当时的设备条件和研究室对产品的要求，制定合理的工艺方案，设计专用的工、卡、模具。有时还要与研究室的人员进行协商，对原来的产品设计做适当的修改，有时要派工人到研究室进行现场加工和装配，有时要对机床进行改装或添加附件。任务急时要加班加点，但技术人员和工人却从无怨言。工厂与二室和五室共同承担研制的平面步进电机绘图仪，其重要部件之一——图纸静电吸附装置从设计到加工都是由工厂独力完成的，由于质量好，后来还有外单位专门来定做该部件。平面步进电机绘图仪的其他部件也是由工厂加工的，为了完成其中的高精度工作台加工任务，工厂把原来没有数字显示装置的 3m 单臂刨床装上了数字显示装置，还装上了磨头和新的冷却系统，加工出了合格的高精度工作台。特殊形状的不锈钢电极和高炉进风用旋风器，一般机床不能加工，工厂的技术人员想方设法，在普通卧式铣床上加了专用支架和立铣头，圆满完成了加工任务。

在以上两段时期内，庞长富、陈步东、石德林、王公民、史启泰等先后担任厂长；徐福臣、朱建华等先后担任副厂长；解云科、张执中等先后担任党支部书记。

四、改革阶段（1988～1993）

这一阶段的主要特点是：先实行内部承包，后改制成立公司；既承担本所的科研加工和外单位的加工任务，也销售自己的产品。

改革开放以后，工厂逐渐成为相对独立的经济实体。从 1988 年开始，电工所与工厂签订了内部承包合同，工厂实行内部承包，独立核算，自负盈亏，并推出了相关激励措施：若当年完成承包的利润指标，可提取承包利润指标的 25% 作为对工厂职工的奖励费用，其余上交到所；若利润超过承包目标，可提取超过部分的30%作为对工厂职工的奖励费用，其余作为工厂的发展基金。以后几年电工所与工厂都签订了内部承包合同，承包目标逐年提高，到1992年承包目标达到30万元，工厂每年都超额完成承包目标。

实行内部承包后，工厂由过去的加工服务型，转变为生产经营型，所内外加工均使用合同，管理更加正规，工人的生产积极性也得到了提高。由于从过去的等任务变成了主动找任务，工作量大大增加，除了为研究室服务和接受外单位的一些协作加工任务外，工厂还要进行自身建设，包括增加和改进设备，增加必要的生产用房和实验室等。此外，为了能够长期稳定的发展，还开发了一些自己的产品。

在这段时期，工厂开发成功的产品主要有：1.5kW及2.2kW鱼塘增氧机、美容机、电机断相保护器、微型液化气炉、光绘图机等，其中光绘图机是与北京集成电路制版服务中心联合研制的，于1990年3月通过了中国科学院与北京市联合主持的鉴定。

这段时期里，工厂承担电工所各研究室委托的重大加工任务有：超导磁分离工业样机大型鞍形超导磁体部件及多种实验装置、核磁成像磁体、放电开关装置、磁密封装置、电子束镀膜装置、等离子体沉积装置、新型避雷针、水下机器人用电机、深井取样电机、特种变压器、肾结石破碎机等。

工厂承担外单位的重大加工任务有：中国科技大学磁体校准装置，中国科学院微生物所发酵罐，电子部11所单轴直线电机，北京长地公司数字化仪反应板，食品厂切片机，北京制冷工具厂调节阀及液化气小缸，解放军总后210所照排机、中国科学院电子研究所激光器，中国科学院空间中心反射镜装置，核工业部核发电站用爪具，中国科学院科仪厂高分辨能损仪，大恒公司激光热处理装置，502所真空装置，北微控制设备厂双色液体计等。

1993年，电工所研究决定将所工厂改制成为公司，称"北京中科机电设备公司"，编制纳入电气高公司，成为其下属的一个子公司，史启泰担任经理。工厂改制成为公司后，仍继续承接电工所各研究室和外单位的加工任务，同时生产销售自主开发的产品。

1996年，由董承康任经理。机电设备公司仍继续承接电工所各研究室和外单位的加工任务，同时生产销售自主开发的锅炉等产品，并销售意大利进口的燃气壁挂炉、锅炉燃烧器及其配套设备。销售额和利润均有大幅度增长。到2004年，因为电工所要在东大院建新大楼，机电设备公司因此迁到郊区租房，并拟在昌平马池口新建厂房，开展工作。随着电气高公司社会化改革的不断推进，机电设备公司也同步进行了改革。与此同时，所内各研究课题的加工任务也走向社会化，2006年以后机电设备公司不再承担各研究室的加工任务（详见第四章第一节）。

第七章 大 事 记

1948 年

10 月 长春市解放，东北行政委员会工业部接管了国民党政府的"东北科学院"（其前身是伪满"大陆科学院"）。

12 月 "东北科学院"改名为"东北工业研究所"。

1949 年

春 东北工业研究所重建了电机、机械、矿冶、土建、有机化学、无机化学等研究室。电机研究室设有强电实验室、弱电实验室、配电室，人员约 20 人。

9 月 东北工业研究所更名为"东北科学研究所"，隶属东北人民政府工业部，所长武衡。

1950 年

本年 东北科学研究所所长武衡赴上海、长沙等地招聘科技人员，电机研究室也因之增加了科技力量，并组建了电子管、自动化、高电压、碳刷、电气测量等研究组。朱其清任室主任，韩朔任副主任。

电机研究室装成 300kV 冲击高电压发生器。利用该装置，在国内率先开展电力网避雷器、高电压绝缘子等高电压技术研究工作和电工测量技术及设备的实验研究。

1951 年

秋 东北科学研究所包括电机研究室，因国家开始实行大学毕业生统一分配而加强了科研力量。

本年 电机研究室开始研制输电线路故障探测器、工业 X 射线探伤仪和超声波探伤器等。

1952 年

8 月 东北科学研究所改属中国科学院，更名为"中国科学院长春综合研究所"。研究的学科领域有：化学、物理、电力、电子、自动化、机械、矿冶、土建等。

8 月 28 日 中国科学院东北分院在沈阳正式成立，统管东北地区中国科学院各研究所，严济慈任分院院长。

本年 电机研究室研制建成 1MV 冲击高电压发生器。利用这一新装置，成功研制出 10~60kV 四种单元式阀型避雷器；还进行了一系列高电压应用技术实验及其测量技术研究。胡传锦开始进行金属表面的电火花强化研究。

1953 年

年初 随着第一个五年计划的实施，有关专家建议中国科学院筹建动力方面的研究所。中国科学院东北分院把"为筹建机电工程研究所打下基础"作为 1953 年工作重点之一。

8 月 电加工课题研制成功强化模具和刀具的"电火花强化机"，交由长春模具厂批量生产，在东北煤矿管理局系统等推广应用。强化后的采煤工具，使用寿命提高 1.5~2 倍。

本年 电机研究室成功研制输电线路故障探测器和工业探伤设备（工业 X 射线探伤仪、超声波探伤器），付诸应用，并开始进行电网输电线路串联电容补偿研究。

1954 年

10 月 18 日 在中国科学院长春综合研究所的机械研究室和电机研究室的基础上，成立了"中国科学院长春机械电机研究所"，所长夏光韦。

电机研究室与电力有关的研究组组成"电力研究室"，副主任韩朔。

本年 电力研究室研究完成了我国第一条串联电容补偿式超高压输电线路——鸡西至密山 22kV 线路并投入运行；承担我国第一台电力系统大型交流计算台的研制任务；开展绝缘材料（电力电容器和电力电缆的油浸纸等绝缘材料）的研究，为电力电容器厂和上海电缆厂提供了有力的技术支持；研制西林电桥。

电加工方面进行"阳极机械磨制硬质合金的研究"，成功研制阳极机械切割机和磨刀机，在长春 672 厂和哈尔滨量具刃具厂推广。

1955 年

5 月　苏联科学院访华团成员、苏联科学院电工研究所所长科斯钦科院士访问长春机电所，提出了中国科学院应设立电工所的建议。毛鹤年等人也提议在中国科学院设立电工方面的研究所。

12 月　成立长春机电所学术委员会，成员包括夏光韦、毛鹤年、丁舜年、蔡昌年、章名涛、朱物华、褚应璜、韩朔、胡传锦等。夏光韦任主任，韩朔任正学术秘书。

1956 年

1～8 月　韩朔作为中国科学院电工方面的代表参加了国家制定《1956～1967 年科学技术发展远景规划纲要》（简称"十二年规划"）的工作，参与了规划中关于统一动力系统高电压输电方面的制定。

上半年　苏联科学院通信院士、动力研究所副所长鲍波科夫访问长春机电所，赞成中国科学院应设立电工所。

8 月　十二年规划中的电力科技方面，把"发电厂和电力网的合理配置与运行、全国统一动力系统的建立"列为第 21 项国家重要科技任务，明确了五大中心问题：①高压远距离交流输电；②高压远距离直流输电；③巨型电机和高压电器的设计制造；④电力系统自动化与继电保护；⑤新型电气传动设备的研究等。长春机电所电力研究室承接了涉及五大中心问题的 12 个研究课题。

秋　鲍城志博士从美国回国后，到中国科学院长春机电所电力研究室工作，开展电力系统自动化方面的研究。

9 月　谢果良、谭作武、秦曾衍等被选派赴苏联科学院相关研究所作研究生。

10 月　机电所制定了《电工部分 1957 年计划及长远规划草案》，明确电力研究室以后将围绕我国统一动力系统的建立和主要设备制造中的理论性、综合性科学问题开展研究工作。电力研究室的科研工作由主要面向东北地区，转向了承担国家重大科技任务。

1957 年

春　中国科学院科技代表团访问苏联，长春机电所夏光韦、韩朔为代表团成员。

9 月　中国科学院苏联专家总顾问拉扎连柯教授参观访问长春机电所，提出："如果放松了电工方面研究工作的开展，势必将影响到国民经济的建设任务。"强调了中国科学院设立电工所的重要性。

10月 长春机电所学术委员会正式向中国科学院提交《关于筹建中国科学院电工研究所的几点初步意见》的报告，提出："建议科学院单独成立电工所，在干部、设备方面由机械电机研究所积极支持，1959年建所于北京。"

冬 中国科学院党组书记张劲夫副院长到长春机电所视察工作，并为设立电工所进行调研。

10~12月 中国科学技术代表团和中国科学院代表团访问苏联，商谈两国科技合作问题。其中，在两国科学院的合作项目中列入"帮助中国科学院建立电工研究所"内容。

12月 选派韩朔、万遇良、韦文德、蔡养甫、江云等分别到苏联科学院电工研究所和动力研究所进修。

本年 电力研究室研制成我国第一台大型交流计算台，并交付东北电力局使用。

1958 年

4月30日 中国科学院第五次院务常务会议通过了在北京成立电工所筹备委员会的决定，并报国务院科学规划委员会审批。

6月 国务院在武汉召开长江三峡水利枢纽工程科学技术会议，林心贤带领吴振华、沈国镠、廖少葆参加，并承接了三峡工程中与电力电工有关的17项科研任务。

7月26日 中国科学院发布[（58）科字第199号]文件，转发国务院科学规划委员会关于批准在京筹建电工所的决定。根据该项决定，电工所在原机械电机研究所电力研究室的基础上进行筹建，并由长春迁京，比原计划提前了一年。

8月2日 中国科学院办公厅下发通知，正式成立电工所筹备委员会，任命林心贤为筹备委员会主任。

8~9月 组建全所科研机构，由研究所直接领导大课题组，分别为：电力系统组、电机组、高压组、自动化组、电工测量组、电工材料组、联合电加工组。主要科研课题有：电力系统摇摆曲线的自动计算装置；电力系统有功功率自动分配和频率自动调整的研究；电力系统动态模拟和电力系统经济运行的研究；冲击波精确测量的研究等十项。

10月 召开电工所筹备委员会第一次会议。院副秘书长秦力生、院技术科学部主任严济慈、一机部技术司副司长褚应璜、清华大学电机系主任章名涛、院技术科术部副主任赵非克到会，林心贤主持。

10月17日 院机关党委组织部批复电工所，将党支部改成临时党总支，委员会由七人组成，总支书记林心贤，总支副书记刘子固。

10 月 27 日 毛泽东主席参观中国科学院展览会,在电工所的展台前林心贤向毛泽东汇报了电工所承担三峡工程任务的情况。

11 月 17 日 院党组同意由电工所党的领导小组负责所的全面领导工作。电工所党的领导小组由四名成员组成:林心贤、杨昌琪、朱尚廉、常健,组长林心贤。

1959 年

4 月 8 日 院机关党委批复同意电工所成立党的机关委员会。第一届党委会由林心贤、刘子固、常健、李光耀、杨昌琪、张夕云、张树德等七人组成,书记林心贤,副书记刘子固。

6 月 9 日 院机关党委组织部批复林心贤、刘子固、常健为所党委常务委员。

6 月 24 日 所党委向张劲夫副院长和院党组提交《所的发展途径及应采取的措施》的报告,提出:电工所研究工作大致分为强电、电工材料及绝缘材料等、电能的新应用、某些有关电物理的问题等四类。

8 月 6 日 院批复电工所行政组织机构:办公室下设计划、人事、保卫、器材、行政、秘书、资料等七个科室。

9 月 26 ~ 29 日 电工所参加院庆祝国庆十周年研究成果展览会及学术报告会项目,展览电脉冲加工机床等实物 21 项、80kW 电机等照片 10 项,并提交了 26 个学术报告(所组两级)。

9 月 下放干部 30 余人到河南商城劳动锻炼。

10 月 10 日 院党组批复电工所党的领导小组由林心贤、刘子固、常健、张夕云、张树德等五人组成,组长林心贤。

本年 DM5540 型电脉冲加工机床通过了部级鉴定,是我国自行研制成功的第一台符合国家标准的电加工机床;完成了天安门和人民大会堂雷电保护工作;出版了专著《民用建筑物防雷保护》和译著《动力系统调频和经济运行译文集》。

1960 年

年初 制定所 1960 ~ 1962 年科技规划:根据院党组指示,以尖端的国防科技为电工所研究工作的重点,适当地发展大项目中比较关键问题的研究,全所科研机构分成一部和二部。一部包括电力系统、电机、高压、电加工等 8 个方面,其中以电机和电加工为重点;二部以电弧与放电等离子体技术作为科研重点,开展高音速电弧风洞、电火箭、脉冲电源与特种电源等特种电工装备方面的研究工作。

2 月 5 日 向院报告《北京地区高压综合研究基地及有关试验室布局的规划》。

2月 在北京饭店召开全国第一次蒸发冷却会议，决定试制三台蒸发冷却工业试验电机、一个变压器，推广蒸发冷却技术。

3月 国家主席刘少奇接见张劲夫、林心贤、杨昌琪等，了解电工所蒸发冷却发电机研究取得初步成果的情况。

3月 电工所正式成立了六个研究室，即一室（电力系统研究室）、二室（大型电机研究室）、三室（高电压研究室）、四室（电力系统自动化研究室）、六室（电加工研究室）、八室（二部项目研究室）。院任命韩朔为电力系统研究室副主任，鲍城志为自动化研究室副主任。

4月 电工所参与主办的全国第一届电加工学术会议在天津召开。

本年 电工所关于探索研究磁流体发电的请示报告，获院技术科学部同意，并开始进行磁流体发电研究。主要成果有：①电力系统摇摆曲线自动计算装置；②高精度频差测量装置；③建筑物防雷重点保护方法；④定子自循环蒸发冷却的研究；⑤标准频率发生器等。

1961 年

1月12日 院机关党委同意电工所党委改选结果和党委分工，第二届所党委正式成立。书记林心贤（兼监察委员）；副书记刘子固、常健。

1月25日 院党组批准电工所党的领导小组由林心贤等6人组成，林心贤任组长。

5月 中央工作会议根据"大跃进"之后面临的国民经济困难形势，提出"调整、巩固、充实、提高"八字方针，其中决定精简职工，减少城镇人口，压缩城镇粮食销量，支援农业。据此，电工所启动精简下放人员工作，并于年底前基本完成。

12月5日 院批复电工所，同意张夕云为所办公室副主任，廖少葆任二室副主任，胡传锦任六室副主任，杨昌琪任八室副主任。

12月26日 全所精简和外调共261人。

本年 动力系统事故分析和处理的逻辑控制和直流输电模型装置等研制完成。

1962 年

2月2日 院任命陈首燊、朱尚廉为第三研究室副主任。

2月 电工所明确科研方向和任务为："针对着解决国防尖端和国民经济建设中，向电工学科与电工边缘学科也称之为'交叉学科'提出的重大科学技术问题，进行系统的研究，进一步完善和建立新的电工理论基础，促进电工学科与电工边缘学科的发展，创造新的电工装备，以期达到先进的国际科学技术水平……"

6 月 院发文任命林心贤为电工所副所长，另批复电工所所务委员会由 11 人组成：林心贤、王士珍、韩朔、廖少葆、陈首燊、鲍城志、胡传锦、杨昌琪、刘子固、常健、张夕云。

6 月 25 日 院任命林心贤代行中国科学院电工所所长职务。

7 月 10 日 院任命原中国科学院新技术局副局长王士珍为中国科学院电工所副所长。

7 月 28 日 院技术科学部、干部局批准电工所学术委员会名单：王士珍、韩朔、鲍城志、胡传锦、杨昌琪、陈首燊、廖少葆、陈贻运、章名涛（清华大学电机系主任）、朱物华（上海交大副校长）、褚应璜（一机部技术司副司长）、何华生（三机部技术司司长）、毛鹤年（水电部电力建设总局总工程师）。学术秘书由陈贻运兼任。

本年 晶体管电流互感器和 KD-103 型电子管式高频脉冲电蚀加工装置研制完成；出版译著《直流输电译文集（第一集）》。

1963 年

1 月 29 日 经 1962 年 12 月 22 日第 9 次院常务会议通过，并经国家科委批准，院计划局正式通知成立电工所。

4 月 29 日 召开电工所成立大会，院技术科学部主任严济慈到会并作主旨讲话，林心贤代所长主持会议。

3 月 27 日至 11 月 11 日 拟定在北郊建所的申请及基本建设任务书，建所面积 42000m²。

8 月 召开电工所第三届党员大会，选举第三届所党委委员。

9 月 25 日 院机关党委会批复：同意电工所第三届党委会成立并由 9 人组成，书记林心贤、副书记刘子固。监察委员会由 5 人组成，书记朱尚廉。

11 月 电工所与北京市电机工程学会，水电部技术改进局共同召开"动力系统经济运行及自动化学术报告会"。

12 月 电工所《论文报告集》创刊。

本年 KD-104 型线电极电蚀加工装置获国家新产品三等奖。其他成果有：电火花加工用 RLC 弛张式脉冲发生器、强力励磁调节规律研究、DI 型电子管式强力励磁调节器、电力系统非同步化同步输电稳态运行研究、电弧加热器实验装置、脉冲放电风洞电源方案的研究与论证等。

1964 年

1 月 林心贤代所长在全所工作总结会议上指出：在业务上有 23 项成果，其中水平较高、作用较大、工作也比较重要的有：七室的基准电压发电机、六室的大功率KD-110型高频脉冲发生器、三室的液电成型新工艺、五室的电阻时间常数测量电桥、四室的数字电压表。通过"三定"（定方向、定任务、定人员）复查，使电工所方向进一步明确。

3月10日 院批准韩朔任电工所第一研究室主任，鲍城志任第四研究室主任，胡传锦任第六研究室主任。

4月13日 院批准鲍城志、韩朔为研究员。

5月19日 院批准那兆凤任电工所第五研究室副主任；江云任电工所第八研究室副主任。

6月4日 院批准在电工所第八研究室805组的基础上成立第五研究室（电工测量研究室）。

夏 在热输入800kW的磁流体发电原理性试验装置上，首次发电80W。

8月31日 院批准秦增衍任电工所第三研究室副主任，陈贻运任第四研究室副主任，谢果良任第七研究室副主任。

9月9日 院批准电工所成立第七研究室（微型电机研究室）。

9月 第一批"四清"人员赴河南信阳。

11月10日 召开所第四届党员大会，选举第四届党委委员。

1964年12月19日至1965年1月17日 接待朝鲜科学院代表团来电工所考察，赠送给朝方一批资料图。

本年 电工所微电子束加工技术开始研究工作；研制成国内首台光电跟踪线切割机床；取得了"电力系统动态模拟装置"等16项科技成果。

1965 年

1月6日 院下发文件，调刘子固到中国科学院植物研究所工作。

2月12日 院同意由九人组成电工所第四届机关党委会。书记林心贤，专职副书记王建华。监委会由三人组成，书记江云。

2月13日 中国科学院决定，将电工所由北京迁往安徽省合肥市董铺岛。

4月5日 院撤销电工所电力系统研究室；并将电工所动态模拟试验室装置无价调拨给水电部技术改进局。

8月 第二批"四清"人员赴河南许昌。

10月 磁流体发电工作在因"四清"暂停一年后，改进了原理性实验装置，发电300W。磁流体发电纳入"640-3"国防任务。

11月6日 电工所准备在一定规模上开展磁流体发电、等离子体凿岩等研究工作。

12 月 3 日 所根据院领导关于"机构调整"的指示精神,将第四研究室(自动化研究室)撤销,该室人员分别归并到北京的中国科学院自动化研究所(10 名),中国科学院沈阳工业自动化所(15 名)。

12 月 13 日 院决定电工所从 1966 年 2 月开始迁往安徽合肥市。

12 月 20 日 院党组决定在电工所改行党委制,并建立政治工作机构。随后,电工所将党团办公室改为政治处。

本年 开始了爆炸型磁流体发电的研究工作。取得科技成果 14 项。

1966 年

3 月 22 日 中央批准林心贤任电工所党委书记,王建华任电工所党委副书记兼政治部主任。

4 月 18 日 所党委向院党委呈交"关于电工所搬迁有关问题报告",请示电工所将分期分批迁往合肥的有关问题。

6 月 6 日 院任命林心贤为中国科学院电工所所长。

6 月 18 日 电工所工厂爆发了"批斗"该厂党政负责人的事件。

7 月 11 日 所党委向院党委呈交《关于电工所推迟搬迁问题的请示报告》,提出:为了不影响"文化大革命"正常进行和科研任务的完成,申请推迟原定于八月份迁往合肥的搬迁计划。

7 月 遵照院科学技术部精神,磁流体发电的研究任务纳入研究计划,并组织力量,与一机部电器科学研究院、北京重型电机厂等单位协作执行。

10 月 电工所的烧蚀试验工作纳入"651"任务,并与力学所的相关工作合并,作为侦察卫星回收中烧蚀试验设计工作的基础。

本年 取得科技成果 8 项。

1967 年

1 月 21 日 在上海"一月革命风暴"波及之下,"联委会"夺权接管电工所,所党委和所长失去了领导权。

7 月 电工所在沈阳主办全国电加工学术会议。

8 月 所革委会成立,军管小组进驻电工所。郑明任军管小组组长兼革委会主任。

8 月 国防科委接管电工所工作开始。

本年 宽量程、高精度精密万用电桥历时三年研制成功,满足了军工需要。取得科技成果 9 项。

1968 年

5 月 电工所正式被国防科工委五院接管，改称中国人民解放军 506 研究所，也称中国人民解放军总字 815 部队 6 支队。而 802 组、803 组（电感储能、磁流体发电）划归国防科委十五院，改称中国人民解放军 1516 研究所。全所改行连队建制，共设六个连。

5 月 16 日 电工所党委书记、所长林心贤在"文化大革命"中被迫害致死。

9 月 新入所大学生 20 余人被派往天津农场接受再教育。

12 月 邢景孟任所军管小组组长。

12 月 29 日 首都工人毛泽东思想宣传队（简称工宣队）进驻电工所。

本年 取得科技成果 5 项。

1969 年

1 月 邢景孟担任所革委会主任。

6 月 20 多位同志去驻马店"五七"干校。

12 月 按上级部署，进行"战备疏散"。大部分贵重仪器设备物资转移到北京山区的北京大学某基地及山西省，部分随疏散人员到河南驻马店、苏州、常州等地。其中有 80 多位同志疏散到驻马店"五七"工厂。

12 月底 爆炸型磁流体发电课题的人员和设备搬迁到合肥市董铺岛，继续该项目工作。

本年 完成了用于核潜艇导航平台的数种特种电源的研制任务（09 任务），并交付使用；储能 5 千万 J 的大型电感储能装置在合肥分部建成（6403 任务）。

1970 年

4 月 24 日 我国第一颗人造地球卫星"东方红一号"成功进入太空，在运载火箭上安装有电工所研制的微电机。

7 月 落实国务院（70）40 号文件决定，撤销中国人民解放军 506 研究所，恢复电工所，复归中国科学院领导。

8 月 在"三面向"（面向学校、面向工厂、面向社会）的号召下，电工所大批科技人员分别到北京市第一轧钢厂、北京西城区广播设备器材厂、东城医疗设备厂、北京清河毛纺厂等单位参加企业生产和科技改造工作，历经一年。

11 月　中国科学院批复，电工所合肥分部正式移交给新成立的中国科学院安徽光机所。

本年　取得科技成果 5 项。

1971 年

本年　主要的科研工作有：低速力矩电机及随动系统（总参）；磁滞电机（705 任务）；直线电机（705 任务）；线性变压器（705 任务）；光学陀螺马达（5 机部任务）；磁滞电机（705、706 任务）；海上石油勘探电火花震源；光电跟踪线切割机床；型腔模电火花加工装置；电子束焊接机；电子束布线；电子束镀膜机；离子束注入工艺；电推进；卫星电弧装置；常温电感储能（640-3 任务）；超导电感储能；低温站建设；磁流体发电（640-3 任务）；长时间磁流体发电；受控热核点火装置。

取得 8 项科研成果，其中重要科研成果有：光电跟踪电火花线切割机床；直流力矩电机和宽调速直流伺服电机。

1972 年

年初　电工所党的领导小组成立，领导全所工作。

7 月 1 日　电工所等六所一厂由中国科学院下放北京市，实行院、市双重领导。电工所更名为"中国科学院北京电工研究所"。

8 月　电工所取消连队建制，恢复并重设八个研究室：一室磁流体发电研究室（原803 组），二室大电机研究室，三室高电压研究室，四室电感储能研究室（原802 组），五室脉冲数字技术及应用研究室（原电工测量研究室），六室电加工研究室，七室微电机研究室，八室电火箭（亦称电推进）研究室（原801 组）。行政机构为：所办公室、政治处、业务处、行政处。另设工厂。

8 月　温伯华任电工所党的领导小组组长。党的领导小组成员为：温伯华、邢景孟、王荣恩、杨刚毅、赵淑平、王建华、刘清成、芮金兰。

本年　电工所和广东湛江地质部第二海洋调查大队合作研制完成了 DE-1 型电火花震源，并进行了海上专业试验。取得科技成果 9 项。

1973 年

电工所的八个研究室的方向任务明确为：

一室，探索新式发电；

二室，特种电机及其调节系统；

三室，高压脉冲放电理论及其规律；

四室，超导在电工领域应用及理论；

五室，脉冲数字技术及其应用；

六室，电火花、电子束流对材料加工的新应用及理论；

七室，重大配套项目的特种微型电机；

八室，电推进理论及装置。

3～12月 20位同志在北京市科技局"五七"学校参加劳动锻炼和学习。校址在中国科学院北京植物研究所香山植物园。

本年 "电火花震源勘探海洋石油"完成了试生产研究。取得成果2项。

1974 年

7月1日 我国第一台托卡马克CT-6实验装置正式放电并宣布建成。电工所负责研制完成了其中的环向磁场和涡旋场磁体系统。

秋 20多人赴门头沟插队劳动锻炼，接受贫下中农再教育。

本年 科研工作的主要项目是：磁流体发电、蒸发冷却电机、直线电机、低速电机及其控制系统、交流调速电机、电火花地震勘探震源、水电效应破碎研究、脉冲磁体、液氮装置研制、小型数字计算机、电火花线切割、型腔模电火花加工、低真空和非真空电子束焊机、电子束投影成像曝光机以及磁滞电机、步进电机、无刷电机等微特电机。取得科技成果6项。

1975 年

6月 原北医三院党委副书记张思齐调任电工所党的领导小组副组长。

8月13日 北京市委科教组批准成立电工所党委，由此电工所第五届党委会正式成立，共九名委员。张思齐任副书记、代书记，庞真、芮金兰任副书记。

11月 中国科学院批复，经与北京市科技局共同研究，同意电工所对外开放。

12月19日 增补工宣队领队郭久成任电工所党委副书记，两位副领队为所党委委员。

本年 率先在国内研制成功小型计算机XDJ-73-Ⅰ型，推广到北京无线电一厂批量生产，并由第四机械工业部命名为DJS-19机，编列入国家的计算机系列。与北京良乡发电设备厂合作，研制成功1200kV·A蒸发冷却汽轮发电机组。变极变压调速异步电动机研制成功。取得成果15项。磁流体发电、电火花地震勘探震源等9个项目列为中国科学院或北京市重点科研项目。

1976 年

1 月 9 日　周恩来总理逝世，电工所群众进行悼念活动。

3 月　召开全所计划会议，总结 1975 年工作，制定 1976 年工作计划。

4 月 5 日　"四五"运动爆发，电工所部分群众不顾阻挠前往天安门广场参与缅怀周总理的活动，遭"四人帮"镇压，被诬为"天安门反革命事件"。

7 月 28 日　3 时 42 分发生 7.8 级唐山大地震。电工所进行防震抗灾，包括在东大院等空场地为职工统一搭建了防震棚，避灾居住直到 10 月底。

9 月 9 日　毛泽东主席逝世，全所职工举行了各种悼念活动。

9 月 21 日　日本焊接学会代表团一行 11 人，由该学会副会长、日本东北大学教授小林卓郎率领，来电工所电加工研究室参观和技术交流。

10 月 6 日　党中央彻底粉碎了"四人帮"，十年"文化大革命"动乱终结。电工所职工上街参加游行庆祝，并连日进行座谈讨论。

10~11 月　1 号长时间磁流体发电实验机组于 10 月完成硬件建设，11 月开始烘炉试验等一系列调试，为开启民用磁流体发电研究创造了条件。

11 月　阿尔巴尼亚科学考察团到电工所参观访问。

12 月　五室利用自己研制的 XDJ-73 小型计算机与大连机车车辆厂合作，进行机床群控研究。

12 月底　三室在天津大港进行的陆地石油电火花地震勘探震源试验研究的工作取得了肯定结果：试验剖面证明电火花震源勘探技术完全可用于陆上石油勘探。

本年　六室利用三叶成型电极加工出异形纤维喷涂板，并喷出异形丝，填补了国家纺织工业发展新型合成纤维的空白。由二室、五室和所工厂合作进行平面电机绘图机的研究，组装成中国第一台平面电机绘图机系统，初始绘图精度即达 0.2mm。此外，取得科技成果 10 项，其中包括可控硅电火花加工机床、大型数控电火花线切割机床及其基本规律的试验研究、磁滞同步电动机等重大成果。

1977 年

年初　所党委明确 1977 年全所主要工作为：贯彻"抓纲治国"方针，抓纲治所，开展揭批"四人帮"运动，搞好科研和各项工作；科研工作要贯彻"侧重基础，侧重提高"的方针，搞好长远发展规划；恢复科研秩序，加强科研服务各项管理工作；迎接即将召开的全国科学大会，重大项目开展献礼活动。

2月8日 召开全所科研计划会议，部署全年科研工作。22 个课题逐一落实了计划，将"七五三"工程的主环磁铁供电系统及计算机控制等 9 个课题列为重点课题。

3月1日 召开全所"抓革命，促生产"动员大会。

6月22~30日 接待美籍华人叶景豪先生（低温超导技术专家）来所交流参观。

7月1日 电工所致信方毅、李昌、武衡等院领导，请求对"电火箭研制项目"给予关心和支持，争取列入院的三年计划和国家的相关计划。

10月21日 国务院决定恢复招收研究生。电工所按院部署 11 月份启动研究生的招生工作。

10月30日 电工所承担的《中国科学院电工学科 1978~1985 年发展规划纲要》完成修订。

11月 按中央政策及院的相关规定，电工所完成了调整工资工作。提升工资 246 人，占全所职工总人数的 40% 多。

12月12日 中国科学院和北京市革委会联合下发《关于中国科学院北京力学所等八个单位改变领导关系等级的通知》，经国务院批准，电工所从 1978 年 1 月 1 日起，不再由中国科学院和北京市双重领导，改为由中国科学院直接领导。所名恢复为"中国科学院电工研究所"。

本年 取得 7 项科技成果，其中重要的有：XDJ-73 小型计算机改型成 XDJ-73-II 型机；平面步进电机及细分驱动电源。

1978 年

1月16日 电工所完成"平面步进电机自动绘图机系统"的研制任务，并作为向全国科学大会的献礼项目，送大会展出。

2月24日 院审定电工所 1978 年的科研项目计划和科学事业费预算，并指示：①为确保科学卫星和空间研究计划的完成，电工所承担的电推进、惯性轮、微型电机等项任务，必须按时完成；②由电工所牵头，会同力学所、综考会（即中国科学院自然资源综合考察委员会）调研太阳能热发电项目；③电工所向院正式上报研制亚微米电子束扫描曝光装置的开题报告。

2月27日 院党组任命赵志萱任电工所党委副书记、所负责人，调杨刚毅任院三局负责人（局长）。

3月16日 院务会议讨论批准恢复技术职称后电工所提升的第一批副研：杨昌琪、谭作武、严陆光、廖少葆、陈首燊、那兆凤、万遇良、吴振华、沈国镠。

3月18~31日 全国科学大会召开，电工所电火花地震勘探震源、光电跟踪电火花线切割机床、直流力矩电机和宽调速直流伺服电机、自动绘图机和图形数字转换仪、

GDY 型光电直读光栅光谱仪配电子计算机系统、六号托卡马克环形受控热核实验装置和实验（电磁系统）、毫米离子束注入机、全氟利昂自循环蒸发冷却式 1200kV·A 发电机、扫描图像信息处理系统的研制、LT-1 型离子探针质谱微分析仪等 10 项成果荣获"全国科学大会奖"。XDJ-73 通用小型电子计算机、大型数控电火花、线切割机床及其基本规律的实验研究、大能量激光用七号电感储能电源、磁滞同步电动机等 10 项成果荣获"中国科学院科学大会奖"。

3月22~27日 全国磁流体发电会议的筹备会在北京举行，由中国科学院三局负责人杨刚毅主持，杨昌琪等参加会议。

3月 实行党委领导下的所长负责制，并同时在研究室实行党支部领导下的室主任负责制。

4月6日 电工所将任命的研究室主任、代主任、副主任上报院政治部审批或备案。一室，杨昌琪（主任）、何学裘（副主任）；二室，廖少葆（代主任）、朱维衡（副主任）；三室，秦曾衍（代主任）、陈首燊（副主任）；四室，韩朔（主任）；五室，万遇良（副主任）、江云（副主任）；六室，胡传锦（主任）、那兆凤（副主任）；七室，谢果良（副主任）、张培洪（副主任）；八室，冯毓才（副主任）。

4月7日 院政治部批复电工所党委，同意免去芮金兰所党委委员、党委副书记的职务。

4月 国务院副总理、中央军委常委王震接见电工所有关人员，同意把电工所研制成功的脉冲等离子体电火箭纳入空间飞行试验计划。

5月9~17日 《中国科学院电工研究所 1978—1985 年科学研究发展规划纲要（修改稿）》修改完毕。"规划纲要"中明确电工所的方向任务是：在电能电工领域中，大力探索研究新能源及新型发电方式，主攻太阳能发电和磁流体发电，积极开展超导电工、微电子束、强流脉冲放电等最新电工技术及其应用基础理论的研究。

5月10日 恢复电工所学术委员会，召开电工所第二届学术委员会成立会议，委员会由 17 位委员组成，主任赵志萱，副主任韩朔。

5月12日 因外事工作需要，首次编写完成电工所简介。

5月15日 公布经讨论通过的《电工所学术委员会条例》。

5月29日 院党组同意王建华任所党委副书记。

7月底至9月中旬 进行了恢复技术职称后首批中级技术职称科技人员提职工作，定职助研 2 名，提升助研 106 名，提升工程师 28 名。

7月21日 院批准杨昌琪、韩朔、胡传锦分别担任电工所第一、四、六研究室主任。

8月 成立电加工学会，胡传锦任副理事长。

9月16~25日 电工所参加在北京召开的"全国磁流体发电会议"，成为新成立的

"新能源专业组磁流体发电分组"成员，并负责筹备成立"磁流体发电情报网"。会议还制定了《全国磁流体发电（1978~1985）八年发展规划》，并成立包括小型磁流体-蒸汽联合循环试验研究、主燃烧室、发电通道、高温材料等联合攻关小组。

10月13~18日　接待联邦德国卡斯鲁厄技术物理所所长海因茨教授来访。

10月24日　完成了拨乱反正后第一批研究生的招收工作。报考电工所六个专业的考生共138名，录取13名。

10月　完成了电工所东大院实验室一期工程建设项目前期准备工作。

11月4日　电工所召开落实政策大会，党委书记张思齐宣布了《电工所党委关于落实政策的决定》，为在"文化大革命"中遭受诬陷迫害的林心贤等103位同志平反昭雪、恢复名誉。

11月15日　中共北京市委宣布"天安门事件"是革命行动，全所连日进行座谈讨论。

12月21日　所党委报院党组审批：建议韩朔、庞真为副所长。

12月28~29日　电工所党委召开干部会议，传达中共中央十一届三中全会精神，决定电工所把各项工作转移到以科研为中心上来。

本年　取得科技成果14项。

1979 年

1月　特种电机研究室（二室）代主任、太阳能调研组组长廖少葆向所提交《太阳能热发电》研究项目的开题报告。

2月12日　完成《中国科学院电工研究所1978—1985年科学研究发展规划报告》的修订，报中国科学院审批。电工所方向任务调整为："在电能电工领域中，加强应用基础理论研究，大力探索新能源、新型发电方式及电工新技术；主攻磁流体发电、太阳能发电和超导电工；积极进行微电子束、强流快脉冲放电、微特电机及计算机应用等方面的研究。"

2月15日　电工所党委报院党组审批：建议杨昌琪为副厅长（兼一室主任）。

2月20日　电工所领导同意"高压强流快脉冲技术及其理论"和"太阳能热发电"开题。

2月21日　院党组同意韩朔任电工所负责人。

3月5~8日　电工所召开工作会议，根据中共十一届三中全会及院工作会议精神，结合本所实际情况，集中讨论所党委提出的电工所为实现以科研为中心的战略转移的初步意见。

3月9日　根据所工作会议讨论结果，所党委对工作中心转移的初步意见进行了补充和修改，制定《中国科学院电工研究所关于实现以科研为中心的战略转移的工作意见》。上报院党组，布置全所贯彻落实。

3月13日 院党组同意杨昌琪任电工所负责人，兼一室主任。

3月15日 成立"太阳能发电研究室"（第九研究室），副主任廖少葆（主持工作）。图书馆、资料室、情报组合并，组建为"图书情报研究室"（第十研究室），主任朱尚廉。

7月 电工所编制了"1980、1981年度科研计划"，重新调整和整顿了各课题的研究内容与进度指标，将超导磁体技术、磁流体发电、亚微米电子束曝光三项技术申请列入院1980、1981年度重点科研项目。

7月10日 制定颁布《中国科学院电工研究所编辑出版〈论文报告集〉的暂行办法（试行）》。

8月 为第一批实验室建设项目配套的多功能锅炉房（637m²）开工兴建。

9月21日 院下发《关于电工所的科研方向任务》文件，同意电工所"科研方向为电能电工的应用基础理论及其新技术的研究，主要是超导技术和磁流体发电的应用研究以及太阳能热发电的基础研究。"批复明确了八个主要研究领域的方向任务要点。据此，电工所开始调整方向任务，整顿研究室，进行"五定"工作。

11月12日 撤销政治处，建立所党委办公室、人事保卫处。

11月 筹备并主持了全国第一次超导磁体技术学术讨论会，全国36个单位47位代表与会。

11月 据中央规定进行升级调资工作，电工所提升工资319人，占全所人数的53.5%。

10～12月 进行五类专业人员（研究技术人员、科技组织管理人员、器材技术人员、会计人员、图书资料情报人员）以及行政人员的定职、升职工作。

12月 电工大楼开工兴建。建筑面积6681m²。

下半年 应赵志萱所长邀请，美国田纳西大学空间研究所吴林颖珠教授到电工所参观、访问、讲学。

本年 鉴定成果18项，天文望远镜用精密直流超导磁体、石英电子手表用单极式永磁步进电机等获院重大成果。

1980 年

1月1日 公布并施行《中国科学院电工研究所科研课题经费核算试行办法（草案）》。

1月12日 完成《中国科学院电工研究所清产核资工作总结》报告，全所财产总额为2321.83万元。

5月 我国向南太平洋成功发射运载火箭，该火箭上安装了电工所研制的磁滞同步电动机。

5月 制定了《电工所三年（1981～1983）建设奋斗目标（十条标准）》，并上报中国科学院。

5 月 27 日　院党组下文批复电工所，同意成立中共电工所纪律检查组，王建华兼任组长。

6 月　《中国科学院电工研究所论文报告集》复刊出版。

上半年　杨昌琪副所长参加在美国召开的第十六届国际磁流体发电联络组会议。

7 月初　所党委制定出了《电工所研究室党支部工作暂行规定（草案）》，明确了自 1979 年工作中心转移之后，研究室党支部转变为"保证监督"作用。

7 月中　蒸发冷却实验室动工建设，建筑面积 686m²。

8 月　公布《电工所学术委员会工作要则》，对 1978 年制定的《电工所学术委员会条例》进行了补充修订。

8 月 20 日　完成"文化大革命"后所党委首次换届选举，选举出 9 名电工所第六届党委委员，张思齐任书记，赵志萱、王建华、杨昌琪任副书记。29 日得到院批准。

9 月初　制定《电工研究所研究生管理工作规定（试行）》，并颁布执行。

9 月　按院部署，完成《中国科学院电工研究所 1981～1990 年科学研究发展规划》制定。

10 月 21 日　根据院有关决定，电工所和中国科学院空间科学技术中心签署了《关于电工所八室（电推进研究室）体制划转问题的协议纪要》，明确：电工所八室现建制自 1980 年 12 月 1 日起划转到空间中心；八室用实验室待空间中心给八室解决实验室后，归还电工所。

11 月　超导电工实验室一期工程（967m² 的实验大厅）开工兴建。

11 月 19 日　制定《电工研究所 1981～1983 年建所奋斗目标》。所党委做出《中共电工研究所党委会关于开展群众性"四化立功"活动的决定》。

12 月 1 日　电工所八室（电火箭研究室）正式划转到中国科学院空间科学技术中心。

12 月 10 日　院主持召开二所一厂（电工所、计算所、科仪厂）领导人会议，批准三单位合建 901 号高层住宅楼（16200m²）的动工建设等问题。

本年　鉴定成果 16 项，一号磁流体发电实验机组、海洋石油地震勘探电火花震源、DB 系列电流比较仪等获院重大科研成果。

1981 年

1 月 10 日　院干部局下发《关于建立〈科学技术干部业务考绩档案〉通知》，电工所始建科技人员的业务考绩档案。

2 月 10 日　赵志萱所长在年度工作总结大会上总结了实行"科研经费课题核算"

的效果和意义，强调此后仍需"增强经济观点，讲求经费效果"。

2～3 月　根据国务院有关工程技术职称套改的规定及中国科学院的相应套改办法，电工所进行套改工作，于 3 月 20 日公布 119 名套改人员名单。

3 月 18 日　院转发中组部文件：同意赵志萱任电工所所长。

3 月 30 日　院决定调庞真任中国科学院遗传研究所副所长。

6 月 15 日　电工所与中国科学技术大学研究生院（简称"研究生院"）联署，向院学位委员会提交关于共同联合授予电工学科的硕士、博士学位的报告。

1～10 月　根据国家和院的相关规定，并结合本所情况，电工所先后修订、制定了多种规章制度，包括：《电工所关于职工生活困难补助的暂行规定》、《电工所综合奖评定办法》、《电工所有关奖金、稿费、兼职收入等的试行规定》、《电工所工厂工人家属医疗补助管理办法》、《电工所职工子女统筹医疗管理办法》、《电工所考勤制度暂行规定》、《电工所保健津贴管理办法》、《中国科学院电工研究所各类人员定升职试行办法》、《中国科学院电工研究所关于提升副研及相当技术职称暂行办法》、《电工研究所关于业务学习有关事项的规定》等。

12 月 10 日　电工所第一届学位评定委员会成立，主席韩朔，副主席杨昌琪，成员 8 名。

12 月 15～18 日　平面电机自动绘图机系统通过由院技术科学部主持的院级科技成果鉴定。

12 月 21～23 日　院能源研究委员会和院农业现代化研究委员会，在石家庄组织召开"农村新能源试验站"第一次工作会议，电工所等十几个研究所、高校与河北省科委与会。电工所所长、院能源研究委员会副主任赵志萱提交总体系统方案，并获通过。

12 月　蒸发冷却实验室竣工，并交付使用。

本年　鉴定成果 17 项；获奖成果 1 项。

1982 年

2 月 29 日　召开 1981 年度工作总结大会，传达贯彻院工作会议精神，赵志萱所长宣布 1982 年工作重点为：加强各级领导班子建设；继续进行课题调整；改进科研管理；抓紧电工大楼、超导等实验室建设；提高业务骨干的外语水平等。

3 月起　全所进行迎接学部评所的准备工作：研讨所、室的方向任务；清理研究课题；清理并编列建所以来取得的 197 项科技成果和 468 篇论文、报告、专著；编写各项研究室介绍资料；整理各种规章制度等。

7 月 1 日　电工所主办的综合性科技期刊《电工电能新技术》创刊。

7 月 电工所九室 903 组与清华大学合作研制成功的 "φ" 形 5m 立轴风轮发电机组通过部级鉴定。

9 月 15 日 院批准同意居滋象等 18 人分别晋升为副高职称。

9 月 27 日 中国科学院电工所所长、中国科学院能源委员会副主任赵志萱病逝。

10 月 国家科委成立 "电工专业组超导电工技术分组"，韩朔任组长。

12 月 超导电工实验室一期工程（超导实验大厅）和太阳能实验楼竣工，并投入使用。

12 月 按国务院部署，电工所启动职工工资普调工作。

12 月 9 日 电工所和北京良乡发电设备修造厂签订关于 1200kV·A 蒸发冷却汽轮发电机组进行运行试验有关费用的协议书，该机组得以正常长期试验运行。

12 月 10 日 完成 "文化大革命" 后首度提升研究员的工作，杨昌琪通过考核评审，报院审批。

12 月 21~26 日 中国科学院技术科学部对电工所进行评议。八位学部委员和电工学科组的成员、同行专家及管理干部共 31 人参加评议，学部委员毛鹤年、高景德主持评议工作。

本年 鉴定成果 18 项；"φ" 形 5m 立轴风轮发电机组、WBKX-1 型线切割机床编程控制系统被评为院重大成果。PDH-120 平面电机绘图系统转让给哈尔滨龙江仪表厂。

1983 年

1 月 2 日 胡耀邦、胡启立等中央领导视察八达岭风力发电试验站，了解了由电工所和清华大学共同研制的 "φ" 形 5m 立轴风轮发电机组的运行情况，强调解决农村能源问题的重要性和紧迫性。

1 月 14 日 电工所向院提交《中国科学院电工研究所关于组织联合攻关研制变形电子束曝光机的建议》书。

年初 中国科学院与海淀区政府合作成立 "科海新技术公司"（简称科海公司），电工所的华元涛、王大来参加该公司筹建。

3 月 10 日 院技术科学部发文下达学部关于《对电工研究所的评议意见》（简称 "评议意见"）的通知，要求贯彻落实。

3 月 25 日 电工所向院呈交《关于贯彻落实院 1983 年工作会议精神的情况报告》。

3~7 月 完成全所清仓工作。

4 月 国家科委新技术局主持召开 "核磁共振成像 83-4 会议"，成立总体组，电工所为总体组组长单位。

4 月 14 日 贯彻落实 "评议意见"，向学部呈报《关于电工研究所撤销太阳能热发电研究室（九室）的报告》。

5 月　电工所承担"中国科学院 1986～2000 年科技发展长远规划"中电工学科规划的制订，成立"电工学规划专题组"，组长杨昌琪。

5 月　1982 年度职工工资的调整工作结束。调升工资 578 人，占全所职工总数的 91.4%。

5 月 29 日　电工所向院提交《关于开展核磁共振成像研制的请示报告》。

6 月　二室研制的三台单相 5kW 变速恒频风力发电机组，与福建省机械研究所研制的水平轴风力机配套安装在福建平潭县正式投入运转，并成功实现同容量的柴油发电机并联运行。

7 月　电工所签订研制变形电子束曝光机的国家科技攻关项目专项合同，负责总体设计和调试。

7 月 14 日　完成基建工程"五定"工作（即核定：建设规模、投资总额、建设工期、投资效果、外协条件）。

8 月 17 日　召开所党委换届选举的全体党员大会，选举出了由七名成员组成的第七届电工所党委会。

9 月　电工所与东方电机厂合作研制的 1 万 kW 蒸发冷却水轮发电机组，在云南大寨水电站投入运转。

10 月 24～25 日　召开"变形电子束曝光机总体方案预备会"。

11 月 3 日　电工所向院呈递《关于成立"微电子束加工研究室"的请示报告》，决定将 603 组（微电子束扫描曝光系统研究组）独立建室，称"微电子束加工研究室"（第九研究室），室主任朱琪。

12 月 9 日　完成对 1978 年恢复技术职称以来的整顿职称评定工作的总结，并向院提交报告。

12 月 22～24 日　召开"变形电子束曝光机总体方案讨论会"，成立总体组，杨昌琪担任副组长。电工所为总体负责单位，并设总体组办公室。

本年　鉴定成果 23 项，WSC 型色差计、煤粉锅炉少油和无油点火技术、水轮发电机组转子温度无线电遥测系统、直线电机加速器获院重大成果；"φ"形 5m 立轴风力发电机转让四平市。

1984 年

2 月 15 日　遵照院党组精神，电工所召开研究生工作专题讨论会，并向院提交《电工研究所关于研究生情况的检查报告》。

3 月 27 日　院党组发文，同意程玉林兼任电工所纪委书记，杜友让任纪委副书记。

4 月 超导技术实验室二期工程（1562m² 的超导实验楼）开工兴建。

4 月 电工所向院计划局提交《关于申请建高压脉冲放电实验室的报告》，以及《高压脉冲放电实验室计划任务书》。建筑面积 1500m²，投资 60 万元。

4 月 9 日 中国电工技术学会批准电工所为超导应用技术专业委员会筹备组成员和召集人单位，韩朔为召集人，林良真兼秘书。

4 月 12 日 院党组转发中组部通知：同意杨昌琪任电工所所长（任期三年），程玉林任电工所党委书记。

4 月 由杨昌琪执笔的电工学规划专题组《中国科学院 1986～2000 年电工学规划专题研究报告》编制完成。

5 月 15 日 院党组发文同意申世民、陈步东任电工所副所长，任期三年。

5 月 901 号住宅楼竣工验收，电工所按预定总面积分配比例完成单元房号分配。

6 月 电工实验大楼竣工验收。

6 月 25 日 成立电工所改革工作领导小组，杨昌琪任组长。开始在一室、二室进行改革试点。

7 月 完成《〈当代中国〉丛书·电工部分素材》的编写工作，递交给该丛书"中国科学院卷"编辑部。

7 月 16 日 调研完成《关于面向电力建设的科研项目调研报告》。

9 月 完成二号磁流体发电实验室改建，并建成热输入 70MW、最高发电功率 2.2MW 的油氧燃烧型磁流体发电机组。

10 月 9 日 向院技术科学部提交《电工所关于电力工业及三峡工程工作的报告》。

10 月 17 日 正式成立"中国科学院中科电工新技术开发公司"。

10 月 年度住房分配及调整工作结束，共解决 139 户职工的住房困难问题。

12 月 完成《关于扩大使用科研经费审批权的规定》、《申请购买器材及使用科研经费的几项规定》、《所工厂加工管理条例》、《关于加强科技资料管理与交流的通知》、《奖金评定试行办法》、《汽车使用规定》、《出差审批手续》、《公费医疗管理办法》、《公章介绍信使用规定》等规章制度的修订工作。

本年 鉴定成果 12 项，FD-6BH 型 3×4kW 变速恒频风力发电机组、高性能电火花线切割脉冲电源、内径 30cm 充腊超导螺管获院重要成果。

1985 年

年初 正式实行科技人员退休制度，五位超龄的科技人员办理了离退休手续。

1 月 电工所开始清理整顿课题，以成果预估、经济效益、学术价值、技术积累、学科发展等因素，作为予以支持或撤销的衡量点，实行基金制和合同制的管理模式。

1 月　制定并实施《中科院电工所职工教育工作的若干规定》。

1 月 10 日　为开展中美合作研究项目"高相互作用磁流体发电机的流体力学研究"，电工所向院外事局、技术科技部申报《中国科学院院级对外交流协议来华项目申请书》和《中国科学院院级对外交流协议出国项目申请书》。

1 月 24 日　中国计算机用户协会批准成立 1000 系列机协会，挂靠电工所。

3 月　中国科学院中科电工新技术开发公司更名为"中国科学院中科电气高技术公司"。

3 月　开始实行课题组长负责制，扩大课题组自主权，并相应制定和实行研究室主任责权试行条例。采用"课题经费登记本"制度，由课题组长负责管理经费。

4 月 24 日　电工所向院提交《关于中苏两国科学院开展磁流体发电合作研究的建议》。

6 月　电工所五室 506 组在科海公司体制下成立"MCS 实验室"，注册为"科海微控"高新技术企业，实验室主任华元涛。

6 月　"电工所招待所"正式营业。

6 月 13～15 日　受联合国教科文组织委托及资助，由电工所组织筹办的第 21 届磁流体发电国际联络组会议在北京科学会堂召开。中、苏、美、日、澳、意、印、荷、波兰、瑞典、芬兰等 11 国代表及联合国教科文组织驻中国代表与会。

6～8 月　为深化改革，电工所组织六人调查组进行调研并提交了《关于我所今后发展方向和战略目标的调查报告》，提出"一主二辅三结合"的七字方针（以科研为主，以小批生产为辅和开办技术市场为辅，并使三者有机地结合起来）。

6 月 29 日　电工所与中国华侨农工商联合企业总公司签订《关于北京华侨实业公司挂靠中国华侨农工商联合企业总公司的协议》，并报告海淀区工商行政管理局。

7 月 1 日　实行以职务工资为主要内容的"结构工资制"。

7 月 12 日　第二届电工所学位评定委员会成立，主任杨昌琪，副主任韩朔、谭作武，成员 13 名。

7 月 13 日　成立电工所开发处，处长汪德正。

8 月 12 日至 9 月底　试行专业职务聘任制，完成了第一批专业职务聘任工作。

9 月　发布《中国科学院电工研究所关于〈出国人员获国外资助的提成办法〉的决定》。

9 月 12 日　正式实行所长负责制。所长全面负责、全权领导本所业务、行政工作。

9 月　根据院党组部署，完成历时 7 个月整党工作，向院党组提交了《电工所整党工作总结报告》。

10 月　建立电工所"所长办公会议"，由所长主持，书记、副所长、副书记参加，研究决定全所有关重要问题。

10 月 4 日　实行职工个人工资外收入登记制度。

10 月 7 日　所长办公会议决定：研究室及公司以每人 200 元/年为标准，向所交纳"人头税"。

10 月　根据新颁布的《中华人民共和国专利法》开展了专利申报工作。当年向国家专利局申报专利 6 项。

10 月 25 日　成立第三届电工所学术委员会，主任杨昌琪，副主任韩朔、吴振华（兼学术秘书），成员 16 名。

11 月 15 日　院党组发文同意所报整党工作总结报告，整党工作正式结束。

12 月 13 日　与实行所长负责制相配套的民主监督机制"职代会"制度建立，召开电工所第一届职工代表大会暨第四届工会会员代表大会开幕。

12 月 24 日　"液电冲击波体外破碎肾结石技术"通过了由卫生部组织的专家鉴定。

12 月底　完成国务院及北京市部署的"房屋普查"工作，电工所占地面积 39380m²，建筑物 68 幢，建筑面积 32071m²。

本年　鉴定成果 12 项，重要成果 3 项；申请专利 6 项。参加国家首次实行"科学技术进步奖"评选，获国家和部委级奖项共 6 项。

1986 年

1 月 13 日　开始实行《研究室主任职权（试行）》条例和《课题负责人职权（试行）》条例。

2 月　电工所和国家地矿部南海地质调查指挥部，联合组织召开"DE-1 型电火花震源"技术鉴定会。

2 月 17 日　院授权电工所评审聘任副研究员职务资格。

2 月 17 日　制定并实行《中国科学院电工研究所专利工作暂行规定》和《电工所开发项目暂行管理办法》。

4 月　按院统一部署电工所整顿公司。中科电气高技术公司和所开发处合署办公；所技术劳动服务公司成立技术服务部；再次明确"一个所办一个公司"，即"中科电气高技术公司"。

6 月　电工所向国家经委上报冲击波体外破碎肾结石机、平面绘图机等十项向企业推广的成熟科技项目。

7 月　中国科学院和美国国家科学基金会合作研究项目"高相互作用磁流体发电机的流体力学研究"（1986 年 7 月至 1988 年 7 月）正式启动，电工所和美国田纳西大学空间研究所为执行单位。

7 月　在国家科委主持下，电工所等单位就"燃煤磁流体发电技术"列入国家"863"计划问题开会讨论，会后由杨昌琪所长起草文件呈报国务院科技领导小组。该项目被批准列入"863"计划能源技术领域的两个主题之一，总排序第 13 主题，代号"863-613"。

8 月 22 日至 9 月 20 日　组织举办中层干部法制学习班，并在全所开展法制学习。

9 月　超导技术实验室建设二期工程（超导实验楼）竣工验收，超导技术研究室迁入。

10 月 6 日　院党组批准同意杨昌琪任所长，申世民、杜友让任副所长。任期三年。

10 月 23~27 日　电工所磁流体发电研究室与美国田纳西大学空间研究所就"高相互作用磁流体发电机的流体力学研究"课题，进行了两次联合实验，取得满意数据。

11 月 8 日　电工所第八届党委和第二届纪委选举结束，选举产生了七名党委委员和五名纪委委员，报院党组审批。

12 月 15 日　电工所发布关于任命各研究室、处、办负责人的任职通知。

本年　鉴定成果 17 项，重要成果 7 项；获奖成果 7 项；申请专利 3 项，授权专利 4 项。此外，电工所东大院历时 9 年的大规模实验室建设工程，全面完工。

1987 年

1 月 14 日　院党组批准同意程玉林任电工所党委书记，邢福生任电工所党委副书记。

1 月 15 日　"新能源研究室"成立，排序第八研究室，室主任倪受元。

2 月　杨昌琪任国家科委"863"计划能源领域第一届"专家委员会"委员。

3 月　根据中央提出的"依靠"、"面向"的科技发展方针以及关于科技体制改革的决定，电工所提出了《关于电工所进一步改革的意见》，主要奋斗目标是：把主要科技力量组织到为经济建设服务的主战场；与企业建立科技生产联合体；调集精干力量跟踪高技术发展和加强应用研究中的基础研究；搞活研究所，争取 3~5 年内，经费大部或基本自给。

5 月 9 日　《1986 年 10 月—1989 年 10 月所长任期目标报告书》制定完成，确定本所学科发展方向是电工电能新技术及其应用理论研究，并制定了四大主要目标和其他目标。

7 月 24 日　国家科委批准同意电工研究所为"863"计划"燃煤磁流体发电技术"的主持单位。

8 月 7 日　杨昌琪所长因病逝世。

9 月 电工所与科海公司签订双方合办 MCS 实验室的协议，期限五年。

10 月 国家科委委托电工所为"超导技术应用研究与发展对策"软科学课题组的主承担研究单位。韩朔任课题组组长。

10 月 电工所等单位主办的"北京国际电机会议"在北京科学会堂举行；顾国彪为大会组织委员会主席。

12 月 "陆地电火花震源"通过了煤炭部科技司组织的评审鉴定。

本年 鉴定成果 19 项，重要成果 4 项；获奖成果 5 项；授权专利 4 项。

1988 年

1 月 25 日 院批准同意严陆光任电工所代理所长。

3 月 电工所负责总体设计和调试的"DY-3 型电子束曝光系统"通过了院技术科学局与开发局组织的鉴定评审会的专家评审。

5 月 26 日 第四届电工所学术委员会成立，主任严陆光，副主任沈国镠，成员 12 位。同时成立第一届电工所学术顾问委员会，主任韩朔，成员 8 位。

6 月 7 日 国家科委聘任严陆光为国家"863"计划能源技术领域专家委员会委员。

7 月 安徽省机械厅组织召开电工所与合肥精密铸造厂合作完成的"精密铸钢件液电清砂新工艺"技术鉴定会。

8 月 液电冲击波体外碎石机、电火花震源、电子束焊接机等课题组进入中科电气公司。

10 月 电工所受中国电工技术学会委托举办了"北京国际电磁场讨论会"（BISEF'88），严陆光任大会副主席。

11 月 4～10 日 电工所为中国科技大学国家同步辐射实验室工程研制的"冲击磁体脉冲发生器及其触发系统"通过了验收考评。

12 月 中国科学院电工所与美国田纳西大学空间研究所签订《中美合作燃煤磁流体改造电站的概念设计研究协议》。

本年 鉴定成果 17 项，重要成果 8 项；获奖成果 4 项；申请专利 4 项，授权专利 1 项。

1989 年

1 月 以韩朔为组长的课题组，完成"超导技术应用研究与发展对策"的软课题研究，提出了《超导技术应用发展对策报告》。

1 月 14 日 中国科学院发文同意严陆光任电工所所长。

2 月 19 日 召开所长办公会扩大会议，重点研究贯彻落实"一院两制"的办院方针，决定在本所实行"一所两制"，"一个所办一个公司"；决定将特种电机研究室（二室）与微电机研究室（七室）合并，成立"电机研究室"。

2 月 23 日 与法国 Franche-Comte 大学签订合作研究电机的最佳磁路、热交换及其伺服控制系统的协议。

6 月 13 日 "老干部处"成立。

7 月 与意大利 Trinno 大学开展电磁场计算、交流和直流马达控制等内容的合作研究。

7 月 电工所研制的 Kicker 脉冲电源通过了中国科技大学国家同步辐射实验室组织的专家评审。

11 月 与田纳西大学续签《中美合作燃煤磁流体改造电站的概念设计研究协议》第二阶段协议。

11 月 15 日 院批复电工所《关于公司撤、并、留整顿方案的请示报告》，同意保留"中科电气高技术公司"、"日本佳能复印机北京维修分站"、"雅文斋"、"电工所招待所"，撤销"电工所劳动服务公司"和"电工所技术开发部"。

12 月 与苏联科学院高温所签订《中国科学院电工研究所和苏联科学院高温研究所在燃煤磁流体发电领域的合作协议》。

12 月 由电工所自行筹建的中关村乙 43 号住宅楼竣工并交付使用。

12 月 由电工所与科健公司等合作研制的 ASP-015 磁共振成像扫描仪，通过国家科委、国家医药管理局和中国科学院共同组织的技术鉴定。

本年 鉴定成果 12 项，重要成果 6 项；获奖成果 8 项；申请专利 4 项，授权专利 6 项。电工所研制的"体外冲击波碎石机"出口到巴基斯坦、中国香港、泰国等国家和地区。

1990 年

1 月 11 日至 3 月底 根据中组部的要求和院党组的部署，进行了党员重新登记的工作。

2 月 中科电气高技术公司以 NE 系列体外冲击波碎石机作为技术入股（占 25% 股份），与深圳煤机公司、香港德业投资公司、中山大学共同组建了"深圳科达电气新技术公司"，生产销售碎石机等医疗产品。

2 月 院决定严陆光兼任中国科学院技术科学局局长。

2 月 27 日 撤销第十研究室（图书情报研究室），改为"电工所图书馆"，将出版编辑划归业务处领导。

5 月 31 日 美国田纳西大学空间研究所磁流体发电代表团一行三人来电工所参观、交流。

7 月 24 日 电工所发文同意"中国电机工程学会超导与磁流体发电研究会"挂靠电工所。

9 月 14 日 中国科学院增补严陆光为院空间科学与应用领导小组副组长。

12 月 离子镀膜组进入所公司。

本年 鉴定成果 17 项，重要成果 12 项；获奖成果 8 项；申请专利 4 项，授权专利 1 项。

1991 年

1 月 11 日 中国科学院同意严陆光任电工所所长，申世民、杜友让、顾文琪任副所长。任期四年。

1 月 18 日 电工所同意所办公司"中国科学院中科电气高技术公司"更名为"北京中科电气高技术公司"（简称中科电气）。

1 月下旬 特种电机研究室（二室）与微电机研究室（七室）正式合并，建立"电机研究室"（二室）。

2 月 19 日 第五届电工所学术委员会成立，主任严陆光，副主任刘成相，成员 13 位。第二届电工所学术顾问委员会成立，主任沈国镣，成员 9 位。

3 月 电工所抓总的 DJ-2 可变矩形电子束曝光机通过了由院技术科学局组织召开的技术评审会专家评审。

3 月 22 日 院党组批准成立电工所第九届电工所党委会，同意申世民任电工所党委书记（兼），邢福生任副书记（任期四年），成员八名。

4 月 16 日 《1991 年 1 月至 1995 年 1 月所长任期目标报告书》制定完成。

4 月 23 日 中国制冷学会推荐林良真为国际制冷学会 A1-2 专业委员会（低温物理、低温工程）委员。

5 月 电工所六室（电加工研究室）的"电火花加工"课题组、二室（电机研究室）的"伺服电机"课题组并入 MCS 实验室，更名为"电加工与数控工程中心"，主任华元涛。六室建制撤销。

5 月 30 日 第三届电工所学位评定（授予）委员会成立，主任谭作武，副主任童建忠，成员 13 位。

6 月 21 日 "所务委员会"制度恢复；"电工所第三届所务委员会"成立，主任严陆光，副主任申世民，成员 23 名。

7 月 17 日 国家科委聘任林良真为第二届国家超导技术专家委员会委员。

10 月　电工所东大院的图书馆楼竣工。

12 月 28 日　国务院批准严陆光于 1991 年 11 月当选为中国科学院学部委员。

本年　鉴定成果 8 项，重要成果 6 项；获奖成果 7 项；申请专利 5 项，授权专利 2 项。

1992 年

1 月 23 日　完成了对课题组设置的调整工作，重新任命正、副课题组长。

3 月　电工所制定出"863"项目"燃煤磁流体发电技术"主题战略目标的初步调整方案。

4 月 6 日　国务院学位委员会批准严陆光为国务院学位委员会学科评议组成员。

7 月 3 日　院党组调任申世民为深圳科技工业园党委书记兼副总经理，由邢福生主持电工所党委工作。

7 月 20 ～ 22 日　召开电工所第三届所务委员会第二次全会。会议主题是研讨本所深化改革的方向、方针、目标以及具体措施等，并提出了实现基础研究精干化，决定成立所服务公司筹备组以兴办第三产业，明确所公司的改革、发展以及所的职能部门改革的方针与措施。

7 月 31 日　中国科学院批准同意刘廷文任电工所副所长。

8 月 7 日　胡启恒副院长来电工所检查工作。

9 月　电工所与科海公司合办 MCS 实验室的协议期满，改由电工所管理。

9 月　中国科学院京区各单位集资联建北郊一期职工住宅工程竣工，属电工所的 32 套住房分配到户。低温中心集资建设的职工住宅中，属电工所的 24 套全部分配到户。

10 月 12 ～ 16 日　由电工所主办第 11 届国际磁流体发电会议在北京召开。

11 月　严陆光当选为乌克兰科学院外籍院士。

12 月 7 日　中国科学院党组批准同意邢福生任电工所党委书记，刘廷文任电工所党委副书记(兼)。

全年　鉴定成果 8 项，重要成果 7 项；获奖成果 3 项；申请专利 5 项。

1993 年

1 月 29 日　举行电工所成立三十周年庆祝大会及其他相关纪念活动。在职职工、离退休人员、院领导和受邀嘉宾等，共计 700 多人参加了庆祝。严济慈、张劲夫、卢嘉锡、宋健、周光召、武衡、郁文、胡启恒、王大珩、师昌绪、高景德、丁舜年以及韩朔、胡传锦等题词祝贺。

2月10日 电工所发布《关于行政机构改革的决定》。将10个处、办调整为6个处级管理部门：所办公室（原所办公室、保卫处）、科技处、资产处（原技术条件处、行政处）、人事处（原人事处、老干部办公室）、财务处（原会计室）、党工办公室（原党委办公室、所工会职代会办公室）；成立服务中心，为所内有偿科技后勤服务，对外经营服务。

3月5日 拟定出《中国科学院电工研究所深化改革基本设想》的报告，并提交院审批。

3月30日 电工所所属北京中科电气高技术公司，经国家对外经济贸易部批准，获"可以自理进出口业务"之权。成为北京新技术产业开发试验区首批享有该权利的八家企业之一。

3月 中国人民政治协商会议聘严陆光为全国委员会委员。

4月 电工所工厂改制成为公司，称"北京中科机电设备公司"，并入北京中科电气高技术公司，成为其子公司。

4月10日 "中国科学院电工研究所科技服务中心"正式成立。

6月21日 电工所同意成立"北京中科机电控制工程研究中心"。

6月22日 电工所同意所属北京中科电气高技术公司建立子公司——"北京中科医疗新技术公司"。

8月 "863"计划燃煤磁流体发电技术主题目标调整方案通过国家科委组织的评审会专家评审。

8月6～8日 召开电工所第三届所务委员会第三次全会。讨论"稳定一头，放开一片"的政策和措施。

8月20日 "北京中科机电控制工程研究中心"改称为"中国科学院电工研究所工程研究发展中心"。

10月25日 国家科委和中国科学院签订"863"计划燃煤磁流体发电MHD-12试验装置建设和运行项目的原则协议；由中国科学院负责项目的立项，组织设计、建造、运行和试验；电工所为业主单位。

11月 电工所研制的大鞍超导磁体通过了中国科学院组织的技术鉴定。

12月15日 中国科学院批准磁流体发电实验装置立项，决定成立"863"计划磁流体发电实验装置建设和运行领导小组，组长王佛松副院长，严陆光等任副组长。

12月22日 电工所成立磁流体发电实验装置建设指挥部及联合办公室。指挥部主任：严陆光，副主任：刘廷文、居滋象。

本年 鉴定成果12项，重要成果9项；获奖成果4项；申请专利3项，授权专利5项。

1994 年

3 月 28 日 中国科学院副院长路甬祥来电工所考察。

3 月 28 日 美国麻省理工学院教授、诺贝尔物理学奖获得者丁肇中到电工所访问，讨论阿尔法空间站磁谱仪（AMS）用磁体的建造问题。

4 月 电工所与韩国浦项大学签订合同，为该校研制磁流体推进用超导磁体系统。

4 月 5 日 电工所获得"一级避雷装置安全检测站"资格。

4 月 8 日 召开第三届所务委员第四次全会。会议重点研究了：研究组的设置、方向与任务；贯彻公司法、加速公司的改革；加强财务管理，推进全成本核算；为领导班子换届做好准备工作等问题。

6 月 28 日 国家科委正式批准建设"12MW 热输入燃煤磁流体－蒸汽联合循环试验装置"（MHD-12 中试装置）。随后，与中国科学院签订《国家科委－中国科学院"863"计划燃煤磁流发电试验装置委托建设和运行管理合同》。

9 月 中国科学院在北郊集资联建的二期职工住宅竣工，属电工所的 36 套住房本月全部分配到户。

10 月 丁肇中教授和美国能源部官员来电工所考察，确定由电工所设计研制 AMS 磁体，并与电工所副所长顾文琪签订备忘录。

12 月 27 日 中国科学院院长周光召视察电工所。

本年 鉴定成果 4 项，重要成果 3 项；获奖成果 1 项；申请专利 4 项，授权专利 5 项。

1995 年

2 月 国家科委决定调整"863"计划燃煤磁流体发电技术主题，停建 MHD-12 中试装置，磁流体发电研究不再列入"十五"国家"863"计划。

2 月中旬 电工所自筹资金兴建"综合楼"，改善单身职工和研究生等的住宿条件。

3 月 6 日 所决定将"高压脉冲放电研究室（三室）"改为所直属研究组，称"高电压脉冲放电研究组"（简称高电压组）。

3 月 28 日 中国科学院发文，决定严陆光任电工所所长，邢福生（兼）、杜友让、李安定任电工所副所长。任期四年。

4 月 3 日 电工所决定设立六个研究室和一个直属课题组：一室（磁流体发电研究室）、二室（电机研究室）、四室（超导技术研究室）、六室（工程中心）、八室（新能源研究室)、九室(微细加工研究室)、所直属课题组(高压脉冲放电研究组),并任命了正副室主任和正副组长。

4月8日 第六届电工所学术委员会成立,主任严陆光,副主任居滋象,成员13名。同时设立第三届电工所学术顾问委员会,主任沈国镣,成员10名。

4月8日 第四届学位评定委员会成立,主任林良真,副主任童建忠,成员11名。

4月11~14日 中国科学院电工所和联合国教科文组织工程技术和科学处、中国联合国教科文组织全国委员会等承办的"中国太阳能高级专家研讨会"在北京召开。周光召院长为会议的国际组委员会主席,兼中国组委会主席,严陆光为中国组委会副主席兼秘书长。12个国家和组织的107位代表与会。

5月 院任命顾文琪为院应用研究与发展局副局长。

5月31日 院党组批准同意由邢福生等七位同志组成的第十届电工所党委,邢福生任党委书记,王大立任党委副书记。

6月8日 丁肇中和顾文琪在美国正式签订关于 AMS 磁体研制的国际合作合同。

7月12日 电工所第四届所务委员会成立,由21人组成,主任严陆光,副主任邢福生。

8月4~5日 召开第四届所务委员会第一次全会,讨论、审议并通过了本届领导班子所制定的"所长任期目标报告书"。

9月 世界上海拔最高的光伏电站"西藏双湖25kW光伏电站"通过国家计委、电力部等部门组织的工程验收。

10月31日 国家"863"计划能源领域磁流体发电技术主题,召开"九五"研究计划专家评审会。

11月29日 中国科学院严义埙副院长视察电工所。

12月27日 国家计委"七五"重点工业试验项目"5万kW蒸发冷却水轮发电机"通过了验收鉴定。

12月1~31日 根据中组部要求和院党组统一部署,电工所开展了民主评议党员的工作。

本年 鉴定成果7项,重要成果5项;申请专利3项,授权专利4项。严陆光任中国太阳能学会理事长。

1996 年

1月24日 电工所综合楼(科峰公寓)建设工程竣工,交付使用。建筑面积5313.2m²。

4月25日 二室的(永磁)技术开发组和六室的永磁机构 CAD 课题组合并组建"永

磁应用研究室"(第五研究室),室主任夏平畴。

6 月 中国电工技术学会聘严陆光为副理事长。

7 月 28～29 日 召开电工所第四届所务委员会第二次全体会议。会议就进一步加强科技队伍建设和加大对青年人才的培养等问题进行了研究讨论。

9 月 AMS 国际合作计划的各国代表汇聚电工所,讨论严格执行美国航空航天局(NASA)安全技术标准问题,保证"发现号"航天飞机能如期升空。电工所建立了所、室、组三级全面质量保证体系(TQC)。

9 月 电工所网站开通。

11 月 "李家峡 40 万 kW 蒸发冷却水轮发电机组研制与运行"由国家计委正式批准立项,并列为"九五"国家重点工业试验项目,科技部列为重中之重攻关项目。

11 月 11 日 对中科电气高技术公司下属的"日本佳能复印机北京维修分站",完成了股份制改造试点,建立了股份制子公司"北京中科佳能有限责任公司"。

本年 鉴定成果 6 项,重要成果 5 项;获奖成果 3 项;申请专利 7 项,授权专利 4 项。

1997 年

1 月 14 日 电工所向中国科学院上报《中国科学院电工研究所改革定位报告》。

1 月 电工所为韩国浦项大学研制的"磁流体推进超导磁体系统"通过了验收。

1 月 23 日 召开"庆祝电工所建所三十五周年"大会,路甬祥院长题词祝贺,严义埠副院长等领导到会并讲话,给在所工作满三十年的 78 位职工颁发了荣誉证书。

2 月 16 日 电工所决定成立所综合档案室,实行全所档案集中管理。

6 月 17 日 进行研究室内部组织调整,明确了研究组主要方向和任务。重新任命了正副课题组长,启用了一大批青年科技骨干。

7 月 电工所研制的 AMS 磁体通过了苏黎世高等工业大学(ETH)的测量鉴定。

7 月 10 日 中国科学院同意电工所设立"北京计科电可再生能源技术开发中心"。

8 月 燃煤磁流体发电用大型鞍形超导磁体,通过了国家"863"计划能源领域专家委员会组织的验收。

8 月 电工所高档医疗设备工程中心正式成立,主任申世民。

8 月 10～12 日 召开电工所第四届所务委员会第三次全会,研究讨论研究所定位和实验室分类管理以及进一步做好代际转移工作。

10 月 22～24 日 由电工所主办的"第十五届国际磁体工艺会议(MT-15)",在北京国际会议中心举行。19 个国家 471 位代表与会,收到论文 489 篇。严陆光所长为本届会议主席。

11 月 28 日　顾国彪当选为中国工程院院士。

本年　鉴定成果 2 项，均为重要成果；获奖成果 3 项；申请专利 1 项，授权专利 4 项。

1998 年

1 月　李家峡 40 万 kW 蒸发冷却水轮发电机组在东方电机厂开始制造。

6 月 3 日　应用电工所研制的 AMS 永磁磁体系统的阿尔法磁谱仪，由美国"发现号"航天飞机送入太空。在成功进行了 100h 科学探测工作后，6 月 12 日返回地面。

6 月　电工所建立"超导电工开放研究实验室"，并正式对外开放。

6 月 11 日　严陆光院士向朱镕基总理提交《关于开展磁悬浮交通技术研究的报告》。后获批复："与德国合作，自己攻关，发展磁悬浮高速铁路系统，先建成实验段。"

7 月 16 日　中国科学院院长路甬祥对《中国科学院电工研究所定位报告》做出批示："电工所应进一步理清战略技术发展方向和产业服务方向，突出重点，真正成为我国前瞻性、战略性的电工学技术基地。"

7 月 24 日　电工所与西北有色金属研究院和北京有色金属研究总院合作，研制成功我国第一根 1m 长、1000A 的铋系高温超导电缆。

8 月 14 ~ 15 日　召开电工所第四届所务委员会第 4 次全体会议，贯彻学习院《知识创新工程试点汇报提纲》。经讨论形成主要意见：所的战略定位是高技术研究发展为主的科研基地型研究所；发展目标是电工电能新技术研究发展的"国家队"，争取 1998 年进入院科研基地型研究所行列。

10 月 8 日　电工所负责设计和建造的中国第一座大型光伏电站西藏安多县 100kW 光伏电站工程，通过了竣工验收，移交运行发电。

10 月 10 ~ 11 日　召开"电工所战略技术发展方向研讨会"。包括 18 位院士在内的国内有关学术界、产业界、中国科学院等专家、领导，共计 96 人参加了研讨会。

12 月　制定出《中国科学院电工研究所"知识创新工程"改革方案》，提出："开拓进取，建立面向 21 世纪国家电工电能新技术知识创新基地"的奋斗目标，并报院审批。

12 月　向院递交《开展生物磁学研究的设想与建议》报告。

12 月 15 日　向院提交《中国科学院电工研究所关于申请作为院"知识创新工程"试点单位的报告》。

本年　鉴定成果 2 项，均为重要成果；获奖成果 2 项；申请专利 3 项，授权专利 3

项。

1999 年

1 月 6 日 由两院院士投票评选的 1998 年中国和世界"十大科技进展新闻"揭晓。与电工所相关的"我国第一根铋系高温超导输电电缆研制成功"入选"1998 年中国十大科技进展新闻","阿尔法磁谱仪升空并进行科学探测"入选"1998 年世界十大科技进展新闻"。

1 月 20 日 中国科学院批准电工所定位为"高技术研究与发展基地型研究所"。

2 月 1 日 电工所决定撤销"中国科学院电工研究所科技服务中心"。

2 月 3 日 中国科学院对电工所领导班子进行换届考核,严陆光所长代表所领导班子做了任期届满的述职报告。

2 月 24 日 院同意电工所成立"中国科学院太阳光伏发电系统和风力发电系统质量检测中心"。

3 月 10 日 院下文决定:孔力任电工所常务副所长(主持工作),李安定、朱美玉任副所长,任期四年。

3 月 电工所与中国科学院投资管理公司、宁波电子集团公司签署合办宁波甬科公司的协议。

5 月 4 日 电工所公布《中国科学院电工所管理岗位工作人员招聘办法(试行)》,在管理机构开始试行"按职能设岗,按岗位公开聘任"。

6 月 15 日 电工所图书馆重新组建,将编辑部、网络中心、声像部并入图书馆。

6 月 21 日 院党组同意:电工所第十一届党委由 7 名成员组成,李安定任电工所党委书记,王大力任党委副书记(兼纪委书记)。

6 月 21 日 电工所第七届学术委员会成立,主任严陆光,副主任孔力,成员 16 位。电工所第五届学位评定委员会成立,主任顾国彪,副主任夏平畴,成员 9 位。

6~9 月 按照党中央精神和院党组的部署,电工所在党政领导班子及中层干部中开展了"讲学习、讲政治、讲正气"的三讲学习。

8 月 3~4 日 第五届所务委员会成立,主任孔力,副主任李安定,共 27 位成员。召开电工所第五届所务委员会第一次全体会议,讨论所长任期发展目标和所知识创新工程试点工作。

8 月 制定出《1999 年 4 月—2003 年 3 月所长任期发展目标》。本届任期主要任务有:以体制改革和机制转变为重点,推动所的改革,使电工所进入院知识创新工程;建设好 150 人左右的固定科技骨干队伍;加强用人和分配制度改革;加强重点实验室建设;推进电气高技术公司股份制改造,建立现代化企业制度;规划好东、西两院,搞好园区建设，使所貌有质的改善。

9月28日 孔力被评聘为北京市学位委员会第一届学科评议组成员。

10月12~15日 电工所主办的"1999年磁流体力学与高温技术国际会议"在北京举行。

10月 电工所负责设计和建造的西藏班戈县70kW、尼玛县40kW光伏电站，建成发电。

10月 电工所承担的国家"九五"攻关任务"西藏阿里地区1.8kW风/光互补电站"建成。

11月16日 《中国科学院电工所高级专业技术职务申报和评审实施细则（暂行）》公布，开始实施"按需设岗、按岗聘任"的新制度。

本年 鉴定成果3项，重要成果1项；获奖成果2项；授权专利2项。编制完成"中国科学院能源领域知识创新规划"。

2000 年

1月2日 李家峡400MW蒸发冷却水轮发电机组正式并网发电运行。

1月 科技部"高速磁悬浮试验运营线预可行性研究"项目组成立，办公室设在电工所。

3月23~24日 电工所第五届所务委员会第二次会议召开，研究讨论重大科研项目组织落实、人事制度改革和园区建设等。

4月 电工所电动汽车电气系统开发研究实验室建成。

4月11日 中国科学院同意电工所实行全员聘用合同制。

4月18日 电工所承担的院"九五"重大科研项目"微电子束专用设备研制"的"0.1μm电子束曝光及试验样机研制"课题，通过院应用研究与发展局主持的课题验收。

4月19日 中国科学院技术产业局批准电工所对所属北京中科电气高技术公司进行改制的申请。

8月24日 举行2000年电工所学术年会。

8月28日 国务院学位委员会审定电工所为"电气工程一级学科博士学位授予点"，下设5个二级学科博士点。

9月18日 以电工所为主持单位的国家"863"计划能源技术领域燃煤磁流体发电技术主题，完成了全部研究计划目标，通过了科技部"863"能源办公室和"863"能源领域专家委员会联合进行的验收。

11月 电工所和生物物理所联合向院提出的《电磁生物工程研究》申请报告，通过了院组织的专家论证，被列为中国科学院知识创新工程重大交叉科研项目。

12 月 27 日 电工所承担的国家"九五"重点工业试验项目和科技攻关项目"李家峡400MW 蒸发冷却水轮发电机组",通过了科技部验收。

本年 鉴定成果 4 项,均为重要成果;获奖成果 2 项;申请专利 9 项。首次引进"百人计划"1 人。

2001 年

2 月 26 日 中国科学院院长路甬祥视察电工所。就电工所发展方向问题发表了重要讲话;肯定了电工所确定的发展目标符合院的总目标、符合电工学科和电工所的实际、也符合国家经济与社会发展的战略需求。

3 月 26 日 国务院学位委员会批准电工所建立电气工程一级学科博士后流动站。

3 月 26 日 所决定调整永磁应用研究室(五室),更名为"应用磁学研究室",室主任宋涛。

4 月 27 ~ 28 日 召开了电工所第五届所务委员会第三次全会,研讨推进电工所进入院"知识创新工程"、全面推进所的创新文化建设、所公司股份制改造方案和人事制度改革方案等问题。

8 月 中国科学院对电工所领导班子进行了"届中考核"。

8 月 16 日 中国科学院下文,决定孔力任电工所所长。

9 月 向院提交电工所园区二期改造工程关于"电气工程楼"建设的立项申请。

9 月 28 日 自 5 月 1 日开工的电工所园区一期改造工程竣工验收。改造工程建筑面积 8000m²,项目总投资 1328.5 万元。

11 月 28 日 科技部国际合作司指定电工所代表中国参加丁肇中教授为首的"阿尔法磁谱仪研究"重大国际合作研究计划,电工所承担 AMS-02 铝稳定超导磁体系统研制中的部分工作。

12 月 "开放式磁共振成像系统"开发研制完成。

12 月 10 ~ 24 日 电工所决定撤销研究室,按研究领域成立 5 个"研究部",下属15 个研究组(或中心)。研究所实行所、组两级管理;研究部不作为一级行政管理机构,而是学术协调组织。

本年 鉴定成果 4 项,重要成果 3 项;获奖成果 1 项;申请专利 16 项,授权专利11 项。引进"百人计划"1 名。孔力任国家"863"计划能源领域专家委员会委员。

2002 年

1 月 通过公开招聘、考评,聘任了研究组(中心)的正、副组长,研究部的主任研究员。

4月5日 中国科学院批准电工所进入院"知识创新工程"试点。

6月17日 2002年北京市科技计划重大项目《10.5kV/1.5kA高温超导限流器研究与应用示范》的实施方案，通过了专家审定。

6月24~26日 "高速磁悬浮列车的战略进展与我国的发展战略学术报告会"在电工所举行。

6月27~28日 召开了电工所第五届所务委员会第四次全体会议。研究讨论新时期的办所方针、全面推进创新文化建设、"十五"实验室建设规划、知识创新队伍建设和创建一流园区等问题。决定设立电工所突出贡献奖和流动队伍人才支持基金；并通过了电工所形象标志设计方案。

7月5~8日 电工所与新疆特变电工股份有限公司签订科研开发合作协议书。

10月31日 电工所办独资公司北京中科电气高技术公司完成股份制改造，建立"产权明晰、责权分明、企事分开、管理科学"的有限责任公司，更名为"北京中科电气高技术有限责任公司"。注册资本1800万元。

11月27日 中国科学院路甬祥院长一行来电工所视察工作。对电工所进入知识创新工程以来取得的成绩给予了充分肯定，并对电工所今后的发展提出了具体要求。

12月8日 由电工所与悉尼大学合作研制的中澳科技合作计划"人工生物肝"通过了专家组鉴定验收。电工所承担了其核心部件"专用生物反应器及控制系统"的设计和制造。

12月30日 中国科学院批准电工所"应用超导重点实验室"为中国科学院重点实验室。

本年 鉴定成果2项，皆为重要成果；获奖成果1项；申请专利29项，授权专利6项。设立"生物电工"二级学科博士、硕士学位授予点。

2003 年

1月20日 中国科学院考评小组对电工所的创新文化建设工作进行了考评。

2月17日 院党组对所领导班子进行任期届满考核。

5月20日 院宣布新一届电工所领导班子成员名单，孔力任电工所所长，肖立业、朱美玉任副所长。

7月2日 院档案馆通过了电工所1980年前的档案进入院档案馆工作验收。

7月4日 院党组决定王大立任第十二届中共电工所委员会副书记。

7月11日 聘任所机关职能部门负责人和15个研究组组长。

7月28日 建立第六届所学位(评定)委员会，主任顾国彪，副主任温旭辉，成员

15 名。

8 月 2 日 院党组决定马淑坤任电工所党委书记;调王大立任微生物所党委副书记、纪委书记。

8 月 29 日 第八届所学术委员会成立,主任严陆光,副主任顾文琪、李耀华,成员 17 名。

9 月 5 日 科研机构调整为七个研究部,前沿探索部正式成立,并聘任七个研究部的主任研究员。

10 月 电气工程楼基建工程开工。

11 月 10 日 举办了电工所成立四十周年(1963~2003)庆祝活动。

本年 鉴定成果 6 项,均为重要成果;申请专利 44 项,授权 9 项。孔力任中国可再生能源学会副理事长。

2004 年

3 月 16 日 "十五"国家科技攻关课题"600kW 风力发电机组控制系统产业化关键技术"通过专家组验收。

3 月 25 日 "趋磁菌磁小体的形成、功能及应用研究"获"国际人类前沿科学计划"的资助。

3 月 27 日 "低场脉冲核磁共振分析测量仪"研制项目,通过院组织的专家验收。

4 月 22 日 国家"863"项目"磁等离子体化学(MPC)推进系统原理研究"通过专家验收。

4 月 23 日 与中国地科院矿产资源研究所共同研制完成的"旋进式核磁共振磁力仪"通过科技部组织的专家验收。

4 月 29 日 与光电技术研究所共同承担的中国科学院知识创新工程重大项目"生物芯片仪器研制",通过院组织的专家验收。

6 月 28 日 电工所参股的"北京中科易能有限公司"成立。

6 月 顾国彪院士担任中国工程院机械与运载工程学部副主任。

7 月 22~23 日 召开战略研讨会,就加强基础研究、院评价系统改革及当前存在的问题和未来发展方向等议题进行了讨论。

8 月 26 日 江绵恒副院长来所调研。

8 月 电工所科诺伟业公司承担的亚洲容量最大的并网光伏电站——深圳国际园林花卉博览园 1MWp 太阳能光伏电站实现并网发电。

9 月 17 日 第六届所务委员会成立,孔力任主任,马淑坤任副主任,成员 20 名。

9 月 20~21 日 2004 年学术年会召开。

10月9~10日 电工所第六届所务委员会第一次全体会议召开，研究讨论了所长任期目标报告、增补修订所规章制度情况汇报、我所科技发展和科研状况汇报、电气工程楼2005年科研工作用房的调整方案和2003年度财务情况报告等。

10月24~26日 与国家磁浮交通工程研究中心联合组织、承办，在上海召开了第十八届磁悬浮系统与直线驱动国际会议。来自中国、德国、日本、美国、意大利、英国和法国等12个国家的260位代表参加了会议。

11月3日 国家"863"项目"混合动力汽车用电机及其控制系统"和"EQ7200HEV混合动力轿车ISA/ISG"课题，通过专家组验收。

11月4~9日 "李家峡水电站400MW蒸发冷却系统"作为中国工程院和中国科学技术协会精选的中国电力工业新中国成立以来十二项重大成果之一，参加了在第六届上海国际工业博览会的中国重大工程成就展。

12月 国家"863"项目"75m、10.5kV/1.5kA三相交流高温超导电缆"研制完成，并在甘肃白银实现了并网运行。

12月 胡锦涛总书记等党和国家领导人在中国科学院知识创新成就展上参观了李家峡400MW蒸发冷却水轮发电机模型，并听取了顾国彪院士的汇报。

本年 鉴定成果5项，均为重要成果；申请专利60项，授权18项。引进"百人计划"1名。《电工电能新技术》再次被评为电工技术类中文核心期刊。

2005年

1月 电气工程楼竣工。

2月24日 2004年度工作总结大会召开。孔力所长介绍了电工所三期知识创新工程和国家"十一五"时期的任务和安排。

2月25日 "电工研究所保持共产党员先进性教育活动动员大会"召开。

3月25日 国家"863"项目"可再生能源发电用超级电容器储能系统关键技术研究"通过专家验收。

3月25日 国家"863"项目"与建筑结合的兆瓦级并网光伏发电关键技术研究"通过专家验收。

4月1日 按照中国科学院的部署，将公费医疗改为参加北京市基本医疗保险。

4月19日 中国科学院考核小组对电工所领导班子进行了届中考核。

5月15日 举办了"风光能源无限，科技创新为民"为主题的公众科学日活动。

5月22日 "十五"国家科技攻关计划"西部新能源行动"重要项目之一"户用风/光互补发电系统"，在西宁通过专家验收。

5月23日 中国科学院副院长李静海一行来电工所调研。

6月22日　电工所与中国科学院 ARP 项目指导小组签订了中国科学院 ARP 项目所级系统上线协议书。

7月8日　电工所召开"保持共产党员先进性教育活动总结暨表彰大会"。

7月20日　中国科学院党组书记、院长路甬祥一行视察电工所，对电工所的工作给予了充分的肯定。

8月26~28日　中国科学院仪器改造项目"高压电子束曝光系统"成功改造国内第一台可进行高能量(200keV)电子束曝光实验的设备，通过专家验收。

9月6日　中国科学院知识创新工程重大项目"纳米级电子束曝光系统实用化"通过专家验收。

11月2日　中国科学院考核评估组到电工所进行创新三期现场考核。

12月2日　我国首台 10.5kV/1.5kA 高温超导限流器并网试验成功，通过中国科学院组织的专家验收。

12月6日　第十三届中国科技论文统计结果发布，我所首次进入中国科技期刊排行榜，名列中国研究机构并列第十名。

12月9日　国家"863"项目"纯电动大客车电机及其控制系统"课题通过科技部组织的第二期合同的验收。

12月10日　国家"十五"攻关课题"医疗器械关键技术及重大产品开发"项目中的"杂化人工肝体外支持系统"通过了科技部组织的专家验收。

12月24日　国家"863"计划中电动汽车重大专项"电动汽车网络、总线、通讯协议研究"课题通过科技部组织的专家验收。

12月29日　中国科学院知识创新工程重大交叉项目"电磁生物工程研究"通过院组织的专家验收。

本年　鉴定成果 8 项，均为重要成果；申请专利 80 项，授权 19 项。顾国彪院士获得 2005 年度何梁何利基金"科学与技术进步奖"。

2006 年

5月21日　举办主题为"走进绿色交通、科技创新为民"的科学院公众开放日活动。

5月22日　完成了 2006 年基层党委工作考评。

8月17日　电工所与中国科学院国有资产经营有限公司、上海电气集团股份有限公司、北京叶陪思根科贸有限公司，共同组建上海振发机电设备有限公司。

8月31日　电工所知识创新工程三期任务书获院审核通过。

11月2日　决定在全所建立和实施国家军用标准 GJB9001A 2001 质量管理体系，

并开始认证工作。

9～12 月 电工所网站进行全面改版，各研究组、管理部门等子网站开通。

12 月 21 日 召开所务委员会六届二次会议。围绕孔力所长《团结凝聚 开拓创新 努力为我国电工科技创新做出新的贡献》的报告、马淑坤书记《关于我所创新文化建设情况》的汇报和肖立业副所长《关于我所近期科研工作情况》的报告进行了讨论。

12 月 22 日 新成立太阳电池技术研究组、强磁场材料研究组、可再生能源发电咨询与培训中心，并聘任了研究组组长。

本年 鉴定成果 10 项，均为重要成果；获奖成果 3 项；申请专利 90 项，授权专利 25 项。

2007 年

1 月 1 日 电工所内部刊物《新电气》创刊。

1 月 25 日 召开所史编写工作动员大会，所史编写工作正式启动。

3 月 14 日 科技部副部长曹健林一行来电工所视察。

3 月 19 日 与武汉理工大学的材料复合国家重点实验室合作成立太阳能热利用技术联合研究中心。

3 月 27 日 中国科学院对电工所领导班子进行了换届考核工作。

5 月 15 日 国家"十五""863"高速磁浮交通技术研究重大专项"可控永磁励磁的悬浮与驱动系统"通过科技部组织的验收。

5 月 17 日 中国科学院常务副院长白春礼一行来所视察工作。

5 月 20 日 举办主题为"携手建设创新型国家"的科学开放日活动。

6 月 1 日 中国科学院决定孔力任中国科学院计划财务局局长。

6 月 13 日 院党组宣布新一届电工所领导班子的任命，肖立业任所长，马淑坤（兼）、许洪华任副所长。

6 月 14 日 应用超导重点实验室通过了中国科学院高技术局组织的评估。

6 月 30 日 "863"高速磁浮交通技术研究重大专项"牵引供电系统设计和系统集成技术研究"、"牵引控制系统研制"两个课题通过科技部组织的验收。

7 月 13 日 召开全所党员大会，完成党委换届选举，产生了电工所第十三届党委，委员七名；产生了电工所第七届纪委，委员 5 名。

7 月 13 日 "九五"重大项目"电动汽车电气系统研究开发"作为试点通过了中国科学院组织的后评估。

7 月 18 日 电工所质量体系认证通过了中国新时代质量体系认证中心的现场审核。

8 月 10 日 电工所公文处理、档案管理、安全管理等工作通过院公共事务管理达标考核，被评为中国科学院一级标准达标单位。

8 月 11 日　"超导电工技术创新团队国际合作伙伴计划"通过了中国科学院组织的专家组论证。

8 月 13 日　和中国华电工程(集团)有限公司共同承办的"太阳能热发电技术发展三亚论坛"在海南省三亚市举行。

9 月 1 日　全国人大环资委主任委员毛如柏一行到电工所调研"十一五""863"重点项目"太阳能热发电技术及系统示范"实验基地。

9 月 18 ~ 21 日　电工所承办的"2007 世界太阳能大会"在北京召开，孔力任大会执行主席。来自 60 多个国家的近千位代表参加了大会。

9 月 27 日　国家自然科学基金重大项目"阿尔法磁谱仪(AMS)超导磁体系统的研制"通过了验收。

10 月 31 日　院党组同意马淑坤任电工所党委书记，许洪华任电工所纪委书记。

11 月 7 日　国家发改委党组副书记、副主任陈德铭一行考察了电工所八达岭太阳能热发电试验电站建设情况。

11 月 26 日　召开了主题为"节能减排"的 2007 年度学术年会。

11 月 26 日　西藏自治区党委常委、常务副主席吴英杰一行到电工所考察工作。

12 月 14 日　电工所承办的"中希可再生能源研讨会"在北京召开。

12 月 20 日　北京市代市长郭金龙一行考察电工试验所八达岭太阳能热发电试验电站建设情况。

12 月 20 日　科研组织机构调整为 9 个研究部，下设 19 个研究组。

11 月 15 日至 12 月 28 日　开展专业技术岗位首次分级聘用工作。

本年　鉴定成果 9 项，均为重要成果 ；获奖成果 1 项；申请专利 91 项，授权10 项。

附　录

历届所务委员会名单

第一届所务委员会(1962 年 6 月 9 日)

主　任：林心贤

委　员：林心贤　王士珍(女)　刘子固　常　健　张夕云　韩　朔　廖少葆
　　　　陈首燊　鲍城志　胡传锦　杨昌琪

第二届所务委员会(1979 年 3 月 26 日)

主　任：赵志萱(女)

委　员：赵志萱(女)　韩　朔　杨昌琪　庞　真　张思齐　王建华(女)　申世民
　　　　段文丽(女)　陈步东　胡　光

第三届所务委员会(1991～1995)

主　任：严陆光

副主任：申世民(至 1992 年 7 月)，邢福生(自 1992 年 7 月开始)

委　员：严陆光　申世民　顾文琪　杜友让　邢福生　程玉林　陈步东　刘廷文
　　　　汪德正　朱美玉(女)　居滋象　顾国彪　张适昌　林良真　罗武庭
　　　　华元涛　倪受元　史启泰　李克文(女)　李　刚　林福来　沈国镠
　　　　刘成相

常务委员：严陆光　程玉林(至 1991 年 7 月)　申世民(至 1992 年 7 月)　顾文琪
　　　　　杜友让　邢福生　刘廷文　汪德正　朱美玉(女)

秘　书：朱美玉(女)

第四届所务委员会(1995～1999)

主　任：严陆光

副主任：邢福生

委　员：杜友让　李安定　王大立　刘廷文　申世民　居滋象　林良真　沈国镠

童建忠　徐善纲　余运佳　华元涛　孔　力　顾文琪　汪德正　金家骅
朱美玉(女)　黄常纲　从　伟(女)　严陆光　邢福生
常务委员：严陆光　杜友让　邢福生　李安定　申世民(自1996年起)　王大立
　　　　　汪德正　朱美玉(女)
秘　书：朱美玉(女)

第五届所务委员会(1999~2004)

主　任：孔　力

副主任：李安定

委　员：朱美玉(女)　王大立　邢福生　杜友让　顾文琪　严陆光　顾国彪
　　　　夏平畴　林良真　许洪华　温旭辉　肖立业　宋　涛　李耀华　张福安
　　　　孙广生　齐智平(女)　李克文(女)　刘洣娜(女)　刘志凤(女)
　　　　朱建华　马振军　董承康　吴石增　杨小勃(女)

秘　书：李克文(女)

第六届所务委员会(2004~2007)

主　任：孔　力

副主任：马淑坤(女)

委　员：肖立业　朱美玉(女)　齐智平(女)　严陆光　顾国彪　顾文琪　李安定
　　　　林良真　孙广生　许洪华　温旭辉(女)　李耀华　宋　涛　马玉环(女)
　　　　刘志凤(女)　刘洣娜(女)　杨小勃(女)(至2006年9月30日)
　　　　马振军　张和平(自2006年10月1日起)

历届学术委员会和学术顾问委员会名单

第一届学术委员会（1962 年 7 月 28 成立）

成　员：王士珍（女）　韩　朔　杨昌琪　陈首燊　鲍城志　胡传锦　廖少葆
　　　　陈贻运　章名涛　朱物华　何华生　毛鹤年

秘　书：陈贻运

第二届学术委员会（1978 年 5 月 9 日成立，1981 年进行了调整）

主　任：赵志萱（女）　韩　朔

副主任：杨昌琪　胡传锦

委　员：赵志萱（女）　庞　真　万遇良　那兆凤　刘成相　朱维衡　严陆光
　　　　沈国镠　陈首燊　吴振华　廖少葆　谭作武　安世明　蔡养甫

秘　书：王世中　（苏来宾　杜友让　金家骅）

第三届学术委员会（1985 年 10 月 25 日成立）

主　任：杨昌琪

副主任：韩　朔　吴振华（兼学术秘书）

委　员：申世民　居滋象　顾国彪　倪受元　陈首燊　严陆光　万遇良　沈国镠
　　　　华元涛　谭作武　那兆凤　刘成相　张式仪

副秘书：方国成

第四届学术委员会（1988 年 5 月 26 日成立，同时设立学术顾问委员会）

主　任：严陆光

副主任：沈国镠

委　员：申世民　居滋象　顾国彪　林良真　谭作武　倪受元　顾文琪　刘成相
　　　　张式仪　华元涛

秘　书：方国成

第一届学术顾问委员会（1988～1991）

主　任：韩　朔

委　员：胡传锦　廖少葆　朱维衡　陈首燊　万遇良　吴振华　那兆凤
秘　书：方国成

第五届学术委员会（1991 年 2 月 29 成立，同时设立学术顾问委员会）

主　任：严陆光

副主任：刘成相

委　员：申世民　华元涛　林良真　居滋象　顾文琪　顾国彪　张式仪　张适昌
　　　　夏平畴　倪受元　谭作武　严陆光　刘成相

秘　书：方国成

第二届学术顾问委员会（1991～1995）

主　任：沈国镠

委　员：万遇良　那兆凤　朱维衡　陈首燊　吴振华　胡传锦　韩　朔　廖少葆
秘　书：方国成

第六届学术委员会（1995～1999，同时设立学术顾问委员会）

主　任：严陆光

副主任：居滋象

委　员：童建忠　徐善纲　余运佳　华元涛　孔　力　顾文琪　林良真　顾国彪
　　　　丘宁茂　夏平畴　李安定

秘　书：方国成

第三届学术顾问委员会（1995～1999）

主　任：沈国镠

委　员：韩　朔　胡传锦　那兆凤　廖少葆　万遇良　吴振华　刘成相
　　　　谭作武　张式仪

秘　书：方国成

第七届学术委员会（1999～2003，取消学术顾问委员会）

主　任：严陆光

副主任：孔　力

委　员：顾文琪　李安定　顾国彪　童建忠　余运佳　许洪华　温旭辉（女）
　　　　肖立业　宋　涛　李耀华　张福安　董承康　孙广生　齐智平（女）
　　　　（自 2000 年起）

秘　书：俞妙根

第八届学术委员会（2003～2007）

主　任：严陆光

副主任：顾文琪　李耀华

委　员：孔　力　肖立业　顾国彪　童建忠　余运佳　李安定　孙广生　许洪华
　　　　温旭辉（女）　齐智平（女）　宋　涛　李艳秋（女）　王秋良　马玉环（女）

秘　书：俞妙根

第九届学术委员会（2007年至今）

主　任：严陆光

副主任：顾文琪　李耀华

委　员：顾国彪　孔　力　李安定　肖立业　许洪华　齐智平（女）　孙广生
　　　　温旭辉（女）　宋　涛　王秋良　严　萍（女）　王志峰　马衍伟
　　　　马玉环（女）

秘　书：俞妙根

历届学位授予委员会名单

第一届学位委员会 (1981 年 12 月 10 日)

主　席：韩　朔

副主席：杨昌琪

委　员：陈首燊　朱维衡　胡传锦　万遇良　谭作武　廖少葆

第二届学位委员会 (1985 年 7 月 12 日)

主　席：杨昌琪

副主席：韩　朔　谭作武

委　员：居滋象　何学裘　顾国彪　陈首燊　严陆光　万遇良　沈国镠　吴振华
　　　　刘成相　张式仪

第三届学位委员会 (1991 年 5 月 30 日)

主　席：谭作武

副主席：童建忠

委　员：严陆光　韩　朔　沈国镠　居滋象　顾国彪　张适昌　林良真　华元涛
　　　　倪受元　顾文琪　张式仪

第四届学位 (评定) 委员会 (1995 ~ 1999)

主　任：林良真

副主任：童建忠

委　员：韩　朔　严陆光　居滋象　谭作武　徐善纲　华元涛　夏平畴
　　　　倪受元　张适昌

秘　书：刘泺娜 (女)

第五届学位 (评定) 委员会 (1999 ~ 2003)

主　任：顾国彪

副主任：夏平畴

委　员：严陆光　居滋象　林良真　徐善纲　华元涛　倪受元　张适昌　孔　力
　　　　齐智平 (女)　孙广生　温旭辉 (女)

秘　书：刘泺娜（女）

第六届学位评定委员会（2003～2007）

主　席：顾国彪

副主席：温旭辉（女）

委　员：孔　力　肖立业　严陆光　齐智平（女）　宋　涛　李耀华　林良真
　　　　倪受元　张适昌　顾文琪　孙广生　许洪华　刘泺娜（女）

秘　书：王岳华

第七届学位评定委员会（2007 年至今）

主　席：顾国彪

副主席：温旭辉（女）　齐智平（女）

委　员：严陆光　孔　力　肖立业　许洪华　林良真　倪受元　张适昌　李耀华
　　　　宋　涛　王文静　韩　立　刘泺娜（女）

秘　书：付东梅（女）

历届编委会

第一届编辑委员会（编辑部）（1982～1991）

主　编：韩　朔

编辑部：电工所图书情报资料室工作人员

第二届编辑委员会（1991～1995）

主　编：刘成相

编　委：马文珍（女）　沈国镠　林良真　张耀中　童建忠　谭作武

第三届编辑委员会（1995～1999）

主　编：林良真

编　委：居滋象　谭作武　刘成相　沈国镠　林桂英（女）

第四届编辑委员会（1999～2003）

主　任：林良真

委　员：童建忠　倪受元　沈国镠　谭作武　荆伯弘　夏平畴　秦　洁（女）

第五届编辑委员会（2003～2007）

主　任：林良真

副主任：齐智平（女）

委　员：童建忠　沈国镠　张适昌　倪受元　李耀华　秦　洁（女）　韦　榕
　　　　夏平畴（2005～2006）

第六届编辑委员会（2007年至今）

主　任：林良真

副主任：齐智平（女）

委　员：童建忠　沈国镠　张适昌　倪受元　余运佳　李耀华　马衍伟
　　　　秦　洁（女）　韦　榕

历届工会负责人

　　电工所第一届工会于 1958 年成立。按当时规定，工会主席由具有较高技术职称的科技人员担任，沈国镠为首届首任工会主席。1963 年，陈步东接任工会主席，副主席为汤宣静（党团办专职干部）。因"文化大革命"冲击，该届工会的工作从 1966 年 6 月后即逐渐停顿。

　　"文化大革命"结束后，电工所于 1979 年恢复工会组织，经选举产生了第二届工会委员会。第二届工会的主席、副主席在第三届选举时连任。此后，每届工会与所长任期基本一致。

第二、三届工会委员会（1979～1985）
　　主　席：苗　址
　　副主席：莫正龙（党办专职工会干部）
第四届工会委员会（1985～1991）
　　主　席：李　刚
　　副主席：莫正龙
第五届工会委员会（1991～1995）
　　主　席：李　刚
　　副主席：李克文（女）
第六届工会委员会（1995～1999）
　　主　席：黄常纲
　　副主席：从伟（女）（党办专职工会干部）
第七届工会委员会（1999～2003）
　　主　席：吴石增
　　副主席：杨小勃（女）
第八届工会委员会（2003～2007）
　　主　席：孙广生
　　副主席：杨小勃（女）
第九届工会委员会（2007 年至今）
　　主　席：齐智平（女）
　　副主席：张和平

历届职工代表大会常设主席团

第一届职工代表大会常设主席团(1985～1991)
　　主　席：陈明德(兼提案组组长)
　　副主席：庞长富(兼干部评议组组长)
　　　　　　鄭　斌(兼生活福利组组长)
　　秘书长：莫正龙

第二届职工代表大会常设主席团(1991～1995)
　　主　席：林福来
　　副主席：李克文(女)

第三届职工代表大会常设主席团(1995～1999)
　　主　席：黄常纲
　　副主席：从　伟(女)

第四届职工代表大会常设主席团(1999～2003)
　　主　席：吴石增
　　副主席：杨小勃(女)

第五届职工代表大会常设主席团(2003～2007)
　　主　席：孙广生
　　副主席：杨小勃(女)

第六届职工代表大会常设主席团(2007 年 12 月至今)
　　主　席：齐智平(女)
　　副主席：宋　涛

注：第四、五、六届职工代表大会负责人同时担任所工会负责人。

历届团委负责人

筹备时期(1958~1963)

先后由沈国镠(至 1959 年)、申世显、王维起等同志任书记。田振坤为专职团干部。

第一届共青团委员会(1963~1976)

团委书记：杜友让(专职团干部)

(1965~1966)

申世民(代管)

(1966~1976)

因"文化大革命"，工作停顿

第二届共青团委员会(1976~1980)

团委书记：王春玲(女)

(1979~1980)

团委书记：莫正龙(代管)

第三届共青团委员会(1980~1982)

团委书记：朱美玉(女)

副 书 记：孙德春(兼)

第四届共青团委员会(1982~1988)

团委书记：王　锐

副书记：张京明(兼)　沈泉(兼)

第五届共青团委员会(1988~1991)

团委书记：沈　泉

第六届共青团委员会(1991~1995)

　　团委书记：沈　泉

　　　　　　　　　　(1993~1995)

　　团委书记：宋新华

第七届共青团委员会(1995~1996)

　　团委书记：刘亦兵(女)

　　副 书 记：盖晓辉(兼)

　　　　　　　　　　(1996~1999)

　　团委书记：赵　姮(女)(兼)

第八届共青团委员会(1999~2003)

　　团委书记：吕　芳(女)(兼)

　　副 书 记：顾凌云(兼)

第九届共青团委员会(2003年至今)

　　团委书记：吕　芳(女)(兼)

　　副 书 记：许　熙(女)(兼)

历届妇女小组

第一届妇女小组（1986～1989）
　　组　　长：翟桂珍
　　常　　务：从　伟

第二届妇女小组（1989～1993）
　　组　　长：韩功兰
　　常　　务：从　伟

第三届妇女小组（1993～1995）
　　组　　长：程淑兰
　　常　　务：从　伟

第四届妇女小组（1995 年至今）
　　组　　长：朱美玉
　　常　　务：杨小勃

获奖科技成果简表

序号	年份	项 目 名 称	单位	成果性质	获 奖 情 况
1	1963	KD-103 型高频脉冲电蚀加工装置	六室	重大成果	1964 年获国家发明证书 1964 年获国家计委、经委、科委的新产品二等奖
2	1963	KD-104 型线电极电蚀加工	六室	重大成果	1964 年获国家计委、经委、科委的新产品三等奖，获奖名为"KD-104 型电气靠模线电极电蚀加工装置"
3	1970	大能量激光用七号电感储能装置	老八室	重大成果	1978 年获中国科学院科学大会奖
4	1971	光电跟踪电火花线切割机床	六室	重大成果	1978 年获全国科学大会奖 1978 年获中国科学院科学大会奖
5	1971	直流力矩电机和宽调速直流伺服电机	二室	重大成果	1978 年获全国科学大会奖 1978 年获中国科学院科学大会奖
6	1972	毫米离子束注入机	六室	重大成果	1978 年获全国科学大会奖
7	1973	电火花地震勘探震源（阶段成果）	三室	重大成果	1978 年获全国科学大会奖 1978 年获中国科学院科学大会奖
8	1974	托卡马克环形受控热核实验装置	四室	重大成果	1978 年获全国科学大会奖 1978 年获中国科学院科学大会奖 （获奖名为"六号托卡马克环形受控热核实验装置和实验（电磁系统）"）
9	1975	自动绘图机和图形数字转换仪	七室	重大成果	1978 年获全国科学大会奖（中国科学院沈阳自动化研究所申报）
10	1975	全氟利昂自循环蒸发冷却式 1200kVA 汽轮发电机	二室	重大成果	1978 年获全国科学大会奖
11	1976	大型数控电火花线切割机床及其基本规律的实验研究	六室	重大成果	1978 年获中国科学院科学大会奖
12	1976	GDY 型光电直读光栅光谱仪配电子计算机系统	五室	重大成果	1978 年获全国科学大会奖
13	1976	磁滞同步电动机	七室	重大成果	1978 年获中国科学院科学大会奖
14	1977	XDJ-73 小型电子计算机	五室	重大成果	1978 年获中国科学院科学大会奖
15	1978	LT-1 型离子探针质谱微分析仪	五室	重大成果	1978 年获全国科学大会奖 1978 年获中国科学院科学大会奖

序号	年份	项目名称	单位	成果性质	获奖情况
16	1978	扫描图像信息处理系统同步同相电动机	七室	重大成果	1978 年获全国科学大会奖 1978 年获中国科学院科学大会奖 （获奖名为"扫描图像信息处理系统的研制"，由中国科学院地理研究所申报）
17	1979	天文望远镜用精密直流超导磁体	四室	重大成果	1979 年获中国科学院重大科技成果奖二等奖，获奖名为"强磁场超导聚焦大视场天文电子照相机的电子光学系统及性能测试"（天文台报奖）
18	1979	石英电子手表用单裂极式永磁步进电机	七室	重大成果	1979 年获中国科学院重大科技成果奖二等奖 1981 年获轻工业部科技进步三等奖，获奖名为"DST3-A 型半整装单级永磁式步进电机"。
19	1980	1 号磁流体发电实验机组	一室	重大成果	1980 年获中国科学院重大科技成果奖二等奖（获奖名为"1 号磁流体发电机组"）
20	1980	海洋石油地震勘探电火花震源	三室	重大成果	1980 年获中国科学院重大科技成果奖一等奖
21	1981	PDH-120 自动绘图系统	二室 五室 工厂	重大成果	1981 年获中国科学院重大科技成果奖一等奖 1985 年获国家科学技术进步奖二等奖
22	1982	"φ"形 5 米立轴风轮发电机组	原九室	重大成果	1982 年获中国科学院重大科技成果奖二等奖
23	1982	WBKX-1 型线切割机床编程控制系统	五室	重大成果	1986 年获中国科学院科技进步奖三等奖（获奖名为"线切割机床自动编程控制系统"）
24	1983	水轮发电机转子温度无线电遥测系统	二室	重大成果	1983 年获中国科学院重大科技成果奖二等奖
25	1983	直线电机加速器	二室	重大成果	1983 年获中国科学院重大科技成果奖二等奖
26	1983	WSC 型（带微处理机）色差计	五室	重大成果	1985 年获国家科学技术进步奖三等奖（山东纺织工学院申报）
27	1983	煤粉锅炉少油、无油点火	一室	重大成果	1983 年获中国科学院重大科技成果奖一等奖，获奖名为"煤粉锅炉无油和少油点火技术"
28	1983	GZJY-1 型高精度转速校准仪	七室	重大成果	1985 年获国家技术发明奖三等奖（空军第一研究所申报）
29	1984	高性能电火花线切割脉冲电源	六室	重要成果	1986 年获中国科学院科技进步奖三等奖

序号	年份	项目名称	单位	成果性质	获奖情况
30	1984	FD-6BH 型 3×4kW 变速恒频风力发电机组	二室	重要成果	1986 年获中国科学院科技进步奖二等奖
31	1984	累计计时器用阶梯极式步进电机	七室	重要成果	1986 年获中国科学院科技进步奖三等奖
32	1985	自循环蒸发冷却汽轮发电机研制和运行	二室	重要成果	1987 年获中国科学院科技进步奖一等奖 1988 年获国家科学技术进步奖二等奖（和 10000kW 定子绕组蒸发冷却水轮发电机合报，获奖名为"自循环蒸发冷却的水轮发电机和汽轮发电机"）
33	1985	钻孔灌注桩质量无破损检验	三室	重要成果	1987 年获中国科学院科技进步奖二等奖 1988 年获国家科学技术进步奖三等奖（和交通部合报，获奖名为"钻孔灌注桩质量无破损检验－水电效应法和机械阻抗法"） 1989 年获陕西省科技进步二等奖，获奖名为"钻孔桩垂直承载力的动力测定方法"
34	1986	自吸油式柴油汽化炉		重要成果	1988 年获中国科学院科技进步奖二等奖 1989 年获国家科学技术进步奖三等奖（与燃用轻柴油或煤油的家用汽化油炉合报，获奖名为"新型系列汽化油炉"）
35	1986	10000 千瓦定子绕组蒸发冷却水轮发电机	二室	重要成果	1987 年获中国科学院科技进步奖一等奖 1988 年获国家科学技术进步奖二等奖（与自循环蒸发冷却汽轮发电机研制和运行合报，获奖名为"自循环蒸发冷却的水轮发电机和汽轮发电机"）
36	1986	初馏塔顶空冷风机电机变频调速节能技术	二室	重要成果	1986 年获中国科学院科技进步奖三等奖
37	1986	液电冲击波体外破碎肾结石技术	三室	重要成果	1986 年获卫生部科技进步一等奖 1987 年获国家科学技术进步奖一等奖
38	1986	浅层地震发射波方法技术试验研究	三室	重要成果	1987 年获铁道部科技进步二等奖
39	1986	WBKX-40A 大型线切割机	原五室	重要成果	1986 年获北京市科技进步二等奖
40	1986	DE-1 型电火花震源	三室	重要成果	1987 年获中国科学院科技进步奖三等奖
41	1986	燃用轻柴油或煤油的家用汽化油炉	一室	一般成果	1988 年获中国科学院科技进步奖二等奖 1989 年获国家科学技术进步奖三等奖（和"自吸油式柴油汽化炉"合报，获奖名为"新型系列汽化油炉"）

续表

序号	年份	项目名称	单位	成果性质	获奖情况
42	1987	NbTI-Nb₃Sn（铌钛、铌三锡）高场超导磁体	四室	重要成果	1990年获中国科学院科技进步奖二等奖 1991年获国家科学技术进步奖三等奖
43	1987	电子束热处理工艺及装备的研究	六室	重要成果	1990年获机电部科技进步二等奖 （获奖名为"电子束材料表面改性的研究"）
44	1987	电火花震源在长江三角洲地层地震勘探中的应用	三室	一般成果	1988年获国家教委科技进步二等奖 （获奖名为"长江三角洲典型地区浅地层地震勘探可行性研究"）
45	1987	300千瓦单极电机1号超导磁体	四室	一般成果	1995年获中国船舶总公司科技进步一等奖 （与中船总712所合报）
46	1987	磁流体发电数据采集系统	一室	重要成果	1989年获中国科学院科技进步奖三等奖 （和物理所合报）
47	1987	铌钛合金及铌钛-铜多芯超导线的质量改进与性能控制及8.7T超导磁体研制	四室	重要成果	1988年获中国科学院科技进步奖二等奖 （和沈阳金属所合报）
48	1988	千千瓦级磁流体发电机组（KDD-2）的研制	一室	重要成果	1989年获中国科学院科技进步奖二等奖 （获奖名为"千千瓦级磁流体发电机组的研制"）
49	1988	超导高梯度磁分离样品试验机	四室	重要成果	1989年获中国科学院科技进步奖二等奖
50	1988	圆形电子束曝光机	五室 九室	重要成果	1989年获中国科学院科技进步奖三等奖 （获奖名为"DY-3型电子束曝光机"）
51	1988	EBW-4G型汽车齿轮专用电子束焊机	六室	重要成果	1989年获中国科学院科技进步奖三等奖 （获奖名为"EBW-4G型汽车齿轮专用电子束焊机及其生产应用"） 1990年获北京市科技进步二等奖（获奖名为"EBW-4G和ZD5040C型汽车齿轮专用电子束焊机及工艺研究"）
52	1988	新型线切割机系列编程机及控制系统	工程中心	重要成果	1991年获中国科学院科技进步奖三等奖获奖名为"新型线切割机系列编程控制系统"
53	1988	上海市浅层地震工程勘察应用研究	三室	一般成果	1989年获地矿部科技进步三等奖
54	1988	KDE-1型体外冲击波碎石机研制及临床应用			1988年获江苏省科技进步三等奖
55	1988	我国能源领域调研			1988年获奖中国科学院科技进步奖三等奖（由中国科学院技术科学局报）

序号	年份	项目名称	单位	成果性质	获奖情况
56	1989	燃煤磁流体发电通道电极单元模拟试验装置	一室	重要成果	1990年获中国科学院科技进步奖三等奖
57	1989	B25L型小惯量直流伺服电机	二室	重要成果	1990年获中国科学院科技进步奖三等奖（报系列电机，获奖名为"系列宽调速直流伺服马达的研制"）
58	1989	冲击磁铁脉冲发生器及其触发系统	三室	重要成果	1990年获中国科学院科技进步奖二等奖
59	1989	NE-2型肾胆通用体外碎石机	公司	重要成果	1990年获铁道部科技进步二等奖
60	1989	ASP-015磁共振成像系统	二室	重要成果	1990年获中国科学院科技进步奖一等奖（获奖名为"核磁共振成像扫描仪"）1992年获国家科学技术进步奖二等奖（中国科学院科健公司报）
61	1990	水下推进器系统用直流伺服马达的研制	七室	重要成果	1991年获中国科学院科技进步奖三等奖
62	1990	磁流体发电机的理论分析和基础研究	一室	重要成果	1991年获中国科学院自然科学奖二等奖
63	1990	超导磁性扫雷实验样机超导磁体系统	四室	重要成果	1991年获中国船舶工业总公司科技进步三等奖
64	1990	ZK-1型线切割控制系统	工程中心	重要成果	1993年获中国科学院科技进步奖三等奖
65	1990	TV-6真空管式太阳能热水器样机与推广应用	公司	重要成果	1991年获中国科学院科技进步奖三等奖（获奖名为"太阳能热水器技术开发"，由中国科学院石家庄农业现代化研究所报）
66	1991	DJ-2可变矩形电子束曝光机	九室	重要成果	1991年获"七五"机械电子工业部重大科研成果奖
67	1991	风云一号气象卫星用无槽无刷直流电机	二室	重要成果	1992年获中国科学院科技进步奖三等奖（获奖名为"无槽无刷直流电机"）1993年获国家技术发明奖三等奖
68	1991	石油地震勘探陆地电火花震源的研制	公司	重要成果	1992年获中国科学院科技进步奖三等奖（获奖名为"地震勘探用陆地电火花震源"）
69	1991	用超导材料解决再入通讯中断的地面模拟实验研究			1992年获中国科学院科技进步奖三等奖（由中国科学院力学研究所报）
70	1992	五万千瓦蒸发冷却汽轮发电机	二室	重要成果	1993年获中国科学院科技进步奖二等奖

续表

序号	年份	项目名称	单位	成果性质	获奖情况
71	1992	超导高岭土磁分离工业性试验样机	四室	重要成果	1993 年获中国科学院科技进步奖二等奖
72	1992	光纤电流测量仪	二室	重要成果	1993 年获电力工业部科技进步四等奖
73	1993	磁流体发电用超导鞍形磁体	四室	重要成果	1994 年获中国科学院科技进步奖二等奖
74	1993	ZPRT-Ⅱ前列腺射频治疗仪	公司	重要成果	1996 年获中国科学院科技进步奖三等奖
75	1993	ZEP 系列诱发电位仪	公司	重要成果	1998 年获中国科学院科技进步奖三等奖
76	1995	30 千瓦风/光互补电站	八室	重要成果	1996 年获中国科学院科技进步奖二等奖
77	1995	DY-5 型亚微米电子束曝光机的研制	九室	重要成果	1996 年获中国科学院科技进步奖二等奖
78	1995	ZMT-1 型微波治疗机	工程中心	重要成果	1999 年获中国科学院科技进步奖三等奖
79	1996	微米级电子束曝光机实用化	九室	重要成果	1997 年获中国科学院科技进步奖二等奖
80	1996	五万千瓦（50 兆瓦）蒸发冷却水轮发电机	二室	重要成果	1998 年获中国科学院科技进步奖一等奖
81	1996	西藏双湖 25 千瓦光伏电站	八室	重要成果	1997 年获中国科学院科技进步奖二等奖
82	1996	CNC 高技术研究与高档数控机床控制系统研究开发	工程中心	重要成果	1997 年中国科学院科技进步奖一等奖（沈阳计算所申报）
83	1998	阿尔法磁谱仪（AMS）永磁体系统（含反符合计数器初样）	五室	重要成果	1999 年中国科学院科技进步奖一等奖，2000 年获国家科学技术进步奖二等奖
84	1999	超导螺旋式电磁流体推进试验船	一室	重要成果	2000 年获中国科学院科技进步奖二等奖
85	2000	西藏安多县 100kW 光伏电站工程	一室	重要成果	2001 年获中国科学院科技进步奖二等奖
86	2001	李家峡 400 兆瓦（40 万千瓦）蒸发冷却水轮发电机	二室	重要成果	2002 年获国家科学技术进步奖二等奖（与 50MW 蒸发冷却水轮发电机合报，获奖名为"50 兆瓦及 400 兆瓦蒸发冷却水轮发电机研制与运行"）
87	2006	630kV·A 高温超导变压器	超导电力	重要成果	2007 年获中国电力科学技术奖三等奖（与特变电工股份公司合报，获奖名为"630kV·A 三相高温超导变压器的研发及并网实验运行"）
88	2006	75 米长三相交流高温超导电缆	超导电力	重要成果	2007 年获甘肃省科学技术进步奖二等奖，获奖名为"75 米高温超导电缆研制及并网技术"
89	2006	10.5kV/15kA 高温超导限流器	超导电力	重要成果	2006 年获湖南省科学技术进步奖二等奖
90	2007	RCDZ 型蒸发冷却电磁除铁器	蒸发冷却		2007 年获山东省科技进步奖三等奖

著书和译著索引

(苏)勃鲁克等．交流远距离输电．韩朔等译．北京：科学出版社，1961.

电工名词审定委员会．电工名词．北京：科学出版社，1999.

顾文琪，马向国，李文萍．聚焦离子束微纳加工技术．北京：北京工业大学出版社，2006.

顾文琪，王理明，薛虹，方光荣，张福安，刘祖京，黄经筒，杨中山．电子束曝光微纳加工技术．北京：北京工业大学出版社，2004.

郭廷玮，李安定，王焕义编译．太阳能的利用和前景．北京：科学普及出版社，1984.

韩朔编著．韩朔选集．北京：中国科学院电工研究所，1998.

韩朔等．电力系统物理模拟．(内部)北京：科学出版社，1973.

何学裘．磁流体发电．载：中国电工技术学会编．电工高新技术丛书．第1分册．北京：机械工业出版社，2000.

胡武军，冯定军，邹明丽等编著；胡丽丽参编．MRI应用技术(第4、6章)．武汉：湖北科技出版社，2003.

纪有奎，杨正林编译．微型机Micro—PROLOG语言及应用．北京：海洋出版社，1986.

(日)江守一郎等．模型实验的理论和应用．郭廷玮，李安定译．北京：科学出版社，1984.

(日)井上聰．数控电火花线切割加工．张耀中，姚儒彬译．北京：国防工业出版社，1986.

居滋象，吕友昌，荆伯弘等．开环磁流体发电．北京：北京工业大学出版社，1998.

(苏)卡拉依达 IO A 等．载热质泄出过程研究．马昌文，居滋象译．北京：原子能出版社，1982.

(苏)科什金，什尔克维金．基础物理学手册．张禄荪译．北京：教育科学出版社，1990.

旷远达，胡世家，旷野．量子电磁学．北京：中国计量出版社，1997.

李安定．太阳能光伏发电系统工程．北京：北京工业大学出版社，2001.

李安定．太阳能应用．电视讲座教学用书中太阳能光伏发电技术一讲．北京：人民教育出版社，1995.

李安定等．光伏技术和产品．载：中国科技信息研究所重庆分所．中国新能源和可再生能源技术和产品．重庆：中国科技信息研究所重庆分所，1995.

林良真，张金龙，李传义，夏平畴，杨乾声等．超导电性及其应用．北京：北京工业大学出版社，1998.

刘国强．医学电磁成像．北京：科学出版社，2006.

刘俊标，薛虹，顾文琪．微纳加工中的精密工作台技术．北京：北京工业大学出版社，2004.

刘祖京．实用接口技术．北京：北京工业大学出版社，1999.

刘祖京．网中地球．呼和浩特：内蒙古工业大学出版社，2000.

龙遐令．直线感应电机的理论和电磁设计方法．北京：科学出版社，2006.

陆虎瑜，马胜红主编；陆虎瑜，马胜红，倪受元等编写．光伏·风力及互补发电村落系统．北京：中国电力出版社，2005.

倪受元，孔力等．太阳能热发电，太阳能光伏发电，风力发电．载：中国电工技术学会编．电工高新技术丛书．第5分册．北京：机械工业出版社，2000.

（日）平修二编．金属材料的高温强度理论．设计．郭廷玮，李安定，徐介平译．北京：科学出版社，1983.

（日）平修二主编．热应力与热疲劳．郭廷玮，李安定译．北京：国防工业出版社，1984.

齐智平主编．机电一体化系统的软件技术．北京：中国电力出版社，1998.

秦曾衍，左公宁，王永荣，吴弘，孙广生，孙鹛鸿等．高压强脉冲放电及其应用．北京：北京工业大学出版社，2000.

（苏）丘京．液态金属电磁泵．严陆光译．北京：科学出版社，1964.

（日）日本太阳能学会编．太阳能的基础和应用．刘鉴民，李安定译．上海：上海科学技术出版社，1982.

（苏）茹卡乌斯卡斯．换热器内的对流传热．马昌文，居滋象，肖宏才译．北京：科学出版社，1986.

谭作武，桂竞存等．有限转角电动机．载：唐任远等主编．中国电气工程大典．第9卷电机工程第5篇第14章．北京：中国电力出版社，2008.

谭作武，凌金福，恽嘉陵，桂竞存．往复电动机．北京：北京出版社，1991.

谭作武，恽嘉陵．磁流体推进．北京：北京工业大学出版社，1998.

万遇良．机电一体化技术概览．北京：北京工业大学出版社，1999.

万遇良．微机电系统．载：中国电工技术学会编．电工高新技术丛书．第四分册．北京：机械工业出版社，2000.

万遇良主编．机电一体化系统的设计与分析．北京：中国电力出版社，1998.

万遇良主编．现代制造企业信息化技术．北京：中国电力出版社，2003.

王德录等．太阳能中温集热器试验研究与推广应用．载：罗振涛主编．太阳热水器技术．北京：机械工业出版社，1990.

王时煦，马宏达，陈首燊．建筑物防雷设计．北京：中国建筑工业出版社，1980；第二版．1985.

吴石增，黄鸿．传感器与测控技术．北京：中国电力出版社，2003.

吴石增．机电一体化系统的计算机控制技术．北京：中国电力出版社，1998.

吴祥明主编；李耀华，韦榕参编．磁浮列车（第4章）．上海：上海科技文献出版社，2003.

（日）西田正孝．应力集中．李安定译．北京：机械工业出版社，1986.

夏平畴．永磁机构．北京：北京工业大学出版社，2000.

严陆光，陈俊武主编（严陆光参加了第1、5、9、11、12章的编写；孔力参加了第11、12章的编写）．中国能源可持续发展若干重大问题研究．北京：科学出版社，2007.

严陆光，林良真，金能强，余运佳等．聚变电工技术，超导技术及其应用．载：中国电工技术学会编．电工高新技术丛书．第3分册．北京：机械工业出版社，2000.

严陆光．磁浮交通文集．北京：中国电力出版社，2007.

杨昌琪，何学裘，周适．对角线磁流体发电机．北京：科学出版社，1980.

于学文，杜炳荣，刘寿春．电火花线切割加工．载：《电子工业技术手册》编委会编．电子工业生产技术手册．第四卷第九分册第二篇第二章．北京：国防工业出版社，1989.

张耀中等编译．国外电火花线切割加工．重庆：科学技术文献出版社重庆分社，1980.

张耀中等编著．电加工机床．北京：第一机械工业部技术情报所，1979.

郑永光，李安定主编．法汉机电工程词典．北京：机械工业出版社，1987.

中国科学院电工研究所（杜友让，张耀中），第一机械工业部江苏省电加工研究所．电火花线切割加工技术．北京：第一机械工业部技术情报所，1978.

中国科学院电工研究所（王时煦，陈首燊，马宏达，王宗俭），北京建筑设计院合编．民用建筑物防雷保护．北京：中国工业出版社，1962.

中国科学院电工研究所，北京建筑设计院合编．民用建筑物防雷保护．第二版．北京：中国工业出版社，1965.

周广德．电子束加工．载：《机械工程手册》编辑委员会编．机械工程手册．第十一篇第三章．北京：机械工业出版社，1989.

周广德编写．电子束装置．载：《电机工程手册》编辑委员会编．电机工程手册．第二篇激光、电子束、离子束装置与加速器第　章．第二版．北京：机械工业出版社，1997.

（日）竹内洋一郎．热应力．第二版．郭廷玮，李安定译．北京：科学出版社，1982.

《高能成型》编写小组编（力学所，电工所）．高能成型．北京：国防工业出版社，1969.

《金属切削理论与实践》编委会（于学文主编）．电火花加工．北京：北京出版社，1980.

后　　记

为总结历史，激励后人，在听取各方面建议的基础上，电工所领导于 2006 年 10 月做出编写《中国科学院电工研究所所史》(简称《电工所所史》)的决定。随后，成立了以孔力所长为首的所史编写工作领导小组，组成了以离退休科技人员为主的十人编写组。

编写所史之前，编写组走访了京区的中国科学院动物研究所、空间科学与应用研究中心等编写所史的先行单位，后又阅读了京外的中国科学院长春应用化学研究所、长春光学精密机械与物理研究所、贵阳地球化学研究所等兄弟单位编写的所志，在吸取他们成功经验的基础上，结合电工所实际情况，进行反复讨论，形成编写《电工所所史》的基本设想。向所领导小组汇报后，提出的编写大纲、编写原则及方法、资料的收集与处理、所史的基本框架等若干重要事项得到所史编写领导小组认可，遂于 2007 年 1 月，由孔力所长主持，召开了全所研究员及历任处以上干部参加的动员大会，正式启动所史编写工作。

经过两年多艰苦工作，于 2009 年 7 月，完成了截止到 2007 年的电工所所史编写任务。这部所史，包括要览(电工所简史)、组织机构、科研工作、科技开发和产业化、科研管理和人才培养、支撑条件、大事记、附录等内容。全书共七章：前六章为专题，共列 44 节；大事记单列一章。另有 10 项内容收入附录。全书总计 60 余万字。论文目录索引 20 多万字，另制光盘。

在编写所史的过程中，编写组本着"尊重历史，实事求是"的原则，力求客观、全面、系统地如实反映史实。紧紧围绕电工所的学科方向，以研究工作为主线，将出成果、出人才作为所史的主要内容。编写所史的资料主要来自院、所积累的科技档案、文书档案、历次所庆编印的文集、电工所年报、各职能部门提供的资料和各类人员提供的正规文献资料以及通过专访、座谈、信函等方式收集的资料和回忆文章等。对于收集到的大量资料，尽力做到认真考证，大事、要事不错不漏，事件准确，达到求实存真之目的。

根据史料，采用"分类专题编年"的方法，构成所史框架：横排分类，纵叙史实，将要览、组织机构、科研工作……各作一章，每章内设若干专题，各成一节，每个专题按电工所的发展脉络由远及近按年编写。对每个科研工作专题，将研究工作的历程与相应的研究机构发展史结合起来进行编写。在文字方面，一律用第三人称，语言尽量简洁，避免口语化。编写时，始终注意坚持如实反映史实，对所叙述的内容尽量不作评论。

　　编写的过程首先是物色和选定各专题撰稿人，使每专题有专人负责撰稿。然后，在编写组的组织和协助下，由撰稿人用各种方式收集资料。整理资料后，拟出编写大纲，编写组讨论通过后草拟初稿。初稿既成，又经编写组讨论审查，重点是凝练史实，纠错补漏，而后将修改成的二稿送给有关单位和老同志，请他们审查、补充、修改。针对其反馈编写组的意见，修改形成三稿，再提交编写组讨论，在进一步凝练史实的基础上，对文稿结构、文字使用等方面提出建议，再次修改形成四稿。如此反复，直至初次定稿。进入统稿阶段后，撰稿人还要对稿件进行自查，并请编写组其他成员审查，再作修改，交由责任编辑和编写组组长二次审稿，再次定稿。然后，将定稿送所史编写工作领导小组审定。

　　在编写所史过程中，编写组成员两次参加了中国科学院召开的院所史志编写工作研讨会。会上，院领导的指示、兄弟单位交流的先进经验、史志专家的释疑解难，使我们的编写工作得到了及时的指导。2007 年 5 月电工所领导换届后，肖立业所长负责主管所史编写工作。电工所两届所领导对编写所史均高度重视，及时给予指导和鼓励，在人力、物力、财力等方面给予大力支持，保证编写工作的顺利进行。京内外兄弟单位给了我们热情的帮助。电工所各研究部、管理职能部门及支撑服务部门都为编写工作提供了大量宝贵资料，并参与编写，为编写工作提供了方便条件和大力支持。大批离退休老同志满腔热情地提供资料，参加座谈，接受采访，审阅文稿，撰写文章，并给予编辑人员热情的鼓励。所以说，这部所史是集体劳动的成果，是集思广益的结晶。在此一并表示深深的谢意。

　　在所史编写过程中，尽管编写组做了不懈努力，力求使所史做到客观、全面、有保存价值和可读性，但由于占有资料和编写水平有限，肯定会有错漏和不足之处，恳请全所职工和读者提出宝贵的意见和建议，以便进一步对所史进行修改补充。

《中国科学院电工研究所所史》编写组

2009 年 7 月